丛书主编　王忠静　张国刚

河西走廊水利史文献类编

讨赖河卷

（下册）

张景平　郑　航　齐桂花　主编

科学出版社

北京

内 容 简 介

《河西走廊水利史文献类编·讨赖河卷》是《河西走廊水利史文献类编》丛书首卷。本卷收录方志、奏折、私家著述、碑刻、考察报告、民国报刊、民国档案、民国工程计划书、20世纪50年代档案、单行本政府公文、文史资料、当代重要水利文献与口述文献等13类历史文献，涉及历史时期讨赖河流域水系变迁、水利建设、水利管理、水利纠纷与水利文化等方面的各类一手资料。

本卷既可作为原始史料供历史学、水科学、环境学、经济学、社会学等相关学科研究者使用，亦可为流域水利事业与社会经济发展提供必要的参考。

图书在版编目（CIP）数据

河西走廊水利史文献类编. 讨赖河卷. 下册 / 王忠静，张国刚主编；张景平，郑航，齐桂花分册主编. —北京：科学出版社，2016.8

ISBN 978-7-03-042036-7

Ⅰ.①河…　Ⅱ.①王…　②张…　③张…　④郑…　⑤齐…　Ⅲ.①河西走廊–水利史　Ⅳ.①TV-092

中国版本图书馆 CIP 数据核字（2014）第 225371 号

策划编辑：杨　静
责任编辑：付　艳　宋开金　王昌凤 / 责任校对：郭瑞芝
责任印制：肖　兴 / 封面设计：黄华斌　陈　敬

科 学 出 版 社 出版
北京东黄城根北街 16 号
邮政编码：100717
http://www.sciencep.com
*中国科学院印刷厂*印刷
科学出版社发行　各地新华书店经销

*

2016 年 8 月第 一 版　　开本：787×1092　1/16
2017 年 1 月第二次印刷　　印张：34　插页：10
字数：611 000

定价：188.00 元
（如有印装质量问题，我社负责调换）

《河西走廊水利史文献类编》丛书

编纂指导委员会

《河西走廊水利史文献类编·讨赖河卷》编纂委员会

主　　任	王忠静	刘　强			
委　　员	韩稚燕	李　耀	杨永生	吴浩军	
	王丽君	何正义	薛万功	李奋华	
	许兆江	王大忠	运启昌	杨兴基	
主　　编	张景平	郑　航	齐桂花		

参与编纂单位

主持单位　清华大学
　　　　　　甘肃省水利厅讨赖河流域水资源管理局
合作单位　甘肃省酒泉市档案局
　　　　　　甘肃省酒泉市水务局
　　　　　　甘肃省酒泉市文物管理局
　　　　　　甘肃省嘉峪关市水务局
　　　　　　甘肃省酒泉市肃州区水务局
　　　　　　甘肃省酒泉市肃州区档案局
　　　　　　甘肃省金塔县水务局
　　　　　　甘肃省金塔县档案局

依 托 课 题

国家自然科学基金重大研究计划重点项目
水权框架下黑河流域治理的水文—生态—经济过程耦合与演化（项目批准号：91125018）

清华大学、甘肃省水利厅讨赖河流域水资源管理局联合课题
讨赖河流域水利史文献抢救性整理与研究

目　录

下　册

玖 民国工程计划书类文献

本类文献提要

早在 20 世纪 30 年代，现代水利技术就开始被引入讨赖河流域，但现代水利工作的真正展开则是 20 世纪 40 年代的事。1941 年，由中国银行与甘肃省政府按七三比例合股组建甘肃水利林牧公司，以"办理（本省）农田水利为主要业务"，宋子文任董事长、沈怡任总经理。甘肃水利林牧公司下设肃丰渠筹备处，全面负责讨赖河流域的水利规划、设计与施工，中央大学水利系主任、著名水利专家原素欣被聘为筹备处主任。1943 年，肃丰渠筹备处改组为水利林牧公司酒泉工作总站，下设肃丰渠工程处，重点负责鸳鸯池水库的修建，同时在讨赖河流域进行全面的"旧渠调查与整理"工作。1946 年，为配合中国国民党五届十二中全会"以开发河西农田水利为国家事业"的决策，甘肃水利林牧公司在河西的 4 个工作站统一改组为河西水利工程总队，由水利部直接领导，时任甘肃省水利局局长的著名水利专家黄万里先生兼任总队长。河西水利工程总队在原甘肃水利林牧公司的工作基础上，对河西大小流域的水利现状进行了详尽的调查，并展开了诸多规划设计工作，于 1947—1948 年陆续刊印了近百项工程计划书，其中 16 项计划书即专门针对讨赖河流域水利建设而编写。该系列工程计划书第一次在全流域规划了以灌溉供水为主的工程体系布局，在讨赖河流域水利史上具有划时代的意义。

河西水利工程总队编纂的工程计划书体例较为统一，每份计划书的基本结构包括总述、资料、计划、预算、增益和结论。其中，"计划"是设计书的主体部分，包含水源调查、分水方法与配水设计、工程设计及治理方法等，体现了现代水资源规划中供需平衡、资源配置、工程布局与管理策略等要素。工程计划书还采用现代工程经济学的方法，考虑了通货膨胀的影响，对每项工程的成本效益乃至工程施工进度（如酒泉边湾地下水灌溉施工程序表）进行了详细的分析与设计。虽然以当代流域规划工作的标准来看，这套计划书还存在对流域整体关照有所欠缺、对各个工程之间联系与相互作用研究不够，以及对工业用水、生态用水完全未予考虑等问题，但这毕竟是特定时代的局限，不能求全责备。我们完全可以认为，该系列工程计划书代表了 20 世纪 40 年代中国水利工程领域的先进水平。

在前期资料奇缺的条件下，该系列工程计划书特别重视实测数据与相关资料的收集。工程人员通过艰苦的努力，获取了降水、蒸发、温度及月平均径流等方面的数据，并对涉及农作时间、农产品种类与产量、土地利用状况、租佃关系、赋役状况、水利管理、人口及手工业发展状况等诸多领域的资料进行了广泛收集，从而保留了一批珍贵的社会经济史料。民国工程技术人员的大部分工作都是在尽量不破坏既有水利格局与水权制度的基础上展开，这在客观上导致计划书较为留意水利史信息，从而可以为史学及其他学科工作者所利用。

限于种种客观条件，这些工程设计在民国时期大部分没有付诸实施，而新中国成立后的水利工程又是在新的指导思想下展开，因此大多数计划书所规划的渠道体系与当今现实并不相符，但其中某些具体的技术方案则被继承下来。在这些参与设计及绘图的工程人员中，有许多人在新中国成立后成为甘肃及其他地区水利系统的领军人物，如杨子英曾担任甘肃省首任水利局局长，雒鸣岳曾长期担任甘肃省水利厅总工程师，江浩曾出任吉林省水利厅厅长。

河西水利工程总队编制的讨赖河流域水利工程计划书全部为油印，曾在河西广泛流行，至今很多老水利工作者都有部分收藏。本单元所刊布计划书，即为编者在数年时间中在流域内搜求、收购所得。可惜的是，由于时间久远、纸质不佳，大部分工程图与地形图已模糊不清。这些图纸在甘肃省图书馆西北文献部有集中收藏，保存状况完好，但因未获授权，编者只得割爱，仅保留了各图的制图信息。

本单元所收入的计划书中，《临水河流域灌溉工程规划书》系流域整体规划，具有提纲挈领的地位，故置于首位；这里的"临水河流域"即今日整个讨赖河流域，并非只是今日的一条泉水河。其余各计划书的先后顺序，依据《临水河流域灌溉工程规划书》中所列各工程编号排列，按其原始分类分属"旧渠整理工程"、"地面水储蓄工程"、"地下水引致工程"三部分。《临水河流域灌溉工程规划书》中提到有《高台莲花寺地下水灌溉工程计划书》1 册，但因所涉区域在地理位置与人文、社会属性更接近黑河干流，编者拟收入《黑河卷》，《讨赖河卷》不录；又有《酒泉夹边沟蓄水库工程计划书》1 册，不在《临水河流域灌溉工程规划书》所列诸项工程之中，根据其工程性质，列于"地面水储蓄工程"类计划书之中。

最后需要说明的是，这套计划书中在诸多细节存在明显的不规范、不统一问题，有一些按原文照录将无法卒读。如各级标题序号的使用较为随意且不统一，常常以完全一致的数字形式显示不同层级的标题。为了阅读方便，编者在不损害原意的基础上对各级标题序号进行了统一，从二级标题以下，依次为汉字数字、阿拉伯数字、大写英文字母、带括弧的阿拉伯数字。此外，原计划书中的年、月、日使用阿拉伯数字与汉字者并存，如"民国 36 年六月"与"民国三十六年 6 月"皆可见。为避免误会，本计划书之年、月、日数字一律统一为阿拉伯数字，纪年仍为民国纪年。除上述两项外，编者对原文献中的其他不规范、不统一处未做刻意统一，如表格中的计量单位既有使用汉字如"公里"、"公尺"，又有拉丁字母符号如"km"、"m"等。此外各计划书中数学公式书写极为疏略，年度还款计算公式 $\dfrac{Cr(1+r)^5}{(1+r)^5-1}$ 则显然错误，但这里仍然予以保留，以显示此套计划书的油印工作系由非专业人士完成。细考原件，不但油印本字迹与所附图纸中的技术人员字迹完全不同，其专业素养与科学严谨的态度亦不可与工程技术人员同日而语。不能不说，这是此批工程计划书"白璧微瑕"的地方。

临水河流域灌溉工程规划书

一、总述

1. 资料

临水河流域西屏嘉峪关，居祁连山北麓，合黎山（亦名佳山）东西横亘境内，分全流域为酒泉、金塔两县治，地势自南向北倾斜，拔海 4500 公尺至 1200 公尺不等。临水河发源于祁连山，有讨赖河、洪水河、丰乐川、马营河、临水河、清水河等六大支流，水源均赖山中积雪融化，汇集成河，出山后地势开旷、比降锐减，蔚成冲积锥体，各支流自成一系。上游近山处，直接引用河水灌溉，渠道多乱流于戈壁河滩中，至中游部分，水流渗漏殆尽，田原尽皆荒芜，下游地势低洼，潜流地下之水，复又涌出地面，挖泉引灌耕地，方法简便。本流域共有耕地 628 427 市亩，分布于各支流，此外尚有生荒 1 774 543 市亩，熟荒及间歇地 50 000 市亩，内中除文殊山 150 000 市亩生荒地势高亢、引水困难及其他生荒地 80 000 市亩无水引灌外，余均可垦殖。本区作物分夏秋两种，因地高气寒，且限于霜期，年仅一熟，夏禾以小麦为主，秋禾以糜子为主，倘灌溉及时，每市亩年可产小麦 1.5 至 2.0 市石，惜现有渠道工程简陋，年遭冲毁，修复不及，每贻误农时连年灾歉，地瘠民贫，农村经济濒于破产。

2. 规划

本规划分用旧渠整理、地面水储蓄、地下水引致三法治理。兹分别列述如下：

A. 旧渠整理工程共八处如下表：

表 1　旧渠整理方法名称表

工程号	工程名称	治理方法
VAV I	马营河西岸六渠整理工程计划	六渠并为一渠，用屯升渠隧洞引水，下游渠道衬砌以防渗漏。
VBVIII	丰乐川西五西六两坝渠道整理工程计划	两坝并为一渠，引水渠道用卵石衬砌，油渣护面防漏。
VCV$_1$I	新地坝旧渠整理工程计划	固定引水口、拦水堤，衬砌渠道，加大隧洞断面，设山洪渡槽，部分渠道改线。
VDV$_2$I	洪水坝防洪护岸工程计划	修建西坝上下游溢洪道及渠底隔墙，改建拦水堤，改建泄水闸。
VDV$_2$I	新城坝旧渠整理工程计划	安远沟渠线改至老官坝以西另挖新渠一段，防洪冲刷。
VDV$_1$I	讨赖河图尔坝防洪护岸工程计划	修筑防洪堤及木笼坝防洪，将沙子坝一段渠线北移，另挖新渠以防冲刷。
VDV$_3$I	下古城坝渠道防洪工程计划	加固引水口拦水堤，设溢洪道及泄水闸，以调节进水量。
VEV I	茹公渠旧渠整理工程计划	进水口设节制闸一座，闸尾筑挑洪堤一道，输水渠衬砌防漏。

B. 地面水储蓄工程共三处如下表:

表2　地面水储蓄方法名称表

工程号	工程名称	治理方法
VCUⅢ	洪水河鼓浪峡蓄水库工程计划	
VUVⅠ	肃丰渠扩修工程计划	提高溢洪道2公尺,发电1680H并衬砌渠道防漏。
VXⅢ	黄泥铺电力抽水灌溉工程计划	利用鸳鸯池水库电力抽水灌溉。

C. 地下水引致工程共四处如下表:

表3　地下水引致方法名称表

工程号	工程名称	治理方法
VBWⅠ	高台莲花寺地下水灌溉工程计划	于西海子挖截水沟及集水井,截引地下水自流灌溉。
VDWⅠ	边湾地下水灌溉工程计划	于花城、镇台两湖上挖截水沟及集水井,截引地下水自流灌溉。
VW_1Ⅰ	中渠堡地下水灌溉工程计划	于小铧尖埋截水洞并配合集水井,截引地下水自流灌溉。
VW_2Ⅰ	临水河临水堡地下水灌溉工程计划	于临水堡埋截水洞并配合集水井,截引临水河地下水自流灌溉。

3. 结论

本规划包括工程十五处,综合其经济情形如下表(一切按廿六年物价计算):

表4　临水河流域各工程经济价值统计表

工程号	灌溉面积			合计面积（亩）	工程费（元）	每年增产			每年增益（元）
	现耕地（亩）	熟荒（亩）	生荒（亩）			小麦（石）	糜子（石）	电力（千瓦时）	
VAVⅠ	28 000			28 000	210 812.50	28 000			127 167.36
VBVⅢ	3 220		10 000	13 220	129 719.70	20 576			53 513.50
VCV_1Ⅰ	7 000	5 000		12 000	30 000.00	10 950			55 000.00
VCV_2Ⅱ	55 094	20 906		76 000	68 000.00	49 781			255 406.00
VDV_2Ⅰ	8 000			8 000	16 000.00	2 500			12 670.00
VDV_1Ⅰ	11 200			11200	11 802.31	2 240			10 000.00
VDV_3Ⅰ	3 500			3 500	6 555.00	1 710			7 578.00
VEVⅠ	5 150		400	5 550	16 200.00	3 965			21 325.00
VCUⅢ	20 000		100 000	120 000	1 100 000.00	60 000			288 000.00
VUVⅠ		210 000	160 000	370 000	400 000.00	54 000	260 000	8 000 000	708 600.00
VXⅢ			70 200	70 200	624 000.00	65 000	70 200		206 995.00
VBWⅠ			25 000	25 000	270 000.00	25 500	28 050		127 566.00
VDWⅠ			60 000	60 000	452 000.00	60 000	75 000		281 250.00
VW_1Ⅰ	2 000	10 000		12 000	170 000.00	20 000			83 000.00
VW_2Ⅰ	10 000		62 000	72 000	390 000.00	30 000	35 200		273 200.00

二、资料

1. 形势

本区形势可就地势、河流、地亩、交通四项分述之。

A. 地势　临水河流域，包括酒泉、金塔二县，居祁连山北麓，东与黑河相接，西与白杨河流域比邻，位置在北纬 39°至 40°30′、东经 95°50′至 98°之间，面积两万余平方公里。全区地势高仰，山巅水源处，拔海 4500 公尺，终年积雪，降至出山口拔海 1800 公尺，出山后地势开旷、平原坦荡，自南向北倾斜，合黎山（一名佳山）东西横亘，分全流域为酒泉、金塔两县治，酒泉城区拔海 1500 公尺，金塔城区拔海 1200 公尺，地面倾坡山内 1/30 至 1/500，山口以外 1/50 至 1/500（附图 V-I 临水河流域地势图）。

B. 河流　临水河发源于祁连山，有讨赖河、洪水河、丰乐川、马营河、临水河、清水河等六大支流。水源均赖祁连山积雪融化，汇集成河，山内地势陡峻，水流湍急，出山后，比降锐减，沙石沉淀，积成锥体，水行沙石滩上，渗漏极巨，除讨赖河水量充裕、有余水流于地面外，余尽没于沙漠戈壁中，潜流地下，至临水河附近，复涌出地面，汇成大河，东北流纳讨赖河、清水河二支流水穿佳山峡，经金塔于鼎新注入黑河（附图 V-II 临水河流域水系分布图，V-III 临水河干支渠纵断面图）。兹将各支流分布情形分述如下：

（1）马营河　马营河俗名千人坝河，发源于祁连山山阴，上源凡九，皆冠以龙名，俗称一马驮九龙，水源依赖山内积雪之融化，河道每年 3 至 10 月始见流水，洪水期在 7、8 两月之间，山内坡陡流急，长约 20 公里，出山后河宽自 100 公尺增至 500 公尺，比降平均 1/50，北流约 30 公里，全部没于戈壁中，水在山下潜流至西海子。

（2）丰乐川　丰乐川有东西二源，东源起于雪大阪，拔海 3500 公尺，名马苏里河，流长 60 公里，西源起于祁连山山阴，拔海 5900 公尺，名囊肚沟，流长 30 公里，二源汇合后，东北流 8 公里出山，渐没于戈壁中，甘新公路以北，河床终年干枯，水在地下潜流，注入西海子，河宽自 30 公尺至 100 公尺，比降平均 1/50，河道水流期 3 月至 10 月，洪水期在 7、8 月间，为时最短。

（3）洪水河　洪水河上源与黑河以红土岭为分水岭，南与马苏里河以中冰大阪为分水岭，西流 35 公里，经鼓浪峡，两岸峭壁耸峙，高达 50 公尺，河水蜿蜒其间，折向北流 80 公里出山，除沿途引用少部分水量灌溉外，于 15 公里处，全部没于戈壁中，水在地下潜流，至甘新公路，复涌出地面，汇入临水河，河中有水期自 3 月至 11 月，洪水期在 7、8 月之间，平均纵坡 1/63，兹将上游各支流分布情形列入附表 5：

表 5 洪水河支流分布状况表

名称	位置	水源	流长（公里）
拉直羊圈	东岸	金佛寺南雪山	7.5
山辣湾子	西岸	卯来泉南雪山	7.5
西三义河	西岸	金佛寺南雪山	15.0
遮龙姑马	西岸	朱龙关北雪山	10.0
蛇念沟	北岸	鼓浪峡北雪山	7.5
鼓浪沟	南岸	朱龙关洪水河分水岭北雪山	8.0
南过龙沟	南岸	南过龙雪山	7.5

（4）讨赖河 讨赖河一名北大河，发源讨赖掌，拔海 5780 公尺，三面雪山环抱，水自草滩内溢出，西北流 25 公里，经拿巫哈流入讨赖川，川长 110 公里，宽 20 公里，支流南北汇入，水流遂大，讨赖峡口接讨赖川尾，附近纵坡约 1/200，峡口以下，平均坡度 1/155，折向北流约 60 公里于文殊山口，出山涧入草原，坡度趋陡，平均 1/30，再行 17 公里至龙王庙，河宽达 600 公尺，水流散漫，至向东北流 40 公里至下古城注入临水河，比降降至 1/100，洪水期在 7、8 月下旬，最大洪水流率约 650 秒立方公尺，枯水流率约 8 秒公方，河道 3 月始见流水，11 月开始结冰，讨赖峡上下游支流极多，兹分别列表如附表 6：

表 6A 讨赖河讨赖峡上游支流分布状况表

名称	位置	水源	流长（公里）	备注
果奶泉	西岸	乌兰大阪一脉北部雪山	10.0	
白水河	西岸	讨赖西川	12.0	
乌兰大畦	西岸	乌兰大阪雪山	25.0	沟通乌兰大阪，为疏勒川大路，通鼓浪峡。
安步德隆畦	东岸	三支哈拉大阪雪山	12.0	
洞那德切噶	西岸	讨赖西川山水	20.0	
五个山水	西岸	五个山雪峰	23.0	
隆空	东岸	公庄公部雪山	16.0	
白沙次	东岸	白沙次脑子沙会雪山	25.0	白沙次脑子为红、黑、讨三河分水岭。
旦渡利牙河	西岸	讨赖河源西角与疏勒河分水雪山		

表 6B 讨赖河讨赖峡下游支流分布状况表

名称	位置	水源	流长（公里）	备注
稠树大沟	西岸	大青杨山	40.0	终年积雪。
绸子沟	西岸	大青杨山	30.0	稠树大沟北，大青杨山之常流水。
渣子沟	东岸	海子山（卯来泉南山）	15.0	海子山渗漏常年不绝。
玉石亮峡	西岸	七个达阪雪山	20.0	
黑水峡	东岸	洪水河西岭雪山	60.0	常流水。
格里木	东岸	卯来泉雪山	40.0	
东水沟	西岸	七个达阪东北雪山	35.0	可通鱼儿红（哈萨克集居区域）。

续表

名称	位置	水源	流长 （公里）	备注
柳树沟	西岸	黑达阪雪山	35.0	
白柳沟	东岸	朱龙关雪山	40.0	
三杨沟	西岸	黑达阪东雪山	35.0	
朱龙关水	东岸	朱龙关雪山	40.0	有大道通鼓浪峡。
白涧水	西岸	黑达阪东雪山	15.0	

（5）清水河　清水河水源为讨赖河渗漏潜流地下之水，于下游低洼地带涌出地面汇集成流，通常流率约 0.5 秒立方公尺，全年无洪水枯水之分，流长 30 公里，于青山寺注入临水河，平均坡度 1/130。

（6）临水河　临水河水源为讨赖河、洪水两河及其他灌溉区渗漏地下之水复涌出地面汇集成流，终年不涸，洪水时期，洪水河部分洪水临茅庵河滩泻入，水量遂增，于下古城注入临水河正流，坡度由 1/200 至 1/500。

C. 地亩　祁连山麓地势陡峻，多属戈壁不毛之地，出山口以下，始有可耕土壤，据 34 年甘肃省政府编印《农业概况》一书内统计，本流域内耕地面积共 675 000 市亩，其中灌溉地占 43.7%，沙地占 22%，碱湖占 20.9%，戈壁滩占 13.4%。后据地政局各县地亩统计，酒泉、金塔两县平均面积为 25 879 140 市亩，耕地、间歇地及荒地共 1 916 098 市亩。36 年本队普遍查勘时，调查耕地 628 427 市亩，间歇地 50 000 市亩，荒地 1 774 543 市亩，分别绘成地亩图，其中半数以上系实测故较详实（附图 V-IV 临水河流域耕地及荒地面积图）。其分布情形如下表：

表 7　临水河流域耕地面积调查表

河名	耕地面积 （亩）	间歇地面积 （亩）	可垦荒地面积 （亩）	备注
马营河	32 400	12 960	20 000	八渠流域合计。
丰乐川	56 522	26 390	22 099	十一渠流域合计。
洪水河	46 646	24 255	163 522	六渠流域合计。
讨赖河	105 430	11 734	177 763	十四渠流域合计（内包括文殊山 150 000 市亩及边湾 110 000 市亩）。
清水河	41 594		17 000	十三渠流域合计。
临水河	165 835	78 255	134 159	十四渠流域合计。
柴滩			900 000	面积 1 800 000 市亩，其中半数含碱甚重，不能垦种。
其他	180 000		80 000	包括黄草坝、榆林坝、干坝口、关山沟、红山沟及东西八格楞等灌区。
合计[①]	628 427	50 000	1 774 543	间歇地为耕地之一部。

---

① 编者按：此处合计数字似有误。

D. 交通　临水河流域内，交通尚称便利，甘新公路经酒泉，西通新疆，东抵兰州，肃建公路自酒泉起始，北行经金塔直达宁夏，此外各村间均有大车道相通，往来称便。酒泉东有沪迪航线空运联络站，日后天兰、兰肃两铁路修筑完成后，火车可直驰酒泉，交通当更便利。

2. 地质

本区地质可就平原、山谷两部分述之。

A. 平原地质　临水河各支流出山口以下，地势扩展，蔚成冲积锥体，各自成为一系，山麓附近地面皆沙砾，无土壤掩蔽，下游地坡渐平。表面土渐增厚，土壤多漠钙土，其中较高处丘陵起伏为棕漠钙土，色呈红棕数种，颗粒细匀，易为风吹散。酒泉城东 60 公里及金塔以北广大地区，皆属此土质，植物绝难生长。较低之地，为灰漠钙土，土层肥厚，适于农作，此外部分低洼处，因排水不良，多属盐积土，如酒泉、高台两县间柴滩，若不设法排碱，植物无法成长。

B. 山谷地质　祁连山大部为变质岩组成，近山麓处多上煤系沙岩层，表土为栗钙土，山内石层多下煤系灰色岩及黑色岩，山岭高处表面土为高山冰沼土及亚高原土，前者在雪线以上，草木不生，后者类似黑钙土亦因气候关系，仅生短草。

3. 水文

临水河流域山内各种气象与山口以下平原地带，迥不相同，兹就山内山外两分。

A. 雨量

（1）祁连山内　祁连山内雨量，据 35 年讨赖川（讨赖川上游公庄处拔海 3200公尺）测候站 6、7、8 三个月记载：6 月下半月降雨量 32.2 公厘，7 月 133.6 公厘，8 月 85.1 公厘，一日内最大雨量为 28.6 公厘，连续三日之最大降雨量为 54.4 公厘，与酒泉气象站雨量记载相比较约为 7.4:1，酒泉年雨量为 83.9 公厘，则祁连山内年雨量应为 620 公厘，复据 34 年 4 月甘肃水利林牧公司酒泉工作站，祁连山积雪深度测量记载，估算年雨量为 650 公厘，以上列二数平均约估祁连山内年雨量为 635公厘。

（2）祁连山外　兹录酒泉气象测候所民国 23—36 年雨量记载如下：

表 8　酒泉各月平均雨量表（单位：公厘）

月份	1	2	3	4	5	6	7	8	9	10	11	12	合计
雨量	1.00	3.24	2.83	5.28	4.48	11.27	14.32	31.50	5.48	0.72	1.94	1.84	83.90

B. 蒸发量

（1）祁连山内　山内温度较山外为低，相对湿度较高，蒸发量亦低，以 35 年讨赖川测候站蒸发量记载与酒泉同月之记载相比较为 1:1.8。

（2）祁连山外　兹录酒泉气象测候所民国 23—36 年记载如下：

表 9　酒泉各月平均蒸发量表（单位：公厘）

月份	1	2	3	4	5	6	7	8	9	10	11	12	合计
蒸发量	——	——	——	184.9	268.6	262.7	258.2	212.4	181.4	130.2	——	——	1498.40

C. 温度

（1）祁连山内兹录讨赖川测候站民国 35 年 6—12 月及 36 年 1—3 月记载如下：

表 10　讨赖川公庄各月平均气温表（单位：℃）

年/月	35/6	35/7	35/8	35/9	35/10	35/11	35/12	36/1	36/2	36/3	备考
平均温度	6.1	10.6	11.6	7.2	——	——	-35.0	-15.0	-13.7	-7.9	

（2）祁连山外兹录酒泉气象测候所 23—36 年记载如下：

表 11　酒泉各月平均气温表（单位：℃）

月份	1	2	3	4	5	6	7	8	9	10	11	12
平均温度	-8.5	-4.2	3.1	10.7	16.9	21.3	22.4	21.8	16.1	9.5	-0.4	-7.1

霜期自 10 月至翌年 4 月。

D. 温度

（1）祁连山内兹录民国 36 年公庄气象测候站湿度记载如下：

表 12　讨赖川公庄各月平均湿度表（%）

月份	1	2	3	4	5	6	7	8	年平均
平均湿度	80	67	55	——	——	——	——	61	

（2）祁连山外　兹录酒泉气象测候所民国 23—36 年记载如下：

表 13　酒泉月平均湿度表（%）

月份	1	2	3	4	5	6	7	8	9	10	11	12	年平均
平均湿度	50.8	41.9	35.4	32.7	38.9	36.9	43.0	49.0	44.3	40.5	43.4	50.3	42.3

E. 地面水　根据临水河青山寺水文站记载，民国 32 年洪水流率为 600 秒立方公尺，经调查各期水位痕迹，估算最大洪水流率约 1500 秒立方公尺，最小枯水流率约 3.5 秒立公尺，兹将青山寺水文站记载，全年各月平均流率列表如下：

表 14　临水河青山寺各月平均流率表（单位：秒立公尺）

月份	1 月	2 月	3 月	4 月	5 月	6 月	7 月	8 月	9 月	10 月	11 月	12 月
流率	+15.11	+15.11	15.11	10.98	3.70	8.22	13.95	28.00	14.46	13.90	15.11	+15.11

临水河各支流情形分别列述于后：

（1）马营河 马营河每年 3 至 10 月始见流水，水文尚无确实记载，根据 21 年甘肃水利林牧公司派员驻测，最小枯水流率为 1.0 秒立方公尺，各月平均流率列入下表：

表 15 马营河各月平均流率表（单位：秒立公尺）

月份	1	2	3	4	5	6	7	8	9	10	11	12
流率			1.0	1.8	2.1	8.1	30.0	10.0	0.0	2.1		

甘肃水文总站于 37 年 6 月设立九家窑水文站，记载欠缺未抄录本规划书内。复据洪水断面、河床比降估定摩擦系数，用满宁公式计算最大洪水流率为 1027 秒立方公尺，含沙量平时极微，约 0.1%，洪水时可达 1%。

（2）丰乐川 据 31 年水利林牧公司派员驻测枯水流率约 0.9 秒立方公尺，各月平均流率列入下表：

表 16 丰乐川各月平均流率表（单位：秒立公尺）

月份	1	2	3	4	5	6	7	8	9	10	11	12
流率			0.9	1.5	2.1	8.5	32.0	26 0	6.8	1.0		

甘肃省水文总站于 37 年 5 月设立大庄水文站，成果如附图 V=3e 乙丰乐川大庄水文站流率曲线。复据洪水位遗留痕迹，推算最大洪水流率约 756 秒立方公尺，含沙量平均极微，约 0.1%，洪水时可达 2%。

（3）洪水河 尚无确实水文记载，据 31 年林牧公司实测枯水流率 0.7 秒公方，河水每年 3 月始见流水，11 月结冰，各月平均流率列入下表：

表 17 洪水河各月平均流率表（单位：秒立公尺）

月份	1	2	3	4	5	6	7	8	9	10	11	12
流率			0.7	1.0	2.5	9 0	40.0	70.0	7.0	2.0		

甘肃水文总站于 37 年 5 月成立水文站，因记载欠实未列入。复据洪水痕迹，推算最大洪水流率约 488 秒立方公尺，含沙量在鼓浪峡实测为 20%，山口以外约 0.5%。

（4）讨赖河 本队 36 年 7 月于南龙王庙处，根据洪水痕迹，估算讨赖河最大洪水流率约 1190 秒立方公尺，含沙量约 0. 72%，复据南龙王庙水文站 31—35 年讨赖河各月平均流率：

表 18 讨赖河南龙王庙各月平均流率（单位：秒立公尺）

月份	1	2	3	4	5	6	7	8	9	10	11	12
平均		——	——	14.85	14 46	19.55	73.99	68.67	20.79	19.36	16.25	——

甘肃水文总站鉴于南龙王庙处河床亦常变化，于 37 年将站址上移至冰沟，兹将冰沟 37 年流率制成曲线如附图 V-3e 丁。

（5）临水河　临水河酒泉临水堡水文站，有 31 年至 35 年记载，最低水位为 0.06 公尺，最高水位 0.75 公尺。据 36 年 6 月实测最小枯水流率为 1.8 秒立方公尺，最大洪水流率估算为 10.0 秒立方公尺。兹将临水堡水文站流率记载绘成曲线，如图 V-3e 临水河酒泉临水堡流率曲线图。

（6）清水河　清水河水源为讨赖河渗漏水，终年流率无显著变化，流率为 5 秒立方公尺。

（7）泉水沟涧　临水河流域除上述各支流外，尚有关山沟、红山沟、黄草坝、榆林坝、干坝口等，皆发源于祁连山北麓，水小流短，平时仅供饮用，偶遇山洪，水量增涨，可引灌少数田亩。

　　F. 地下水

（1）莲花寺、西海子　西海子地势低洼，上游丰乐川、马营河渗漏地下之水，于此处蜂涌露头，汇集成湖，面积 15 平方公里，湖内芦草丛生，春夏水枯，秋冬水涨，地下水位距地面约 2—3 公尺。

（2）临水河临水堡　洪水河潜流地下之水，于茅庵河滩以下，复又涌出地面，形成草滩，面积约 100 平方公里，滩内处处皆见地下水露头，夏秋水盛，春冬水枯，地下水位距地面约 1.5—3 公尺。

（3）酒泉城厢附近　讨赖河渗漏地下之水于酒泉城厢附近低洼地带复涌出地面，蜂涌露头，范围亦广。

（4）边湾花城湖、镇台湖　讨赖河水出山后，一部水流渗漏沙石层下，在地下潜流至嘉峪关西被山阻，返向东流，于下游边湾花城湖、镇台湖等低洼处涌出地面，蜂涌露头，面积数十公里。

　　4. 农作概况

　　A. 现况　本区地高气寒、雨量稀少，限于霜期，农作仅一熟，分夏禾、秋禾二种，夏禾以小麦为主，青稞、豆类次之，秋禾以糜子为主，谷子、胡麻、洋芋次之，春季山中融雪不多，水量有限，不能供应全区耕地需用，农民依照水量多寡，先种夏禾，待秋季河水增涨后再将未种夏禾田亩，播种秋禾。秋季水量充裕，秋禾产量往往多于夏禾，为农民主要收获，此外金塔城厢附近，产棉花及克克其瓜（哈密瓜之一种）甚驰名。耕地轮种方法，有今春种植夏禾收获后，泡地耙平，明春仍种夏禾，第三春亦然者；有今春种植秋禾，次春种植夏禾，第三春再种秋禾者。一部耕田，种植年数较长，土中钙质渐减或因水量不足，往往令其隔年休息，谓之间歇地。兹将本区作物产量现况实地调查列表如下：

表 19　临水河流域农作物产量调查表

县别	农作类别	农产种类	农产品亩产量（市石）		农产副产单价（市斤）		作物占全县耕地面积比例（%）	备注
			平年	丰年	平年	丰年		
酒泉	夏禾	小麦	1.0	2.0	200	280	30	
		青稞	1.0	2.2	120	240	10	
		豆类	1.0	2.9	100	180	5	
	秋禾	糜子	1.0	2.0	100	200	20	
		谷子	1.0	2.0	100	200	20	
		洋芋	5.0	11.4	100	220	5	
		胡麻	0.4	1.1	40	110	5	
金塔	夏禾	小麦	1.0	2.5	200	300	20	
		青稞	1.0	2.5	120	280	10	
		豆类	1.5	3.3	150	200	5	豌豆、蚕豆、黄豆等。
	秋禾	糜子	1.0	2.5	120	280	35	
		谷子	1.0	2.5	100	250	15	
		胡麻	0.5	1.7	50	170	5	
		棉花	2.0 市斤	3.0	60	90	5	
		洋芋	7.0	16.7	140	250	5	

表 20　临水河流域农作物耕种节令调查表

农作类别		泡地用水（时令、日期）	播种时期（时令、日期）	灌溉时期（时令、日期）	收获时期（时令、日期）	备注
夏禾	小麦	处暑—白露 8.20—9.8	惊蛰—春分 3.1—3.20	立夏—夏至 6.5—6.20	大暑—立秋 7.20—8.10	若浇水不足三次，则不用泡地，秋禾后犁耙，明春种麦，泡间歇地用水须在六月内。
	青稞	处暑—白露 8.20—9.8	惊蛰—春分 3.10—3.20	谷雨—芒种 4.20—6.6	小暑—大暑 7.1—7.20	
	豆类	白露—秋分 9.10—9.23	清明—谷雨 4.6—4.20	小满—立夏 5.20—6.21	小暑—大暑 7.7—7.20	马营、丰乐、洪水三河灌区因水来迟，诸时略晚。
秋禾	糜子	寒露—霜降 10.8—10.23	小满—芒种 5.20—6.30	小暑—处暑 7.1—8.20	白露—秋分 9.1—9.20	较讨赖等河迟。
	谷子	寒露—霜降 10.8—10.23	谷雨—立夏 4.15—4.30	芒种—大暑 6.1—7.15	寒露—霜降 10.11—0.10	迟收半月至廿天。
	胡麻	白露—秋分 9.8—9.20	清明—谷雨 4.1—4.15	小满—小暑 5.20—7.1	立夏—处暑 8.1—8.20	
	马铃薯	霜降—立冬 10.23—11.8	清明—谷雨 10.23—11.8	小满—处暑 5.20—8.20	秋分—寒露 9.20—10.8	

B. 农作   成本临水河流域各区土壤肥瘠不同，农作成本（包括种子、人工、肥料、田赋等）颇难获得精确数字，兹按实际调查所得表列如下：

表 21   临水河流域农作成本调查表

农作类别		单位	农作成本分析					备注
			工程（市石）	人工折合粮数（市石）	畜力折合粮数（市石）	肥料折合粮数（市石）	合计总成本（市石）	
夏禾	小麦	市亩	0.25	0 25	0.50	0.30	1.20	粮单位概以小麦计算。
	青稞	市亩	0.20	0.20	0.50	0.30	1.15	人工每亩需 15—20 工，每工以 0.25 市石计。
	豆类	市亩	0.20	0.20	0.50	0.30	1.15	畜力每亩需 10 畜工，二畜工合一人力。
秋禾	糜子	市亩	0.15	0.15	0.50	0.30	1.10	
	谷子	市亩	0.15	0.15	0.50	0.30	1.10	
	胡麻	市亩	0.10		0.50	0.30	1.05	
	马铃薯	市亩	0.10	0.20	0.50	0.30	1.15	

C. 沿革   查本流域之开发，在汉武帝元狩二年，遣霍去病北逐匈奴，于河西置敦煌、酒泉、张掖、武威等四郡，屯兵驻守移民垦殖。酒泉郡又名肃州，东通关中，西屏嘉峪关，南抵青海，北接宁夏，形势极其扼要，历代唐、宋、元、明、均极重视本区之得失，全区尽引临水河各支流水垦殖，沟渠纵横，土地肥美，惟自清代以来，政治紊乱，民不聊生，一遇灾歉，居民辄弃地逃亡，昔日田舍，尽皆荒废。金塔古称王子庄，隶属酒泉郡，民国元年，始划为酒泉、金塔二县。

5. 水利现况

A. 概况   流域上游各渠道，均直接引各支流灌地，渠道内渗甚多，渠首无固定拦河设备，进水时临时堵截，因陋就简，每遇洪涨，辄遭冲毁，修复期间，往往贻误用水时期。每届放水以前，更须掏淤其埂，耗费人力财力不知凡几。中游部分因上游将水用尽，余水均渗漏地下，使数十万亩沃土尽皆荒芜。下游地势低洼，地下水露头成泉，引水灌溉工程较小，渠道虽时遭洪水冲毁，修复则较简易。

B. 用水规章   本区农田用水多采短期轮灌制，因各坝渠水量大小不一，耕种面积多少不同，分为十五日、二十日及一月输水一次三种，各渠渠口大小、闸计分寸、轮灌时日由各渠渠长及水利人员办理，制度森严，历代相传，法良意美，惟上游如有余水宁使流失，不愿破例让于下游引用，是其弊端。

C. 渠口及岁修   本区各渠自成系统，设水利委员一人，由众公举，任期一年至两年，专司挑淤、筑坝、征料、派工等岁修事宜，分干坝及及水坝两种，干坝工为岁修工，按量派工征料；水坝工为临时抢修工，视损坏情形，并按地亩征工征料。兹将岁修情形调查列表如附表22。

表22 临水河流域渠道岁修工料调查表

河名	渠名	耕种面积（市亩）	民夫（工）	胡麻草（市斤）	柴草（市斤）	清油（市斤）	麦皮草（市斤）	年纳粮（旧石）	备注
马营河	屯升沟	16 800	25 000	26 000					人口2 373，条石160丈。
	马营河	4 060	723		1 200	480			修河坝工每日41工—70工，日期不定。
	沙山渠	2 100	12人最多						
	小坝	1 400	1 440	540	1 080	30			条石1 800车。
	西大坝	11 200	5 832						
	新中坝	1 400	1 568	2 400	19 200				修水坝每日八十工，日期不定。
	旧中坝	1 400	1 944	1 674	12 400				修水坝工不定。
	西下坝	7 000	5 720	3 600	36 000				
丰乐川	辛家坪	1 300	110						
	神仙坝	1 000	30				240		
	西头坝	8 300	241				300		
	东头坝	31 000	1 196				1 000		石匠二名，白茨43市斤。
	西二坝	5 342	168				560		白茨10市斤。
	东二坝	15 000	235				302		
	西三坝	4 500							石匠三名，火药2.5公斤，钢料消耗16.2公斤，钢杆0.5公斤。
	西四坝	2 650							石匠九名，火药7.5公斤，钢料消耗43.53公斤，钢杆1.5公斤。
	西五坝	1 720	960				2 570		白茨79市斤，铁件37市斤，树梢32车，142驮。
	西六坝	1 720	960				8 118		白茨182市斤，铁件62市斤，树梢142车，192驮。
	东三坝	7 800	410				380		
	东四坝	3 900	370				295		
洪水河	洪水坝	76 000	15 519				59 120		水坝工1 000名。
	新地坝	7 200	288				8 640		麦皮草无者顶工。
	东洞坝	3 876	210—240		7 000	300—400	11 000		水坝工1 300名。
	西滚坝	746	480—640						
	西洞坝	4 386							

续表

河名	渠名	耕种面积（市亩）	民夫（工）	胡麻草（市斤）	柴草（市斤）	清油（市斤）	麦及草（市斤）	年纳粮（旧石）	备注
讨赖河	图尔坝	11 850	1 500	3 500		3	9 000	268	卵石10—15车。
	新城坝	9 010	180	900			2 500	140	
	沙子坝	18 000	6 552		12 000	200		655	
	黄草坝	17 500	4 245		16 000	240		849	
	河北坝	15 361	6 000		5 000	35		200	
	丁家闸	9 200	3 300		3 000	20		110	
	老鹤闸	9 784	3 420		3 000	20		114	
	野麻湾	6 613	1 350		2 500	20		45	
	蒲草沟	3 937	320		200			36.3	
	腰岑坝	1 202	150		100			17.0	
	三墩坝	3 040	120		150			28.4	
	潭家堡	5 036	120		150			46.6	
	石金沟	1 900	160		100			18.6	
	古城坝	3 330	280		200			127.88	
清水河	上游十	33 293							泉水沟只管引水拦之事，无须岁修。
	天边沟	3 100							
	树叶沟	1 100							
	中渠	11 890	1 900				8 550		树梢47 500市斤。
	前所沟	1 875	750						
	临水坝	4 000	3 200						
	茹公渠	5 000	4 000		10 000				
	金东坝	25 276	1 000		30（车）	1 221			
	金西坝	13 464	1 000		30（车）	1 221			
临水河	户口坝	28 451	6 990		29 494	2 114			
	梧桐坝	24 133	6 990		29 494	2 114			
	三塘坝	18 613	6 990		29 494	2 114			
	威虏坝	19 668	6 990		29 494	2 114			
	王子东	20 660	6 990		29 494	2 114			
	王子东	18 553	6 990		29 494	2 114			

D. 灌溉需水量　本区农田用水，分泡地用水与灌溉用水两种，泡地又分年耕地与间歇地，泡间歇地用水须在 6 月，出伏则不佳，泡年耕地用水自 8 月至 10 月，时间以 90 日计，每次水深 400 公厘，平均每万市亩，需水量 0.344 秒立方公尺。灌溉用水，于作物生长期内轮灌 5 次，每间 15 日轮灌一次，每次水深 80 公厘，平均每万市亩需水量为 0.415 秒立方公尺（输水损失，均未计内）。

6. 农村概况

A. 农村副业本区农民副业，种类繁多，惟均不甚发达，兹分别列述如下：

（1）畜牧　本区地广人稀，耕地面积不多，草原辽阔适于放牧，故畜牧事业较为普遍，羊毛羊皮为对外贸易之大宗。驴马为农村间至要工具，农民均畜之。

（2）药材　药材多产于祁连山中，以大黄、甘草、麻黄等较为著名，山区附近农民于农暇时，结伴入山寻采，惟因整理装置不良，利益不多。

（3）蓝靛　金塔城厢附近产蓝靛，因需水量较多产量有限，仅能供给当地。

（4）裘皮硝制　本区气候严寒，冬必衣裘，故皮裘硝制亦为农村副业之一，惟因方法简陋，成品不良，价值低廉，亟应提倡改用科学方法，制造精良成品。

（5）手工棉纺织业　金塔县产棉花，农民多用土法纺纱织布，质劣量少。

（6）手工毛纺业　本区羊毛产业特丰，农民纺成毛线，利倍羊毛，多兼营。

（7）手工毛织业　利用毛纺品织成毛带、毛袋、毛褐子等，其中以毛褐子为农民主要衣料，性软耐久，应加以改良推广。

（8）制毡　毡毯、毡鞋、毡帽等，为西北人民必需之御寒品，应提倡推广。

（9）手工制纸　本区临水乡一带，农民利用稻草制成草纸，可供当地需用，方法简单，成本亦低廉，亟应提倡扶持推广。

（10）柳苇编制　农民利用柳条草藁编制农具，本区临水乡一带最多，惟出品有限，须加以提倡，仅足本地需用。

（11）淘金　祁连山内金矿蕴藏甚多，洪水、讨赖、丰乐诸河上游，均极丰富，洪水河上游每年有淘金工人 300 人，约能淘金 200 两，现由青海省政府派员课税管理，亟应用科学方法大量开采，以备国家之需用。

（12）采煤　山内煤矿甚丰，范围广大，讨赖河上游农民在冰沟附近用土法开采，产量足供酒金两县需用，若能大量投资，以科学方法开采，　　　　　。

（13）刻石　嘉峪关之石砚，讨赖河之玉琢笔筒及酒杯均极驰名，若将各种雕刻技工再加改进，其艺术价值更可增高。

（14）制肥　本区为一大畜牧区域，畜类骨殖遍地遗弃，数量甚巨，设法制成骨粉，施肥丰地，利益甚厚，且骨粉制造设备简单，成本低廉，亟应提倡。

B. 农村经济　本区地势高阜，气候寒冽，耕地面积不多，地瘠民贫。盖以历年徭赋繁重，户鲜余粮，农村经济濒于破产。农民教育程度低落，俗尚迷信，不知卫生，食品以杂粮为主，营养不足，死亡率甚大。兹分述本区租赁与赋税如下：

（1）租佃制度 河西多自耕农，虽土地多至数百亩，亦均雇工耕种，自行经营。酒泉自耕农占 90%，金塔占 70%，出佃甚少，每户种地多者 100 亩至 300 亩，少者不下 10 亩，本区租佃问题，并不严重，有谷租、分租两种，谷租普通每亩租额 5 市斗，分租多主四佃六，兹调查各地租赁情形如下表：

表 23　临水河流域租佃制度调查表

县别	种类	占各种租制数	普通租额	收租方法	纳租时期	租约年限
酒泉	谷租	20%	6 市斗	地主收或佃户收兼有	收获后	三年至五年
	分租	80%	主四佃六	地主收或佃户收兼有	收获后	无定期
金塔	谷租	10%	6 市斗	地主收或佃户收兼有	收获后	三年至五年
	分租	90%	主四佃六	地主收或佃户收兼有	收获后	无定期

（2）土地赋税 本区农田古时均为屯田不课赋税，至明末改为科田，交纳粮草。民国以来，沿明清旧，未加厘定，田亩负担轻重，不依土地肥瘠而异，仅以田地类别而分，通常粮石屯田重于民田，近年经田粮处测量整理后，土地负担除国家正当赋税外，更有县附加税及临时摊派，尤以后者，为数至巨，其数额往往超过田赋正额数十倍，致民不聊生，相率逃亡，时有所闻。

C. 民俗 本区地瘠民贫，农民终日忙于生活，文化教育均极落后，文盲占全区人口总数九城以上。冬季衣以羊皮，夏季仅一布衣，穿破不洗，其风俗习惯与内地比较特殊者：一、人民崇尚迷信，多奉佛教、道教，寺庙随地可见，建筑宏大。二、人民不知卫生整洁，鹑衣垢面。三、民性耿直，思想钝愚，质朴简约，勤于耕作。四、性质纯良，能忍耐、善服从。五、无游民，少乞丐，无盗贼之患。

7. 物产状况

A. 矿产 祁连山中矿产蕴藏，内中以煤金为最多，讨赖河上游冰沟处有小规模煤矿，用土法开采，产量足够金酒两县需用，洪水河上游每年有淘金工人 300 名，可产沙金 200 两；此外尚有石灰石、硫磺、石油、石膏等，惜均未开采。

B. 林牧 本区林木有杨、柳、榆、枣、松、柏等，产量不多。家畜以驴、羊最多，马、牛、驼等次之。山中兽类有大头羊、石羊、黄羊、野猪、野牛、熊、獐、麝、鹿、兔等，中以野兔为最多，藏人称为讨赖，讨赖河即因兔多而得名。

C. 商品 皮毛为本区输出商品之大宗，其他酥油、麝香、鹿茸、药材等，亦均有输出，惟产量不多。本区小麦为主要产量，交赋之余，不足自给，农民平时杂以糜子、洋芋充饥，自玉门油矿成立以来，食品悉赖酒泉供应，粮食更不敷用，现米麦均仰给于高台、张掖、武威等地，一般日用品亦全部仰给外来。

8. 工程工料单价

A. 单价之调查 本区地旷人稀，物产不丰，一般日用品均仰给外来，建筑材料尤感缺乏。复因运输困难，价格更高，兹将各种工料单价调列表如下：

表 24 临水河流域食粮单价调查表

品名	单位	单价	
		26 年（元）	36 年 12 月（元）
小麦	市石	5.0	800 000
大麦	市石	4.5	620 000
青稞	市石	4.5	620 000
扁豆	市石	6.0	1 100 000
棉花	3 市斤	42.0	8 500 000
马铃薯	市石	1.6	220 000
糜子	市石	4.0	640 000
胡蔴	市石	5.3	820 000
豌豆	市石	5.0	1 000 000
清油	百市斤	22.0	3 100 000
盐巴	百市斤	8.0	500 000
猪肉	百市斤	20.0	3 000 000
羊肉	百市斤	15.0	2 000 000
谷子	市石	4.0	560 000
烟煤	公吨	7.2	1 500 000
麦草	公吨	22.0	2 500 000
大米	市石	14.0	2 000 000

表 25 临水河流域工料单价调查表

品名	单位	单价		备注
		26 年（元）	36 年 12 月（元）	
小工	工	0.35	35 000	
木工	工	0.80	80 000	多来自兰州。
铁工	工	0.80	80 000	多来自兰州。
泥工	工	0.65	65 000	多来自兰州。
石工	工	0 95	95 000	多来自兰州。
熟铁	公斤	0.45	85 250	小量当地可购。
钢	公斤	0.95	205 250	兰州单价加运费。
小圆木	立公方	65.00	6 500 000	在 8 公尺以下者，本地出。
大圆木	立公方	90.00	9 000 000	在 8 公尺以上者，高台县产。
方木	立公方	120.00	12 000 000	
白灰	百公斤	160.00	320 000	当地烧。
洋灰	桶	22.00	3 400 000	兰州单价加运费。
炸药	公斤	0.90	70 000	兰州、临洮产。
洋钉	桶	36.50	9 178 000	兰州单价加运费。
青砖	立公方	0.06	1 400 000	当地烧。
大车运	公里/公吨	0.42	50 000	
驮运	公里/公吨	0.60	72 000	
汽车运	公里/公吨	0.06	70 000	

表26A　临水河流域工程单价分析表（民国廿六年）

工程名称	单位	工人 大工	工人 小工	炸药（市两）	钢钎（市两）	杂具（2%）	招工费（10%）	包工管理费及利润（20%）	合计单价	备注
挖普通土	m³		1/3.5×0.35=0.10			0.003	0.015	0.022	0.140	规定免费水平运距10公尺，直升运距3公尺，如有超出直升运距1公尺，折合水平运距10公尺，连同水平超距，每10公尺为一单位计算超运费。
药填土	m³		1/2×0.35=0.175			0.0035	0.0175	0.035	0.230	
挖坚隔土	m³		1/15×0.35=0.223			0.0041	0.0233	0.049	0.310	
挖松石	m³		1.5×0.35=0.525			0.0105	0.0525	0.105	0.693	
挖坚石	m³	0.5×0.95=0.475	1×0.35=0.350	8×0.0781=0.225	2×0.04=0.08	0.0226	0.113	0.224	1.496	
挖特坚石	m³	2×0.95=1.90	6×0.35=2.10	16×0.0281=0.45	8×0.04=0.32	0.095	0.477	0.954	6.296	
干砌卵石	m³	0.8×0.95=0.760	3×0.35=1.05			0.036	0.181	0.363	2.390	空隙35%,灰料在外。
干砌块石	m³	1.3×0.95=1.235	3×0.35=1.05	8×0.0281=0.225	2×0.04=0.08	0.052	0.259	0.518	3.420	空隙30%,灰料在外。
干砌条石	m³	7×0.95=6.95	3×0.35=1.05	16×0.0281=0.45	8×0.004=0.32	0.160	0.800	1.600	10.560	空隙15%,灰料在外。
浆砌卵石	m³	1×0.95=0.95	3.5×0.35=1.225			0.038	0.190	0.378	2.490	空隙12%,灰料在外。
浆砌块石	m³	1.3×0.95=1.235	3.5×0.35=1.225	8×0.0881=0.025	2×0.04=0.08	0.055	0.276	0.554	3.650	空隙20%,灰料在外。
浆砌粗条石	m³	10×0.95=9.50	4×0.35=1.40			0.218	1.090	2.180	14.390	
浆砌细条石	m³	13×0.95=12.35	5×0.35=1.75			0.282	1.410	2.820	18.610	
浆砌青砖	m³	1.3×0.95=1.235	3.5×0.35=1.225			0.040	0.200	0.400	2.710	
大车运土或运砖	m³/km								0.600	驮运增加50%,人力增加100%。
大车运块石或卵石	m³/km								0.800	
大车运青砖	m³/km								0.800	驮运增加50%,人力运增100%。
大车运条石	m³/km								1.000	
白灰三合土	m³	1×0.95=0.95		5×0.35=1.75			0.035	0.175	0.350	
洋灰三合土	m³			6×3.5=21			0.049	0.045	0.490	

B. 工程单价分析工程单价包括人工、材料、工具、消耗、招工费及包工管理费等项，兹按酒泉区工料单价分析如下表：

表 26B　灰浆胶泥暨混合土成分配合表

成分比例		每立公方灰浆胶泥			每立公方混合土			
		洋灰（桶）	石灰（公斤）	净沙（公方）	洋灰（桶）	石灰（公斤）	净沙（公方）	碎石（公方）
洋灰胶泥	1:2	4.19		0.90				
	1:3	3.10		1.00				
洋灰混凝土	1:2:4				2 09		0.45	0.90
	1:3:6				1.42		0.46	0.93
石灰胶泥	1:2		400	0.90				
	1:3		320	1.00				
石灰三合土	1:2:4					170	0.42	0.85
	1:3:6					120	0.45	0.90

C. 人工日用费调查本区因工商业不发达，技术工人缺乏，外来工人不多，所有土石木工人技术粗陋，工作效率低微，生活简朴，其日常生活费用调查表如下：

表 27　临水河流域工人日用费调查表

| 工人种类 | 每日工资 | | 日用费分析（元） | | | | | | | | 剩余[①] | |
| | | | 伙食 | | 烟草 | | 草履 | | 工具耗损 | | | |
	26 年	36 年12 月	26 年	36 年12 月	26 年	36 年12 月	26 年	36 年12 月	26 年	36 年12 月	26 年	36 年12 月
小工	0.35	35 000	0.06	25 000	0.02	2 000	0.02	2 000	0.01	1 000	0.21	5000
木工	0.8	30 000	0.07	32 000	0.02	2 000	0.01	1 000	0.03	3 000	0.67	42 000
铁工	0.80	80 000	0.08	35 000	0.03	3000	0.01	1 000	0.04	4 000	0.64	35 000
石工	0.95	95 000	0.08	35 000	0.03	3 000	0.01	1 000	0.03	3 000	0.80	53 000
泥工	0.65	65 000	0.06	25 000	0.02	2 000	0.01	1000	0.01	1000	0.55	36 000

工人伙食每日以 2.5 市斤面计，36 年 12 月面价每斤 9000 元，柴菜约如上数。

三、规　划

1. 水源考查

临水河各支流水源均赖祁连山内积雪之融化，每年 3 月开始，是为春水，7 至 9 月为山间雨季，几每日降雨一次，水量激增，汇成洪流，是为秋洪。兹将各支流平时灌溉可恃流率列表如下：

---

① 编者按，此栏数据似有误。

表 28 临水河各支流平时灌溉可恃流率表（单位：秒立方公尺）

河名	4 月	5 月	6 月	7 月	8 月	9 月	10 月	11 月
马营河	1.5	1.8	5.0	10.0	8.0	5.0	1.5	
丰乐川	1.0	1.5	5.0	8.0	7.0	4.0	2.5	2.0
洪水河	0.5	1.5	6.0	15.0	30.0	5.0	1.0	
讨赖河	10.0	10.0	11.0	15.0	17.0	15.0	12.0	10.0
清水河	5.0	5.0	5.0	5.0	5.0	5.0	5.0	5.0
临水河	1.8	1.8	1.8	2.5	5.0	2.0	1.8	1.8

临水河各支流出山后，除少量被引用灌溉外，余均没于戈壁中，水在地下潜流至下游地势低洼处，复又涌出地面，蜂涌露头，各河自成一系，地下水库储量浩大，无虑取用尽竭也。

2. 荒田分布

临水河流域可耕荒地，分生荒、熟荒两种，生荒一部分杂错于已耕地间，计有马营河 20 000 市亩，丰乐川 22 100 市亩，洪水河 163 500 市亩，讨赖河 177 760 市亩，清水河 17 000 市亩，临水河 134 160 市亩。一部分散于距河较远地带，计文殊山后 150 000 市亩，边湾 110 000 市亩，黄泥铺以东 900 000 市亩及其他荒地 80 000 市亩（包括柴草坝、榆林坝、干坝口、关山沟、红山水及东西八格楞等灌区）。熟荒则混杂于耕地之间或耕地下游，因水量不足沦为荒地，计马营 12 960 市亩，丰乐川 26 390 市亩，洪水河 24 255 市亩，讨赖河 11 734 市亩，临水 79 255 市亩。

合计本区共有可耕生荒 1 774 520 市亩，熟荒 50 000 市亩。其中除生荒中文殊山 150 000 亩因地势高亢，引水困难及其他荒地 80 000 亩无水源可利用外，均可引水开垦，为本规划之目标。

3. 现有工程缺点

本区旧有各渠道均沿用土法，由农民自行开挖，工程简陋，其主要缺点为：

其一，渠道重复散漫，多平行乱流于沙砾河滩中，渗漏至巨，如马营河西岸六坝及丰乐川西五、西六坝等。其二，渠首无固定拦水设备，进水时临时用沙石堆砌堵截，每遇洪水，辄遭冲毁，修复期间，往往贻误农田用水，影响收成，如洪水河之新地坝及洪水坝，讨赖河之新城坝、图尔坝及下古城坝，与临水河之茹公渠等。其三，渠道过水面积不够，比降不适宜，不能排过必须之流率，如洪水河之新地坝，隧洞面积狭小，水流不畅。其四，动力未能利用，如鸳鸯池蓄水库蕴藏 19 公尺之势，未被利用。

4. 治理方法

临水河流域水利规划灌溉，可就旧渠整理、地面节蓄及地下水引致分述之。

A. 旧渠整理工程

（1）马营河西岸六渠　马营河西岸六渠灌溉区，耕地面积 28 000 市亩，六渠均平行引水，散流于沙砾河滩中，渗漏至巨，现因水量不足，农产歉收。治理方法拟将六渠归并统一，利用最上游之屯升渠隧洞进水，估计灌溉时期可得径流 1.63 秒立方公尺，足敷耕地 28 000 市亩须用，并于进水口建进水闸及拦河闸排除淤积，渠道加以衬砌，减少输水损失。

（2）丰乐川西五西六坝渠　丰乐川西五西六坝两渠灌溉区共有耕地 3200 市亩，荒地 10 000 市亩。治理方法，拟将两坝渠，归并统一，渠道加以衬砌，减少渗漏损失，估计灌溉时期可得径流 0.313 秒立方公尺。除补充原有耕地 3220 市亩用水外，荒地 10 000 市亩亦可同时垦殖。

（3）新地坝　新地坝为洪水河出山后第一灌溉渠道，现有耕地 7000 市亩，荒地 50 000 市亩，合计可耕地 12 000 市亩。渠首无固定设备，拦河用沙石做堰，时遭洪水冲毁，引水渠道断面过小，输水量仅 0.364 秒公方，不敷现有耕地之用。拟于引水口处筑木笼填石分水嘴固定进水流率，进水口建泄水闸 1 座调节进水，并加大隧道过水面积，使能输水 0.92 秒立方公尺，除输水损失外足灌地 12 000 市亩。上游渠线向内改移，以避冲刷，沿渠过山涧 8 处，均加建木质山洪渡槽。

（4）洪水坝　洪水坝引洪水河水灌溉酒泉东耕地 76 000 亩，引水口宽达 18.0 公尺，进水量超过渠道输水量，由简陋之溢洪道宣泄，时遭冲毁，引水渠纵坡过陡，流速太大，往往冲淘渠身，36 年春改建引水口及西堤一段，将进水口宽度固定。兹拟仍按原计划进行：a.紧束进水口限制进水量。b.添建渠底隔墙，防止冲刷。c.整理拦水墙断面。d.整理溢洪道。e.改建泄水闸以调节进水量。洪水河平时流率 4—6 秒立方公尺，除去输水损耗外，足敷 76 000 市亩之用。

（5）新城坝　讨赖河新城坝现有耕地 8000 亩，因渠线多行于戈壁滩中，地势低洼，时遭洪水冲溃。治理方法拟另挖新渠 1 段，并建木渡槽 1 座，以渡老官坝渠水，估计可得径流 0.94 秒立方公尺，除去渠道输水损失，足敷 8000 亩之用。

（6）图尔坝　讨赖河南岸图尔坝，现有耕地 11 200 市亩，渠道凿于高崖，崖脚屡遭洪水掏涮，时有讲塌。治理方法，拟将图尔坝崖基被洪水冲击最烈之一段，修护岸堤及水笼坝，同时于沙子坝以北，另开新渠一段，以畅水流。

（7）下古城坝　清水河与讨赖河合流处，下古城坝截引讨赖河水灌溉耕 3500 市亩，平时水量足用，惟因引水口拦水坝不坚固，每遇洪涨，辄遭冲毁，修复期间，往往贻误农田用水。治理方法，拟改筑木笼填石拦水坝，并添设溢洪道及泄水闸之调节进水流率。

（8）茹公渠　临水河茹公渠现有耕地 5100 市亩，可耕荒地 400 市亩，因引水口无节制设备，且引水渠傍崖开辟，每遇洪涨，辄遭冲毁。治理方法，拟于进水口建节制闸，调节进水量，闸身临河面接修水笼挑水坝 1 道，长 80 公尺，坝尾挖新河槽 550 公尺，宣泄洪水，并防冲刷。

B. 地面水节蓄工程

（1）鼓浪峡蓄水库工程　洪水河上游鼓浪峡，峡谷以上地势开旷，峡口处仅宽 10 余公尺，两岸陡崖耸峙，皆变质岩石层，枯水流率约 2.0 秒立方公尺，若筑一 62 公尺高之土石坝，估计可蓄水 20 000 000 立公方，除补充下游各堰缺水耕地 20 000 市亩外，尚可垦殖东洞坝以南荒地 1 00 000 市亩。

（2）鸳鸯池蓄水库扩修工程　鸳鸯池蓄水库蓄水量，原为 12 000 000 公方，有效水深 15.57 公尺，倘将溢洪道提高 4 公尺，估计可增加蓄水量 6 000 000 公方，利用 12 公尺势头添设发电厂 1 所，供应电量 1680H，库内永久存水 4 000 000 公方，故实际灌溉有效水量 14 000 000 公方，较未设电厂前增加 2 000 000 公方；此外并改善原有金东坝输水渠，按断面输水率分两段整理，渠道过水部分，采用红土块石衬砌，以防渗漏，沿渠并增设退水闸、防沙堤、分水闸等建筑物。

（3）黄泥铺抽水灌溉工程　黄泥铺位于酒泉、高台两县之间，地势平坦，土质肥沃，适于农作，惜因排水不良，集碱甚重，且距水源过远，无法引水灌溉，田原尽皆荒芜。治理方法，拟利用鸳鸯池水库动力发电排水灌溉，于黄泥铺附近，选择适宜地点，挖集水井 2 行，相距 15 公里，每行 26 井，间距 1.5 公里，采用 12H 电动机及抽水机各 52 套汲水，平时汲水高度 14 公尺，总计可得流率 1.552 秒立方公尺，共能垦殖荒地 70 200 市亩。

C. 地下水引致工程

（1）莲花寺地下水灌溉工程　酒泉县东柴滩莲花寺，土质肥沃，适于农作，附近西海子地势低洼，上游丰乐川、马营河渗漏地下之水于此处蜂涌露头，地下水源甚丰。治理方法，拟于西海子北挖截水沟 1 道，沟内配以深井，拦截潜流 0.6 秒立方公尺，再以输水沟输水上田灌溉，计可垦殖荒地 25 500 市亩。

（2）边湾地下水灌溉工程　酒泉县城西北边湾，地势平坦，土质肥沃，适于农作，面积约 110 000 市亩。讨赖河渗漏水在地下潜流至花城湖及镇台湖附近，因地势低洼蜂涌露头，当地民众现自行挖泉灌溉，共有耕地 50 000 市亩。本计划拟在花城、镇台两湖上游挖截水沟 1 道，沟内配以深井，估计可截留率 1.50 秒立方公尺，再以输水沟输水上田灌溉，可垦殖边湾荒地 62 000 亩。除西八格楼原有耕地 2000 亩受本计划影响须移民边湾分地 2000 亩外，实际增垦为 60 000 亩。

（3）中渠铺地下水灌溉工程　中渠铺位临水河西岸，现有耕地 12 000 市亩，因缺水灌溉，农产不丰。洪水河出山后不远即没于戈壁中，水在地下潜流，至中渠铺上游三旗堡以北，地势低洼，地下水复又涌出，蜂涌露头，形成草滩。本计划于滩内小铧尖附近挖沟埋筑截水洞 1 道，配合截水井，估计可得流率 0.45 立方公尺，另以输水沟输水上田灌溉，可敷 10 000 市亩之用，另 2000 亩仍利用滩内泉水灌溉。

（4）临水河地下水灌溉工程　临水河位于洪水河下游，汇集讨赖、洪水两河及各坝灌区渗漏地下之水，至三旗堡一带，露出地面，范围至广，藏量极丰，现时露头泉水足敷现有耕地需用，附近黄泥铺以东一带平原，土质肥沃，面积 900 000 亩以上，因无水灌溉，尽在荒废，本计划于临水堡上游四公里临水河河床内挖截水沟 1 道截引地下水，估计可截流率 1.643 秒公方，除供给茹公渠因截水所受影响之 10 000 亩耕地外，尚可垦地 62 000 亩。

（5）截水流率估算地下水流率虽经长期测验，亦难确定其数值。兹按照理论公式及各地实际情形推算如下：

$$井流公式 \qquad Q_w = \frac{\pi KP}{2.30} \cdot \frac{H_w^2 - h_w^2}{\log \dfrac{R}{r}}$$

$$沟流公式 \qquad Q_W = PKL \cdot \frac{H_g^2 - h_g^2}{R}$$

式中 Q_w 为井可截之流率，Q_g 为沟可截之流率，K 为垂直流速，P 为地层空隙系数，H_w 及 H_g 各为井及沟未引水前之水深，h_w 及 h_g 各为水位降落及所余之水深，R 为降水曲线切点之有效距离，r 为井半径。各地情形不同，兹详细估算如附表 29：

表 29　临水河流域截引地下水流率统计表[①]

工程	K (m/s)	P (%)	R (m)	r (m)	L (m)	截水井			截水沟			累计截水流率 Q (m³/s)
						H_w (m)	h_w (m)	Q_w (m³/s)	H_g (m)	h_g (m)	Q_g (m³/s)	
高台莲花寺	0.003 47	25	400	0.5	2 400	21.5	15.8	0.087	6.5	0.8	0.09	0.564（集水井四口）
酒泉边湾	0.003 47	25	450	0.5	8 100							1.504 9（分十二段，H_w、h_w 及 H_g、h_g 各段不一）
酒泉中渠铺	0.009 85	30	450	0.5	1 200	□□	□□	□□	□□	□□	□□	0.450

上表所列数值，只可供作参考，至于截水沟位置、长度、深度等，择选尚待实地测验地下水情况后，再决定之。

5. 工程布置

工程布置及设计图详附各工程计划书内，兹摘要分述分下：

A. 马营河西岸六渠　拟于屯升渠渠口，建进水闸及排水闸各 1 座，闸墙用块石浆砌，以调节进水流率及排除泥沙，原有隧洞 7.5 公里，加砌块石镶衬，渠底铺垫柏油，减小摩擦。隧洞下口设沉沙槽长 100 公尺宽 4.1 公尺，用以沉淀泥沙。

---

① 编者按：此表"酒泉中渠铺"一行及下部有缺损，根据计划书内容，当尚有"酒泉临水堡"一行。

B. 丰乐川西五西六两坝　丰乐川西五西六两坝归并统一后由六坝引水，渠道过水部分用卵石干砌，渠底加铺柏油厚 0.5 公分，以减少渗漏及摩擦增加流速。

C. 洪水河新地坝　引水口建木笼坝石分水嘴一座，拦水坝长 120 公尺，用卵石浆砌。自进水口至上齐岩一段，渠线内引水口至螺旋沟一段隧洞，长 500 公尺，采用马蹄形断面，圆半径 0.85 公尺，每间 50 公尺，开直径 2.0 工作井 1 口，以便出土清淤，螺旋沟至上齐岩为明渠，长 800 公尺，底宽 1.2 公尺，侧坡 1:3，上齐岩一段隧洞，长 250 公尺。应将断面加大，尺度与前段相同，比降 1/300。下齐岩一段隧洞长 250 公尺，用圆木拱架支撑，上铺 2 公分厚木板防塌，渠底浆砌卵石衬砌以减渗漏。沿渠渡过溪涧八处，均建木质山洪渡槽。

D. 洪水河洪水坝　拟设进水口宽 4.1 公尺，其前设第一溢洪道宣泄洪水，但最大进水量仍达 56 秒立方公尺，可由第二溢洪道再宣泄去 34 秒立方公尺，余 22 秒立方公尺足够洪水坝全灌溉区须用。自进水口至泄水闸间，引水纵坡过陡，拟于渠底每 50 公尺，筑隔墙一道，以防刷深，由进水口至第二溢洪道间，因两面临水，坝身用木笼填石，芨芨草笼脚，防止掏刷溢洪道，顶用 1:2:6 白灰红泥沙浆砌，卵石 0.5 公尺厚，如木桩、插板、隔墙 3 道，间距 100 公尺，溢道尾端埋芨芨草笼 1 排，以消水力，引水渠尾泄水闸，就原式加以改善，以调节渠道水量。

E. 讨赖河新城坝　于老官坝以西地势较高处，开挖新渠 1 段，长 3.5 公里，沿渠建大渡槽 1 座，以渡老官坝渠水，并建跨度 38 公尺木便桥 2 座，以利交通。

F. 讨赖河图尔坝　于图尔坝渠口引水渠临崖一段，修筑护堤长 400 公尺，顶宽 2.0 公尺，高 25 公尺，侧坡 1:1，表面用块石分层干砌，内填沙石，坡脚打 $15\phi \times 250$ 公分木桩，深入土中，间距 10 公尺，并每隔 175 公尺筑木笼挑水坝 1 座，以收挑溜积淤之效。

G. 下古城坝　拟建木笼填石拦水堤 1 道，长 60 公尺，北连河岸，南端开进水口，并设溢洪道及进水闸，进水口下接顺水坝，用木笼填石连系，中留 12 公尺宽溢洪道，以泄洪水。

H. 茹公渠　进水口设木笼填石节制闸，闸门 2 孔，各宽 0.9 公尺，闸身临河面接筑挑水坝 1 道，长 80 公尺，以挑洪水流向河床中部，保护渠堤，挑坝尾闾，挖新河槽 550 公尺，宣泄洪水槽宽 50 公尺，深 1.5 公尺，藉束水攻沙，以收裁弯直之效。

I. 鼓浪峡蓄水库工程　拟于鼓浪峡筑土石拦河坝，高 62 公尺，并于右岸山内开凿给水洞，洞底坡度 1/200，洞之中段，直立高 8 公尺，直立段顶装圆柱形闸门，上方建管制塔，溢洪道开于左侧石山坡上，宽 50 公尺，上造木桥与扇形闸门，以维持水库水位。

J. 鸳鸯池蓄水库扩修工程　鸳鸯池水库扩修工程，分另星整理、添设溢洪活动闸、渠道整理及水电工程四部，兹分述如下：

（1）另星整理工程：a.启闭机闸门启闭机牙齿破裂，拟改用半铜铸制加厚轴承，增长牙齿；b.溢洪道溢洪道西岸下导水墙基脚冲刷部分，除用浆砌块石铺填，加固桥墩及桥基外，并建隔墙七道中填石渣；c.给水涵洞给水涵洞进出口冲毁之处，拟开炸右岸，加宽断面，并利用所炸坚石以灰浆砌护左岸。

（2）添设溢洪活动闸　活动闸高 2 公尺，全长 100 公尺，分东西二段，东段 7 公尺，用混凝土作一闸洞共 3 孔，每孔宽 1.5 公尺，以备宣泄蓄后之余水，上设行人便桥，临时可以装卸闸板，西段 93 公尺，以 12 磅小钢轨为主柱，间距 10 公尺，三角铁为后斜支撑，均用洋灰混凝土嵌于溢洪道坚石层中，活动闸用木制以 U 形螺钉系于立柱上。

（3）渠道整理工程　蓄水库至金东坝口一段，河道约 2 公里，两岸岩石陡峻，开渠困难，仍利用天然河道输水，本规划拟自金东坝口，按断面输水率分成两段整理，第一段自 0+000（金东坝口）至 22+000 计长 22 公里，纵坡 1/3000，底宽 10 公尺，水深 3 公尺，侧坡 1:1，许可输水率 30 秒立方公尺，其中利用金东坝扩大者 9 公里，金西坝扩大者 7 公里，梧桐坝扩大者 2 公里，新开者 4 公里。第二段 22+000 至 64+000 计长 42 公里，底宽 4.0 公尺，水深 25 公尺，侧坡 1:1，纵坡仍用 1/3000，许可输水率 14 秒立方公尺，其中利用王子西坝扩大者 30 公里，新开 12 公里，渠道用黄土沙浆衬砌防漏，金东坝口设退水闸 1 座，长 120 公尺，干渠与梧桐坝相交口处，设退水坝 1 座，长 100 公尺，均用当地出产之杨木建筑，干渠口设进水闸 1 座，支渠与干渠相交处，各修分水闸及斗门 1 座。此外尚有防洪堤 2 段，长约 10 公里，以就地沙卵石与树枝层层排堆，防止山洪泄入渠道。

（4）水电工程　利用蓄水势头设发电厂 1 所，分设单式水力机 4 座，各马力 720 匹，采用立轴速转弗兰西式，电力机采用 500 千瓦 60 周坡 24 极三相交流机 4 部，伞式装置，于溢洪道西部，开凿输水管，前接平水池，平水池前为明槽，与水库接联。输水管尾为螺旋道，各接于水涡轮进水口，平水池尾端装拦污闸 1 道，防止浮渣冰凌浸入，输水管前端进水口处分为 2 孔，各装平轴旋叶式闸门 1 座，以铁链分别牵系于启闭机上。

K. 黄泥铺抽水灌溉工程　于黄泥铺地下水位较高处，垂直地下潜流方向，东西与祁连山平行，凿井两排，相距 1.5 公里，每排挖井 6 口，井径 1.0 公尺，深 14 公尺，错综分布，组成大长方形，用 12 匹马力电动机及抽水机各 52 套汲水，可得流率 1.552 秒公吨，并于 2 排井间，挖有排水干渠，自东向西引水流出地面洗碱灌溉，计能灌地 70 200 市亩。

L. 莲花寺地下水灌溉工程　本工程拟先于西海子北挖南北方向输水沟 1 道，长 3 公里。以排除地内储水，降低水位，藉水洗碱。再于池中部低洼处，挖一截水沟，约与马营、丰乐两河渗漏水流向垂直，长 2.4 公里，平均深 7 公尺，沟中挖井 4 口，深 22 公尺，估计可截引潜流 0.6 秒立方公尺，以输水沟输出地田灌溉。

M. 边湾地下水灌溉工程　本工程拟先于花城、镇台两湖下游挖输水沟 1 道，输水洗碱，降低水位，以便施工。再于湖上游垂直地下水流方向，挖截水沟 1 道，长 8.1 公里，沟中挖集水井 10 口，截引潜流，以输水沟输水上田灌溉。

N. 中渠铺地下水灌溉工程　本计划拟于小铧尖附近，挖截水沟 1 道，长 1200 公尺，内埋涵洞，并挖集水井 3 口，深 10 公尺，以木桶为井周，节节套下，涵洞顶部用块石浆砌，底部干砌以便进水。估计可截引潜流 0.45 秒立方公尺，再以输水沟输出地面灌溉，输水沟长 1400 公尺，前 600 公尺为涵洞，用块石浆砌，后 800 公尺为明渠，与截水沟相交处，建有节制闸，以调节进水流率。

O. 临水河地下水灌溉工程　本计划拟于临水堡上游 4 公里处草滩中，开挖截水沟 1 段，长 1800 公尺，深 10 公尺，埋砌青砖涵洞，留孔进水，每隔 600 公尺配挖深井 1 口，深 15 公尺，井上端青砖，浆砌进人井，截水沟之中央接输水沟，以青砖砌涵洞 560 公尺，明渠 940 公尺，涵洞尾置量流率槽，以测量水量。

四、预　算

各项工程费预算详列于各工程计划书内，资汇列各工程预算数如下：

表 30　临水河流域灌溉工程预算总表

工程编号	工程名称	26 年预算（元）	36 年 12 月预算（元）
VAV I	酒泉马营河西岸六渠整理工程	210 812.50	22 137 187 522.00
VBVIII	酒泉丰乐河川西五西六坝整理工程	129 719.70	12 948 870 000.00
VCV$_1$ I	酒泉新地坝旧渠整理工程	30 000.00	3 000 000 000.00
VCV$_2$ II	酒泉洪水坝防洪护岸工程	68 000.00	6 800 000 000.00
VDV$_2$ I	酒泉图尔坝防洪护岸工程	11 802.31	1 213 121 257.50
VDV$_1$ I	酒泉新城坝渠道整理工程	16000.00	1 600 000 000.00
VDV$_3$ I	酒泉下古城坝渠道防洪工程	6 555.00	755 000 000.00
VEV I	酒泉茹公渠旧渠整理工程	16 200.00	1 640 000 000.00
VCUIII	洪水河鼓浪峡蓄水库工程	100 000.00	115 000 000.00
VUV I	肃丰渠扩大工程	400 000.00	45 000 000 000.00
VXIII	酒泉黄泥铺抽水灌溉工程	624 000.00	62 400 000 000.00
VBW I	高台莲花寺地下水灌溉工程	270 000.00	28 000 000 000.00
VDW I	酒泉边湾地下水灌溉工程	452 000.00	48 800 000 000.00
VW$_1$ I	酒泉中渠铺地下水灌溉工程	170 000.00	20 300 000 000.00
VW$_2$ I	酒泉临水河北地下水灌溉工程	390 000.00	41 000 000 000.00
总计		3 814 089.20	410 594 178 779.50

五、增益

本规划各工程实施后估算每年增益如下（根据 26 年物价计算）：

VAVI　马营河西岸六渠整理工程规划

原耕地 28 000 市亩，每亩作物增产折合小麦 0.8 市石×5.0

112 000 元

原耕地 28 000 市亩，每年节省岁修增益　　　15 167.36 元

共计 28 000 市亩，增产折合小麦 28 000 市石，增益　127 167.36 元

VBVIII　丰乐川西五西六两坝渠道整理工程计划

原耕地 3220 市亩，每亩农作增产折合小麦 0.8 市石×5.0

12 880 元

生荒 10 000 市亩，每亩作物增产（扣除成本）折合小麦 0.8 市石

40 000 元

原耕地 3220 市亩，每年省节岁修增益　　　　633.50 元

共计 13 220 市亩，增产折合小麦 20 576 市石，增益　　53 513.50 元

VCV$_1$I　新地坝旧渠整理工程计划

原耕地 7000 市亩，每亩作物增产折合小麦 0.85 市石×5.0

29 750 元

熟荒 5000 市亩，每亩作物增产（扣除成本）折合小麦 1.0 市石×5.0

25 000 元

原耕地 7000 市亩，每年省节岁修增益　　　　250 元

共计 12 000 市亩，增产折合小麦 10 950 市石，增益　　55 000 元

VCVII　洪水坝防洪护岸工程计划

原耕地 55 094 市亩，作物增产折合小麦 0.6 市石×5.0

165 282 元

熟荒 20 906 市亩，每亩作物增产（扣除成本）折合小麦 0.8 市石×5.0

83 624 元

原耕地 55 094 市亩，每年节省岁修增益　　　6500 元

共计 76 000 市亩，增产折合小麦 49 781.2 市石，增益　255 406 元

VDV$_1$II　讨赖河图尔坝防洪护岸工程计划

原耕地 11 200 市亩，工程目的在防洪，防洪减省护岸工费，所节省常年维持费，应视为农产之增益，共计增益　　　10 000 元

VDV$_2$I　新城坝旧渠整理工程计划

原耕地 7000 市亩，每亩作物增产折合小麦 0.3 市石×5.0

10 500 元

安远沟耕地 1000 市亩，每亩作物增产折合小麦 0.4 市石×5.0

2000 元

耕地 8000 市亩，每年节省岁修增益 170 元

共计 8000 市亩，增产折合小麦 2500 市石，增益 12 670 元

VDV$_3$I　下古城坝渠道防洪工程计划

原耕地 3500 市亩，每亩作物增产折合小麦 0.4 市石×5.00

7000 元

原耕地 3500 市亩，每年省节岁修增益 578 元

共计 3500 市亩，增产折合小麦 1750 市石，增益 7578 元

VFVI　茹公渠旧渠整理工程计划

原耕地 5150 市亩每亩增产折合小麦 0.7 市石×5.0 18 025 元

生荒 400 市亩每亩作物增产（扣除成本）折合小麦 0.9 市石×5.0

1000 元

原耕地 5150 市亩，每年省节岁修增益 1500 元

共计 5550 市亩，增产折合小麦 3965 市石，增益 21 325 元

VCUIII　洪水河鼓浪峡蓄水库工程计划

生熟荒 120 000 市亩，每年种植 60 000 市亩，每亩作物增产小麦 2.0 市石，（扣除作物成本 50%）增产小麦 60 000 市石×4.8 元增益

288 000 元

VUVI　肃丰渠扩修工程计划

生荒 130 000 市亩，每亩作物增产（扣除成本）折合糜子 1.0 市石×3.3 429 000 元

生荒 30 000 市亩，每亩作物增产（扣除成本）折合小麦 0.9 市石×4.8 129 000 元

供应电力 4 800 000 千瓦时（扣除管理、养护、折旧等成本）增益

150 000 元

共计 160 000 市亩，增产折合小麦 54 000 市石，糜子 260 000 市石，增益 708 000 元

VXIII　黄泥铺电力抽水灌溉计划

生荒 35 100 市亩，每亩作物增产折合小麦 1.8 市石×5.0

315 900 元

生荒 35 100 市亩，每亩作物增产折合糜子 2.0 市石×3.5

245 700 元

扣除电价（每亩 0.4 元）及成本每亩 35% 394 505 元

共计 70 200 市亩，增产折合小麦 63 000 市石，糜子 70 200 市石，增
益　206 995 元

VBWI　高台莲花寺地下水灌溉工程计划
生荒 12 750 市亩，每亩作物增产（扣除成本）折合小麦 1.0 市石×
5.0　63 750 元
生荒 12 750 市亩，每亩作物增产（扣除成本）折合糜子 1.43 市石×
3.5　63 815.710 元
共计 25 000 市亩，增产小麦 25 500 市石，糜子 28 050 市石，增益
127 566 元

VDWI　边湾地下水灌溉工程计划
生荒 30 000 市亩，每亩作物增产（扣除成本）折合小麦 1.0 市石×
5.0　150 000 元
生荒 30 000 市亩，每亩作物增产（扣除成本）折合糜子 1.25 市石×
3.5　131 250 元
共计 60 000 市亩，增产小麦 60 000 市石，糜子 75 000 市石，增益
281 250 元

VW1I　中渠铺地下水灌溉工程计划
熟荒 10 000 市亩，每亩作物（扣除成本）折合小麦 1.0 市石×5.0
50 000 元
其他增产（如麦草等）折合小麦 6 600 市石×5.0　33 000 元
共计 10 000 市亩，增产小麦 20 000 市石，增益　83 000 元

VW2II　临水河地下水灌溉工程计划
生荒 30 000 市亩，每亩作物增产（扣除成本）折合小麦 1.0 市石×
5.0 元　150 000 元
生荒 32 000 市亩，每亩作物增产（扣除成本）折合糜子 1.1 市石×
3.5 元　122 200 元
共计 62 000 市亩，增产小麦 60 000 市石，糜子 70 000 市石，增益
272 200 元

总计灌溉 886 670 市亩，每年全部增产折合小麦 432 262 市石，糜子 468 450 市石，电力 8 000 000 千瓦时，增益 2 511 270.86 元。

六、结　论

1. 经济价值

综合本规划各工程经济上主要各点（按 26 年物价计算）汇列如下表。

表 31 临水河流域灌溉工程经济价值表

工程编号	工程费 C（元）	年增益 F（元）	常年维持费 O（元）	工程寿命 n（年）	工程永久投资 $P=C+\dfrac{O}{r}+\dfrac{C}{(1+r)^n-1}$	投资利益指数 $I=\dfrac{F}{P_r}$	投资年利 $R=\dfrac{F}{P}$
VAV I	210 872.50	127 167.36	6 000.00	10	467 547.50	3.40	27.1%
VBVIII	129 719.70	53 513.50	633.50	10	249 466.00	2.68	21.0%
VCV$_1$ I	30 0 00.00	55 000.00	300.00	10	59 612.07	11.53	92.0%
VCV$_2$ II	68 000.00	255 406.00	1 000.00	15	111 800.00	26.80	22.8%
VDV$_2$ I	16 000.00	12 670.00	200.00	10	32 300.00	4.73	39.0%
VDV$_1$ I	11 802.00	10 000.00	1 200.00	10	36 976.77	3.40	37.0%
VDV$_3$ I	6 555.00	7 578.00	120.00	10	13 706.00	6.90	55.3%
VEV I	16 200.00	21 325.00	50 000.00	15	29 880.00	8.92	71.4%
VCUIII	1 110 000.00	288 000.00	10 000.00	50	1 417 000.00	2.54	20.4%
VUV I	400 000.00	708 600.00	20 000.00	50	677 000.00	13.16	105.0%
VXIII	624 000.00	206 995.00	20 000.00	30	976 000.00	2.66	21.5%
VBW I	270 000.00	127 566.00	10 000.00	30	417 000.00	3.81	30.0%
VDW I	452 000.00	281 250.00	12 000.00	30	651 900.00	5.40	43.2%
VW$_1$ I	170 000.00	83 000.00	2 000.00	20	213 700.00	4.80	38.9%
VW$_2$ I	390 000.00	272 200.00	20 000.00	30	681 000.00	7.10	57.2%

2. 还款办法

按民国廿六年贷款年利率 $r=8\%$，期限 $n=5$ 年计算，每年还款如表 32。

表 32 临水河流域灌溉工程还款计算表

工程编号	工程名称	每年还款（元）	占年增益（%）	考语
VAV I	马营河西岸六坝整理工程	52 751.00	41.0	农民力能负担
VBVIII	丰乐川西五西六两坝渠道整理工程	32 480.00	60.7	农民力量可勉强负担
VCV$_1$ I	新地坝旧渠整理工程	7 500.00	14.0	农民力能负担
VCV$_2$ II	洪水坝防洪护岸工程	17 000.00	6.7	农民力能负担
VDV$_2$ I	图尔坝护岸工程	2 953.00	29.5	农民力能负担
VDV$_1$ I	新城坝渠道整理工程	4 000.00	31.6	农民力能负担
VDV$_3$ I	下古城坝渠道防洪工程	1 640.00	22.0	农民力能负担
VEV I	茹公渠旧渠整理工程	4 060.00	9.8	农民力能负担
VCUIII	洪水河鼓浪峡蓄水库工程	137 000.00	48.0	农民力能负担
VUV I	肃丰渠扩大工程	98 560.00	14.0	农民力能负担
VXIII	黄泥铺抽水灌溉工程	152 000.00	7.30	农民力量可勉强负担
VBW I	莲花寺地下水灌溉工程	46 500.00	27.4	农民力能负担
VDW I	边湾地下水灌溉工程	110 000.00	39.2	农民力能负担
VW$_1$ I	中渠铺地下水灌溉工程	42 500.00	51.2	农民力能负担
VW$_2$ I	临水河地下水灌溉工程	67 400.00	24.7	农民力能负担

3. 施工程序

流域工程计划，由下游向上游按经济价值大小与工料招集难易分三期完成。

表 33　临水河流域灌溉工程施工程序表

期	年	第一年												第二年												第三年											
	月	1	2	3	4	5	6	7	8	9	10	11	12	1	2	3	4	5	6	7	8	9	10	11	12	1	2	3	4	5	6	7	8	9	10	11	12
一	Ⅴ AⅥ																																				
	Ⅴ CV₁Ⅱ																																				
	Ⅴ DV₁Ⅰ																																				
	Ⅴ DV₂Ⅰ																																				
	Ⅴ DV₃Ⅰ																																				
	Ⅴ FVⅠ																																				
	Ⅴ UⅥ																																				
	Ⅴ BWⅠ																																				
	Ⅴ DWⅠ																																				
	Ⅴ W₁Ⅰ																																				
二	Ⅴ CV₂Ⅱ																																				
	Ⅴ W₂Ⅱ																																				
三	Ⅴ BⅧ																																				
	Ⅴ CUⅢ																																				
	Ⅴ XⅢ																																				

V-I　临水河流域形势图（略）

水利部甘肃河西水利工程总队			
临水河流域形势图			
测量	第五分队	审定	张卓
绘图	刘文华	队长	刘恩荣
校核	刘恩荣	总队长	黄万里
日期：36 年 12 月	尺度：公尺	比例：1:500 000	图号：V-I

V-II　临水河流域水系图（略）

水利部甘肃河西水利工程总队			
临水河流域水系图			
测量	第五分队	审定	张卓
绘图	朱文彪	队长	刘恩荣
校核	刘恩荣	总队长	黄万里
日期：36 年 11 月 12 日	尺度：公尺	比例：1:500 000	图号：V-II

V-III　临水河干支流及马营河丰乐川纵断面图（略）

水利部甘肃河西水利工程总队			
临水河流域水系图			
测量	第五分队	审定	刘恩荣
绘图	张慈	队长	刘恩荣
校核	姚镇林	总队长	黄万里
日期：36 年 11 月 11 日	尺度：公尺	比例：纵横 1:10 000	图号：V-III

V-3e　临水河民国三十五年酒泉萧家屯庄水文站流量曲线图（略）[①]

水利部甘肃河西水利工程总队			
临水河流域水系图			
测量	水文站	审定	刘恩荣
绘图	马永福	队长	刘恩荣
校核	水文站	总队长	黄万里
日期：36 年	尺度：公尺	比例：如图	图号：V-3e

V-3e 乙　丰乐川大庄水文站流率曲线图

水利部甘肃河西水利工程总队			
临水河流域水系图			
测量	水文站	审定	刘恩荣
绘图	孔祥和	队长	刘恩荣
校核	水文站	总队长	黄万里
日期：37 年	尺度：公尺	比例：如图	图号：V-3e 乙

---

① 　编者按：此图模糊特甚，无法重描，兹从略；又有文中提到 V-3e 丁图一幅未见。

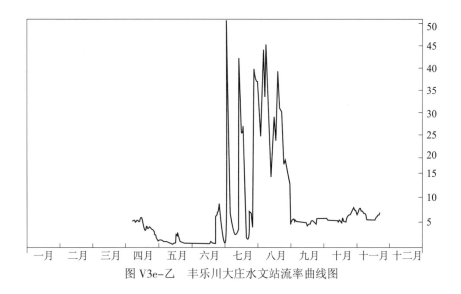

图 V3e-乙　丰乐川大庄水文站流率曲线图

酒泉马营河西岸六渠整理工程计划书

一、总述

马营河流域属酒泉河东乡，距县城 83 公里，发源祁连山，时流时断。西岸六渠，屯升居首，灌地 12 000 市亩；以下五渠，曰小坝、旧坝、新中坝、西大坝及西下坝共溉地 16 000 市亩。河床坡度约 1:50，由南向北流，越甘新公路入西海子。

屯升渠在灌溉期间每 15 天放水，15 天清淤，岁修甚巨。下五渠情形较好，但渠口时被洪水冲毁，且无闸门设备，不能大量引水，遂致灌溉失时产量不丰。

整理方法，拟将马营河西岸六渠合并一渠，统由屯升渠口进水，并建筑进水闸及排沙闸，同时修理原有隧洞及添建沉沙设备，使屯升渠不必每月清淤，下五渠可以大量引水。全部工程费照民国 26 年物价估算，共需国币 210 812.50 元。

工程完成后，年可获纯益 127 167.36 元，经济价值自可成立。如贷款年利率为 8%，期限 5 年，本工程每年还款 52 751 元，此数占年增益 41%，农民力能负担。

本工程实施，不与上下游其他计划中工程之利益相冲突，且经济价值甚大，故应列为同流域内第一期工程。

二、资料

1. 形势

屯升渠位于马营河岸以西，属酒泉河东乡，距酒泉东南 85 公里，北距甘新公路 11 公里，可通牛车，交通不甚便利。西岸有渠六道，屯升居首，其下依次为小坝、西大坝、新中坝、旧坝及西下坝，灌溉九家窑、上寨、盐池、清水堡一带耕地。屯升渠灌田 12 000 市亩，下五渠灌田 16 000 市亩，每月按水规轮流放水浇地。马营河纵坡 1:50，河道渗漏率每公里 3%。附 VAVI-1，马营河西六坝渠道整理工程渠首位置图。

2. 地质

河底及渠底，皆为沙卵石冲积层。两岸地面，土层甚薄，为白色沙壤土，多碱质，富吸水力，易于渗漏蒸发，土层平均厚 1.0 公尺。

3. 水文

马营河最大洪水流率 1028 秒公方，洪水深度 1.9 公尺，通常各月平均流率列表如下（实测地点在马营河山口在民国 31 年）：

表 1   马营河各月平均流率表（单位：秒公方）

月份	1	2	3	4	5	6	7	8	9	10	11	12
流率	0	0	1.0	1.8	2.1	8.1	30	10	6	2.1	0	0

施测者：甘肃水利林牧公酒泉工作站

马营河通常含沙量 0.01%，洪水时可达 1%。气候干燥，全年雨量 85 公厘，蒸发量则为 1700 公厘。

4. 农作概况

酒泉农产，一如河西各地，夏禾以小麦为主，秋禾以黄谷为主，因气候寒冷，年仅一熟，作物生长期间，自 4 月至 10 月。立夏前马营河水量不足，灌溉力甚是有限，故秋禾多于夏禾，约为六与四之比。

小麦生长期内，约每间 15 天浇灌一次，每次需水深度 80 公厘，需水量每万市亩为 0.415 秒公方。每年 10 月至 12 月，灌冬水泡地一次，需水 400 公厘。每万市亩需水量为 0.344 秒公方。干支渠输水损失，估计为 40%，则每万亩灌溉需水量为 0.581 秒公方，故 28 000 市亩灌溉需水量为 1.63 秒公方。

水量不足之年，每市亩可获小麦 1 市石，黄谷 1.4 石。如水量充裕，每亩年可获小麦 2 市石，黄谷 2.5 市石。

农作成本包括种子、人工、肥料，每市亩约需小麦 1 市石。

5. 工料单价

表 2   酒泉区工料单价表

名称	单位	26 年单价（元）	36 年 12 月单价（元）
浆砌块石	公方	3.65	365 000
干砌块石	公方	3.42	342 000
小圆木	公方	65.00	6 500 000
方木	公方	120.00	12 000 000

续表

名称	单位	26 年单价（元）	36 年 12 月单价（元）
挖沙石子	公方	0.31	310 000
白灰	百公斤	1.60	320 000
清油	百市斤	22.00	3 100 000
柏油	公斤	0.38	38 000
大车运	公吨/公里	0.42	50 000
汽车运	公吨/公里	0.06	7 000
驮运	公吨/公里	0.60	72 000
小麦	市石	5.00	800 000
麦草	公吨	22.00	2 500 000
小工	工	0.35	35 000
木工	工	0.80	80 000
铁工	工	0.80	80 000
石工	工	0.95	95 000
铁料	公斤	0.45	85 250
钢料	公斤	0.95	205 250
洋灰	桶	22.00	3 400 000
炸药	公斤	0.90	70 000
洋钉	桶	36.53	9 178 500

6. 岁修

西岸六渠岁修合计如下：民夫 41 504 工，胡麻秸 3416 市斤，清油 510 市斤，柴草 68 680 市斤，条石 2345 车，共需国币 15 167.36 元。

三、计　划

1. 设计方法

将马营河西岸六渠（屯升、小坝、西大坝、新中坝、旧坝、西下坝）合并为一渠，同由屯升渠口引水，修筑进水及排沙闸各一座，以调节进水量及用以排沙。原有隧洞，用石料镶砌，以防塌陷，隧洞下口设沉沙槽一百公尺，以免淤积渠道。

2. 采用本计划之理由

马营河两岸共八渠，屯升渠与下七渠各分全河水量半月。屯升渠每月下半月放水，上半月清淤，岁修极巨。下七渠岁修较轻，但引水渠过长，渠底皆系卵石沙砾，渗漏蒸发，损失甚大，渠口年年为洪水冲毁。拟将西岸六渠合并一渠，由屯渠口引水，同时修理原有隧洞，建沉沙设备，不必月月清淤，而各渠亦可利用上半月期间引水灌田。六渠合用一渠口，岁修自可减少，输水损失亦可减低。

为避免河水渗漏地下，应于屯升渠口上游 8 公里之岩石河床中，修筑拦河堰以截引全河水量，不使一部分成为径流。但马营河坡甚陡，水势湍急，拦河堰恐被淤塞或冲毁，如修闸门数道，以代替拦河堰，亦恐遭受同样结果，故修筑时选用材料方面，亦应特别审慎。

修筑拦河堰则西海子引致地下水灌溉计划将受影响，因西海子之地下水系马营、丰乐二川之渗漏水，照目前之并渠计划，西岸六渠水量已足敷用，将来如西海子地下水量丰富，则在不影响下游用水之原则下，再行修筑拦河堰，以增灌田亩，本计划内暂从略。

3. 计划布置概述

在屯升渠口修进水及排水闸各一座，以调节进水量及用以排沙附近石料不缺可资利用，原有隧洞7.5 公里用石料镶砌，坡度三百分之一，上铺柏油以增加流速，而防淤积隧洞下口，修沉沙槽长百公尺，宽 4 公尺，用以沉淀泥沙。

4. 每类建筑及其应用

A. 进水闸及排沙闸　进水闸底宽 1.6 公尺，墩高 2.5 公尺，闸门为单层闸板，采横放式，便于提放。所有闸墩、闸底及进出口之边坡与基础均用 1:3 石灰浆砌。排沙闸底宽与进水闸同，惟底比进水闸深 3 公寸，故墩高 2.8 公尺。闸门为双层，中填以土，以免渗漏。闸板亦采横放式，以便启闭。所有闸墩、闸底及出口之翼墙与基础，亦用块石 1:3 白灰浆砌（详见图 VAV I-3 酒泉马营河西岸六渠整理工程进水闸及排沙设计图）。平时紧闭排沙闸闸门，水由进水闸入渠，以资灌溉。洪水时，开启排沙闸门，而将进水闸门关闭之，或仅关闭一部分，视洪水涨退与田间需水之情形而调节之。

B. 隧洞　原有隧洞 7.5 公里皆系沙卵石层，塌陷甚烈，用石料镶砌底作半圆形，直径 1.4 公尺，水深 0.8 公尺，底铺柏油，以减少糙率系数，增加流速，以防淤积，断面亦可缩小，坡度百分分之一。上下口扭坡用片石浆砌，边坡 1:1。铺设柏油后，粗糙系数减小，流率自然增加（详见图 VAVI-2 酒泉马营河西岸六渠整理工程隧洞衬砌及沉沙池设计图）。

C. 沉沙槽　隧洞下口，修沉沙槽 100 公尺，底宽 4 公尺，深 1 公尺，边坡 1:1。渠水至此，流速减小，流沙遂即沉淀，以免淤塞下游渠道。

D. 拦水堤　进水及上游，河床凌乱，低水位时，须修拦水堤两段，共长 50 公尺，截全河水量纳入渠内，因洪水期间，河底有大至 1.0 公尺对径之卵石流动，若建浆砌石料固定式之拦水堤，难免被毁，修复不易。今采用临时式者，以大卵石堆砌，空隙实草与沙，顶宽 1.0 公尺，边坡 1:2，平均高 2.0 公尺，洪水期间水位高，堤被冲毁，不致影响需要之进水量，水退再集民夫堵修，此法为一般旧渠习用者，故不难修复。

四、估算

表3　酒泉马营河西岸六渠渠道整理工程预算表

名称	类别	单位	数量	26年单价（元）	26年总价（元）	36年单价（元）	36年总价（元）	备注
进水闸及排沙闸	浆砌块石闸身	立公方	90.00	4.070	366.30	415 000	37 350 000	
	浆砌块石护坡及底	立公方	15.00	3.42	51.30	350 000	5 250 000	
	闸板 1.86×0.15×0.20	块	12.00	6.540	78.48	656 000	7 872 000	运距5公里
	闸板 1.66×0.15×0.20	块	30.00	6.500	195.00	650 000	19 500 000	运距5公里
	桥面板 1.86×0.15×0.20	块	6.00	6.540	39.24	656 000	3 936 000	运距5公里
	桥面板 1.60×0.05×0.20	块	9.00	2.100	18.90	210 000	1 890 000	运距5公里
	大梁 1.90×0.15×0.20	根	4.00	6.540	26.16	656 000	2 624 000	运距5公里
	挖基土	立公方	160.00	0.310	49.60	31 000	4 960 000	
	还土	立公方	45.00	0.310	13.95	31 000	1 395 000	
	白灰	公斤	9 940.00	0.018	178.82	3 450	34 293 000	运距5公里
	小计				1 017.85		119 070 000	
隧道及沉沙槽工程	干砌块石	立公方	15 075	6.67	100 550.25	725 000	10 929 375 000	
	浆砌片石	立公方	24.98	3.42	85.43	350 000	8 743 000	
	清油	市斤	500.00	0.22	110.00	31 125	15 562 500	
	挖沙石子	立公方	5 643.00	0.31	1 749.33	31 000	174 933 000	
	白灰	公斤	2 397.08	0.018	43.15	3 450	8 269 926	
	柏油	公斤	90 000.00	0.38	34 200	38 000	3 420 000 000	
	干砌块石	立公方	6 000.00	7.47	44 820	750 000	4 500 000 000	运距3.6公里
	柏油铺装	50公尺	150.00	4.00	600.00	400 000	60 000 000	
	小计				182 158.16		19 116 883 426	
拦水堤	堆砌大卵石填沙	立公方	200.00	0.47	94.00	47 000	9 400 000	
工程杂费					45.21		14 374 854	
合计					183 315.22		19 249 728 280	
管理费					27 497.28		2 887 459 242	占全程15%
总计					210 812.50		22 137 187 522	

五、增益

工程完成后，水量充足，作物每市亩可增产 1.0 市石，农作成本增至每市亩 1.2 市石，故每市亩农产增益为 0.8 市石。全部农产增益=28 000×0.8×5=112 000 元。

以往每年岁修费 15 167.36 元。故工竣后全年增益 127 167.36 元。

六、结论

1. 经济价值

综合本工程经济上主要各点如下：

全部灌溉面积（补充水量）	28 000 市亩
工程实施后每年增产小麦	28 000 市石
工程实施后每年实际增益	F=127 167.36 元
全部工程费	C=210 812.50 元
工程常年维持费（包括清淤、修理及管理等费）	O=6000.00 元
工程平均寿命	n=10 年
工程永久投资 $P = C + \dfrac{O}{r} + \dfrac{C}{(1+r)^n - 1}$ 年利率 r 定为 8%	P=467 547.50 元
折合常年工程费	P_r=37 403.80 元
投资利益指数 $I = \dfrac{F}{P_r}$	I=3.4 倍
投资年利 $R = \dfrac{F}{P}$	R=27.1%

2. 还款办法

按民国 26 年普通贷款年利率 8%，期限五年计算，本工程每年应还款 52 751 元 $\left[\dfrac{Cr(1+r)^5}{(1+r)^5 - 1}\right]$，此数占年增益之 41%，农民力能负担。

3. 施工程序

本工程计划于 37 年 8 月开工，38 年 4 月完工：

表 4　施工程序表

工程名称		5月	6月	7月	8月	9月	10月	11月	12月	1月	2月	3月	4月
进水闸及排洪闸	工数											每日小工 20 大工 1	每日小工 12 大工 5
	进度										备料	10%	100%

续表

工程名称		5月	6月	7月	8月	9月	10月	11月	12月	1月	2月	3月	4月
隧洞及沉沙槽	工数				每日小工200石匠80	同前	同前	每日小工360石工120	同前	同前	同前	同前	每日小工200石工80
	进度	备料	备料	备料	10%	20%	30%	42%	54%	66%	78%	90%	100%
拦水堤	工数												每日小工16
	进度												100%

VAVI-1　马营河屯升渠渠首地形图（略）

水利部甘肃河西水利工程总队			
马营河屯升渠渠首地形图			
测量	第五分队	审定	刘恩荣
设计	陆鸣曙	队长	刘恩荣
校核	姚镇林	总队长	黄万里
日期：36年12月	尺度：公尺	比例：1:10 000	图号：VAVI-1

VAVI-2　酒泉马营河西岸六渠整理工程隧洞衬砌及沉沙池设计图（略）

水利部甘肃河西水利工程总队			
酒泉马营河西岸六渠整理工程隧洞衬砌及沉沙池设计图			
绘图	朱文彪	审定	刘恩荣
设计	姚树钧	队长	刘恩荣
校核	姚镇林	总队长	黄万里
日期：36年12月	尺度：公尺	比例：1:100	图号：VAVI-2

VAVI-3　酒泉马营河西岸六渠整理工程进水闸及排沙设计图（略）

水利部甘肃河西水利工程总队			
酒泉马营河西岸六渠整理工程进水闸及排沙设计图			
绘图	张镇华	审定	刘恩荣
设计	姚树钧	队长	刘恩荣
校核	姚镇林	总队长	黄万里
日期：36年12月	尺度：公尺	比例：如图	图号：VAVI-3

酒泉丰乐川西五西六两坝渠道整理工程计划书

一、总述

下河清属酒泉河东乡，现有耕地 3220 市亩，悉赖西五西六两坝，引丰乐川之水，以资灌溉，两坝既相平行，又各经十余公里之遥远输送，渗漏蒸发损失奇重，以致缺水，收成不丰。

整理方法拟将两坝合并为一，单由六坝引水，断面仍旧，惟底及边坡均用卵石重新干砌，除距底 40 公方以上之边坡外，一律加铺柏油至 0.5 公分厚，以增加流率而免渗漏。全部工程费按民国 26 年物价估算，共需国币 129 719.70 元。

工程实施后，水量充足，并可增垦荒地 10 000 市亩，每年共获纯益 53 513.50 元（占工费 41.2%）。如贷款年利率为 8%，期限 5 年，本工程应每年还款 32 480 元，此数占年增益 60.7%，农民不能负担。

本工程实施，虽不与上下游其他计划中工程之利害相冲突，但经济价值不大，且需专款办理，故列为同流域内第三期工程。

二、资料

1. 形势

西五西六两坝为酒泉东乡之姊妹渠，东南距县城 51 公里，在祁连山以北，丰乐川以西，各长 15 公里，同由丰乐川口以下 3 公里处引水，以灌溉下河清一带耕地 3220 市亩。两渠始终平行，渗漏蒸发，损失极大，灌溉用水，时感不足。下河清在甘新公路北 5 公里。可通大车，交通不甚便利（附图 VBVIII-1 酒泉丰乐川西五坝及西六坝地形图）。

丰乐川河床松软，卵石奇多，河水一部分入渠，一部分渗漏地下，潜注于西海子，河床坡度甚陡，约 1/70，故水流峻急，洪水时，挟沙石俱下，渠堤因为卵石砌成，多遭冲毁，每年 11 月至翌年 4 月，河干涸无水。

2. 地质

下河清一带耕地，为丰乐川冲积锥体之一部，土层甚薄，含钙土易蒸发，土层以下多为卵石层，因是全渠渗漏损失甚大。丰乐川上游巨石甚多，每年随洪水下流壅塞山口，河流不畅。

3. 水文

丰乐川无水文站设置，故水文资料甚感缺乏。

流率根据 36 年 6 月乡老指示洪水时之痕迹，求得丰乐川最大洪水流率为 756.50 秒公方，洪水位 1.20 公尺。通常流率列下：

表 1 丰乐川流率月平均表（录自 31 年水利林牧公司记载 单位：秒公方）

月份	1	2	3	4	5	6	7	8	9	10	11	12
流率	0	0	0.9	1.5	2.1	8.5	32	26	6.8	1.8	0	0

西五坝与西六坝之通常流率皆为 0.9 秒公方。

含沙量平时河水甚清，含沙量约 1/10 000，洪水时约 2/100。

雨量及蒸发量根据酒泉气象测候所 23 年至 36 年之记载，全年雨量 839 公厘。蒸发量 1498.4 公厘（1、2、3、11、12 月不在内）。

4. 农作概况

土质与农作土质甚宜种植，惟土层甚薄，水量不足，产量有限，生长时期为 150 天，夏禾占四成，秋禾占六成。

需水量计算 30 日一轮，每次需水深度 30 公分。

$$Q = \frac{3220 \times 667 \times 0.30}{30 \times 86000} = 0.25 \text{ 秒公方加输水损失 20\%（工程完成后）}$$

$Q = 0.313$ 秒公方

农作每市亩产量夏禾常年为 1 市石，丰年 1.8 市石；秋禾常年为 1 市石，丰年 2.8 市石。农作成本每亩年折合小麦 1 市石（包括种子、人工、肥料、水赋等）。

5. 工料单价

表 2 酒泉丰乐川西五坝及西六坝整理工程工料单价表

名称	单位	26 年单价（元）	36 年单价（元）
干砌卵石	立公方	2.39	239 000
柏油	公斤	0.37	37 000
汽车运	公吨/公里	0.06	7 000
大车运	公吨/公里	0.42	50 000
小工	工	0.35	35 000
大工	工	0.95	95 000
小麦	市石	5.00	800 000
驮运	公吨/公里	0.60	72 000

6. 岁修

民夫 1920 工，石匠 20 名，芨芨草 10 688 市斤，白茨 261 车，树梢 174 车，共合国币 1267.00 元。

三、计划

1. 设计方法

丰乐川西五西六两坝合并一渠，渠底铺设柏油，以增加流率减少渗漏。

2. 渠道设计

两坝平时流率皆为 0.9 秒公方，而需水量为：

$$Q = \frac{3220 \times 667 \times 0.30}{30 \times 86\,000} = 0.25 \text{ 秒公方，加 80\% 输水损失（以全部输水量估计）}$$

则 $Q = 1.25$ 秒公方，故水量不足。

底铺柏油糙率系数可至 0.025，水深 0.3 公尺时流率为：

$$Q = A_1 Y_1 = A \frac{1}{h} \cdot R^{\frac{2}{3}} S^{\frac{1}{2}} = 0.69 \times \frac{1}{0.025} \times \left(\frac{1}{70}\right)^{\frac{1}{2}} = 1.29 \text{ 秒公方，渗漏损失当亦甚微，}$$

需水量为 0.313 秒公方（详农作概况节）。

如此则原有田地用水无虑，更可利用余水可增垦荒地约 10 000 亩。

渠道整理以后断面仍旧，只将渠底及渠底以上 30 公分之边坡稍加整理，用卵石干砌厚 30 公分，柏油厚 0.5 公分。

3. 采用本计划之理由

两坝引水渠道，平行长达 15 公里，渠底皆系卵石层，沿途渗漏蒸发损失过半，拟将两渠合并一渠，同由五坝引水，底铺柏油，不但增加流率，减少渗漏，并可节省岁修。

西五坝原有断面，底宽 2 公尺，堤高 1.5 公尺，水深 3 公寸，边坡 1:1，合并一渠后，断面仍足敷用，六坝一部分旧堤，可用以加强五坝防护渠口之力，岁修自可减少。

四、估算

表 3　酒泉丰乐川西五坝及西六坝整理工程估算表

材料名称	单位	数量	26 年单价（元）	26 年总价（元）	36 年单价（元）	36 年总价（元）
干砌卵石	立公方	15 300	2.39	36 567.0	239 000	3 656 700 000
柏油	公斤	210 000	0.38	79 800.0	37 900	7 959 000 000
柏油铺装	50 公尺	300	5.20	1 560.0	520 000	156 000 000
小计				117 927.0		11 771 700 000
管理费（占全部工程费 10%）				11 792.7		1 177 170000
合计				129 719.7		12 948 870 000

五、增益

工程实施后，水量充足，熟地及荒地每市亩可收小麦 1.8 市石，13 220 市亩（内荒地 10 000 市亩）共收 23 796 市石，较缺水时增产小麦 20 576 市石，除去每市亩之成本折合小麦一市石外，26 年每石价 5 元，每年实际增益计 52 880 元，另加岁修增益 633.5 元（1 267 元之半，详岁修节）故每年实际总增益共计 53 513.5 元。

六、结论

1. 经济价值

综合本工程经济上主要各点如下：

全部灌溉面积	熟地	3220 市亩
	荒地	10 000 市亩
工程实施后每年增产小麦		20 576 市石
工程实施后每年实际增益		F=53 515.50 元
全部工程费		C=129 719.7 元
工程常年维持费		O=633.5 元
工程平均寿命		n=10 年

工程永久投资 $P = C + \dfrac{O}{r} + \dfrac{C}{(1+r)^n - 1}$　多年利率 $r = 8\%$　　P=249 466 元

折合常年工程费　　　　　　　　　　　　　　　　　P_r=19 957.28 元

投资利益指数 $I = \dfrac{F}{P_r}$　　　　　　　　　　　　　　I=2.68 倍

投资年利 $R = \dfrac{F}{P}$　　　　　　　　　　　　　　　　　R=21%

2.还款办法

按民国 26 年普通贷款年利率 8%、期限 5 年计算本工程每年应还款 32 480 $\left[\dfrac{Cr(1+r)^5}{(1+r)^5 - 1}\right]$ 元，此数占年增益之 60.7%，农民力难负担。

3. 施工程序

本工程定 39 年 4 月开工九月完工：

表 4　施工程序表

项别		4	5	6	7	8	9
干砌卵石	小工	每日 200	200	200	200	200	120
	石工	每日 48	48	48	48	48	32
	进度	18%	36%	54%	72%	90%	100%
铺柏油	柏油	备料	备料	备料			
	小工		每日 6	6	6	6	6
	技术工		每日 2	2	2	2	2
	进度		20%	40%	60%	80%	100%
全部工程进度		9%	28%	47%	66%	85%	100%

VBVIII-1　酒泉丰乐川西五坝及西六坝地形图（略）

水利部甘肃河西水利工程总队			
酒泉丰乐川西五坝及西六坝地形图			
测量	陆军测量局	审定	刘恩荣
设计	朱文彪	队长	刘恩荣
校核	姚树钧	总队长	黄万里
日期：36.12	尺度：公尺	比例：1:10 000	图号：VBVIII-1

酒泉新地坝旧渠整理工程计划书

一、总述

　　新地坝为洪水河出山峡后之第一灌溉渠道，位于河之西岸，北距酒泉县城约 20 公里，干渠长约 10 公里，沿崖开凿，半为明渠半为隧洞。灌区面积约 15 平方公里，有耕地 7000 市亩，渠道有效流率 364 秒公方，常感水量不敷，年有荒歉。

　　新地坝进水口拦水坝极不稳定，常遭洪水冲毁，隧洞面积过小制约流率，洞下崖层多为粗松沙砾，岩脚被水冲刷时有崩塌，明渠经过山涧，渡槽常为山洪冲毁，耕地收成每市亩平均约 1.25 市石

　　整理之方应在渠口建永久式之拦水坝，固定引水流率，增大隧洞过水面积，洞顶不稳土层，复加托木支撑，岩脚疏松部分，将渠线内移；加建木渡槽，以泄山洪，本工程实施后水量增加，除敷原有耕地灌溉之需外，尚可增辟新垦地 5000 市亩，照民国 26 年物价估算，全部工程费为 30 000 元。

　　工程实施后，每年可获纯益 55 000 元，经济价值足可成立，按贷款年利率 8%，期限 5 年，每年摊还本利 7500 元，约合农产增益 14%，利益至巨。

二、资料

1. 形势

洪水河出山后坡度锐减，两岸峭壁耸峙，新地坝为第一道灌溉渠道，位于河之西岸，北距酒泉城约 20 公里，干渠长约 10 公里，沿崖开凿，半为隧洞半为明渠，支渠四道，自南向北循序平行，面积约 15 平方公里，内有耕地 7000 市亩，自渠口下 5 公里开始灌溉。全区居民约 100 户，交通藉大车及骡马，尚称便利。

2. 地质

新地坝一带土质，全为冲积沙壤土，厚约一公尺，其下为砾石，沙壤质疏松，水流经过，渗漏甚大，复不耐冲刷（附图 VCV_1I-1 酒泉新地坝渠口形势图）。

3. 水文

酒泉附近气候干燥，全年雨量约 80 公厘，而全年蒸发量达 1700 公厘，洪水河自十一月至翌年四月，河水结冻山中，无水下泄，五月开始流水，八月间山内阴雨，有洪水下注，洪水流率可达 500 秒公方，新地坝引水量 1.9 秒公方，实际有效流率 0.36 秒公方。灌田 7000 市亩，全年最高温度 22.4℃，最低-8.5℃，霜降每年 9 月 1 日至次年 4 月 27 日，农作时间仅 150 天。

4. 历史

西坝庄、新地村龙王庙有乾隆三十二年六月铸铁钟记："郡城西南有西坝庄，地开自雍正十年七月至十三年完工，引水灌溉，户食其利，名永宁洞。"又载："□□□□自汉唐以来，疏浚既多，未有谋及兹土者，惟其地高水深，艰于疏通，自雍正十年，有本乡绅衿，监生宋呈瑞、崔毓珍，庠生刘宪汤、刘文瑞，生产斯土，同爱咨度，窥探旧趾，不忍旷其土遗其利，于是合意筹咨，众等公举四人，委为工头，探择水道，源出红水西岸，遂鸠合夫头，郑慎统、冯士林，起工穿凿，始开垦以尽其利，不惮劳苦，心兴工开，竭力经营，由是一坝分流四沟，治水六十分，受水众户，捐资奉粮，无丝毫改退，数年之久，而工程乃告竣，灌地百余顷……"

5. 农作概况

新地坝农作物分夏禾、秋禾两种，年可一熟。每年立夏开始用水，夏禾灌水 7 次，秋禾灌水 6 次，作物生长期内，每 15 日轮灌一次，每次需水深度 0.08 公尺，每亩需水 0.000 041 秒公方，即每秒公方可灌地 24 400 市亩。估计沿渠渗水达进水流率之 46%，每万亩需水 0.76 秒公方，现有耕地 7000 市亩，共需引水流率 0.532 秒公方。因此常感水量不足，年有荒歉。

农作物夏禾以小麦为主，青稞豆类为次，秋禾以糜谷为主，胡麻次之。各种产量如附表 1（新地坝农作物产量表），农作时期如附表 2（新地坝农作时期表）。农作成本包括种子、肥料、水费及人工等，每市亩约需小麦 1 市石。

表 1　新城坝农作物产量表

农作	农产种类	单位	农产品（市石）		副产品（市斤）	
			平年	丰年	平年	丰年
夏禾	小麦	每市亩	1.0	2.0	200	280
	青稞	每市亩	1.0	2.2	120	240
	豆类	每市亩	1.0	2.9	100	180
秋禾	糜子	每市亩	1.0	2.2	120	200
	谷子	每市亩	1.0	2.0	100	220
	洋芋	每市亩	5.0	11.4	100	220
	胡麻	每市亩	0.4	1.1	40	110

表 2　新地坝农作时期表

月	日	节候	农作
3	21	春分	麦播开始。
4	21	谷雨	种麦毕，种谷始。
5	6	立夏	麦用水始。
6	6	芒种	种谷毕。
6	22	夏至	麦用水毕。
7	7	小暑	糜谷用水始。
7	25	大暑	割麦始。
8	8	立秋	割麦毕。
8	25	处暑	糜谷用水毕，割麦始。
9	8	白露	麦泡地始，糜谷泡地始。
9	24	秋分	麦泡地毕。
10	9	寒露	割谷毕。
10	24	霜降	
11	8	立冬	糜谷泡地毕。

6. 渠道概况

自进水口至分水闸，计有隧洞 12 段，共长 500 公尺，大致为半圆形，各段高宽不一。明渠 500 公尺，宽 1.6 公尺，深 0.6 公尺，全渠按 72 分水分配，分四沟，每沟 18 分，每分水灌 4 小时，上游每小时灌 7 亩，下游灌 5 亩，周而复始。每年清明放头水，惊蛰起岁修，近年患水量不足，致产量低微，弊在：进水口横斜河中，拦水堤用乱石堆砌，常遭洪水冲毁，极不稳固；大部隧洞容积过小，制约流率；隧洞经过沙砾层，时有塌落，阻碍水流；部分渠线，逼近岩壁，岩壁下被水冲刷崩塌，渠线中断；渠线跨过小涧，渡槽不坚，山洪一至，即遭冲毁。

全坝设水利 1 人，工头 2 人，由众公选，任期 1 年，专司整修、征料、派工事宜，每年整理分干坝工、水坝工两种，干坝工即岁修工，每轮灌水 1 个时辰者，出工 4 个，芨芨草 120 斤，无草者另以 6 工代之，水坝工为临时抢修工，数不定，视冲毁情形，按灌水地亩匀摊工料。

7. 工料单价调查

表 3 工料单价表

名称	单位	26 年单价（元）	36 年 12 月单价（元）
圆木	立公方	65.00	6 500 000
方木	立公方	120.00	12 000 000
白灰	百公斤	1.60	320 000
大车运	公吨/公里	0.42	50 000
驮运	公吨/公里	0.60	72 000
小麦	市石	5.00	800 000
小工	工	0.35	35 000
木工	工	0.80	80 000
铁工	工	0.80	80 000
石工	工	0.95	95 000
铁钉	市斤	0.225	42 625

三、计划

1. 需水流率估计

新地坝原有耕地 7000 市亩，按输水损失 46%估计，需水流率为 0.532 秒公方。

2. 整理方法

本渠进水口拦水堤，极不稳固，常遭洪水冲毁，计划用木笼填石作分水嘴，堤身长 120 公尺，用卵石浆砌，于引渠口添建木桩编柳条隔墙 1 道，以防洪水掏挖渠身。进口下复添建简单泄水闸 1 座，以调节进水量。

上齐岩 250 公尺长一段隧洞，断面过小，比降不一，计划改为马蹄形式断面，圆半径 0.85 公尺，断面积 2.36 平方公尺，水深 0.8 公尺，比降 1/300，当可输 0.92 秒公方之流率。下齐岩一段长 250 公尺，隧洞穿行松砾石层，砾石浸水塌落阻碍水流，计划用半圆木拱架支撑。上铺 2 公分厚木板，防止塌方，渠底以浆砌卵石衬砌，减少渗漏（详隧洞木架支撑设计图）。

自进水口至螺旋沟 500 公尺一段隧洞，临岩开凿，洪水冲刷岩脚不稳，计划将渠线内移，使远距岩边。每间隔 50 公尺开直径 2.0 公尺工作井 1 口，以便清除废土。自螺旋沟至上齐岩 800 公尺一段明渠，傍岩以卵石干砌，常为洪水冲毁，亦拟向西改线，改成渠底宽 1.2 公尺及 1:3 边坡之梯形断面（参看附图 VCV₁1-2）。

明渠横跨溪涧 8 处，原渡槽不坚，计划建木质山洪渡槽（图 VCV₁1-3）。

四、估算

新地坝旧渠整理工程费估算如附表 4：

表 4 新地坝旧渠整理工程估算表

工程名称	材料种类	单位	数量	工程费			
				26 年单价（元）	26 年工价（元）	36 年 12 月单价（元）	36 年 12 月工价（元）
I	15∮圆木	公方	1.48	90.000	133.20	9 000 000	13 320 000
	12∮圆木	公方	0.40	65.000	26.00	6 500 000	2 600 000
	10∮圆木	公方	0.97	65.000	63.05	6 500 000	6 305 000
	7∮圆木	公方	0.46	65.000	29.90	6 500 000	2 990 000
	1/2×10∮剖木	公方	0.81	65.000	52.65	6 500 000	5 265 000
	5×25×150 闸板	公方	0.19	120.000	22.80	12 000 000	2 280 000
	1:3 白灰浆卵石	公方	108.97	2.490	271.33	249 000	27 133 530
	干砌卵石	公方	226.93	2.039	542.36	239 000	54 236 270
	1∮红柳	市斤	50.0	0.011	0.55	1 100	55 000
	1∮×10 铁钉	市斤	700.0	0.450	315.00	85 250	59 675 000
	白灰	公斤	3487.04	0.016	5.793	1 600	5 579 264
II	15∮圆木	公方	22.60	90.000	2 034.00	9 000 000	203 400 000
	10∮圆木	公方	1.63	65.000	105.95	6 500 000	10 595 000
	8∮圆木	公方	1.18	65.000	76.70	6 500 000	7 670 000
	3×25 方料	公方	8.16	120.000	979.20	12 000 000	97 920 000
	2×25 方料	公方	3.28	120.000	393.60	12 000 000	3 960 000
	1∮红柳	市斤	65	0.011	0.72	1 100	71 500
	1∮×10 铁钉	市斤	20	0.050	9.00	85 250	1 705 000
III	干砌卵石	公方	112.0	2.390	267.68	239 000	26 768 000
	15∮圆木	公方	14.49	90.000	1 304.10	9 000 000	130 410 000
	12∮圆木	公方	13.15	65.000	854.75	6 500 000	85 475 000
	6∮圆木	公方	0.96	65.000	62.40	6 500 000	6 240 000
	1/2×5∮圆木	公方	2.44	65.000	158.60	6 500 000	15 860 000
	2×25 木板	公方	15.0	120.000	1 800.00	12 000 000	180 000 000
	1∮×10 铁钉	市斤	300.0	0.450	135.00	85 250	2 575 000
	1:3 白灰浆卵石	公方	360.0	2.490	896.40	249 000	89 640 000
	白灰	公斤	115 000	0.016	1 840.00	1 600	184 000 000
	2×25 石墩	公方	12.50	3.550	44.38	355 000	4 437 500
IV	挖坚石方	公方	372.50	6.296	2 345.26	629 600	234 526 000
V	挖坚石方	公方	1 135.0	6.296	7 145.95	629 600	714 596 000
VI	挖坚石方	公方	94.26	1.490	140.45	149 000	14 044 740
VII	挖松石方	公方	6 500.0	0.693	4 504.50	69 300	450 450 000
VIII					2 886.58		297 817 196
共计					30 000.00		3 000 000 000

注：I.引水渠工程；II.山洪木渡槽 8 座；III.隧洞支撑 250 公尺；IV.隧洞加大断面 500 公尺；V.隧洞改线 500 公尺；VI 直井；VII 明渠改线 800 公尺；VIII.监理费。

五、增益

本计划工程实施后，估计每年增益如下：

新地坝原耕地 7000 市亩，每亩作物增产小麦 0.85 市石×5.00	29 750 元
增加耕地 5000 市亩，每亩作物增产折合小麦 1.0 市石×5.00	25 000 元
每年减省修理费	250 元
共计	55 000 元

六、结论

1. 经济价值

综合本计划工程，经济上主要各点如下（一切按照 26 年物价计算）：

全部灌溉面积	12 000 市亩
工程实施后每年增产小麦	10 950 市石
工程实施后每年增益（包括增产麦价及减省岁修费）	F=55 000 元
全部工程费	C=30 000 元
工程常年维持费（包括渡槽及进水口等修理费，旧渠原岁修费不计）	O=300 元
工程平均寿命	n=10 年
工程永久投资 $P = C + \dfrac{O}{r} + \dfrac{C}{(1+r)^n - 1}$，年利率 r 定为 8%	P=59 612 元
折合常年工程费	P_r=4 769 元
投资利益指数 $I = \dfrac{F}{P_r}$	I=11.53 倍
投资年利 $R = \dfrac{F}{P}$	R=92%

本工程经济价值可以成立。

2. 还款办法

按民国 26 年普通贷款年利率 8%，期限 5 年计算，本工程每年应还款 7500 元 $\left[\dfrac{Cr(1+r)^5}{(1+r)^5 - 1} \right]$，此数占年增益之 1.4%，农民力能负担。

3. 施工程序

本工程实施时，旧渠仍可输水，不稍影响灌溉农期及上下游其他计划中工程，且利益甚厚，故应列为同流域内第一期工程。施工程序如附表 5：

表 5　新地坝整理工程施工程序表

工程名称	八月	九月	十月	十一月	十二月
	每日所需工人	每日所需工人	每日所需工人	每日所需工人	每日所需工人
引水渠工程		备料	木工　4 名 石工　6 名	石工　3 名	
			小工 20 名	小工 18 名	
山洪渡槽		备料	木工 10 名 石工　2 名	木工 15 名 石工　1 名	
			小工　5 名	小工 7 名	
隧洞支架	备料		木工 10 名 石工　6 名 小工 20 名	木工 22 名 石工　7 名 小工 20 名	
隧洞加大断面		小工 30 名	小工 30 名	小工 15 名	
		石工 10 名	石工 10 名	石工 5 名	
隧洞改线段	小工 60 名	小工 60 名	小工 60 名	小工 50 名	
	石工 10 名	石工 10 名	石工 10 名	石工 8 名	
明渠改线段	小工 40 名	小工 40 名	小工 100 名	小工 100 名	小工 50 名

VCV₁I-1　酒泉新地坝渠口形势图（略）

水利部甘肃河西水利工程总队			
酒泉新地坝渠口形势图			
测量	第五分队	审定	刘恩荣
绘图	朱文彪	队长	刘恩荣
校核	姚树钧	总队长	黄万里
日期：36 年 12 月	尺度：公尺	比例：1:10 000	图号：VCV₁I-1

VCV₁I-2　酒泉新地坝进水口暨山洪渡槽及隧洞改善工程设计图（略）

水利部甘肃河西水利工程总队			
酒泉新地坝进水口暨山洪渡槽及隧洞改善工程设计图			
绘图	刘文华	审定	刘恩荣
设计	张卓	队长	刘恩荣
校核	姚树钧	总队长	黄万里
日期：36 年 12 月	尺度：公尺	比例：1:10 000	图号：VCV₁I-2

酒泉洪水坝防洪护岸工程计划书

一、总述

酒泉洪水坝引洪水河水灌溉县城以东耕地 76 000 市亩，引水口滨河东岸，北距县城 15 公里，藉堆石坝拦水入渠，因势向东北引水，下分上三闸与下四闸两干渠，共长 30 公里。灌区隶西店、总寨两乡，为冲积锥体，南高北低，坡度 1:160，地面为白沙壤，稍具碱性而宜耕种。惟土层厚薄不均，凡不足 5 公寸者沦为荒滩。

洪水河全年流率不均，春冬枯干，每年 6 月水量渐增，8 月山洪暴发流率可达 50 秒公方。洪水坝农作物分夏禾、秋禾两种，因气候寒冷，年仅一熟，经适时灌溉，每市亩可产小麦 2.0 市石。

洪水坝引水口宽 180 公尺，洪水期进水量超过渠道输水量 14 倍。由简陋溢道宣泄，故年被冲毁。引水渠坡度甚陡，流速过大，掏毁渠堤，修复费时，贻误耕种。36 年春完成引水口及西坝一段，因工款不继停工，已做工程经洪水后，尚能奏效。本计划为继续未完工程，按原计划重新设计，务使进水口固定，溢道及渠身加固，以臻完善。全部工程费按 26 年物价计算为 68 000 元，工程实施后，原有年耕地 55 094 亩，可适时灌溉，间歇地 20 906 亩亦可变为年耕地，计算每年可获纯益 255 46 元，经济价值可以成立。如贷款年利率为 8%，期限 5 年，本工程每年应还款 17 000 元，计占增益 6.7%，农民力能负担。

本工程于 36 年实施一部，下游耕地已蒙其利，继续兴修可减洪水威胁但不能积极增加灌溉面积，上游另拟防洪水库计划。故应列同流域内第二期工程。

二、资料

1. 形势

酒泉洪水坝引洪水河水灌溉城东一带耕地，引水口滨河之东岸，北距县城 15 公里，口宽 180 公尺，藉堆石坝拦水入渠。下分上三闸与下四闸两干渠，共长 30 公里，依势向东北引水。洪水坝灌溉区属酒泉县西店、总寨两乡，西起三起堡，东迄营儿堡，为一方形地区，属冲积锥体之一部，面积约 19 平方公里，内有耕地 76 000 市亩，地势南高北低，平均坡度 1:160，拔海高程自 1500 降至 1350 公尺（附图 VCV_2I-1 酒泉洪水坝渠口地形图）。

洪水河发源于祁连山，山内流长 80 公里，河出山峡，流向东北，河宽自 200 公尺渐增至 5 公里，河床沙石罗布，河流蜿蜒其中。两岸为沙石冲积层，峭立对峙，高达 50 公尺，有新地、西洞、西滚、东洞、洪水诸坝分截河水灌溉，平时河水出山流 15 公里，水量渗用殆尽，夏秋之交，山洪爆发，漫长 30 公里，注入临水河。河道纵坡，山内为 1:50，山外自 1:65 降至 1:80。洪水坝灌溉区有甘新公路横贯东西，大车路纵横交错，交通便利。

2. 地质

洪水坝灌溉区土质为白沙壤，稍含碱性而宜耕。土层厚度不均，1 公尺以上者为耕地，不足 5 公寸者因渗水过甚沦为荒区，表土下皆卵石沙层，再下为红沙岩。

3. 水文

洪水坝灌溉区气候干燥，平均全年降雨量为 80 公厘，大部集中于 8 月间，而平均全年蒸发量达 1700 公厘，霜期每年自 9 月开始至翌年 5 月为止，农作时期受限制于 150 日之无霜期内。

洪水河全年流率甚不均匀。春冬河水结冻山中，下游断流，夏季流率随天气暖冷而增减，秋季山中阴雨连绵，有洪水下注。最大洪水流率经估测可达 500 秒公方，每月平均流率经甘肃水利林牧公司 31 年于山口施测，结果如附表 1：

表 1   洪水河月平均流率表（单位：秒公方）

月份	1	2	3	4	5	6	7	8	9	10	11	12
流率	0	0	0.7	1.0	2.5	9.0	40.0	70.0	7.0	2.0	0	0

4. 农作概况

洪水坝现有耕地 76 000 市亩，因水量不足，每年仅种 55 094 市亩，其余 20 906 市亩沦为间歇地，须隔一年一种，农作及灌溉时期均在 5 月至 9 月之间（附表 2 洪水坝农作时期表）：

表 2   洪水坝农作时期表

月	日	节候	农作
3	21	春分	麦播种始。
4	21	谷雨	种麦毕，种谷始。
5	6	立夏	麦用水始。
6	6	芒种	种谷毕。
6	22	夏至	麦用水毕。
7	7	小暑	糜谷用水始。
7	25	大暑	割麦始。
8	8	立秋	割麦毕。
8	25	处暑	糜谷用水毕，割谷始。
9	8	白露	麦泡地始，糜谷泡地始。
9	24	秋分	麦泡地毕。
10	9	寒露	割谷毕。
10	24	霜降	
11	8	立冬	糜谷泡地毕。

农作物分夏禾、秋禾两种，年仅一熟，各主要产量详如附表（附表 3，洪水坝农作物产量表）：

表 3　洪水坝农作物产量表

农作	农产种类	单位	农产品（市石）	
			平年	丰年
夏禾	小麦	每市亩	1.4	2.0
	青稞	每市亩	1.6	2.2
	豆类	每市亩	1.8	2.9
秋禾	糜子	每市亩	1.5	2.2
	谷子	每市亩	1.4	2.0
	洋芋	每市亩	5.0	11.4
	胡麻	每市亩	0.4	1.1

5. 沿革

《肃州志》关于洪水坝载下列一段："城南二十五里，水由南山发源，夏流冬涸，山中有红土山，水经其地，色变红遂名，洪水河内起二坝，一曰洪水坝在南，一曰花儿坝在北（按：花儿坝包括于上闸内），洪水坝为肃州总寨、西店子、乱石堆等堡浇田之坝，长一百余里，浇田极多，但洪水时倾崩，盖因水涌势恶，多石无土故耳。明嘉靖三十六年，副使陈其学，拨军修通，水得流行，总寨一带之收成比近城尤丰稔，力田者众，但水盛涨有侵城之势。"

6. 渠道概况

洪水坝引水渠拱斜河滩中，长 2.5 公里，引水口宽 180 公尺，拦水堤及溢水道以卵石堆培，水至进水口以下分为上三闸与下四闸二干渠，长达 30 公里，干渠以下分支渠七道（上三闸包括沙河坝、花儿坝、新坝，下四闸包括单闸、双闸、柳闸及新闸），东西平行，同灌西店、总寨两乡耕地。渠道穿于沙积土层，渗漏极大，全坝水量按 369 分分配，上下游田亩每分水量不同，比例为 1:1.6，河水迟到早涸之故。农作物生长限制于 150 日内，常因秋洪毁坝致成灾歉，人民处此环境下，养成有水即浇之习惯，节令及作物生长程序不遑顾及，故产量不丰，间歇地尤多。

岁修有干坝工、水坝工之分，干坝工即每年岁修工，每输水 1 分，出工 42 个，芨芨草 160 斤，水坝工为临时抢修工，视冲毁情形征工征料，全坝同时可出工千名，工作日期以工程完竣为止，全渠设民选水利员 1 人主持修堰及分水事宜，任期 1 年，下属事务 1 人，工头 5 人，长夫 32 人，为永久组织，自 4 月至 8 月经常驻守坝口负修补之责，费用依水摊派，每分水小麦 6 斗。

7. 工料单价调查

26 年及 36 年 12 月洪水坝工料单价调查如附表 4：

表 4   洪水坝工料单价表

名称	单位	26 年单价（元）	36 年 12 月单价（元）
圆木	立公方	65.00	6 500 000.00
方木	立公方	120.00	12 000 000.00
白灰	百公斤	1.60	320 000.00
大车运	公吨/公里	0.42	50 000.00
驮运	公吨/公里	0.60	72 000.00
小麦	市石	500.00	800 000.00
小工	工	0.35	35 000.00
木工	工	0.80	80 000.00
铁工	工	0.80	80 000.00
石工	工	0.95	95 000.00
铁钉	市斤	0.225	42.625

三、计划

1. 需水流率估算

洪水河水至洪水坝迟到早涸，较上游各坝供水期少二月。农田用水分泡地与灌溉二种，泡地用水在 8、9、10 三月内，泡间歇地则必须在 6 月内，每次水深 40 公厘，故泡地日期以 90 日计需水流率每万亩为 0.344 秒公方，作物生长期间每 15 日灌溉一次，每次水深 80 公厘，浇水 3 次即可丰收，故灌溉需水流率每万亩为 0.415 秒公方，全坝现有耕地连间歇地 76 000 市亩，需水流率为 3.154 秒公方，但渠长 30 公里，经过为沙石地层，渗漏极大，每公里输水损耗约为引水量之 3%，故灌溉 76 000 亩需引水流率 6.0 秒公方，平均每年六月坝口流率为 4 至 6 秒公方，仅足现有耕地之用。

2. 以往工程缺点

A. 引水渠宽阔、进水量过大   洪水坝引水口宽达 180 公尺，按纵坡 1:100、水深 0.8 公尺计算，洪水流率可达 300 秒公方，而下游渠道输水量仅 22.0 秒公方，尚有洪水 278 秒公方须由由建筑简陋之溢洪道宣泄河中，极不可靠。是以渠首设备一遇洪水立被冲毁，下游耕地用水失时，致使收成减少，每市亩达 0.6—0.8 市石。

B. 引水渠坡度陡峻、流速过大   引水渠由进水口至泄水闸长 1200 公尺，纵坡 1:66.6，引水口渠宽 180 公尺至泄水闸紧缩为 10 公尺，洪水时期，流速增大，冲刷渠底拦水堤崩塌，致渠道断流。

3. 治理方法

洪水坝经 35 年甘肃河西水利工程总队查勘计划，于 36 年春完成引水渠拦水西堤一段，引水渠进水口宽度固定，经洪水后未被冲坏。故本计划大体仍采用原设计，兹将改进方法分述如下：

A. 紧束进水口，限制进水量为枯水期可引足用之水量，设进水口宽为 41 公尺，其前设第一溢道宣泄洪水，但最大进水量仍达 56 秒公方，可由第二溢道及泄水闸泄去 34 秒公方，只余 22 秒公方供洪水坝灌溉之用（附图 VCV$_2$II-2 酒泉洪水坝进水口工程设计图）。

B. 添建渠底隔墙防止冲刷自进水口至泄水闸间之引水段纵坡过大，最大流速达 2.6 秒公尺，渠底每隔 50 公尺筑隔墙 1 道，以防刷深渠底（附图 VCV$_2$II-3 酒泉洪水坝溢洪道工程设计图）。

C. 整理拦水堤断面由进水口至第二溢道间因两面临水，堤身用木笼填石，再以茇茇笼护脚防掏刷（按此段工程已于 36 年完成）。自第二溢洪道至泄水闸间，堤身以沙砾填筑用大卵石砌坡，茇茇笼护脚，参看附图 VCV$_2$II-2（附拦水堤断面图）。

D. 整理溢洪道溢洪道顶用 1:2:6 白灰红泥沙浆砌卵石厚 0.5 公尺，加木桩插板隔墙 3 道相间 100 公尺，溢道尾端埋茇茇笼 1 排露出 0.4 公尺，以消水力（参看附图 VCV$_2$II-3）。

E. 整理泄水闸引水渠尾泄水闸为调节洪水坝渠道水量之用，兹就原式加以改善（附图 VCV$_2$II-4 酒泉洪水坝泄水闸设计图）。

4. 计划理论

洪水坝春水不足，秋洪为患，现有耕地 76 000 亩，水不足用，可耕之地尚有 20 000 余亩，须俟本流域上游鼓浪峡蓄水库计划实施后，再行开垦，本计划为维护原有耕地用水为目的，34 年曾将本计划用石砌筑一部，旋被冲毁，乃另用木笼填石设计河西水利工程总队于 36 年已完成进水口西堤一段，经洪水后未被冲失，进水口已固定，可增信心。仍就原设计加以改正，故本计划拟将未完工程继续完成之。

四、预　算

本计划工程费按 26 年物价为 67 200 元，实施时物价如有涨落可按物价指数推算之（附表 5 工程费预算表）：

表 5 工程费预算表

工程名称	材料种类	单位	数量	26年单价	26年共价	36年12月单价	36年12月共价	备注
				工程费预算（元）				
进水口护岸东堤	20ϕ×350 圆木	公方	8.67	90.00	780.30	9 000 000	78 030 000	
	20ϕ×200 圆木	公方	4.90	90.00	441.00	9 000 000	44 100 000	
	15ϕ×340 圆木	公方	9.56	65.00	621.40	6 500 000	62 140 000	
	15ϕ×170 圆木	公方	9.62	65.00	625.30	6 500 000	62 530 000	
	5×8×20 樔子	公方	0.13	65.00	8.45	6 500 000	845 000	
	1:2:6 白灰红泥浆砌卵石	公方	294.58	2.49	733.50	249 000	73 350 420	
	干砌卵石	公方	143.00	2.39	341.77	239 000	34 177 000	
	挖松土	公方	294.58	0.693	204.14	69.3	20 414 394	
	填砌砾石	公方	858.00	0.15	128.70	15 000	12 870 000	
	25ϕ×80 芨芨草笼	公方	93.60	2.39	223.70	239 000	22 370 400	468 个
	芨芨草	市斤	4 680	0.02	93.60	2 000	9 360 000	
	白灰	公斤	47 133.00	0.016	574.13	1 600	57 412 800	
	红土	公方	50.08	0.30	15.02	30 000	1 502 400	运距 500m
	净沙	公方	206.21	0.20	41.24	20 000	4 124 200	运距 350m
	木工	工	230	0.80	184.00	80 000	18 400 000	
	小工	工	500	0.35	175.00	35 000	17 500 000	
小计					5191.25		519 126 614	
第一溢洪道	挖松石	公方	3 078.83	0.693	2 133.64	69 300	213 362 919	
	20ϕ×230 圆木	公方	6.79	90.0	611.10	9 000 000	61 110 000	
	15ϕ×150 圆木	公方	4.91	65.0	319.15	6 500 000	31 915 000	
	4×100×50	公方	8.58	65.0	557.70	6 500 000	55 770 000	
	50ϕ×150 芨芨笼	公方	2 137.5	2.39	5 108.63	239 000	510 862 500	
	1:2:6 白灰红泥浆砌卵石	公方	941.33	2.49	2 343.91	249 000	234 391 170	
	白灰	公斤	15 061.28	0.016	240.98	1 600	24 098 048	
	红土	公方	160.63	0.30	48.19	30 000	4 818 900	运距 500m

续表

工程名称	材料种类	单位	数量	工程费预算（元）				备注
				26年单价	26年共价	36年12月单价	36年12月共价	
第一溢洪道	净沙	公方	658.93	0.20	131.79	20 000	13 178 600	运距350m
	芨芨草	市斤	64 125.0	0.02	1 282.50	2 000	128 250 000	
	木工	工	210	0.8	168.0	80 000	16 800 000	
	小工	工	2 350	0.35	322.50	35 000	82 250 000	
小计					13 768.09		1 376 807 137	
第二溢洪道	挖松石	公方	2 625.40	0.693	1 819.40	69 300	181 940 200	
	20∮×240 圆木	公方	5.20	90.00	468.00	9 000 000	46 800 000	
	15∮×150 圆木	公方	3.66	65.00	237.90	6 500 000	23 790 000	
	4×100×50	公方	6.30	65.00	409.50	6 500 000	40 950 000	
	50∮×150 芨芨草	公方	1 548.75	2.39	3 701.51	239 000	370 151 250	
	1:2:6 白灰红泥浆砌卵石	公方	1 076.65	2.49	2 680.86	249 000	268 085 850	
	白灰	公斤	17 226.40	0.016	275.62	1 600	27 562 240	
	红土	公方	183.03	0.30	54.91	30 000	5 490 900	运距500m
	净沙	公方	753.66	0.20	150.73	20 000	15 073 200	运距350m
	芨芨草	市斤	4 642.50	0.02	929.25	2 000	92 925 000	
	木工	工	150.00	0.80	120.00	80 000	12 000 000	
	小工	工	1 850.00	0.35	647.50	35 000	64 750 000	
小计					11 495.18		1 149 518 660	
第一溢洪道上游拦水墙	挖松石	公方	289.14	0.693	200.37	69 300	20 037 402	
	20∮×350 圆木	公方	16.06	90.00	1 445.40	9 000 000	144 540 000	
	20∮×180 圆木	公方	7.25	90.00	652.50	9 000 000	65 250 000	
	15∮×340 圆木	公方	4.32	65.00	280.80	6 500 000	28 080 000	
	15∮×200 圆木	公方	0.44	65.00	28.60	6 500 000	2 860 000	
	15∮×170 圆木	公方	22.29	65.00	1 448.45	6 500 000	144 885 000	
	5×8×20 樑木	公方	0.21	65.00	13.65	6 500 000	1 365 000	
	干砌卵石	公方	230.76	2.39	551.52	239 000	55 151 640	

续表

工程名称	材料种类	单位	数量	26年单价	26年共价	36年12月单价	36年12月共价	备注
第一溢洪道上游拦水墙	1:2:6白灰红泥浆砌卵石	公方	289.14	2.49	719.96	249 000	71 995 860	
	填沙砾石	公方	535.50	0.15	80.33	15 000	8 032 500	
	25∮×80芨芨笼	公方	12.46	2.39	29.78	239 000	2 977 940	
	白灰	公斤	36 921.60	0.016	590.73	1 600	59 074 660	
	红土	公方	29.23	0.30	8.77	30 000	876 900	运距500m
	净沙	公方	162.53	0.20	32.51	20 000	3 256 600	运距350m
	芨芨草	市斤	2 769.00	0.02	55.38	2 000	5 538 000	
	木工	工	510	0.8	408.00	80 000	40 800 000	
	小工	工	1 050	0.35	367.50	35 000	36 750 000	
小计					6 914.67		691 455 042	
渠底隔墙	挖松石	公方	141.75	0.693	98.23	69 300	9 823 275	
	20∮×180圆木	公方	15.84	90.00	1 425.60	9 000 000	142 560 000	
	5×50×170 木板	公方	11.86	65.00	770.90	6 500 000	77 090 000	
	1:2:6白灰红泥浆砌卵石	公方	141.75	2.49	352.96	249 000	35 295 750	
	白灰	公斤	2 868.00	0.016	45.89	1 600	4 588 800	
	红土	公方	23.10	0.30	6.93	30 000	693 000	运距500m
	净沙	公方	99.23	0.20	19.85	20 000	1 984 600	运距350m
	木工	工	280	0.80	224.00	80 000	22 400 000	
	小工	工	400	0.35	140.00	35 000	14 000 000	
小计					3 084.36		308 238 425	
泄水闸附近拦水坝	挖松石	公方	138.50	2.39	331.02	239 000	33 101 500	
	20∮×35圆木	公方	5.98	90.00	538.20	9 000 000	53 820 000	
	20∮×250圆木	公方	1.32	90.00	118.80	9 000 000	11 800 000	
	15∮×340圆木	公方	1.37	65.00	89.05	6 500 000	8 905 000	
	15∮×280圆木	公方	4.66	65.00	302.09	6 500 000	30 290 000	

续表

工程名称	材料种类	单位	数量	工程费预算（元）				备注
				26 年单价	26 年共价	36 年 12 月单价	36 年 12 月共价	
泄水闸附近拦水坝	15 φ×150 圆木	公方	0.59	65.00	38.35	6 500 000	3 835 000	
	10 φ×240 圆木	公方	4.10	55.00	270.40	6 500 000	27 040 000	
	5×8×20 檩子	公方	0.13	65.00	8.45	6 500 000	845 000	
	1:2:6 白灰红泥浆砌卵石	公方	138.50	2.49	344.87	249 000	34 486 500	
	干砌卵石	公方	154.38	2.39	368.97	239 000	36 896 820	
	填沙砾土	公方	230.50	0.15	34.58	15 000	3 457 500	
	芨芨笼	公方	11.60	2.39	27.72	239 000	2 772 400	
	白灰	公斤	2 216.00	0.016	35.46	1 600	3 545 600	
	红土	公方	23.55	0.30	7.07	30 000	706 500	运距 500m
	净沙	公方	95.35	0.20	19.07	20 000	1 907 000	运距 305m
	芨芨草	市斤	320.00	0.02	6.40	2 000	640 000	
	木工	工	200	0.80	16.00	80 000	16 000 000	
	小工	工	500	0.35	175.00	35 000	17 500 000	
小计					2 876.31		287 628 820	
泄水闸	挖松石	公方	6.50	0.693	45.05	69 300	4 504 500	
	20 φ×350 圆木	公方	1.76	90.00	158.40	9 000 000	15 840 000	
	12 φ×240 圆木	公方	0.61	65.00	39.65	6 500 000	3 965 000	
	3×20×250 闸板	公方	0.60	120.00	72.00	12 000 000	7 200 000	
	1:2:6 白灰红泥浆砌卵石	公方	65.00	2.49	161.85	49 000	16 185 000	
	白灰	公斤	1 040.00	0.016	16.44	1 600	1 664 000	
	红土	公方	11.00	0.30	3.30	30 000	330 000	
	河沙	公方	45.50	0.20	9.10	20 000	910 000	
	木工	工	45	0.80	36.00	80 000	3 600 000	
	小工	工	500	0.35	175.00	35 000	17 500 000	
小计					716.99		71 698 500	

续表

工程名称	材料种类	单位	数量	26年单价	26年共价	36年12月单价	36年12月共价	备注
				工程费预算（元）				
第二溢洪道以下拦水堤	挖松石	公方	231.78	0.693	160.62	69 300	16 062 354	
	20∮×350圆木	公方	8.70	90.00	783	9 000 000	78 300 000	
	15∮×380圆木	公方	4.01	65.00	260.65	65 000 000	26 065 000	
	15∮×330圆木	公方	14.67	65.00	953.55	65 000 000	95 355 000	
	15∮×150圆木	公方	1.75	65.00	113.75	65 000 000	11 375 000	
	5×8×20楔木	公方	0.12	65.00	7.80	65 000 000	780 000	
	1:2:6白灰红泥浆砌卵石	公方	231.78	2.49	577.13	249 000	57 713 220	
	干砌卵石	公方	148.80	2.39	355.63	239 000	35 563 200	
	填沙砾石	公方	100.00	0.15	15.00	15 000	1 500 000	
	20∮×80芨芨笼	公方	93.60	2.39	223.70	239 000	22 370 400	
	50×80芨芨笼		27.60	2.39	65.96	239 000	6 596 400	
	白灰	公斤	24 644.80	0.016	394.64	1 600	39 464 000	
	红土	公方	29.40	0.30	8.82	30 000	882 000	
	芨芨草	市斤	300.00	0.02	60.00	2 000	600 000	
	河沙	公方	162.25	0.20	32.45	20 000	3 245 000	
	木工	工	300	0.80	240.00	80 000	24 000 000	
	小工	工	500	0.35	175.00	35 000	17 500 000	
小计					4 373.70		437 371 574	
泄水闸上游拦水堤	干砌卵石	公方	3 770.10	2.39	9 010.54	239 000	901 053 900	
	填沙砾石	公方	4 465.90	0.15	669.89	15 000	66 988 500	
	50∮×140芨芨笼	公方	1 605.25	2.39	3 836.43	239 000	383 642 800	
	芨芨草	市斤	17 100	0.02	342.00	2 000	34 200 000	
	小工	工	5 000	0.35	170.00	35 000	175 000 000	
小计					15 608.86		1 560 885 200	
监理费					3 970.59		397 259 668	
共计					680 000		6 800 000 000	

五、增益

本计划实施后估计增益各点如下：

洪水坝原有耕地 55 094 市亩，每亩作物增产纯益折合小麦 0.6 市石×50 元

165 282 元

洪水坝间歇地 20 906 市亩，每亩作物增产纯益折合小麦 0.8 市石×5.0 元

83 624 元

节省岁修费 6 500 元

共计 255 406 元

六、结论

1. 经济价值

综合本工程经济上主要各点如下（一切按照 26 年物价计算）：

全部灌溉面积（内间歇地 20 906 市亩） 76 000 市亩

实施后 49 781.2 市石

工程实施后每年增益（包括增产麦价及节省岁修费） $F=255\,406$ 元

全部工程费 $C=68\,000$ 元

工程常年维持费 $O=1000$ 元

工程平均寿命 $n=15$ 年

工程永久投资 $P=C+\dfrac{O}{r}+\dfrac{C}{(1+r)^{n}-1}$ ，r 定为 8% $P=111\,800$ 元

折合常年工程费 $P_r=8\,940$ 元

投资利益指数 $I=\dfrac{F}{P_r}$ $I=28.6$ 倍

投资年利 $R=\dfrac{F}{P}$ $R=22.8\%$

本工程经济价值可以成立。

2. 还款办法

按民国 26 年普通贷款年利率为 8%，期限 5 年计算，本工程每年还款17 000 $\left[\dfrac{Cr(1+r)^5}{(1+r)^5-1}\right]$ 元，此数占年增益之 6.7%，农民力能负担。

3. 施工程序

本工程已于 36 年春完成进水口及两堤之一段，经洪水后尚无恙，下游耕地已蒙其利，继续施工虽可减少洪水威胁，但不增加灌溉面积，且本流域上游另拟蓄

水库计划，目的在调节洪水河全年流率，使下游增加灌溉水量减少洪水灾害，故本工程应列为同流域内第二期工程。

本工程实施须在 5 月以前备料，5 月初开工，6 月底竣工，方不误灌溉，施工程序附表如下（附表 6 施工程序表）：

表 6　工程施工程序表

工程名称	开工日期	每日所需工人	完工日期
第一溢道上游拦水坝	5 月 1 日	石工 25 个木工 25 个小工 150 个	5 月 20 日
第一溢洪道	5 月 10 日	石工 50 个木工 12 个小工 500 个	5 月 30 日
第二溢洪道	5 月 20 日	石工 60 个木工 10 个小工 450 个	6 月 10 日
渠底隔墙	5 月 30 日	石工 7 个木工 14 个小工 60 个	6 月 20 日
泄水闸附近拦水坝	5 月 30 日	石工 27 个木工 20 个小工 280 个	6 月 30 日
泄水闸	6 月 10 日	石工 7 个木工 25 个小工 280 个	6 月 20 日
第二溢道以下堤身	5 月 20 日	石工 27 个木工 30 个小工 270 个	6 月 10 日
泄水闸上游拦水堤	5 月 30 日	小工 800 个	7 月 10 日
东堤	6 月 30 日	石工 20 个木工 12 个小工 150 个	7 月 20 日

VCV$_2$II-1　酒泉洪水坝渠口地形图（略）

水利部甘肃河西水利工程总队			
酒泉洪水坝渠口地形图			
测量	第五分队	审定	刘恩荣
绘图	刘文华	队长	刘恩荣
校核	张卓	总队长	黄万里
日期：36 年 12 月	尺度：公尺	比例：1:4 000	图号：VCV$_2$II-1

VCV$_2$II-2　酒泉洪水坝进水口工程设计图（略）

水利部甘肃河西水利工程总队			
酒泉洪水坝进水口工程设计图			
绘图	张镇华	审定	刘恩荣
设计	姚镇林	队长	刘恩荣
校核	张卓	总队长	黄万里
日期：36 年 12 月	尺度：公尺	比例：如图	图号：VCV$_2$II-2

VCV$_2$II-3　酒泉洪水坝溢洪道工程设计图（略）

水利部甘肃河西水利工程总队			
酒泉洪水坝溢洪道工程设计图			
绘图	朱文彪	审定	刘恩荣
设计	姚镇林	队长	刘恩荣
校核	张卓	总队长	黄万里
日期：36 年 12 月	尺度：公尺	比例：如图	图号：VCV$_2$II-3

VCV₂II-4　酒泉洪水坝泄水闸设计图（略）

水利部甘肃河西水利工程总队			
酒泉洪水坝泄水闸设计图			
绘图	赵人龙	审定	刘恩荣
设计	姚镇林	队长	刘恩荣
校核	张卓	总队长	黄万里
日期：36 年 12 月	尺度：公尺	比例：1:200	图号：VCV₂II-4

酒泉新城坝旧渠整理工程计划书

一、总述

新城坝为讨赖河灌溉区之第三渠，滨河北岸，东南距酒泉县城约 20 公里，渠长 25 公里，大部穿行于戈壁滩中，引水量 0.8 至 5.7 秒公方，灌溉新城堡等耕地 8000 市亩，水量尚敷用。

渠经安远沟一带，渠身为沙砾堆填，每逢渠水增高辄被冲决，附近无良土抢堵，停水修后，须时一月，工 700，每年因此减少下游耕地收成达每市亩 3 至 4 市斗。

整理方法应将安远沟一段渠线西移至老官坝以西，该处地势较高，挖渠于戈壁滩中可臻稳固。计改渠线 3.5 公里开土方 37 112.5 公方，加修木桥两座，渡老官坝渠水木渡槽一座，照民国 26 年物价估算共需国币 16 000 元。

工程完成后每年可获纯益 12 670 元，经济价值可以成立。如贷款年利率 8% 期限五年，本工程应每年还款 4000 元，计占增益 31.6%，农民力能负担。

本工程之实施不与上下游其他计划中工程之利害相冲突，且经济价值殊大，应列为同流域内第一期工程。

二、资料

1. 形势

新城坝位于酒泉西北，滨讨赖河北岸，内距长城约 20 公里。讨赖河于北龙王庙出峡后，行冲积锥体中，新城坝渠口即于此处引水。全渠共长 25 公里，自渠口下 8 公里开始灌溉安远沟一带耕地约 1000 市亩，10 公里处穿越甘新公路，20 公里始达新城，灌地约 7000 市亩，共计灌溉面积 8000 市亩。附图 VDV2 11 新城坝安远沟地形图。

新城坝地势自西南向东北倾斜，渠线因势而下，平均坡度经实测约 1/140。附图 VDV$_2$I -2 新城坝渠道纵横断面图。

新城坝沿渠全部灌溉区属酒泉县嘉峪乡，安远沟居民约 20 户，新城约 100 户。交通藉大车及骡马，尚称便利。

2. 地质

新城坝沿渠一带为冲积平原，除耕地外大部为戈壁滩，于安远沟闫家庄以西有湿地百余亩，耕地多沙，土厚仅 8 公寸，其下即为卵石层。

3. 水文

新城坝一带气候干燥，全年雨量仅 80 公厘，大部集中于 8 月，年蒸发量达 1700 公厘。全年温度最低-8.5℃，最高 22.4℃，霜期 9 月 1 日至次年 4 月 27 日，计达 215 天，故农作期间仅 150 天，讨赖河全年流率自 11.3 秒公方至 720 秒公方不等，灌溉图尔坝等七八渠共约 92 000 亩，新城坝灌溉时引水约 0.8 秒公方，而渠道可容输水流率达 5.7 秒公方。沿渠水量损失 60%至 70%。

4. 农作概况

新城坝农作物分夏禾、秋禾，年仅一熟。每年立夏开始用水，夏禾 7 次，秋禾 6 次，规定每 15 日轮浇一次，每次需水深度 0.08 公尺，计每市亩需水 0.000 041 秒公方，或每秒公方灌地 24 400 市亩。估计沿渠渗水达进水流率之 65%，故每秒公方引水流率现只灌地 8540 市亩。现有耕地 8000 市亩，共需引水流率 0.94 秒公方。

农作物夏禾以小麦为主，青稞豆类为次，秋禾以糜谷为主，胡麻为次。农作时期如附表 1（新城坝农作时期表），农作产量如附表 2（新城坝农作物产量表）。农作成本包括种子、肥料、水费及人工等，每市亩约需折合小麦一市石之市价。

表 1   新城坝农作时期表

月	日	节候	农作
4	5	清明	耘麦始。
4	21	谷雨	耘谷始。
5	6	立夏	耘麦毕，麦用水始，浇 7 次，每次 15 公分。
5	22	小满	糜子播耘始。
6	22	夏至	谷用水始，浇 6 次，每次 15 公分。
7	2	夏至后十日	糜用水。
7	28	立秋前十日	小麦用水毕，割麦始。
8	18	立秋后十日	割麦毕，泡地始，一次灌足，水深 434 公分。
9	8	白露	割糜始。
9	16	白露后八日	割糜毕。
10	9	寒露	割谷毕。
11	8	立冬	泡地毕。

表 2　新城坝农作物产量表

作物		每市亩产量（市石）	耕地占全区百分比
夏禾	小麦	1.25—2.00	25%
	青稞	1.50—2.20	10%
	豆类	1.20—1.80	5%
秋禾	糜子	1.50—2.50	30%
	谷子	1.25—2.00	20%
	胡麻	1.25—1.80	10%

5. 渠道概况

讨赖河水灌溉图述坝等八渠，各渠分水按田粮多寡分配，以决定各进水口之宽度。河于枯水时流率约 11.3 秒公方，新城坝依次为第三渠，分水 0.8 秒公方，灌溉全部耕地，稍嫌不足，惟每年夏至以后河水渐涨，引水量随增，可供全渠灌溉之需。夏禾自立夏开始用水，秋禾自夏至开始用水，本区秋禾多于夏禾，约六与四之比，故全年引水量不感缺乏。

新城坝进口段以截水堤伸入河中引水，堤长 200 公尺，高约 1 公尺，以大卵石堆砌。其下 1 公里为明渠，穿过砾石河滩，后经 2.5 公里之戈壁滩全属挖方而达安远沟南首。渠过安远沟一段地势较低，渠身以 1 至 5 公分砾石加沙填筑，每年七月渠水大增，东岸长被冲溃，泛滥安远沟一带耕地，而下游新城一带因此断水，减少收成每亩达 0.3 至 0.4 市石，修复需时一月，工 700，过甘新公路以下渠身稳固，惟水量渗漏较大。

新城坝渠道岁修分干坝与水坝两种：干坝岁修于清明开始，由民选水利管理员 1 人征集工料，修理引水口及渠堤至立夏日停止，规定每年征工 320 名，摊派芨芨草 250 市斤，胡麻秸 900 市斤。水坝岁修乃每年临时抢修，遇引水口或渠道被洪水冲毁，则全渠民夫齐集抢堵，所需工料年无定额，由管理员按灌溉地亩多寡平均负担，每年修理工费。按照 26 年物价计算，此数约为 340 元，其中干坝水坝各占半数。

6. 工料单价调查

新城坝 26 年及 36 年 12 月工料单价调查，如附表 3:

表 3　新城坝 26 年及 36 年 12 月工料单价调查表

名称	单位	26 年单价	36 年 12 月单价
浆砌卵石	立公方	2.49	249 000
圆木	立公方	65.00	6 500 000
方木	立公方	120.00	12 000 000
挖沙石子	立公方	0.31	31 000
白灰	百公斤	1.60	320 000
大车运	公吨/公里	0.42	50 000

续表

名称	单位	26 年单价（元）	36 年 12 月单价（元）
驮运	公吨/公里	0.60	72 000
小麦	市石	5.00	800 000
麦草	公吨	22.00	2 500 000
小工	工	0.35	35 000
木工	工	0.80	80 000
铁工	工	0.80	80 000
铁料	公斤	0.45	85 250
石料	工	0.95	95 000

三、计划

1. 现有工程缺点

新城坝工程现有工程缺点凡三：A.进口藉堆砌卵石之截水堤引水，每遇河涨则被冲毁。B.渠道穿行戈壁滩中达 20 公里，渗漏过巨。C.渠经安远沟一带，堤身以沙砾填筑，几每年溃决，既耗岁修工费，且贻误灌溉，影响收成。

2. 整理方法

新城坝引水口每年虽被冲毁，但不影响进水量，如修固定渠口，须得其他七渠之同意，且工程费较大，殊不值得，仍以每年修理一次为宜。

渠道穿行戈壁中，渗漏过巨，如加衬砌，自可防止，但目前现有耕地用水尚裕，而下游乏可扩充之荒地，即有多余水量亦不能利用。且渠水渗入地下，潜流至花城湖涌出地面，另有计划截引此水灌溉边湾一带生荒，故渠道无衬砌之必要。

安远沟附近乏良土以培修该段渠堤，本计划拟将渠线西移至老官坝以西，该处地势较高，由是填方改为挖方，渠身可以稳固，计改渠线长 35 公里，土方 37.1125公方，加修木渡槽 1 座，渡老官坝渠水，木桥 2 座，跨度各为 3.8 公尺，以利交通（参考附图 VDV$_2$I-2、附图 VDV$_2$I -3）。

四、估算

新城坝旧渠整理工程费估算如附表 4。

表 4　新城坝旧渠整理工程估算表

工程名称	材料种类	单位	数量	单价（元）		总价（元）	
				26 年	36 年 12 月	26 年	36 年 12 月
渡槽	挖基土	公方	20.00	0.50	50 000	10.00	1 000 000
	1:3 白灰沙浆砌卵石	公方	15.00	4.10	569 000	61.50	8 535 000
	5 公分厚木板	公方	1.23	150.00	15 000 000	184.50	18 450 000

续表

工程名称	材料种类	单位	数量	单价（元）		总价（元）	
				26 年	36 年 12 月	26 年	36 年 12 月
渡槽	方木	公方	0.68	120.00	12 000 000	81.60	8 160 000
	圆木	公方	0.70	65.00	6 500 000	45.50	4 550 000
	铁钉	公斤	15.60	0.45	85 250	7.02	1 329 900
	蚂蝗钉	公斤	4.60	0.45	85 250	2.07	392 150
小计						392.19	42 417 050
	木车桥	座	2	260.00	27 800000	520.00	55 600 000
	渠道土方	公方	37122.50	0.35	35 000	12 989.38	1 298 938 000
合计						13 901.57	1 396 955 050
管理费						2 098.43	203 044 950
总计						16 000.00	1 600 000 000

五、增益

本计划工程实施后估算每年增益如下：

新城耕地 7000 市亩，每亩作物增产折小麦 0.3 市石×5.00 元　　　10 500 元
安远沟耕地 1000 市亩，每亩作物增产折小麦 0.4 市石×5.00 元　　2000 元
减省岁修费　　　　　　　　　　　　　　　　　　　　　　　　　170 元
共计　　　　　　　　　　　　　　　　　　　　　　　　　　　12 670 元

六、结论

1. 经济价值

综合本工程经济上主要各点如下：一切按照 26 年物价计算

全部灌溉面积（本工程并不增加灌溉地亩）　　　　　　　　　8000 市亩
工程实施后每年增产小麦　　　　　　　　　　　　　　　　　2500 市石
工程实施后每年增益（包括增产麦价及减省岁修费）　　　　F=12 670 元
全部工程费　　　　　　　　　　　　　　　　　　　　　　　C=16 000 元
工程常年维持费（包括渡槽及木桥修理，旧渠原需岁修费 170 元不计）

　　　　　　　　　　　　　　　　　　　　　　　　　　　　O=200 元
工程平均寿命　　　　　　　　　　　　　　　　　　　　　　n=10 年
工程永久投资 $P = C + \dfrac{O}{r} + \dfrac{C}{(1+r)^n - 1}$，年利率 r 实为 8%　　P=32 300 元

折合常年工程费　　　　　　　　　　　　　　　　　　　　P_r=2680 元
投资利益指数 $I = \dfrac{F}{P_r}$　　　　　　　　　　　　　　　　　I=4.73 倍

投资年利 $R = \dfrac{F}{P}$ $R=0.39\%$

本工程经济价值可以成立

2. 还款办法

按民国 26 年普通贷款年利率 8%，期限 5 年计算，本工程每年应还款 4000 元 $\left[\dfrac{Cr(1+r)^5}{(1+r)^5-1}\right]$，此数占年增益之 31.6%，农民力能负担。

3. 施工程序

本工程之实施，不与上下游其他计划中工程之利害相冲突，且经济价值甚大，故应列为同流域内第一期工程。

本工程实施时老渠仍可输水，不稍影响灌溉，农期施工程序如附表 5。

表 5　施工程序表

工程名称	工数说明	4 月	5 月	6 月	7 月	8 月	9 月	10 月	11 月
渠道	每日小工 50 名	1500	1500	1500	1500	1500	1500	1500	1500
	进度	13%	26%	39%	52%	65%	78%	91%	100%
车桥			备料	备料	木工 38 石工 4	备料	木工 36 石工 4		
	进度				50% （1 座）		100%		
渡槽			备料	备料	备料	备料	备料	木工 72 石工 2	
	进度								100%

VDV$_2$I-1　酒泉新城坝安远沟地形图（略）

水利部甘肃河西水利工程总队			
酒泉新城坝安远沟地形图			
测量	第五分队	审定	刘恩荣
绘图	张慈	队长	刘恩荣
校核	张卓	总队长	黄万里
日期：36 年 11 月	尺度：公尺	比例：1:10 000	图号：VDV$_2$I-1

VDV$_2$I-2　酒泉新城坝渠道纵横断面图（略）

水利部甘肃河西水利工程总队			
酒泉新城坝渠道纵横断面图			
绘图	陆鸣曙	审定	刘恩荣
设计	姚树钧	队长	刘恩荣
校核	张军达	总队长	黄万里
日期：36 年 11 月	尺度：公尺	比例：1:10 000	图号：VDV$_2$I-2

VDV₂I-3　酒泉新城坝旧渠整理工程老官坝渡槽设计图（略）

水利部甘肃河西水利工程总队			
酒泉新城坝旧渠整理工程老官坝渡槽设计图			
绘图	刘文华	审定	刘恩荣
设计	刘恩荣	队长	刘恩荣
校核	邱功学	总队长	黄万里
日期：36 年 11 月	尺度：公尺	比例：如图	图号：VDV₂I-3

酒泉讨赖河图迱坝防洪护岸工程计划书

一、总述

图迱坝在讨赖河以南，祁连山麓以北，为酒泉西南乡引水渠之一，所有二分沟、善家沟一带耕地 11 200 市亩之灌溉悉惟该渠是赖，渠底坡度较河底为缓，离渠口一公里许，渠高于河已十公尺以上。自是以下，渠道接近陡崖，情形极坏，因崖脚历经洪水冲刷，十分削弱，以致崖身不稳，崩塌时见，今年愈益加厉，确有渠道及陡崖同遭毁灭之概。

整理方法系在离渠口 1000 公尺起修护岸 400 公尺及木笼坝 20 道，以事防洪。为避免木笼坝及沙子坝互相妨碍起见，将沙子坝北移。全部工程费，照民国 26 年物价计算，共需国币 11 802.31 元。

工程完成后，每年可获纯益 1000 元，经济价值，自可成立。如贷款年利率为 8%，期限五年，工程完成后，每年应还款 2953 元，此数占年增益 29.5%，农民力能负担。

本工程实施，不与上下游其他计划中工程之利害相冲突，且情形特殊，关系重大，故应列为同流域内第一期工程。

二、资料

1. 形势

图迱坝属酒泉西南乡，东距县城 20 公里，南拥祁连山，北临讨赖河，所有二分沟、善家沟一带耕地 1120 市亩，悉赖该坝由南龙王庙附近，引讨赖河之水，以资灌溉。渠底坡度较河底为缓，故离渠口愈远而渠底与河底高程之差亦大。渠长 10 公里，距渠口一公里以下一段，渠道经过陡崖，已高于河底 10 公尺以上。只以陡崖基脚，恰当洪水之冲，历被扫刷，十分削弱，若不设法保护，影响所至，图迱坝将随陡崖之崩塌同归于尽，形势危殆，迥异寻常。图迱坝有大车路可通酒泉，交通不甚便利（附图 VDVI-1，酒泉图迱坝防洪工程平面布置图）。

2. 地质

图迖坝灌溉区域内土质为含钙土，含钙土又分漠钙土、栗钙土、盐钙土及石灰性冲积土等，以漠钙土分布最广，漠钙土又有灰漠钙土与棕漠钙土之别，该坝附近土质即为各种钙土配合而成，土层甚薄易蒸发而富碱性，故渠道渗漏蒸发损失颇大。

3. 水文

水位　根据南龙王庙水文站 31 年至 35 年之记载统计讨赖河洪水深度为 1.60 公尺。

流率　讨赖河最大洪水流率 1191 秒公方(36 年 7 月实测)。根据南龙王庙水文站 31 年至 35 年记载，每月平均流率列表如下：

表 1　讨赖河南龙王庙流量月平均表（单位：秒立方公尺）

月份	1	2	3	4	5	6	7	8	9	10	11	12
最大流率	—	—	—	15.95	23.58	38.20	635.00	141.31	47.68	22.25	20.44	—
最小流率	—	—	—	13.75	10.65	11.44	31.46	13.73	0.52	15.23	12.09	—
平均流率	—	—	—	14.85	14.46	19.55	73.99	65.67	20.79	19.36	16.23	—

含沙量　35 年酒泉第五分队实测最大 7.2/10 000，（体积比）最小 5/100 000。

蒸发量　根据酒泉气象测候所记载全年 1700 公厘。

雨量　根据酒泉气象测候所记载全年 80 公厘。

4. 农作概况

农作分夏禾及秋禾两种，夏禾占六成以小麦为主，秋禾占四成以糜谷为主，立夏开始用水，浇水 4 次。

需水量计算：

$$Q = \frac{11200 \times 667 \times 0.08}{16 \times 86400} = 0.47 \text{ 公方秒；加输水损失 } 70\% \text{（详见地质节）：}$$

$Q = 1.57$ 秒公方。

农作每市亩产量夏禾普通年产 1.0 市石，丰年 2.5 市石，秋禾普通年产 1.0 市石，丰年 2.0 市石。

农作成本每市亩每年折合小麦 1 市石（包括种子、人工、肥料等）。

5. 岁修

干坝夫 1 500 工，水坝夫 720 工，常夫 90 工，芨芨草 9000 斤，胡麻草 3500 斤，清油 30 斤，卵石 10—15 车。折合国币 993.00 元（26 年单价）。

6. 工料单价

根据 26 年及 36 年 12 月工料单价调查统计结果如表 1：

表 2　26 年及 36 年工料单价表

名称	单位	26 年单价（元）	36 年 12 月单价（元）
小圆木	公方	65	6 500 000
方木	公方	120	12 000 000
干砌卵石	公方	2.39	239 000
填沙卵石	公方	0.31	31 000
铁料	公斤	0.45	85 250
小麦	市石	5	800 000
木工	工	0.80	80 000
铁工	工	0.80	80 000
小工	工	0.35	35 000
石工	工	0.95	95 000
大车运	公吨/公里	0.42	50 000
驮运	公吨/公里	0.60	72 000

三、计划

1. 设计方法

在图迸坝紧靠陡崖，又当崖基脚被洪水冲击最烈之处，修护岸 400 公尺及木笼坝 20 道，以防冲刷。同时将沙子坝北移 100 公尺并另开新渠 300 公尺，使该坝以相等距离平行于黄草坝及陡崖之间（详见图 VDVI-2 酒泉讨赖河图迸坝防洪工程设计图）。

2. 每类建筑物及其应用

护岸　起点在离渠口 100 公尺处，为半河堤式，全长 400 公尺，顶宽 2 公尺，高 2.5 公尺，边坡 1:1，用大卵石分两层堆砌，每层厚 40 公分，内填沙卵石，坡脚用 $\phi 15 \times 250$ 木桩护脚，每隔 1 公尺打木桩 1 枚，入土 1.5 公尺，内钉 $\phi 8 \times 106$ 半圆木板四道连接，间隔 17 公分，以防冲刷。

木笼坝　每隔 17.5 公尺，修木笼坝 1 座，宽 1.5 公尺，长 4.5 公尺，高 2 公尺，系由 1.5×1.5 木笼 4 个连接而成，木笼 1 在护岸木桩护脚以内，其余在外成 T 形以收挑溜及淤积之效，下水面用卵石堆砌，高及坝顶，边坡 1:1，以防淘刷，每一木笼以 $\phi 15 \times 450$ 木桩四根打入地中 2.5 公尺，上留 2 公尺，用 $\phi 8 \times 156$ 半圆木板连接，中填卵石。

3. 采取本计划之理由

图迸坝靠近陡崖一段，因崖基脚被洪水积年冲刷，崖身已岌岌可危，傍崖为渠，崖之不存，渠将焉附。至于渠道改线，限于地势，计非久长，在确保基脚稳固，崖身安全及不影响沙子坝引水起见，于基脚冲刷最烈之处修护岸 400 公尺，木笼坝 20 道，以资保护。木笼坝长 4.5 公尺，实施后，有碍沙子坝，故将沙子坝北移。图迤坝附近木料不缺，讨赖河中卵石充足，就地取料，利赖甚多。

四、估算

表 3　酒泉图迤坝护岸工程估算表

材料名称		单位	数量	26 年单价（元）	总价（元）	36 年单价（元）	总价（元）	备注
∮15×450		根	200.00	5.45	1 090.00	572 800.00	114 560 000.00	运距 20 公里
∮15×X250		根	338.00	3.53	1 193.14	35 800.00	121 004 000.00	
∮8×156		根	1 280.00	0.57	729.60	57 280.00	75 518 400.00	
∮8×160		根	40.00	0.58	23.20	58 000.92	2 320 036.80	
∮8×106		根	599.00	0.36	215.64	36 000.00	21 564 000.00	
∮8×131		根	76.00	0.49	37.24	50 120.00	3 809 120.00	
干砌卵石		公方	594.54	4.799	2 853.22	479 080.00	284 822 223.20	运距 0.5 公里
填沙卵石		公方	1 741.83	1.11	1 933.43	111 000.00	193 343 130.00	运距 0.5 公里
铁料		公斤	404.50	0.58	234.61	110 920.00	44 867 140.00	运距 20 公里
木工		工	1 121.00	0.80	896.80	80 000.00	89 680 000.00	
打桩工	大工	工	480.00	0.80	384.00	80 000.00	38 400 000.00	
	小工	工	1 620.00	0.35	567.00	35 000.00	56 700 000.00	
挖渠	小工	工	300.00	0.35	105.00		10 500 000.00	
小计					10 262.88		1 054 888 050.00	
管理费（占全部工程费 15%）					1 539.43		158 233 207.50	
合计					11 802.31		1 213 121 257.50	

五、增益

本工程目的在防洪，故工程完成后农作产量仍旧，岁修方面更增加一部护岸之养护费，似无增益可言，但如护岸不即早兴修，陡崖崩塌，渠水断绝，不只秋收无望，图迤坝居民势因农田荒芜而逃亡，工程完成后图迤坝可保无虞，每年全部田地之收获，应为农产之增益。退而言之，不以每年全部收成为增益，如不防洪护岸，洪水时期，即使陡崖崩塌，渠道还可修复，然在修复期内，灌溉缺水自必影响收成，故因此农田遭受之损害，亦应为工程完成后每年农产之增益。

讨赖河洪水时期多在 7 月，是时夏禾浇水未毕秋禾甫行用水，渠水断绝则夏禾与秋禾之收成皆不能超过五分之四。

图迤坝农作夏禾占六成，秋禾占四成，灌溉面积 11 200 市亩，夏禾 6720 市亩，秋禾 4 480 市亩，每市亩产量 1.0 市石，折合国币 5 元（26 年价）。

夏禾农田损害=6720/5×1.0×5=6720 元。

秋禾农田损害=4480/5×1.0×5=4480 元。

全部损害=6720+4480=11 200 元。

全部增益=11 200-全部岁修=11 200-（993+207）=10 000 元（207 为护岸养护费之大约估计）。

六、结　论

1. 经济价值

综合本工程经济上主要各点

全部灌溉面积（全部熟地）	11 200 市亩
工程实施后每年增产小麦	2 240 市石
工程实施后每年实际增益	F=10 000 元
全部工程费	C=11 802.31 元
工程常年维持费	O=1200 元
工程平均寿命	n=10 年
工程永久投资 $P = C + \dfrac{O}{r} + \dfrac{C}{(1+r)^n - 1}$，年利率 r 定为 8%	P=36 976.77 元
折合常年工程费	P_r=2958.14 元
投资利益指数 $I = \dfrac{F}{P_r}$	I=3.4 倍
投资年利 $R = \dfrac{F}{P}$	R=37%

2. 还款办法

按民国 26 年普通贷款年利率 8%，期限 5 年计算，本工程应每年还款 2 953 元 $\left[\dfrac{Cr(1+r)^5}{(1+r)^5 - 1} \right]$，此数占年增益之 29.5%，农民力能负担。

此种工程情形特殊，如能请拨专款积极兴修尤为相宜。

3. 施工程序

本工程计划自 37 年 5 月开工，8 月竣工：

表 4　施工程序表

月份	4	5	6	7		8
				上中旬	下旬	上中旬
每日工数	备料	木工　22 小工　70	木工　22 小工　70	木工　22 小工　70	石工　10 小工　90	石工　10 小工　90
全月工数	备料	木工　660 小工 2100	木工　660 小工 2100	木工　440 小工 1400	石工 100 小工 800	石工 200 小工 1800
进度	0	30%	60%	90%		100%

VDVI-1　酒泉图尔坝防洪工程平面布置图（略）

水利部甘肃河西水利工程总队			
酒泉图尔坝防洪工程平面布置图			
测量	第五分队	审定	刘恩荣
设计	朱文彪	队长	刘恩荣
校核	张军达	总队长	黄万里
日期：36 年 12 月	尺度：公尺	比例：1:10 000	图号：VDVI-1

VDVI-2　酒泉讨赖河图尔坝防洪工程设计图（略）

水利部甘肃河西水利工程总队			
酒泉图尔坝防洪工程平面布置图			
绘图	陆鸣曙	审定	刘恩荣
设计	姚树钧	队长	刘恩荣
校核	张卓	总队长	黄万里
日期：36 年 12 月	尺度：公尺	比例：1:10 000	图号：VDVI-2

酒泉下古城坝渠道防洪计划书

一、总述

下古城位讨赖河、清水河之间，西南距酒泉县城 25 公里，地势东低西高，坡度约 1:500。现有耕地 3500 市亩，由下古城坝渠引讨赖河水灌溉。惟引水口拦水坝简陋脆弱易被洪水冲毁，无闸门设备不能大量引水，遂致灌溉失时，收成减少。

整理方法以木笼内填卵石加固拦水坝，再于进水口加设溢洪道及进水闸以调节进水量。全部工程费照民国 26 年物价估算共需国币 6555 元。

工程完成后每年可获纯益 7 578 元，经济价值自可成立。如贷款年利率为 8%，期限 5 年，本工程应每年还款 164 元，此数占年增益 22%，农民力能负担。

本工程实施不与上下游其他计划中工程之利害相冲突，且经济价值甚大，故应列为同流域内第一期工程。

二、资料

1. 形势

下古城隶属酒泉县临水乡，因有废古城残迹而得名，西南距县城 25 公里，南滨讨赖河，北临清水河，西接祁家沟，东止临水河，形成狭长地带，面积约 6 平方公里。地势西高东低，坡度约 1:500，拔海高程 1350 降至 1300 公尺。

下古城区居民 950 口，内有耕地 3500 亩，引讨赖河水灌溉，渠名下古城坝。引水口在河之北岸，用沙卵石堆坝拦截河水入渠，自渠口引水 200 公尺开始灌地，流 5 公里至下古城，7.5 公里而达渠尾，余水泄入临水河。

下古城村至酒泉通大车，讨赖河南岸距城 2 公里，有肃建公路（酒泉至建国营），交通便利（VDV$_3$1-1 酒泉下古城坝渠口地形图）。

2. 土质

下古城为冲积平原，表面土质属棕漠钙土，微含碱性，适宜耕种，土厚 1 公尺许，其下为卵石夹沙层，石径 5 至 20 公分。

3. 水文

下古城气候寒冷，霜期迟退早临，每年农作物生长期限制于 150 日内，平均全年降雨量约 80 公厘，而蒸发量竟达 1700 公厘。

讨赖河源出祁连山，山内流长 200 公里，山外流 40 公里，经酒泉县城北 65 公里汇入于下古城东临水河。下古城坝引水口处平时水深 0.25 公尺，流率 0.3 秒公方，洪水期在 8 月间，水深达 12 公尺，流率 270 秒公方。

4. 农作概况

下古城农作物分夏禾、秋禾两种，夏禾以小麦、青稞为主，秋禾以糜谷为主，因气候寒冷，年仅一熟，农作概况及产量如附表（附表 1 下古城农作时期表，附表 2 下古城农作物产量表）：

表 1　下古城农作时期表

月	日	节候	农作
3	21	春分	麦播种始。
4	21	谷雨	种麦早，种谷始。
5	6	立夏	麦用水始。
6	6	芒种	种谷毕。
6	22	夏至	麦用水毕。
7	7	小暑	糜谷用水始。
7	25	大暑	割麦始。
8	8	立秋	割麦早。
8	25	处暑	糜谷用水毕，割谷始。
9	8	白露	麦泡地始，糜谷泡地始。
9	24	秋分	麦泡地毕。
10	9	寒露	割谷毕。
10	24	霜降	
11	8	立冬	糜谷泡地毕。

表 2　下古城农作物产量表

农作	农产种类	单位	农产品（市石）	
			平年	丰年
夏禾	小麦	每市亩	1.0	2.0
	青稞	每市亩	1.0	2.2
	豆类	每市亩	1.0	2.9
秋禾	糜子	每市亩	1.0	2.2
	谷子	每市亩	1.0	2.0
	洋芋	每市亩	5.0	11.4
	胡麻	每市亩	0.4	1.1

每市亩作成本包括种子、化肥、人工等，约合值小麦 1 市石。

5. 渠道概况

下古城坝相传创修于明末，今无记载可考。引水口在讨赖河北岸，筑芨芨笼拦河坝一道拦水，枯水时期可截全河之水入渠，洪水涌至漫过坝顶，坝身随被冲毁，惟为时甚暂，待水位低落渠道即不能进水，鸠工积极修复，需时两月，耗资按 26 年物价计算约 578 元，灌溉失时，使收成减少 0.5 市石。引水渠前段 200 公尺挑挖明渠于河滩内，进水量无闸节制，过量渠水即由渠堤漫入河中，渠身随毁。自渠口 200 公尺以下渠水上岸，渠道依势向东北引水 5 公里过古城村，7.5 公里至渠尾，渠身稳固，仅渗漏损失稍多，估计约为引水量之 45%。

下古城坝灌溉依例每 15 日一次，水深 8 公分，按耕地 3500 市亩计算需水流率为 0.144 秒公方，加输水损失，渠口引水 0.27 秒公方，才敷所需。

下古城坝设民选正副水头各一人，为义务职，管理全坝岁修、分水、摊派工料等事宜，任期一年，连选连任。

6. 工料单价调查

26 年及 36 年 12 月下古城工料单价调查如附表（附表 3 下古城工料单价表）：

表 3　下古城工料单价表

工料名称	单位	26 年单价（元）	36 年 12 月单价（元）
小圆木	公方	65.00	6 500 000
方木	公方	120.00	12 000 000
填土	公方	0.31	31 000
挖土	公方	0.31	31 000
填卵石	公方	2.49	249 000
浆砌料石	公方	18.61	1 861 000
浆砌块石	公方	3.65	365 000

续表

工料名称	单位	26 年单价（元）	36 年 12 月单价（元）
白灰	百公斤	1.60	320 000
铁料	公斤	0.45	85 250
大车运	公吨/公里	0.42	50 000
驮运	公吨/公里	0.60	72 000
小工	工	0.35	35 000
木工	工	0.80	80 000
石工	工	0.95	95 000
铁工	工	0.80	80 000
麦子	市石	5.00	800 000

三、计划

1. 现有工程缺点

下古城坝工程之缺点有三：一为拦河坝身脆弱，河水漫坝即被冲毁；二为缺少溢洪道与闸门设备，大量引水冲毁渠道；三为渠道渗失水量过甚。

2. 整理方法

A. 加固拦河坝系采用木笼互相联系，坝长 60 公尺，北端连河岸，南端接进水口。迎溜部分内填 20 公分卵石或块石，石料须由上流或洪水河滩采运，背溜部分笼内填小卵石，可就地取材。各部尺图详如附图（附图 VDV₃I-2 酒泉下古城坝进水口整修工程设计图）。

B. 固定进水口加设溢洪道及进水闸，以限制进水量。进水口宽 30 公尺，平时水深 0.25 公尺，可进流率 0.3 秒公方。进水口下接顺水坝，仍用木笼填石连系，纵坡为 1:50，长 202.5 公尺。洪水时进水口水深 1.2 公尺，进水流率达 3.08 秒公方，设计于顺水坝中间留 12 公尺为溢洪道，多余水量由此漫出，溢洪道亦用木笼填石连结，高处渠底 0.6 公尺，下流加修高处地面 0.3 公尺木笼一排，形成阶级式以杀水势。顺水坝尾端建筑浆砌料石进水闸一座，各部尺度参照附图（VDV3I-2 酒泉下古城坝进水口整修工程设计图）。

C. 渠道渗漏损失虽巨，并不影响灌溉水量，增加水量无扩充之地可资灌溉，渠道可不加衬砌。

四、估算

1. 工程数量

A. 拦水顺水坝木笼工程数量

20 ∮×400 木桩	38 根	5 ∮×150 栅木	1 800 根
15 ∮×300 木桩	323 根	10 ∮×100 横木拉木	1 015 根

15⌀×210 木桩	14 根	筏子土	96 公方
15⌀×180 木桩	17 根	装大卵石或块石	67.5 公方
50 公方板皮	□□	装普通卵石	540 公方
填沙石	520 公方		

打桩工（包括打桩工人、桩架及桩尖铁件等）□□

B. 进水闸

| 浆砌料石 | 0.8 公方 | 1:3 浆砌块石 | 14.0 公方 |
| 闸板 14×14×175 | 14 块 | 闸板用铁鼻 | 28 个 |

2. 工程费估算

本计划按民国 26 年物价计需工款 6555.00 元，按 36 年 12 月物价指数 115 000 倍，需国币 755 亿元，附工款估算详如附表（附表 4 工程估算表）：

表 4　工程估算表

材料	单位	数量	26 年单价（元）	总价（元）	备注
20⌀×400 圆木	公方	4.77	69.00	329.13	运距平均 10 公里。
15⌀×300 圆木	公方	17.05	69.00	1176.45	
10⌀×1/2×150 圆木	公方	5.29	69.00	365.01	
15⌀×210 圆木	公方	5.20	69.00	358.80	
15⌀×180 圆木	公方	5.42	69.00	373.98	
10⌀×180 圆木	公方	1.20	69.00	82.80	
5 公分板皮	公方	0.252	69.00	17.39	
筏子土	公方	96.00	1.05	100.80	
装大卵石或块石	公方	109.00	4.42	481.78	运距 20 公里。
装当地卵石	公方	498.50	2.49	1241.26	运距 50 公尺。
填沙石	公方	520.00	0.23	119.60	
打桩	根	392.00	0.30	117.60	平均打工每根 0.3 元。
浆砌料石	公方	0.80	18.61	14.88	
1:3 浆砌块石	公方	14.00	3.65	51.10	
填卵石	公方	0.75	2.49	1.87	
白灰	百公斤	8.90	1.60	14.24	
18×14×175 闸板	公方	0.48	120.00	57.60	
铁鼻 28 个	公斤	28.00	0.45	12.60	
铁钉	公斤	80.00	0.45	36.00	
其他				747.00	
小计				5700.00	
管理费				855.00	
总计				6555.00	

五、增　益

农产增益工程完成后，水量不缺，每市亩可增产 0.5 市石，农作成本每市亩增加 0.1 市石，小麦每市亩 5 元，则每市亩农产增益为（0.5-0.1）×5=2 元，全部农产增益为 3500×2=7000 元，岁修增益=原岁修-常年维持费=698-120=578 元，年纯益 7578 元。

六、结　论

1. 经济价值

综合本计划工程经济上主要各点如下（一切按照 26 年物价计算）：

全部灌溉面积   3500 市亩

工程实施后每年增产小麦   1750 市石

工程实施后每年增益（包括增产麦价及减省岁修费） F=7 578 元

全部工程费 C=6555 元

工程常年维持费 O=120 元

工程平均寿命 n=10 年

工程永久段资 $P = C + \dfrac{O}{r} + \dfrac{C}{(1+r)^n - 1}$，年利率 r 定为 8% P=13 706 元

折合常年工程费 P_r=1096.48 元

投资利益指数 $I = \dfrac{F}{P_r}$ I=6.9 倍

投资年利 $R = \dfrac{F}{P}$ R=55.3%

本工程经济价值可以成立。

2. 还款办法

按 26 年普通贷款年利率 8%，期限 5 年计算，本工程每年应还款 $\left[\dfrac{Cr(1+r)^5}{(1+r)^5 - 1} \right] =$ 1640 元，此数占年增益之 22%，农民力能负担。

3. 施工程序

本工程实施在整理旧渠，不与上下游其他计划中工程之利害相冲突，且经济价值甚大，故应列为同流域内第一期工程。施工程序须于春天开始备料，天暖即施工，在施工期间除进水闸处须另开临时渠道外，其他各部不影响引水（附表 5）。

表 5　施工程序表

工程名称	2	3	4	5	6	7	8
木笼坝		备料	备料				
					施工	施工	

续表

工程名称	2	3	4	5	6	7	8
进水闸		备料	备料				
					施工	施工	

VDV₃I-1　酒泉下古城坝渠口地形图（略）

水利部甘肃河西水利工程总队			
酒泉下古城坝渠口地形图			
绘图	马永福	审定	刘恩荣
设计	姚镇林	队长	刘恩荣
校核	张卓	总队长	黄万里
日期：36.12	尺度：公尺	比例：1:2 000	图号：VDV₃I-1

VDV₃I-2　酒泉下古城坝进水口整修工程设计图（略）

水利部甘肃河西水利工程总队			
酒泉下古城坝进水口整修工程设计图			
绘图	刘正皋	审定	刘恩荣
设计	姚镇林	队长	刘恩荣
校核	张卓	总队长	黄万里
日期：36.12	尺度：公尺	比例：如图	图号：VDV₃I-2

茹公渠旧渠整理工程计划书

一、总述

酒泉茹公渠位于临水河之东岸，西距酒泉县城约 25 公里，引临水河水灌溉滨河一带耕地 5550 市亩。灌区地势南高北低，坡度 1:500。临水河终年不涸，枯水流率为 2.0 秒公方，洪水流率最大 150 秒公方。

茹公渠全长 17 公里，渠道无节制设备，洪水时进水量无限制，致使东岸陡壁被冲塌落。西岸渠堤随而漫决。

西岸渠堤 800 公尺，用草木沙石培于河滩中，常被洪水冲毁，整理方法拟在渠口修木笼节制闸 1 座，以调节进水量。修木笼填石，挑洪丁坝 80 公尺用以排溜，使大溜改流河床中部，另于丁坝尾端挑挖新河槽 550 公尺以宣泄洪水，藉束水攻沙之理，收裁弯取直之效，河床既改道，渠堤可免溃决之患，全部工程费照民国 26 年物价估算，共需国币 16 200 元。

工程完成后，每年可获纯益 21 325 元，经济价值自可成立，如贷款年利率为 8%，期限五年，本工程应每年还款 4060 元，计估增益 5.3%，农民力能负担。

本工程实施不与中下游其他计划中工程之利害冲突，且经济价值甚大，应列为同流域内第一期工程。

二、资　料

1. 形势

茹公渠位于临水河东岸，西南距酒泉县城 25 公里，渠口在临水堡之西，依势向北引水，5 公里越肃建公路，6.5 公里穿过长城，17 公里而达渠尾。灌溉区为滨河之狭长地带，居临水堡与鸳鸯池之间，东西宽 1 公里，南北长 10 公里，中有耕地 5150 市亩，荒地 400 市亩，余均为沙滩，地势自南向北倾斜，拔海高程自 1350 降至 1 310 公尺，平均坡度 1:500（附图 VEVI-1 茹公渠灌溉区图）。

肃建公路纵贯灌溉区，西通酒泉与甘新公路衔接，北经金塔鼎新可达宁夏省之额济纳，前甘新公路横穿临水堡，现沦为大车路，东通高台，交通甚便利。

临水河源居临水堡以南 12 公里之草滩中，滩接洪水河之尾闾，洪水河渗漏之水量潜流至此涌出地面，汇集成河向北流，在临水堡附近纳洪水、讨赖、清水三河，北穿佳山，流经金塔后，折向东流，至鼎新注入黑河，流长 130 公里。

2. 地质

茹公渠灌溉区为滨河之冲积层，土地与沙滩平面相间，土层厚 1 公尺许，其下为沙砾层，土质肥美，略含碱性，适宜耕种。

3. 水文

茹公渠灌溉区气候干燥，平均全年降雨量为 80 公厘，大部集中于 8 月间，而平均全年蒸发量达 1700 公厘，霜期每年自 9 月开始至翌年 5 月为止，农作时期受限制于 150 日以内。

临水河为泉水河，终年不枯，河源流率变化甚微，冬春稍弱，夏秋转旺，平均约 2.0 秒公方，7、8 月间洪水河泛涨，有洪水泄入，流率可达 150 秒公方，流急时短，河岸渠堤即被冲毁，为患剧烈。

4. 农作概况

茹公渠农作物分夏禾、秋禾两种，夏禾以小麦为主，青稞、豆类为副，秋禾以穈谷为主，胡麻为副，生长时期受限制于 150 日之无霜期内，故年仅一熟，农作时期附表如下（附表 1 茹公渠农作时期表）：

表 1　茹公渠农作时期表

月	日	节候	农作
3	6	惊蛰	种麦始。
5	6	立夏	除草，麦用水始，浇四次，每次 12 公分。
5	22	小满	麦用水。

月	日	节候	农作
6	6	芒种	耘谷始。
6	22	夏至	耘谷毕。
7	7	小暑	谷用水始，浇四次，每次 18 公分。
7	25	大暑	麦用水毕。
8	8	立秋	割麦始。
9	8	白露	割麦毕，割谷始，谷用 7 水毕，泡地始，一次灌足水深 43.4 公分。
9	24	秋分	割谷毕。
11	8	立冬	泡地毕。

茹公渠农作物每市亩每年产量如附表（附表 2　茹公渠农作物产量表）：

表 2　茹公渠农作物产量表

作物		每市亩产量（市石）	耕地占全部百分比
夏禾	小麦	1.40—2.20	25%
	青稞	1.20—2.00	10%
	豆类	1.20—1.80	5%
秋禾	糜子	1.40—2.50	30%
	谷子	1.25—2.00	20%
	胡麻	1.25—1.80	10%

农作成本包括种子、肥料、水费及人工等，每市亩约折合小麦 1 市石之市价。

5. 渠道概况

茹公渠修于逊清光绪年间，因肃州道台茹公致力修成而得名，引水口滨临水河东岸，挑挖明渠 800 公尺于河滩中，河渠并行，中隔沙土堤，每年河水盛涨，堤被冲毁，渠水中断，下游耕地因此用水失时，减少收成每市亩达 0.8 市石，抢修所须工料，按 26 年物价计算，每年平均需款 1500 元。

茹公渠引水 2 公里渠水上岸，流向东北，纵穿临水坝耕地，渠身稳固，6.5 公里以下挖渠于戈壁滩中，渠水渗漏较巨，经测每公里损失水量达输水量 3%，长 17 公里以达渠尾。

茹公渠支渠共十三道，名曰十三沟，前十沟灌区属酒泉，后三沟属金塔，灌溉用水自立夏开始，每十六日一轮，依照水规前十沟输水十昼夜，后三沟六昼夜。

茹公渠有民选水利员 2 人（酒泉金塔各 1 人）任期 1 年，负全渠分水及岁修之责，下设长工 9 人，常驻渠口，司抢修补漏等事。岁修按耕地纳粮数计算，每纳粮一斗约有耕地 2.5 市田，每一斗粮出夫 1 名，每一石粮出木料 500 斤，临时抢修亦视冲毁情形征工摊料。

6. 工料单价调查

26 年及 36 年 12 月新城坝工料单价调查如附表 3：

表 3　茹公渠 26 年及 36 年 12 月工料单价调查表

名称	单位	26 年单价（元）	36 年 12 月单价（元）
干砌卵石	立公方	2.390	239 000
圆木	立公方	65.000	6 500 000
方木	立公方	120.000	12 000 000
挖松石	立公方	0.693	39 300
白灰	百公斤	1.600	320 000
大车运	公吨/公里	0.420	50 000
驮运	公吨/公里	0.600	72 000
红土	立公方	2.700	270 000
柳条	市斤	0.021	1 100
小麦	市石	5.000	800 000
小工	工	0.350	35 000
木工	工	0.800	80 000
铁工	工	0.800	80 000
石工	工	0.950	95 000
铁钉	市斤	0.225	42 625
浆砌卵石	立公方	2.490	249 000
净沙	立公方	0.120	12 000

三、计　划

1. 现有工程缺点

茹公渠现有工程缺点：A.引水口无节制，洪水时进水量过大。B.引水渠首段 800 公尺，傍崖开辟，过量引水，崖根被冲，致土崖崩塌阻塞渠道；该段渠堤以草木沙卵石堆培，一面受渠水浸刷，一面为首当河水之冲，洪水至则堤毁渠断，修复费时，影响耕种。C.渠道经过戈壁滩，输水损失甚巨。

2. 整理方法

茹公渠进水口设节制调剂进水量，可免下游渠道拥塞与溃决，闸以木笼填石连接，中留闸门 2 道，各宽 0.9 公尺。闸身临河面接修木笼挑水坝 80 公尺，以挑洪水流向河床中部，渠堤可免顶冲之危，挑坝尾闾挖新河槽 550 公尺，宣泄洪水，槽宽 5.0 公尺，深 1.5 公尺，借束水攻沙之理收裁弯取直之效，则渠堤庶保无虑。利用挑挖河槽废土培置东岸为范堤。渠堤加固计划用卵石干砌，临水面加白灰浆，渠底灌红泥浆用以防漏，详细尺度详如附图（附图 VEVI-2 酒泉茹公渠进水口工程设计图）。

茹公渠下游渠道中经戈壁，渠水渗失甚多，加衬砌可减少之。但目前水量尚敷用，多余水量亦无荒地可扩充，故无衬砌之需。

四、估算

茹公渠旧渠整理工程费如附表 4：

表 4　茹公渠旧渠整理工程估算表

工程名称	材料类别	单位	数量	工程预算				备注
				26 年单价（元）	26 年工价（元）	36 年 12 月单价（元）	36 年 12 月工价（元）	
I	15∮×2.6 圆木	公方	5.40	65.000	351.00	6 500 000	35 100 000	
	12∮×1.7 圆木	公方	2.06	65.000	133.90	6 500 000	13 390 000	
	12∮×0.8 圆木	公方	0.07	65.000	4.55	6 500 000	455 000	
	10∮×2.4 圆木	公方	1.13	65.000	73.45	6 500 000	7 345 000	
	10∮×3.0 圆木	公方	2.54	65.000	165.10	6 500 000	16 510 000	
	10∮×0.9 圆木	公方	0.03		1.95	6 500 000	195 000	
	0.8∮×1.2 圆木	公方	1.38	65.000	89.70	6 500 000	8 970 000	
	0.15∮×2 铁钉	公斤	56.0	0.225	12.60	42 625	2 387 000	
	采运卵石	公方	317.35	0.160	50.78	16 000	5 077 600	平均运距 200 公尺
	干砌卵石	公方	317.35	2.390	758.47	239 000	75 846 650	
	挖松石	公方	87.84	0.830	72.91	83 000	7 290 720	平均运距 500 公尺
II	挖松石	公方	5 568.75	0.693	3 859.14	69 300	385 914 375	
III	15∮×3.0 圆木	公方	0.79	65.00	51.35	6 500 000	5 135 000	
	8∮×1.0 圆木	公方	0.10	65.00	6.50	6 500 000	650 000	
	7∮×1.0 圆木	公方	0.05	65.00	3.25	6 500 000	325 000	
	25×25×2.2 方木	公方	0.16	120.00	19.20	12 000 000	1 920 000	
	采运卵石	公方	15.04	0.16	2.41	16 000	240 640	平均运距 200 公尺
	1:3 白灰浆砌卵石	公方	15.04	2.49	37.45	249 000	3 774 960	
	采松石	公方	15.04	0.83	12.48	83 000	1 248 320	平均运距 100 公尺
	白灰	公斤	4 812.80	0.016	77.01	1 600	7 700 480	
	净沙	公方	15.04	0.12	1.81	12 000	180 480	平均运距 200 公尺
IV	15∮×3.0 圆木	公方	1.06	65.00	68.90	6 500 000	6 890 000	
	15∮×2.6 圆木	公方	0.46	65.00	29.90	6 500 000	2 990 000	
	2∮×3.0 柳条	市斤	16.50	0.021	0.35	1 100	181 500	
	采运卵石	公方	60.90	0.16	9.74	16 000	974 400	平均运距 500 公尺
	干砌卵石	公方	60.90	2.39	145.55	239 000	14 555 100	

续表

工程名称	材料类别	单位	数量	工程预算				备注
				26 年单价（元）	26 年工价（元）	36 年 12 月单价（元）	36 年 12 月工价（元）	
V	采运卵石	公方	1568.00	0.40	627.20	40 000	62 720 000	平均运距 500 公尺
	干砌卵石	公方	835.00	2.39	1 995.65	239 000	199 565 000	
	浆砌卵石	公方	735.00	2.49	1 830.15	249 000	183 015 000	
	白灰	公斤	235 200.00	0.016	3 763.20	1 600	376 320 000	
	净沙	公方	735.00	0.12	88.20	12 000	8 820 000	
	红土	公方	42.00	2.70	113.40	270 000	11 340 000	平均运距 5 公里
VI	木工	工	300	0.80	240.00	80 000	24 000 000	
	小工	工	700	0.35	245.00	35 000	24 500 000	
VII					1 257.75		144 502 775	
共计					16 200.00		1640 000 000	

注：I.拦洪坝；II.泄洪坝；III.节制闸；IV.护岸；V.拦水坝；VI 人工;VII.监理费。

五、增　益

本计划工程实施后估计每年增益如下：

茹公渠原耕地 5 150 市亩，每亩作物增产折小麦 0.7 市×5.0 元　　　18 025 元

茹公渠新垦地 400 市亩，每亩作物增产折小麦 0.9 市石×5.0 元　　　1800 元

减损岁修费　　　　　　　　　　　　　　　　　　　　　　　　　　　1500 元

共计　　　　　　　　　　　　　　　　　　　　　　　　　　　　　21 325 元

六、结　论

1. 经济价值

综合本工程经济上主要各点如下：（一切按照 26 年物价计算）

全面灌溉面积（内新垦地 400 市亩）　　　　　　　　　　　　　5550 市亩

工程实施后每年增产小麦　　　　　　　　　　　　　　　　　　3965 市石

工程实施后每年增益（包括增产麦价及减省岁修费）　　　　F=21 325 元

全部工程费　　　　　　　　　　　　　　　　　　　　　　　C=16 200 元

工程常年维持费　　　　　　　　　　　　　　　　　　　　　O=500 元

工程平均寿命　　　　　　　　　　　　　　　　　　　　　　n=15 年

工程永久投资 $P = C + \dfrac{O}{r} + \dfrac{C}{(1+r)^n - 1}$，$r$ 定为 8%　　P=29 880 元

折合常年工程费　　　　　　　　　　　　　　　　　　　　　P_r=2 390 元

投资利益指数 $I = \dfrac{F}{P_r}$　　　　　　　　　　　　　　　　I=17.26 倍

投资年利 $R = \dfrac{F}{P}$ 　　　　　　　　　　　　　　　　$R=138.2\%$

本工程经济价值可以成立。

2. 还款办法

按民国 26 年普通贷款年利率为 8%，期限 5 年计算，每年应还款 4060 元 $\left[\dfrac{Cr(1+r)^5}{(1+r)^5-1}\right]$，此数占年增益之 5.3%:，农民力能负担。

3. 施工程序

本工程之实施在防洪不与上下游其他计划中工程之利害相冲突，且经济价值甚大，故应列为同流域内第一期工程。

本工程实施在 10 月，不稍影响灌溉农期，施工程序如附表 5：

表 5　施工程序表

工程名称	9 月	10 月	11 月	12 月	1 月
	每日所需工数	每日所需工数	每日所需工数	每日所需工数	每日所需工数
拦洪坝	备料	大车 10 部 小工 5 个	木工 7 个 小工 14 个	石工 8 个 小工 32 个	
泄洪道	小工 100 个	小工 100 个	小工 80 个		
节制闸	备料	大车 2 部	木工 1 个 小工 2 个	石工 1 个 小工 6 个	
护岸	备料	大车 1 部	木工 1 个 小工 4 个	石工 1 个 小工 4 个	
拦水堤	备料	大车 20 部 石工 5 个 小工 20 个	大车 25 部 石工 12 个 小工 32 个	大车 25 部 石工 20 个 小工 100 个	大车 10 部 石工 10 个 小工 30 个

VEVI-1　茹公渠灌溉区地形图（略）

水利部甘肃河西水利工程总队			
茹公渠灌溉区地形图			
测量	第五分队	审定	张卓
绘图	雒鸣岳	队长	刘恩荣
校核	姚树钧	总队长	黄万里
日期：36 年 12 月	尺度：公尺	比例：1:50 000	图号：VEVI-1

VEVI-2　酒泉茹公渠进水口工程设计图（略）

水利部甘肃河西水利工程总队			
酒泉茹公渠进水口工程设计图			
绘图	张慈	审定	刘恩荣
设计	张卓	队长	刘恩荣
校核	姚镇林	总队长	黄万里
日期：36 年 12 月	尺度：公尺	比例：1:50 000	图号：VEVI-2

酒泉洪水河鼓浪峡水库工程计划书

一、总述

1. 资料

酒泉洪水河发源于祁连山，经鼓浪峡于新地坝出山，至酒泉县临水乡汇入临水河，长约 100 公里，为临水河一大支流。两岸在新地坝以上多高山，河坡陡峻，河身狭窄，新地坝以下为平原，地势开旷，河坡渐缓。新地坝上游约 55 公里为鼓浪峡，两岸石山高耸，峡口宽仅 10 余公尺，峡口上游河身展宽，平均 250 公尺，河底纵坡约 1/70，长达 5 公里，为本河筑坝之惟一良好地形。

本河在 12、1、2 诸月河水涸绝，□□□□三月渐见水流，至五月水流渐大，□□平均流率在新地坝约为 3 秒立方公尺，在鼓浪峡约为 2 秒立方公尺，八月份平均流率最高，在新地坝约为 70 秒立方公尺，在鼓浪峡约 25 秒立方公尺。最大洪水流率在新地坝约为 500 秒立方公尺，□□□□在鼓浪峡约为 180 秒立方公尺。

本流域在新地坝以上，崇山峻岭终年积雪，无农牧之利；新地坝以下为冲积平原，土质宜于耕种。惟本流域平原区之年雨量仅为 100 公厘，故所有耕地皆赖河水灌溉。现有水地约 92 000 市亩，其中有 20 000 市亩，灌水不足。另有生熟地共约 163 000 市亩，分布于东洞坝之南及现有耕地之间，因灌禾时期，河水无余，未能开发。

本流域农作物分夏禾及秋禾二种，限于霜期，年仅一熟。夏禾以小麦为主，秋禾以糜子为主，如灌溉及时，平均每市亩年产小麦或糜子 2.0 市石，农作成本约为产量之半数。

本流域水地有限，农民收入微薄，牧畜虽为当地之主要副业，然以水草不丰，亦未能大量繁殖，至于其他经济作物如棉花、甜菜及果树等更无法推广。故人民生活日见贫困，农村经济濒于破产。

2. 计划

为改善本流域人民生活，并复兴农村经济起见，本计划拟尽量利用洪水河全年水量开发生熟荒地，藉以增加生产。经设计比较，以在鼓浪峡建筑 62 公尺高之土石坝，蓄水灌溉经济合宜。水库容量为 20 000 000 立方公尺，7 月蓄水，以供翌年 5、6 月放灌夏禾之需。因本流域生熟荒田有余，故共拟开发生熟荒地 120 000 市亩，间歇种植每年耕种 60 000 市亩，其灌禾水引用水库内储蓄水量，其余 60 000 市亩，则在 8 月份利用河水径流泡田，翌年再用库水灌禾，如是水库容量可减少半数，建坝工费因而节省极多。

3. 结论

本计划全部工程费按 26 年物价计算共需 1 100 000 元，工程实施后每年增益为 288 000 元，占全部工程费 26.2%，按 36 年 12 月物价计算，工程费计需 1150 亿元，年增益为 456 亿元，占工程费 39.636%，工程经济价值自可成立。

二、资料

1. 形势

酒泉洪水河为临水河一大支流，发源于祁连山之红土岭西侧，自东向西流泄至金场下游约 20 公里处，汇纳鼓浪河，再西 5 公里，经鼓浪峡改向西北流于新地坝出山，自鼓浪峡至新地坝河道约长 55 公里。出山后仍北流经茅庵河滩绕过酒泉县之临水乡后，汇入临水河，全河长约 100 公里。金场位于鼓浪峡上游 25 公里处，自金场至鼓浪峡一段河道，纵坡甚陡，平均约 1/40，河身较宽平均约 200 公尺，两岸皆风化土层，色红产金，金场即以此得名。鼓浪峡以下之 55 公里，河道河坡亦陡，平均约 1/55，河身较窄，平均约 100 公尺，两岸皆石山峭壁，人马难行，且山巅终年积雪，气候严寒，无农业畜牧之利。新地坝以北，地形开阔，河坡渐缓，约自 1/80 至 1/200，河宽自 200 公尺开增至 5000 公尺，水流蜿蜒迂回变化无定，毫无限制。左右两岸耕地棋布，地势向北倾斜，平均坡度约为 1/100。

鼓浪峡北距酒泉县城约 70 公里，洪水河流向经此峡口急转而北，峡口宽仅十余公尺，右岸山形凹入，山坡陡峻约 1/2，高逾百余公尺，左岸石崖凸出耸立险峻，高达 36 公尺，直崖以上山坡较缓约 1/8。峡口上游河身骤然增宽，平均约 250 公尺，河坡约 1/70，长达 5 公里，再上河坡复陡，河身亦窄。

洪水河流域现有耕地 92 000 市亩，分布于洪水河左右两岸，计洪水坝约有 76 000 市亩，东洞坝约有 4000 市亩，新地坝 12 000 市亩，均引洪水河水灌溉。除洪水坝之 76 000 市亩中约有 20 000 市亩缺水外，其余各处水量均尚充足。本流域生熟荒地共有约 163 500 市亩，其中 20 000 市亩在东洞坝之南，143 500 市亩分布于有各水地之间。

2. 地质

鼓浪峡附近地质，未经探钻，惟就表面观察结果，左右两岸岩石同为三叠纪之下煤系色褐黑，质甚坚，无裂痕风化等现象。河床表面为沙石遮盖，深不及 1 公尺，下游灌溉渠表面土质属漠钙土，肥沃宜耕，厚约 2 公尺，其下则为沙卵石层透水性甚大。

3. 水文

兹按流率及雨量等分述如下：

A. 流率　本流域无水文站，故无流率详细记载，前甘肃水利林牧公司曾在新地坝实测本河各月流率，兹将其绘成曲线附列如下：

曲线 1　新地坝洪水河流率过程曲线（略）①

本河在鼓浪峡处流率，未经测载，故需比照推算之。查本流域内之气候，雨量及地形状况，在新地坝以上者及在鼓浪峡以上者约略相同，其流域面积为 1150 平方公里及 410 平方公里，故本河在鼓浪峡处之各月流率可比照新坝者推算求得，兹将推算结果绘成流率过程曲线如下：

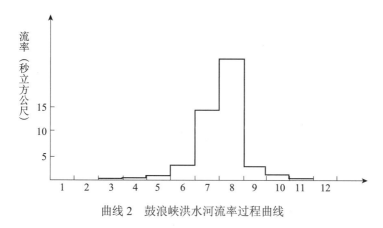

曲线 2　鼓浪峡洪水河流率过程曲线

洪水河最大洪水流率，经按在新地坝附近所测洪水痕迹计算约为 500 秒立方公尺，鼓浪峡处最大洪水流率，经比照约推算为 180 秒立方公尺，峡口以上流长仅 25 公里，流域面积仅 410 平方公里，故可设洪水于 12 小时涨消完毕，洪水峰在第 4 小时，兹绘鼓浪峡洪水涨消曲线如曲线 3：

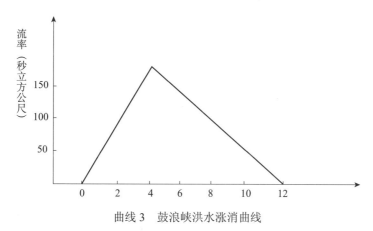

曲线 3　鼓浪峡洪水涨消曲线

---

① 编者按：原曲线模糊太甚，不堪重描，从略。

B. 雨量及蒸发量　鼓浪峡以上本流域内之年降雨量约为 640 公厘，较酒泉等处约大 8 倍，其中 70% 降于 6 至 9 月间，年蒸发量约为 1000 公厘，大部集中于 6 至 9 月间。

4. 农作概况

洪水河流域因地势高低不同，气候悬殊甚巨，山麓区霜期平均约 200 天，较平原区长 40 天，即作物生长期较短 40 天，□□□□□□故山麓区夏季作物播种须较平原区为晚，而秋季作物则须较早。兹附酒泉洪水河流域农作物耕作时期如表 1。

本流域农作物分夏秋二种，限于霜期，年仅一熟。夏禾以小麦为主，大麦、青稞、豆类等次之。秋禾以糜子为主，谷子、胡麻、洋芋等次之。夏禾与秋禾种植亩数，根据调查约成 6:4，而夏禾中 9/10 为小麦，秋禾中 8/10 为糜子，□□□□□□大宗。

农作物用水分灌禾与泡田二种，夏禾灌禾水于立夏始灌，计 1 次，大暑灌毕，其间共轮 3 次，每次水深约 1.2 至 1.4 公寸；泡田水于白露前后始灌，计 1 次，水深 4 公寸，秋禾灌禾水于夏至始灌，秋分灌毕，共轮 3 次，每次水深约 1 至 1.2 公寸，寒露后泡田，计 1 次，水深 4 公寸。灌水之次数及每次灌水多寡又须视河中流率而定，如遇旱年水量不足，则灌水较少，泡田水则可延至翌年谷雨前后再灌，详见附表 1。

农作物收获量之多寡端赖水量、施肥及耕作勤惰三项而定。□□□，尚可□□□。按现时情形，每年每亩最多可产小麦 2.4 市石或糜子 2.2 市石，最少可产小麦 0.8 市石或糜子 1.0 市石。平均可产小麦或糜子各 2.0 市石，农作成本各约为 1.0 市石。

表 1　洪水河流域农作物耕作时期表

作物种类	播种	施灌	收割	泡地
夏禾	4 月 1 日起，4 月底毕。	5 月 1 日起，7 月 24 日毕。	7 月 25 日起，8 月 24 日毕。	8 月 25 日起，11 月 30 日毕。
秋禾	5 月 23 日起，6 月 20 日毕。	6 月 23 日起，9 月 15 日毕。	9 月 16 日起，10 月 9 日毕。	10 月 10 日第一次起，11 月 30 日毕，次年 4 月 1 日第二次起，4 月底毕。

5. 交通概况

由酒泉至鼓浪峡有东西二路可循，均翻山越岭崎岖难行，□□公路，□□□□，仅限于牛马驮运。东路牛行 9 日，马行 5 日，西路牛行 11 日，马行 6 日。沿途应用之食粮、帐篷及炊具等均须携带齐备。兹详列酒泉至鼓浪峡沿途情况如附表 2：

表 2　酒泉至鼓浪峡沿途情况表

东路			西路		
地名	累积公里程	沿途概况	地名	累计公里程	沿途概况
酒泉	0		酒泉	0	
上石灰窟	40	通大车，可住民房。	大黄沟	70	中经嘉峪关及 40 公里戈壁滩，通大车，换牛马入山。
金佛寺	55	河西乡公所在焉，由此换毛牛或马匹入山。	大红泉	95	柴草丰盛可停宿。
大草滩	80	由关山沟入山，附近有水草可停宿。	大泉口	140	途经腰儿湾土大坂，路陡难行。
海子	100	越黑大坂拔海 3000 公尺，海子四周环山为藏民畜牧区。	柳泉口	170	途经七个大坂，路较坦，缺柴草。
三道松木	122	越五道沟大坂渡丰乐川西支，沿沟东上，枯枝供燃料。	黑水河	200	途经黑大坂有牦牛粪供燃料。
雪大坂	155	拔海 3500 公尺，终年积雪，路陡难行。	朱龙关峡	245	讨赖河水大不易涉渡。
青草湾子	175	下雪大坂沿丰乐川东支南上，青海省设卡于此。	二智哈拉沟	280	沿朱龙关可东上，沿河水草丰盛为天然畜牧场。
金厂	210	越中冰大坂拔海 4 200 公尺，下山至洪水河人民淘金于此，无燃料。	鼓浪峡	300	
鼓浪峡	230				

6. 工料单价调查

兹将酒泉工料单价按 26 年及 36 年 12 月价格列表如下：

表 3　酒泉工料单价调查表

名称	单位	26 年单价（元）	36 年 12 月单价（元）	名称	单位	26 年单价（元）	36 年 12 月单价（元）
大麦	市石	2.80	450 000	糜子	市石	3.30	528 000
小麦	市石	4.80	760 000	小工	工	0.35	35 000
谷子	市石	3.20	515 000	木工	工	0.80	80 000
铁工	工	0.80	80 000	白灰	百公斤	1.60	320 000
石工	工	0.95	95 000	洋灰	桶	2.20	3 400 000
钢	公斤	0.95	205 000	炸药	公斤	0.90	70 000
熟铁	公斤	0.45	85 000	煤	公吨	7.20	1 500 000
洋钉	桶	36.53	9 178 000	大车运费	公吨公里	0.42	50 000
土钉	公斤	1.00	188 000	驮运	公吨公里	0.60	72 000
圆木	公方	90.00	9 000 000	汽车运费	公吨公里	0.06	7 000
青砖	公方	12.60	1 400 000	方木	公吨公里	50 000.00	15 000 000

三、计划

1. 水库目的

洪水河流域水少地多，农产不丰，如能将7、8月间洪水储蓄利用，并采用间歇种植办法，减省工费，可大量增产。本计划拟于鼓浪峡建筑水库，截蓄夏禾洪水，以供次年5、6两月灌溉夏禾，并兼收防洪之效。计可增灌下游洪水坝缺水耕地 20 000 市亩，东洞子以南生荒地 20 000 市亩及杂错于耕地间之生荒地 80 000 市亩，总计共 120 000 市亩，每年耕种 60 000 市亩，间歇 60 000 市亩。泡地水用8月之洪水，灌禾水则用本库所蓄之水。

2. 配水须可储节设计

A. 流率之研究　兹根据酒泉洪水坝防洪护岸工程及新地坝旧渠整理工程等计划，计算本流域足水耕地 72 000 市亩之用水流率，并将其过程曲线绘成曲线 4。复自曲线 1 及曲线 2，算出鼓浪峡许可储节流率，并绘成曲线如曲线 5。

B. 计划农作时期及水量分配　自曲线 4 研究结果可知本水库每年仅能蓄水一次，故引用水库蓄水增垦之生荒，应全部种植夏禾，以增高其生产价值，关于耕作及配水时期仍依旧习，兹拟定水库灌区农作时期及水量分配表如表 4，并绘配水流率过程曲线如曲线 6[①]。

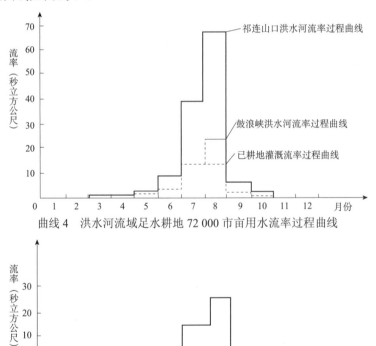

曲线4　洪水河流域足水耕地 72 000 市亩用水流率过程曲线

曲线5　鼓浪峡水库许可储节流率过程曲线

---

① 编者按：原曲线模糊太甚，不堪重描，从略。

表 4　鼓浪峡水库灌区计划农作时间及水量分配表

月	日	节候	水库灌区耕作时期及配水量		备注
4	5	清明	播种	4 月 1 日播种始。	垦地 20 000 市亩中，10 000 市亩种植夏禾，10 000 市亩种植间歇，候洪水、泡浇，以备翌年下种。
4	21	谷雨		4 月底播种毕。	
5	6	立夏			
5	22	小满	施灌	5 月 1 日灌溉始，7 月 24 日止，共 85 天，施灌四次，每次水深 100 公厘，夏禾田 10 000 市亩，平均计需水 0.36 秒立方公尺。	
6	6	芒种			
6	22	夏至			
7	8	小暑			
7	24	大暑			
8	8	立秋	泡地	7 月 25 日泡地始，8 月 31 日止，共 38 天，泡地一次水深 400 公厘，泡田 10 000 市亩，平均计需水 0.85 秒立方公尺。	
8	24	处暑			
9	8	白露			

3. 选定坝址

自地形地质各方面研究结果，水库坝址以鼓浪峡为最合宜。峡口宽仅十余公尺，两岸高山石质坚硬，其上游 5 公里，河身增宽，平均约 250 公尺，若袋形，峡口右岸石崖直立，高约 35 公尺，再高则山坡平缓，为建修溢洪之经济地形，详见附图 VCUIII-1。

4. 经济比较

A. 灌溉亩数与库量之关系按新地坝处本河流率而言，本流域农田用水损失共计为 45%，其中包括一切不合理用水及渠道渗漏等损失，新地坝上溯 55 公里至鼓浪峡所经悉为石底，损失甚微，故计算本库容量时，输水损失仍可按 45% 估计，灌溉亩数与库量之关系绘成曲线如曲线 7a[①]。

B. 坝高与库量之关系坝高与库量关系经绘成曲线如曲线 7b。

C. 坝高与造价之关系坝高与造价关系经绘成曲线如曲线 7c。

D. 灌溉亩数与造价之关系灌溉亩数与造价经绘成曲线如曲线 7d。

E. 经济坝高经济灌溉亩数及库量自曲线 7 可决定在水库各种经济数值，兹列表如下：

表 5　经济坝高、经济灌溉亩数及库容量

经济坝高	62 公尺	实际 120 000 市亩，其中 60 000 市亩种植，60 000 市亩间歇
经济灌溉亩数	60 000 市亩	
库量	20 000 000 立方公尺	

① 编者按：原曲线 7a、7b、7c、7d 绘制在同一坐标系中，因模糊太甚，不堪重描，从略。

5. 最大溢洪流率之推算

洪水河鼓浪峡最大洪水流率已经估算为 180 秒方公尺，兹假定洪水入库时，库水面与溢道顶同高。并根据累计曲线法绘图计算，求得溢道最大过水流率为 130 秒立方公尺。详见曲线 8：

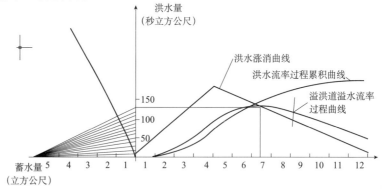

曲线 8　水库溢道最大洪水流率曲线

6. 工程布置

本计划拟于鼓浪峡筑土石拦河坝，高 62 公尺，坝顶高程拔海 3642.00 公尺，并于左岸石山内开凿给水涵洞，洞进口高程 3600.00 公尺，出水高程 3587.10 公尺。洞底坡度 1/200。洞之中段直立洞一段，高 8 公尺。在立段装圆柱形闸门，上方建管制塔，溢洪道开于左侧石山坡上，宽 50 公尺，道顶高程 3638.70 公尺，上造木桥与扇形闸门以维持水库水位。详见附图 VCUIII-2、VCUIII-3。

施工期间上下游临时拦水坝分筑于大坝踵趾地位，使其将来即为大坝本身之踵趾部分。

7. 水库储放过程

本水库每年储放 1 次，7 月 1 日开始储水，8 月 1 日库满，余水经溢洪道排出以泡地。翌年 5 月 1 日开始放水，6 月 30 日放空，附水库储放过程曲线如下：

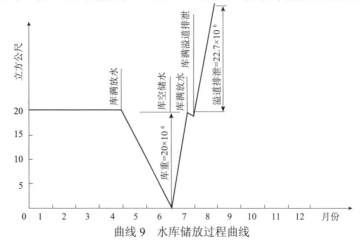

曲线 9　水库储放过程曲线

8. 工程设计

A. 拦河坝 拦河坝顶长 265 公尺，宽 8 公尺，最大横断面处坝高 62 公尺，迎水面侧坡 3:1，背水面 1.5:1。

拦河坝建筑材料，就地采用土石夯填，上游坝身用土料滚压，下游坝身用石渣及块石依次向坝址堆填。迎水坝面先铺压 4 公寸厚石渣一层，上再铺砌黄泥浆块石厚 4 公寸。背水坝面仅铺干砌块石一层，厚 4 公寸。坝中心建 1:3 洋灰浆砌块石隔水墙，高 6 公尺，顶宽 1.0 公尺，底宽 3.0 公尺，共长 18 公尺。并于下游坝底适当位置埋设 2 公寸直径排水瓦管，藉使浸润线降低。

B. 溢洪道 溢洪道全部为开凿之石槽，计长 235 公尺，进口处之 25 公尺纵坡水平。其余 2.10 公尺，随天然山形开成 16:1，4:1，2:1 及 8:1 四种坡度。进口处宽 50 公尺，成圆弧形，愈向下游宽度愈减，道顶前后 13 公尺一段，铺以 1:3:6 混凝土护面 4 公寸。附纵向伸缩缝 2 道。护面下埋设纵向排水管 5 段，横向 2 段。

C. 活动闸 活动闸分闸门、闸墩、木桥及启闭机四部分，兹分述于后：

（1）闸门 闸门为木制扇形，长 4.0 公尺，宽 1.7 公尺，半径 2.0 公尺，以钢轴支于闸墩上。启闭用钢索牵引，钢索之一端系于闸门底部，另一端系于启闭机转轮上。

（2）闸墩 闸墩高 1.6 公尺，长 5.5 公尺，宽 1.0 公尺，间距 4.0 公尺。前段 3.5 公尺，用 1:3 洋灰浆砌料石，后段 2.0 公尺，用 1:3:6 洋灰钢筋混凝土使能承受闸门钢轴转下之总力。

（3）木桥 木桥长 50 公尺，宽 3.0 公尺，架设于闸墩前段上下游桥面铺设轻便钢轨，为移动启闭机之用。

（4）启闭机 采用复式齿轮启闭机共 2 座，置于桥面轻便轨上，该式启闭机有力 10 倍，可用人力司启闭。

D. 给水洞 为使本给水洞在施工时兼充排水之用，故除永久进水口外，并开凿临时进水口，拦河坝完工后，将其堵塞，临时进水口高出河床 8 公尺。永久进水口高出处河床 20 公尺。洞长 192 公尺，计分 3 段，前段长 105 公尺，后段长 75 公尺，此两段洞底纵坡 1/200，洞断面积 2.87 平方公尺，底宽 1.5 公尺，高 2.0 公尺，顶部成拱形，四壁以 1:3:6 混凝土衬砂，厚 3 公寸，洞底之下设有排水瓦管，俾洩山缝渗水。中段为直立洞，高 12 公尺，直径 1.92 公尺，洞壁用混凝土衬砌，壁外埋置排水瓦管。

E. 闸门及启闭机 闸门采用圆柱形，直径 2.3 公尺，高 2.5 公尺，铸钢制中空铸造时分为四节，然后装合成一圆柱形，每节成一单体，形如轮，有辐，有轴承，轴承中有丝、扣，钢制闸门拉杆扣于其中，拉杆径 2 吋，长 5 公尺。上接钢链长 25 公尺。闸门底与直立洞接触处有橡皮管防漏设备。闸门周围之直立洞其底、顶及四壁皆装铸铁板护面，使能承受压力及冲刷作用。开关用复式齿轮启闭机，共 2 套，其中 1 套备用，该机可省 15 倍，以人力司启闭。

F. 管制塔　管制塔位于坝下游给水洞闸门之上方。塔之下截为在山内开成之直立洞，高 19 公尺，直径 2.35 公尺，洞壁用以 1:3:6 混凝土衬砌，厚 3 公寸。塔之上截高 13 公尺，计埋于坝身内者高 8 公尺，露天部分高 5 公尺，塔壁用 1:3 洋灰浆砌料石建造，厚 1 公尺，顶部建管制室，内设启闭机等。另建木便桥可自本塔连通土坝后坡。

四、预算

本计划全部工程按 26 年物价计算共需 1 100 000 元，按 36 年 12 月物价共需 1150 亿元，兹详列各项工程费预算如表 6：

表 6　酒泉洪水河水库工程费预算表

名称		单位	数量	单价		共价		备注
				26 年（元）	36 年 12 月（元）	26 年（元）	36 年 12 月（亿元）	
拦河坝	滚压土料	立方公尺	220 000	1.0	100 000	220 000	220.0	包括挖运价
	堆填块石	立方公尺	220 000	2.4	240 000	528 000	528.0	包括挖运价
	上游黄泥浆砌块石护面	立方公尺	7 300	2.0	200 000	14 600	14.6	仅计砌工
	下游干砌块石护面	立方公尺	6 800	1.8	180 000	12 300	12.3	仅计砌工
溢洪道	开石方	立方公尺	15 000	1.6	160 000			包括拦河坝在内不计价
	1:3:6 洋灰混凝土护砌	立方公尺	260	40.0	4 600 000	10 400	10.4	
动动闸	闸门	套	10	1 300.0	13 000 000	13 000	13.0	有内一部为钢筋混凝土
	1:3 洋灰浆砌料石闸墩	立方公尺	120	50.0	5 000 000	6 000	6.0	
	木桥	座	1	12 000.0	1 200 000 000	12 000	2.0	
	启闭机	套	2	2 500.0	500 000 000	5 000	10.0	
给水洞	开石方	立方公尺	1 585	2.0	2 000 000	31 700	31.7	旁洞等在内
	1:3:6 洋灰混凝土护砌	立方公尺	200	80.0	8 000 000	16 000	16.0	模子板等包括在内
闸门及启闭机		套	1	30 000.0	5 000 000 000	30 000	50.0	闸门一套启闭机二套
管制塔		座	1	8 000.0	800 000 000	8 000	8.0	
排水及基础整理				10 000.0	1 000 000 000	15 000	15.0	
公路				10 000.0	1 000 000 000	10 000	10.0	

续表

名称	单位	数量	单价		共价		备注
			26 年（元）	36 年 12 月（元）	26 年（元）	36 年 12 月（亿元）	
房屋			10 000.0	1000 000 000	10 000	10.0	
其他			58 000.0	830 000 000	58 000	83.0	
总计工程费					1 000 000	1 050	
工具设置费					10 000	10	
工程预备费					10 000	10	
工程管理费					80 000	80	
总计					1 100 000	1 150	

五、增　益

本计划实施后，计可增垦生熟地 120 000 市亩，拟每年种植 60 000 市亩，间歇 60 000 市亩，每亩年产小麦 2.0 市石，60 000 市亩，共产 120 000 市石，扣除农作成本 50%，年纯益为 60 000 市石，按 26 年物价每市石价 4.8 元计年增益 288 000元，按 36 年 12 月物价每市石 760 000 元计，年增益 456 亿元。

六、结　论

1. 经济价值

按 26 年物价计算，本计划全部工程费需 1 100 000 元,而实际年增益为 288 000元，占全部工程费 26.2%，按 36 年 12 月物价计算工程费需 1 150 亿元，而实际年增益 456 亿元，占全部工程费 39.6%，工程经济价值尚可成立。兹按 26 年物价情形，综合本工程经济上主要各点如下：

全部灌溉面积	生荒	100 000 市亩
	熟荒	20 000 市亩
工程实施后每年增产小麦		120 000 市石
工程实施后每年实际增益		F=288 000 元
全部工程费		C=1 100 000 元
工程常年维持费		O=10 000 元
工程平均寿命		n=50 年
工程永久投资 $P = C + \dfrac{O}{r} + \dfrac{C}{(1+r)^n - 1}$　多年利率 r =8%		P=1 417 000 元
折合常年工程费		P_r=113 400 元

投资利益指数 $I = \dfrac{F}{P_r}$ I=25.4 倍

投资年利 $R = \dfrac{F}{P}$ R=20.4%

2. 还款办法

按 26 年贷款办法年利率 8%及期限 20 年计算，本工程每年还款 137 000 元 $\left[\dfrac{Cr(1+r)^5}{(1+r)^5-1}\right]$，占年增益 48%，农民力量可勉强负担。

3. 施工程序

本工程限于交通、器材设备及工人等困难，拟于 2 年内完成，兹将预计施工进度列表如下：

表 7　酒泉洪水河鼓浪峡水库工程施工程序表

项目	第一年				第二年			
	1—3	4—6	7—9	10—12	1—3	4—6	7—9	10—12
	累积完成百分数（%）							
成立工程处	100							
器材设置	20	50	100					
工人招集	30	80	100					
道路		50	100					
房屋	100							
溢洪道	10	40	70	100				
给水洞		20	60	100				
活动闸					10	50	100	
排水及基础整理			10	50	80	100		
拦河坝				30	50	70	80	100
闸门及启闭机				10	40	80	100	
管制塔				10	40	80	100	
结束工程处							50	100

VCUI-1　酒泉洪水河鼓浪峡水库工程地形图（略）

水利部甘肃河西水利工程总队			
酒泉洪水河鼓浪峡水库工程地形图			
测量	姚镇林	审定	刘恩荣
绘图	马永福	队长	刘恩荣
校核	张卓	总队长	黄万里
日期：36 年 12 月	尺度：公尺	比例：1:10 000	图号：VCUI-1

VCUI-2　酒泉洪水河鼓浪峡水库工程拦河坝设计图（略）

水利部甘肃河西水利工程总队			
酒泉洪水河鼓浪峡水库工程拦河坝设计图			
绘图	刘正皋	审定	杨子英
设计	雒鸣岳	队长	刘恩荣
校核	雒鸣岳	总队长	黄万里
日期：36 年 12 月	尺度：公尺	比例：如图	图号：VCUI-2

VCUI-3　酒泉洪水河鼓浪峡水库工程溢洪道及给水洞设计图（略）

水利部甘肃河西水利工程总队			
酒泉洪水河鼓浪峡水库工程溢洪道及给水洞设计图			
绘图	刘正皋	审定	杨子英
设计	雒鸣岳	队长	刘恩荣
校核	雒鸣岳	总队长	黄万里
日期：36 年 12 月	尺度：公尺	比例：如图	图号：VCUI-3

金塔肃丰渠扩修工程计划书

一、总述

1. 资料

鸳鸯池蓄水库位于酒泉以北金塔以南之佳山峡中，工程于 36 年 6 月完工，爰以水库下游沙碛渠道，紊乱无序，渗漏甚大，蓄水不足，灌溉金塔全县已有耕地，且金塔土地肥沃，极宜耕作，除现有耕地 21 万市亩外，尚可开垦 16 万市亩。农作物分夏秋二种，年仅一收。夏禾中小麦每市亩可产 1.8 市石，秋禾中糜子可产 2.0 市石。

蓄水库溢洪道高程 1309.00 公尺，下游河床高程 1290.00 公尺，相差 19 公尺，足资利用发电，给水流率最小在六月间为 4.0 秒立方公尺，寻常流率为 15.00 秒立方公尺，有效势头 18 公尺。

2. 计划

A. 灌溉部门　补砌给水涵洞出水口及下导水墙附近冲毁部分，并于溢洪道顶添建活动闸，抬高蓄水水位 2 公尺，增加蓄水量 6 000 000 立方公尺。下游渠道加大原有旧渠，计长 64 公里，以黄土配合沙石衬砌，减少渗漏，增加灌溉面积 160 000 市亩，并建退水闸 2 座，宣泄山洪进水闸 1 座，分水闸及斗门各 8 座，行人便桥 3 座，防洪堤 10 公里。

B. 水电部门　于溢洪道岩石中，开凿输水管，前接平水池后入电厂，采用弗兰式水涡轮及三相交流电力机各 4 座，暂设 2 座，年可供电 8 000 000 千瓦时，分供给酒泉灯光，轻工业与黄泥堡抽水灌溉应用。

3. 结论

本工程费按 26 年物价需 400 000 元，年增净益 863 000 元，占全部工程费 216%，按 36 年 12 月物价需 430 亿元，年增净益约 1292 亿元，占全部工程费 286%，工程利益甚为丰厚。且水库工程费未计算在内，故得较大之经济价值。

二、资料

1. 形势

鸳鸯池蓄水库位于酒泉北 45 公里、金塔南 10 公里之佳山峡谷中，讨赖河经峡谷过金塔县境北入黑河直注宁夏居延海。蓄水库土坝高 30 公尺、长 221 公尺，横亘于讨赖河中；东接导水墙，墙长 160 公尺，与坝轴垂直而落成弓形，以保护坝身并导洪入溜；再东为溢洪道，宽 100 公尺，可排泄 1500 秒立方公尺之最大洪水流率。溢洪道顶高程拔海 1309.00 公尺，较土坝顶低 7.26 公尺，较下游河床高 19 公尺，导水墙底之岩石中凿有给水涵洞，长 164 公尺，寻常给水 15 秒立方公尺，最大时可达 70 秒立方公尺，洞底高程为 1293.43 公尺，较溢洪道顶低 15.57 公尺，水流经洞仍汇入河道入金塔各灌区之六坪口。此段河道长约 10 公里，弯曲漫流无限，最宽处约 1 公里许。六坪口以下分为六渠（俗称坝），即户口、梧桐、三塘、威虏、东坝、西坝，每坝又分若干支渠，各自为私，紊乱无序。六坪口以上八公里处尚有金东、金西二坝，灌溉金塔城郭附近田地，渠道尚优。

金塔地势平坦，一目无际，由南向北渐渐倾斜约成 1/400 之坡度，北接海子地下水渗出处。东西均为沙碛戈壁包围，无生产之利，南有佳山，与酒泉分界。

2. 地质

蓄水库附近系变质岩，石质坚硬，裂缝稀少，东岸溢洪道及给水涵洞均系经过此种岩层。水库下游天然河道为沙砾组成，深达十余公尺，渗漏甚大。六坪口以下各支渠，所经亦多沙砾地层或草滩，总计渠道损失系达 35%强。

3. 土质

金塔附近农田土质，多属腐殖土，色灰褐，生植力甚强，县城北王子庄一带耕地，因地下水位甚高，距地面约 1.5 公尺，故年仅一灌，可望丰收。

4. 水文

河西气候干燥，雨量稀少，平均年雨量约为 80 公厘，所有农田均需灌溉方能收获。讨赖河在鸳鸯池蓄水库附近，枯水流率为 4.0 秒立方公尺，时在 4、5 月间；

最大洪水流率估为 1500 秒立方公尺，在七、八月间；寻常流率为 15.0 秒立方公尺，年平均流率约为 40 秒立方公尺。兹将 32 年实测流率统计如附表 1：

表 1 讨赖河佳山峡各月平均流率统计表

月份	1	2	3	4	5	6	7	8	9	10	11	12
流率	21.0	20.0	17.0	15.0	4.0	85	145	170	14.55	14.5	15.5	21.0

注：1、2、3、6、7、8、12 各月份流率系根据 33、34、35 逐年实际观测。

蓄水库满时水位高程为 1309.00 公尺，水库总容量为 12 000 000 立方公尺，水位降至 1305.00 公尺，水库容量为 4 000 000 立方公尺，寻常流率含沙量极微，仅约千分之二三，洪水时约在百分之二上下。

5. 蓄水库整理工程现况：

A. 启闭机 闸门启闭机于本年冬季水库蓄满后试放水时，损毁 90 牙齿轮一个，使东面闸门失去启闭功效，而西面闸门亦不敢轻易使用，损毁部分为牙齿、辐尾及轴承，三者多系铸造时技术不良，沙孔甚多，有以致之。

B. 溢洪道 溢洪道西岸便桥墩及下导水墙基脚一带原为表面土掩盖，经本年年秋洪冲刷，表面土被冲泻，石岸露出，导水墙及便桥墩甚危险。

C. 给水涵洞 给水涵洞出水口左岸，石质松软，经年来冲刷，崩溃甚多，有影响土坝下脚之危虑。

6. 农作概况

全县已耕地约 210 000 市亩，可垦地尚有 160 000 市亩，总计 370 000 市亩，种植夏禾者（如小麦、大麦等）约占十分之六，秋禾者（如谷子、糜子等）约占十分之四，夏禾 5 月至 7 月上旬需水，秋禾 6 月中旬至 9 月初需水，9 月中旬至 11 月初为泡水时期，6 月至 7 月需水最多，兹附金塔农作物时期调查表 2：

表 2 金塔农作物时期调查

作物种类		播种	施灌	收割	泡地
夏禾	大麦	清明前十天开始播种，谷雨前十天止。	谷雨前十天开始施灌，夏至前后止。	夏至开始收割，小暑止。	小暑开始泡地。
	小麦	清明开始播种，谷雨止。	谷雨开始施灌，小暑前后止。	小暑开始收割，大暑止。	大暑开始泡地。
秋禾	谷子	谷雨开始播种，立夏后十天止。	谷子较抗旱，冬水泡足夏至前可一灌。夏至始施灌，秋分前十天止。	秋分前后收割。	秋分后十日开始泡地。
	糜子	小满前五天播种，夏至前后止。	夏至开始施灌，白露前五天止。	白露前五天开始割。	秋分前后开始泡地。

金塔农作物年产数量因地而异，县城附近土质厚、耕耘勤，施肥丰，灌水足，产量较多，其他各村，产量较少。兹根据供水充分普通农田年产量调查如附表 3：

表3 金塔各种农作物产量调查表

农作物		每市亩产量（市石）	占全区耕地百分数（%）
夏禾	大麦	2.5	10
	小麦	2.0	50
秋禾	谷子	1.9	10
	糜子	2.2	30

7. 电力销售

自古酒泉为河西重镇，通新疆之要道。28年，玉门石油开采后，汽油外销，交通更形频繁，人口增加，商业发达，小工业亦日渐勃兴，以目前人口户数及工业用电约为80千瓦，加50%以备发展，总计120千瓦。

酒泉黄泥堡在水库东南20公里，因地下水位较高、排水不良，以致土壤中含碱甚多，荒芜废弃约十余万市亩，可利用电力就地凿井抽水洗碱灌溉增加生产。

8. 交通

酒泉至金塔除大车道外有酒建公路通达，直至宁夏居延海，又有支路通至蓄水库，为昔年修筑水库运送材料所建，东至高台，亦通大车，交通尚称方便。

9. 工料单价调查

26年及36年12月金塔工料单价调查如附表4：

表4 金塔工料单价调查表

品名	单位	26年单价（元）	36年12月单价（元）
大麦	市石	2.80	450 000
小麦	市石	4.80	760 000
谷子	市石	3.20	515 000
糜子	市石	3.30	528 000
小工	工	0.35	35 000
木工	工	0.80	80 000
铁工	工	0.80	80 000
石工	工	0.95	95 000
钢	公斤	0.95	205 000
熟铁	公斤	0.45	85 000
洋钉	桶	36.53	9 178 500
土钉	公斤	1.00	188 000
圆木	公方	90	9 000 000
青砖	公方	12.6	1 400 000
白灰	百公斤	1.6	320 000
洋灰	桶	22.0	3 400 000
炸药	公斤	0.9	70 000
煤	公吨	7.2	1 500 000

续表

品名	单位	26 年单价（元）	36 年 12 月单价（元）
大车运	吨公里	0.42	50 000
驮运	吨公里	0.60	72 000
汽车运	吨公里	0.06	7 000

三、计　划

1. 水库之效用

讨赖河在蓄水库附近各月平均流率如附表 1。蓄水库建筑成功后对于水库下游流率，因人工调剂，经济利用，与前大不相同，兹分述于后：

A. 冬水（1 月 7 日至 4 月 21 日）——农田不需水时期　根据附表 2（金塔农作物时期调查表）立冬以后，泡地停止，利用废水，截储于水库内，其蓄量原 12 000 000 公方，计划于溢洪道添设活动闸，提高储蓄水位 2 公尺，全部蓄量可增 18 000 000 公方，俾补充翌年立夏以后，农田需水之不足。

B. 洪水（6 月 22 日至 8 月 23 日）——发洪水期　讨赖河源远流长，上游祁连山中，夏季多暴雨，来势甚猛，流至鸳鸯池，经水库调剂，灭杀洪峰后，复行徐徐宣泄，不致使损坏六坪分水口及各渠堤坝，所有山洪，并可全部利用，是对于水源之调剂尤属可观。

2. 灌溉配水

配水原则，以金塔农田灌溉为首，发电次之，已耕地 210 000 市亩均为农民私有，不易严厉管制作物种类及施灌方法，暂仍依旧习，惟拟垦地 160 000 市亩，将可施以适当管理，经济配用，以达到全部耕地十足收成目的。已耕地中十分之六种植夏禾约有 26 000 市亩，十分之一种植谷子约 21 000 市亩，十分之三种植糜子约 63 000 市亩，兹详列配水计划如附表 5：

表 5　金塔灌溉区配水计划表

	作物种类	播种	施灌	收割	泡地
夏禾	大麦（已耕 21 000 市亩）	清明前十天开始播种。	谷雨前十天开始施灌，每十八天施灌一次，共计四次，每次水深 1 公寸，平均每天需水 5.55 公厘，共计需水 0.9 秒立方公尺。	夏至前后开始收割	小暑开始第一次泡地，水深 3 公寸，十五天泡完，平均每天需水 26.7 公厘，共需水 3.24 秒立方公尺。秋分开始第二次泡地，时间、耗水同上。
	小麦（已耕 105 000 市亩）	清明前后播种。	谷雨开始施灌，每十八天施灌一次，共计四次，每次水深 1 公寸，平均每天需水 5.55 公厘，共计需水 4.5 秒立方公尺。	小暑前后收割	大暑开始泡地，每二十五天泡一次，共二次，每次水深 3 公寸，平均每天需水 16 公厘，共需水 9.75 秒立方公尺。
	小麦（新垦 30 000 市亩）	清明前后播种。	谷雨开始施灌，每十八天施灌一次，共计四次，每次水深 1 公寸，平均每天需水 5.55 公厘，共计需水 1.29 秒立方公尺。	小暑前后收割	大暑开始泡地，每二十五天泡一次，共计二次，每次水深 3 公寸，平均每天需水 16 公厘，共需水 2.78 秒立方公尺。

续表

	作物种类	播种	施灌	收割	泡地
秋禾	谷子 （已耕 21 000 市亩）	谷雨前后起，立夏前后止。	夏至开始施灌，共施灌四次，第一次限六天内灌完，耕地水深 3 寸，平均日需水 5.55 公厘，共计需水 0.9 秒立方公尺。	秋分前后开始收割	秋分后十日开始泡地，共一次，计五天，泡地水深 3 公寸，平均每天需水 11.5 公厘，共需水 1.39 秒立方公尺。
	糜子 （已耕 63 000 市亩）	小满前后播种。	夏至始灌，共施灌四次，第一次限六天内灌完，耕地水深 3 公寸，平均每天需水 50 公厘，共计需水 24.3 秒立方公尺。余三次 18 天一次，次水 1 公寸，平均每天需水 5.55 公厘，共计需水 2.7 秒立方公尺。	白露前五天开始收割	秋分开始泡地一次，计四十五天，泡地水深 3 公寸，平均每天需水 9 公厘，共需水 3.24 秒立方公尺。
	糜子 （新垦 130 000 市亩）	小满前后播种。	夏至始灌，共施灌四次，第一次限十二天内灌完，耕地水深 3 公寸，平均每天需 25 公厘，共计需水 16.7 秒立方公尺。余三次 18 天一次，次水 1 公寸，平均每天需水 5.55 公厘，共计需水 5.57 秒立方公尺。	白露前五天开始收割	寒露开始泡地一次，计三十一天，泡地水深 3 公寸，平均每天需水 9 公厘，共需水 9.7 秒立方公尺。

附灌溉用水量：（单位：秒立方公尺）

	谷雨前十日	谷雨	夏至	小暑	大暑[①]	
需水量	0.9	6.63	54.83	12.41	21.73	13.43
计入 20%损耗后需水量	1.08	8.00	65.70	14.90	26.00	16.10

	白露前五日	秋分前十日	秋分	秋分后十日	寒露
需水量	16.17	15.71	19.43	20.82	14.33
计入 20%损耗后需水量	20.00	18.91	23.30	24.90	17.40

　　秋禾在年前泡水后，至翌年夏至始施灌，故作物需水甚殷，必需水量丰沛，在很短数天内将所有作物利用山洪施灌完毕，灌后多余水量可放灌草滩或林区。兹将上表所列各期农田总需水量及讨赖径流配合水库储放过程绘制曲线如附图1：

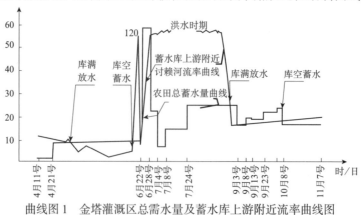

曲线图 1　金塔灌溉区总需水量及蓄水库上游附近流率曲线图

———————————
① 编者按："大暑"与"白露前五日"之间有两组数据，其间似应以秋分为界限。

根据上列曲线图解，5 月 3 日，水库须开始放水，供灌夏禾，至 6 月 15 日山洪暴发（根据多年观测讨赖河及在立夏前后发洪，上列记录可靠）而水库存水恰将放尽（水库蓄水量 18 000 000 公方），此时，一面利用山洪灌溉秋禾，一面截蓄余洪以供秋后泡地。10 月 8 日以后水库仍可蓄水，供翌年夏禾之用。

3. 水电配水

根据灌溉为主之原则，12 月至翌年 5 月，有效势头约为 18 公尺，有效流率为 8 秒立方公尺，许可供应总动力为 1440 匹马力。6 月以后水位逐渐低落，至 6 月 8 日，水库水位降至 1305.00 公尺，斯时农田需水方殷，当无余水兼蓄以提高水位，故发电必须停止 10 天，藉以检修电厂内部。6 月下旬至 12 月，有效流率可增至 16 秒立方公尺。最大许可供应总动力可增至 2880 匹马力，详见下列水电配水流率及许可供应总动力曲线图 2：

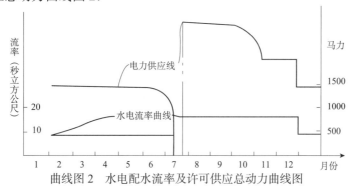

曲线图 2　水电配水流率及许可供应总动力曲线图

4. 电力配给

电厂电力，分销于酒泉及黄泥堡，酒泉为灯光及轻工业应用，仅需 200 万千瓦时，余均供给黄泥堡抽水灌溉，计约 800 万千瓦时，假定初期荷电因素为 60%，酒泉实用电 120 万千瓦时，黄泥堡 480 万千瓦时。

5. 工程设计

A. 灌溉工程灌溉部分计分另星整修工程，添设溢洪道活动闸工程及渠道整理工程，兹分述于后：

（1）另星整修工程　闸门启闭机改用半钢铸制，加厚轴承辐尾，增长牙齿。溢洪道西岸下导水墙基脚冲刷部分，除用洋白灰浆砌块石，加固桥墩及桥基外。并建隔墙 7 段，中填石渣。如附图。给水涵洞出口冲毁之处，拟开炸右岸加宽断面，并利用所炸坚石以洋灰白灰浆砌护左岸。

（2）补设溢洪道活动闸　活动闸高 2 公尺全长 100 公尺，分东西二段，东段 7 公尺，用料石作闸墩，3 孔，每孔 1.5 公尺，备以泄蓄后之余水，上有行人便桥临时可以装卸闸板，西段 93 公尺，用 12 磅小钢轨为立柱，三角铁为后斜支擎，均以 1:2:4 洋白灰混凝土镶砌于溢洪道坚石层中，立柱间隔一公尺，活动闸用木制立于前有 U 形螺丝系于立柱上，详见附图。冬季蓄水时，装置闸板可以增蓄水量 6 000 000 立方公尺，夏季水库供水后，水位低落，5 月中旬闸板即可卸除，故与排泄山洪毫无影响。

（3）渠道整理工程　蓄水库至金东坝（干渠）口一段，河道长约 2 公里。两岸岩石陡峭，开渠困难，故仍须利用天然河道输水。本计划渠道整理起自金东坝口，按断面输水率分成两段：第一段自 0+000（金东坝口）至 22+000（第八分水闸），计长 22 公里，纵坡 1/3000，底宽 10.00 公尺，水深 3.00 公尺，侧坡 1:1，许可输水率 30 秒立方公尺，其中利用金东坝扩大者 9 公里，金西坝扩大者 7 公里，梧桐坝扩大者 2 公里，新开者 4 公里；第二段自 22+000 至 64+000，计长 42 公里，纵坡 1/3000，底宽 4.00 公尺，水深 2.5 公尺。侧坡 1:1，许可输水率 14 秒立方公尺，其中利用王子西坝扩大者 30 公里，新开者 12 公里。见附图。防漏设备采用就地黄土配合沙砾衬砌渠底及两侧，估计输水损失可自 35%降至 20%。夏至后六天内需水 6.57 秒立方公尺，除干渠输水 30 秒立方公尺，供给金东、金西、户口、梧桐四坝外，其余各坝用水，仍由天然河道输送至第二退水闸处，引入渠道灌溉。

金东坝口退水闸 1 座，长 120 公尺，干渠与梧桐坝相交处退水闸 1 座长约 100 公尺，均采取当地杨木建筑，每隔 5 公尺，打 5 公尺木桩 4 根，排成四方形，以作闸墩，闸墩木桩净距 12 公分，备插闸板。闸板厚 6 公分，高 50 公分，洪水时反拆卸闸泄山洪。

干渠口修进水闸 1 座，支渠与干渠相交各修分水闸及斗门 1 座，共计各 8 座。

防洪堤 2 段，长约 10 公里，以就地沙卵石与树枝层层排堆，防止山洪泄入渠道，行人便桥 3 座。

支渠共计 8 段，曰金东、金西、户口、梧桐、威虏、三塘、东坝及西坝，指导农民参照干渠防漏设施，自行逐步改进。

B. 水电工程　本库流率势头已如前述，惟势头一项迄未利用，诚为可惜，兹将水力机概述于次，并见附图。

（1）厂房　厂房位于输水管末端，上下 2 层，各 8 间。下层为水力机室、储藏室及工人食宿室。上层为发电机室、电料室及办公室等，以料石洋灰砌。

（2）水力机及电力机　单式水力机分设 4 台，各马力 720 匹，采用立轴速转弗兰式，设计转速为 300R.P.M，比转数（Specific Speed）为 225，进口轮径 26 吋，出口 32 吋，电力机采用 500 千瓦，60 周波 24 极三相交流机 4 部，伞式装置。

（3）输水管及节制闸　输水管开凿于溢洪道西部，前接平水池，平水池前为明槽与水库相联接，高程为 1305.00 公尺，管尾为螺旋道，各分接于水涡轮进水口，管长 70 公尺，坡度 13:70，内径为 2 公尺，用 1:3:6 洋灰混凝土护砌，厚 2 寸，平水池尾端以钢条作拦污栅 1 道，防止悬浮物及冬季冰凌侵入。输水管前端进水口处，分为 2 孔，各装制铸铁闸门 1 座，为平轴旋叶式，用铁链式钢绳分别牵系于启闭室顶部之启闭机上，启闭室位于滚水坝前部，料石浆砌，上作木便桥接通上导水墙，便利往来。

（4）尾水管 水出水力机后入尾水管，至 7 公尺后四尾水管道合而为一，汇入河道中，管壁用 1:3:6 混凝土护砌。

（5）输电设备 酒泉及黄泥堡，均用三线高压输电，线距 24 吋，电杆距 100 公尺。输电线之首尾有变压器、开关等设备。

四、预算

各项工程费预算详见附表 6，按 26 年单价计需 400 000 元，按 36 年 12 月单价计需 450 亿元。

表6 扩大工程费预算

名称		单价	数量	单价		共价		备注
				26 年（元）	36 年 12 月（元）	26 年（元）	36 年 12 月（亿元）	
灌溉工程部门	另星修理工程	启闭机牙齿轮	件	1	130	25 000 000	130.0	0.250	包括运费
		挖基础松石	公方	73	1.2	120 000	87.5	0.087 6	平均单价
		洋灰浆砌块石	公方	126	2.95	295 000	371.3	0.371 3	平均单价
		白灰浆砌块石	公方	242	2.40	240 000	580.8	0.580 8	平均单价
		干砌块石	公方	95	2.00	200 000	190	0.190 0	平均单价
		填沙石土方	公方	2 260	1.70	170 000	3 842	3.842	包括运费
		开块石	公方	377	1.90	190 000	716.3	0.716 3	平均单价
		洋灰	桶	14	22	3 400 000	308	0.476	包括运费
		白灰	公斤	80 871	0.016	3 200	1 294	2.588	
		杂工	工	400	0.50	50 000	200	0.20	平均单价
		小计					7 720	9.302	
	溢洪道增设活动闸工程	料石	公方	20	20	2 000 000	400	0.400	
		水泥	桶	40	22	3 400 000	880	1.360	
		碎石	公方	20	1.9	190 000	38	0.038	
		木料	公方	13.5	90	9 000 000	1 215	1.215	
		12" 钢轨	公尺	232.5	0.4	40 000	93	0.093	利用剩余材料
		三角铁	公尺	310	3.3	330 000	1 023	1.023	包括一半运费及材料
		油毡	平方公尺	37	1.2	120 000	44	0.044 4	
		铆钉螺丝等件	公斤	50	2.0	400 000	100	0.20	平均单价
		杂工	工	800	0.50	50 000	400	0.40	包括锯活动闸门木板
		小计					4 193.4	4.773 4	

续表

名称		单价	数量	单价 26年（元）	单价 36年12月（元）	共价 26年（元）	共价 36年12月（亿元）	备注
灌溉工程部门	渠道整理工程 干渠挖填土方	公方	1 260 000	0.10	100 000	126 000	126.0	
	衬砌	公方	148 400	0.35	350 000	51 940	51.94	
	退水闸	座	2	600	60 000 000	1 200	1.20	
	进水闸	座	1	350	35 000 000	350	0.35	
	分水闸	座	8	180	18 000 000	1 440	1.44	
	斗门	座	8	70	7 000 000	560	0.56	
	行人便桥	座	3	120	12 000 000	360	0.36	
	防洪堤	公里	10	1 750	175000 000	17 500	17.50	
	小计					199 350	199.35	
合计						211 263.4	213.425 4	
水电工程部门	输水管开坚石	公方	800	3.0	300 000	2 400	2.40	平均单价
	1:3:6 混凝土管壁	公方	37	40	6 000 000	1 480	2.22	包括洋灰等
	闸门	套	2	1 800	360 000 000	3 600	7.20	包括运费等
	启闭机	套	2	1 000	200 000 000	2 000	4.00	包括洋灰等
	拦污栅	座	1	200	40 000 000	200	0.40	包括洋灰等
	尾水管	座	4	80	8 000 000	320	0.32	包括洋灰等
	电厂	所	1	2 400	240 000 000	2 400	2.40	
	水涡轮及发电机	套	2	37 500	375 000 000	75 000	75.00	暂设二套
	启闭室及木便桥	座	各一座	400	40 000 000	400	0.40	
	高压电线	公里	60	120	24 000 000	7 200	14.4	三路电线
	电杆	根	600	6	600 000	3 600	3.60	
	变压器	套	4	2 800	560 000 000	11 200	22.4	
	开关及其他	套	2	4 000	800 000 000	8 000	16.0	
	其他					1 000	1.00	零件杂工等
合计						118 800	151.74	
总计工程费						330 063.4	365.165 4	
工具设置费						20 000	20.00	
工程预备费						15 000	15.00	
工程管理费						34 936.6	49.834 6	
总计						400 000	450.00	

五、增 益

工程实施后，关于灌溉部分，许可垦新地 160 000 市亩。其中 130 000 市亩种植秋禾，平均每市亩年产穈子 2 市石，共计 260 000 市石，扣除 50% 肥料人工等成本，纯益每市亩为 1.0 市石，总计 130 000 市石。30 000 市亩种植小麦，平均每市亩产 1.8 市石，共计 54 000 市石，扣除 50% 成本，纯益每市亩为 0.9 市石，总计 27 000 市石。按 26 年小麦 4.8 元，穈子 3.3 元计，年纯益 713 000 元。按 36 年 12 月小麦 760 000 元，穈子 52 800 元计，年纯益 114 224 000 000 元。

关于水电部分，本计划拟暂设水轮 2 座，可供电 8 000 000 千瓦时，估计初期荷电因素为 60%，日时根据电力抽水灌田后生产增值 40%，电价以 36 年 12 月物价计每千瓦时约为 4000 元，年总收入 192 亿元，扣除管理养护及折旧等成本 42 亿元，纯益为 150 亿元，折合 26 年物价纯增益为 15 万元。

总计二项年纯益，按 26 年物价计算为 863 000 元，按 36 年 12 月，计算为 129 224 000 000 元。

六、结 论

1. 经济价值

按 26 年物价计算，工程费 400 000 元，而每年实际增益 863 000 元，年增益占全部工程费 216%；按 36 年 12 月物价计算，工程费 450 亿元，实际年收益 129 224 000 000 元，占全部工程费 286%，利益甚厚。因蓄水库全部工程费未列入本计划，经济价值甚大。兹按 26 年物价情形综合本工程主要各点如下：

全部灌溉面积	新垦地	160 000 市亩
	已耕地	210 000 市石
全年供电		8 000 000 千瓦时
实际增加灌溉面积		160 000 市亩
工程实施后每年增产小麦		54 000 市石
工程实施后每年增产穈子		260 000 市石
工程实施后每年实际供应电力		4 800 000 千瓦时
工程实施后每年实际增益		F=863 000 元
全部工程费		C=400 000 元
工程常年维持费（包括维持、折旧、养护等）		O=20 000 元
工程平均寿命		n=50 年
工程永久投资 $P = C + \dfrac{O}{r} + \dfrac{C}{(1+r)^n - 1}$ 年利率 r 定为 8%		P=675 400 元
折合常年工程费		P_r=53 832 元

投资利益指数 $I = \dfrac{F}{P_r}$ 　　　　　　　　　　　　　　I=16 倍

投资年利 $R = \dfrac{F}{P}$ 　　　　　　　　　　　　　　R=128%

2. 国防价值

酒泉、金塔西接新疆，北通宁朔。伊宁事变后，新疆食粮大部仰赖内运。况宁夏额济纳旗居国防最前线，而不事农产，万一有故，食粮均须取自酒金等县。兹为未雨绸缪计，兴办本工程，乃为当前急务。

3. 还款办法

按 26 年普通贷款年利率 8%，期限 5 年还清，本工程每年还款 97 000 元 $\left[\dfrac{Cr(1+r)^5}{(1+r)^5-1}\right]$，此数占年增益 10.7%。农民力能负担。

4. 施工程序

本工程范围广、土方多，器材短期内难能运到，工人数目亦难急刻招齐。拟二年半全部完成，先二年内完成各种建筑物，最后半年配装输电设备，详附表7。

鸳鸯池水库溢洪道添设活动闸工程设计图（略）

水利部甘肃河西水利工程总队			
鸳鸯池水库溢洪道添设活动闸工程设计图			
绘图	赵人龙	审定	杨子英
设计	雏鸣岳	队长	刘恩荣
校核	任以永	总队长	黄万里
日期：36 年 12 月	尺度：如图	比例：如图	图号（缺）

肃丰渠扩修工程渠道布置图（略）

水利部甘肃河西水利工程总队			
肃丰渠扩修工程渠道布置图			
绘图	张慈	审定	杨子英
设计	雏鸣岳	队长	刘恩荣
校核	张卓	总队长	黄万里
日期：36 年 12 月	尺度：如图	比例：如图	图号（缺）

肃丰渠扩大工程另星整理工程设计图（略）

水利部甘肃河西水利工程总队			
肃丰渠扩大工程另星整理工程设计图			
绘图	赵人龙	审定	江浩
设计	江浩	队长	刘恩荣
校核	张卓	总队长	黄万里
日期：36 年 12 月	尺度：如图	比例：如图	图号（缺）

表 7　扩大工程施工程序表

积累完成百分数 (%)

项目	第一年						第二年												第三年											
	7	8	9	10	11	12	1	2	3	4	5	6	7	8	9	10	11	12	1	2	3	4	5	6	7	8	9	10	11	12
成立工程处	100																													
整理工程　启闭机牙齿轮		10	10	10	10	10																								
整理工程　铺砌导水墙下脚		40	100																											
整理工程　给水涵洞出口			50	100																										
灌溉工程　活动闸　闸墩		40	100																											
活动闸　木闸板		30	60	100																										
活动闸　铁件			100																											
活动闸　打混凝土			30	100																										
渠道　渠道土方										10	20	30				40	50				60	75	90	100						
渠道　衬砌											10	20	30				40	50			70	85	100							
退水闸												30	50	75				80	90	100										
进水闸												30	60	90	100															
分水闸												20	40	60									100							
斗门																						100								
行人便桥																						100								
防洪堤										30	60	80									90	100								
水电工程　输水管开坚石					20	50	75	100																						
1：3：6混凝土管壁							75	100																						
闸门　启闭机																	50	100												
闸门　拦污栅																	50	100												
闸门　尾水管													50	100																
闸门　电厂																									10	30	70	100		
水涡轮及发电机																										50	100			
启闭室及木便桥																					50	100								
输电设备																												70	100	
办理结束																											10	30	60	100

编者按："启闭机牙齿轮"一项接连出现 5 个 "10"，显然有误。

鸳鸯池水库溢洪道添设活动闸工程设计图（略）

水利部甘肃河西水利工程总队			
鸳鸯池水库溢洪道添设活动闸工程设计图			
绘图	赵人龙	审定	杨子英
设计	雒鸣岳	队长	刘恩荣
校核	任以永	总队长	黄万里
日期：36 年 12 月	尺度：如图	比例：如图	图号（缺）

肃丰渠水电计划布置总图（略）

水利部甘肃河西水利工程总队			
肃丰渠水电计划布置总图			
绘图	赵宏	审定	杨子英
设计	雒鸣岳	队长	刘恩荣
校核	任以永	总队长	黄万里
日期：36 年 12 月	尺度：如图	比例：如图	图号（缺）

酒泉夹边沟蓄水库工程计划书

一、总述

　　夹边沟位于酒泉县城东北 15 公里，滨清水河北岸耕地 3100 市亩，灌溉水源一部分来自清水河泉水，一部分自祁家沟坝口，自 31 年祁家沟人民以分水无明文规定，堵塞分水口，夹边沟由此需水不足，饥馑频仍，年有荒歉，居民迭有逃亡。

　　清水河为讨赖河渗漏水，汇集成流，河水终年不涸，亦无洪枯之分，平时流率约 0.5 秒立方公尺，沿河引渠十有三道，农田用水期间，河水引用无遗，夹边沟居最末，故水量不足，河中仅冬秋有余水下泻注入临水河。

　　清水河至祁家沟以下，两岸土崖紧缩，距约 700 公尺，左侧长城遗址一段伸入河心，土质坚固，利用以筑土堰 1 道蓄水，以救夹边沟熟荒最为适宜，计坝长 737 公尺，顶宽 1.0 公尺，上下游边坡均用 2:1，坝高 4.2 公尺，蓄水高度 3.6 公尺，需水量 90 万公方，足敷夹边沟之用。坝中开泄水闸 1 座，因河水稳定，不另设溢洪道，除土方工程征调民工修筑不给费外，估计工程费按 26 年物价为 3000 元，按 36 年 12 月为 291 618 000 元。灌溉地 1800 亩，每亩年产小麦以 2.0 市石计，扣除农作成本每年可增产小麦 1800 市石，按 26 年物价年增益 9000 元，按 36 年 12 月物价年净增益 144 亿元。

二、资料

1. 形势

夹边沟位于酒泉东北十 15 公里，滨清水河之北岸，东临临水河，北接佳山麓，南隔清水河，与下古城对峙，长城横亘其间，残垣遗迹犹历可循，面积 5000 余亩，耕地 3100 市亩，拔海高约 1375 公尺，地势平坦，土质肥美。

清水河为讨赖河渗漏水，自酒泉城西北汇泉成流，自东徂西，河水全年显著变化，无枯洪之分，河宽自 100 公尺至数百公尺，沿河两岸土崖壁立，河滩杂草丛生，平均坡度 1:230，沿河支渠十有三道，水量足用，夹边沟居最末，水量较少，以往灌溉水源一部分来自河水，一部分引自祁家沟渠道，自民国 31 年祁家沟人民以分水无籍可查，堵塞堰口，利不相让，害不相顾，遂使连绵沃野，荒芜居半，居民 40 户，迭有逃亡，图 VF₁UI 示夹边沟蓄水库地形图。

2. 地质

夹边沟耕田 3100 亩，土质为褐色沙壤土，适宜各种农作物，表面含白色碱质，土质厚平均 2.0 公尺，其下为沙杂卵石混合组成，渗漏较大地区 20 公里，无卵石条石可用。

3. 水文

清水河水源来自泉水，全年河水无洪水枯水之分，农田用水期间，引用无遗，仅冬秋始有余水，流入临水河，堪资利用。据 36 年 6 月实测流率为 0.5 秒立方公尺，夹边沟区雨量稀少，全年平均仅 80 公厘，蒸发量特高，平均 1660 公厘，故农作须藉施灌，方望收获。

4. 农作概况

夹边沟农产如酒泉各地，夏禾以小麦为主，秋禾以糜谷为主，因气候较冷，霜冻期每年 10 月至翌年 4 月，农作受制 150 日内，年仅一熟。

农作生长期间每 20 日浇水一次，每次水深 100 公厘，浇足 3 次，可庆丰收，每年 10 月须灌冬水一次，约高 300 公厘，故平均每亩需水量 500 立方公尺足矣。

5. 工料单价调查

民国 26 年及 36 年 12 月夹边沟工料及农产品单价调查如附表 1：

表 1　夹边沟工料及农产单价调查表

名称	单位	26 年单价（元）	36 年 12 月单价（元）
小工	工	0.35	35 000
木工	工	0.90	90 000
铁工	工	0.80	80 000
泥工	工	0.65	65 000

名称	单位	26 年单价（元）	36 年 12 月单价（元）
石工	工	0.95	95 000
熟铁	公斤	0.45	45 000
大麦	市石	4.50	720 000
钢	公斤	0.95	95 000
小圆木	立公方	65.00	6 500 000
大圆木	立公方	90.00	9 000 000
方木	立公方	120.00	12 000 000
白灰	百公斤	1.60	320 000
洋灰	桶	22.00	3 400 000
糜子	市石	1.60	256 000
洋钉	桶	36 53	9 178 500
青砖	立公方	12.60	1 400 000
大车运砖	m³/km	1.00	100 000
大车运条石	m³/km	1.20	120 000
人力运土	m³/km	1.50	150 000
小麦	市石	5.00	800 000
大米	市石	14.00	2 240 000

三、计 划

1. 工程方法

夹边沟灌溉水源一部分为河滩泉水，一部分为祁家沟堰水，已如上述。自 31 年祁家沟强占分水口后，水源减少，后据 32 年甘肃水利林牧公司酒泉工作站对该渠输水损失研究其结果，其输水损失平均率 65%，目前补救之法以增加水量与减少渗漏损失为佳，本计划以前者为主，后者候本计划完成后由居民自动整理之。

清水河下游至祁家沟，河床两岸紧缩距 737 公尺，左侧有长城土墩一段，旧堤伸入河滩，为胶结黏土，坚固不透水，用以筑小型蓄水库一座尤为上选。

水库位于夹边沟上游 10 公里，祁家沟引水口下，采用土坝拦水，由蓄水曲线比较，以坝高 4.0 公尺，蓄水深 3.6 公尺为最适宜，蓄水量 90 万公方，除蒸发损耗，足够夹边沟地亩之用，图 VF$_1$UII 示库址位置形势图。

2. 建筑物设计

A. 土坝　土坝高 4.0 公尺，顶宽 1.0 公尺，上下游边坡用 2:1，临水面加 2 公分厚红土一层，以防坡浪横刷。

B. 泄水闸　土坝左侧设节制闸 1 座，闸厢用条石浆砌，墙用青砖浆砌，闸板用活动插板，可以自由启闭，且上部闸板以立柱及麻绳固定之。当洪水时期水库内水面超过闸板时剪断麻绳，上段闸板即行倒下排去洪水，不另设溢洪道。图 VF₁UⅢ 示泄水闸闸门设计图。

C. 便桥　泄水闸上设木板两板，以司启闸门兼及交通之用。

四 、 预 算

按 26 年单价需 3000 元，按 36 年 12 月单价计需 291 618 000 元。

表 2　酒泉夹边沟蓄水库工程费预算表

工程名称		单位	数量	单价（元）		共价（元）		备注
				26 年	36 年 12 月	26 年	36 年 12 月	
土坝	夯坝土	立公方						征调民工不估价，36 年已完成 15 000 土方。
	运土工具消耗			200.00	20 000 000	200.00	20 000 000	包括铜轨、车轮、石夯等之耗。
	杂工	工	210 0	0.80	80 000	168.00	16 800 000	修补运具及道路。
节制闸	挖基土	立公方	100.0	0.17	17 000	17.00	1 700 000	
	1:2:6 洋白灰沙浆砌条石	立公方	3.20	24.40	2 440 000	78.08	7 808 000	包括全部工料在内。
	1:2:6 洋白灰沙浆砌青砖	立公方	127.0	15.00	1 500 000	1905.00	190 500 000	包括全部工料在内。
	木闸板及木桥板	立公方	2.60	120.00	12 000 000	312.00	31 200 000	包括预备闸板。
	闸门铁件	公斤	40.0	0.85	125 250	34.00	5 010 000	概用熟铁。
工程管理费						285.92	28 600 000	
总计						3 000.00	301 618 000	

五 、 增 益

夹边沟耕地 3100 市亩，1300 市亩仍利用河滩泉水灌溉，蓄水库蓄水量 90 万公方足灌 1800 市亩之用。工程实施后，每亩每年产小麦 2.0 市石，其可增产 3600 石，扣除农作成本（包括肥料、人工、种子等）二分之一，故每年实际增益 1800 市石。26 年物价小麦每石 5.0 元计，每年实际增益为 9000 元，按 36 年 12 月物价小麦每石 800 000 元计，每年实际增益 14.4 亿元。

六 、 结 论

1. 经济价值

按 26 年物价计算本工程费 3000 元，而实际增益 9000 元，增益占工程费之 3 倍，按 36 年 12 月物价计工程费需 2916.18 亿元，年实际增益 14.4 亿元，增益占工程费之 4.8 倍，其利至厚。综合工程经济各点如下：

灌溉面积	1800 市亩

灌溉面积 1800 市亩

工程实施后每年增产小麦 3600 市亩

工程实施后实际增益 F=9000 元

全部工程费 C=3000 元

工程常年维持费 O=300 元（包括修理及管理等费）

工程平均寿命 n=25 年

工程永久投资 $P = C + \dfrac{O}{r} + \dfrac{C}{(1+r)^n - 1}$ （年利率 r 定为 8%） 7251 元

□□□□□□□□□□□□□□□□□□□□□□□□□□□□□□□□□□□□□□

投资利益指数 $I = \dfrac{F}{P_r}$ 15.7

投资年利 $R = \dfrac{F}{P}$ 120%

2. 还款办法

按民国 26 年普通贷款年利率 8%，期限 5 年计算，本工利每年应还款 752 元，占每年每亩增益十二分之一，农民能力自能担负。

3. 施工程序

本计划实施采用征工制，7、8 两月农作时期工人较少，9 月后工人可大量增加，施工程序附如表 3：

表 3 施工程序表

工程项目	累积完成百分（37 年）				备注
	7 月	8 月	9 月	10 月	
土坝	10	20	60	100	土方已 36 年完成 15000 方。
采用条石			100		
烧制青砖		40	100	40	
挖基础			100		
购运石灰		100			
浆砌条石			100		
浆砌青砖			60	100	
购制闸板			20	100	

VF$_1$UI 酒泉县夹边沟蓄水库灌区地形及土坝纵横断面图（略）

水利部甘肃河西水利工程总队			
酒泉县夹边沟蓄水库灌区地形及土坝纵横断面图			
绘图	王福滋	审定	刘恩荣
设计	孔祥和	队长	刘恩荣
校核	张卓	总队长	黄万里
日期：36 年 12 月	尺度：如图	比例：如图	图号：VF$_1$UI

VF₁UII　酒泉县夹边沟蓄水库工程位置图（略）

水利部甘肃河西水利工程总队				
酒泉县夹边沟蓄水库工程位置图				
绘图	王福滋	审定		刘恩荣
设计	孔祥和	队长		刘恩荣
校核	张卓	总队长		黄万里
日期：36 年 12 月	尺度：如图	比例：1:5000		图号：VF₁UII

VF₁UIII　酒泉县夹边沟蓄水库闸门设计图（略）

水利部甘肃河西水利工程总队				
酒泉县夹边沟蓄水库闸门设计图				
绘图	张镇华	审定		杨子英
设计	谢泽	队长		刘恩荣
校核	任以永	总队长		黄万里
日期：36 年 12 月	尺度：如图	比例：1:5000		图号：VF₁UIII

酒泉黄泥铺电力抽水灌溉工程计划书

一、总述

酒泉高台二县之间，有碱滩，地形低洼，马营河、丰乐川、洪水河渗水北受合黎山脉隔阻现于地表。滩之西端为黄泥铺，表面土壤厚达 3 公尺，嗣以雨量稀少、排水不良，逐年碱化，下层为沙卵石层透水性甚大。附近有耕地 2000 余市亩，引灌临水河水，分种夏禾、秋禾，年仅一熟。夏禾每市亩 2.5 市石。肃丰渠蓄水库位黄泥铺西北 20 公里，水电计划实施后可供 480 千瓦电力抽水灌溉。

计划在黄泥铺附近选择适宜地点，挖集水井两列，距 1.5 公里，每列 26 井，间隔 1.5 公里，组成长方形。采用 12 匹马力电动机及抽水机各 52 套汲水，寻常汲水高度 14 公尺，总计流率 1.552 秒立方公尺，垦地 70 200 市亩。经一年洗碱后，可增产小麦 63 000 市石，糜子 70 200 市石。

本工程费预算，按 26 年物价需 624 000 元，年增益 20 6995 元。按 36 年 12 月物价，需 624 亿元，年增益 421.67 亿元，工程经济价值可以成立。

二、资料

1. 形势

酒泉高台二县之间有碱滩，东西长约 65 公里，宽约 18 公里，估占地 1 800 000 市亩，为昔年通西域必经之地。中有盐池、双井驿二站，备旅行住宿。斯地南隔沙碛地带与祁连山麓耕地相望，北与合黎山脉比邻，南北均向碱滩中央倾斜。

马营河、丰乐川、洪水河南出祁连山口，除灌溉山麓耕地外，流程约 20 公里，全部渗于卵石河床下，潜流于碱滩。滩之西端为黄泥铺，距酒泉约 30 公里，拔海 130 公尺，南北地形较高，约成 1:350，自东至西约成 1:500。附近有耕地 2000 余市亩，余均荒废。肃丰渠蓄水库位黄泥铺西北 20 公里，无山水之隔（图 VXIII—1）。

2. 地质

黄泥铺一带土壤，原为灰色漠钙土类，厚约 2 公尺，嗣以排水不良，碱质上升，逐年碱化为盐渍土。土层下为沙卵石层，透水性甚大。

3. 水文

黄泥铺近接酒泉，年雨量与酒泉相若，仅 83.9 公厘，其中 6、7、8 三个月占 68%强，平均年润湿蒸发量为 1700.00 公厘（4—10 月）。地下水源来自丰乐川及洪水河之渗漏，北受佳山（合黎支脉）阻碍，水位升高（寻常约距地表 1.5 公尺）。春夏上升，地表软烂，俗称反浆，夏至后逐渐下降。

4. 电力

肃丰渠水电计划经常供电 600 千瓦，除酒泉灯光及轻工业用电 120 千瓦外，黄泥铺抽水可供电 480 千瓦。惟每年 6 月 8 号至 17 号水库无水，停止供电。

5. 农作概况

黄泥铺耕地土壤，色灰黄松散，属漠钙土类，宜于农耕未垦地，因排水不良，丰含硝碱，仅生芨芨草、蓬蒿等。已耕地 2000 市亩，引临水河水灌溉，分种秋禾、夏禾。夏禾以小麦为主，约占 30%，秋禾以糜子为主，约占 70%。年仅一熟，小麦每市亩可收 2.0 市石，糜子每市亩可收 2.5 市石，附黄泥铺农作时期表 1：

表 1　黄泥铺农作时期表

作物种类	播种	施灌	收割	泡地
夏禾	清明前五日起，立夏前十日毕。	立夏前十日起，大暑前十日毕。	大暑前十日起，立秋后十日毕。	立秋后十日起，霜降毕。
秋禾	小满前十日起，夏至前五日毕。	夏至前五日起，白露前五日毕。	白露前五日起，秋分后十日毕。	秋分后十日起，立冬毕。

6. 工料单价调查查

附酒泉工料单价如表 2：

表 2　酒泉工料单价调查表

品名	单位	26 年（元）	36 年 12 月（元）
小麦	市石	5.00	800 000
麦草	公吨	22.00	2 500 000
小工	工	0.35	35 000
木工	工	0.80	80 000

续表

品名	单位	26 年（元）	36 年 12 月（元）
铁工	工	0.80	80 000
泥工	工	0.65	65 000
熟铁	公斤	0.45	45 000
钢	公斤	0.95	95 000
小圆木	立方公尺	65.00	6 500 000
大圆木	立方公尺	90.00	9 000 000
方木	立方公尺	120.00	12 000 000
白灰	百公斤	1.60	320 000
洋灰	桶	22.00	3 400 000
炸药	公斤	0.90	70 000
洋钉	桶	36.53	9 178 500
青砖	立方公尺	12.60	1 400 000
大车运	公吨/公里	0.42	50 000
驮运	公吨/公里	0.60	72 000
汽车运	公吨/公里	0.06	7 000
煤	公吨	7.20	1 500 000
石工	工	0.95	95 000
糜子	市石	3.50	560 000

三、计划

1. 水源研讨

酒泉 4—10 月润湿蒸发量为 1700 公厘，其中 4、5、6 三月约占十分之三，计为 510 公厘，斯时黄泥铺地表湿软，蒸发量与润湿蒸发量相若，为 510 公厘，6 月以后，虽日照加强，而蒸发量因受地面硝碱层之隔阻及地下水位之下降，日渐减少，平均以三分之一润湿蒸发量估算，计为 379 公厘，7、8 两月约占五分之三，计为 240 公厘，9、10 两月为 157 公厘。兹以一集水井为单位，假定抽水后地下水位降落影响有效势力圈之半径 R 为 450 公尺，影响面积约 950 市亩。计其各月可能引出之流率，如附表 3：

表 3　黄泥铺每井可能引出流率表

月份	4	5	6	7	8	9	10	11
蒸发量（公厘）	170	170	170	120	120	80	80	80
流率（秒/公吨）	0.040 4	0.0404	0.0417	0.0285	0.0285	0.0196	0.0190	0.0196
备注	11 月上游用水，天气渐冷，渗流较大，故估蒸发量用 80 公厘（即 0.0196），乃为可靠。								

2. 集水井流率估算

集水井流率根据通用公式为：$Q_w = \dfrac{\pi KP}{2.30} \cdot \dfrac{H_w^2 - h_w^2}{\log \dfrac{R}{r}}$

上式中 Q_w 为流率，以秒立方公尺计；P 为孔隙系数，黄泥铺地层估为 25%；K 为透水性系数或地下水有效垂直流速，每日约 300 公尺，即每秒 0.003 47 公尺；R 为地下水位低落后影响有效势力圈半径，估为 450 公尺；r 为井之半径为 0.5 公尺；H 为未抽水时井水深，等于 14 公尺；R 为抽水后水位平衡时井水深，等于 2 公尺。依上所述，计得集水井流率为 0.026 秒立方公尺，小于 4—8 月而大于 9—11 月，可能引致之流率（参阅附表 3）。

3. 电力复算

汲水时水井水位距地表 14 公尺，合 45.8 呎，汲水流率 0.026 秒立方公尺，合每秒 415 加仑，据此复查 Merriman 工程手册 1391 页 Allis-Chalmers Co.s Standard-Centrifugal Pump 表需马力 12 匹，合电力 9 千瓦。总计 52 井，共需电力 468 千瓦。

4. 引水方法

于黄泥铺附近凿井两列，相距 1.5 公里，东西平行祁连山，垂直地下水潜流方向。两列水井，互相错综。每列 26 井，各距 1.5 公里，利用电力汲水灌溉井附近田地。

5. 灌溉配水

黄泥铺开垦新地，平均分种夏禾、秋禾，以一井灌溉面积为一单位，用人工施以适宜管理，使秋禾、夏禾二种作物施灌时期，相互错过而达到最高生产量之目的。配水如附表 4：

表 4　黄泥铺每井抽水灌溉配水表

作物种类	播种	施灌	收割	泡地
夏禾	清明前五日播种始，至立夏前十日播种毕。	立夏前十日灌溉始；每十六日灌溉一次，共四次，每次水深 80 公厘，合每天需水深 5 公厘，许可灌溉面积 675 市亩；小暑前五日，根据需要情形施灌至小暑完毕。	大暑前五日收割始，至立秋后五日收割。	白露前五日泡地始；共一次，水 200 公厘，四十日泡完，每日水深 5 公厘，许可泡地 675 市亩。至寒露后五日泡地。
秋禾	小满前起十日播种始，至夏至前五日播种毕。	小暑前五日灌溉始；每六一次，四次，次水 80 公厘，合每天需水深 5 公厘，许可灌溉面积 675 市亩；白露前五日灌毕。	白五收割始，秋分后十日收割。	寒露后五日第一次泡地始；水深 200 公厘，四十日泡完，每日水深 5 公厘，许可泡地 675 市亩；余半月泡碱地。次年清明前十日第二次泡地始；水深 160 公厘，合每日水深 20 公厘，许泡地 675 市亩。

上表所列，以一井为单位灌溉 1350 市亩，总计 52 井，可灌田 70 200 市亩，种植夏禾者为 35 100 市亩，种植秋禾者 35 100 市亩。

6. 工程设计

A. 挖井工程选择适宜地点，利用挖掘深井法人工开挖，同时电力汲水。井深 16 公尺，水位下 14.3 公尺，井径 1 公尺，四周以 10 公分厚之木板围护成管状，旁有孔，以备水流入井。距地表 5 公尺处，装置抽水机及电动机。汲水高度为 14 公尺，真空管长 7 公尺。冬季不需水时，将机件移装于地表，下 2 公尺处，仍可汲水，以防井中水位升高淹没（见图 VXIII-2）。

B. 抽水机采用美国 Allis-ChalmersCo.s 双级卧式离心抽水机，管径 5 吋，许可转速 700R.P.M，旁附电动机马力 12 匹，出水流率每分 582 加仑。

C. 灌溉系统灌溉系统以一井为单位，水汲出后入农渠，轮流灌溉，农渠组成如网（见图 VXIII-3）。南北二井组为一组，辖 2.25 平方公里。

D. 排水系统本区域碱硝甚丰，须同时挖掘排水系统，排除硝碱。先于二列集水井间挖排水干沟，由东向西引出地表，平均沟深 2 公尺，宽 1 公尺，纵坡 1:2000，边坡 1:1。支沟为农渠间垂直干沟，深 1.5 公尺，宽 0.8 公尺，边坡 1:1，纵坡 1:1000。暗沟垂直支沟，成脊骨状，以卵石干砌，间距 50 公尺（见图 VXIII-3）。

四、预 算

按 26 年单价计需 624 000 元，按 36 年 12 月单价计需 624 亿元（附表 5）：

表 5　黄泥铺抽水灌溉工程预算表

名称	单位	数量	单价		共价		备注
			26 年（元）	36 年 12 月（元）	26 年（元）	36 年 12 月（亿元）	
挖集水井	口	52	3 000	300 000 000	156 000	156.00	平均价
木制管	个	52	600	60 000 000	31 200	31.20	平均价
抽水机基础	处	52	200	20 000 000	10 400	10.40	平均价
抽水机及附件	套	52	1 200	120 000 000	62 400	62.4	附电动机、水管工具等
抽水房	座	52	500	50 000 000	26 000	26.00	
农渠	区	52	50	5 000 000	2 600	2.00	每区以一井为单位，每井一区
排水系统	区	52	500	50 000 000	26 000	26.00	每区以一井为单位，每井一区
灌溉区洗碱费	区	52	4 320	432 000 000	224 640	224.64	每区以一井为单位，每井一区
工具购置费	区	52	400	40 000000	20 800	20.80	每区以一井为单位，每井一区
工具预备费	区	52	400	40 000 000	20 800	20.80	每区以一井为单位，每井一区
工程管理费	区	52	830	83 000 000	43 160	43.16	每区以一井为单位，每井一区
总计					624 000	624.00	

五、增益

　　工程实施后，可垦新地 70 200 市亩，种植小麦地 35 100 市亩，计每亩产量 1.8 市石，共增产 63 000 市石。种植糜子地 35 100 市亩，计每亩产量 2.0 市石，共增产 70 200 市石，按 26 年麦价 5.0 元，糜子 3.5 元计，增产总值 560 700 元，扣除农具、人工、种子等 35%成本及 161 640 元电费（电价 0.04 元），年增益 206 995 元。按 36 年 12 月麦 800 000 元，糜子 560 000 元计，增产总值 897.12 亿元，扣除 35%成本及 161.46 亿元电费，年增益 421.67 亿元。

六、结论

1. 经济价值

　　按 26 年物价工程费需 624 000 元，年增益 206 995 元，占工程费 33%；按 36 年 12 月物价工程费需 624 亿元，年增益 421.67 亿元，占工程费 67.5%，经济价值自可成立。兹按 26 年物价情形，综合本工程经济上各要点如下：

全部灌溉面积（全部荒地）	70 200 市亩
工程实施后每年增产小麦	63 000 市石
工程实施后每年增产糜子	70 200 市石
工程实施后实际年增益	F=206.995 元
全部工程费	C=624 000 元
工程常年维持费（包括清淤、修理及管理等费）	O=20 000 元
工程平均寿命	n=30 年
工程永久投资 $P = C + \dfrac{O}{r} + \dfrac{C}{(1+r)^n - 1}$ ，年利率定为 8%	P=976 000 元
折合常年工程费	P_r=78 080 元
投资利益指数 $I = \dfrac{F}{P_r}$	I=2.66 倍
投资年利 $R = \dfrac{F}{P}$	R=21.5%

2. 国防价值

　　酒泉、金塔西接新疆，北通朔宁，自来地处边围，为屯兵宿武之区。伊宁事变后更形重要。新疆食粮，大部仰赖内运，况宁夏额济纳旗居国防最前线而不事农产，万一发生纷扰，食粮均须取予酒泉、金塔等县。兹为未雨绸缪计，本工程急应兴办。

3. 还款办法

　　本工程按民国 26 年普通贷款年利率为 8%，按期限 5 年还清计算，每年应还款 52 000 元占年增益 73%，耕种农民可勉力负担。

4. 施工程序

本工程包括购置抽水机，洗碱等主要工作，较费时日，拟二年完成，采购器材半年，总计二年半，见附表。

5. 复勘事项

本工程计划因地下水资料不全，估算难能十分真确，施工前尚须复勘下列数项：

A. 地下水流率；

B. 地下水质；

C. 地层状况；

D. 地形。

VXIII-1　酒泉黄泥铺电力抽水灌溉工程位置图（略）

水利部甘肃河西水利工程总队			
酒泉黄泥铺电力抽水灌溉工程位置图			
测量	陆军测量局	审定	杨子英
绘图	刘正皋	队长	刘恩荣
校核	张卓	总队长	黄万里
日期：36 年 12 月	尺度：公尺	比例：1:100 000	图号：VXIII-1

VXIII-2　酒泉黄泥铺电力抽水灌溉集水井设计图（略）

水利部甘肃河西水利工程总队			
酒泉黄泥铺电力抽水灌溉集水井设计图			
绘图	张镇华	审定	杨子英
设计	谢泽	队长	刘恩荣
校核	雒鸣岳	总队长	黄万里
日期：36 年 12 月	尺度：公尺	比例：1:100	图号：VXIII-2

VXIII-3　酒泉黄泥铺电力抽水灌溉和排水系统布置图（略）

水利部甘肃河西水利工程总队			
酒泉黄泥铺电力抽水灌溉和排水系统布置图			
绘图	刘正皋	审定	杨子英
设计	马秉礼	队长	刘恩荣
校核	雒鸣岳	总队长	黄万里
日期：36 年 12 月	尺度：公尺	比例：如图	图号：VXIII-3

表6　黄泥堡抽水灌溉施工程序表

累积完成百分数（%）

项目	第一年						第二年												第三年											
	7	8	9	10	11	12	1	2	3	4	5	6	7	8	9	10	11	12	1	2	3	4	5	6	7	8	9	10	11	12
订购抽水机	20	40	60	80	100																									
成立工程处							50	100																						
购置木料									20	60	100																			
做水质管											50	100																		
挖集水井										10	20	35	50	65	80	90	100													
抽水机基础														20	50	70	100													
抽水房															30	70	100													
农渠																					20	50	80	100						
排水系统															10	20	30													
排水系统																					40	70	90	100						
灌溉区洗碱																								10	30	50	70	90	100	
办理结果																											20	50	80	100

酒泉边湾地下水灌溉工程计划书

一、总述

1. 资料

边湾位于酒泉县城东北 8 公里，为一平坦荒地，面积约 110 000 市亩。地势由西南向东北倾斜，拔海高程自 1450 降至 1400 公尺，平均坡度 1:120。讨赖河出祁连山峡后流经边湾与县城之间，渗漏之水向北潜流，于边湾西南两面低洼处涌出地面，南面泉水灌溉耕地 50 000 余市亩，背面潴成花城湖与镇台湖一带湿地，面积约 20 平方公里，地下水由草丛间涌出，汇向北流渗入沙漠中（见图 VDWI-1）。

边湾毗连新城坝等渠灌溉区，土质相同适宜耕种，因气候寒冷农作物年仅一熟，农产品夏禾以小麦为主，如灌溉及时每市亩可产 2.0 市石，秋禾以糜谷为主，每市亩可产 2.5 市石。农作成本约为其产量之半数。

2. 计划

本计划拟在花城镇台湖上游挖沟截引地下水流，沟长 8.1 公里，配合截水井 10 口，估计可截水 1.50 秒公方，引水至边湾可垦灌耕地 62 000 市亩，除西八格楞原有耕地 2000 市亩，因受本计划影响须移民边湾分地 2000 市亩外，实际增垦面积为 60 000 市亩。

3. 结论

本工程工费预算按 26 年物价共需 452 000 元，每年净增益 281 250 元，按 36 年 12 月物价共需 488 亿元，年净增益 450 亿元，工程利益甚厚，经济价值自能成立。

二、资料

1. 形势

边湾位于酒泉县城东北 8 公里，隶县属河北乡，为一平坦荒地，西接新城堡，东越毛肮口，南界□洞湖，北毗八格楞，平均东西宽 6 公里，南北长 12 公里，面积约 110 000 市亩。长城俗称边墙，纵穿滩中，故名边湾，地势西南高东北低，拔海高程自 1450 降至 1400 公尺，平均坡度 1:120。

讨赖河发源于祁连山中流 200 公里出山峡，峡口在南龙王庙河行冲击椎体中，渗漏甚巨，有野麻、新城等五渠于此引水灌溉河北一带耕地，渠经戈壁滩渗漏水量 60% 以上及灌区东北地势低洼地下水复又涌出地面，东有清水河、黄水沟及口洞湖等水源灌溉耕地 50 000 余市亩。北面潴成花城湖与镇台湖一带湿地面积约 20 平方公里，绿草成荫，地下水由草丛下溢出，汇向北流，渗入沙漠中（附图 VDW 1-1 边湾地形图）。

2. 土质

边湾与新城坝耕地毗邻，为冲积平原，表面土深约 3.8 公尺，其下为卵石夹沙层，土质稍具碱性，如经开垦施灌，当与附近耕地土质大致相同。

3. 水文

边湾气候寒冷霜期迟退早临，每年植物生长期限于 150 日内，全年降水量平均为 83.9 公厘，而蒸发量达 1700 公厘。

边湾滩西新城之北紧接长城处，有泉水流出地面，流率为 0.15 秒公方，穿长城缺口，向北注入湖中，湖中亦到处津津出水，其水源有二：一为讨赖河洪水时之渗漏水，一为新城、野马两坝渠道与耕地之渗漏水。此项地下水经常涌出，其量秋多而春少，水质不含碱性，可充饮料与灌溉之需，经测镇台湖溢出流率为 0.5 秒公方，花城湖为 0.1 秒公方，惜无人利用，任其渗入沙漠中。

4. 农作概况

边湾荒滩地近新城坝灌溉区，因缺水灌溉而荒废，地面仅生芨芨草与胳驼茨之属供附近农民放牧，经垦殖灌溉后，农作概况可与新城坝类同。附新城坝农作时期及产量表以为参考（附表 1 酒泉新城坝农作时期调查表，附表 2 酒泉新城坝农作物产量调查表）。按新城坝灌溉情形，在作物需水期内约每间 15 天浇灌一次，每次深度约 80 公厘，合每天需水 5.3 公厘，每年 8 月中旬至 11 月上旬灌冬水泡地一次，约需深度 400 公厘，合每天需水 5 公厘。

表 1 酒泉新城坝农作时期调查表

月	日	节候	农作
4	5	清明	耘麦始。
4	1	谷雨	耘谷始。
5	6	立夏	耘麦毕，麦用水始。
5	22	小满	糜子播耘始。
6	22	夏至	谷用水始。
7	2	夏至后十日	糜用水。
7	28	立秋前十日	小麦用水毕，割麦始。
8	18	立秋后十日	割麦毕，泡地始。
9	8	白露	割糜始。
9	16	白露后八日	割糜毕，割谷始。
10	9	寒露	割谷毕。
11	8	立冬	泡地毕。

表 2　酒泉新城坝农作物产量调查表

作物		每市亩产量（市石）	耕地占全区百分比（%）
夏禾	小麦	1.25—2.0	25
	青稞	1.50—2.2	10
	豆类	1.20—1.8	5
秋禾	糜子	1.50—2.5	30
	谷子	1.25—2.0	20
	胡麻	1.25—1.8	10

5. 工料单价调查表

26 年及 36 年 12 月边湾工料单价调查如下（附表 3 酒泉边湾工料单价调查表）：

表 3　酒泉边湾工料单价调查表

品名	单位	26 年单价（元）	36 年 12 月单价（元）
小麦	市石	5.00	800 000
糜子	市石	3.50	560 000
小工	工	0.35	35 000
木工	工	0.80	80 000
铁工	工	0.80	80 000
泥工	工	0.65	65 000
熟铁	公斤	0.45	85 000
钢	公斤	0.95	205 250
小圆木	公方	65.00	6 500 000
大圆木	公方	90.00	9 000 000
方木	公方	120.00	12 000 000
白灰	百公斤	1.60	320 000
洋灰	桶	22.00	3 400 000
炸药	公斤	0.90	70 000
洋钉	桶	36.53	9 178 500
青砖	公方	12.60	1 400 000
大车运	公吨/公里	0.42	50 000
驮运	公吨/公里	0.60	72 000
汽车运	公吨/公里	0.06	7 000
煤	公吨	7.20	1 500 000
石工	工	0.95	95 000

三、计划

1. 水源研究

花城湖与镇台湖湿地面积 20 平方公里，全年蒸发量耗水 34 000 000 公方，折合流率为 1.08 秒公方，两湖流率自 0.4 至 0.6 秒公方，平均以 0.5 秒公方计算，全年流出水量 15 750 000 公方，合计两湖年耗水量 49 750 000 公方，折合流率约为 1.6 秒公方。

野麻湾坝与新城坝两渠自 5 月初引水至 10 月底停止，灌溉用水每 15 日浇一次，水深 8 公分，其渗漏损失估算如附表 4（附表 4 酒泉新城坝及野麻湾坝两渠渗漏率计算表）：

表 4　酒泉新城坝及野麻湾坝两渠渗漏率计算表

名称	新城坝	野麻湾坝	共计
耕地	5 600 市亩	3 000 市亩	13 600 市亩
引水率	0.8—2.3 秒公方	0.6—1.6 秒公方	1.4—3.9 秒公方
需水率	0.34 秒公方	0.25 秒公方	0.59 秒公方
渗漏率	0.46—1.96 秒公方	0.35—1.35 秒公方	0.81—3.31 秒公方

两渠引水口无闸门节制，引水量随讨赖河水位涨落而增减，平常引水量变化，3 月间最枯，6 月以后水量渐增，7 至 9 月最大，10 月水量渐减少，渠道引水期共 6 个月，兹按其中 2 个月为枯水，渗漏水量 0.81 秒公方，4 个月为大水，渗漏水量为 3.31 秒公方，平均分配于 12 个月内，估算两渠渗漏率为 1.24 秒公方。

综上所述，渗漏水量不足供应两湖消耗水量约 0.36 秒公方，自应另有其他水源补充。根据附近地形判断只有讨赖河渗漏水量可以潜流至此，除供地面蒸发外，尚有一部潜流至湖底，估计其流率最少应有 2 秒公方，确实数量须经地下水文施测后方能求得。今估定本计划许可截引率约 3.0 秒公方。

2. 引水方法

本计划为灌溉边湾荒地，拟于两湖上游挖截水沟一道，西起野麻湾耕地之北，东迄新城堡耕地以东，长 8.1 公里，以截引地下潜流。沿沟配合截水井 10 口，利用截水沟降落地下水位之势头，逼使井内之水涌入截水沟中。截水沟西段 6000 公尺，东段 2100 公尺，沟底宽度为适应累增之流率，自两端逐渐放宽截流，依势汇入输水沟，引出地面以供灌溉。

3. 截引流率计算

沟流公式 $Q_c = PKL \cdot \dfrac{H^2 - h^2}{R}$ 井流公式 $Q_w = \dfrac{\pi KP}{2.30} \cdot \dfrac{H^2 - h^2}{\log \dfrac{R}{r}}$

截水流量之计算，根据上述沟流公式及井流公式。式中 Q_c 为每公尺长截流洞所截之流量（秒公方），水井所截留率，以秒公方计。H 为原地下水位至井底或沟底之深度，以公尺计。h 为截水后地下水位至井底或沟底之深度，以公尺计。边湾地层表面为细土，愈下则颗粒愈大，挖深 4 公尺可达卵石夹沙层。P 为空隙系数，此种地层约估为 25%。K 为地下水有效垂直流速，每日约为 300 公尺，即每秒 0.003 47 公尺。R 为地下水位低落后影响有效势力圈之半径，估计为 450 公尺，r 为井圆半径，定为 0.5 公尺。L 为截水沟长，共 8100 公尺。

工程地点，地下水位距地面平均约 0.5 公尺，截水沟挖渠 7.0 公尺，长 8100 公尺，挖沟引水后水位降低 5.7 公尺，沟内水深 0.8 公尺，截水井自沟底凿深 15 公尺，间距 900 公尺，沟井截引流率按上列公式分段计算如附表 5[1]。

4. 配水设计

本工程灌溉干渠全长约 10 公里，支渠全长约 40 公里，估计输水损失 0.225 秒公方，约合总截引率 15%，则有效灌溉流率为 1.28 秒公方。

按新城坝农耕情形，因农作参差不齐，所引流率全部可灌地 31 000 市亩，经详究作物中小麦与糜子之灌溉时期，如加以适当管理，可设法错过，不致减低收成，而耕种面积可以倍增本计划，预计足可先灌小麦地 31 000 市亩，继灌糜子地 31 000 市亩。兹将边湾垦区农作时间及配水情况拟定如附表 6[2]。

5. 工程设计

东西截水沟纵坡约 1:3000，自两端向输水沟倾斜，边湾无洪水影响，雨季亦无大量径流，且砖石、木料等建筑材料均颇昂贵，故全部采用明渠，暂不衬砌，将来使用时，如有塌坡现象，再斟酌情形添设护坡或加大侧坡。该处地层组织，表面 0.5 公尺为腐殖土，0.5 公尺至 4 公尺为垆垱，4 公尺以下为卵石夹沙，横断面侧坡上层 3.5 公尺用 1:2，下层用 1:1，其间留平台一道，宽 0.7 公尺，沟底宽应输水之需，分段设计如附表 7（附表 7 酒泉边湾地下水灌溉工程截水沟底宽及输水率计算表）截水井以木桶为井周，施挖时节节套下：

表 7　酒泉边湾地下水灌溉工程截水沟底宽及输水率计算表

桩号		截水率 （秒公方）	底宽 （公尺）	过水面积 （平方公尺）	流速 （秒公尺）	输水率 （秒公方）
东段	东 2+100	0.0855	0.80	1.28	0.343	0.438
	东 1+200	0.2432	0.80	1.28	0.343	0.438
	东 0+300	0.4009	0.80	1.28	0.343	0.438
	东 0+000	0.4250	0.80	1.28	0.343	0.438

---

① 编者按：原表模糊，难以重描，从略。
② 编者按：原表模糊，难以重描，从略。

续表

桩号		截水率 （秒公方）	底宽 （公尺）	过水面积 （平方公尺）	流速 （秒公尺）	输水率 （秒公方）
西段	西 0+000	1.0799	2.50	2.64	0.412	1.088
	西 0+600	1.0317	2.50	2.64	0.412	1.088
	西 1+500	0.8740	2.00	2.24	0.397	0.890
	西 2+400	0.7163	1.60	1.92	0.381	0.734
	西 3+300	0.5586	1.20	1.60	0.366	0.585
	西 4+200	0.4009	0.80	1.28	0.343	0.438
	西 5+100	0.2432	0.80	1.28	0.343	0.438
	西 6+000	0.0855	0.80	1.28	0.343	0.438

注：纵坡（S）=1：3000，水深（d）=0.8 公尺，侧坡（a）=1：1，粗糙系数（n）=0.03。

输水沟长 850 公尺，纵坡 1:1000，亦全部采用明渠，不加衬砌，底宽 2.0 公尺，侧坡与截水沟同，进口设砖砌节制闸 1 座，双孔各宽 1.7 公尺，木制闸门，用丝杆连接，转盘司启闭。目的调节流率，在非用水时期关闭闸门抬高水位，使部分地下水停蓄于地层中，以增加下次启闸时初期之流率，出口处设木制巴血氏流率测量槽 1 座，以注各期流率（附图 VDWI-2 及 VDWI-3 酒泉边湾地下水灌溉工程设计图）。

灌溉渠分东西干渠两道，纵坡 1:2000，沿干渠每间约 1 公里设支渠，纵坡约 1:200，约略垂直地面等高线，再由支渠每间约 400 公尺，分设农渠，纵坡自 1:1000 至 1:2000 组成矩形输水网，采自由淹灌法分期施灌。

灌区地下水位过高，土质稍具碱性，现时不宜植物生长，按腐殖土中种植大小麦或糜谷须降低水位，离地面 1.2 公尺，并同时洗碱排水，系统采明暗沟混合制脊骨形布置，干沟设于灌溉支渠间，均用明渠深度约 2 公尺，纵坡约 1:2000，该处表面土质黏密，不易崩塌，故小沟可采用无衬砌之暗沟。施工方法，先挖明沟，底宽 0.20 公尺，深约 1.6 公尺，侧坡 1:5，再以适合沟形之弧顶木模置于沟底，其上填土夯实后将木模抽出，以造成净孔高 0.3 公尺之暗沟，小沟间距定为 15 公尺，以纵坡约 1:500 向干渠斜。

6. 原有耕地之水源问题

本计划实施后，将影响西八格楞及两湖间零星耕地之水源，兹分述各地现况及补救办法如下：

A. 西八格楞隶属金塔县，耕地 2000 余市亩，向引泉水灌溉，因水量不敷，年有荒歉，估计现有水量仅敷一半耕地之需。本计划实施后，地下水位降低，将影响该处水源。如合并灌溉，必须另建渠道 9 公里，颇不经济。补救办法可移民至边湾垦种不缺水之耕地，另划一区为金塔县之插花地，县政府与当地居民定乐为之。原有耕地虽荒芜但仍能生长芨芨草，可供畜牧。

B. 两湖间零星耕地合计为 2500 市亩，地势低洼，水量有余，惟因土地潮湿，收成不佳。本计划实施后，上游水源虽被大量截引，但部分余水仍当潴汇于此，可供应无缺且地下水位降低，该区耕地较前干燥，当更宜耕种。

四、预　算

各项工程费预算详见附表 8，按 26 年单价计需 45 200 元，按 36 年 12 月单价约需 488 亿元。

表 8　酒泉边湾地下水灌溉工程费预算表

名称		单位	数量	单价		共价		备注
				26 年（元）	36 年 12 月（元）	26 年（元）	26 年 12 月（亿元）	
截水沟	挖普通土	公立方	300 000	0.15	15 000	45 000	45.00	平均单价。
	挖坚隔土	公立方	135 000	0.40	40 000	54 000	54.00	平均单价。
	集水井	口	10	3 000.00	300 000 000	30 000	30.00	直径 1m，自沟底起深 15m，包括挖土及内衬木桶工料。
输水沟	挖普通土	公立方	18 000	0.15	15 000	2 700	2.70	平均单价。
	挖坚隔土	公立方	8 500	0.30	30 000	2 550	2.55	
	节制闸	座	1	7 500.00	900 000 000	7 500	9.00	包括闸门及启闭器。
	流率测量槽	座	1	400.00	44 000 000	400	0.44	木材结构。
灌溉渠	干渠	公里	10	1 200.00	120 000 000	12 000	12.00	
	支渠	公里	40	400.00	40 000 000	16 000	16.00	
	农渠	公里	100	200.00	20 000 000	20 000	20 00	
	分水闸	座	10	600.00	72 000 000	6 000	7.20	砖砌木料插板。
	斗门	座	100	80.00	9 600 000	80 000	9.60	砖砌木门。
	渡槽	座	10	400.00	44 000 000	4 000	4.40	木材结构。
	人行桥	座	6	200.00	22 000 000	1 200	1.32	木材结构。
排水沟	干沟	公里	40	800.00	80 000 000	32 000	32.00	
	小沟	公里	500	160.00	16 000 000	80 000	80.00	灌区全部排水，小沟长需 3000 公尺，本计划拟完成。
测验设计费						10 000	12.00	
工具设置费						20 000	40.00	
工程预备费						60 000	66.00	
工程管理费						40 650	43.79	
共计						452 000	488.00	

续表

名称		单位	数量	单价		共价		备注
				26 年（元）	36 年 12 月（元）	26 年（元）	26 年 12 月（亿元）	
排水沟	干沟	公里	40	800.00	80 000 000	32 000	32.00	
	小沟	公里	500	160.00	16 000 000	80 000	80.00	灌区全部排水，小沟长需 3000 公里，本计划拟完成 1/6，其余 5/6 可由农民模仿自办。
测验设计费						10 000	12.00	
工具设置费						20 000	40.00	
工程预备费						60 000	66.00	
工程管理费						40 650	43.79	
共计						452 000	488.00	

五、增 益

工程实施后，计可灌地 62 000 市亩，除西八格楞原有耕地，因受截水影响，须移民边湾分地 2000 市亩，实际增垦 60 000 市亩，其中种植小麦者 30 000 市亩，种植糜子者 30 000 市亩，小麦每市亩每年可收小麦 2.0 市石，糜子地每市亩每年可收糜子 2.5 市石，合计每年增产小麦 60 000 市石及糜子 75 000 市石，惟两者之农作成本各约占半数（包括种子、肥料、人工等），故每年实际增益小麦 30 000 市石，又糜子 37 500 市石。26 年小麦每石价 5 元，糜子每石价 3.5 元，36 年 12 月小麦每石价 800 000 元，糜子每石价 560 000 元，故按 26 年物价每年实际增益共计 281 250 元，按 36 年 12 月物价每年实际增益则为 450 亿元。

六、结 论

1. 经济价值

按 26 年物价计算，本工程工费需 452 000 元，而每年实际增益达 281 250 元，年增益占工费 62%。按 36 年 12 月物价计算，本工程工费需 488 亿元，每年实际增益 450 亿元，年增益占工费 92%，其利甚厚，工程经济价值自能成立。兹按 26 年物价情形综合本工程经济上主要各点如下：

全部灌溉面积（全部荒地）	62 000 市亩
实际增加灌溉面积	60 000 市亩
实施后	60 000 市石
实施后	75 000 市石

工程实施后每年实际增益 F=281 250 元

全部工程费 C=452 000 元

工程常年维持费（包括清淤、修理及管理等费） O=12 000 元

工程平均寿命 n=30 年

工程永久投资 $P = C + \dfrac{O}{r} + \dfrac{C}{(1+r)^n - 1}$，年利率 r 定为 8% P=651 900 元

折合常年工程费 P_r=52 100 元

投资利益 $I = \dfrac{F}{P_r}$ I=5.40 倍

投资年利 $R = \dfrac{F}{P}$ R=43.2%

2. 国防价值

酒泉自甘肃油矿局成立以来，日趋繁荣，人口年有增加，食粮供应随之递增。新疆省自伊宁自治后，食粮不足自给，须靠甘肃河西各县供应。外蒙独立后，宁夏省之额济纳旗成为国防最前线，屯兵驻守，因地近酒泉，一切补给亦仰赖之，致使酒泉之食粮供应不足，一旦边陲有事，酒泉将为国防前哨指挥所，大兵云集，一切补给势将剧增，为未雨绸缪计，开垦荒区增产食粮实为当先之急务。酒泉边湾开垦，条件优越，应速筹款兴办以固国防。

3. 还款办法

按民国 26 年普通贷款年利率 8%，期限 5 年还清计算，本工程每年应还款 110 000 元 $\left[\dfrac{Cr(1+r)^5}{(1+r)^5 - 1} \right]$，此数占年增益之 39.2%，农民力能负担。

4. 施工程序

本工程之实施，虽有切断滨湖耕地水源之弊，但可以移民至新垦区补救之，另在本流域内不与其他计划中工程之利害相冲突，且经济价值甚大，故应列为同流域内第一期工程。兹将本工程之施工程序排列如附表 9（附表 9 酒泉边湾地下水灌溉工程施工程序表）：

VDWI-1 边湾附近地形图（略）

水利部甘肃河西水利工程总队			
边湾附近地形图			
测量	姚镇林	审定	杨子英
绘图	刘正皋	队长	刘恩荣
校核	邱功学	总队长	黄万里
日期：36 年 12 月	尺度：公尺	比例：1∶10 000	图号：VDWI-1

表 9　酒泉边湾地下水灌溉工程施工序表

累积完成百分数

项目	第一年							第二年											
	6	7	8	9	10	11	12	1	2	3	4	5	6	7	8	9	10	11	12
成立工程处及设置工具	100																		
烧制表砖						10	30	50	70	90	100								
购运洋灰									100										
购运白灰									40	100									
采运河沙									50	100									
购运木料	20	60	100																
定制铁推上			70	100															
采用料石		30	100																
挖输水沟				10	25	30				40	100								
挖载水沟				10	10	30					40	60	80	90	100				
挖集水井				10	10	30					40	60	80	90	100				
苓村井内水管					10	33					40	60	80	90	100				
砌节制闸及装闸门												40	100						
装流率测量槽						100													
挖灌溉渠					20	30								50	75	100			
挖排水沟					30	50								70	90	100			
砌分水闸												20	40	60	80	100			
砌斗门														30	60	100			
建木建槽															60	100			
建人行桥																		100	
清理工场														100					
整备结束																		50	100

VDWI-2　酒泉边湾地下水灌溉工程截水沟设计图（略）

水利部甘肃河西水利工程总队			
酒泉边湾地下水灌溉工程截水沟设计图			
绘图	孔祥和	审定	杨子英
设计	谢泽	队长	刘恩荣
校核	任以永	总队长	黄万里
日期：36 年 12 月	尺度：公尺	比例：1:300	图号：VDWI-2

VDWI-3　酒泉边湾地下水灌溉工程节制闸设计图（略）

水利部甘肃河西水利工程总队			
酒泉边湾地下水灌溉工程节制闸设计图			
绘图	刘正皋	审定	杨子英
设计	邱功学	队长	刘恩荣
校核	谢泽	总队长	黄万里
日期：36 年 12 月	尺度：公尺	比例：1:300	图号：VDWI-3

酒泉中渠铺地下水灌溉工程计划书

一、总述

1. 资料

中渠铺位于洪水河下游临水河西岸距酒泉 25 公里，有大车路通达，交通尚称便利。洪水河出祁连山后 18 公里即行断流，河水大部渗入地下，潜流经茅庵河滩复于中渠铺一带涌出地面，地下水量颇丰富。

中渠铺一带土质肥沃，有田 12 000 余亩，拔海高程 1340 公尺，地面坡 1:200，因雨量稀少，蒸发量高，作物必须灌溉，近年水源减少，荒芜之田近 10 000 市亩。

中渠铺一带农田浇水充足时，每亩年产小麦 2.0—2.5 市石，麦草 300 市斤。

该处地属酒泉，物价较张掖、武威高，较安西、敦煌略低，民国 26 年小麦每市石 5.0 元，36 年 12 月为 800 000 元。

2. 计划

本计划于小铧尖附近埋筑截水洞一道，长 1200 公尺，配合截水井 3 口，输水道一道，长 1400 公尺，前 600 公尺为输水洞，后 800 公尺为明渠，输水出地面。得流率 0.45 秒公方，可供灌溉熟荒 10 000 市亩。

3. 估算

按民国 26 年物价估算，本工程计划费共需国币 17 000 元，照 36 年 12 月物价共需国币 203 亿元。

4. 增益

本计划增灌熟荒 10 000 市亩，增产小麦 20 000 市石，麦草 3 000 000 市斤，年增纯益按 26 年物价计算为 83 000 元，36 年 12 月物价为 117.5 亿元。

5. 结论

本工程之实施不与上下游其他计划中工程之利害相冲突，且利益甚厚，故应列为同流域内第一期工程。

二、资料

1. 形势

中渠铺位于洪水河下游，西距酒泉县城约 25 公里，地属酒泉县临水乡，北屏佳山，西畔临水，南接洪水河尾，东为黄泥铺荒滩，拔海高程 1340 公尺，地势南高北低，坡度为 1:200。大车路四面连贯，交通尚便，洪水河源出祁连山，源长约 100 公里。流域面积 3960 平方公里，水出山口流行 18 公里，渗漏殆尽，潜流地下经茅庵河滩，地势较低，水复涌出成泉，汇成临水河，纳讨赖河佳山峡入黑河（附图 $VW_1I\text{-}1$ 酒泉中渠铺地形图）。

2. 土质

中渠铺一带，地面土质属漠钙土类，适于耕种，土层厚度平均约 1 公尺左右，下为冲积沙石层，系卵石夹沙组成，厚度颇深。

3. 水文

中渠铺气候寒冷，霜期自 9 月至翌年 4 月，每年农作时期仅限于 150 天内。全年雨量平均为 83.9 公厘，而蒸发量达 1700 公厘。

中渠铺一带之地下水，全由洪水河表面之水渗入地下而来。洪水河床，结构松疏，渗漏极巨，河水渐流渐小，自山峡以下 18 公里，即断流，平均每公里渗失 5%，最大洪水流率为 500 秒公方，36 年 6 月实测流量为 8 秒公方，除 4.0 秒公方供灌溉外，余皆渗漏地下。至于灌溉水，亦仅小部分，供蒸发之需，余亦渗漏地下，故中渠铺一带地下水量之供应颇为丰富。中渠铺一带，地下水位甚高，多流溢地面。

4. 农作概况

中渠铺有耕地约 12 000 市亩，赖泉水以资灌溉，分十八沟，总称中渠。因泉水不敷灌溉之需，收成较少，估计现有水量仅敷灌溉 2000 余亩，水利纠纷诉讼频仍，其弊非分水不均，诚水量不足之故也。

作物灌溉用水为 15 日一轮，灌水深 80 公厘，每年泡地用水 400 公厘，期限约三个月，如灌溉水量充足，每市亩每年可产小麦 2.0 至 2.5 市石，麦草 280 至 300 市斤。

每市亩农作成本（包括种子、肥料、人畜力、田赋、水赋等）折合小麦为 1.0 市石。

5. 沿革

中渠铺地属酒泉县临水乡，原有耕地 12 000 市亩，赖泉水及洪水河灌溉。近年来水源减少，水量不足，仅敷灌溉 2000 余亩，因之纠纷日起，诉讼频仍。甘肃水利林牧公司于 31 年及 33 年曾在该处浚泉引水二次，未能获得良好效果。

6. 工料单价调查

中渠铺工料单价附表如下：

表 1　工料单价调查表

品名	单位	26 年单价（元）	36 年 12 月（元）
小麦	市斤	5.00	800 000
麦草	公吨	22.00	2 500 000
小工	工	0.35	35 000
木工	工	0.80	80 000
铁工	工	0.80	80 000
泥工	工	0.65	65 000
熟铁	公斤	0.45	85 250
钢	公斤	0.95	205 250
小圆木	公方	65.00	6 500 000
大圆木	公方	90.00	9 000 000
方木	公方	120.00	12 000 000
白灰	百公斤	1.60	320 000
洋灰	桶	22.00	3 400 000
炸药	公斤	0.90	70 000
洋铁	桶	36.53	9 178 500
青砖	公方	12.60	1 400 000
大车运	公吨/公里	0.42	50 000
驮运	公吨/公里	0.60	72 000
汽车运	公吨/公里	0.06	7 000
煤	公吨	7.20	1 500 000
石工	工	0.95	95 000

三、计 划

1. 总述

中渠铺一带荒地约 10 000 市亩，可截引地下水垦殖。本计划拟于小铧尖附近埋筑截水洞一道，如给水工程中之集水洞法 Collecting-Gallenas 截引地下水流，并配合截水井三口利用截水洞降低地下水位之势力圈，逼使井水涌出流入截水洞内，于截水洞中点筑输水道一条，以较缓坡度输出地面以供灌溉。工程地点近茅庵河滩，有大小石料足供工程之需，故本工程尽量采用石料，取其坚固而经济，输水道用 600 公尺长之输水洞下接 800 公尺长之明渠，输水道尾端设巴血氏流量槽（Parshall Measuringflume）以测量准确流量，分配用水兼供研究之需，以下则接连灌溉渠道（附图 VW$_1$I -2.3.4.酒泉中渠铺地下水灌溉工程设计图三张）。

中渠铺一带原有水源一部来自洪水河溢流，一部为草泊地之泉水，可供灌溉 2000 余市亩，本计划截引地下水流量为 0.45 秒立方公尺，可灌地 10 000 市亩，共可灌溉耕地 12 000 市亩。

2. 需水利率计算

灌溉用水 15 日一轮，每次水深 80 公厘，需水量每万市亩为 0.415 秒公方。泡地用水期限三个月，水深 400 公厘，每万市亩需流率 0.344 秒公方。本计划之输水损失估计为 8%，则每万亩灌溉需水量为 0.45 秒公方。

3. 截水流率估算

截水流量之计算，根据沟流公式 $Q_c = PKL \cdot \dfrac{H^2 - h^2}{R}$ 及井流公式

$$Q_w = \frac{\pi KP}{2.30} \cdot \frac{H^2 - h^2}{\log \dfrac{R}{r}}$$ 式中 Q_c 为每公尺长截流洞所截之流量（秒公方），Q_w 为

截水井每井所截流量（秒公方），H 为地下水面至洞或井底之深度公尺，h 为截水后之洞或井水面至洞或井底之水深公尺，P 为地层中空隙系数，中渠铺一带为洪水河尾属卵石夹沙层，P 约为 30%，K 为地层中水流垂直流速每天约为 850 公尺（合约每秒 0.009 85 公尺），R 为地下水位低落后影响之有效势力圈半径，在此处地层中估计为 450 公尺，r 为井桶半径=0.5 公尺。本计划工程地点地下水位距地面 3 公尺，今设计 H=4.0 公尺，截水洞中水深 0.83 公尺，截水井直径一公尺。则 Q_c=0.000 099 秒公方，Q_w=0.113 秒公方，$3Q_w$=0.339 秒公方，拟用截水洞长 1200 公尺，配合截水井三口共得流率 0.45 秒公方。

4. 工程设计

截水洞用块石衬砌，上半部用洋灰浆砌以防泥沙漏入，下半部用干砌以便地下水渗入，洞断面用圆形，内径一公尺，为配合最大流速湿周角 257.5 度水深 0.83

公尺，按满宁（Manning）式流量公式计算，暗洞纵坡应用 1:30 000 洞上部及两侧回填卵石，以利渗水，兼防泥沙漏入。

截水井三口分设于截水洞两端及中点，自洞底下凿深 10 公尺，直径 1 公尺，用 8 公分厚之木桶加镶，四周密钻渗水孔，下端置铸铁井脚。打井需借助机械力量，用橘皮式钢爪挖泥机掏挖井桶，随挖随下，上设人井（ManHole）以利掏挖。

输水道分两段。前段为洞块石衬砌，洞断面亦用圆形，内径 1.2 公尺，水深 1.0 公尺，纵坡 1:500，长 600 公尺，后段用明渠，边坡采用 1:1，断面据临界流速公式 $V = 0.458d^{2.64}$ 及经济断面公式 $b = 2d\tan\dfrac{1}{2} = 0.828d$，综合两式 $d = Q^{\frac{1}{2.64}}$，计算水深 d=0.74 公尺，渠底宽 b=0.62 公尺，该段纵坡 1:1200。

为便于修整输水道及节省水量，设节制闸一座于截水洞之中点，输水道之上端，闸门用木质楔形，闸门之提放用螺旋升降式启闭机一座。

四、估　算

本计划工程费用依照民国 26 年物价标准计算需国币 170 000 元，按 36 年 12 月物价计需国币 20 300 000 000 元（附表 2 工程费估价表）：

表 2　工程费估价表

工程名称	材料种类	单位	数量	26 年单价	26 年总价（元）	36 年单价（元）	36 年总价（元）	备注
截水洞	干砌块石	m³	1 060	11.42	12 105.20	1 142 000	1 210 500 000	大车运距 10 公里。
	浆砌块石	m³	730	11.65	8 504.50	1 165 000	850 450 000	大车运距 10 公里。
	挖坚隔土	m³	40 400	0.43	17 372.00	43 000	1 737 200 000	运距 7 公尺。
	回填土	m³	33 500	0.31	10 385.00	31 000	1 038 500 000	
	回填卵石	m³	4 200	0.70	2 940.00	70 000	294 000 000	
	洋灰	桶	680	24.52	16 673.60	3 700 000	2 516 000 000	大车运距 30 公里。
	小计				67 980.30		7 646 650 000	
截水井及进人井	浆砌块石	m³	14.0	11.65	163.10	1165 000	16 310 000	运距 10 公里。
	浆砌青砖	m³	12.0	2.71	32.52	271 000	3 252 000	
	浆砌条石	m³	0.40	28.61	11.44	2 861 000	1 144 400	大车运距 10 公里。
	青砖	m³	12.00	36.60	439.20	3 800 000	45 600 000	大车运距 30 公里。
	洋灰	桶	0.25	24. 52	6.13	3 700 000	925 000	
	白灰	公斤	300	0.029	8.70	4 700	1 410 000	运距 30 公里。
	截水井			600	600.00	90 000 000	90 000 000	
	打井费		1 000		1 000.00	120 000 000	120 000 000	包括打井、机件运费、折旧、动力。
	小计				2 261.09		278 641 400	
	两座合计				4 522.18		557 282 800	

续表

工程名称	材料种类	单位	数量	26年单价（元）	26年总价（元）	36年单价（元）	36年总价（元）	备注
中截水井及进人井	浆砌块石	m³	43	11.65	500.95	1 165 000	50 095 000	运距10公里。
	浆砌条石	m³	5	28.61	143.05	2 861 000	4 305 000	
	浆砌青砖	m³	19	2.71	51.49	271 000	5 149 000	
	青砖	m³	19	36.60	695.40	3 800 000	72 200 000	
	洋灰	桶	43	24.52	1 054.36	3 700 000	159 100 000	运距30公里。
	白灰	公斤	450	0.029	13.05	4 700	2 115 000	运距30公里。
	截水井	桶			1 600.00	210 000 000	210 000 000	包括打井工。
	小计				4 058.30		512964 000	
节制闸	启闭室			120	120.00	12 000 000	12 000 000	
	启闭机			1 000	1 000.00	216 000000	216 000 000	
	闸门			600	600.00	130 000 000	130 000 000	
	小计				1 720.00		358 000 000	
输水洞及明渠	浆砌块石	m³	1 070	11.65	12 465.50	1 165 000	1 246 550 000	
	洋灰	桶	1 000	24.52	24 520.00	3 700 000	3 700 000 000	
	挖土	m³	15 000	0.43	6 450.00	43 000	645 000 000	
	回填土	m³	14 800	0.31	4 588.00	31 000	458 800 000	
	挑挖土方	m³	17 000	0.37	6 290.00	37 000	629 000 000	
	巴血氏槽	座		800.00	800.00	80 000 000	80 000 000	
	小计				55 133.50		6 759 350 000	
共计					133 394.28		15 834 246 800	
管理费					14 000.00		1 500 000 000	
其他					22 605.72		2 965 753 200	
总计					170 000.00		20 300 000 000	

五、增　益

本计划可增灌熟荒 10 000 市亩，每年每市亩可增产小麦 2.0 市石，麦草 300 市斤，共增产小麦 20 000 市石，麦草 3 000 000 市斤。

本区农作成本（包括种子、肥料、人工蓄力、田水赋等）约折合小麦为 1.0 市石。故本计划按 26 年物价计算，每年可获纯益 83 000 元，36 年 12 月为 117.5 亿元。

六、结　论

1. 经济价值

综合本工程经济上主要各点如下，工程经济价值自能成立。

全面灌溉面积（旧渠 2000 市亩，熟荒 10 000 市亩）	12 000 市亩
工程实施后每年增产小麦	20 000 市石
工程实施后每年实际增益	F=83 000 元
全部工程费	C=170 000 元
工程常年维持费（包括清歎、修理及管理等费）	O=2 000 元
工程寿命	n=20 年
工程永久投资 $P = C + \dfrac{O}{r} + \dfrac{C}{(1+r)^n - 1}$ （r 定为 8%）	P=213 700 元
折合常年工程费	P_r=17 096 元
投资利益指数 $I = \dfrac{F}{P_r}$	I=4.8 倍
投资年利 $R = \dfrac{F}{P}$	R=38.9%

2. 还款办法

按民国 26 年普通贷款年利率 8%，期限五年计算，本工程每年应还款 42 500 元 $\left[\dfrac{Cr(1+r)^5}{(1+r)^5 - 1} \right]$，此数占年增益之 51.2%，农民尚能负担。

3. 施工程序

本工程之实施不与上下游其他计划中工程之利害相冲突，且经济价值甚大，故应列为同流域内第一期工程。施工程序如附表 3：

表 3　施工程序

年度	项目	1	2	3	4	5	6	7	8	9	10	11	12
第一年度	截水洞								—	—	—	—	
	截水井									—			
	进水闸									—	—		
	输水洞												
	输水明渠		—	—	—								
	巴血氏槽								—				
第二年度	截水洞	—											
	截水井							—	—				
	进水闸												
	输水洞												
	输水明渠												
	巴血氏槽												

VW₁I-1　酒泉中渠铺地形图（略）

水利部甘肃河西水利工程总队			
酒泉中渠铺地形图			
测量	姚镇林	审定	刘恩荣
绘图	赵宏	队长	刘恩荣
校核	张卓	总队长	黄万里
日期：36 年 12 月	尺度：公尺	比例：1:100 000	图号：VW₁I-1

VW1I-2　酒泉中渠铺地下水灌溉工程设计图（略）

水利部甘肃河西水利工程总队			
酒泉中渠铺地下水灌溉工程设计图			
绘图	赵人龙	审定	刘恩荣
设计	姚镇林	队长	刘恩荣
校核	张卓	总队长	黄万里
日期：36 年 12 月	尺度：公尺	比例：如图	图号：VW₁I-2

VW1I-3　酒泉中渠铺地下水灌溉工程设计图（略）

水利部甘肃河西水利工程总队			
酒泉中渠铺地下水灌溉工程设计图			
绘图	赵人龙	审定	刘恩荣
设计	姚镇林	队长	刘恩荣
校核	张卓	总队长	黄万里
日期：36 年 12 月	尺度：公尺	比例：如图	图号：VW₁I-3

VW1I-4　酒泉中渠铺地下水灌溉工程设计图（略）

水利部甘肃河西水利工程总队			
酒泉中渠铺地下水灌溉工程设计图			
绘图	张镇华	审定	刘恩荣
设计	姚镇林	队长	刘恩荣
校核	张卓	总队长	黄万里
日期：36 年 12 月	尺度：公尺	比例：如图	图号：VW₁I-4

酒泉临水河地下水灌溉工程计划书

一、总述

　　酒泉黄泥铺位于县城东北 30 公里，东毗双井子，西接临水河，面积约 250 平方公里。土质松坼，宜耕种，地面坡南北向中央倾斜，形同釜底。因地下排水不良，水位高距地面仅约 1.5 公尺，碱质上升，致土地逐年碱化。

洪水河为临水河上游，源出祁连山，山中积雪融化下汇，河水出山口除供给山麓一带耕地引灌外，行十余公里全部渗尽。渗水潜流至临水堡附近，西距黄泥铺四公里，涌出地表汇集成临水河，终年不涸，一部引灌临水堡农田 10 000 市亩。

黄泥铺农作物分夏秋二种，夏禾以小麦为主，秋禾以糜子为主。因天气较寒，年仅一熟。夏禾每市亩可收 2.0 市石，秋禾可收 2.2 市石。

本计划拟在临水堡上游四公里处草滩中，开挖截水沟一段，长 1800 公尺，深 10 公尺，埋砌青砖涵洞，留孔进水。每隔 600 公尺，配深井一口，深 15 公尺，井上端青砖浆砌进人井。截水沟之中央，接输水沟，以青砖砌涵洞 560 公尺，明渠 940 公尺，涵洞尾置量流率槽。再接灌溉渠引灌黄泥铺荒地 62 000 市亩及熟地 10 000 市亩，计 72 000 市亩。

工程费按 26 年物价需 390 000 元，年增益 273 200 元，占工费 70%，按 36 年 12 月物价需 410 亿元，年增益 437.1 亿元，占工费 106.6%，其利甚厚，经济价值可以成立。

本工程须待上游中渠铺地下水灌溉工程实施后兴办，故列为本流域内第二期工程。

二、资料

1. 形势

酒泉黄泥铺位于城东北 30 公里处，居碱滩（柴滩）西端。东毗双井子，西接临水堡，南邻西海子，北屏合黎山，广袤约 250 平方公里，拔海 1300 公尺。地势中央低洼，南北倾斜度约 1/350，东西约 1/500。

洪水河为临水河上游，源出祁连山居，黄泥铺正南。上游河床坡度甚大，约 1/63，至茅庵河滩（戈壁滩），河床开阔，坡度渐减。河水全部渗入河滩中，仅具干涸之卵石河槽，及下游大华尖中渠等地复露水成泉，农民引灌耕地。其下地形低洼，涌泉更多，造成临水草滩距临水堡 4 公里，黄泥铺 5 公里，面积约 100 平方公里，汇泉成流，终年不涸，是为临水河。河床坡度约 1/160，一部灌溉前所沟、临水坝、茹公渠田约 10 000 市亩（详见附图 VEWII-1）。

2. 地质

黄泥铺一带土壤属漠钙土类，色呈灰褐，表面厚约二公尺，适宜耕种，惟地下水位较高，距地表约 1.5 公尺，排水不良，致逐年碱化，仅生芨芨草、骆驼刺等抗碱力强之草木植物。土层下为沙卵石层，组织松散，透水性大。

3. 水文

酒泉气候干燥，雨量稀少，平均年雨量为 84 公厘，其中 64% 降于七、八、九三个月内。平均年蒸发量为 1700 公厘。

洪水河发源于祁连山，源远流长，赖山中积雪融化供给，根据 31 年 6 月及 36 年 6 月记录，在祁连山口平均流率为 8.35 秒立方公尺，除下游各渠坝引用 3.66 秒立方公尺外，余 4.69 秒立方公尺，全部渗入地下，潜流至下游中渠临水草滩等地，复露地表，而成临水河。洪水流期在 8、9 两月，洪水流率约在 50 至 100 秒立方公尺间，最大洪水流率约为 800 秒立方公尺，为山阴雨造成。洪水除一部渗入茅庵河滩，余均经河滩泻入临水河。兹将 35 年临水河各月流率列表如下：

表 1　临水河三十五年度各月平均流率表（单位：秒立方公尺）

月份	1	2	3	4	5	6	7	8	9	10	11	12
流率	5.80	6.08	5.53	5.84	1.65	5.81	37.90	9.69	2.37	2.65	4.57	5.93

注：7 月份 37.90 秒立方公尺，流率非完全渗漏水。

4. 农作概况

临水河一带作物，分夏秋两种，夏禾约占 60%，秋禾约占 40%，夏禾以小麦为主，秋禾以穈子为主。降霜期十月始，翌年四月止，植物生长期限于 150 天内，故农作物年只一熟。农田用水均采短期轮灌法，15 天或 20 天轮灌一次，水深 100 公厘，施灌三次可卜丰收，小麦每市亩产量 2.0 市石，穈子产量 2.2 市石，农作物耕种情形如附表 2：

表 2　临水堡农作时期表

作物种类	播种	施灌	收割	泡地
夏禾	清明前五天开始播种，立夏前十天止。	立夏前十天开始施灌，大暑前十天止。	大暑前十天开始收割，立秋后十天止。	立秋后十天开始泡地，霜降前止。
秋禾	小满前十天开始播种，夏至前五天止。	夏至前五天开始施灌，白露前五天止。	白露前五天开始收割，秋分后十天止。	秋分后十天开始泡地，立冬止。

5. 工料单价调查表

酒泉 26 年及 36 年 12 月各种工料单价列如附表 3：

表 3　酒泉各种工料单价调查表

品名	单位	26 年（元）	36 年 12 月（元）
小麦	市石	5.00	800 000
麦草	公吨	22.00	2 500 000
小工	工	0.35	35 000
木工	工	0.80	80 000
铁工	工	0.80	80 000
泥工	工	0.65	65 000
熟铁	公斤	0.45	45 000
钢	公斤	0.95	95 000
小圆木	立方公尺	65.00	6 500 000

续表

品名	单位	26 年（元）	36 年 12 月（元）
大圆木	立方公尺	90.00	9 000 000
方木	立方公尺	120.00	12 000 000
白灰	百公斤	1.60	320 000
洋灰	桶	22.00	3 400 000
炸药	公斤	0.90	70 000
洋钉	桶	36.53	9 178 500
青砖	立方公尺	12.60	1 400 000
大车运	公吨/公里	0.42	50 000
驮运	公吨/公里	0.60	72 000
汽车运	公吨/公里	0.06	7 000
煤	公吨	7.20	1 500 000
石工	工	0.95	95 000
糜子	市石	3.50	560 000

三、计划

本计划拟截引临水河水灌溉黄泥铺电力抽水灌溉区以南之地 72 000 市亩，其中已耕地 10 000 市亩，生荒 62 000 市亩。

1. 水源研讨

临水河水源为洪水河之渗漏水，故于临水草滩截水（距水文站上游约四公里），水源坡丰。为避免与下游前所沟、临水坝、公渠用水发生纠纷起见，故截引水当先供上述诸渠引用。

2. 引致方法

本计划拟于临水草滩处挖截水深沟一道，长 1800 公尺，深至地下水位下 8 公尺，两端以 1/1500 纵坡向中倾斜，埋砌涵洞，周围留孔进水，每隔 600 公尺，配 15 公尺深井一口，沟之中央依地形开挖轮水沟一段，长约 1500 公尺，埋砌涵洞者 560 公尺，明渠 940 公尺，引水自流出地面以供灌溉。

3. 截引流率估算

截水流量之计算，根据沟流公式 $Q_c = PKL \cdot \dfrac{H^2 - h^2}{R}$ 及井流公式

$Q_w = \dfrac{\pi KP}{2.30} \cdot \dfrac{H^2 - h^2}{\log \dfrac{R}{r}}$ 式中 Q_c 为每公尺长截流洞所截之流量（秒公方），Q_w 为

截水井每井所截流量（秒公方），K 为垂直流速，临水河滩地层为卵石夹沙层，K 估为 610m/日，即 0.007 秒公尺，P 为地层空隙系数估为 25%，H_w、H_g 为地下水位

至井与沟底之深度，及各为引水后水位降落之水深，R 为降水曲线切点有效距离，此处估为 30 公尺，r 为井半径 0.5 公尺，L 为沟之长度，由 H_g=8 公尺，h_g=1.5 公尺，L=1800 公尺计算得 Q_g=0.695 秒立方公尺，由 H_g=23 公尺，h_g=165 公尺，计算得 Q_w=0.237 秒立方公尺，截引流率 Q_g+4Q_w=1.643 秒立方公尺。

上列流率为约略计算之数，可能与实际不符合，施工时可实测流率及 P、K 之值以计算准确流率及适当之沟管口尺度。

4. 灌溉配水

农田配水，仅先施灌前所沟、临水坝、茹公渠辖灌地 10 000 市亩，依照农民耕作旧规，灌溉用水甚浪费，如加以适当管理，使夏秋禾施灌日期相间排列，可增大灌溉面积一倍，而不致影响作物生产量。可引流率 1.643 秒立方公尺，估输水损失约 15%，故施灌农田流率为 1400 秒立方公尺。灌溉配水详附表 4：

表 4　临水河截引地下水灌溉配水表

作物种类		播种	施灌	收割	泡地
夏禾	熟地 6 000 市亩	清明五天开始播种，立夏前十天播种毕。	立夏前十天灌溉始，每十六天施灌一次，共四次，每次 80 公厘，合每天需水 5 公厘，灌地 6000 亩，需水 0.234 秒立方公尺，小暑施灌毕。	大暑前五天收割始，立秋后五天收割毕。	白露前五天泡地始，共一次，四十天泡完，水深 200 公厘，合每天水深 5 公厘。
	生荒 30 000 市亩	清明五天开始播种，立夏前十天播。	立夏前十天灌溉始，每十六天施灌一次，共四次，每次 80 公厘，合每天需水 5 公厘，灌地 30 000 亩，需水 1.169 秒立方公尺，小暑施灌毕。	大暑前五天收割始，立秋后五天收割毕。	白露前五天泡地始，共一次，四十天泡完，水深 200 公厘，合每天水深 5 公厘。
秋禾	熟地 4 000 市亩	天播种始，夏至前五天播种毕。	小暑前五天灌溉始，每十六天施灌一次，共四次，每次 80 公厘，合每天需水 5 公厘，灌地 4000 亩，需水 0.154 秒立方公尺。	白露前五天收割始，秋分后五天收割毕。	寒露后五天第一次泡地始，共一次，四十天泡完，每次水深 200 公厘，合每天水深 5 公厘；次年春分后五天第二次泡地始，共一次，四十天泡完，每次水深 200 公厘，合每天水深 5 公厘。
	生荒 32 000 市亩	天播种始，夏至前五天播。	小暑前五天灌溉始，每十六天施灌一次，共四次，每次 80 公厘，合每天需水 5 公厘，灌地 32 000 亩，需水 1.246 秒立方公尺。	白露前五天收割始，秋分后五天收割毕。	寒露后五天第一次泡地始，共一次，四十天泡完，每次水深 200 公厘，合每天水深 5 公厘；次年春分后五天第二次泡地始，共一次，四十天泡完，每次水深 200 公厘，合每天水深 5 公厘。

按配水设计，除灌原有农田 10 000 市亩外，尚可增垦荒地 62 000 市亩。

5. 工程设计

A. 截水沟　截水沟长 1800 公尺，深 10 公尺，水位下者 8 公尺，沟底 2.4 公尺，侧坡以木板桩排打成列，木柱横向支擎，免致讲塌。涵洞完成，用附近黏土回填。涵洞两端向中倾斜，纵坡 1:1500，底宽 1.0 公尺，高 1.6 公尺，用特制青砖白灰沙浆砌，顶部成拱形，涵洞两侧每四公寸，错综留缝以便渗水。其外填大小卵石，集水井深入沟底 1.5 公尺，半径 0.5 公尺，以木管为壁，节节套下，采深井人工挖掘法。各集水井及沟之中央，置进人井，青砖浆砌，出地面 2.0 公尺，以备清淤及修理用，中央进人井直径 2.8 公尺，管壁 0.4 公尺，下有沉沙池设备，下游管壁接输水管，前有木制闸门一块以备修理输水涵洞，井顶置启闭机一座。

B. 输水沟　输水沟接于截水沟之中央垂直方向，纵坡 1:1000，涵洞部分用青砖浆砌，底宽 16 公尺，高 1.6 公尺，顶成拱形，至 560 公尺处改用明渠，边坡 1:1。输水涵洞出口处，设置巴血氏测量槽一座。

C. 灌溉渠道及排水沟　灌溉渠接输水沟，引水入黄泥铺附近荒区，总计长 10 公里，组成梳状。排水沟又入灌溉支渠与农渠间干沟为明沟，支沟为暗沟，成脊骨制排列。

四、预 算

本计划按 26 年物价计需 390 000 元，按 36 年 12 月物价计需 410 亿元，详附表 5：

表 5　临水河截引地下水工程费预算表

名称		单位	数量	单价		总价		备注
				26 年（元）	36 年 12 月（元）	26 年（元）	36 年 12 月（亿元）	
截沟沟	挖坚隔土	立公方	87 500	0.44	44 000	38 500	38.500	
	截水洞	公尺	1 800	62.25	5 972 000	112 050	107.496	
	集水井	口	4	3 500.00	420 000 000	14 000	16.800	
	进水孔	口	4	250.00	30 000 000	1 000	1.200	
	进人孔	口	1	550.00	66 000 000	550	0.660	
	节制闸	座	1	1 800 .00	216 000 000	1 800	2.160	含闸后沉沙池
	回填土	立公方	82 000	0.40	40 000	32 800	32.800	平均价
	木板	公方	170	120.00	12 000 000	20 400	20.400	平均价
输水沟	挖坚隔土	立公方	31 200	0.44	44 000	13 728	13.728	
	输水洞	公尺	560	76.40	8 556 800	42 784	47.918	
	进人孔	口	1	250.00	30 000 000	250	0.300	
	回填土	立公方	25 000	0.23	23 000	5 750	5.750	

五、增益

工程实施后，除原有耕地不计外，增灌新地 62 000 市亩，种植夏禾者 30 000 市亩，每市亩产小麦 2.0 市石，共计增产小麦 60 000 市石，种植秋禾者 32 000 市亩，每市亩产糜子 2.2 市石，共计 70 400 市石，扣除洗碱、耕种、种子等成本一半，计纯增益小麦 30 000 市石，糜子 35 200 市石，按 26 年小麦 5 元，糜子 3.5 元计，纯增益 273 200 元，按 36 年 12 月小麦 800 000 元，糜子 560 000 元计，纯增益 437.1 亿元。

六、结论

1. 经济价值

本工程按 26 年物价工程费需 390 000 元，年增益 273 200 元，占工程费 70%；按 36 年 12 月物价，工程费需 410 亿元，年增益 437.1 亿元，占工程费 106.6%，其利甚厚，工程经济价值可以成立。兹按 26 年物价情形，综合本工程经济上各要点如下：

全部灌溉面积	熟地 10 000 市亩
	荒地 62 000 市亩
实施后	60 000 市石
实施后	70 400 市石
工程实施后实际年增益	$F=273\ 200$ 元
全部工程费	$C=390\ 000$ 元
工程常年维持费（包括清淤、管理等）	$O=20\ 000$ 元
工程平均寿命	$n=30$ 年
工程永久投资 $P=C+\dfrac{O}{r}+\dfrac{C}{(1+r)^n-1}$ 年利率 $r=8\%$	$P=681\ 000$ 元
折合常年工程费	$P_r=54\ 480$ 元
投资利益指数 $I=\dfrac{F}{P_r}$	$I=7.1$ 倍
投资年利 $R=\dfrac{F}{P}$	$R=57.2\%$

2. 国防价值

酒泉西接新疆，北通朔宁，□□况宁夏额济纳旗居国防最前线，而不事农产，万一发生纷扰，食粮均须取给予酒泉等县。兹为未雨绸缪计，本工程急应兴办。

3. 还款办法

按民国 26 年普通贷款年利率为 8%，期限五年还清，本工程每年还款 67 400 元 $\left[\dfrac{Cr(1+r)^5}{(1+r)^5-1}\right]$，占年增益 24.7%，耕种农民力能负担。

4. 施工程序

本工程须待上游中渠铺地下水灌溉工程完成后方能实施，故列为同流域内第二期工程，程序为原洪水河洪水时期一年完成，详排列如表6：

表6　施工程序表

年份	第一年											
月份	一月	二月	三月	四月	五月	六月	七月	八月	九月	十月	十一月	十二月
成立工程处				100				100				
烧制青砖				10	30	50	70	100				
购运洋灰				20	100							
烧制白灰						10	40	100				
购运木料					50	100						
采运碎石						20	60	100				
采运河沙							50	100				
定制铁件					40	100						
挖截水沟						10	20	40	60	80	100	
挖输水沟						10	20	40	60	80	100	
挖排水沟							20	30	60	100		
挖集水沟									60	100		
套衬井内木管									40	60		
砌截水洞									30	60	100	
砌输水洞									40	80	100	
砌进水孔节制闸									40	60	100	
回填土									20	60	100	
装制闸门										100		
装设流率测量槽										100		
挖灌溉渠									30	60	100	
砌灌溉渠建筑物										40	100	
衬砌灌溉渠										40	100	
清理工场												100
整备结束											30	100

VEWII-1　酒泉县临水河水源地形图（略）

水利部甘肃河西水利工程总队			
酒泉县临水河水源地形图			
测量	第五分队	审定	刘恩荣
绘图	孔祥和	队长	刘恩荣
校核	张卓	总队长	黄万里
日期：36 年 12 月	尺度：公尺	比例：1:100 000	图号：VEWII-1

VEWII-2 酒泉县临水河截引地下水灌溉工程设计图（略）

水利部甘肃河西水利工程总队			
酒泉县临水河截引地下水灌溉工程设计图			
绘图	赵人龙	审定	刘恩荣
设计	张卓	队长	刘恩荣
校核	姚镇林	总队长	黄万里
日期：36 年 12 月	尺度：公尺	比例：1:200	图号：VEWII-2

VEWII-3 酒泉县临水河截引地下水灌溉工程设计图（略）

水利部甘肃河西水利工程总队			
酒泉县临水河截引地下水灌溉工程设计图			
绘图	刘正皋	审定	刘恩荣
设计	谢泽	队长	刘恩荣
校核	姚镇林	总队长	黄万里
日期：36 年 12 月	尺度：公尺	比例：如图	图号：VEWII-3

VEWII-4 酒泉县临水河截引地下水灌溉工程设计图（略）

水利部甘肃河西水利工程总队			
酒泉县临水河截引地下水灌溉工程设计图			
绘图	赵宏	审定	刘恩荣
设计	张卓	队长	刘恩荣
校核	姚镇林	总队长	黄万里
日期：36 年 12 月	尺度：公尺	比例：如图	图号：VEWII-4

VEWII-5 酒泉县临水河截引地下水灌溉工程设计图（略）

水利部甘肃河西水利工程总队			
酒泉县临水河截引地下水灌溉工程设计图			
绘图	魏远廷	审定	刘恩荣
设计	张卓	队长	刘恩荣
校核	姚镇林	总队长	黄万里
日期：36 年 12 月	尺度：公尺	比例：如图	图号：VEWII-5

拾

二十世纪五十年代档案类文献

本类文献提要

20世纪50年代是讨赖河流域水利开发史上一个非常重要与特殊的时期。在这一时期，流域各地历经土改、合作化及人民公社化等运动，社会形态发生了重大变化，水利建设亦以一种前所未有的组织形式快速发展，延续数百年的民间水利管理制度趋于瓦解，政府管水制度牢固地确立起来，大规模渠系改造空前提高了灌溉能力，各种水利纠纷趋于绝迹。编者在调查中发现，20世纪50年代的水利档案在流域各地的存世状况数量不多，原因之一是彼时尚无专门的水利机构，水利档案往往散布于农业或一般经济类档案之中；原因之二则是20世纪50年代后期的撤区并乡活动中，大量保存在"区"一级行政单位的水利档案无处归档，散佚严重。因此，编者将酒泉市肃州区档案馆（原酒泉县档案馆）、金塔县档案馆所保存之1950—1956年的全部水利档案单独收录成一章，并加入一件讨赖河流域水资源管局自藏档案，并根据其内容分为四部分，分别介绍如下。

第一部分为过渡时期水利档案。该批档案比较集中地保存于酒泉市肃州区档案馆第22—1—1号案卷中。此处所谓"过渡时期"系指1950年。1949年之前，流域内的大量水利纠纷未能得到有效解决，并有愈演愈烈之势。该部分档案包括民众请愿书、基层水利委员会会议记录、政府处置意见等类型的文件，不但较为全面地反映出新中国成立初期处理水利遗留问题的种种细节，也间接地补充了民国档案中对流域中、小规模水利冲突记载的不同，具有重要的史料价值。

第二部分为省、专区、县级政权关于水利工作的总体计划与总结。该部分档案的构成较为复杂，不但包括一般水利事务档案，还包括法庭判决书、政府工作报告等多种类型文件，立体地反映出新生政权在20世纪50年代初期打破固有水利制度、全面建立新的政府管水制度的各种努力。

第三部分为区、乡级政权各种水利事务类档案。区、乡一级政权是20世纪50年代地方水利事务的实际执行者，该部分档案富于细节，内容十分生动，涉及新中国成立初基层水利活动的各个层面，其中尤以酒泉县第一区（辖境相当于今讨南灌区大部）1953—1954年前后的档案最为完整。

第四部分档案为具体的工程类档案。该部分档案性质较为单一，主要以工程建设为中心，全面反映出20世纪50年代特别是50年代前期具体工程的基本运作方式，而其中尤以洪水河流域新地坝的数次修建最为详细。

本单元档案的整理规范与民国档案基本相同，唯按原案卷顺序排列，不再另行编写序号。此部分档案分属两个收藏单位，故在记录原档案号时加上汉字以示区别，"肃"代表肃州区档案馆收藏档案，"金"代表金塔县档案馆收藏档案。

过渡时期水利档案

酒泉县嘉峪区第四乡户民张重德等请求按地亩分水和开挖坝口给酒泉县长的呈文

1950 年 3 月肃 22—1—1

呈为恳求本沟辈受安远沟水利压迫，从新改革、按地亩分水另行开挖坝口事：

查嘉峪区第四乡老鹳闸全体民众在几百年以来所受安远沟压迫，系讨来河历年水规以势力所做比例，按西南区黄、沙、兔各坝等以老粮计算，粮多就为总坝主；再一个要点，那一坝沟口比较在上游，谁就自由。老鹳闸与安远沟在讨来河出山之处并合一渠，而下游不过二三华里地，双方镶做木制水平一个，宽窄度一市丈。安远沟一十八石粮，流水占百分之三十；老鹳闸一百石粮，流水占百分七十。每年所壤渠口需用工料、芨芨草三千余斤，胡麻草一千斤，该安远沟不出分厘。又挑挖坝渠人夫，老鹳闸每年指定人夫四十名，照日工作，逢工程大者，在四十名外增加二十名或三十名，立夏前至夏日作二十天。安远沟每年出给人夫四名，老弱不壮，再不增加。至于四八年、四九年四月下旬，由安远沟恶霸陈大德、闫嘉猷、罗兴仁、陈大学、刘兴玉、刘生堂、柳春英等邀集群众将老鹳闸渠口填塞，不允灌流，其余的水完全向该沟浇灌，诈谋福利。老鹳闸被旱三十多天，不但将灌溉播种秋禾之空地荒芜，而且夏禾干晒，被受风沙吹断苗根，对收益十分之七八损失。一切情况，现在本沟民众集合联名呈请人民政府鉴核备查，怜念民苦乐不均，准予敞沟另行开渠口，实露德便无涯矣。谨呈酒泉县人民政府县长华。

　　　嘉峪区第四乡众户民：张重德（印）郭玉山（印）景福堂（印）
　　　　　　　　　　　　　史　海（印）蔡万川（印）李建科（印）
　　　　　　　　　　　　　　　　　　　　　　　　一九五〇年三月

处理意见：

　　另行在讨来河开渠口问题很大，拟交区水利委员会开会商讨并具报。四科调查处理。

　　　　　　　　　　　　　　　　　　　　　　　　　　华农
　　　　　　　　　　　　　　　　　　　　　　　　　3 月 18 日

金塔县西坝圪楞水利代表王裕国等请求调整区划
均分水利给酒泉县长的呈文

1950 年 4 月　　肃 22—1—1

呈为前请划属酒泉、均分水利，民仰如渴，再恳钧座电鉴作主速赐有效办法，以济灾黎而开生路事：

　　窃金县所属之徐公渠，地处山僻，沙漠荒旱。尤其粮纳金县，在讨来河不能均分水利，历年浇灌之水，系酒泉新城坝微末细流，每年全凭人夫、芨芨、金钱兑换而来。考其实，影响甚巨，流水有限，以致频遭亢旱，饥馑荐臻，生齿日繁，生计日蹙，民情凋敝，实不聊生。迫不得已，故于民国三十四年，敝渠贫民一再请求，咸愿划归酒泉，均分水利，冀免痛苦。呼吁五年之久，讵意金县绅首，希图利己，弗恤民艰，从中阻扰牵制，只说与该县应负赋税差徭，不思敝渠水程艰苦，一时蒙蔽官府，未察隐情，俾贫民束手待毙，大失所望。今幸解放，一切政治维新，剔除积弊，体恤民艰，爱民为主，是以民等朝夕澈想，如坐针毡，业于前月叩呈详情，请予划归酒泉，均分水利，解决痛苦在案，迄今已历数月之久，未蒙钧座指示。贫民惶恐无措，午夜焦思，现值阳春将尽，地辟冰消，农民之生产，急待动工，水利之兴修，刻不容缓。民等关于斯举，引领仰望，切若云霓，谨此不揣冒昧，伏乞钧座电鉴作主，俯察民瘼，准予敝渠在讨来河均分勺水，拯济灾黎，实现大公无私，一视同仁，则贫民有生之日均皆感德之年矣。谨呈酒泉县县长华。

西坝圪楞人民水利代表：王裕国（印）运庆余（印）

殷怀荣（印）孙锡庆（印）

一九五〇年四月

酒泉县西南乡黄草四王天才等人关于恶户独霸水道
请求惩处事给酒泉县人民法院的呈文

1950 年 5 月　　肃 22—1—1

呈为具告恶户独霸水道事，为呈浇水事：

　　窃民王天才等人系西南区一乡黄草四居住，今因禾苗荒旱，前去水道引水浇灌。同时有恶户庞召乾、马占虎、辛盛祖等独霸水道，自己由心浇灌，小户贫民多家人口，岁年望地生命。今彼恶户霸着水道，一点水影无，立等待毙。又有庞召乾、辛盛祖等该恶户之田又多、钱有余，专心欺压贫农，独霸水道。我等贫民每户不过十余亩地，家家无有浇上一亩之地。该恶民压迫贫民，自己之田两水、三水浇之，同时将浇地余水霸着不叫别人浇，硬将水沟冲破，大水将道路全行冲坏。我等贫民滴水不见，现是实逼迫无法，只有呈祈我人民法院救民人之水火，则感恩不尽。如我法院不解救之时，则我逼迫之男女老少抱着和恶霸拼死相决。万祈急救贫民之压迫为盼。特此具呈，望祈从新严治恶户，恻民人以感天地之大德，所具呈俱是实！谨呈酒泉县人民法院。

> 具呈人：王天才（画押）马成良（画押）魏汉怀（画押）
> 　　　　张廷义（画押）王天有（画押）吴长寿（画押）
> 　　　　王天元（画押）张史氏（画押）陈茹史（画押）
> 被告人：庞召乾　马占彪　辛盛祖
> 一九五〇年五月

酒泉县西店区第八乡张存远等关于恶霸捣乱水规请求惩处事给酒泉县法院的报告

1950 年 5 月　　肃 22—1—1

一、查本乡水规，历年是选举公正人点香轮流灌溉，本年政府仍令照例浇灌。

二、兹有本乡土豪、恶霸张学武，在过去独霸点香十余年，任意卖水、贪污，本年仍不遵政府法令，任意捣乱水规。本年春农会召开群众大会，选举于加斌点香。该恶徒屡依势将于加斌苛住，由他浇灌并将存远等之水时苛去，卖于贺丰仁、贺丰财，存远等之田禾均多半未浇水，而他却将水苛去漫荒地。

三、此种压迫现状，存远等实无法忍受，只得具文报告钧院依法处理，存远等实感再生之恩矣。谨呈酒泉县人民法院。

> 具报告人：西店区八乡户民张存远（印）张发富（指印）张学金（印）
> 　　　　　路大德（印）路生财（印）　张学忠（印）
> 一九五〇年五月
> （酒泉县西店区第八乡政府图记）

处理意见：

□□同志，同录一份已转区办理，你对此问题了解如何？

> 剑照代
> 七月十二日

酒泉县河北区第六乡王登科等请求解决怀家沟与达子沟水利冲突事给酒泉县长的呈文

1950 年 5 月 14 日　　肃 22—1—1

查我怀家沟水渠原在清水河最上游处开口，系拦河干坝。自民十六年有达子沟恶霸祁观察、张汉英、萧文余、仇肇庆等贿通县长周廷元，利用犯人，将我怀家沟沟口对岸，强开水渠一道，并将我沟户民吴联科、李方州、朱信、刘尚武、谢沾恩、谢廷瑞、高万寿等管押多日。当时敝沟户民无奈，只得暂为忍耐，自此，我沟仅荒芜田地七十余亩。再以达子沟与我沟水之轮次比较，该沟八日平一轮而犹明浇夜退，我沟十六日平一轮，尚且不敢少懈。以灌溉而论，该沟仅有一乡面积而俱霸□口二道；我沟面积占有二乡，仅有水渠一道。况达子沟沟口，原系段姓磨沟，历年以来该磨□转夏停，每年立夏前十日，即自闭其磨沟口。再查清水河共有水渠一十三道，均系拦河干坝，而达子沟强开渠口，并不在此十三道渠口之内。今值解放之际，自当取缔过去不平。本年五月六日召开全区人民代表大会时，敝沟提及此案，经本区十一乡全体人民公平决议，将达子沟强开沟口，应为闭塞。不意于五月十三日下午一时许，成群结伙，将区政府捣毁并将区委书记及职工十余人殴打万状，显如土匪。值兹解放时期，焉容此土匪存在，为此具文呈请钧府鉴核，依法惩治匪类并仍闭塞该沟强开水渠，则民实沾公便至极矣！谨呈酒泉县人民政府县长华、邓。

　　　　　　　　　　河北区第六乡群众代表：王登科（印）杨天禄（押）
　　　　　　　　　　　　　　　　　　　　谢廷柱（押）谢廷仕（押）
　　　　　　　　　　　　　　　　　　　　一九五〇年五月十四日

河北区第六乡干部群众大会关于处理水利纠纷的意见记录

1950 年 5 月 18 日　　　肃 22—1—1

赵林芳提议：

一、请政府调查达子沟地亩数与怀家沟地亩数；

二、请政府召集十一乡民众代表开会决定此水应归何沟；

三、请政府调查清水河各渠内是否有从各沟渠之中部开口之例；

四、请政府调查达子沟之大小及浇灌区域之大小；

五、请政府调查达子沟水之轮次日数及怀家沟水之轮次日数。

谢廷彦提议：

清水河为步步生津之河，各渠均系拦河干坝，并无从各渠中部开口之例，如政府不信，请向一□□□调查实情。

谢廷琏提议：

其他缺水之□□□水渠中部开一水渠，达子沟是否同议。

谢廷柱提议：

请政府调查我怀家沟及水沟水渠中部开一水渠是否可能，自民十六年敝沟之水被达子沟霸去之后，我怀家沟仅荒旱田地七十余亩。

李怀仁提议：

关于水利问题之处理并非少数坝口可以主持，也并非区政府可以主持。此次水利之决定，是经过十一乡民众代表会议评议并经区政府会同十一乡民众代表亲往水源调查后决定之案，彼达子沟竟敢捣毁区政府，殴打区政府人员，政府若无办法处理，将后民众大会是否再能生效，是否还能召开。

王登科提议：

我怀家沟与达子沟从前并无发生水利问题，是常与段家磨发生冲突。段家磨是冬季转行，每逢立夏前十日自闭其磨沟口，自民十六年达子沟有恶霸多人贿赂政府，利用犯人强开渠口，并将我怀家沟民众李芳洲、高万寿、谢沾恩、谢廷瑞、刘尚武、朱信、吴联科管押多日。

总提议：

水利关乎人民生命，自应公平，请政府与以合理公平处理，我怀家沟民众即当接受。

河北区第六乡呈李怀仁（印）

公元一九五〇年五月十八日

酒泉县西南区第一乡户民景汉忠等关于第四乡人民扰乱水规事给酒泉县长的呈文

1950 年 5 月 23 日　　肃 22—1—1

酒泉县西南区第一乡户民呈报第一乡因现在全乡田苗荒旱，快要枯死。应是第一乡的水日，由第四乡人民扰乱水规而不能取得。坝中的沙子飞扬，人民纷纷找水浇灌田苗，处处阻碍，这样对秋季的收获就成了问题。应如何处理，伏乞鉴核。谨呈酒泉县人民政府县长华。

西南区第一乡户民景汉忠（印）

韩玉秀（印）

呈

一九五〇年五月二十三日

处理意见：

已通知该区水利委员□发春从速解决。

五月廿四日

酒泉县河北区十一乡人民请求调整区划以解决水利问题给酒泉县长的呈文

1950 年 5 月 23 日　　肃 22—1—1

查十一乡地属河北区所辖，其因始于民国二十七年改区划乡，故河北区一区划为两乡，是为今日河北区、嘉峪区。嘉峪区辖属七个乡，其中六乡以上为山水渠坝；河北区辖属十一个乡，其中十个乡为泉水渠坝；惟我十一乡水利上与嘉峪区一、二乡同一水渠，共称河北坝。历年来，因水利脱节，旱灾时生，其所致旱之因，纯为辖区不当，民无连携。再加过去差款繁冗，各顾其事，故民请上河北坝、上下三沟（上三沟樊小中、下三沟高北黄），于每年立夏民众相聚。分水以后，在行政上各辖所属，既或水利员之间亦情疏行离，不生连携，致坝渠崩毁，水散荒野，而上下之间人民各不相顾，其因行政辖属不当，水利上下脱节之故也。

河北区辖属十一个乡，其中十个乡通为泉水渠坝，在水源上同是一个水系，再每年挑渠，上坝只经一次或两次，在取水距离上，最远者不过一、二十里。而我山水渠坝于每年立夏一月前于离乡七十里遥远西河口先上干坝，最低每名夫得备一月或半月之食用，其费工耗料之大，昭昭在人耳目。截至立夏工竣分水，其受水之户，继续分上水坝（干坝者，水未取下时修河渠筑坝之称；水坝者，水分后水流渠内滚石筑堤之称），连绵不断，以致立冬退水。十一乡坝渠维艰如此，为水耗费如此。泉水渠坝是否有如此艰苦，如此耗费，而我乡全民在民国时期受行政者无理摊派，受泉水坝无条件压迫，全民等可说呼天无地。今日国家由暗转明，理应为民除艰革苦，分明苦甘，走上合理合法光明大道，是为正理，而亦然同流合污，仍赴前辙，处处仍以大乡富地视之，征购数字奇高于他乡，累次亦然，有案可稽。研其原，并非治政敌视我乡，由于泉水地区人众意重，以山水少数人之口舌，焉能与多数舌战？就在会议上以一二人，何能与十倍人抗议？故全民等伏祈钧长分析民艰，准将属乡划归嘉峪区，在水利耗费、民情有同情同道之关，河北区十一乡全民实感恩无涯矣！谨呈酒泉人民政府县长华。

酒泉县河北区十一乡全体人民呈

一九五〇年五月二十三日

酒泉县河北区关于水利纠纷处理情况给酒泉王书记和华县长的报告

1950 年 5 月 28 日　　肃 22—1—1

七乡与第十乡前发生水利纠纷问题处理如下：

一、县委亲派干部下乡，首先开始召集乡干部开会，不料老百姓仍起了暴动，手持棍棒。常科长看见企图不好，对群众解释一切情况，老百姓自感觉有些深入现象，才初步地松懈下来。

二、继续召集乡长、文书及农会主任代表以了解一切情况，乡长、文书领导作用，捆起了一组破坏分子。张培年他起了破坏作用，领导一组坚决地向区要水，打官司就要打到党中央。我们召集一组群众全体到区开会，询问大家，说完全是张培年在里面活动。在这中间就扣起了张培年，以把威风压下去。

三、仍然有召集全体群众大会，经过干部讲说，小组讨论，推选代表到区。

指示为盼。签呈王书记、华县长。

赵九林　刘生元（印）

一九五〇年五月廿八日

酒泉县河北区政府关于二乡与三乡水利纠纷事
给酒泉县王书记和华县长的呈文

1950 年 5 月 28 日　　肃 22—1—1

王书记、华县长：

我区在这春耕生产时期中，乡与乡间之水利纠纷已发现一二，如十乡和六、七乡在清水河中之水源问题，曾起巨大纠纷，经调处后，业已另具报告材料。惟二乡与三乡亦发生水源纠纷，经我们详确调查后并亲作调节时，皆因破坏分子宋建元以投机思想进行破坏的宣传作用影响了立场不稳的农会主任王福寅，共同商议，以为今天解放了，站在群众立场上可能任意作为，就于五月十三日发动了全乡人民将三乡攒洞湖百年古旧之水源堤坝挖断，发动人民时由该二人严格向人民训示：谁若不挖水，就罚小麦五升或者筑土皮三百个。但该水挖下去，他们也未浇上一亩地，而影响三乡人民少浇多少地，破坏生产，扰害人民。不良思想经常科长、黄局长等亲往三乡水源之地查看了解后，流水确系三乡所有，并无二乡之用水。当时即□□□□□人投机思想破坏作用，就将二人送交法院依法判处，其他七人就来了个给人检讨后，更加一步思想上的教育和政策宣传，他们七人就自愿将把挖断三乡之水坝筑好，于五月十八日就完成了。当筑坝时，有一般人还以为有他们的水源，就在那坝前淘来找去，淘一个他们的水流攒洞，并有三乡乡长孙伯福向二乡人民坚决保证：如我出二乡的攒洞，即时将我浸毙在水中。经多时掏挖后并未有他们的攒洞踪迹，两乡之间并无问题。兹将纠纷情况及处理办法具报。

首长批示查核，如有意见请再指示。

酒泉县河北区人民区政府（印）

赵九林　刘生元（印）

一九五〇年五月廿八日

酒泉县西店区关于召开水利大会解决浇水问题给酒泉县长的报告

1950 年 6 月 22 日　　肃 22—1—1

查西店区第三乡于六月十七日上午有小闸户民二十六人向区政府要水说："头闸一般麦田浇完，小闸还有二十余石地未见水，其原因水沟远□。"

二、十七日下午召集该乡农会主任、所长、副所长，二个行政主任，四个自然村长，四个水利委员代表。茹□□当时开县人民代表会回来也参加，共十四人。先开了商讨会，把办法研究好，决定才开水利大会。

三、十八日召开群众大会，到会人数四十七人，乡干部在内，区干部在外，跟着天下农民是一家的号召，说通了群众的思想，把头闸的五道水口掩闭，让小闸浇未见水之麦田。又恐发生问题，区政府发动了各干部亲自上沟、上地照管未见水之地，统计两天两夜共浇地十三石。

四、谨请检核备查。谨呈酒泉县人民县政府县长华。

西店区区长张日新（印）
一九五〇年六月二十二日

处理意见：

四科备查。

华农
六月廿三日

酒泉县总寨区四乡民众关于水利问题给酒泉县长的呈文[①]

1950 年 7 月 10 日　　肃 22—1—1

华县长：

关于总寨区第四乡连一乡的水利问题，因早年以来，一、四乡流水沟渠并行，原则为一渠。自从解放以后，一乡的户民冒渎行伪，起意与四乡不合理由，强开新沟，另行分渠流水，以图方便，对于四乡损失很大，所以四乡的户民不让另取新沟。是什么原故？但是从前一渠流水的原因挨于四乡，接水路途稍近。关于早年旧水规，轮次早接一时，他们一乡有跑沟水程，我们四乡没有跑沟水时。我们的洪水坝之水规，无论哪一个沟分都有跑沟路程水时，但我们四乡没有路程水，所以早年早接一时，他们今年不允四乡，就是不合理由。两乡的户民齐起斗争，他们一乡共四十二分水，内有四分水的润沟水，路途远遥，相隔四乡，约有十里地远。现在将水另流新沟，四乡的人民更且损失很大，蚁命难救。四乡的人东头往新沟口接水，相隔五里遥远，没有路程水时，四乡要受他一乡的影响。请政府解决以公平合理，另定规约为盼，敬礼。

总寨区四乡民众：韩有仁（印）韩有儒（印）韩有德（押）王月德（印）
张维和（押）张维泰（押）韩志仁（押）韩学福（印）
黄建邦（印）张维里（印）杨展元（押）杨正礼（押）
杨正明（押）

一九五〇年七月十日

---

① 编者按：此呈文语句颇不通顺，按原文照录。

处理意见：

四科照办。

七月十二日

酒泉县总寨区三乡乡长萧绪成等关于二乡乡长马正中蛮不讲理破坏放水给酒泉专员的报告

1950 年 10 月 11 日　　肃 22—1—1

为堵截水时蛮不讲理请求讯究以重水规而儆效尤事：

窃查新王沟、新沟、小沟均属一坝水源，向年以来，历有成例，不能紊乱水规，乃新王沟每逢廿二日酉时接水至廿三日卯时止，廿七日卯时由小沟接水至上午。适有二乡乡长马正中召集群众一百余名，持有木棍，施以野蛮暴动，不容三乡群众放水，以涝池断绝生路。又将刘万刚强拉而去，以拳足交加，用绳捆绑。当时又将民萧绪成传至庙上开会讨论，围定当中，马正中当群众发表，不允理论，泼口叫骂，百般侮辱，并将看水人刘国仁、薛长存按倒在地，乱棍毒打，两腿青肿。民负三乡乡长不敢言辞，而该马正中不照现代政策，竟然强迫颟顸。查水程攸关国计民生，又加三乡群众一百余家，原有四个涝池共同取水，且二乡每家尚有水井，不但四昼夜水已用过，反而堵截三乡水。时乃涝池是为重要，如涝池无水，往远处取水多有不便。民受种压迫于心，万难甘服，只得报告钧署鉴核，秉公处理以儆不法而安良善，实为公便。谨呈甘肃省酒泉分区专员公署。

酒泉县总寨区三乡乡长：萧绪成（指印）

群众：刘万刚（指印）　于长林（指印）

萧玉拜（指印）　刘天培（指印）

王天喜（指印）　萧玉英（指印）

萧玉如（指印）　刘国仁（指印）

刘万年（指印）　薛长存（指印）

被告：马正中　二乡乡长

一九五〇年十月十一日

酒泉专员公署关于总寨乡控告二乡乡长马正中给酒泉县长的指示

1950 年 10 月 12 日　　肃 22—1—1

甘肃省酒泉分区行政督察专员公署指示专秘指字第 1170 号

华县长：

　　兹据你县总寨区三乡乡长萧绪成及该乡群众刘万刚等十一人报告"该区二乡乡长马正中召集群众手持木棍，蛮不讲理，阻止三乡放水并捆打刘万刚及刘国仁"等情，兹抄去原报告，希即派员澈查，慎妥处理，注意避免可能引起之群众性纠纷，并将处理情形报署。

专员刘文山（印）

副专员曹布诚（印）

一九五〇年十月十二日

酒泉县总寨区政府关于三乡和二乡放水纠纷处置结果给甘肃省酒泉专员公署的报告

1950 年 10 月 15 日　　肃 22—1—1

　　一、顷接县府酒建字九二号指示"澈查我区三乡群众与二乡乡长、群众等放水致起纠纷并捆打情形查处"等因。

　　二、经区里派人调查清楚，确有三乡群众将水打错（本有三乡在古八月廿七日打酉时，而在廿七打了卯时），但二乡乡长及群众百余人前去，把三乡刘万刚等由二乡乡长马正中捆绑一绳确实。其三乡群众刘国仁、薛常存二人经了解后，亦无受其捆打情事。

　　三、经处理时，将二、三两乡群众召集一齐，研究讨论。刘万刚偷放水时以老乡批评不对，并有我区代建设员将政府保护旧水规不动意义告诉后，由刘万刚承认错误。二乡长马正中捆人亦经群众批论更不对，该乡长当群众面报告捆人情形，亦承认错误，并在当会又双方决议过后，决将水规制度不能紊乱更改偷盗情事，马正中说再不乱行捆打群众，双方改过自新。

　　四、在当会群众反映此事就这样处理，以后再不乱其水规。

　　五、请核视转专署备查。

区长余来旺（印）

副区长侯学福（印）

洪水坝下四闸水利员赵殿抚关于洪水坝上坝情况的报告

1950 年 5 月 25 日　　肃 22—1—1

　　一、查洪水坝上四十二天所□致工资，业已报府在案。

　　二、谨将后续十二天内所□之工计四百七□即五□□□以及在五十四天以内所收之茇茇计七千零九十四斤，二项深□过，尚欠坝工二千八百零，尚欠茇茇一万一千斤，以并报府备查。

三、兹查上年水利员移交之坝堤上下大小树株以及房间均由负责人马庆中保管，保管人不热心公益，已将房间拆坏八间，砍伐大小树株计一百一十株，损坏木栅九十五丈，为此呈请鉴核处理。谨呈酒泉县人民政府县长华。

洪水坝下四闸水利员赵殿抚（印）

处理意见：

四科了解实情研究处理。

华农
五月廿七日

酒泉县长关于下四闸水利员报告洪水坝
上坝情况给总寨区长的指示

1950 年 6 月 5 日　　肃 22—1—1

酒建字第 19 号

总寨区余区长：

据洪水坝下四闸水利员赵殿抚报告"入原文"等情，查：

（一）关于欠工和欠交芨芨草一项，应由你区通知该水利员从速选具欠工和欠草的花名清册，交区水委会慎重研究，把故意不工作和不交纳草的，以及真正无力出工和无法交草的户民，都应很妥善地商讨出清理具体办法；

（二）保护、看护房间和树木的负责人马庆中任意拆坏房间，砍伐树木，损坏木栅一节，亦应提交区水委会商讨出办法；

（三）以上两项酒区委会商讨后，将具体办法报告来府，以便核办为要。

华农

洪水坝下四闸水利员赵殿抚关于洪水坝
误工等事项给酒泉县长的报告

1950 年 10 月　　肃 22—1—1

收 28 号

一、查洪水坝本年工作停止日期以及干坝，所欠工资前均呈文报府备查在案；

二、谨将各花户所欠之芨芨（计三千零九十斤）呈府备查；

三、惟经理修坝人工账、芨芨账以及所欠各项，可否交由区政府办理。

谨呈酒泉县人民政府县长华。

洪水坝下四闸水利员赵殿抚（印）

酒泉县总寨区代区长李顺如等关于清理洪水坝
下四闸误工给酒泉县长的报告

1950 年 10 月 15 日　　　肃 22—1—1

一、据洪水坝水利员赵殿抚报称："查洪水坝本年工作业已停止，但干坝所欠误工前后共欠工二千八百零，尚欠苂苂计三千零九十斤，并将经理修坝人工及苂苂账目等呈报办理。"

二、该坝历年即有误工及苂苂，向例所清理误工等时，无论任何人误下，按旧章清理之，不能将工减少或减免，并保护旧规，决不紊乱。

三、本年清理该误工苂苂时，当在新区情况下，是应如何清理，请拟妥善办法，指示以为办之。

呈县长华。

代区长李顺如

副区长侯学福（印）

一九五〇年十月十五日

处理意见：

四科研究系实，适当批答解决。

剑照代

10 月 15 日

酒泉下花儿坝水利代表妥和等关于请求贷款修筑茅庵河新渠
给酒泉县长的呈文

1950 年 9 月 29 日　　　肃 22—1—1

呈为恳乞准予贷款建筑水槽而利水道救济民困事：

窃查民等于茅庵河滩下游之地凿新渠修建水槽一座，本年暂用木料筑成。经民等观察不能耐久，民等招集本处三乡民众会议通过，预计购买石条五十丈，全部采用石条建修为长久之计。但是，每丈石条经过估计，价值小麦三斗五升，运至工程地运费小麦一斗五升，共计石条价格及运费约得小麦四十五石。其他建筑时匠工食用工资尚得小麦一十五石，共合小麦三十五老石。民等筹策再三，经会议通过，要求钧府准予借给水利贷款若干，或者将民等春季所借得之粮，现已预备就绪，送来全成完纳。若准续借本息仍然借给本处三乡民众将该渠水槽建筑成功，完成未尽之事宜。特此具文恳祈钧座电鉴作准予借给水利贷款、食粮若干石。实沾公私两便之极。谨呈酒泉县人民县政府县长华。

呈请人下花儿坝民众水利代表：妥　和（印）　祁克恭（指印）

临水区五六乡水利代表：沈学恭（指印）

一九五〇年九月二十九日

处理意见：

四科具体了解实情予以适当批答。

剑照代
10 月 4 日

酒泉县政府关于临水区下花儿坝水利妥和等
续借水利贷粮给临水区长的批签

1950 年 10 月 16 日　　肃 22—1—1

酒泉县人民政府批签酒建字第 91 号

临水区侯区长：

你区下花儿坝民众水利代表妥和等三人九月廿九日报告悉，兹批答如后：

一、本年整修该坝粮款系由农贷粮内贷与，希本利如数清交；

二、至建修水槽，系三个乡的受益群众分担，若真正无法筹措用款时，可另行呈请在水利专款内核借。

以上两点希查照转告为要。

县长华农
一九五〇年十月十六日

酒泉县政府关于关于洪水坝下四闸清理误工等问题
给总寨区长的批签

1950 年 11 月 5 日　　肃 22—1—1

酒泉县人民政府批签

总寨区余区长：

你区十月七日报告悉，兹批答如后：

一、关于你区洪水坝下四闸水利赵殿抚经办手续，希接受办理。

二、至于清理修筑洪水坝误工方面，我们可提出几个意见，希研究办理：

1. 本年每分水工作四十二个，以三百九十四分半计，共应作工一六五六九个，除去实作工八二〇一，再除去水利员、夫头、长夫等应占水分外，尚误工若干（根据水利员所报修坝人工账，分乡另造花名册藉资对照）。

2. 召开区水委会审核账项无讹后，即依照上项分乡花名册，由乡水委会开会清理之（以根据误工户民实际情况，由区府派干部会同水利员和其他有关人员监视秉公合理清理）。

3. 清理出的粮款数目分别报府备查，并交区府保存，以作下年修坝费用，未经本府批准，不得任意动用。

4. 斯项办法由区水委会开会研究，如不适合即另研究出具体清理办法，报府核夺。

县长华农

一九五〇年十一月五日

西店区第九乡户民冯有道关于洪水毁坝祈借给食粮
给酒泉县长呈文

1950 年 7 月　　肃 22—1—1

呈为阴雨连绵，洪水横流，冲断坝堤，旱毙禾苗，恳祈借给食粮以资建修事：

窃查西店区第九乡（新地坝）位居洪水河之上游，浇灌田禾全赖洪水河之流水，高山取水，穿山打洞，引水灌田。近十余年，旱灾频仍，每年夏季即遭旱灾，迭曾呈请豁免粮赋有案可稽。在一九四九年夏季崖崩坝断，秋禾就未曾浇水，且为修坝压毙二命，曾呈请喻伪县政府借给小麦四十市石，以助建修。本年入夏以来，河水未涨，天未下雨，因之渠坝未曾损坏，本乡户民莫不额首称庆，以为今年庄稼可望收成。讵料古历六月二日，天雨滂沱，沟浍皆盈，洪水横流，河水涨发，将坝冲为数十节，原来之坝已无形迹，要修好约需人工三千五百余，芨芨柴草约需一万余斤，现时各乡多数秋田尚未浇水，更有许多数户民家无隔宿之粮。欲修坝而无有吃用，万般无奈只有恳祈钧座鉴核，派遣干员履地勘查并祈借给食粮，以资修坝。俾便早日流水灌溉秋禾，免使成灾，实为恩便。谨呈酒泉县县长华。

西店区第九乡户民：冯有道（印）伊全（印）伊福善（印）刘汉文（印）

伊礼善（印）伊仁（印）刘兴积（印）刘学明（印）

赵万福（印）

一九五〇年七月

处理意见：

四科查明处理。

华

西店区黄挨锁关于西店区新地坝被洪水冲断无力修筑等情
给酒泉县长的报告

1950 年 7 月 24 日　　肃 22—1—1

一、查西店区九乡阴雨连绵，洪水横流，冲断坝堤，旱毙禾苗，祈借粮补修。

二、九乡（新地）位居洪水河之上游，浇灌田禾，全赖洪水河之流水，高山取水，穿山打洞，引水灌田。近数年来，旱灾频仍，每年夏季即遭旱灾。

三、洪水横流，河水涨发，崖崩坝断，数十节原来之坝已无形迹，现要修好约需人工三千五百余茇茇、柴草约需一万余斤。现时多数秋田尚未浇水，更有多数户民家无隔宿之粮。欲修坝堤而无有吃用，万般无奈，只有恳祈。

四、钧座鉴核备查。

谨呈酒泉县长华。

西店区黄挨锁（印）

处理意见：

拟向专署请示拨发贷款二百万元，或食粮二十五市石到三十市石。

华

为呈报本县西店区新地坝被洪水冲断无力修筑祈请拨贷粮款借便抢修以免秋禾旱斃由

1950 年 7 月 28 日　　肃 22—1—1

酒建字第 4□ 号

酒泉分区专员公署专员刘、曹：

查本县西店区九乡新地坝位洪水河上游，本月十六日大雨倾盆，沿祁连山麓之堤坝冲断十余处，现在为了灌溉秋禾，已发动该处群众星夜抢修，计约需工三千多个，茇茇草万余斤。刻日虽动工多日，内有部分群众食粮无着，兹为不影响工进起见，拟暂拨水利贷款二百万元或食粮廿五市石（因该乡庄稼还得廿余天才能成熟）借便赶修以免秋禾旱毙。可否拨给，祈请迅予指示，以便办理。

职华农

酒泉县西店乡尤万龄等关于抢修被洪水冲毁坝堤开支给金塔县长的呈文

1950 年 8 月 26 日　　肃 221—1—1

八月二十六日报告于第九乡：

查西店第七乡（新地坝）于古六月初二日天降猛雨，山洪暴发，洪水横流，冲毁坝堤，淤平水道，业已呈明在案，并于即日起催夫修理。至古六月二十四日竣工，共做人工二千八百九十二，夜工一千九百零一，工共吃黄米六石八斗九升，青料四石八斗。不意水流五日，于二十九日坝堤复又遭崖崩坝断，现正起夫修理中，计前后二次共做工五千九百九十三，工共吃黄米一十二石九斗九升，青料四石八斗，共用去茇茇柴草一万一千余斤。前政府借给修理费人民币一百万元整，共买黄米四石一斗六升五合，业已全数用去。理合理具文报告钧府鉴核备查。谨呈县长华。

酒泉县西店区第九乡乡长尤万龄（印）

水利员于加乐（印）

一九五〇年八月二十六日

东坝圪楞水利员夏登周关于东坝圪楞全乡情况给酒泉县长的报告

1950 年　　肃 22—1—1

一、窃查东坝圪楞全乡招集民众公选段存本为水利委员；

二、本乡共计二百七十三户；

三、共计地亩四千七百五十三亩；

四、旧有额粮二十二石；

五、新赋科则一百四十八石有零；

六、谨请备案。

谨呈酒泉县县长华。

东坝圪楞水利员夏登周（印）

西坝圪楞乡长殷怀荣关于西坝圪楞乡全乡情况的报告

1950 年　　肃 22—1—1

一、窃查西坝圪楞全乡招集民众公选王裕国为水利委员；

二、本乡共计二百四十五户；

三、人口男九百二十二口，女八百一十三口，共计一千七百三十五口；

四、共计地亩四千七百五十亩；

五、旧有额粮二十七石；

六、新赋科则一百四十石；

七、谨请备查。

谨呈酒泉县县长华。

西坝圪楞乡长殷怀荣（印）

酒泉县长关于荒地使讨来河水泡地用水时间
给九师生产办公室的公函

1950 年 9 月 23 日　　肃 22—1—1

酒建字第 78 号

九师生产办公室：

查你处在边湾开垦荒地数千亩，由温洽中同志来府洽商使用讨来河灌水泡地一节。经于本月十五日召开讨来河水委会商决，你处用水时间第一次在十月十三日（农历九月三日），以讨来河总水量十分之二让给七昼夜，第二次在十一月八日，以总水量十分之五让给十五昼夜，特函告希即查照。

县长华农

省、专区、县级政权关于水利工作的
总体计划与总结

酒泉县人民政府关于呈报酒泉县水利委员会组织章则草案
以及确定县区脱产水利干部人数与待遇事给酒泉分区的呈文

1951 年 1 月 19 日　　肃 22—1—2

酒泉县人民政府呈酒建字第一二二号

酒泉分区专署：

一、兹为健全本县水利委员会机构和加强业务起见，特拟酒泉县水利委员会组织章则草案一份呈赍核备；

二、本月十二日区长联席会议中根据实际情况商议，县水委会需脱离生产干部五人，区水委会需脱离生产干部一至二人（九区工程水利在外），共薪给标准拟以小麦市斗一石五斗至二石中间□□开支。

以上两项是否合宜，祈一并指示以便遵办。

附呈组织章则草案一份

县长华农
一九五一年元月十九日

附：

酒泉县水利委员会组织章则草案

第一条　本章则根据本县实际情况，为改进本县农田水利工程，加强各级组织和管理机构，修正水规及调解纠纷等起见，特设县水利委员会（以下简称本会）；

第二条　本会设委员十五人，除县人民政府县长、县委员会书记、县农民协会主任、人民银行行长为当然委员外，各区再以民主方式选举各一人为委员；

第三条　本会设正、副主任委员各一名（主任委员由县长兼任，副主任委员由其他委员中当选），根据各区河流实际情况，在选定委员中产出脱离生产的委员五人，经常驻会，专事办理第一条规定各项事宜（即河东、河西一人，西店、总寨一人，城东、临水一人，河北、嘉峪、西南二人）；

第四条　主任委员主持会内一切事务，副主任委员协助之，如遇主任委员缺席时，由副主任委员代行其职务；

第五条　本会设秘书（或文书）一人，由主任委员就其本机关中指派一名担任之；

第六条　本会每月开会一次，必要时将召开临时会议，每次会议记录于会后，即分缮若干份，分送各委员备考，若与其他各区有关系者，应摘要分送，以资遵循，不再行文；

第七条　本会开会时，将临时邀请有关人员列席；

第八条　本会之执掌如左：

1. 关于农田水利事业之倡议和计划事项；

2. 关于水利工程之协进事项；

3. 关于组织区、乡各级水利机构以及管理事项；

4. 关于革除陋规恶习和修正水规事项；

5. 关于调解水利纠纷事项；

6. 关于调剂水量事项。

第九条　本会委员除脱离生产的五个委员外，其余均为义务职；

第十条　本会议决议文件中若遇较大的事项将呈上级核准及施行；

第十一条　本会经费开支由受益群众分担，实需若干应在会议中根据实际需要决定并报上级核备；

第十二条　本章则送呈分区专署核准及施行，若遇修正时亦同。

甘肃省水利局关于同意发放年度水利贷款给酒泉县人民政府的公函

1951 年 2 月 28 日　　肃 22—1—2

甘肃省水利局公函水（51）丑字第 0315 号

酒泉县人民政府：

一、本年元月十五日酒建字第一二三号函敬悉。

二、工款一亿七千五百万元，我局可列入五一年计划内，准予贷放，但须至四月以后始可贷到，目前无法先拨一部。

三、计划以后再寄。

四、开工时我局可研究派技术干部前往指导。

五、请查照为荷。

局长杨子英（印）

副局长马雄臣（印）

公历一九五一年二月廿八日

金塔县各界人民代表会议记录①

1951 年 2 月 23 日　　　金 11—1—1

时县长报告：

今天在共产党及毛主席领导之下，革命胜利巩固的当儿开幕的，现在把县政各方面工作的报告，还有整修水库工程的经过。其次讨论目前的中心任务（减租、处理债务、生产救灾）亦即这个会上的中心议题，并希望多提意见。对政府多帮助，农村中封建必须打破，现在全国胜利的当儿，我们更应当努力，完成革命巩固的任务，所以召开这个会议。

李明扬报告：

关于整修水库工程的一切情况，前后共修三次（即漏洞和后洞口及溢洪道等），后洞口花费小麦一千一百市石。但在目前看来是没有白花的，溢洪道加高并改修洋灰墩（用洋灰□八十袋），所有工程共花小麦二千五百石，以上各项共化□千九百石，又有中央贷给小麦六十万市斤，这一项粮是分期归还（五年还清），今年所征收的水库粮并没有中央贷的，仅我县专用的。

关于水库今年的蓄水，比较保险，没有意外发生，所蓄的只能比去年多灌两万多亩地。关于六坪的整修，52 年测量，53 年整修，目前只能自己整理，多想办法。

时县长政府工作报告：

所报告的（去年六月至今年二月）八个工作，关于清匪肃特、生产救灾、建立政权，这些工作是由于广大群众的努力和代表先生们及工作人员的努力，又加上级政府领导的得法，现分别说出：

1. 土匪方面：共抢劫六次，现破案三宗，大体上肃了，小部分还未扫清，今天要我们来做。

2. 反一贯道工作：全县坦点传师 36 名，道徒 241 名，大体上退道的很多，还有个别顽固的没有坦白，今后还继续□□。

3. 关于生产救灾方面：首先实行互助互借，如赵讲鲁先生放了三百石，没有饿死一个人。副业生产也开展快（如一区一乡妇女编草帽换小麦三四十石）。农作

---

① 编者按：此文件系未最后整理润色之会议记录，次序略感凌乱，语句颇多口语化且不完整，现按原文照录。

物均系歉收，普遍的旱灾，个别雪灾，风沙灾，多打一升粮食的任务也没有完成。对改造坏人，如聚赌的人，比过去少的多，是有劳动观念的表现，重视了生产，认清了劳动致富、生产发家的目标。

4. 关于建设方面：水库不巩固，现在整修了利益很大，但在整修中间发生了不少的错误（如修后洞口时，犯了官僚主义，修溢洪道时大有进步），接受了经验教训，又加民工的觉悟提高，结果任务完成得快。再有水库汽车一辆，包给张自和，全年小麦一百二十老石，作水库开支。

5. 水利方面：恶霸霸水的现象，基本上消除了，但个别的按老粮浇水，不公的现象还有。又在去年酒泉给了一部分水，实足地表现了天下农民一家人的号召，本着人人有饭吃的精神，给我县放水。在浇灌方面的缺点，看面子现象处处都有，点香制度必须取缔，按坪分水的办法，最不合理，今后必须研究，使其公平合理地受益，是为我们会议上的主要议题。

6. 财政经济方面：50年粮食工作，基本上完成了上级分配的任务，入仓的已达百分之九十六多，地方粮入仓的百分之七十六多，在征收过程中，是合条例的，大部分是公平合理的，按照各阶层的负担，也合条例，负担面达百分之八十四，也合理，干部方面打骂现象克服了，至于群众反映说：比国民党时轻的多了，同时一年出了一次，并不感到重或多。征粮干部犯错误的也有，打骂人的押人的，组织上也进行纠正。

7. 税收工作：50年的任务已经完成了，并超过5.3的数目，因干部少，不能下乡收税，乡村工商业也重视不够。

8. 干部方面：如二区四乡杨乡长摊派小麦，是犯错误的，现在我们代表先生们，也应从各方面检查或帮助。

马书记报告今后工作任务、今后应做的工作：

1. 生产工作：生产搞不好，衣食都不足，因此要搞好生产。要搞好生产，必须取掉生产中障碍物，人人无虑才能做得起劲。现在群众的负担多，如穷人欠债过多，抬不起头来，富人的负担，放了账，要不回来，也是负担，因有这样的负担，故现要进行处理债务纠纷。解放前的还要求有借有还，自由借贷，政府保证，利息应由双方商议，互助互借为目的，并在这会上讨论如何活跃农村借贷。减租问题，在未土改地区，普遍实行，即地主收入不能超过所产量千分之三七五，这项工作是目前要作的，也应提在这会上使大家知道，以便回乡顺利执行，完成执行政策的任务。

2. 清匪问题：大股子土匪没有了，但部分尚有，而匪根子现在尚未扫清，是我们的任务，也是必要的，要讨论好办法处理。

3. 肃特工作：特务是来破坏一切的，现在农村中普遍的生产效率降低，增加了不作工的人，生产情绪不高，是特务利用会门捣鬼的（如一区四乡一贯道徒四百多人)。现在退道搞生产了，主要一贯道的上层分子，确实是特务，但不能说入了一贯道的人都是特务。现在上当的人多的很，我们要使老乡们作好生产，退出道来，过好日子，是我们的主要任务，要坚决彻底消灭他，并在这会上讨论办法（如说造谣刮风四十九天，是道徒相信的），完成任务，安心生产，过好日子，始为首策。对入道的人处理，自愿坦白的退道的人，我们决不处罚。认识伪道的害处（如现在不退道的，押的、打的、吊的是顽固的），退道的一个也没有处罚，是大家看到的。其中害处甚多，如毛润秋、朱兴仁原来是好人，作好生意的，现在入道后，生意停顿，日子一天不如一天，祸跌到他们的头上了，事实在我们眼前，将来我们也要处理他。

关于各阶层的顾虑，如地主怕土改，这个问题是关全国的问题。就在土改时，也有你的一份儿，顾虑是不必要的。压制反革命分子的办法，现在要设人民法庭，凡违犯人民利益的人，必须依法处理，使其作个好人。

上列障碍物取掉之后，人民生产无虑，过好日子，是我们的主要任务。

4. 水利问题：去年决议的水规，多未实施，今年已拟定水规草案实行，切不得犯了条例，如过去不法情事甚多，今年一定取缔，并教育群众，使其执行得法，灌水公平。修坪之事可否决定，现在尚未测量，我们提出并坪意见，作详细研究，镶坪的问题，现在有许多不能克服的困难：（1）距离不一；（2）漏度不能测出。还有去年的不法现象一定克服它，如点香、远近、按粮浇灌及高低不能统一的困难，今年要克服他。水利员的不负责及旧作风不正，也要巩固他、改进他，使其工作顺利，人人享受莫大的利益。现在的水利员与过去不同的地方，是思想腐沉，旧作风浓厚，有老爷观念，故于工作不利，这种思想要客服。

关于缺乏籽种、口粮问题，如何解决，在这会上应提出讨论。劳动力多余，应如何处理，并实行节约备荒的有利条件，多吃的少吃些，三餐改两餐节省的效力并不小，修水沟的工作在今年一定要整修，使其流水方便，防风沙的工作今年要作好，但其作的方法应详细讨论。

六坪的护岸柴，群众不断的打掉，与堤岸不同，应该定出具体的计划、处罚的条例，使其以后依照条例处罚。

5. 自由借贷的问题：自由借贷的处理，应由政府保证，有借有还，不论地主富农，均自由议息，政府不能干涉，有粮食的人应多放出，不能放下不借，使自由借贷活跃起来。

6. 合作互助：合作的力量大的很，互相建立友爱关系，并在劳动力方面互换（如人工换牛工）等情形，实行好了，利益较大。

7. 籽种问题：籽种粮放出去，收回来的很少（如一区一、二乡收回来的多，二区七乡也快完了），其他各乡收回来的很少。还要求能上粮的人，应该上完。打粮时，我们还照顾到他们的困苦，是因他多年受苦，一时不能解决多少年苦处。由此看来我们还要给穷人酌情放给，使他在生产上得到初步解决。在收粮时，有的社区作风不正派，收粮时不负责任，有打人的思想，不打完成任务的思想，结果对工作不利。

李长英说：

关于防沙柳如何栽活：稀少是栽不活的，多栽挤在一齐，并且栽好之后，盖上柴草之类，或其他物料，盖上之后，不致死掉，这是栽柳经验之一。

姜科长报告：

关于水利问题：水利搞好，生产就能搞好，并提倡水是生命的关键，究竟怎么搞好，其办法：低的照顾高的，近的照顾远的，上游照顾下游。同时干部们取掉以往思想、仁政观点，处理水利纠纷时有些干部暗中主动，而群众的意见，都是由干部主动的毛病多，并在今年的浇水问题，由干部负责将水浇好，要作好51年生产，必须浇水合理，浇水公平，乃是搞好生产的先决条件。

三区组杨自洪代表报告：

肃清匪特的办法，应先行登记。（小偷儿）离本乡时必须代证明条，并组织起来进行教育，转入生产。

关于乡镇选产粮及伪政府时所筹的学校基金粮应行归公或作救济用，现在请政府考察。

曲芳亭报告：

关于城关市有些小本商人，买卖缺乏资本，请求政府及银行能予部分贷款，以活跃市场，繁荣经济。

一区助张学海报告：

一般犯水的人，多浇了水，该犯水人的庄稼归浇水的人收割。救灾问题，应多种菜蔬和小明庄稼。

桂岳报告：

关于一贯道的情形，过去的一贯的头子，是反人民的组织，希望代表回乡之后，大力宣传，说明道理，退出道来，做个好人。

二区乡闫百高报告：

风沙实防备问题，没有好的办法，唯请求石堤子开荒，并请政府借给部分食粮，以使完成开荒的任务。

刘秀英代表发言：

希望代表们回乡后，宣传发动妇女，努力生产，说明平等、自由的关键，并宣传妇女退出一贯道。

李锦玉代表发言：

政府对农村布置了工作，但检查不够，了解有些群众，知道翻身，知道民主自由，但有些群众……①

张进学发言：

春耕生产时应行对军属优待要注视，实行调剂土地，并包耕代耕，缺乏畜力及人力的应组织变工，使他们生活上解决部分困难，安心为人民干事，优待军属，亦即壮大武装力量的关键。

马书记总结会议闭幕：

这个会共开了三天，解决许多问题，给我们作了主张。这个会的性质，代表会有立法的权利，政府有司法的权利，代表会的常务委员会是代表整个代表的，代表会决定的一切应即实行，不得有他人阻止，代表及党务委员会应作汇报工作，这次会议上讨论的事项：

1. 减租工作：这项工作虽对象不多，但要彻底实行，减租应从解放时实施清灭，但个别灾荒例外。减租后，须按新约，其减后即刻交租，使其双方有利，但不得无由加重负担，或收回土地，否则即行法办。

2. 处理债务纠纷：清理旧债与减租，同时亦进。并结合春耕生产，发动群众搞好生产。水利问题，应依地亩浇水，新的水规要实行。

3. 节约备荒，应求男女共同努力生产，互相节省，以少积多。还要在春耕时多种庄稼，多搞副业生产。

4. 要巩固乡村政权，整理农会，并扫除不纯分子。

5. 要发展青年团员及壮大青年力量，要我们急于宣传教育，使其青年人参加农会或青年团。

6. 整理民兵，加强训练，使农村秩序安宁。

7. 反霸工作还要进行，现在恶霸低头了，但并没有打倒，须再继续反掉，使农民真正好起来，过好日子。

8. 肃特工作：对一贯道我们要从新认识，必须了解共产党的一切情况，两者相比，从根本上来看，应从根本上解决问题，使他们退出道来，不退道的人，应依法惩办，家财归公，人判徒刑。

9. 烈军属必须进行优待，使他们的衣食无虑。

---

① 编者按：省略号为原案卷所有。

酒泉县人民政府关于本县因抢修金塔鸳鸯池水库遭受之损失在土改结束区乡应如何补偿事向酒泉分区的请示

1952 年 1 月 21 日　　肃 22—1—2

酒泉区专员贺、曹：

一、专农水字第一三号批复奉悉。

二、查我县土改未结束，城东、临水两区遵照指示办理外，但河北、嘉峪两区土改早已结束，无法调剂，同时西南区讨赖河为了及时退水，雇短工九十四个，共计工资小麦三石七斗（市斗）由西南区政府垫付，尚在悬案中，应如何处理，请核示。

三、专署十一月七号为了抢修金塔鸳鸯池水库，召开我县科长、区长建设助理员联系会议，由曹专员作报告，说明金塔鸳鸯池水库工程重要，关于堵水花了人工、淹没农田及遭受意外损害由金塔县人民政府负责等因，因此，我县根据这次会议精神通知各区遵照办理，现若不解决此问题，有失政府威信。

以上各点请核示。

县长华农

一九五二年元月廿一日

甘肃省酒泉分区关于迅速提交水利畜牧林业报告给酒泉县人民政府的指示

1952 年 4 月 24 日　　肃 22—1—3

专农字第 91 号

酒泉县人民政府：

一、现在谷雨已过，快到立夏，除少数地区因气候特殊外，夏田均已播种完毕，正集中全力积极展开防旱抗旱的水利工作，为给今年丰收创造有利条件，希各级政府发动群众，抓紧季节如期完成各项水利工程毋误用水并将各项工程进展情况：合渠并坝多少？节省多少水量？新建闸坝新开渠道，掏泉等共能增加灌溉面积多少？能开多少亩荒地？今年能播种的有多少？希遵照前次四科长会议时带回去的简报表式按旬具报。

二、清明节过迄今已有半月、各路植树造林工作当即结束，希将此次林业工作分别统计国营造林多少亩？多少株？每人几株？今年比去年比较能增加百分之几？苗圃育苗多少亩？希将这次植树造林成绩好坏典型作出总结具报。

三、为及时掌握了解畜牧情况，省农林厅、本署均已通知你县自三月份起配合农业生产工作，一并按旬具报在案。查你县所选各周生产报告迄今没有提及畜牧方面的情况。这是不注重畜牧工作的具体表现，为了纠正已经对畜牧生产的自流放任倾向，特决定这次各县对畜牧工作要按前省农林厅牧字第二〇二三五号通知中的七项提纲作出专题报告，今后并应逐旬具报勿得有误。以上三次希遵照办理以凭审核汇转为要。

专员贺建山

副专员曹布诚

一九五二年四月二十四日

酒泉县人民政府关于河东区十乡农民赵文章请求缓期分交贷款事给酒泉人民银行的公函

1952 年 9 月 10 日　　　肃 22—1—3

酒泉县人民政府（函）稿酒四（52）申农字第四八〇号

酒泉人民银行：

据我县河东区十乡老乡赵文章来科说"你们给我贷放水车时说，价款一年到三年。最近银行通知到我乡办理贷放水车手续，算下价款二百九十多万元，同时限于九月十二日交贷款一百五十万元，但今年水车贷款放下去已经交收，光播种两三亩荞麦，完全被碱腾死，没有收益，并且井水不旺，若果今年叫我交一百五十万元，我实在没办法。今年我只能二十万元，□□□□交，否则退还水车"等情，查该民所说属实，为此相应函请你行准予缓期分交可否，希请见复为荷。

代县长许

一九五二年九月十日

金塔县一九五三年农业生产建设计划

1952 年底或 1953 年初　　　金 11—1—4

一、基本情况

一九五三年我们金塔的农业生产，更应加强努力，提高一步，走向新的前途。因为群众的思想觉悟日益高涨，爱国热情和生产积极性，也随之提高。再经过五二年生产实际工作中获得了经验和成绩，在防旱抗旱节省水量，浇好了秋冬水，改进耕作技术和农具，以及翻地积肥，选足了籽种，购备了树种，贮藏了冬草。这一切准备工作，为五三年打下了坚强有利的基础。本计划就是针对这些有利条件及响应上级党和政府的发展经济建设伟大号召拟定的。

二、方针与任务

甲、农业

粮食增产：要求在五二年的基础上提高单位面积增产原粮十六市斤，尽量少留不必要的轮歇地，夏田面积争取达到总耕地面积的百分之六十，耕种后小麦面积的百分之七十五。棉花播种面积除保持五二年面积外，不再扩大，要求在五二年的产量基数上（二十三市斤）每亩增加皮棉二市斤。

乙、林业

总计造林：一七二六亩（国营造林一二六亩，公私合作造林六十亩，群众造林一五四〇亩）分春秋季完成。

群众植树：二百万零二万六千株（每人三十二株）分春秋季完成。

国营育苗：七十五亩。

公私合作育苗：二百〇三亩，区乡苗圃负责完成。

私人合作育苗：三十亩，发动互助组和造林小组完成。

封沙育草：三万亩（夹墩湾二万亩，其余系境内的沙窝，另外要会同玉门县封住沙枣园子等沙窝，防止流沙东迁）。

采集树种：一万市斤。

丙、水利

整修渠道：在春水后把全县各干支渠道整修一次，计划夏修于五月动工六月底结束，秋季应按洪水冲刷情况再补修一次，赶地冻前结束主要工程部分。

1. 整修：总干渠（栏河两岸）大坪口、（六坪）西栏河退水、干渠（三道）各支渠，坪闸、退水、渡槽。以上工程主要以卵石柴稍砌固。

2. 拟修：西坝退水，花城湖开辟水源。以上工程经技术人员勘测后再决定。

3. 小型水利：继续整并小农渠，重点试验打井，成功后推广并贷放水车。

4. 压沙：继五二年精神，全县压沙面积一万五千亩。

加强水利机构：健全县干渠、支渠，各级水利干部，配合行政领导，明确分工，分层负责，在春水前要把改选的水利人员集中县城，举办短期训练，灌输业务技术，作到定员定额定期完成任务。

丁、畜牧

牲畜繁殖：要求在原有基础上，质量和数量一并提高（任务如附表）。

改善饲养：要在"饲养为主，防治为辅"的原则下倡导农民多储青黄草，多种苜蓿，利用余水浇泡草湖培植牧草，注意畜舍卫生，计划如后：

1. 全县储冬草五千万市斤。

2. 凡养大小牲畜的家庭，每家必须修缮一个适合卫生的畜舍。

3. 全县种饲料地三千亩（以苜蓿为主）。

牲畜保健：进一步加强县区乡各级保畜委员会，保畜小组，团结中兽医，防止狼害及非法屠宰，发现疫病，随时隔离消毒，拟在上下年度各召开畜牧人员座谈会议，吸取保畜经验并重点的设置畜牧，处理病畜尸体。

扶植民桩：各区至少建立三处民桩，并加强教育配种技术，提高受孕率，并利用集会举办种畜比赛。

戊、交通

养护公路：县城至二截一段公路，由沿路各乡分段保护，每乡组织一个护路队（义务职）。

整修大车道：县城至二区、三区两条大路应各利用农暇整修完善。

建筑桥梁：计划在梧桐河、榆树沟，各修一座大桥，便利用二区各乡交通。

运输：全县编一个皮车运输队，以私营十四辆皮车组合。一个骆驼运输队（登记后再编）。

己、副业生产

1. 发动群众，订出副业生产计划，每户养鸡八只至十只，每三户养猪一口。

2. 改良小手工业：改良土布机，推广拉梭，提倡妇女织布，利用农暇编制各项作物（草帽、筐子、柳屯、草席、线袜等）因为是农民附带生产，听其尽量发展，暂不分配任务。

3. 业余生产：争取挖炭积肥（如修猪圈、换灶、换坑、修补农具等）每亩地至少积够二十五车粪。

三、实施办法必须采取的几个步骤

甲、农业增产方面

1. 必须贯彻有关农业生产的政策，大力宣传，组织农民加强爱国思想教育，首长亲自动手，明确分工，抓紧检查和布置，召开各种会议，以提高增产支援中国人民志愿军，加强抗美援朝力量。

2. 改良耕作技术和农具，根据五二年耧种的成效，要由干部及劳模带头示范，讲清耧种麦省种子，省人力，防风耐旱，并不减产，甚至多打粮等好处，打通群众思想顾虑。抓紧季节早种早收，多犁多锄，麦苗至少锄二次莨二次，棉花要试验上追肥，作好顶头打油条、间苗及作物防虫防害、选种、换种工作。

3. 改良肥料，多想办法调制肥料按土地的不同情况，上粪加沙，数量上每亩达到二十车以上，并按适用情形上追加绿肥，质量上要按各种肥料掺和沤好，并重点的推广化肥，计划每区试办一个乡，面积各三百亩（五三年分配本县肥田粉二十吨）。

4. 解决生产上的困难，籽种问题，五二年已经选足全部拌种，基本解决了农具问题。在五二年原有基础上再补充百分之四十，并重点的贷放新式步犁二百五十套，耕畜劳力问题，必须依靠群众力量加强组织变工互助，并重点发放贷款购买。

5. 耐心教育改造懒汉（地主在内），要求男女都上地，家家总动员，由上而下的订出五三年爱国增产计划，保证计划完成，干部随时督促检查，展开丰产竞赛运动。

6. 实行经济用水，保证不浪费，在浇麦苗以前，不放溢洪道的蓄水，争取小麦在芒种后百分之七十浇一次水，秋田普遍浇到三次水，按水量的大小调剂分配，坚决实行薄浇浅灌，做到用水多的多用，需水少的少用，互相照顾，打破保守和靠天吃饭的心理。

7. 坚决贯彻互助合作政策：在五二年原有基础要加巩固，切实整顿，必须有百分之六十的农户确确实实地组织起来，其中长年定型互助组要达到百分之十五，全县并做好一个农业生产合作社，在自愿两利原则下实行合理记工记分，发挥民主作风，另外全县要做好一个丰产乡，四个丰产村（行政村），二十四个丰产组，各级首长亲自领导完成任务。

乙、林业方面

1. 造林以防沙护渠为主，按主要干支各渠及受沙严重地区营造（包括毛柳）要做到包栽包活。

2. 国营造林苗木由县苗圃供给一部分，各区乡造林苗木来源主要由群众供应，不足者可用五二年采购沙枣播种，还可互相调剂，如万一不成任务时，可用榆钱（待成熟后即时下种）播耘。

3. 合作造林以民造公助为方针，以互助组及造林合作社□□□□□红并抓紧季节加强领导，召开林业会议，大力宣传，先做好一个典型，再推广全面。

4. 群众植树，按各区乡人口分配任务每人栽活三十二株。

5. 国营育苗以县苗圃为主，并辅导区乡苗圃，区乡苗圃各推专人负责。另外确定的丰产乡育苗十亩，丰产村各育苗三亩至五亩，丰产组育苗一亩至三亩。

6. 护林以健全护林委员会订好护林公约，严禁滥伐，实行奖惩，要作到保护树苗人人有责，除做农具由县批准外，其他需用，均须呈报县府转请专署批准。

7. 采种以沙枣为主，榆、杏、桃核为辅。

丙、关于水利

1. 必须掌握全面，了解全面，每新修一段工程，事前须经过领导机关勘测，避免盲目浪费财力人力，要有步骤、有计划、有组织，尽量争取不贷款，破除靠上思想，并进一步健全水规，节省水量，要求全年省出二万四千亩地的水量。

2. 在浇春水以前，各支渠应一律先把渠道淘挖一次，使沟道畅通，顺利浇灌。

3. 早开春水，并利用春冬季余水，扩浇荒地及草滩草湖。

4. 加强县区乡各级抗旱防旱机构，领导重视分层负责，建立按期汇报制度，深入检查逐渐麻痹大意的思想。

丁、关于畜牧

1. 广泛宣传，使人人爱护牲畜，保证牲畜有足够的草吃，并改善管理以及环境卫生等经验。

2. 要配合兽防人员，保险人员随时深入入乡村作好牲畜保健。

3. 培养牲畜干部、模范，团结中兽医，提高配种骟匠牲畜人员的政治地位。

4. 全县作好四个畜牧丰产组，有计划、有条件、有技术、有步骤地完成畜牧增产任务。

张和祥县长在金塔县第六届第二次各界人民代表
会议上的工作报告

1953 年 12 月 11 日　　金 11—1—8

各位代表们：

本年度自三月八日开过第一次各界人民代表会议后，到现在有九个月了。在这当中，由于共产党和上级人民政府的正确领导及广大群众和各位代表们的努力，推进了各项工作，提高了生产量，人民的政治觉悟水平和生活水平也大大地提高了一步，现在我将九个月来政府的各项工作简单的向大家报告如下：

一、九个月来政府工作的基本总结

甲、生产工作

1. 农业方面：五三年的农业生产计划草案，业经本年第一次人民代表大会讨论通过，计划中确定了粮食增产任务（要求单位面积产量在五二年的基础上每亩增产原粮十六市斤），现已超额完成（五零年每人平均三百多斤，五三年每人平均八百多斤粮），去年每亩平均产量一百七十七斤，今年每亩平均二百一十斤四两，各级领导对生产工作都是特别重视的，在布置各种工作时都以生产为中心。任何中心工作都是围绕着生产工作进行的，并强调生产工作是各个阶段中压倒一切的中心工作，任何工作与生产工作冲突时必须给生产工作让开路，如在春耕时的复查工作组夏收时的普选工作组，均变为生产工作组，因此在春耕时能提前下种，并缩短了播种时间，今年一般的比去年早种十三天，因当时的气候冷热不正常，农民们跟着自然气候的变化，上午散粪，下午种地，于三月五日先后开始，到三月二十五日基本结束（潮地在外），有的乡十五天就结束了，本年全县共播种夏田面积一十七万一千一百二十七亩，占总耕地面积百分之六十，另外还种了撞田三千九百三十八亩。

结合春耕还整顿了互助组，在三月中旬，召开了一次互助组长代表会，贯彻了互助政策，如二区李清善互助组，以前不清工、不记账流于形式，经开过互助组长代表会后，回去就积极的召开组员会，并买了二尺四寸白扣布做工票，还订了生产计划向各组挑战，以往干部对互助合作的政策精神领会不够，形成急躁冒进，贪多贪大现象，无原则的追求数字，而不求质量，结果陷于自流。

本年经过春耕时的整顿和夏收中的巩固教育，截止现在（五三年）全县已有九百八十个临时季节性互助组，一百个常年互助组，还有一处农业生产合作社。参加互助组的户数占农业户的百分之六十三点四，组织起来的人数占农业人口的百分之五十三点三。在夏收夏选时政府发出了指示，并提出"随黄、随割、随犁"的口号，并以普选工作组为主，配备和加强了区乡各级领导骨干，在县人民政府统一领导之下，逐级布置了工作任务，建立了汇报和检查制度，并教育群众在自觉自愿的原则下，自选自留，以田间穗选为主，块选场选为辅，在未开始前先做了充分的准备工作，了解了农民的农具情况，掌握了所缺的数目，即指示县农具生产合作社加班赶制镰刀犁铧，大量供应，由区统一订购，仅一、二区共添置镰刀一千九百五十二张，犁铧五百五十四张，并搜集乡存的公有石料（土改时没收的），找石匠打造石磙，又动员农民自行购买及互相调剂使用。四区旧寺坝乡利用土改时没收的石条做了三十七条磙子，一、二两区共添置石滚子一百四十八条，其他小农具发动农民自行修补和添置的很多，各乡都召开了互助组长、民兵、妇女、党团员会议，订出了夏收夏选计划，发动男女一起动手，尽量抽出男女劳动力参加夏收夏选工作，临时组织了村选小组、巡逻小组，有的村还组织了抱娃娃组、放牧组，同时还帮助解决了麦场问题，尤其一区各乡大都是临时来场，因当时没水浇，就给予了夏收中的一个大障碍，经多方面讨论想出了挖井灌场和潮地按场办法，首先是干部带头试办，再推广全面。二区新坝乡党支书李生福先挖了一口井，用卧杆取水法浇了四升地（四分）的一块场，由此推广到各区乡，二区新地乡利用碱潮地按场和挖井按场共解决了一百零八个麦场，在二十五天左右选割工作基本上结束。全县共选种四百一十六万七千斤，超过原计划七十六万七千五百斤，每亩以二十二市斤计算，可种十八万九千亩地。有的乡上在选种时，群众提出"三快"——眼快、手快、刀快。金西乡妇联委员马秀英除自己以穗选的方法选够足种的种子外，还带动了四十三个妇女在两天选了三十五老石穗子，三墩乡史明仁联合了三个互助组（共二十一人），一天内就选了一千一百五十斤穗子。

以上这些事实证明，妇女和干部在夏选中起了一定作用，犁伏地时也是首先由干部和代表带了头，起初农民有三怕——怕地干犁不动、怕挣坏牛、怕搬坏犁铧。经干部和群众讨论后想出了犁前用磙砸或用镢头开沟的办法，克服了挣坏牛、搬坏铧的困难，以实际教育了农民的三怕思想，继而由群众提出了三稳的口号（铧投稳、犁扶稳、牛走稳）终于战胜了自然，总计全县共犁地九万二千五百亩，其中犁过两次和三次的各占三分之一，本年秋翻地占总耕地的百分之八十五，结合了夏收夏选还进行了丰产评比，由于去年地犁得好，洪水泡得好，籽种选得好，拌得好，播种时间早，所以普遍地得到了丰产。二区大新乡农民王兴贵的三亩五分五的一块地打了三千二百零四斤，每亩合九百零一斤四两。一区金大乡农业生产合作社每亩平均打了二百九十九斤半。

2. 水利方面：本县人民的三大敌就是风、沙、旱，大量植树可以避免风灾，大力压沙，可以减少沙患。今年共压了一百六十亩面积的孤沙，修渠并坝，开源节流可以防旱，马书记曾说过："水就是金塔人民的命根子，浪费一滴水，既是浪费了一把米。"所以我们对水利工作是特别重视的，为了更好的把水利工作搞好，特别加强了水利机构，又在水委会设了三个专职干部，专门搞水利工作。今年丰产原因除上述的"五好一早"外，其主要原因是夏水浇得好，今年的旱象本来很严重，将要成为歉收年，结果变成了丰收年，在党和上级的正确领导下与金塔放了三次水，这是历史上未曾有过有事。同时遵照上级指示，掌握经济用水，严格的实行了薄浇浅灌，节省了水量，扩大了灌溉面积，在今年春上将鸳鸯池的节制闸用土法加高了五公寸五，多蓄水量二百万土方，增灌苗地一万六十亩。今秋又将节制闸的洋灰坝用混凝土加高一公尺五寸，今冬可增蓄水量六百二十万立方公尺，能增产五万二千五百亩地的一次用水。为使经济用水的精神继续贯彻下去，遵照上级指示，发动农民改小了地块，又于十月间由两栏河退水，经西沙巷到生地湾间修了一道长约二十华里的排洪道。这件工程，利益很大，冬季可退水入生地湾，泡古荒、种撞田、封沙育草，夏秋可排洪水，避免渠道损坏，减少冲地淹人，并创始了西干渠下游利用冬水浇地，估计每年可增产粮食三万市斤，使水患变为水利，本年内还并了四道支渠，估计能省水量三千四百亩，又在一区头墩乡试打了一口井，据说每天能浇一亩多地，在我们缺水的地方打井浇地是很需要的，将来准备把这一经验逐步地推广。

3. 林业方面：我县是个沙漠地区，气候干燥雨量稀少，木材又很缺乏，解放以来政府不断的提倡植树造林，也有一定的成绩，本年植树中，向有个别的乡无树苗成了问题，就发动用互相调剂互相帮助，劳力支援，出价订购等办法解决了无树苗的困难，如金大乡李杯义除自己种了七百株外，又给群众赠出七百株。四区复兴乡农民张子杰用一老斗二升小麦订购了一百多株，西三乡给西头乡赠送了一百二十株。三区给国营造林区赠送了红柳五车，一区金大、金石、金东、金西等四个乡给国营造林区赠送了一万多株树苗，充分的表现了互助友爱，天下农民一家人的精神，但因个别乡村对护林工作做得差，以致有的树被牲畜剥了皮，有的被野兔剥了根皮，也有的没包好被冻死，也有个别的农民认识不够，偷砍偷伐，如三区×××偷伐树苗破坏林木已受了惩处。今春全县共栽树一百四十多万株，共有苗一百三十九亩，因贪多务大形成了"管栽不管活"的现象，适逢天旱又没浇水（今年的树苗没给浇水是不妥当的），因此成活率只有百分之四十五，秋季共植树五万三千五百九十五株，共育苗三十八亩，数量虽比春季大，而质量却比春季提高了，并重视了护林工作，除指示各乡严禁牲畜放野外，还发动农民包了树，四区上号乡乡长张琏和乡妇联主任萧凤英，发动男女群众一百一十多人，一天内就包了两千四百多株树，同时还发挥了群众防兔的经验，推广各乡也得到了一定的效果，如将兔子活吊在林区的，使别的兔子听着嚎叫声就不敢跑入林区，有的将兔血淋到树上，别的兔闻着腥气就不剥树了，有的用网捉收获更大。二区天生场乡的穆玉清、穆玉文二人，在二十天内共捉了七十六只兔子，这个方法还得继续推广使用。

4. 畜牧方面：牲畜是农业生产中不可缺少的一支主力，因我县的牲畜少，使用得比较苦，在喂养上不够精细，经配合各种运动宣传教育比去年要好的多，八月下旬先后在二区新坝乡、天生场乡、三墩乡，三区的西红乡、新地乡、和平乡。四区的下号乡等地区，发告蹄疫和炭疽病，政府即派专人分赴各乡进行封锁隔离、注射消毒等工作，截止十月九日全部扑减，共注射家畜二千八百二十四只（其中包括牛一千六百六十二只、驴九百二十七头、马二十八匹，骡子二十七匹、羊一百八十五只），并用药剂及草木灰刷了畜圈六百五十六间，牛槽七百一十个。为了保证牲畜的安全又做了灭狼捉狼，至现在全县共捉大小狼二十九只，一区金双乡农民陈守山挖了四个狼娃子，试取别地经验将狼娃子的眼睛戳瞎，仍放在洞里，使其长大后互相残杀，咬死大狼。……①

金塔县一九五三年农业生产工作总结报告②

1953 年底　　金 11—1—4

1. 配水制度：依照专区计划，统一调配，集中轮灌，经济用水的原则在各级领导掌握下，按作物不同、需水情况集中调配，每次用水均经各级召开水利委员会充分展开讨论，针对水量大小沟渠远近，作物面积和需水情况，确定时间并布置由县到村的检查，建立汇报制度，争取做到薄浇浅灌，经济用水，如第一次浇干沙麦田，全县未浇完，不能放浇第二次水，下游未浇完，上游不得拦截，如有意违犯水规情事，及时开会讨论按情处理。

2. 浇水情况：由于去年的洪水天，多数地亩浇成干沙。今春利用浇苗前的余水，还浇了沙滩草湖和能种撞田地带，又浇夏田头水地（干沙苗地）十二万五千亩，浇二水七万九千八百亩，金塔坝四个乡浇了三次水的二万一千亩。在秋禾方面，本年已经肯定为灾区，但在共产党和人民政府的领导下，酒泉人民以"天下农民一家人"的精神，上游照顾下游的原则，给金塔先后放水三次，同时县书记县长的重视浇水，亲自到各区会同工作组，昼夜不息地检查，实现了薄浇浅灌，经济用水，减少浪费，因之本年秋禾普遍浇到两次水，（还有少数的秋田因浇得过迟，略有减产）。总的方面来说，金塔的庄稼，今年是亩减产而变为增产，由歉收而变为丰收，这些史无前例的事情都是共产党和人民政府领导来的，另外之八十一的秋地得到了秋泡，给五四年丰收打好了基础。

---

① 编者按：原案卷中下文缺失。
② 编者按：原案卷甚长且颇多错简、淆乱，唯水利部分尚称完整，今予摘录。

3. 健全水利机构：为了严密水利组织，健全机构，五三年春改组区水利委员会为干渠水利委员会（按水系组织），使各级水利人员和行政人员密切配合起来，同时为进一步提高水利人员工作效率、加强责任，在春秋两季召开一次水利人员学习会（集中县上会期四天）。六次县水利委员会，更明确的认识了水利的重要和不应有的浪费水量。

4. 整修水渠：

（1）新开两栏河排洪渠一道，这一组工程事先经过县委县长亲自勘查，开会研究讨论，并经工程人员测量设计，按地亩动员民夫一千九百多人，分工分组互相竞赛，七天时间完成了长二十华里的排洪渠一道，实用人工一三三七五个，柴稍七〇〇〇〇〇斤，芨芨五千六百斤（搓绳用），提前完工一天，节省人工两千个，把每年冬季结冰时农民无法浇地的余水退入此渠，流经西沙巷、白水泉、西井湾、生地湾等以便浇灌沙窝、荒滩、草湖，可以育草植树，根绝沙患，同时还可借此水泡古荒，扩展播种面积撞田，对排洪方面作用更大，另外春季并了七道支渠，七十二道小农渠。

（2）加高鸳鸯池节制闸工程，于九月十七日开工，十月十九日全部完工。计用人工三八四一个，工程费一亿二千九百四十九万零一百六十八元，全由受益粮项下开支，但收效较大，计算加高一公尺五寸，可增蓄水量六百二十万五方公尺，能增灌五万二千五百亩一次的用水，争取灌渠内的麦苗五四年可浇两次水。

甘肃省酒泉专区关于抽调使用一部分水利干部给各县政府的通知

1954 年 7 月 19 日　　　肃 22—1—3

甘肃省人民政府酒泉区专员公署通知（54）建水字第 0873 号

各县人民政府：

为了争取完成一九五四年各县秋冬并勘测施工的重点水利工程，工作后提高水利人员的技术水平，兹决定抽调一部分受过水利训练的干部，在专区集中，配合专区水利工作组进行短期业务学习。学习时，组织成小组，分别进行勘测工作。希按下列名单抽调水利干部赶七月二十八日前到本署报到，各县调派的干部薪金与来酒泉路费由各县负责报销。特此通知。

临泽：靳则朝，王培信。

高台：赵与翰，朱维礼。

敦煌：孙正元。

鼎新：杨茂林，张正琪。

酒泉：李振山，妥殿绪。

金塔：王生荣。

玉门：杨茂材。

安西：马培彪。

甘肃省人民政府酒泉区专员公署

一九五四年七月十九日

金塔县人民政府四年来的工作报告及目前的任务[①]

1953 年底或 1954 年初　　金 11—1—8

各位代表：

我代表金塔县人民政府向大会报告四年来的工作及目前的任务，请审议。

四年来我们在中国共产党和上级人民政府的正确领导下，和广大群众的拥护下，先后进行了减租、反霸、镇压反革命、抗美援朝、土地改革等一系列的运动，并在机关中进行了伟大的"三反"运动和反"官僚主义及命令主义反违法乱纪"的斗争，因此大大的提高了群众和干部的政治觉悟，安定了社会秩序，巩固了人民政权，基本上消灭了农村的封建剥削。在去年又开展了总路线的宣传和互助合作运动，大大的推动了农村生产力的向前发展，巩固了工农联盟，并提高了群众的生活水平，这些重大的成就是我们不可否认的，现在我将各项工作分别报告如下：

一、生产工作

1. 农业生产。解放前的农村由于国民党匪帮运用各种不同的手段对农民进行残酷的压榨、要粮、要款、抓兵当差，年轻力壮的劳动农民逃避"兵役"，致使土地荒废，生产量不能提供。又加地主实行劳力、地租、高利贷等等的封建剥削，使农民没有喘气的机会，以致农民的生活水平逐渐下降，大多数的农民走向贫困的道路，以出卖劳动力还不能维持最低限度的生活，甚至妻离子散全家不能团圆。国民党的那群官吏们，只是想法吸取人民的血汗，对农民的生产和生活方面根本不管。自解放后金塔人民首先是在政治上翻了身，又加党和上级政府对广大群众生活的关心，首先是重视了生产工作，并响亮的提出"生产工作是压倒一切的中心工作"，尤其又在农村实行了"耕者有其田"的土改政策，解放了农村的生产力，农村无地少地的农民都分得了土地，计分得土地×××亩。[②]如果以每亩平均产量×斤计算，每年可收入×斤原粮，同时还分得了房屋、牲畜、农具等生产资料，使农民在自己的土地上安心生产。又加党和政府不断的想法改良耕作技术和经营方法，大量积肥，提倡伏犁地，去年号召农民"随黄随割随犁"的做法是正确的，起初农民有很多顾虑，经干部想办法找窍门，亲自带头实际试验后，农民才相信

---

① 编者按：原文件较长，仅选取与水利相关的第一部分。

② 编者按：此处"×"符号为此份文件自带，下同。

了。去年共伏犁地二十二万一千一百二十亩，已经今年打下了丰收基础，同时发动群众选择了优良品种，又在本年开始了赛力散拌种，大大的减低了压穗率。在夏收前后组织群众进行了田间观摩及丰产评比，并发动群众消灭了害虫，使庄稼没有受到大的损失。五二年的虫灾比较严重，尤其是金针虫最多，去年又在五区发生蝗虫灾害，经派专人前往发动群众全部扑灭，冬季又发动群众挖掘蝗卵一百五十六斤。同时还教育农民修补和增添农具，为此在五二年还成立了农具生产合作社，向农村大量供应农具。去年又在二、三、四区成立了六处木工加工小组，去年光大车就增添了×辆，修补了×辆，这给农业生产上增加了一批很大的力量。又加播种早种得快，使麦子的根部发育快，能多吸收土壤中的肥料，即所谓"麦子种在冰上，穗子结在根上"，就是这个道理。因此促进了生产力的提高，改善了广大人民的生活，使农民的生产积极性空前的高涨，如二区大新乡王兴贵在解放前每年在土地上只能收入十余老石的原粮，解放后逐年增加，单位面积产量，由一三〇.五斤增加到二〇五斤，去年即收入原粮×千×百×十×万×千×百×十×市斤。就以解放后四年来的实产量来比较也是逐年增长，如四九年每亩平均只产主粮×斤，五〇年平均产一三〇.五斤，五一年平均产一三八市斤，五二年平均产一七〇市斤，五三年平均产二〇五斤，全县比五〇年多打×斤原粮，如买步犁可买×部或可买×尺布，每人穿×套。今春的播种工作已于三月七日先后开始，至四月一日基本结束，约计播种干沙地十五万亩左右（春水除外），如果没有其他自然灾害，一定能得到丰收的。今后农业生产的方针是在党政的统一领导下，继续贯彻国家过渡时期的总路线，逐步实现对农业的社会主义改造，积极地稳步地发展互助合作组织，正确地发挥农民的生产积极性，进一步开展爱国增产运动，防旱抗旱，改进农业技术，提高单位面积产量，尽一切的力量增产粮食，适当地增产经济作物，以适应国家社会主义工业化的需要，逐步提高人民生活水平，巩固工业联盟为中心任务，并要求今年的总收获量比去年增加百分之五点四，单位面积产量平均要达到二百一十五斤，经济作物以增产油料作物为主，已分配给各乡种油籽的面积为七千四百五十亩，每亩收获量为一百一十二斤；棉花维持五三年的水平，每亩收获量要达到三十五斤净花；并提倡胡麻地里种豌豆，如果洪水早的条件下可种二茬田（荞麦、小糜、秋菜）；并继续提倡伏犁地的成功经验，仍然做到。

2. 互助合作。互助合作和农业增产是不可分离的，要想走大家富裕的路，必须要"组织起来"。据各地经验证明，只有组织起来才能多打粮食，如酒泉×庄农业生产合作社去年每亩地平均打了×斤粮食，而互助组平均每亩打了×斤，单干户每亩平均只打了×斤。我县金大农业生产合作社去年每亩平均打了×斤（因系刚组织起来），另外撞田收入×斤，而互助组每亩平均打了×斤，单干户一般的只能打×斤，因为组织起来能统一的使用土地，统一的调配劳动力，牲畜、农具都能互相调配，能以分工分业，不断的改进耕作技术，并能使用较大的新式农具（如马拉机）。所以肯定地说，只有组织起来才能增加生产，以往由于干部们对互助合作的政策学习得不够，没有认识到农民小私有者的特点，对农民的觉悟程度没作一定的估价，只是盲目地追求数字，贪多贪大，因此就发生"强迫编组"、"全面编组"、"搞大爱工队"，对互助合作的三大原则没有认真的执行，结果流于形式不能巩固，形成"干部来了就干，干部走了就散"，年年整顿，年年垮台，工作组到来轰轰烈烈，工作组走后放任自流，一松一紧不能正常发展。自去年总路线宣传以后，特别是进行了两条道路的教育，农民明确了农村发展的方向，认识了自己的前途，社会主义的觉悟又大大地提高了一步。截止现在全县百分之六十的农户已经组织起来，共有临时季节性的互助组×个，常年互助组×个，农业生产合作社三个（×社员），其中有十四个乡的×个互助组要求成立合作社。金大农业生产合作社退了社的社员×经总路线的宣传后也后悔地说："××××××。"很多单干户都表示要在秋上参加互助组，如×乡农民×说："××××××。"同时有的常年互助组和农业生产合作社已与供销合作社订立了合同，同时供销社全县已先后建立了五个基层社及一个农具生产社，供应了农民在生产和生活上的需要，这都表现了互助合作的成就还是很大的。今后我们要继续巩固成绩，克服缺点，防止"强迫命令"和"放任自流"，坚持"自愿互利"的原则，重点试办带动部分，推广全面，积极地稳步地向前推进，根据现有条件，计划在今年秋后再办十四个农业生产合作社。

3. 水利建设。水是金塔人民的生命，没有水，金塔人民就不能生存。旧社会的水完全操纵在地主恶霸的手里，解放后党和政府特别地重视了水利工作，改善了不合理的水规，已逐步在建立新的水规制度，并着手于鸳鸯池的水利工程建修，于是在五〇年就后洞口修筑了护水墙和溢洪道上的节制闸工程，增蓄水六百万立方，增灌农田五万二千亩。五一年又另修了一座给水闸，并修了土坝和旧给水洞工程，避免了金塔人民的水患。五二年又新修了堵墙及旧洞加固工程，蓄水时利用土法加高节制闸，增蓄水量二百万立方，增灌农田一万六千亩。五三年又做了溢洪道的整修工程，又将节制闸用混凝土加高了一公尺五寸[①]，今年多蓄水量六百二十万立方，可增灌农田五万二千九百亩，预计明年可蓄水三百万立方，约可增灌农田二万六千亩的一次用水。先后在水库需用了民工五一五三三五个，洋灰×吨，钢材×吨，石方四三九六方，沙方一七八〇方，因挖基挑槽开挖了五八九二〇石方，总计费用人民币一六八亿。都是由上级贷给的，四年来据不完全的统计共合并了三条干渠、十条支渠、八十条小农渠，估计每年能节省六万多亩的水，共镶闸（包括新修和补修）五百九十个，估计每年能节省人工一万二千个，还新开了排洪渠一道，并改修后墩坝引水入生地湾，扩大了撞田面积，光生地湾互助组在去年种撞田收入四十二万六千九百多斤，北河湾的收入也不少。今年生地湾

---

① 编者按：原文件在"一公尺五寸"下双行抄录云："挖工程细则：钢筋混凝土四千三百九十六三立方公尺；洋灰×；共用人民币一百六十八亿双零三十九万零六百五元；挖基土石方五万八千九百二十立方公尺；沙方一千七百八十方；石方四千三百九十六立方公尺；民工五十一万五千三百三十五个（不算雇工）。"

泡地约四万亩，北河湾泡地约二千亩，石堤子泡地二百多亩，估计今年的撞田收入又是不小。最近又发现一区双古城有能种撞田的可能性，在党和上级的正确领导下，酒泉每年夏天给金塔放了一定的水量，这是历史上从来没有过的事，尤其去年给金塔三次放水，眼看就要歉收的金塔坝成为了丰收的金塔，同时遵照上级指示，掌握了经济用水，严格地实行了薄浇浅灌，节省了水量，扩大了灌溉面积，并在去冬和今春发动农民加小了地块。水利方面的成绩很多，缺点也还不少，尤其对个别农民的政治思想教育不够，因此有的故意违犯水规，如三区东五乡×说："我不犯水规没干头。"金大乡在去年浇夏水时"明浇夜退"造成了跑沟浪费水的现象，新坝乡农会主任并带领群众来县城向政府要水，二区大新乡乡长×，不但不领导群众浇水，反而自己浇了二水麦苗三十亩，引起上游群众乱浇水的现象，致使下游的二千多亩干沙麦苗全干下，造成了严重的损失。今后对浇水制度要严格执行，取缔旧社会遗留下的"三不浇"、"明浇夜退"等坏习气，并克服平均主义。水量较小要集中轮灌，并继续加小地块，实行薄浇浅灌，要充分利用秋水，要坚决克服"春松夏紧秋不管"的现象。专署已决定今年芒种至夏至间由酒泉给金塔放水八天，到立秋金塔如无洪水，酒泉再让一次水。但我们在浇水中一定遵守浇水制度，对违犯水规的必须严肃处理，同时必须加好沟沿，以免跑水，继续不断的裁并小农渠，做到"有口有闸，有闸有板。"并在有条件的地区重点的试验打井四眼，金塔虽然是个缺水的地方，但地下水还不少，只要我们多想办法不断的发挥水利的潜在力，并拟在鸳鸯池下面修建总分坪（计划尚未批回）。

4. 林业方面。解放后，政府大力提倡造林育苗，并发动群众用互相调剂、劳力交换等办法解决了个别地区的缺树苗问题，四年来共植树二百三十七万五千八百七十二柱，共育苗一百零一亩。但由于护林制度不严及林业人员没有对乡苗圃深入辅导，致使成活率很低，县苗圃不但没起示范作用，并在群众中造成不良的影响。并在五一年创始了著名全国的压沙工作，逐年的封沙育草压没孤沙，仅五三年的封沙育草面积就有三万亩，压沙面积一千另九十二亩，三年内共压沙二千零八十五亩，约保护农田八千零三十四亩。今年我们必须首先端正林业干部的思想，改变其工作作风，并在这一基础上要求国营造林一百亩，国营育苗一百二十亩，封沙育苗面积一万七千五百亩，幼林抚育四百零四亩，压沙面积一千三百亩，采集树种三千斤，渠岸植树二十四万株，群众植树完成三株至十五株。为完成以上计划必须贯彻"伙种伙有"、"谁种谁有"的政策，做到栽一棵活一棵，坚决作好护林工作，订好护林公约，严禁滥伐，实行奖惩，划清封沙界线，制订界牌，封沙范围内及各处林木区，绝对制止人畜破坏，违者依法惩办，并发动群众自己栽树自己保护，乡苗圃要重点试办委托育苗，以互助合作社为委托对象。

5. 畜牧方面。畜牧业生产中，由于技术人员缺乏，没有抓紧领导，工作不够深入，形成有布置没检查，因而在改良种畜、保育草原、改造饲养等方面还没有一套成熟的办法，所以畜牧工作还没有做到应有的成绩。据五三年的统计，大家畜才完成计划的百分之七点五，羊完成百分之一点六。在防疫方面还是没有一定的成绩，政府对这一方面还是相当重的，那里有疫就在那里消灭，随时发生即时防治，仅五三年共注射家畜二千八百二十四头，全部消灭了疫情。还进行了消毒隔离工作及补修畜圈、搭卷棚等工作，同时还打狼三十三只。今年继续贯彻"防重于治"的方针，计划注射家畜一千二百头，打狼六十只，并以殖疫畜为主，要求牛比五三年增殖百分之七，马增百分之六，骡增百分之三点五，驴增百分之六，骆驼增百分之三，绵羊增百分之十七，山羊增百分之十八，猪增百分之八。并选育土种，组织民桩，牲畜交配要给桩户付一定的代价，拟在一、二、三区组织中兽医诊所三处，教育群众割储野草，保护庄稼草料，种植苜蓿，保护草原。

6. 副业生产。副业生产在近年来也获得了一定的成效，如一区城关市市民及城附近各乡的农民共计×户，给国家磨面每月收入约七百七十万元，除牲口的草料外，可供给二千×百人一个月的食用，尤其挖甘草解决×人×个月的口粮，如买步犁可买×部或可买×收音机，或可买布×丈能解决×人每人一件衬衣。其他如油矿、编草席、草筐、包工挖索阳、拾柴、拾粪，都有很大的收入，今后继续发动农民进行副业生产，秋后可组织牛车进山拉煤，现在酒泉大红沟已经出煤了，×个人每天可背出×石煤，今年燃料问题可解决一大部分，同时对保护风沙也有了保障。

酒泉县一九五四年水利工作计划

1953 年底或 1954 年初　　肃 4—1—24

依据上级指示"一九五四年灌溉管理工作的方针与任务"的精神，并根据本县具体情况，经专区党政领导基层水利人员以及三级干部会议反复研讨，订定本县水利工作计划于后：

一、一九五四年水利工作任务

1. 彻底根除大块地浇水：在五三年改大块地为小块地的基础上，彻底地将三亩以上的大块地一律改成三亩以下的小块地，并要求各区乡于春季以前全部改完。整地块时必须认真检查，加改农渠，以免大块地变为串田浇水。

2. 取消串地浇水：除六区新地乡春季改一半，余一半于秋季全部改完外，其他各区乡统于今春全部取消。

3. 实行薄浇浅灌：浇水时除渗入土地者外，留存地面的水，根据实际情况，最多不得超过三寸（泡荏地在外）但头水均应争取要薄浇，浇水次数方面，小麦一般浇三次为宜，可以浇四次，尤其一至五区更应当成一项重要任务去执行。

4. 岁修和重点整修工程：全县干支、农渠都要进行岁修（掏泉包括在内），农渠较多地区，亦应适当的进行合并，五区九、十乡更应注意改进，岁修工程要为长远着想，有力修好的应该认真修好，以免年年费料费工，一、六、七、八、九区更要加固渠岸和水闸，防止大水冲垮，造成不应有的损害。

此外全县要重点整修的，即加筑堤岸，清理淤塞渠道计九处，整修和新开隧洞四八八〇公尺，改修渡槽十一座，修退水闸二十四座，修补六座，修进水闸二十一座，分水坪十八座，跌水一座，蓄水池一座，蓄水闸二座，挑水坝十二处，扩建涝池三座，亮水六座（附工程计划表于后）。

5. 技术指导：除六区新地坝、七区洪水坝、二区民渠由省技术干部勘查设计指导外，其余工程不再调省技术干部，主要由各区水利助理员，负工程计划和技术指导责任，并随时注意培养，懂得技术的干部和群众，使之在工程上尽情发挥其智能和创造。

完成以上各项工作，全县即可节省七四八九零亩地的水量。（在工程计划表说明栏内注明）

二、合理均水

1. 给金塔县均水问题，引讨赖、清水、临水各河流灌田的各区、乡须在过去立夏正式分水的基础上，今年应透分水五天，即在三月十一日上午正式分水（农历四月初九日）灌田，并在薄浇浇灌和灵活集中调配水量的原则下，在三十一天当中，争取一律浇完夏田，于芒种后五日给金塔县均水八昼夜，即由六月十一日（农历五月十一日）起，至六月十九日（农历五月十九日）止。立秋后河内无洪水，应再给金塔县放水一次。秋灌时亦应抓紧使用，多余水量，一律送入河内，严禁明浇夜退和浪费水量现象。

立夏前需春水灌草湖树林者，须经县批准再灌，立夏和芒种后给金塔均水期间，一般蔬菜地和给城市区以及矿务局的建筑工程队，制砖厂等处需要和供应的水仍应适量的分别给水。

2. 三区蒲潭、蒲金两沟和四、五两区的二墩坝均水问题，今年应在分水地点设置坪口，原则上水量各占一半，上游掏泉、修坪，所需工料，应平均负担。

3. 三区杨洪乡和五区长城、常祁两乡均水问题，基本上与五三年办法同，另外双方须加强灌田组织，下游应主动的与上游经常取得联系。

4. 下花两坝（四区上三沟乡和五区下官、中渠乡合用的水渠）在六区三奇堡乡上面新修渡槽一节，由下花儿坝负责增修。

关于三奇堡乡境内，中一段紧靠该坝堤岸处的地坡，由该坝群众负责加护一次。

5. 洪水、丰乐川、马营、观山等河流有关区乡引用水量时，均应根据五三年用水精神，并健全以河流为系统的水委会，于每年召开会议，研讨统一调水和制度等问题。

三、加强水利工作的组织领导

1. 各区岁修工程统于四月底前完成重点整修，工程一般要五月中旬前完成。

2. 开工前要做好充分准备。如确定何时开工，要多少工、多少料、多少车辆、料要运达何地，由谁领导，民工如何编队，如何划定区域分工负责，备好口粮炊具，出发前要验人、验工具，做好思想动员，如此就可使工程有秩序的进行，并可省时、省工、省料。

3. 对每一工程都要认真领导。重要工程施工期间区书记或区长要亲去领导，鼓励情绪，并解决问题。岁修工程按行政区域划定范围分别负责。乡干部之多数应全力参加，乡干部应抽三分之一，以便加强施工领导。

4. 建立工地党团支部，做好工地思想政治工作。工地党团员应分别建立支部，以加强党团领导，要及时掌握群众思想动态进行教育，充分发挥民工积极性。并采用评分、记工方式，提高工作效率，及时汇报勤检查。好的民工和干部要及时表扬，除口头和书面表扬外，并可在水费中抽出若干给好的民工以物质奖励。对坏的可以进行适当批评，但不准用斗争方式。表扬和批评要公平，尤其对民工要注意多表扬少批评，施工中可发动干部民工竞赛，但不可过火，以免有碍健康。此外还要随时教育群众爱护工料。

5. 团结技术干部，尊重技术领导。所有工地干部，施工完毕要做好鉴定，负责干部和技术干部征求下级干部的意见，由工程委员会做出。鉴定要从爱护和帮助出发，反对报复行为。

6. 做好安全卫生工作。十至十五人可编为一组，每组指定一人负责安全卫生工作，如做到不吃生饭，照顾临时轻病人，查看住所，注意塌方等，并须教育民工要互相爱护，互相照顾。

7. 完工后，要总结上报账目，要即时公布，并应教育群众，废除迷信浪费现象。

四、改进用水

1. 均水、调水上下游，都要做好准备工作，以免浪费水量，尤其下游应充分利用水尾，不得以多报少。

2. 做好区乡组间对用水的交接工作。谁交谁接在事先要规定好，要做到接水者不到，交水者不走，每次浇水后，有关各级政府要及时处理有关违犯接交用水规定的问题。

3. 水量较小时，应集中轮灌，但渠坝定要事先修好，以免冲垮。集中轮灌究竟要合成几沟水，要根据水量大小灵活掌握。

4. 支渠由下往上浇，农渠由上往下浇，干渠视具体情况决定。

5. 坚决废除明浇夜退（特别注意秋水）。结合整地块要认真修建农渠，以免大块地改成串地水。

6. 用水紧张期间，不准放草湖（发山水例外，如发山水各区可根据具体情况处理）。浇农田后如无余水，草湖仍不应浇水。树木一般利用春秋满浇，先靠春秋水不能解决问题者，由区乡报县批准后才能在夏季增浇一水，浇夏水原则上一律沟溉，能修而未修沟者不给浇水，树木所受损失，由有关领导负责，苗圃地和农田同样浇水。

7. 充分利用秋水，秋水应昼夜放浇，坚决克服春松夏紧秋不管现象。冬水渠小，易冻者先浇，渠大不冻者后浇。

8. 以农渠为基础，并建立灌溉小组。每组管辖二百亩左右为宜，组与组间要划清地界。浇水之前乡上召集各组统一布置，浇灌小组负责督促，修查整修渠道和平整地块。并由灌溉小组统一掌握用水标准。浇水所要劳力，由灌溉小组和该组群众事先商量确定。灌溉小组要一视同仁，保证浇好。阻碍灌溉小组执行任务者，要及时认真处理，灌溉小组人员，所误工日，应照实际所误工时间折付工钱，工钱应稍高于一般工市价，此费按亩负担，每次浇完即付。亦可采取还工办法。如此不仅接头方便，用水标准统一，而且浇水会更有秩序，即省时，又省水，对整个浇水有很大好处。

五、水规纪律

1. 均水期间，有关上游各渠要按规定自动闭实，如有不自动闭实，明闭暗放，实行漏水或早开口者，得以破坏水规论处。

2. 有关均水规定，由各级层层负责贯彻执行，如执行不力，造成或煽动群众请愿者，有关领导应负全责，并依情节轻重适当论处。

3. 下边违犯水规或发生问题，有关上级要及时处理，不得拖延姑息，否则以失职论处。

4. 区乡间发生问题不能解决时，应先约束下边，然报请有关上级处理。不得煽动是非，擅自胡闹，否则以纪律论处。

5. 区乡间临时调水，由两家协商，如协商不成，报请上级解决。

6. 区乡间不经双方同意，不得任意变动坪口，否则擅自变动之甲方应负损失之责。但甲方已经通知，乙方拖延不管，使甲方受到损失时，乙方应负甲方损失之责。

7. 群众对领导有意见，应向有关上级提出，如得不到解决，可越级上诉，有关上级不能及时适当解决，造成群众损失者，有关干部要受惩处。但有关群众不能聚众请愿或辱打干部，否则煽惑带头请愿者，要根据情节轻重以破坏生产和危害治安论处。辱打干部者也要依法惩处。

8. 各级水利干部，隶属同级党政领导，重要工程如属行政领导，所出差错造成损失，由当地党政负责。设计不合实际或有其他属于技术方面的错误，应由技术干部负责，党政如不听从技术指导，因而招致损失，党政府负技术错误之责。

9. 如因怠于安全卫生工作，工程中发生伤亡现象，主管干部应受适当惩处。

10. 违犯水规必须严肃处理，轻者批评检讨，重者处罚，严重者还要依法惩处。干部违犯水规加重处罚，但必须明确处罚为了教育，只要达到教育之目的即可，不可过失。五三年违犯水规还未处理的，仍须处理，已处理尚未执行的坚决执行。

六、奖励

各级领导和一般干部，在水利工作上有成绩的，应予以适当的表扬和物质奖励。

七、水利人员的编制和待遇

1. 编制的原则：县成立水委会，会内设专职干部五人，掌握：（1）全县水利计划和指导；（2）搜集有关基本资料，如水文资料，计算水源供水量；（3）调整水量和配水；（4）研究改进作物用水；（5）检查和管理存在问题。

河流大干渠均应组设水委会，会内委员人数应按具体情况决定，每区设水利员一人，掌握全区配水和整修工作，主要干支渠和重要建筑物，根据重要增设水利员一人，乡不设水利员，由乡人民政府直接领导。重要渠道、无人烟容易发生问题的地方，特别是跑水地点，可设渠工看护，重要渠道周围有人家的地方，可组织上游就地群众保护或成立护渠小组，渠道如有临时破坏，由护渠小组及时抢护。

根据上述编制原则，结合各渠道和主要坝口以及建筑物重要与否等情况，本精减精神重新调整。

2. 待遇：县水委会干部按其能力，以县同级干部工资标准评薪，水利员不论长年和半年，其薪金一律按乡长待遇支给。文书、组长、渠工薪金按其应负责任、能力、工作老实评薪，月支工资九十到一百分，由区掌握报核具领。

3. 经费来源：上述人员的薪金及办公费用，由县按上年实种地亩统筹统支。

酒泉县1954年区乡水利人员增减计划分配表

区别 项目	第一区		第二区		第三区		第四区		第五区		第六区		第七区		第八区		第九区		合计	
	五三年	五四年	五三年	五四年	五三年	五四年	五三年	五四年	五三年	五四年	五三年	五四年	五三年	五四年	五三年	五四年	五三年	五四年	五三年	五四年
水利员	3	1	10	2	11	1	9	1	10	7	8	5	1	2	9	4	12	5	73	28
组长											3	4	5	5		1			8	10
长夫	30	24	10	10					6	6	24	21	48	43	10	4	26	26	154	134
文书									1	1	7	1	1	1			1		9	4
合计	33	25	20	12	11	1	9	1	17	14	42	31	55	51	19	9	38	32	244	176
说明																				

酒泉县1954年水利工程计划概要表

1953 年初　肃 22—1—8

项目	增补退水闸(一区河口)	改修支渠(一区)	改修支渠(一区)	改修支渠(一区)	整修挑水坝(一区河口)	新修进退水闸(二区)	改修跌水闸(二区)	新修进退水闸(三区)	新修退水闸(四区)	修筑蓄水池(五区)	新修退水闸(五区)	整修堤坝(六区)	整修堤坝(六区)	整修隧洞明渠(六区)	整修渠坝(七区)	整修渠坝(八区)	整修渠坝(九区)	合计
灌溉地亩	61 500		1 000	400		58 500		31 736	18 000	1 200		21 100	26 500	8 000	65 000	50 000	51 000	402 536
工程计划内容	整修退水闸一座补修六座	图儿坝改修支渠一五口丈并加修整	清理和整修沙子坝渠底及堤岸二里	清理和整修沙子坝渠底及堤岸分水坪	河口护岸补修挑水坝五座	引水口处增修进退闸一座	修黄家崖跌水四联一座	每个干渠口新修进退水闸共十四座	修整渠堤外在二墩坝口修进退闸各一座	五六乡合并增修蓄水池一座蓄水闸二座	引讨米河水处新修进退水闸五座	整修东洞坝进水口处挑水坝预防洪水六座	上三闸修干渠十五里改修分水闸一座	整修和新开洞四洞八洞一八〇公尺新修渠首工程改修渡槽十一座	任坝口修堤岸二十五里退水闸二座	清理渠底加固堤岸和增修防洪工程	屯升坝修十六道支渠的分水闸分水乡涝用丰乐河水的退水闸六座水坝四座	
应需工料 民工	2 000	1 000	1 000	400	5 000	5 000	8 000	1 700	350	2 500		8 000	7 200	25 000	24 000	6 500	28 000	125 650
车工	120	30	100	80	500	500	300	140	40	250		1 500	1 100	1 000	3 000	200	9 800	18 800
茭柴						120 000		20 000	1 000	300		3 000	28 000	20 000			700 000	920 000
木料	30	10	20	12	30	120	60	168	20	32				80			124	706
芨皮草	30 000	6 000	8 000	6 000	50 000	20 000	85 000		200	400		3 000	28 000	50 000	100 000		310 600	310 600

续表

工程名称		增补退水闸	改修支渠	改修支渠	改修支渠	整修挑水坝	新修进退水闸	改修跌水闸	新修进退水闸	新修进退水闸	修筑蓄水池	新修进退水闸	整修堤坝	整修堤坝	整修隧洞明渠	整修渠坝	整修渠坝	整修渠坝	合计
工料费	贷款（百万元）	20.00				30.00	59.00	60.00	43.00	7.50	35.75			18.00	295.00	50.00			550.00
	群众自筹（百万元）	33.00	20.00	33.00	13.20	89.00	74.00	57.00			55.00			12.24		26.00	97.00	113.84	928.88
工程收益	节省水量	800	600	800	400	600	1 300	600	400	700	800		600	500	2 000	5 000	200	15 000	30 300
	增加水量	160 000	120 000	160 000	80 000	120 000	312 000	144 000	96 000	168 000	192 000		132 000	110 000	1 000 000	1 100 000	300 000	2 250 000	6 444 000
备注		小支渠一律修带板水闸	小支渠一律修带板水闸	小支渠一律修带板水闸	小支渠一律修带板水闸							包括四乡退水闸一座			另有详细计划	支渠进水口一律修节制闸	另外用丰乐河道坝的四节制闸四道		
说明	1. 上项工程都是各区重点修整的，计加固堤岸、清理渠堤共有 9 道，整修渠坝 16 座，挑水坝 12 道，水闸 16 座，涝池 3 座，改修渡槽 11 座，补修的 6 座，修水闸 21 座，分水坪 4 座，跌水 1 座，蓄水池 1 处，整修和新开隧道 4 880 公尺，浇灌地亩要求在控制水量，减少轮次，薄浇浅灌下，以 48 000 亩计算可节约水量 16 000 亩。 2. 另外一段岁修工程，约需工五万方左右（淘泉在内），计节约水量 15 000 亩。 3. 整地工作，要求将 3 亩以上大块地于春季全部改为小块话梗，以 58 000 亩的五分之一节约水量计算，共节约 11 600 亩。串田地除新地乡春季改一半秋季改一半外，其他各区均要求于春季一律改小沟灌田，以 6 450 亩的五分之一节约水量计算，共节约 1 290 亩。																		

甘肃省农林厅关于做好一九五三年民营水利工程
给各专署的公函

1953 年初　　肃 22—1—6

甘肃省人民政府农林厅函农水字第 30782 号

函送各专署；抄送西北水利局、省财委、省人民银行、水利工作组，各县（市）人民政府、自治区：

为了做好一九五三年民营水利工程，完成本省增产任务，保证农业丰收，除由我厅水利局组成水利工作组十组已介绍到各专区协助技术指导外，兹将提出工作中的注意事项，随函抄送，希即研究执行为荷。

附注意事项一份。

厅长苏兰斌
副厅长马丕烈

附：

甘肃省一九五三年民营水利工作注意事项

我省各地区一九五三年民营水利工作任务，已于今年一月召开的全省农业生产会议上根据各地实际情况，做了适当的分配。为了有计划、有领导，做好全年的民营水利工作，兹根据中央政务院及省人民政府发出继续发展群众性防旱抗旱运动的指示，和西北区水利工作会议的精神及我省各地区实际情况，在执行工作中应注意左如各项：

一、民营水利包括渠道、水井、水车、掏泉渠、填挖涝池、蓄水、保滩、水漫地等一切可以提高农业产量的水利工程方法。

二、平凉专区、庆阳专区及天水专区、武都专区、定西临夏专区的一部分，如群众无灌溉习惯地区，应由地方政府在未受益的每一大小渠道的灌区内，以沿渠村为单位特约互助组户，试行重点灌溉示范。灌溉以粮食为主，并由地方政府培养特约组，帮助订计划，解决肥料、籽种等困难。以灌溉示范为重点，结合新修、整修渠道及发展山区防旱工程。武威专区注重加强灌溉管理及经济用水，结合合渠并坝、打水井、装水车等工作。酒泉专区以系统整修旧有渠道为主，并大力推行经济用水。

三、农林厅水利局（以下简称水利局）派出水利工作组十组，分赴各指定地区指导。技术工作，除兰州、皋兰、榆中、靖远由水利局直接领导外，其余统受所在地区专署统一领导，来往行文统由专署报转。为求迅速起见，局组间可采用报知的方式，在该地区工作完毕后，作出鉴定，由专署介绍回水利局。

四、各水利工作组经费由水利局开支，小型水利工程贷款由专署统一掌握分配、施工组织、管理收支，县政府负责备查。

五、遵照西北行政委员会马明方副主席在西北区水利工作会议上的指示"要做好小型水利工作，主要要靠县区乡各级人民政府，省级机关主要是要做好经验交流指导工作"的精神，水利工作组在专署领导下进行该区水利工作的勘测、设计及技术指导，代表省农林厅及县署检查、督促该区各县水利工作的进展情况，监督贷款使用，总结群众技术经验，传授群众技术。

六、各级地方政府派干部负责，组织领导施工、民工动员及财务收支，并提出应办工程初步计划，登记群众需要水车，报经专署派水利工作组依据进行重点勘测查对。

七、凡提出一工程计划，在性质未区分前，一般□由工作组进行查勘，决定可否民营。如工程规模很大，技术复杂，不能民营而必须公营的，应写出查勘报告，提出初步意见，交地方政府逐层转报农林厅核办。

八、凡可以民营的工程，则须衡量现有技术、财力、物力、人力等各种条件，决定即时举办或缓办。如为缓办工程，也应写出查勘报告，提出初步意见，说明应如何准备及实施步骤、时间，交地方政府研究。

九、民营水利本年可以举办的，应提出计划，交县或区政府领导群众讨论，通过后再由县区政府呈报审核。一□□□工程经专署或县府批准后，即可一面开工，一面将工程地点、名称、计划概要、需要政府贷款的数目及实施工程后计划增加灌溉亩数、农产增收量等列表（附计划概要表）报经专署转报农林厅被查。

如需要贷款在三亿以上，或增加灌溉面积在一万亩以上，或某一较大建筑工程如渡槽、闸坝等技术较高的，必须由水利工作组做出详细单位工程计划，其中包括基本情况、简单平面草图，显示工程布置及灌溉位置，比降与□□□□□□□开工。

十、各级政府审查工程计划时，必须按照经济条件，尽可能地就地取材，采取木料或石料，多做比较。如仍不合经济核算时，缓办或不办。

十一、凡工程与临近的区县或专区发生关系时，必须互相取得密切联系汇报，经上一级政府批准后开工，以免发生问题。上游开渠必须照顾下游，已有渠道水量，要算总账。

十二、施工中要随时检查，帮助群众解决问题，反对任何强迫命令，不核算经济价值，粗制滥造，赶急图快，不讲求效果的工作作风。

十三、施工中应督促各施工单位，于每月十日做一次情况报告，每月二十五日填报工程月报表（附零星水利工程月报表），并作一次总结报告，典型事例，随时专题总结，逐层汇转报省，以作经验交流。工作组并按此规定期限，向省及专署分别作报告。

十四、施工完结后，专县政府应作出全面总结报省，同时立即组织管理机构，养护工程，实施配水。

十五、工作中专署应特别重视技术干部与行政干部的互相配合问题，彼此要尊重，互相学习，反对技术干部轻视行政领导，不虚心向群众学习的纯技术观点。同时也反对行政干部不虚心学习技术，只凭热情工作的经验主义。

十六、已经参加过专区短期水利训练班的干部，一定要配合今年的防旱抗旱工作，配备到水利工作岗位上去，不要再乱调动。

甘肃省酒泉区专员公署给各县人民政府
有关水利工作的三个问题的指示

1954 年 5 月 15 日　　肃 22—1—3

甘肃省人民政府酒泉区专员公署通知（54）建水字第 0596 号

一、本署曾经规定将大块地一律改为三亩一下的小块地，以期做到经济用水，目前各县多已认真办理，但有部分地区在改地块时未挖引水沟（农渠），浇完一块就挖开小埝串浇另一块或一连串浇数块，有的水漫过埝，这样不但不能改进用水，反而拖长了浇水时间，浪费了水量，希各县立即认真检查，如有上述情况，应教育群众挖好或另开引水沟不得串地浇水，以防止浪费水量的现象发生。

二、本年岁修和重点建筑水利工程，原规定要在五月中旬前完成，个别最迟不得超过五月底，现已到五月半，希即抓紧时间，检查各工程进展情况，并将详情报署。

三、你县灌溉小组组成后，在浇水中起了些啥作用，发生过什么问题？如何改进和解决的？希亦检查报署。

甘肃省人民政府酒泉区专员公署（印）

一九五四年五月十五日

处理意见：

水利会议后汇总上报水委会并经常委同意检查各地浇水情况。

董、贾

五月十九日

甘肃省人民政府酒泉区专署员公署
给甘肃省人民政府关于水利工作的报告

1954 年 6 月 11 日　　肃 22—1—3

建水字第 0740 号

兹报上我区一九五四年一至六月份水利工作简报一份请查收。附水利工作简报一份。

甘肃省人民政府酒泉区专员公署（印）

一九五四年六月二十一日

附：

酒泉专区水利工作简报
一九五四年六月二十二日

甲、灌溉情况

一、春水：

春初消水后，各地都充分利用消水泡好春耕地（金塔一县就泡了糜谷茬子地四万五千多亩），灌溉开荒地和撞田（安西泡荒地一二四五亩，撞田四千多亩，金塔泡撞田一万二千余亩），浇灌树林、苗圃、□荒、草滩（安西滩脖子湖天然地一万亩），并灌足了各地蓄水库、蓄水池的水，高台县马尾湖水库蓄水七百四十万立方公尺，新修的芦湾墩水库蓄水三百六十万立方公尺，又利用洼地蓄水池五处，蓄水二百余万立方公尺，金塔县鸳鸯池蓄水库，比一九五三年多蓄水三百二十万方，安西新修双塔堡蓄水池蓄水十一万立方公尺，鼎新县新旧四个小型水库和酒泉县临水区的小型水库、夹边沟小型水库，也均蓄满了水，在鼎新、金塔、高台、临泽等县还利用春季余水浇了些早种的夏田，在下游缺水地区，都尽量利用春季余水。

二、立夏后截止到现在浇灌情况：

我区今年的水又是个新的情况，山中积雪虽多，但因春季天寒，积雪不易融化，河水均较去年为小。在此情况下，以往较缺水的地区如鼎新、金塔、高台均充分利用了春水，除靠山地区播种较晚，山水下来较迟外，大部夏田已浇完二水，并有开始浇三水和浇完三水的。一部已往不缺水的上游地区如酒泉的一、二区，不但没有很好利用春水，而且在浇水时有深浇满灌及冲倒闸坝而浪费水的现象。迄今尚有三个乡未浇完二水，庄稼反而受旱，有的地区则因春天不发水，入夏后水小，受旱较重。如酒泉六区的十三个乡，截止五月十六日，除两个泉水乡已浇完二水并开始浇三水，两个乡已浇完头水，四个乡夏田已浇了一半外，三个乡正在按每户九尺浇一半地的办法，两个乡还没有开始浇水。七区全区四万多亩夏田只浇了二十多亩，因和六区是一个水口，必须等六区浇完后，才能开始浇。该区去年是农历二月二十一日开始下种，在六区全部浇完后，于四月二十一日开始放头水（离下种两个月），于五月初七日久浇完了，而今年则农历三月初开始下种，截止目前还没有浇上水，比去年浇水时间已晚了二十多天，估计到夏至才可能下来水。高台五区不久以前不仅田禾未浇水，而且人畜饮水也很困难，有的乡要二三十里之外驮水吃。据六月十七日报告，该区头水还未浇到一半，约需半月才能浇完。临泽梨园河流域有两个区受旱，夏田下种后七十天到八十天才浇上头水，浇泉水的地区则因天气凉，水的蒸发小，地下水位高，都浇得较好。因此，我区今年缺水程度并不亚于去年，但除部分靠山地区外，一般地区均能适时按次浇水，是由于这些县根据专区水利工作计划中对水利措施上的各项规定，作了明确布置，做到了：

（一）充分利用了春水，浇灌了部分夏田，并利用洼地建筑些小型水库，蓄了许多水量，补充用水，如金塔、鼎新、高台、安西等地。

（二）普遍建立了灌溉小组，统一浇水，缩短了浇水时间，做到了一定程度的薄浇浅灌，节省了水量。

（三）较彻底地整修了渠坝，减少了渗漏，加快了流速。

如果不是采取以上各项措施，则今年的旱象将比去年更为严重。

乙、春修工程

一、一般岁修工程，在三月份中，就基本结束（近山区除外）。

二、各重点工程，在四月份已先后开工，其中比较大的工程：酒泉县的：1. 新地坝改善工程，由去年十二月份开始开凿新隧洞，至五月十五日全部完工，计凿新隧洞一四八公尺，新开明渠三二〇公尺，整修旧隧洞四一〇〇公尺，整修明渠二五〇〇公尺。在放水后，达到旧有水量，足够新地乡恢复并发展农业生产之用。2. 民主渠退水闸和渠首工程、洪水大坝防洪和渠首工程均已完工。高台县完成了芦湾墩水库未完工程，以及新修刘家深湖、塔尔湾、正义湖、六湖湾、按头湖五个小型蓄水库完成后，均已按时蓄满了水。黑站渠修建十二公尺长大渡槽一座，三清渠改做三孔钢筋混凝土退水闸一座。敦煌县惠煌渠加固工程工费达千亿元，人工、木料、贷款均已筹齐，于五月十日开工，预计于六月下旬完工。临泽县完成梨园河西干渠的退水、冲沙、节制闸各一座，卵石衬砌渠身二十七里，开新渠五公里，沙河渠的分水闸、跌水各一座。鼎新县新建和整修小型水库各二座，新修了大坝支渠和整修了大坝支渠的拦水坝。安西在双塔堡建蓄水坝两处，蓄了十一万多立方水。三、四两区整修蓄水坝六处，并渠十二道。金塔县并干支渠二十条，新修补修了大小水闸一三二七个，做到有闸有板。以上各工在动工之前皆经过动员编队、编组、备料、验工具等准备工作，开工时由各级党政负责同志亲赴工地，加强领导，所以一般的工程尚做得快，质量也高，在春季供水中起了一定的作用。

丙、消除串地水和改大地块为小块地

高台县挑引水沟 6255 条，消除 22 319 亩串水地，临泽消除 1019 亩，敦煌有串水地 1809 块，已改 1377 块。以一般情况看，串地水大部分已消除了。改小三亩以上的大地块，各地也普遍进行，酒泉县八区三亩以上大地块 2990 块，六区 3837 块，只余 12 块未改。高台六、三两区已全部改完，临泽改了 2882 块，鼎新 1594 块，改了 1053 块，安西 3814 块，改了 2014 块，敦煌县 17 278 块，改了 13 475 块。根据以上情况，各地区大块地漫灌情况，再进一步检查改革，就可以达到根除，但是在此工作中，群众有怕废地思想，还做得不够彻底，检查也不够，有的仅将大块地内加上活埂，不加挖引水沟，浇水时浇了一块，就将活埂挖开一口，串浇另一块或数块，形成新的串地浇水。这样不但未能改善用水，反而拖长了浇水时间，浪费水量，发现后已通知各县进行检查纠正。

丁、灌溉小组

各县一般都组织了灌溉小组，统一浇水。在春季灌溉中，已显示了灌溉小组的成绩和组织起来的优越性，节省了人力、水量、时间，如高台县八区（用三清渠水）以往每浇一轮水，需要十二三天，今年七天就完成了。大东乡以往两昼夜浇完，今年一昼夜就浇完，除灌好原有的灌溉面积外，还给新建劳改农场泡好了三十余亩荒地。因为能节省水量、少渗水，渠旁洼地蓄积不了水，内中的青蛙、蛤蟆生存不了，群众反映说："今年连青蛙也不叫了。"金塔东干渠去年九昼夜半浇三万九千亩，今年只七昼夜又二小时就浇了四万八千余亩，酒泉临水区小铧尖乡地以往十三四天浇完，今年只用了七天，鼎新县新两乡群众反映："过去水多了，一家推一家，水少了，你争我夺，现在有小组就好了。"因为在群众中树立了灌溉小组的威信，对干部也提高了工作信心，为巩固水利工作基层组织打下了良好基础。可是因为这项工作，是初办的生工作，尚无成熟的经验，并且群众习惯于大地块漫灌和小农经济自私的特点，加以部分干部对灌溉小组的组织认识模糊，在组织中不深入细致，分工不明确不具体，对群众教育不够，浇水前准备不足。有的到浇水头一天才匆匆组织，组员和群众不知小组就应干些啥事，以致有些组由小组监督，群众自浇，有的仍是群众自行乱浇，有的组人数未切合实际需要，因而在浇水中发生了混乱现象，有的怕得罪人，不愿当组员，有的组员不敢或不能执行浇水规定，甚或有破坏规定者，漏水和堵口不实，浪费水量现象。工资畸轻畸重、或变工还工、评分不清等，经验查发现后，各县在浇过头水的已进行总结，这些缺点将于浇二水时得到纠正。

金塔县第一届第一次人民代表大会总结

1954 年 6 月 20 日　　金 11—1—8

一、会议进行情况

首届第一次人民大会于本月十四日闭幕，十八日早结束，历时五天。出席这次代表大会的代表共六十八人，其中男代表五十六人，女代表十二人，因故缺席者十二人。这次代表大会是在结束了基层选举和大张旗鼓地宣传了总路线的基础上召开的，明确地强调了人民代表大会是人民行使权力的机关，因此代表们对行使国家政权的积极性，表现得非常显著。在充分地发扬民主及展开自下而上的批评的前提下，认真审查了政府的工作报告和今后的意见，代表们以主人翁的态度，根据总路线的精神，对政府各项工作进行了认真的讨论，肯定了成绩，批评了缺点，加强了政府与群众的联系。经统计共收集提案一百七十八件，其中有关生产方面等建议性的九十八件，对护林不重视、合作社收购纵容不细致等批评性的四十四件，对工作干部违法乱纪者五件，要求划界、建社、购买步犁等二十六件，询问婚姻及收税等问题者十二件。从整个的讨论材料来看，群众对政府的领导压沙、修渠并坝、节省水量、防虫拌种等工作一致认为是有很大成绩的，但意见最多的是个别干部在统购中对政策宣传不够深入，且有强迫命令包办代替的做法，因而引起群众的不满，如有的乡干部主观分配购粮数字而不经过群众讨论，下号乡工作干部捆人，并揭发出工作组干部王作勋对工作不负责任经常回家，有的干部领导互助组自春耕开始到现在只开了一次会。贸易组干部×××为挑拨别人的婚姻而冒充法院干部，有的工作干部欠群众的饭钱和棉花、羊毛钱。并反映了对工作积极负责的好干部，如工作干部魏占华在浇水时不避风雨很负责，因此上号乡群众反映："政府真好！这样大的风派人给我们浇水，没有浪费了水。"上五分乡代表裴惠英在出席前群众特别委托他到大会上提出："感谢毛主席，感谢人民政府，我们在解放前吃羊胡子草，现在由吃羊胡子草变为吃面条子了。"由此证明自解放数年来，在党和上级人民政府的领导下，改善了人民的生活。

根据选举法的规定，在充分发扬民主的基础上选出了出席省人民代表大会的代表并听取了时书记关于宪法草案的报告，认为是适时的而需要的，进而开展了热烈的讨论，初步的认识了宪法草案的精神实质，并明确了人民应享的权力和应尽的义务，大家一致的拥护，并表示要在农村中广泛的宣传和讨论。

这次会议的收获是很大的，但因会议日期的临时改变致使远乡的代表连夜赶来，有的乡还未将提案整理完全，就赶来开会。又因会期短促，没留出中心发言时间，今后我们要特别注意这一点。

二、关于今后要注意的几个问题

根据代表们补充意见，今后必须贯彻"农业生产为压倒一切的中心任务"的方针，应特别注意做好以下各项工作：

（一）夏收夏选即将到来，应即深入宣传动员，以互助合作为基础带动单干户积极的订出计划，组织人力畜力，检查补修农具，订购镰刀、磸子、犁铧，解决夏收中的问题，特别是解决互助组的清工折价问题，通过夏收更加巩固。一定要做到随熟随选，随割随犁的精神，并要男女都动手，适当的组织抱娃组，省出更多的劳动力来。

目前即时动员老乡拔出乌穗并结合田间观摩，鉴定种子区，要选适合当地土性的优良品种，选种时要精细迅速，割开塘子，背靠太阳，以田间穗选为主，块选为辅的原则，加强说服群众嫌麻烦、少选不选的错误思想，消灭空白点，一面准备好保管器具地点，防止污霉虫蚀，籽种储藏应以互助组或按自然村具体情况组织集中保管，夏收时更注意看护麦场防火防盗及其他意外灾害，使庄稼安全收获。

（二）伏天犁地是成功的有利措施，必须作到割一块犁一块，使土壤充分暴晒，坚决克服一切困难及犁不动等水思想，尤其注意畜力搭配，技术指导，使用旧犁地区扶犁要选熟手，保护牲畜和农具的健康。

（三）加强保畜是发展农业生产的主要环节。根据代表提出，目前个别农民对保畜不够重视，官坝乡×××、×××等用草烧锅、饿死牛，新城乡×××互助组狠命地使用耕牛，把组员王吉成的牛赶垮了，被牛主气愤打死，这些情况直接影响生产，今后要特别注意。无论互助组个人，谁不爱护耕牛，致牛死伤、打死或有意致死牲畜，要负起赔偿责任，并要改善饲养，合理使用，更要注意预防疫病，特别在夏季要勤垫圈、勤扫槽，多饮大润肺等物如红花籽、小米汤、大黄及用清盐抹牛上颚，发现病牛，即时隔离，并防止屠宰壮牛，随时消灭害狼。

各乡草源划分及管理的意见，东沙窝由一区管理，割草除一区辖乡外并调剂二区三墩、新坝、天生场三个乡的割草。鼎新西沙窝、北海子等湖由三区管理，除三区辖乡外并调剂四区四和、上号、下号三个乡的割草。石堤子湖由二、四区管理，由该两区商洽划定割草地段，割草时间原则在白露节前后，具体由区规定，但必须在统一时间下湖，事前要组织好，区上派干部率领，各乡选出人监督，不得有争先恐后的乱割现象。

春季存下的苜蓿籽，要在洪水前争取播种，克服逐级下推的错误做法，并向老乡说清种苜蓿不仅增加草源，又能肥茬，如四区张生福种过苜蓿的一块地，经过八年了庄稼还长的茂盛，从真人真事教育群众，克服轻视种苜蓿的思想。

（四）今年丰产评比，要注意大面积产量，各区应在互助合作的基础上结合夏收夏选重点进行，配备专人领导，做到边割边打，以评出真正丰产或个人模范。树立丰产旗帜，推动全面提高生产力。

（五）各乡灌溉小组要继续加强整顿，作到"巩固成绩、总结经验、提高质量"的原则。最好帮助组内建立浇水的必要制度，实行记工算账，取得组内团结，使成为永久性的基础，争取不断的发挥浇水的积极性和创造性，纠正依靠工作组的片面观点，乡间实行有效的堵水笆、地口消力池，应普遍推广。并坚决执行薄浇浅灌制度，节省更多的水量。

逐步消灭春水种麦地，是改进春灌的主要措施，因为春水浇的太早了，地未化通，不容易干，不但不能及时下种，而且起碱，过迟浇了不抗旱，下种更迟，无疑影响生产，不如种干沙有利。今年应研究改进，主要抓紧晚秋及冬初间的余水灌溉耕地，争取赶结冰前泡完，三四区及一区金塔坝夏田地，二区除浇晚秋水外，还可在冰后补浇冬水，春季除浇秋田地外，尽量把余水利用到浇森林、沙窝、草湖、撞田等方面。

（六）森林没作到"包栽包活"的原则，主要原因是缺水浇，其次是牲畜剥伤，今年的幼林多，浇好了水，成活率很好，各地应注意保护，特别要教育牧童，挡住牲畜并多方想法消灭兔子（本县打兔任务七百只，尚没展开），并订出护林公约，表扬护林模范，惩办破坏风沙林者，清理乡苗圃基地及金西乡的国营林权，另作适当的处理。

（七）教育农民大力养猪，除能积粪肥田而外，又能增加副业收入及食肉的来源，应广泛的交流养猪经验，喂猪饲料，除麸糠外，还有很多解决办法，如荞麦褡、胡麻褡、蓬稞籽、榆树叶、瓜皮、豆褡子、苜蓿、曲曲菜、灰条菜、扯拉样草都能喂猪，并教育农民少宰杀母猪，保留适量的（指下猪儿子的母猪，小母猪在自愿的原则下争取多养，但不能一律规定），宰肉量不满八十斤者争取不杀，加强市场管理，防止奸商抬价抢买，乡间卖猪须有政府介绍，否则不予售给。

（八）提高乡政府委员会职责，充分发挥委员应有的职能。根据代表反映，有某些行政主任，自调为乡政府委员后，认为是降级，工作消极，有的把代表当作乡干部使用，都是错误的，今后注意纠正。

（九）加强对婚姻法的宣传教育工作，各乡发生的指婚骗财、挑拨离间等现象，还是不少，今后必须加强婚姻法的宣传教育，结婚必须经过合法手续，坚持双方自愿的原则，不得有强迫买卖的现象继续发生，尤其对军属的政治思想教育要特别注意，使她认识到安心等待自己的爱人是光荣的。

（十）各乡社义粮久未清理，一般存在着只借不还、平均主义、账簿不清，乡政府对社粮重视不够。兹决定把历年尾欠彻底清理一次，对逃避死亡、鳏寡孤独的积欠，确无办法还清者，由乡政府委员会或乡人民代表大会讨论提出适当的处理意见，报县府核实，能还清的，要追还清楚。管理人员按需要情况调整，贷款手续一定要经过乡政府审查，现存的社粮最好在收前放出，解决夏收中口粮问题。

（十一）预购对象，以农业生产合作社、互助组为主要对象，但为了照顾部分人的生产生活，单干农民也可预购，必须注意他们的生产量，能否按期入仓，要取得可靠，保证手续，并教育农民把预付资金用到生产方面。目前不困难的尽量少付，坚决反对奸商预支粮食。农民与农民之间的互通有无，购借三五年者，不要干涉；如系大批倒买，应按奸商捣乱依法论处。

（十二）夏收以后应防止农民大吃大喝浪费现象。根据以往情况，麦子打到仓里就忘了渡荒时的困难，不但胡吃浪费，还有乱买消耗物品以及迷信敬神谢土神行为，因而部分无把握的农民，磙子一住就没粮了。我们要提倡在囤口上节省，赶到囤底上节省就来不及了，今后要加强爱国思想教育，厉行节约，省出粮来支援国家工业建设，不要过分地铺张浪费及迷信。

（十三）宪法的宣传讨论，由六月二十日至八月二十日在不妨碍生产的原则下进行广泛的讨论，并提出修正的意见。

酒泉县一九五四年农田水利工作总结

1954 年底或 1955 年初　　肃 4—1—24

我县一九五四年农田水利工作，是依据地委、专署指示和计划的精神，结合本县具体情况进行的，现将一年来的水利工作情况分述于后：

一、任务完成情况

（一）工程方面：修建各种较大水利建筑物 1169 座，整修干、支农渠 2960 条，合并渠道 38 条，浚沙清淤、加固堤岸 25 华里，新开隧洞 148 公尺，整修隧洞 4200

公尺，整修蓄水池 3 个，并修建渠首分水坪。为调配水量做到了有利条件，上述各项工程，均达到了原计划工程标准，由于改善了原有渠道，因而节省水量 43 300 亩，并在五四年结冻前利用农间空隙，整修了不怕风沙埋压的干渠 1 条，支渠 18 条，合并支渠 1 条，整修小型蓄水池 3 处，渠道建筑物 13 座，在春秋水利工程上，共动员民工 241 614 工日，使用贷款 32 900 万元。

（二）改大块地：全县三亩以上大块地 31 996 块（即 843 842 亩），已改小块者 27 862 块（占 125 338 亩），完成计划 87.82%，节省水量 18 250 亩，尚未改小的大块地 4234 块（即 18 504 亩），拟在五五年春耕前全部改完。

（三）取消串水地：原有串水地 20 648 块（即 29 977 亩），已消减 19 659 块（占 28 964 亩），完成计划 95.28%，节省水量 5326 亩，还有 89 块（即 1013 亩）串水地，定在五五年春季一律改小沟灌田。

（四）改进灌溉方法：建立浇灌小组 1143 个，参加组员 5729 人，由于实行沟浇浅灌，经济用水，即节省水量三万亩。

上述四项共计节省 96 776 亩地的一次用水量（原计划 74 190 亩）超过原计划 30.44%亩。

二、在水利工程上取得成绩的原因

（一）党政领导重视，吸收当地群众经验，发挥了工程如期完成的效能：如七区整修洪水坝，采取定额、定期、精工、保质的办法，提高了劳动效率。

（二）较大工程：配备领导干部，亲赴工地检查，解决实际问题，如二区抽调区乡脱产干部十四人（区书一人、助理员五人、乡支书五人、乡长三人）及县上派科长一人、科员二人，直接参加领导。

（三）发挥组织力量，推动工程顺利进展。如一、二区在工地建立临时党、团支部，依靠党团员的核心带头，贯彻了大队的决议，加强了民工政治思想领导，对民工饱满情绪和工作积极性起了核心作用。

（四）行政技术与群众相结合，保证工程顺利完成，如新地坝整修工程，在开工前第一次施工会议上，即找到过去工程失败的根源，克服互相埋怨、各搞一套的错误思想，奠定了按时一定要修好工程的思想基础，以挽回工程失败后的恶果。

（五）由于群众赠送慰问品，工矿写慰问信与评选劳模，鼓舞了民工修坝热情。如一区结合矿务局慰问信，做了工农联盟教育，农民自愿给民工送咸菜、醋等慰问品，一、七区评选劳模，当众表扬，颁发锦旗和物质奖励，顺利完成了工程任务。

（六）依靠群众组织河系、渠道水利委员会，群众配水纠葛，如洪水坝等三个水委员，定期召开会议，研究解决配水事实，使农田适时浇灌，克服了以往混乱现象。

三、存在缺点和今后意见

（一）在春修工程中，由于个别工地领导思想麻痹，对安全教育重视不够，致生产伤亡事故三十件（死亡一人、重伤一人，其余均系轻伤治愈。）这次伤亡事故，已引起了各区领导重视，在秋季修坝中，未发生任何事故，但亦应该汲取以往惨痛教训，加强组织领导，教育群众，严加防止，以免不幸事件再度发生。

（二）在改串水地和大块不合理用水制度上，做得不够妥善，存在着强迫命令现象。如三区在五四年春种后，强迫群众在已出苗的大块麦地里抬土或挖去田苗加埂，六区限制未改大块地浇水或罚粮等办法，都是错误的，已作纠正。

（三）由于县级对利用春水布置不明确，加上个别地区仍存在着深浇满灌的现象。拖长了浇水轮次，使二区高黄乡两千四百多亩夏田八十三天，才浇头水。一区调水欠周到，影响蒲莱乡沙多土少和河口乡石厚土薄地区，夏禾适时浇水，致庄稼受害减产。

（四）农田浇水先紧后松，浪费水量现象仍然存在。如夏田浇头水时，二区新建乡文书殷希玉、区干部马光德对破坏水规者熟视无睹和一区新地乡乡长王作善放弃领导、蹲在乡上打"扑克"，都及时作了通报，教育干部，进一步加强浇水责任制，但秋泡地时，四区二墩乡马宗贤夜间偷懒睡觉，发生决口跑水，淹没农田、房舍，却无人过问，经检查发现后，才予以处理。

（五）二区在集中轮灌时，掌握水量情况不足，领导浇水干部，缺乏具体督促检查，抱有不负责任态度，致冲溃渠堤十一处，造成浪费九十余亩的用水，对有关干部已作通报处分，使各地引以为戒。

（六）浇灌小组在春季灌溉中，除八区未组织外，各地区都大张旗鼓的组织起来统一浇水。由于这个工作，是初办的新工作，缺乏经验，群众不习惯，加以部分干部对组织起来，实行集体灌溉的优越性，认识模糊，在组织中不向群众进行耐心的教育，致在浇水中发生了混乱现象，没有及时予以适当的处理，形成放任自流，并存在着几个问题：

（1）有的组织庞大，人员过多，在浇水中发生混乱现象，因之误工多，加重群众负担。

（2）部分群众怕浇不合适，跟上看浇水，浪费人力。

（3）在浇水前，乡上不明确布置，致不应浇的农作物也浇了水。

（4）互助换工，未及时清结，形成农民之间的对立情绪。

（5）有的组员好面子，耍私情，不能公平合理的执行浇水规定标准，致引起群众的不满。

（6）有的小组人员过少，日夜浇水，无暇休息，精神过度疲劳，损害健康。

（7）有些小组只负检查，掌握用水标准，群众自浇。

针对以上问题，今后要：

（1）依靠互助合作组织，整顿和巩固浇水小组，以省时、省工、省水量，消除混乱现象和杜绝用水纠纷的具体事实，阐明浇灌小组的优越性，以互助组成农业社的生产队（或农渠）为基础，二百亩地为宜，建立三至五人的浇灌小组，以互助换工为主，辅之找补工资，减轻群众负担，浇一轮水，及时清理。

（2）分清行政浇灌小组与农户的职责范围，防止互相依赖，即行政负责领导，统一配水，布置修渠，督促检查用水情况，浇灌小组掌握用水标准，并给组内农户浇水，农户负责修好农渠水闸，整平地块，培好地埂。

（3）由群众推选体力强，工作积极热情，公正无私者充任，昼夜换班，明确分工。

（七）动员民工修小型水利，应坚持"受益负担，不受益不负担，多受益多负担，少受益少负担"的合理负担政策，按实播种面积（以上年农业税收亩数计），以亩负担工料，不得随意动员不灌区的农民给受益群众进行无偿的劳动，工程完成，及时进行民工清理，避免苦乐不均。

（八）充分利用春水，泡好春耕地，浇灌部分早种夏田，但应排定次序，轮流浇灌，克服乱挖乱浇现象。

（九）在渠道行水期间，对群众进行安全教育，照料幼儿和做好检查工作，严格制止小孩在沟沿玩耍和洗澡，以免渠道淹毙人命事件发生。

（十）五五年均水金塔，应妥当的规定可行日期，俾资安排浇水次序，以免影响上游农田适时适量灌溉或造成放水不彻底。

（十一）水利人员必须彻底克服本位自私观念，尽忠职守，克尽职责，在隶属同级党政领导下，统一调配水量和掌握用水标准，检查渠道及建筑物，领导渠工养护渠道，以期达到浇好庄稼，做好农田浇灌管理工作。

四、在农田水利中，我们有以下几点体会

（一）渠水不足，集中轮灌，减少蒸发渗漏，加快水流速度，是节省水量的唯一办法。

（二）健全灌溉基层组织，统一调配水量，掌握用水标准，执行薄浇浅灌，是消灭浪费人力、时间、水量和杜绝水利纠葛的有效措施。

（三）定期召开水利工作会议，严格检查计划执行，总结群众技术经验，明确细致的布置任务，是做好农田水利工作的重要关键。

（四）加强灌溉管理，彻底整顿水利机构，精减各区乡水利人员，减轻群众负担，鼓舞了农民发展农田水利的热情。

（五）加强灌溉管理，严肃水利纪律，大张旗鼓地向广大群众宣传水利政策，是控制坏分子有意破坏水规和杜绝浪费水量现象。如二区新建乡富农杨××、九区东渠乡坏分子党××，一贯违犯水规，法院依法各判徒刑一年，并及时进行通报，以具体事例教育群众和干部，是顺利开展和推进农田浇水的有利保证。

酒泉县人民法院刑事判决书

1954 年 3 月 13 日 肃 22—1—7

酒法字第一〇七号

违犯水规犯，杨××，男，年四十一岁，甘肃酒泉人，住二区新建乡，不识字，富农。

被告杨××思想顽固，一贯对新水规不满，于一九五三年春天河水初流下来，乡政府决定先泡荒地，但该犯拒绝不泡。五月初十日第三轮水下来，乡上决定浇麦苗，而该犯偷泡了荒地二亩，有意破坏水规制度。经教育不改，复于一九五四年五月廿五日，乡上将水运到杨家沟，本逢到该犯浇田，而该犯故意不浇。下午乡上将水运到余家沟，该犯便伙同其侄杨××等二人，擅自将水打去泡了荒地三亩五分。更严重的是，将地泡好后，不及时退回，反而将水放到坝内，放入湖滩，共计浪费浇五十余亩地之水量。直至次日早才被群众发觉堵住。该犯这种行为严重浪费了水量，破坏了水规制度，使农业生产蒙受损失。

为了确切实施水规制度，确保农业生产顺利发展，故判处杨××有期徒刑一年，杨××给予严惩批评教育。

一九五四年三月十三日

酒泉县人民法院兼院长茹春枫

副院长钟洪秀

主办人葛英俊

酒泉县人民法院印（印）

酒泉县人民法院刑事判决书

1954 年 5 月 2 日 肃 22—1—7

酒法甲字第九七号

破坏水规犯党××，男，五十六岁，甘肃酒泉人，住九区东渠乡，中农，粗识字，伪保长。

被告党××于一九五二年，混入我基层政权，充任东渠乡抗旱小组组员时，在灌溉工作中有意玩忽职守，违犯水规。同年该乡麦子浇了三个水，而该犯十亩地的麦子却浇过了四个水，致使群众对该犯极为不满。经乡镇府给予该犯批评教育，但该犯执迷不悟，不加悔改，反而以恶言讽刺，谩骂干部，拒绝教育。一九五四年四月河水初流下来，决议由西渠乡等五个乡放涝池，暂不许泡地。但该犯明知故犯，不仅将涝池放满，还偷泡了七亩八分，严重地破坏了运水制度，影响了西渠乡部分饮水不能运到，妨害了群众春耕生产，并据该犯供称："以上这七亩八分地，本在去年秋已泡好没犁。"从以上事实来看，该犯屡次破坏水规，教育不改，实属顽固违法之徒。

我院为了确保农业生产的健康发展，维护灌溉制度，故判处党××有期徒刑一年，以资教育犯罪者及群众。

一九五四年五月二日

兼院长茹春枫

副院长钟洪秀

主办人葛英俊

酒泉县人民法院印（印）

酒泉县人民法院刑事判决书

1955 年 5 月 31 日　　　肃 22—1—9

酒甲字七六号

破坏水规犯聂××，年三十二岁，酒泉县人，住二区范小乡，粗识字，地主。

关系人陈××，年十八岁，酒泉县人，住二区范小乡，不识字，贫农。

被告聂××，解放前以势欺压群众，不从事劳动生产，经过土改后本应规规矩矩地接受群众监督，从事劳动改造，而被告于一九五五年五月二十日下午八时，由运水小组长桑银指定该犯与陈××看守常流沟险要沟沿，防止被水冲破，造成损失，该犯到沟沿上只巡回看了一趟就在沟沿上睡觉，陈××曾二次叫该犯去看沟沿，该犯知之不理，反说"水不会再大，没有关系"等语，推托不起，引起陈××产生麻痹大意思想，只去看了一趟，与该犯共同睡觉。当晚十二时左右沟沿险要处被冲破，全部水流入河滩，浪费水量约交六十亩地。沟沿险冲破处宽一丈，深一丈一尺七寸，浪费人工卅个，造成人民群众的严重损失。经审讯被告供认属实，本院认为被告专责看守沟沿，有意睡觉，不负责任造成人民群众不应有的损失，实属不法行为，为保障生产建设的顺利发展，故判处聂××徒刑六个月，交乡执行，陈××当庭给予批评教育。

公元一九五五年五月卅一日

酒泉县人民法院刑事审判庭

审判长黄天仪

陪审员陈才邦

陪审员桑银

书记员赵发仁

酒泉县人民法院（印）

中共中央西北局关于转发《甘肃酒泉榆中武威等县水利工作检查报告》的通知

1954 年 7 月 15 日   讨管局藏档案

分局、各省委农村工作部并西北农林、水利局党组小组:

雷守仁、何永福两同志报告中所反映的甘肃酒泉、榆中、武威等地水利工作中的几个问题,值得各地注意。其中所反映的群众要求增添抽水机灌溉的问题,请西北水利局党组小组和甘肃省水利局党组小组研究处理。并请将抽水机灌溉经验认真总结一下,以便推广。

西北局农村工作部
一九五四年七月十五日

附原报告:

甘肃酒泉、榆中、武威等县水利工作检查报告

我们走过的酒泉、榆中、武威等县,看到各级党政府对水利工作都很重视,并获得了很大成绩。但还存在以下一些问题,值得各地注意。

(一)浪费水量现象还很严重。在旧社会地主恶霸封建水规影响下,群众有浓厚的贪水思想和大块浸灌、串地灌的不良习惯;同时由于地亩不平,致浇麦时地面存水半尺多深,有的深达一尺,既淹没了许多麦苗,又浪费了水量,造成农田用水不足,受旱减产,许多地区工作多是一般号召,具体事情做的少,因而这种现象至今尚未改变。各地应根据当地实际情况,提出具体办法,及时督导检查,用当地具体事例教育群众,改变浪费水量的现象。

(二)有些地区偏重于依靠处罚办法推动群众进行水利工作。酒泉县去年仅河北一个区就罚群众出小麦九千六百一十七斤;今年截止到五月,全县处罚了二十二人,罚麦九百四十八斤,罚款十四万元,罚劳役九十六天。五区八乡灌溉小组给农民张中浇麦时,未灌其中较高一块,张要求另灌了一次,就被以捣乱水规之名罚麦七十六斤。这种现象,必须迅速纠正。

(三)大部地区尚未建立基层灌溉小组,已建立的也还存在一些问题。榆中县什川乡因为未建立灌溉小组,用水时经常发生纠纷,灌溉先后次序用拈阄办法,结果应早灌的作物迟灌了,应迟灌的作物早灌了,使生产受到严重损失。群众说这是"碰运气"。武威县腰东村一百零六户人,组织了一个灌溉小组,人多,土地分散,组长无法领导,结果流于形式,实际上仍是各自灌溉。酒泉县建立的灌溉小组,以村或农渠为单位,由群众选出三至五人或七至九人,组成灌溉小组,统一灌溉全村或全农渠的田地,灌毕,农民给灌溉小组付工资(蒲金乡麦苗浇第一次水后,每亩地平均负担一千元左右),这种灌溉组织虽起了一定作用,但有劳力的农户也要付出工资,每亩地一年灌四至五次水,三十亩地的农户,一年就要付

出十多万元工资，成了一项负担，并且容易造成灌溉小组与群众对立；又因灌溉小组人数少，不能互相轮换，常数昼夜工作不能休息，一般人也不愿干。

这样的灌溉组织应加改进。我们意见，可考虑采用陕西关中一些地区办法，以村或农渠为单位，将所有能胜任灌溉工作的劳力组成若干小组，各组选出小组长，在村或农渠水利（或灌溉）组长统一领导下，分别负责巡渠与灌溉工作；巡渠组专负渠道安全与维持灌溉秩序之责（有些地区水量小，巡渠组可以少设或不设）；灌溉组将应灌之农田，统一灌溉，组与组间可轮换休息。灌溉之后清工时，因一般农户均出了劳力，互相抵销，付出工资不多，群众会乐意接受。

（四）整修工程中准备工作不够。武威杂木河四月十日动工，十一日才成立工程委员会，工料准备不足，影响工作进展，加之，缺乏施工经验，开始二十二天中，窝工六百多个，这是必须改变的。

（五）工地安全卫生工作做的不够。今年整修工程中发生了不少伤亡事故。酒泉县三至五月份发生轻重伤二十九人，死一人（身受重伤未予治疗而死）。武威县杂木河整修工程动员民工十七万工日（四月十日开工），每天数千人做工，却没有一个医务人员。中畦乡乡长李发仁在工地误中一石，昏倒于地，因无医生急救，群众用人尿灌醒，次日才去卫生所治疗。

今后兴修各项水利工程，应很好注意安全卫生工作。民工较多的工地，请医务机关抽派专人驻工地服务。

（六）去年防旱抗旱运动中，因缺乏技术指导，造成水利工作中许多浪费和损失。榆中县四个工程失败，浪费了民工六千一百六十多个，用了许多贷款、土改果实、义仓粮。工程失败后这些问题至今未处理。

我们意见，去年失败的工程，水利部门应抽派技术干部进行检查，有条件完成的应动员群众继续完成。无法继续完成的工程，过去用了国家贷款，因群众未受益，可考虑由政府报销。用了土改果实或义仓粮，可向群众解释不予收回。

此外，榆中、皋兰、兰州三县（市），一九五二年至一九五四年安装二十三部抽水机，获得显著效果，群众非常欢迎。

一九五三年防旱抗旱运动中，榆中县七区龙泉村用旧汽车改制了一部抽水机，购买、搬运、安装及其他设备用去四千八百万元，灌溉秋田四百二十亩，每亩增产二百六十斤，共增产十一万二千斤，除汽油费和技工工资（五百三十五万元）约折合粮食五千余斤外，还有十万余斤，解除了该村旱灾威胁。

榆中七区虽面临黄河，但雨量很少，常遭旱灾，有"十年九旱"之语；加之，人多地少（每人平均耕地一亩八分），旱地产量很低（每亩平均产量一百二十斤左右），一年一料还无保障，水地产量虽高（自流水地每亩可收两料，一亩产量共达六百斤左右），但原有数量很少，产粮不够食用，因之，群众要求发展水利十分迫切。该区沿黄河有三千亩高地农田，群众要求安装抽水机。这三千亩若变为水地，一年两料每亩约可增产四百斤，共可增产一百二十万斤，除燃料和技工工资约四十八万斤外，余一百多万斤，可供全区百分之十五人口吃一年。黄河沿岸其他地区，亦可发展抽水机灌溉。建议水利部门除抓紧帮助群众安装抽水机外，将抽水机灌溉经验加以总结研究，以便推广，并给建立抽水机站打好基础。

酒泉县人民政府关于目前水利工作一些具体要求给各区公所各乡政府的通知

1954 年 9 月 30 日　　肃 22—1—7

酒（54）建水字第八〇八八号

为了抓紧做好目前水利工作，除在一九五四年九月二十一日召开水利工作会议具体研究进行外，特再提出下列一些具体要求，希认真研究执行并具报。

一、充分利用秋冬水泡好一九五五年耕地面积，彻底克服用水无组织的不良倾向。

1. 泉水地区应做到茬地、歇地、场面全部浇完，个别地区中糜、谷，利用下年春水泡地习惯，有关区乡应以具体事例教育群众，改为秋冬泡地。泡地时仍应排定次序，轮流浇灌，克服乱挖乱浇、明浇夜退、浪费水量、不顾全面生产的思想。各地领导干部应掌握纠正过去秋冬两季用水自流现象。必须贯彻夏季用水有组织有领导的用水方法，使节余水量全部放入下游，使金塔县农民也泡好耕地。因此有关各渠道在原有用水量的基础上，于九月二十五日起，在渠道内留用三分之一或一半水量，下游三、四、五区各渠道尤应注意，不然将上游放入河内的余水堵入渠内，并争取在立冬前十天（十月二十九日）一律闭实渠口。

2. 山水渠道缺水地区，截至目前，没有达到浇地标准的，应在联合水委会上，从速研究、合理调水，求得不分地域，不分上下游浇地标准的一致性。地浇完后，应争取放满所有涝池，使今冬明春人畜有足够的吃水。同时，应教育群众，经常保持涝池清洁和用水量，以免发生因吃污浊水生病和水量不足的现象。

二、教育和动员群众，收秋后整修渠道。

凡不怕风沙埋压的渠道，秋季一律进行整修，做到生产、水利两不误。除较大工程水利工作组负责勘测设计和给予技术指导整修外，其他支、农渠由区乡负责，按工程大小难易具体计划整修，在整修前更做好准备工作。如工程计划、具体领导人、工料的布置和检验，以及施工期间的组织领导、安全卫生等均应有计划、有检查，以免形成窝工和不应有的事件发生。整修的干、支渠，为了永久巩固，必须计划，利用秋季植树季节，栽植护坝林，并教育附近居民负责保护或组织护林小组。

三、巩固现有灌溉小组，清理和清结灌溉小组账目。

据了解各地灌溉小组，由于农作物停止灌溉，大部散伙，清结工资尚未引起各乡足够重视。因而程度不同的影响着互利原则。为了今后灌溉小组在水利技术改革上起到一定的作用和合理地解决按劳取酬的意旨，各地行政领导应强调及时予以清结，原则上以互助换工为主，以找付工资为辅，一律赶冻结前清理结束，并总结灌溉小组优越性和改进意见，给明春组织灌溉小组打下有利基础。

四、整修渠道，为达到受益群众合理负担，各地应做一次账目上清结。

最近除六、七两区已开始清理，其他各区亦应及时有计划地进行处理。一面达到受益多者多负担、受益少者少负担、无收益者不负担的目的，另方面以免每年整修渠道，账目积累不清，影响今后水利工程建修。在清理前，必须将长、欠工料的受益户清单算清楚，作为依据。被清理的工料价应稍高于当地市价，但不能过高。长工和长料的亦应按清理价及时给长工和长料的受益户付清。对贫苦烈单者和老弱残废户，应根据实际情况，通过群众和乡人民代表会酌情给予减免。清理的工料价应存入当地营业所，充作今后水利专款，并逐级报查。清理时需及时补人帮助时，可在清理出的工料价款内合理支付。

五、各区乡水利人员，除常年脱产水利员外，其他人员应由九月底一律停薪，但个别区乡尚需长夫护渠或领导修坝时，需先作出计划报县批准，其工资可在民工清理出的价款内开支。若有困难或不符开支时，由区报县核拨。

代县长茹春枫

副县长王仁义

公元一九五四年九月三十日

金塔县各界代表关于农业与水利的提案处理意见[①]

1954 年 　金 11—1—8

出席此次会议的代表们，大多数都是来自农村，大家对农村情况都很熟悉，特别是对生产建设，均甚关心，除反映了群众的生产及其生活情况外，并提出了不少的议案，这些有关互助合作，发展生产和纠正干部作风等提案，我们觉得都非常重要，根据它的性质，合并分类，分别提出处理意见。

一、农业方面

1. 金东、大新、西三、东五乡代表提议有九个互助组共计□户，要求在各该乡建立农业生产合作社。

2. 上号乡代表提议要求在该乡建立信用互助组。

农村中经过国家在过渡时期总路线的宣传教育后，一般农民的社会主义觉悟是提高了一步，特别是组织起来的农民们要求建社，这是农民促进农业走向集体化思想的具体表现，但必须在群众自觉自愿有互助组的基础上，还要有领导有骨干的三个条件下办理，并须要注意单干户的领导。

3. 上号乡、金西乡、上五各乡等代表提议农民要求买步犁六十九部。

---

① 编者按：此案卷前半部分残缺，根据其内容命名，文中提到"过渡时期总路线的宣传教育"，当是在 1954 年。

4. 上号乡代表提议应经常检查虫害，及时防治，以免蔓延。

关于步犁分配，我们规定是给重点区（即一区）使用，其他每一区先给二十部，选择互助组基础较好的乡，重点使用，逐步推广。虫害问题应经常检查做好预防工作，如果发现虫害，除立即报告人民政府外，并及时采取有效对付办法，展开群众性的方法，以期扑灭。

此案请□考本总结第二项。

5. 上号乡代表提案集中保管籽种，此案希参考本总结第二项。

6. 城关市及其他乡代表提议缺乏荞麦、小糜籽种，新山乡代表提议该乡因气候不好，种二荐庄稼怕冻得早，不能长熟等案。

我们的意见荞麦小糜籽种由农民自行调换，并发动群众以互通有无的办法来解决此项问题。

7. 上号、东五、中五乡提议三亩、五亩地亩外，不再加小或已加小者，把活埂打成死埂。

为了平整地块，节省水量，免除浪费，争取多打粮食，凡三亩以上和五亩的地块，仍应加小，活埂打成死埂一条，采取群众自愿，不作一律规定。

二、水利方面

1. 头墩乡代表提议，该乡农民要求浇第一轮水；上号乡代表提议严格处理违犯水规的人，上号农业生产合作社不填闸坑，浪费了注水甚多。

2. 新山、新城乡代表提议各该乡在酒泉挖渠费工，浇不上水，政府对该乡的水利，关心不够，新地乡代表提议将三墩乡的野马凹仍划归由头墩乡浇水。

3. 上号乡代表提议集中轮灌，沟内盛水不多，造成浪费，春水浇的太早，因地区未化透，渗不下水，泡起碱来，于田苗不利。

我县浇水向来即本集中轮灌、经济用水的原则，因而所属各乡夏田今年除一区大部各乡，浇了三个水，头墩、三墩乡的一部分一轮水外，其他各乡均已灌溉了两轮。目前蓄水业已用完，酒泉均水尚未到来，我们多了经济用水，决定把均水给东干渠所有各乡浇灌，不能全面普遍浇灌，造成浪费，应耐心教育群众遵守水规，对屡犯水规、顽抗不改者，报请政府依法惩处。

关于新山、新城浇水问题，我们拟函请酒泉县人民政府，查明情况，适当处理。野马凹仍划归由头墩乡浇水一案，我们同意。但须将野马凹由新地乡浇了水的沟，妥当保苗，以备相机浇灌余水之用。

我们所谓集中轮灌，是看水量的大小情况来决定，适度的使用，绝不能不看水的大小，死板地放在一道沟里，洋洋洒洒，造成浪费。至春水浇得太早，以致生碱问题，希参考本总结第二项处理。

4. 中五乡代表提议干部领导浇水，白天抓的紧，晚上放的松，我们的意见，这个问题的根本解决办法，只有加强教育农民，提高政治觉悟，克服本位及其个人主义的所为。把群众的利益放在第一位，即可解决了这个问题。目前先由加强浇灌组和干部的领导，很好地执行薄浇浅灌的政策，亦可减少水量的浪费。展开群众爱水运动及干部宣浇相结合的办法处理，更进一步的加强干部的责任，浇好田苗。

5. 沙门子乡代表提议该乡现在浇水的渠坝因尾弯容易浇不上水，贻误二茬庄稼的播种，拟另开渠坝，专当灌溉供水之用。

我们同意此案。

酒泉县关于秋季水利工作计划要点①

1954 年　　肃 22—1—7

一、充分利用秋冬水泡好一九五五年耕地面积，彻底克服用水无组织的不良倾向

1. 泉水地区，应作到茬地、歇地、场面全部灌溉，个别地区种糜谷，利用下年春水泡地习惯，有关区、乡，应以具体事例，教育群众，改为秋冬泡地。

泡地时仍应排定次序，轮流灌溉，克服乱挖乱浇、明浇夜退，浪费水量不愿全面生产的思想。各地领导干部应掌握纠正过去秋冬两季用水自流现象，必须贯彻夏季用水有组织、有领导的用水方法，使节余水量全部放入下游，使金塔县农民也泡好耕地。因此有关各渠道在原有用水量的基础上，于九月二十五日起在渠道内留用三分之一或一半水量。下游之区民各渠道，尤应注意，不能将上游放入河内的余水，尽量堵入渠内，并采取在立冬前十天（十月廿九日）一律闭实渠口。

2. 山水渠道缺水地区。截止目前，所有达到泡地标准的，应在联合水委会上，从速研究，合理调水。求得不分地域、不分上下游泡地标准的一致性。

泡地完成后，应争取放满所有涝池，使今冬明春人留有足够的吃水，同时应教育都应经常保持涝池清洁和用水量，以免发生因水污浊生病和水量不够困难。

二、教育和动员群众利用秋收空隙时间整修渠道

凡不怕风沙埋压的渠道，本年秋季一律必须进行整修，作到生产、水利两不误。除较大工程由水利工作组负责勘测设计和给予技术指导整修外，其他支农渠亦应由区、乡按工程大小难易具体计划整修。在整修前一切准备工作，各工程计划、具体领导人、工料的布置和检验等，必须事前做好充分的准备。施工期间的组织领导、安全卫生等均应调配较强干部，具体负责，以免形成窝工和不应有的事件再度发生。

未改完的大块地和半田地，应结合秋翻地工作，一律改正过来。

三、巩固现有灌溉小组，清理和清结灌溉小组账目

据了解，各地灌溉小组由于农作物停止灌溉，大部已无形散伙。关于清结组内成员工资问题，尚未引起各乡足够重视，因而程度不同的影响着互利原则。为了今后灌溉小组在水利技术改革上起到一定作用和合理地解决按劳取酬的宗旨，

---

① 编者按：原档案责任人、时间未详，根据其内容命名、确定时间。

各地行政领导应强调及时予以清结，原则上以互助□工为主，找付工资为辅的精神，一律赶冻结前清理结束。并总结灌溉小组优越性和改进意见，给明春组织灌溉小组打下有利基础。

□□整修渠道为达到受益群众合理负担，各地应作一次账目上的清结。

最近除六、七两区已开始清理，其他各区也应及时有计划的进行处理，一面达到受益多就多负担、受益少就少负担、无受益就不负担的原则。另方面，以免每年整修渠道账目积累不清，影响今后水利工程的建修。在清理前必须将长或欠工料的受益户清单标清作为依据，被清理的工料价应稍高于当地市价，但不能过高。长工和长料的亦应按清理价及时给长工和长料的受益户付清。对贫苦烈军属和老弱残废户应根据实际情况，酌情给予减免，但须经过群众和乡人民代表会。清理出的工料价，应存入当地营业所，充做今后水利专款，并逐级报查。

清理时需要不脱产干部工作时，亦应在清理出的工料价款内合理支付。

酒泉县关于秋季水利工作计划要点①

1954年　　肃22—1—7

秋水灌溉，在节省用水的原则下，给金塔调剂水量。

全县各渠道充分利用秋水，作到茬地、场面全部泡完，春水不须泡地（菜地、碱地除外）。在抓紧浇茬地的同时，要浇好林地、草湖、荒地，冻杀虫卵及越冬害虫。

在各区乡领导上，对秋水浇灌要与夏水一样排定轮次，由灌溉小组掌握浇水机督促检查，严禁明浇夜退、余水乱流，彻底克服过去春紧夏松秋不管的浪费水的现象发生。入秋以来，临城各区水量先是灌溉面积逐渐减少，为了照顾金塔农民浇好秋冬土地，有关各渠道在原有水量的基础上，调剂用水，节省水量，规定于九月廿五日仅留一半水，其余一半送入北大河流入金塔鸳鸯池。凡上游送入北大河的水，下游绝不许堵入渠道浇地，并在立冬前十天（即十月廿五日）各渠口一律关闭封实，均水给金塔（基建和城市用水另行通知）。

在浇水期间，对群众务要加强安全教育，管理保育幼儿，严格制止小孩放在沟沿玩耍，以免不幸事件发生。

凡不怕风沙埋压的渠道，本年秋季必须进行整修，岁修工程要为长远着想，尽可能作到正规化和较有永久性，以减少今后的岁修。所需工料费原则上应由全县群众自筹解决，岁修工程除民主渠坝、新地坝、东洞坝、洪水大坝、北支渠、柳树闸、新坝、东河沙坝、马营河、沙滩乡改坝防洪、下花儿坝蓄水库、夹边沟水库，由酒泉专区水利工作组进行勘测施工外，其余工程应由各区乡领导负责。工程计划和区□□□水利员技术指导责任，明春施工必须在冬季作好备料工作。

---

①　编者按：原档案责任人、时间未详，根据其内容来看，似与前一份文件相近而较详。

用卵石及草皮衬砌渠道，防冲防漏，收益很大，渠堤植树区红柳是养护渠道最好的方法。同时秋季植树成活率很高，应大力推行在渠道外侧及灌区内植造防护林，各区乡应作出具体计划报县。

在施工期间，加强组织领导，重视安全卫生工作，以免伤亡事故再度发生。

在经济用水、增加产量的号召下，结合秋翻地，大力展开整地工作，彻底将三亩以上的大块土地一律改为小块地，加开裁沟，以免变成了更浪费水的串地漫灌，并消灭原有未改的串水地。

提高水利干部的政治与业务水平，并整顿或建立河系与渠系管理机构，为明年水利工作打下良好基础。

酒泉城区石油新村建筑工程队制砖厂、面粉厂、粮食仓库及酒泉市区基建工程用水日夜长流，应予以改进，没有蓄水设备不予配水。同时限制酒泉市的用水量，并要求建筑工地要开展打井、安装水车和挖蓄水池，争取做到不引用长流水。

1. 各区乡应总结群众的先进灌溉经验，以便推广，做到夜间浇地有秩序，不浪费，并订出各河渠及渠道的配水计划，认真执行。

2. 根据山水与泉水的具体情况，重要渠道可组织上游就地群众保护或成立护渠小组，如有临时破坏及时抢修。并建立用水按交制度，严格执行，要作到按水者不到，交者不走，保证不发生倒坝、决口、跑水淹没耕地庄宅等事件。

3. 推广洋芋、高粱、玉米沟灌，有利农作物生长，并在三、四区挖排水沟试验工作，将碱地变为良田。

为使民工负担合理，各地应将历年兴修水利动员之民工，做一次清理。清工应按实际误工时日计，工价一般应以当时当地市价为标准。经年欠工工价，为时长无法计算者，由当地群众讨论，代表会议定出适当的工价。所欠实物为芨芨、柴草等，仍可依实物清理或折将价款。清理后，一些缺乏劳动力的贫苦烈军属、复员、转业、革命残废军人及鳏寡孤独老弱病残的农户，应经群众讨论，代表会通过，乡政府审查决定，酌情给予减免。清理出的工，可做今后兴修整修渠道动用或可将款存入银行备作今后水利用款。

凡非脱产干部在民工清理期间，误工工资，应在清理出的□□工价内支付。

整顿灌溉小组，应注意以下问题。

1. 在发展互助合作运动的基础上，整顿和巩固灌溉小组，用以节省水量，减少人工浪费，消除混乱现象和用水纠纷的具体事实。阐明灌溉小组的优越性，以农渠为基础，以二百亩地为一个小组，便于掌握，以互助换工为主，辅之以工资，减轻群众负担。

2. 分清行政、灌溉小组与农户的权限和职责范围，避免互相依赖。即行政负责领导统一配水、布置修渠、督促检查用水情况；灌溉小组掌握用水标准，并给组内农户浇水；农户负责整修渠道、准备堵坝草皮和平整地亩（修渠、堵坝、打坝及培地埂等）。

3. 由群众中推选体力强、工作积极热情、公正无私的适当人数，昼夜换班，明确分工，以免灌溉小组人员过度疲劳，照顾不过来。

4. 凡未组织灌溉小组的渠道（八区）应立即组织起来，实行由灌溉小组统一浇水。

丰乐川河系彻底废除封建水规影响，规定日期，清水（十七、十二、卅日，糜荞、学水、巡水、漫坝、课水、正水）建立新的水规制度，应由水委会根据水量大小统一掌握配水。各区乡统一研究，依人口规定泡地亩数及秋夏田播种比例，并按渠道布置播种先后时期，为了避免倒沟渗漏，应先播种的先浇水，水到一次浇完，超种规定亩数及夏田者不予配水。

□□□□□□人员除长年脱产水利员外，其他人员应由九月底一律停薪，但个别区乡尚需长夫护渠，或领导修坝，其工资应在民工清理出的价款内开支，若有困难或不符开支者，由区报县核拨。

县长统筹的一九五四年水利经费，除七区外其他各区均未缴清（附表），限于十月底一次清结。原区所辖之乡划归别区者，应由原区将该区所欠款数统计移至新区催收，直接交县。各区除按分配数字上缴者外，如有结余，亦应依实上缴。若有依实贫苦，无力缴纳者，经过一定手续，予以核减。一九五四年水利经费，规定按实播种面积每亩以九百元征收，二区负责代收金一、二乡，五区代收鸳鸯池金塔十村（附表）。并将五五年水利人员计划分配表附后，有意见时，及早提出，以便审议。

各区乡对违犯水规者处罚的款及粮食（在粮食部门变价）一律缴县。

九区三泉乡与祁林乡喇嘛地秋泡地，应依按一九五四年用水公约第五条五款规定播种比例数进行泡地，并严格控制，以免浪费水量，即公约规定："喇嘛地的播种亩数，应按三泉乡实有土地播种亩数作出比例数播种（为三泉乡有土地七千亩，播种四千亩，喇嘛地有三百五十亩，可播种二百亩）。清水不按人口浇，其浇水表中是与三泉乡播种面积百分比浇灌之（原则上按百分之五）。"

酒泉县人民政府政府关于调整水利人员
待遇问题的通知

1955 年 3 月 9 日　　肃 22—1—9

通知（55）建水字第 212 号

各区公所：

关于各区水利工作人员待遇问题，经本府第六次行政会议讨论通过，兹通知如下：

一、各区常年水利员，依照区干部级别和评定工资办法，主要是根据德、才、资的原则进行评级，必须在三月廿日以前将评定级别报府核批。若逾期不报者，仍照以前工资发薪（三、十一区再不作评级，仍照以前工资级别发薪）。

二、各区半脱产水利员，原则上每月每人一百三十分，如工作疲沓者，可酌情降低，但最低不能下于一百三十分。

三、各渠渠工、文书、组长，原则上每人每月一百二十分，其中在水利工作上有显著成绩，技术上有改进，因而达到水利工程质量而节约工料者可适当提高到一百二十五分到一百三十分。如有不负责任者，可酌情降低。

四、各区半脱产水利员、各渠渠工、文书、组长工资统由各区掌握评定就可，不经县上批答。

五、执行时间：各区常年水利员，从四月份起按评定等级发给工资，以前不作补发。各区半脱产水利员、各渠渠工、文书、组长等工资统由上坝之日起，按照规定发给工资。个别各区半脱产水利员工资，如五区杨玉贵工资由四月份按照规定发给，以前也不补发。

以上各点，希各区遵照执行为要。

县长曹

副县长王

（"酒泉县人民政府"印）

公元一九五五年三月九日

酒泉县小型水利检查报告

1955 年　　　肃 22—1—7

一、一般情况

（一）由于党政的正确领导，重视了水利工作，在灌溉方面作的较好，贯彻了经济用水，上游照顾下游的水利政策，互相调配水量的情况很普遍。群众初步认识了统一调配水量的重要意义。在渠道养护方面及整修方面抓得紧，随时教育群众、领导群众补修养护。较大的整修和兴修工程，有计划的勘测设计方面重点进行施工。

（二）施工管理及贷款使用上还存在着缺点：在施工前准备工作做得不够，贷款上多未经过群众充分地研究、算细账合乎经济核算，仅由少数干部商量决定工程费用，未发挥群众潜在力量，而单纯依赖贷款。在贷款使用上，所有材料没有动员群众解决，均以现款购买，灌区民工伙食依贷款供给（过去有付工资情形），为此浪费款给群众增加负担，容易造成收益少、贷款负担多，不能按期还款。

省委财财经农水字第 2830 号指示，颁发《批审农田水利工程暂行补充办法》，专署未及时布置下去，县上有关机关不知道，酒泉县支行拿分行颁发的贷款办法草案，县府不能接受，并提出意见"未奉上级统一指示，银行单独指示政府难以执行"。今后遵照财委指示精神贯彻执行，对修建工程，坚持群众自愿原则，事先必须经过群众充分研究讨论，尽量发挥群众力量后，其不足者再以贷款解决，为此节省贷款，减少负担，以达"贷款少、收效大"目的。

二、对于贷款减免意见

（一）新地坝渠道：于五一年开始兴修，五三年春完工，渠长 7425 公尺。其中明渠长 3353 公尺，隧道长 4072 公尺。因设计不周，行政放松领导，施工时间赶得太短，技术指导不够与不负责任，又因坡度太平，引水小隧洞高低不平，造成放水后试用水期平均 70%的渗漏，形成重灾。除政府救济银行贷款扶助外，并以工代赈方式于五三年冬五四年春重新整修。现已完工。经放水试输，流量快，水量大，群众非常满意。

1. 贷款：第一次工程"五一、五二年度"贷款 350 300 000 元，第二次工程（五三年冬、五四年春）贷款 373 000 000 元，除已批准投资款 295 000 000 元归还外，尚贷款 78 000 000 元，两次共有贷款 428 300 000 元。

2. 政府意见：因该地群众贫苦，兼之去年因禾未浇上水，带来了旱灾，使农作物减产，群众损失十多亿元。为了照顾群众困难，将上头水利贷款要求全部减免。

3. 据我们这次了解，群众对新修渠道不但爱护，而且祈望很大，都说从此走上了生活富裕的道路，因而对党和人民政府非常感激。对于贷款均说归还无问题，仅提出因本年受过旱灾，另有各种贷款，耕畜减少，负担很大，水渠贷款拟今年少还或不还，明年开始至五七年分期还清。为了更合理的解决水渠款贷，我们与群众研究算了个细账。该渠灌溉一个乡，共有耕地一万四千亩，266 户，1754 人，每人平均八亩地。在旧渠灌溉时期，每年播种面积六千多亩，其余因水不够而为歇地，平均每人占三亩，产量每亩平均 120 斤至 160 斤。每年在洪水时期（正需用水时期），渠道被洪水冲坏和淤塞，须要茇茇草六万至八万斤，人工一万至二万个随时抢修，并妨碍浇水，播种地亩每年均有程度不同的受旱减产。老乡说："饿死饿活，不给新地坝做活；干粮不大，天天上坝。"由此可见，旧渠的破烂严重的情形。经过新修后，只要经常用少许的人力养护，保证能按时浇好水，并每年能节省人工材料费约在一亿元以上。水量足够一万四千多亩地应用，根据群众反映今年播种面积约有八千多亩，因为劳动力限制，今后估计能增加至一万亩之数。产量根据以往情形，只要浇好水，每亩平均在 160 至 200 斤，每人平均占播种地五亩多，收入在一千斤左右，贷款使用上，第一次工程材料全由贷款购及，非灌区民工负外，大多数供给灌区民工伙食。第二次工程材料民工全由贷款包办。根据以上情况，贷款每人负担二三万多元，每亩地负担三万元左右。但是每人收入田粮约在一千斤之多。因此，贷款数分期归应没有问题。

4. 我们的意见：贷款本 428 500 000 元，应由本年起分四年还清（五七年止）。第一次工程贷款因渠道失败，使群众受了损失，影响政府威信。为了合理负担及照顾群众，拟将截止本年六月底止利息 60 316 300 元减免，所有贷款应与群众细研究，另订契约执行。

5. 遗留问题：该渠对于贷款经过三个阶段经理，但对总务及开支情况均未逐次移交，并现在工程基本完成，尚结余贷款五千三百多万元，除继续做工开支外，有所结余贷款应悉数归还银行。已委县府派员清理，向群众公布贷款开支情况。

（二）夹边沟蓄水库：在国民党反动派统治时期，于四八年兴修至解放前夕仍未完成，解放后在党和人民政府领导下，将水库修建成功农民浇到了水，这对老乡是兴奋的一件事，因而对党和人民政府都感激无余。但另外的问题是，由于以往连年受旱歉收，家底很薄，生活困难，加之水库贷款过多，浇地太少，对还贷款非常焦虑，都说："水库虽然好，但借款什么时候能还完。"

1. 水库于五一年兴修，五二年完工，共贷款 626 000 000 元，经过五二、五三年全力归还本 121 209 800 元外（内有一部剩余材料变价归还），尚欠本 504 790 200 元。

2. 水库现有蓄水量能浇六千亩地，一次用水（河水只缺一次用水），现在只浇夹边沟一个行政村地计 178 852 亩地，受益户 91 户，491 人，平均每亩负担 27 万多元，每人负担 12 万多元。据群众反映，原借款时提出贷款过多，不能负担，区长说："水库修成后能扩展许多荒地，将来移民开荒，大家负担。"当地农民在五二、五三年开荒约一千五百亩，五三年丰收，约收小麦七万多斤，除还款外尚有剩余。因此增强了还款信心，并花了一千五百多个工，由水库至荒地开了一条水渠，准备来年播种取得收益，归还贷款。至本年成立劳改农场，所有荒地拨归农场耕种，影响群众收入，全部贷款实无力负担。根据现在情况算了个细账，五三年为丰收年，实播种 17 403 亩，歇地 7449 亩（因土质不好碱太大，形成熟荒地），平均每亩产 160 斤至 180 斤，每人收入最多 630 斤。除公粮 68 斤，每年籽种 87 斤外（每人平均地三亩五分，每亩中 23 斤），每人只能收入 475 斤（口粮各种开支都在内）。因此该地群众生活困难，去年虽系丰收，但有十三户人未还上贷款，十户仅按还款计划还了一部分。今年还有三分之一农户或多或少的缺口粮，依靠借社粮食、洋芋，打柴，搞副业度荒月。

3. 劳改农场计划开地三万亩，现由清水河另开渠灌溉，于是农民所开渠道未利用对农民开渠开地所花人工费用未加处理。群众反映不满。我们认为清水河上游旧地之余水，农场才能利用，但农场开地多，水量一定不够。同时夹边沟水库蓄水尚余三千亩水量无地可浇。可以农场应充分利用，以补水量不足，并应给群众开渠开地所费的人工加以合理安置。

4. 贷款处理意见：夹边沟群众有浇水地亩 1788.52 亩，余已还清贷款 121 209 800 元外，拟按每亩年还二万元，至五七年止，计四年共负担贷款本 143 080 800 元。劳改农场本年未用水，拟明年起至五七年止，计三年每亩每年还二万元，共负担贷款 180 000 000 元（按三千亩地计算）。但农场意见，因该地风沙大，另找地方开垦。现未决定。如果该地继续发展，则接受我们的意见，负担贷款。如果农场迁移，所分配贷款应与当地开荒老乡研究，另行处理。其余贷款本 181 709 400 元及本年六月底止息 111 423 380 元，拟请减免。

5. 夹边沟耕地 1788.25 亩，内有县政府出租公地三九亩多，群众反映去年未负担水费，因而不满，拟提请政府补交。今后应与群众一样负担贷款，以资合理。

三、酒泉专区水车

据我们了解，尚积压三五部，因老乡不愿使用，致推广不出去，积压日久。我们的意见叫各县水利管理委员会购买一两部作为试验推广之用。其余如推广不出去，应由水利局调拨武威专区供应。

水利工作检查组胡生秀（印）彭世泽（印）赵兴财（印）

酒泉县主要河流干渠一览

日期不详　　肃 22—1—8

讨赖河	古城渠		碱窝沟、刘家沟、常家沟、葛家沟、校场沟、壕南沟、草湖沟、新沟、直沟
	联合渠	黄草渠	老君闸沟、风沙林沟、蒲来沟、向家沟、张柳沟、官北沟、高桥沟、三百户沟、东西沟、中深沟、官站沟、四坝沟
		沙子渠	冯家沟、侯家沟、张良沟、史家沟、牧场沟、二分沟、石头沟、长沙沟、东西沟、仰沟
		图尔坝	利沟、罗圈沟、三分沟、善家沟、大墙沟、东边沟、宋家沟
	民主渠	丁家渠	上八沟、下五沟
		河北渠	樊家沟、小坝沟、中所沟、高闸沟、北闸沟、黄老沟
		老鹳渠	上五分沟、下五分沟
		新城渠	蒲草沟、老鹳沟、中沟、西沟、北沟
		野麻渠	南沟、大沟、西沟、新沟、横沟
		安远渠	
	二墩渠		南沟、项沟、蹬槽沟、北沟、腰敦沟、石金沟
洪水河	新地渠		头沟、二沟、三沟、四沟
	西洞渠		东沟、西沟
	西滚渠		东沟、西沟
	东洞渠		新沟、旧沟、北沟
	新坝	上花坝	东沟、西沟
		中花坝	堡东沟、西沟、直沟、东树林沟、西树林沟、新洪沟、牌路沟
		上三闸	头闸、小闸、西店子闸
	下四闸	单闸	单东沟、单西沟、单长沟
		双闸	双崔沟、双王沟、双闸沟、柳上沟、柳下沟、柳钻沟
		南闸	新上沟、新下沟、新新沟、新文沟、新王沟、新小沟
临水河	临水渠		仰沟、南沟、下西沟、西沟、东沟、北沟、中沟
	下花尔渠	上三沟	朱家沟、闫家沟、佘家沟、砌石沟、任家沟、崔家沟
		闸沟渠	洪庄沟、流沿沟、小寨沟、顺路沟、火烧沟、小西沟、东三沟
		官沟渠	新湖沟、洪泉沟、下沟
	上花尔渠		仰沟、陈家沟、顺路沟、罗圈沟、东闸沟、深沟、东沟
	茹公渠		斗沟、仰沟、夹坝沟、新沟、边湾沟、刘家沟、郭家沟、萧家沟、翟家沟、东西岔沟

续表

丰乐河	西头渠	小仰沟、大仰沟、涯儿沟、下截沟、后烧沟、贡操沟、东庄沟、小横沟、东直沟、沙河沟
	西二渠	佘家沟、神仙沟
	西三渠	上腰沟、下腰沟
	西四渠	东闸沟、西闸沟
	东头渠	大庄沟、中截沟、半坡渠、清水渠
	东二渠	上沟、下沟
	东三渠	东五分沟、西五分沟、中五分沟
	东四渠	小沟
	东五渠	
	东六渠	
观山河		东上沟、西上沟、申麻沟、西沟、深沟、腰沟、涝地沟
红山河	西上渠	上沟、下沟、东沟、西沟、南沟、野庙沟、杨家沟
	东上渠	罗圈沟、大路沟、沙河沟、王家沟
	下截渠	东腰沟、西腰沟、胡家沟、百家沟
清水河	暖水渠	
	达子渠	南沟、北沟
	怀家渠	谢家沟
	佘家渠	
	下坝渠	
	黑水渠	南沟、北沟
	新沟渠	妥家沟
	杨家渠	
	洪家渠	
	祁家渠	下古城沟
	夹边渠	
	钻洞渠	毛沟、两山口渠、郎家沟、大东沟、小东沟
三山口	榆林渠	
	黄草渠	
	下坝渠	
	涌泉渠	（干坝口改为涌泉）
马营河	屯升渠	东沟、西沟
	沙山渠	
	上寨渠	清水沟、东沟、西沟
	清水渠	上寨沟
	中寨渠	中寨沟、红墙沟、盐池沟
	讨来渠①	水磨沟、草湖沟、官沟、南沟、小北沟、下沟

附：河流灌溉面积统计

河流	讨来河	洪水河	临水河	丰乐河	观山河	红山河	清水河	三山口	马营河	泉水渠	合计
灌溉面积	120352.3	125 929	385.66	43 796	7 774	6 841	42 910	1 616	20 820	32 998	441 602.3
支渠数	89	41	45	66	3	4	13	3	93	57	414.0
渠道长度	1054.	479	135	307	49	115	249	15	143	121	2 667.0
说明	上项灌溉面积内有百分之二十四的荒歇地										

---

① 编者按：此条归类似有误，当为讨赖河干流水系。

酒泉县各区水利人员分配表

肃 22—1—9

日期不详

		第一区 54年	第一区 55年	第二区 54年	第二区 55年	第三区 54年	第三区 55年	第四区 54年	第四区 55年	第五区 54年	第五区 55年	第六区 54年	第六区 55年	第七区 54年	第七区 55年	第八区 54年	第八区 55年	第九区 54年	第九区 55年	第十区 54年	第十区 55年	第十一区 54年	第十一区 55年	合计 54年	合计 55年
水利员	脱产	1	1	1	1	1	1	1	1	1	1	1	1	1	1	1	1	1	1		1		1	9	11
	半脱产		3	1	1		1		1	6	6	4	2	1	1	3	4	4	3		2		1	19	25
组长			1									5	3	5	5									10	9
文书					1					1	1			1	1	1		1	1				1	4	5
渠工		24	14	10	11					6	4	21	12	43	43	4	7	26	24		4		8	134	127
合计		25	19	12	14	1	2	1	2	14	12	31	18	51	51	9	12	32	29		7		11	176	177

说明：

各区除常年脱产水利员一人外，根据渠系实际情况配备水利人员，兹分述于后：

一、一区新地坝半脱产一人，渠工五人，西滚坝半脱产一人，渠工二人，西洞坝半脱产一人、联合渠组长一人、渠工二人；

二、第二区增加水利人员二人，西坝乡在内；

三、五区半脱产六人（包括前乡、中渠、临水、暗门、夹边沟、石河乡），西边沟、石河乡（包括漫水滩、临水坝渠工二人；

四、六区新坝半脱产一人，渠工一人，泉水（包括漫水滩、小泉，渠工一人；

五、七区（包括石灰窑乡）洪水大坝半脱产二人，组长一人，文书一人，渠工十六人，南北洞组长二人、渠工三人；

六、八区半脱产四人（观音一人、三四坝一人，渠工十四人，小铧尖乡半脱产一人、茅庵组长一人，渠工一人；

七、九区丰乐川河半脱产一人，马营河半脱产二人（包括马营、东渠、新渠、西渠、三合、清水乡，文书一人，渠工七人；

八、十区东洞坝半脱产一人，渠工四人，东三坝一人、头坝一人、西平乡半脱产一人，渠工八人；

九、十一区联合渠半脱产一人，文书一人，渠工十八人、涌泉、三泉乡；

十、四区各增加水利员一人，加强灌溉管理。

区、乡级政权各种水利事务

酒泉县城东区政府为请示撤销该区一乡水利副主任朱同德职务并另行选举的报告

1952 年 7 月 13 日　　　肃 22—1—3

酒泉县城东区人民政府（报告）城建字第十五号

我区一乡以往每年以旧的点香制度浇水，连年受旱。本年为了搞好爱国丰产任务，废除了旧的水规，又在该乡海马泉新修了蓄水闸三道，较前增加了一□。根据本年水的来源不同情况，分为上下两段浇灌，所以该乡选了水利正副主任二人。

一、兹查副水利朱同德一贯不负责任，在整渠坝时，并将原计划三十二道农渠，未曾合并，浪费了三百亩地的水量。

二、麦子浇头水时，因该乡水不够用，二乡给该乡让了水二天，自不重视，海马泉装满坝快要冲倒，被工作组长刘兆军发现，发动了二千人夫才打住了马泉坝。

三、不巡查水，淹没了张宽本的房子两间，连皮□□□及路上放水，只浪费了十亩地的水量，经干部会上检讨批评教育后，但仍然照旧。

四、因第三次水困难，由二乡让了两天的水量，并由区委书记亲自布置叫他检查浇水，因当天晚，借口夜黑而睡觉去了，依靠了群众，只是顾了地上，而未重视坝沿，放了马连滩五亩。

以上浪费水量，教育几次后，累次不重视水，经本区乡长文书会议研究，为了浇好水量，根据大家的意见，决定撤职，另选水利，以给适当处分。敬请上级指示，华县长。

李会诗（印）

酒泉县人民政府关于城东区政府报告的批复

1952 年 7 月 18 日　　　肃 22—1—3

酒泉县人民政府（批复）酒（52）午水字第四二四号，

城东区人民政府：

七月十三日城建字第一五号报告悉。

一、关于你区一乡水利副主任朱同德一贯不负责任致使浪费水量，虽经屡次教育知遵不改，拟撤职，准予备案。另选问题需要召开该乡群众大会让群众酝酿讨论通过后执行。

二、希将执行情况报府并通报各乡知照以示儆戒。

县长华

一九五二年七月十八日

酒泉县第二区整修民主渠及支渠总结

1953 年 5 月 10 日　　肃 22—1—5

本区在三月廿八日召开了乡长会议讨论了修坝用之工料，确定了群众每亩地自筹芨芨三斤。在三月廿九日由水利局及县区干部到工地勘查了工程概括，提出了初步整修渠坝的计划。三月卅日以渠道的系统召开了水利委员会议，讨论确定了干支渠及总渠的整修计划。四月一日调专干部二人通盘安排修渠工作并准备工料。

一、组织领导

以渠道系统成立了水利委员会 13 人，并设主任 1 人、副主任 2 人，下设行政工程 2 个股，行政股 13 人，工程股 9 人，并明确分工，行政股负责调配人事如掌握民工情况，供给工料，安排民工膳宿，教育民工之责，工程股计划工料安排工作拖工领导工地工作之责，由水利委员会统一领导进行工作，但水委会有我区甄书记亲自驻坝担任主任，领导施工，共抽调区干部 9 人，三区 1 人，金佛区 1 人，乡脱离生产干部 5 人，农会主任 2 人，内有党员 8 人，团员 3 人，各区水利队长在外。

二、工作情况

1. 民主渠系统有两个支干渠，东干渠丁家坝至安远沟十二华里，北干渠安远沟至罗家庄长 8 华里，按计划在四月一日开工，四月十五日完工，要作工 13 000 工，芨芨 12 万斤，但为了不影响群众生产及修坝工程，先做好准备工作，集中领导干部及民主力量。支干渠在四月九日开始，四月十六日完工，共做工 8468 个，实用芨芨 118 767 斤，内有胡麻草 15 000 斤，石笼 8979 个（长 8 寸），树 21 棵，石头 37 方，烧柴 63 510 斤，节省芨芨 1233 斤，人工 4532 工，实用木工 11 个未在内算。

2. 总渠原计划四月 15 开始工，5 月 11 日完工，芨芨 100 000 斤，木料树 111 棵，木工 100 个，人工 17 800 个，为了集中干部民主力量，在四月十七日开工，五月二日全部结束，长 1858 丈，宽 2 丈，深 5 尺，石笼 5084，胡麻草 32 733 斤，席 3 长，抬扒子 170 个，绳 6500 条，木工 274 个，木料 900 棵做节制闸一座，退水闸一座，溢洪道一座，民工 13 657 个，内 363 丈，两岸完全用石笼做 5 尺高护岸 344 丈，两岸完全用石头切成 5 尺高护岸墙，完全节省民工 4143 工，胡麻草原未计划实用芨芨 102 402.5 斤，现预存芨芨 5002 斤，烧柴 102 428 斤，杨柳 18 车做长久护坝工作。

3. 整个工程进展情况在两个友渠工作时，但因各乡领导干部未曾调齐，依靠各乡工程水利及队长掌握民工情况和工程计划欠缺在工程中发生慌乱现象，在四月十五日将领导干部明确的分了工各负其责纠正一开始的慌乱现象，具体掌握民工情况，在不影响工作的前提下召开各种不同的会议如党团员会、青年会、妇女会、民兵会和群众会，作了思想动员工作，发动竞赛。如在总渠改弯线另开新渠时，有果园乡群众和干部提出向各乡挑战，按时按工程计划决定的做法尺度。首先有新城乡应战后，掀起了各乡民工及干部的充战工程的坚强信心，各乡都提出挑战应战工作紧张，如果园乡民工自动在晚上加工。各乡民工干部都在晚加工在1200 多人的时候加工四晚上，每晚约在四小时左右，在总渠开工后，主要有甄书记将工程工数时间详细巩制，亲自在工地检查具体指导解决一切问题，召开了干部会动员干部思想及情绪，分工负责除工程股干部外，行政股干部每人负责领导一个乡区干部，每晚在 11 点钟左右睡觉，天刚亮争先恐后的起床到工地，具体领导了解问题，启发民工情绪，节省民工提前完工□□等条件之一。

三、农民的情绪

由于干部具体启发及发动了挑战应战竞赛运动，群众情绪高涨，各种不同会议讨论修坝，在工地如何工作，想办法决定工作时的个工。计算 10 分工为 1 个工，才能鼓励劳动情绪，在水委会讨论特别劳动好的评为 10 分工，另外，奖励一分工这样使民工得到现实的奖励，群众大部分都是各个争先，如果园乡李占元打石笼等 2 人，别人一对人 17 个，他自己打 20 个石笼，还要到工地看看本乡扒下的段，做的工程如何。如民兵文书王谦在工作很紧，情急需要木料时，他亲自领运输，起早晚觉，积极努力，有时一天吃两顿饭，没有怨言，又如新城乡因支部书记郭清贤用洋钓①整块抙石沙，将手担破，带动群众。如中暖乡党员梁桂芳（中），民工多做饭锅少，无法调剂当时想法，建议轮吃，这样解决了民工的困难。又如新建乡党员戴生才、团员张有贤，他们俩实干并给群众解释，我们以落其他乡后面，我们积极努力，应抓紧赶上他们，就把新建乡一村群众带动起来，但做工民工在他们的影响下，也是人与人排战，如新城乡雇农白玉群众说，他老婆，做不动活，但他还说我向你们挑战下夜工，我也去。并有高丰礼、殷尚元向党友部书记要求晚上加夜工，做了四晚上（约四个钟头）如妇女郭秀芳、李秀兰晚饭做过也参加抬石头，当天开会表扬，第二天就有四个妇女自动参加工作。老乡都说我们晚上少拉点闲话，就可以赶出来。群众都是赶早不赶晚工作，如果园乡、新城乡、新建乡，天将发亮，队长来叫群众就起来往工地上去做工。在工程结束，由水委会做了两面锦旗，由参加修坝的个体干部及群众评为两模范乡。

评模条件是：1. 群众干部情绪高热，按原计划工程宽深标准做的紧固板工者；2. 按时完工未有浪费工料者，并爱护公共及私人工具、节省工料者；3. 起带头推

---

① 编者按："洋钓"，原文如此。

动作用和做工膳宿，本乡群众团结很好，有集体观念者。根据以上三个条件评为果园乡和新城乡以两面锦旗奖励。

四、老乡们的反映

说我们现在修坝是为自己浇好水，应该努力做好，还说全年干部领导我们做工，政府很关心我们，买了药，有了病给我们药，当时治了病如殷尚贤、殷尚德等等。群众说这么好的事情不作还等啥呢，坝修好睡到门上浇水。过去年整我们修坝修不好，倒了没人管麦子，旱了没人管还纳水费钱呢。总之老乡们对今年的修坝反映都很好。

五、经验教训

1. 凡做一个工作要有干部具体领导，给群众讲明意义，通过群众思想，一切工作都能作得好，还能作得快。如本年修坝，友渠先未将干部调好，只依靠工程水利及队长形成，领导力量不足，群众思想行动疲沓，工程进展的不很快。

2. 做好工作要有很好的组织，修友渠虽有各种组织但不很健全，不能真负其责，群众修坝情绪很高还发生慌乱现象。在干部调剂后，健全各种组织，在各种组织内动员领导群众情绪高涨，还纠正了前一阶段的混乱现象。总之，干部具体健全组织分工负责，是做好一切工作的先决条件。

酒泉县第八区五三年第一次浇水情况简报

1953 年 6 月 10 日   肃 22—1—5

一、灌浇组织与基本情况

各乡在浇水前均召开了干部会议并吸收了灌溉小组参加在会上口需研究浇水前的准备工作和浇水方法。区的领导又以是三个大坝口（红山、观山、丰乐）配备干部四人，主要是领导浇水，但因本区依靠祁连山气候变动较大，忽冷忽热，水量难以掌握，如观山乡刚开始浇水，气候较热，每昼夜能浇 11.5 亩，平均每人以 1.5 亩灌浇。三天以后，水量大减，三区大坝水都很小，观山坝山坝每人就以 7 分灌浇。由于这样，该乡水利员怕严世谦怕群众埋怨，便悬梁备死，但发觉后已半死不活，经挽救算是没有毙命。

据六月八日的汇报，全区九个乡已浇完两个半乡，其他六个半乡没浇过的夏禾作物均在二分之一以上。到六月八日为止，全区九个乡据不完全统计共种夏禾 33 271.3 亩，已浇 22 186.91 亩，未浇的 10 662.7 亩，已浇占夏禾播种面积的 66.7%，未浇占 32.4%。组织较完善的如一乡选出护坝员 10 人，连夜查坝在夜半三更，坝快要倒而有护坝员马伦忠（团员）和王国武解自己的棉衣将坝沿堵住，1000 亩夏禾得到了灌浇。又如三乡在浇水前 10 天召开了干部会议，研究讨论浇水办法与浇水准备工作，这样一来，浪费水的现象基本上是减少了。

　　但个别乡对这一工作还没有足够的重视，如二乡浪费了13亩地的水，乡长在汇报中还说不多，才13亩，但该乡500多亩地而没流过，而王占雄和王如东的六亩地一天浇了两遍水，有的庄稼都没浇过，崔俊元又泡了1.1亩地。还有的乡发生干部多浇的现象，如□坝乡群众这样说："这次的水是干部水，下次才是群众水。"有的乡干部家带头偷水，群众也跟上学习，如四乡行政主任李毛林家中偷浇麦子四亩多，引起群众朱玉珠偷浇8.8亩，张进元偷浇地1亩，张富元偷浇3.6亩地的麦子。

　　群众情绪及反映。根据这次的浇水来看，青苗地多数没见水，有的死的很多，许多群众来纷纷乱嚷，情绪非常不安，尤其对自己的生产漠不关心，抱着应付态度，如二乡老乡黄富德不但不生产，反而跑到乡政府说："现在麦子浇不上水，定下的公粮咋上呢？"又说："你们（指干部）是当头姓的，我们的麦子咋没浇过？"又如八乡九十二户老乡没浇上地，便三个一堆，五个一群，不好好生产，还唉声叹气的说："把这个人么活啥者呢。"九乡农民李成俊因没见水便心急口燥的说："在旧社会里我们也能见些水，现在到新社会里，你们（指干部）今天喊丰收，明天喊生产，坝打的多高，还是不见水。"八乡老乡张得玉不但辱骂水利，还说："把种下的绿麦子拔上献新麦子盘长呢。"徐廷璋（富农）和李树俭说："我们在过去种多少都浇过了，现在为啥浇不过呢？"

　　个别浇过的群众反映很好，如四乡薛天相和张兴元说："毛主席领导下的水规真好，不然我们薛家小庄子的粮食这次就浇不过。"针对着以上不同情况，我们便利用了各种不同形式的会议进行了安慰，主要以农业税政策依率计征，依法减免的原则进行解释，又和目前退粮的事实例子进行教育，有的没浇过之乡和乡进行了对比，如四、五乡就和六、七乡对比。这样一来，群众情绪稍有一些稳定，如四乡经安慰后，许多老乡说："这样子的事情多多的嘛，人常说'年年防旱，夜夜防贼'，就是这个道理嘛。"

　　二、浇水中发现的问题

　　据六月九日汇报，各乡普遍的发生偷浇地的现象。据九个乡的统计偷水的共十二户，共偷浇39.22亩，群众的意见要没收，但究竟如何处理请答复一下。

王仁义
6月4日

处理意见：

　　1. 教育群众遵守水规，水少应都浇浅些，争都浇过。
　　2. 偷水的一般应以教育为主。

附：

酒泉县第八区五三年九个乡第一次浇水情况统计表
1953 年 6 月 10 日

项目	数目	上河清	红寺	丰乐	头坝	观东	口沟	观山	东平	西平	总计
共种夏禾	小麦	3 192.41	4 237.15	4 783.67	2 774.07	2 199.36	2 371.85	2 538.57	3 756.3	3 372.45	29 225.83 亩
	青料	190.66	283.02		199.99	267.36	155.05	139.91	351.29	193.74	1 781.62 亩
	豆类	266.25	168.19		100.95			3.2			538.59 亩
	其他	184.12	222.98	694.53	141.61	124.83			203.1	155.09	1 726.26 亩
	小计	3 833.44	4 911.34	5 478.2	3 216.22	2 446.72	2 651.73	2 681.68	4 310.69	3 721.28	33 271.30 亩
已浇夏禾	小麦	3 192.41	3 880.91		1 518.78	2 196.96		986.47	2 316.7	3 135.25	17 227.48 亩
	青料	190.66			159.99	267.36			133.3		751.31 亩
	豆类	266.25			89.95			3.2			359.40 亩
	其他	184.12						121.5		348.83	654.45 亩
	小计	3 833.44	4 333.13	2 742.5	1 768.72	2 464.32					22 186.91 亩
未浇夏禾	小麦		356.24	2 041.02	1 255.29	2.4	2 371.85	1 552.1	1 430.96	237.2	9 247.06 亩
	青料				40.0		155.05		69.08		264.13 亩
	其他		221.98	637.68	152.61	2.4	124.83	14.41			1 151.51 亩
	小计		578.22	2 678.70	1 447.9	2 464.32	2 651.73	1 566.51	1 500.04	237.2	10 662.70 亩
偏浇地亩		1.7 亩		7.72	21.8				2.0	6.0	39.22 亩
说明		1.小麦以亩为单位。2.全乡共种麦禾作物 33 271.3 亩，已浇过 22 186.91 亩，已浇地 10 662.7 亩，未浇的是 10 662.7 亩，已浇占夏禾作物播种面积 66.7%，未浇占夏禾作物播种面积 32.4%。3.全区偏浇水的共 12 户，共浇地 19.22 亩，究竟如何处理？										

3.□□忠，王□武监视浇水有成绩，及行政主任李茂……以便处理。①

酒泉县第七区五三年整修渠道工程计划

1953 年 4 月 17 日　　肃 22—1—5

（一）一般情况

今年在响应中央政务院"大力开展群众性的防旱抗旱运动"的号召下，我区各乡群众更热潮的提起兴修水利，又加历年来我区对水利工作做得还不够，每年虽进行了岁修，但对管理方面不够得当，已在去年洪水大发冲坏了渠道。今年政府提倡经济用水，以扩大灌溉面积，以达到提高单位面积的产量。经济用水是我区农民的迫切要求，在解放前我区的旱灾连年发生，农民生活已达到最困难的关头，所以今年虽然群众对整修渠道有了热潮，但是在力量上不够，我区在去年十二月间召开了全区水利员会议，已做了初步计划，但上级未决定。在今年四月初在县开了生产会议有了决定，又是请水利工程师到我区各坝测看了一次。在四月廿五日召开了三次水利员会议讨论整修并坝以达到不浪费一滴水的原则下进行了建修。

（二）工程计划

甲、计划屯升坝改修退水闸、冲砂闸一座，新修冲沙闸一座，开完新隧洞一个 450 公尺（已完成 250 公尺）粗□石 50 公方，钢铣 300 斤，大梁 30 根，行条30 根，小木料 20 根，清油 600 斤，铁匠工资 150 个，木匠工资 40 个，打洞子工2600 个，芨芨、胡麻草 30 000 斤，清淤洞子工 4000 个，共贷款 8000 万元。

乙、计划合并中寨盐池坝改修进水闸、冲沙闸、分水闸各一座，用粗石条 200丈，大梁 14 根，行条 48 根，钢铣 150 斤，木匠工资 30 个，芨芨柴、胡麻草 40 000斤，人工工 500 个，贷款 4000 万元。

丙、计划修下河清乡五、六坝引水闸一座，分水闸两座，用粗石条 40 丈，芨芨 20 000 斤，渠内破石头贷款 2000 万元。

丁、计划整修中截乡三坝分水闸一座，坝内破石头用大梁三根，芨芨 4000 斤，贷款 1000 万元。

（三）估计收益

1. 修好屯升坝以后不但浇灌二、三两乡两万多亩土地，又能解决一、四、六乡小水浇地的问题。还能在两渠乡二行政村西面开荒两千多亩。

2. 修好中寨盐池坝能消除二、三两行政一万多亩土地的旱灾，修好后不但没旱灾还能减少每年岁修 2000 多个人工。

3. 修好五、六坝的工程后不但种完全乡土地，还能在李家空庄子一带开荒一千多亩，又能减少每年修筑人工 2000 个。

---

① 编者按：原档案于此页边缘处有残损。

4. 修好三坝后能取消三坝一道渠农民浇不上水的困难。

（四）施工日期：

1.马营河的渠道在四月廿八日全部开工，20 日完成任务。

2.　丰乐川河在五月七日开工，1 月完成任务。

李国昌
四月廿七日

处理意见：

　　拟请贷给一亿五千万元，同意照贷。

陈元得
4 月 27 日

附：

酒泉县第九区各乡小型渠道整修工程费概算表

工程名称	施工地点	工程概要	施工理由及估计效益	全部工程费（万元）	拟请贷款（万元）	附注
九家窑坝整修工程	东渠乡、西渠乡（马营河）	改修冲沙闸一座，新修冲沙闸一座，开挖新洞子	减少沙子大量入渠，保证安全适时输水，减少洞子清淤工 1 500 个并增浇 2 000 亩	11 738	8 000	
中寨盐池坝并入大坝工程	马营河中游东渠乡	整修进水闸、冲沙闸一座，口坝两座，分水闸一座，新开渠 3 里	减少流往河滩渗漏及每年冲坏可减少每年岁修工 2 000 个，保证原有耕地适时用水	6 857	4 000	
五六坝整修工程	丰乐川河下河清乡	引水口分水闸各一座，渠内破石、堤岸加护、河口□□等工程	保证安全适时引水减少渠道冲决可减少岁修工 2 000 个开荒 2 000 亩	7 850	2 000	人工 6 600 日工，粗石条 10 公方，芨芨草 20 000 斤。
口坝渠整修工程	丰乐川河中截乡	分水闸一座，渠内破石、渠堤加高口原等工程	安全输水适时浇灌农田	2 350	1 000	粗条石13 公方，芨芨 4 000 斤，大木 5 根，人工 1 500 日工。
其他	马营河、丰乐川河各坝	一般整修	保证安全输水，适时浇灌原有耕地并可增浇 6 600 亩	45 000		
合计				73 775	15 000	
说明	1. 以上各贷款兴修工程贷款只解决料费及少部缺口粮的困难。 2. 其他各项整修工程均由群众自筹办理。 3. 除九家窑坝及中寨盐池合并工程有详细计算表外，其他各工程未有详细统计表。					

酒泉县第九区屯升坝新修整修冲沙闸及新开隧洞工料费统计表

名称	尺寸	单位	数量	单价（元）	复价（元）	附注
粗条石	27×27×300	立公方	50	350 000	1 750	做冲沙闸用
钢料		市斤	300	15 000	450	打洞子用
立柱	∮25×500	根	30	210 000	630	
圆木	∮20×350	根	32	55 000	176	冲沙闸做闸板
圆木	∮19×400	根	20	40 000	80	
清油		市斤	600	6 000	360	打洞子点灯用
铁工		日工	150	18 000	270	修理钢尖
木工		日工	40	18 000	72	
打洞子工		日工	2 600	42 000	2 600	
芨芨、胡麻草		百市斤	300	45 000	1 350	
洞子清淤工		日工	4 000	10 000	4 000	
合计					11 738	

酒泉县第九区中寨盐池坝合并工程工料费统计表

名称	尺寸	单位	数量	单价（元）	复价（元）	附注
粗条石		公方	50	350 000	175 000 000	
立柱	∮25×500	根	14	210 000	2 940 000	
圆木	∮15×400	根	48	55 000	2 640 000	
钢（铁）料		市斤	150	15 000	1 750 000	
木工		日工	30	18 000	540 000	
芨芨、胡麻草		市斤	40 000	45 000	18 000 000	
人工		日工	2 500	10 000	25 000 000	
合计					68 370 000	

金塔县第二区十月二十日至二十六日工作情况报告

1953 年 10 月 29 日　　金 1—1—4

一、在生产方面（赶冻前要做好）

1. 修渠并沟：修桥镶闸：由各乡按不同情况，根据目前需要，而又非办不可的，通过乡人民政府研究并经群众同意后，在自愿的原则下，由直接受益户按地出工出料分别开始或完成了此一工作，到已完成的新坝乡，新修补修闸各四个。天生场乡修闸 7 个，补闸 8 个，按小农渠 15 道，并沟 7 条，大新乡修 1 座，修闸

3 个，补闸 7 个，计划开始的三下乡修坪一座，修桥三座，头墩乡镶闸 3 个，并沟一条。只就天生场乡合并 7 条，依通常浇水一次计算，即可节省水量 14 亩，人工 44 个，□稍 1030 个。

2. 整地块：据不完全统计：（缺三下乡九个村的材料）全区共有五亩以上的大地块 2889 块。已加埂整成小块的有 1511 块，在进行中首先以经济用水，并为长远利益打算的道理，如解除了群众的怕加埂，占地如天生场乡六村殷宗武说："加地埂为经济用水，但 1 块地加成 2 块，有 8 个角，占去地怎么办？"和个别有大地的，想浇水时，多浇些时间，占便宜，不愿加埂的顾虑，并为防止只为浇压苗水而加小块，不愿另开水口的应付态度及地浇过水没干或没浇水太干的。不能加埂的各种借口，有的乡在工作组普遍领导，重点检查的情况下，还以村为单位组织了勘查小组（勘查加埂及开水口的地块）、检查小组（检查埂加地是否合适）。采取了干部带头，抓紧大地多的户及随时表扬的方法，所以在十多天的当中，就完成了任务 52.3%。

3. 翻地：在天生场乡地犁一次的 971.46 亩，2 次的 667.2 亩，3 次的 58.17 亩，共 1696.84 亩。

4. 包树防冻：各乡公私造林完成防冻或正在进行包树工作如三下乡 17 000 株，在 23 日一天就全包好了。

5. 搞副业：目前工作的有挖甘草，如新坝乡只三四两村就挖了 4500 斤，以每斤收取 350 元计，值 1 575 000 元；拾粪，如天生场乡三户拾粪末赚了 135 000 元；喂猪，如头墩乡李长林打了三石赶狼蓬籽儿，可喂猪一口。

二、在厉行节约和订生产计划方面

1. 厉行节约：经大力宣传后，群众一般都有了正确的认识，如头墩乡群众反映说："碎毛成毡，要在固沟时节约，等到固底上再节约就来不及了。"并已进入了实际行动，如头墩乡五村刘荣业准备挖锁阳和饭过冬节省粮食。三下乡王大喜等四户自动取消了顺星敬神的准备。

2. 订立计划：首先说明订计划的好处，并了解条件较好的乡互助组或个别户的需要和情况，通过互助组和家庭会议及登门访问、漫谈深入的方法。再帮助订立典型户后，开会宣布讨论，加以推广，尤其富农及富裕中农一般农具较全，更需要细致去做。如大坝乡富农王多全，起初统计亩不要，但经工作组几天的根据家庭情况需要细致谈了后，就订出购买牛一头，铣一张，□子一把，摆楼一个，键条 10 根，大锅 1 口，大盆 1 口，碗四对，锄一个，火油一桶的计划。截止 25 日，头墩乡新坝天生场已订 76 户 5 个互助组。

三、在收购粮食方面

1. 由农民根据计划捏出需要的生产生活资料为附表，除一部已由合作社供应外，如只石油一次就需要 1731 斤，若以每个售价 5200 元计，可收购余粮 5300 多斤（合 14.8 石）。还有如牛 107 只，石滚子 91 个，半是不能解决的，必须由县统一解决。

2. 开会了解存粮户（应注意中药铺及商贩），再根据存粮数，由党员干部分头动员出卖余粮。如三下乡经动员后，药铺户刘宗荣愿卖 5 老石。杨怀礼愿卖 1 老石。

打破等上门卖货的情况，组织七个推销组，下乡推贷买粮，除三个由合作社贸易公司的人参加外，各坝均有工作组亲手负责收购。据初步了解收效很大，如大新乡推销组只两天就买款 180 多万元，粮 5246 斤，此一工作正在抓住卖货买粮的主要环节，大力开展，同时即发了地委贺书记《关于客服购粮缺点，抓住买卖环节，为完成和超额完成购粮任务而斗争》的摘要，通知各乡工作组每天早晨集中学习二点钟。

四、在增加收入方面

1. 公产清理：计清理出新坝乡铁锅 1 口，椽子 36 根，门䇠一对凳，小匾一块，钟圈一个（重二斤），琴儿（重二斤多）大新场板三块，木头 2 根，计拟达价 81 万元。

2. 核收：有的初步清理出应补□的，计头墩场牛 2 只，猪 7，羊 18 只。新坝场牛一头，羊 3 只。

3. 水库粮草租公地租大地证费，除个别户外均已交清，如大坝场有欠水产粮、土地征费的各 19 户，除一部分能交的催交外，有些户确没办法，如二村刘多义贫农，2 口人，均在 60 岁左右，没劳动力，种地 19.9 亩，除荒三亩八分外，打麦子 2.2 石，糜子 8 斗，青稞蓬皮各一斗，已开支社粮 6 斗，籽种 6 斗，卖农具还账 2.4 斗及吃了几各月的口粮，现余无几。

五、几个问题

1. 大坝乡七、八两村临近风沙，群众反映现在整地加埂，冬天易积沙压地，要求明春再整。

2. 大新乡石为升在一区六乡分了土地，后在复查时人在打新乡分了 11 亩地，多地分了两份，群众有意见。

3. 三下乡有公地 19.5 亩，因地潮不好，分给农民不要，退回后，为□□荒芜，据工作组报，收成太差，无结收租，你请免了。

酒泉县第一区一九五三年水利工程计划草案

1953 年 3 月底　　肃 22—1—5

今年是五年经济建设计划的开端，农村里普遍展开了互助合作，搞好水利工作，提高单位面积产量，推广科学技术，改良耕作方法等。因而目前主要工作是普遍整修渠道，加强行政领导，健全组织机构，反对不重视水规的麻痹思想和放任自流的工作作风，要树立长期和群众性的防旱抗旱运动，须要提高警惕，随时防止旱灾和山洪的侵害，统一调配水量，上游照顾下游，做到互助互济两不受旱的原则。六月中旬（即是芒种前后）给金塔让水七天到九天，订立详细的水利计划和用水制度，然后通过民主讨论决定公布施行。经济用水在解放三年来虽改造了，水规执行了合理用水制度，减少了浪费水的现象，但还遵守不够。为了要彻底消灭浪费水量，必须要拒绝串泡或大块地灌浇的恶习，取消在渠坝内取沙或挖坑畜沙的不良现象，以免头轮水渗漏口底。做好农田平整工作，进行浅浇薄灌，以免高处的旱死，低处的泡死，尽量争取合并或整修小型口道，在分水和退水的地方必须要建筑水闸，通过大车道处搭好桥梁，严禁利用大车道做水沟的恶劣习惯，加高地埂，浇灌时要经常检查倒水或跑水的现象为要。搞好这一工作，必须要纠正干部和群众往年的重农轻水的思想，教育他们认识到水就是命，就是粮食的命源，要爱惜水量，节省水量，要发挥天下农民是一家的精神，不但自己要浇好，并且要帮助别人也要浇好地，一定要遵守大家订立的浇水制度和用水纪律。为了要完成五三年的水利计划，于三月廿七日召开了全区的水利委员、乡长、工程水利和其他有关用水单位，正式成立了区级水利委员会，计参加乡长人大党支书一人，农会主任二人，水利委员八人，工程水利三人，油矿局工程队一人，农场一人，新疆军区办事处一人，酒泉市水利委员会一人，营业所一人，以上共参加会二十四人。会议上主要研究了今年的修坝工程计划和水规制度，组织机构问题，并决定于四月十五日（即农历三月二日）到四月卅日完工，其具体计划情况如下：

（一）工程计划

1. 讨来河引水口：需要民工五千个，木工二十五个，芨芨草四万五千斤，胡麻草五千斤，全稍杨树四十棵（根大八寸）。

2. 图迹坝坪下至严家崖护岸补地及整修分水坪工程：需要民工二千二百个，卵石六百方（每方以四个半工算）计民工二千七百个，芨芨草二万斤，胡麻草一万斤。

3. 整修钟家沙河渡槽码头：需要民工二百个，芨芨草六百斤，胡麻草一百斤。

4. 严家崖至程沟口护岸工程：需要民工一千五百个，芨芨草三万斤，胡麻草二千斤。

5. 黄草沙子分水坪工程：需要人工二千四百二十个，卵石四十方（每方需工四个半）计人工一百八十个，芨芨草二万四千斤，胡麻草二千斤，杨树八棵（八寸大），木工一十五个。

6. 黄草坝小庙子进水口工程：需要人工一千七百个，木工二十个，芨芨草二万六千斤，胡麻草九百斤，卵石六十方（每方四个半工）计一百八十个，杨树八棵（八寸大）。以上共计民工一万三千零二十个，拉石头车工三千零六十个，木工六十个（折合民工一百二十个）计民工一万六千二百个，芨芨草一十五万一千斤（内□□四万斤），胡麻草二万斤，杨树五十六棵（每棵人民币一十五万元），所需民工和工料都由各乡和有关用水单位按地分配合理负担，计每三亩四分地负担民工一个，五十一亩地负担长班夫一名（十五天为满），每亩地收芨芨草一斤十二□胡麻草半斤。除按地负担外，另购买芨芨草四万斤（每斤五百元），胡麻草二千五百斤（每斤三百元），杨树五十六棵（每棵一十五万元）。

具体情况见附表。[①]

（二）准备工作

根据五二年修坝经验教训做好准备工作是顺利推动工程决定工作好坏的主要环节，如果准备工作做得不充足，就会拖工浪费时间，影响工作的进行。如五一年修坝时事先没有很好准备，盲目的开工，因工料准备不充足，开工后致使工作停□，浪费了好多的工料和民工，因而今年为了要使修坝顺利的开展和提前完工起见，我们一定要做准备工作，在三不开工的原则上进行：

1. 准备不充分不开工，在工程开始前首先将工料提前收集运往工地，组织在笼匠、木匠和拉石头用的牛车，于二月二十五日到工地开始工作，并将民工之吃饭住地和工具、灶具也要按实际情况准备妥善。本年计□要求政府贷款一亿元，提前购买木料，以免临时发生困难。

2. 组织不健全不开工，在党政紧密配合的领导下，区乡必须要抽调强硬干部和党团员骨干做行政领导和技术指导，以乡为单位组织一个中队，每卅人一个小组，由副乡长兼农会主任领导前去做工。定要做到节省民力、物力，按时完工的原则。

3. 办法不一致不开工，在开工前要召开一次水利委员会，明确的讨论计划及工程开始后进行的方针和办法，由水利委员会统一调配干部分工负责领导。

（三）估计效益

解放三年来，由于在党政紧密配合的领导下，展开了普遍的合并和整修渠道工程，改进了水规，执行了合理用水制度，节省了不少的水，但由于去年遭受山洪灾害，冲坏了石墙坝底和进水口，要不及时抢修就会影响五三年的灌溉问题。因此，据我们的估计，这次的修坝工程就可节省二千八百亩地的水量。

---

① 编者按：附表见 677 页。

酒泉县第一区整修渠坝工程计划简表

工程名称	施工地点	工程概要	施工理由及估计效益	全部工程费（万元）	附注
千渠引水口整修工程	讨赖河南龙王庙下	引水口一座，挑水坝一座，新修挑水坝一座，护一崖工程。	加固沿河堤岸安全适时用水。	9 640	人工 5 000 个，每工 12 000 元计，芨芨草 45 000 斤，每斤 500 元计，胡麻草 5 000 斤，每斤 300 元，大木料 120 000 元，每根 20 根，每根 70 000 元，小木料 100 个，木工 25 个。
图尔坝坪下口口口口崖护岸补底及分水坪工程	河口乡八村	砌石墙补渠底，整修分水坪一座。	减少渠道岸底冲坏。	7 180	人工 2 200 个，卵石 600 公方，每方以 4.5 个工，共 4 900 个，芨芨草 20 000 斤，胡麻草 10 000 斤。
严家崖工程沟口护岸工程	河口乡四村	用石笼加护以免冲坏堤岸。	保证适时输水，减少水量流失，以免退岸冲坏。	3 360	民工 1 500 个，芨芨草 30 000 斤，胡麻草 2 000 斤。
钟家沙河渡槽	河口乡四村	整修退水闸及一头桥墩。	保证安全适时用水。	2 730	民工 200 个，芨芨草 600 斤，胡麻草 100 斤。
黄草沙子坝分水坪移动工程	河口乡九村	分水坪下移四十华里，坪石砌石岸搭木桥一座。	减少渗漏以免冲坏。	4 526	卵石 40 方，民工 2 420 个，芨芨草 24 000 斤，胡麻草 2 000 斤，木料（大）78 根，小木料 20 根，木工 15 个，每工以 20 000 元计。
黄草小庙子进水闸工程	河口乡八村	加固进水闸退水闸，挑水坝两座。	控制进水，排泄过量洪水，保护堤岸。	3 796	民工 1 700 个，木工 20 个，芨芨草 26 000 斤，胡麻草 500 斤，卵石 60 方，大木料 6 根，小木料 15 根。
合计					
说明	(1) 木料全部购买。 (2) 芨芨草购买 40 000 斤，其他由群众负担。 (3) 贷款拟解一部分资金的困难。 (4) 要求政府拨放贷款一亿元。 (5) 木料是全稍树（粗大八寸）。				

酒泉县第一区一九五三年整修渠坝工作总结报告

1953 年　　　肃 22—1—5

酒泉县抗旱办公室：

我区自五一年在共产党和毛主席的正确领导下，为全区一万八千人口的庄稼浇好水，再不受旱，开始兴修水渠，将原来的黄草、沙子、图尔等三坝合并为联合渠，自现在已有两年。在这两年当中，政府为群众贷款帮助，一面发动群众整修，一面加固堤岸，但因洪水过大，不大巩固的地方被冲坏。为了补修和更进一步的加固堤岸，给五三年经济建设打下良好的灌溉基础，政府仍贷款继续的整修。

1. 准备工作：在三月廿七日召集全区水利委员和各有关用水单位开了第一次水利委员会议，讨论研究了五三年岁修工程计划，决定了开工日期和负担工料问题，当天又成立了区的抗旱防旱委员会。为了顺利的开展修坝工作，我们又于四月九日统计抽调党支书四人，副乡长一人，团支书二人，农会主任一人，其他干部十五人，共计二十三人。区公所六人，□□所一人，讨论了在开工前的准备工作和工程开始的领导问题，并根据实际情况成立了一个工程委员会。区乡干部便各部门分工负责，根据过去经验教训，首先准备好工具和工料是顺利进行工作的重要一环，因此在四月十日就预先通知石笼工和拉石头的车工上去工作，十四日正式开工动土。因地区分散分段太长，领导干部少，对技术领导不便，工程委员会决定文殊河口两乡暂不动工，暂有八个乡根据具体情况扒段分配工作，前后共到民工 870 人，石笼工 70 人，车工 100 人，木工 3 人，由于在领导上作出了周密的计划，做好了一切准备工作（打柴、打石笼、修理工具、拉石头等）在工程上比起五一、五二年的经验技术和工作效率上有很大的改进提高，原计划 15 天的工程在 14 天内就胜利的完工。

2. 在工程中的情绪和思想认识：根据五一、五二年中的经验教训得首先打通民工的思想认识及加强领导的方法和技术指导。所以在未动工以前做了思想动员工作，加强了党团员及骨干分子的思想教育，使之每个民工认识清楚修坝为自己的吃饭碗。党团员应起带头作用并在晚上纠正了民工的工作态度，鼓励了工作情绪，在讨论中民工一致认为修坝是为自己的吃碗饭。因此，民工在工作中的情绪上和工作效率上看起来比往年有很大改进。在党团员的领导下，乡与乡提出了挑战和应战竞赛并保证胜利的完成修坝任务。

3. 工程中的表现：民工认识清楚修坝为自己，在工作中情绪非常高，□□学习工作技术，找工作窍门，如塔寺乡杨文辉说："砌石墙时要注意石头三转有铆呢，石头没像尖尖向上，切下的石墙牢又稳当。"有的乡在干部的带领下，工作非常热情，如西峰乡潘玉仁怕下雨发洪水冲坏新做的工程，所以自己不怕一切，发动了工人在大雨底下一个钟头，堵了 3 坝口，保护了四个乡工作三天的战绩，并使下一步工作顺利进行。往年打石笼的每天每对人只能 10 个，这是最高额，但今年不然，黄草乡石笼匠组提出向石笼匠组挑战，保证每天每对人打 15 个或 16 个。长沙乡郭英雄别人背不动的石头，他去抢背。河口乡和香庄乡领导人除自己指导外，亲自动手带动大家并及时的请示工程水利检查他们的工作，纠正工作中的缺点和毛病，给他们分配的工作他们毫不讲价钱，但有的乡则不然。首先是领导人讲价钱，如中深乡做钟家沙河桥时，水利纠正他们的工作，带队的安维喜说："阴阳多了订不住诀，你说这么做，他说那么做，又在做天河口时歉给他们工程较太长。于书记说所以民工工作情绪非常低落。"

4. 工作的收获：原计划十五天的工作在党的领导下，由于干部的带头领导，全体民工的努力之下，十三天内胜利的完成了，并超额完成了挖图尔坝 1050 丈，栽树造护岸林杨树 8200 株，毛柳 22 车。原计划需工 16 200 个，实作工 15 434 个（除在计划外做工 920 个），这节省民工 366 个，共用芨芨草 126 109 斤，节省 19 891 斤，共用杨树 50 棵，节省 6 棵。

5. 民工的反映：民工对这次的修坝都感觉修的快，特别在修坝的怨诚上来说都反映和过去不一般，如长沙乡民工口林说："过去的领导工程的是阴阳多了订不住诀。他说东你说西，究竟哪么好。"并说过去领导工程的连解放后五一年在内，白天口鞭不打人，晚上喝酒吃肉觉得热畅，民工吃不饱把打就挨够了，散了工蹴在石滩，就如避灾避难的一样。今天在共产党领导下，领导工程的同志和民工一模一样，白天在一搭工作，吃饱肚子，晚上睡觉也安然了，做活也一样下手，连区长也参加修坝。

6. 工作中的优缺点：

（1）准备工作事先做好，如民工正式开工时已将工具、石头、芨芨柴都收好了，在工作中没有耽误时间和浪费民工。

（2）首先打通干部、民工的思想，加强了民工的团结教育问题。

（3）建立作息制度，按时工作，按时休息和开会，没有发生混乱现象。

（4）培备了各乡的党支书、农会主任为专门领导（分工明确），在工作中没有发现放任自流和依靠的现象。

（5）干部、民工互相团结友爱精神好，如五二年修黄草坝时，图尔坝的民工就不动，在修沙子坝时，黄草坝的民工也不动，互相依靠，在今年都是抱着大公无私的态度。

（6）工程指导一致即时。

（7）留下了九、十两乡的民工，没有浪费人工并修了不牢固的地方。

工作中的一些缺点：

（1）调配下收芨芨的干部没有及时上口，如芨芨草口口口口下石笼上下转移，浪费了人工。

（2）对石笼厂管理不严，没有派人负责领导，较有无组织的现象。

（3）对石头未收在正用的工地，浪费了 25 车工。

（4）在黄草小庙子工作时，未将装石笼的石头准备好，结果车来拉的大石头浪费了时间。

7. 执行水规制度：为了统一调配水量，遵守水规制度起见，又于五月八日召开了第二次水利委员和各有关用水单位的会议，决定了各单位按地负担水利粮，建立水规和统一调配水量等合理使用，纠正了去年不遵守水规，乱挖乱放的不良现象，反对一人浪费水量，妨碍大家增产的恶习，乡与村也先后成立了用水机构，加以整顿领导并教育农民提高政治觉悟，使他们都懂得水就是粮食，水就是命的道理，自觉的建立珍惜水量的优良作风。

酒泉县第一区四年来水利工作总结
与一九五四年水利工作计划

1954 年 4 月 13 日　　　肃 22—1—5

在党和人民政府的正确领导下，本区的水利工程虽经四年的改革，废除了旧社会遗留下来封建不合理的水规，逐步建立起了民主管理合理灌溉的用水制度，但由于过去多年不合理的用水习惯，影响很深。现在还存在着的大地漫灌，串地浇水的不良现象，还没有彻底消灭。这些基本缺点，要不加以改革是提高农业科学技术改良耕作方法的一大障碍，因此搞好水利工作是保证增产丰收的主要一环。根据上级水利工作的指示，必须要建立经常性的防旱抗旱工作，加强行政领导，健全组织机构，改进水规，适时的做好整修和岁修工程定出如下水利工作计划：

一、改进水规制度

1. 整大块地：在春耕前将全区范围内所有三亩以上的大块地，统改为三亩一下的小块地，严格进行检查，加高地埂，并改好浇水沟，以免改就了的大块地变为串地或跑水的现象。

2. 修串田地：彻底改完三年来未改完的串田地，除河口乡个别三二分的小块地外，其他各乡一律在春耕前全部改完。

3. 薄浇浅灌：根据五三年的丰产经验，教育群众改进以往满浇漫灌、泡坏庄稼、浪费水量的现象，纠正农民依靠泡水争取丰收的保守思想，做好农田平整工作，实行薄浇浅灌，水的深度不得超过三寸，同时减少灌溉次数，小麦一般浇三次为宜，个别乡石滩边石厚土薄和漏沙地，或沙土地可以适当的多浇一次，并教育农民取消在渠坝内挖沙坑蓄沙的不良习惯，提高灌溉技术，使他们明确认识合理灌溉是为保证丰收主要原因之一。

二、岁修整修工程

1. 在修渠坝以前，大量动员群众修好小型农渠，在分水或退水的地方，普遍的建筑水闸，通过大车道时，搭好桥梁，严禁用大车道当浇水沟使用，既阻碍交通又浪费水量的坏习惯。岁修工程做好工程计划为长远的利益着想。技术与行政领导紧密的配合起来，加强领导建修坚固，以免每年整修，每年冲垮，形成劳民伤财不应有的损失。

2. 四月十二日区上召开了有关各用水单位联席会议，成立了区水利委员会，通过了五四年整修工程计划，确定了酒泉市、油矿工建队、制砖厂三个单位的长流水，讨论了本年水规制度等问题，初步决定于四月二十日（即农历三月十八）岁修工程开始整修，到五月八日，十二天完成。

3. 工程计划：全部工程整修分水坪两个，挑水坝五道，增修补修退水闸口座，裁弯取直150丈，清游、黄草、沙子坝补底护岸三处，详见附表。

4. 负担：依全部的播种亩数及各单位用水面积，按地分配，合理负担，平均4.62 亩地应负担民工一个，55.44 亩地一名夫（十二天），民工伙食自备，一个工每天吃米 1.04 斤，面 1 斤，每名夫带抬把竿子一个，每乡带洋镐把十个，不出民工的各单位每个民工每一个工应出工资一万七千元（包括伙食）（农民已商定）芨芨草每亩地一斤半，没有芨芨的各单位依照市价出价，每市斤运费一百元，茨柴每八十斤算一个工，木料由贷款内购买，每根出运费三元左右，木工雇佣每天二万六千元（包括伙食）车工每拉一立方石头合口个工（其中有一百立市方，每拉一立市方合四个半），详细情况见附表①。

三、准备工作

三年来经验证明，修坝以前做好准备工作，是顺利开展工程，决定工程胜利完成的主要一环，如果准备工作做得不好，施工就会浪费时间，因此，使修坝工作顺利开展，提前完工，必须做好如下准备工作：

1. 在开工前将工料收集齐备，运往工地，木料、芨芨草于四月十二日开始运往工地，组织石笼匠于十四日，木匠拉运石头的车于十五日分别到工地开始工作。

2. 民工伙食全为自备，在开工前将口粮集中收起，充分准备工具、灶具，以乡为单位成立伙食团，选出专人负责管理伙食，今年计划要求政府贷款五千万元，主要用在木料方面，提前购买木料及芨芨草。

3. 在党政的领导下，区乡要抽调强硬的干部、党团员和积极分子分层负责，计调区干部九人，党支书二人，不脱产干部积极分子二十三人（党员二人，团员四人）指导工作，以乡为单位组成一个大队，每三十人组成一个小队，由指定的人担任大队长，领导全队进行工作。

4. 成立临时党团支部，加强党团员的政治思想教育工作，要求他们在工作中起模范作用，团结群众，带动群众，充分发挥群众积极性、创造性，采取评分记工，评选工地模范等方式，批评与表扬结合起来，多表扬少批评，使其鼓励他们提高工作效率，施工中发动乡与乡进行挑应战，以竞赛方式进行，但不可过分，以免妨碍健康。

---

① 编者按：附表见 684 页。

5. 两年来，渠岸植树 14 000 多株，成活率达到百分之九十以上，我们体验到渠岸植树的好处，可以遮蔽日光，减少渠坝水分蒸发，能吸收地下水分，防止风沙，使气候变好，更重要的是固定堤坝避免洪水冲刷堤岸，因此，计划今年渠岸树植 12 000 株，连同修坝同时进行，使其成活，五年后就可大大的减轻农民上坝的负担，解决堵水柴草问题。

6. 团结技术干部，尊重技术领导，所有工地干部，施工完毕以后，详细作出鉴定上报。

7. 做好卫生安全工作，各乡管理伙食人员，要专门负责搞好伙食和安全卫生工作，吃放要及时，不吃生的，准备医药（碘酒、大圣丹、救济水等），照顾伤病人，教育民工，互相爱护，互相照顾，以免在工地中碰伤。

四、估计收益

四年来，在党政的英明领导下，每年春都要整修一次，加护堤岸、补坝修坪，裁弯取直，建筑各种水闸设置各种防洪建筑物，给农民节省了不少的水量，增加了不少的灌溉面积，在爱国增产中起了重大作用。但由于去年山洪凶猛，渠岸薄弱，每年给金塔放水都有冲坏堤岸的危险，如果不设置洪水闸就会影响农民灌溉，为此本年必须要进行这次工程。据估计就可节省□□□的水量，以每亩增产生粮 200 斤计算，计可增产 640 000 多斤粮食。

一九五四年四月十三日

金塔县四区四月廿日至四月廿八日工作汇报

1954 年 4 月 20 日　　金 1—1—4

一、互助组的问题

最近有的互助组将小农具入组，如新磨乡王宗章现把七付摆铧子入了组，赵绩贤组现计划在秋季里将犁铧、摆铧子全部折价入组公有，三上乡王开基组现要求和合作社订合同，组内公买木车二辆，许生荣组要求订立合同公买摆楼一张、木车二辆、推车一个，下号乡王设仁组内抽出手工业，鲁学样鞋匠专作锥鞋熟皮，挣的钱归全组所有，家中的活有组内给作，熟皮也不记工，不给代价，组内仅给作农业上的活。□来墩乡孟碌荣组内抽四人挖甘草卖了款三十万元，归组内公有，组内添置农具及买布穿单衣用。下号乡张奇文组内挖甘草卖了十多万元，也归组内公有。根据互助组现在的情况看来，这种积累公积金的现象继续增长和萌芽时期，这种现象也没有敢去阻止，但也没提倡，是互助组自发的搞起来的。另外互助组对副业接合方面，除挖甘草外，□来墩乡闫银德组内抽二人到北山里打回大头羊两只、黄羊五只，共计杀肉三百多斤，每斤价出售小麦一升，可挣一百多万元，共费了十九天时间，每天可得小麦一斗多。计划现又去打牲，孟禄荣、吴大学组等内，出外挖锁阳大石二斗，张奇文组内挖锁阳一百多斤，上号乡魏兴运等组挖锁阳一二千斤，现正在大量进行挖锁阳，以做代食品。

二、浇灌苗水整修渠道及建筑水闸情况

本区今春浇灌第一次苗水，于四月十四日个别乡开始浇灌，于四月廿一日下午申时水量加大，大部开始浇灌苗水，前后陆续共浇水十四天时间。全区共浇灌面积 24 630.62 亩，在浇水前区上召回了各乡干部及水利委员，水渠管理员做了明确的布置特别强调，坚决执行集中轮灌、薄浇浅灌的原则，做好浇水前的一切准备工作。首先各级干部，无论县区工作组干部、乡长、支书及水利干部一切力量，集中领导浇水，分工分段，负责掌握领导灌溉，普遍进行检查渠道、水闸、水口、堵水坝、小块地埂的准备，一级灌溉小组的组织并向群众普遍进行宣传了今年的水规制度，如不合乎制度及准备不妥者，就不允许放水。在浇水前区上共开了二次水利干部及行政干部会议，讨论布置了浇水工作，各乡一般均遵照执行或进行检查及准备工作。今春全区共整修大小渠道 138 道，新挑支渠一道，大小农渠 8 道，补修大小水闸 78 个，新近大小水闸 383 个，大部水闸做到有板，经大量整修水渠，近修水闸，改加小块地，基本上节省了水量，但在浇灌中仍由个别干部对浇水领导不够重视，群众思想上存在深浇满灌，不爱惜水的现象，以及浇水前的准备工作不够充分，发生浪费水的现象。如上号乡工作组长张怀德对浇水只白天到水上去转一趟就不管了，文书多的在乡政府不去看水，也不闻不问浇水的情况，也不汇报。又如三上乡赵学宽三亩以上地不加埂，有九亩四的一块地加了一道埂，没能放水，推动下面万占信、万占孝等四户，三亩以上没加埂的地也赶快背的上沙加了埂，赵学宽向干部承认了错误，又在苗地内背土加埂，最后教育后，又让浇了水。又如四和乡四分沟浇水对尾水扣的不紧，地浇完后，没及时把水退掉，沟中余水没处流，浇了十多亩地的柳湾，上号乡四五村浇水干部没人管，结果高得恒把地浇过不退水，下面也没人接水，把水放到湖湾里，对尾水计划掌握不够，未详细计算退水，结果尾水没法处理，浇灌二水麦地 56.86 亩。全区各乡在这次浇水中经检查，浪费水量 88.5 亩（浪费水多流到荒滩，湖湾及不应浇水的地中，浇灌二水不在其内）。

三、春季植树造林育苗情况

本区今春河岸造林，指东威坪起至威房三坪止一段，共植树杨柳 1146 株，毛柳 5600 多株。各乡农渠公共造林白杨 11 239 株，大柳 2371 株，沙枣 6850 株，毛柳 35 596 株，红柳 5350 株。群众个人造林，白杨 15 432 株，大柳 2853 株，沙枣 6132 株，毛柳 55 098 株，红柳 1636 株，育苗仅□来墩乡公共育苗面积四亩，上号乡农业生产合作社育苗一亩，100 000 株苗，其余各乡均未进行育苗。

四、种植苜蓿

经动员后，现各乡种植苜蓿的面积 92.03 亩，其余在地埂的两岸种植，现种苜蓿籽儿共计 582 斤，因各乡对此项工作，感觉较为困难，无法推行，发生摊派

酒泉县第一区一九五四年水利工程岁修计划表

工程名称	工程地点	灌溉亩数	工程计划内容	应需工料					工料费		工程受益		备注
				民工	车工	茭柴	木料	麦草	贷款万元	群众自筹万元	节省水量	增加产量	
增修退水闸	河口乡（河口）	61 500 亩	增修一座补修六座	2 130	200	10 400	30	30 000	2 000	5176	800 亩	160 000 斤	
改修支渠	河口乡		图尔坝改修 150 丈并加整修	1 060	30	4 800	10	6 000	×	2381	600	120 000	
改修支渠	塔湾乡		清理整修沙子坝底和加护岸	1 060	100	4 800	20	8 000	×	3100	800	160 000	
整修挑水坝	河口乡（河口）		河口护岸补修水坝五道	5 322	460	25 360	30	50 000	3 000	12 343	600	120 000	
整修支渠	塔湾乡		整修黄草坝分水坪清理渠底	428	80	2 240	12	6 000	×	1602	400	80 000	
合计	5 处	61 500 亩		10 000	870	48 000	107	100 000	5 000	246 820	3 200	640 000	
备注													

现象，如上号乡为了完成任务，将所领去的 194 斤苜蓿籽儿出售完毕，乡上以各村的土地多少，分配到村上，一、二、四、五等村，又按地亩分配到农户，如一、四村每五十亩地分苜蓿籽儿一斤，价钱有的群众不满，最后做了纠正，但其他乡也同样发生这种现象，有的把籽儿□去了还未种到地内。

五、种撞田情况

仅□来墩、三上乡在北河湾种撞田 706 亩，下籽种 16 石 3 斗外，在地边播种撞田 30 亩，下籽 1 石，□来墩乡计划准备种撞田麻子，100 亩还未下种。

六、二茬庄稼的准备工作

各乡共做了一般化的宣传号召，如三上乡、上号乡向群众宣传后，就动员群众自报进行登记。谁有多少籽种，种多少面积，没有交代清楚，种二茬庄稼的重要性，没有具体掌握情况，计划如何进行，打□群众思想，去进行工作，因此现在各乡只了解了种二茬小日月庄稼的籽种，荞麦 20 565 斗，小糜子 67.3 斗，相差计划很远，群众顾虑很多，如四和乡张生荣有四石多小糜子工作组干部及乡长没注意，碾的吃掉，下剩一石多，还怕人换，说糜子好的很，碾八升米换去怕吃亏等思想顾虑。有的怕没水浇，有的说种了二茬庄稼下年要减产，不愿种，又来不及准备等思想顾虑存在。

七、压沙工作

各乡在苗水浇灌结束后，紧结合压沙，□来墩乡于四月廿四日开始压了二天，共压面积五十三亩，四和乡压了三十三亩，三上乡新磨正在压盖，在压沙中□来墩乡上存的胜利果其款，购买了一批奖品（即锄子，毛巾，大包烟）奖励了压沙表现积极的模范群众，鼓励了压沙的情绪。

八、今后工作意见

1. 积极加强互助组的领导教育，培养、提高、帮助清工算账，总结经验。

2. 抓紧锄田，整理秋田地，进行加工，选择籽种。

3. 动员一切男女劳动力在不妨碍生产的原则下，继续压沙。

4. 做好二茬小日月庄稼的准备工作，兑换籽□，积攒肥料。

5. 剩余劳动的处理，找寻副业生产，增加收入，

6. 加强牲畜的保护，现值春季，牲畜发现缺草料的现象，设法互相调剂和贷放生牛，解决缺草问题，及注意疫病的传染，做好选种，及时配种牲畜繁殖，及加强公私大小草原的管理工作。

7. 检查浇灌第一次苗水的情况，追查对浇水不负责的干部，违犯水规及浪费的群众进行处理，处理原则一般采取批评教育的方法，犯水浪费水情节严重的，报区研究批准处罚，及接着做好第二次浇水的准备工作。

王德胜景占礼

四月廿日

酒泉县二区检查各乡水利工作的报告

1954 年 6 月 19 日　　肃 22—1—3

为了掌握情况，借以改进工作，于六月十三日起至十八日止，对酒泉县二区的水利工作作了六天的检查。根据检查看来，该区党政对水利工作的领导基本上还是重视的，区委会及区政府在浇水期间，除各亩一人处理家务外，其他人员均领导浇水。乡政府与党支部均全力领导浇水非必要的事，一般是不加处理的，在干部的分工上，亦有所改进。为浇头水时，是以乡为单位，自己所在乡浇完了，即算完成任务。在这次浇二水时，所有干部由区委会统一领导，集中使用，并分两组，采取日夜轮班的办法，领导浇水。各乡普遍成立灌溉小组，有的组在掌握水量、打捞、巡沟及浇水上，还作了具体的分工。嘉峪及新城二乡的灌溉组，还有摇动红旗，即行打坝与鸣口笛，表示发生事故的规定，该区灌溉小组也起了它一定的作用。全区原有支渠七条，本年合并为两条，实行集中轮灌，群众反映说："要不是用这办法，今年旱的更会厉害。"虽然在水利上较以往大为改进，但是还有不少的缺点：

（一）利用春水问题：今年利用春水较五三年约迟半月，客观原因是气候凉，解冻迟。另一方面是由于上坝较迟，水利工程没有适时完成，虽然利用老坝放水，但由于坝沿残缺不齐，形成春水漫流现象，渗流大大减低了水量和速度，延长了浇水时间。五四年利用春水时，区的领导上虽然排定了各乡流水的次序，但缺乏具体组织与领导，群众认为春水时乱坝水，以致发生上浇下偷或下浇上截及各乡乱开口的混乱现象，如新城、嘉峪两乡至金塔放水时，连地都未泡过来，高黄乡只利用了两天春水，使两千四百多亩麦子（包括豆麦子）整整旱了八十多天，鹳蒲乡受旱与上述情况也是分不开的（受旱地二千六百多亩）。

（二）浪费水量比较严重：

1. 深浇满灌：因为春水利用的不好，群众感到水缺，深浇满灌思想较为严重，区的领导上对此问题，虽在几次的干部会上做了布置，迄今仍未扭转。头二水达四五寸以上者为数不少，为范小乡四村孙占存四亩多的一块地，春耕中改为三小块，浇二水时，连中间所加地埂全部淹没，约达七寸多深，改小的大块地，一变而为串水地，经过十八个半钟头，地里还有二寸的水量，全区在深浇满灌上浪费的水量，细算起来是很惊人的。

2. 串地水仍未全部取消，原因是春耕中没有督促群众加改农渠，光范小乡的四亩自然村就有五块串水地。

3. 新建乡与鹳蒲乡共用的一条支渠，关于大闸口的开关，事先未能明确规定，新建乡的六村是该渠最下的一个地方，共有二百多亩地，估计八个钟头可以浇完，即提前四小时派村长李彦云领人于十号晚十二时，开闭闸口，结果李村长睡觉未去，虽然去了六个人，未能将闸口闭实，还有半沟水。经过约十五华里的流程入新建乡东马莲滩，流入果园乡二分沟中，至十一日上午十时才派人打干这股水，虽由果园乡群众接用，估计在沟中的渗漏及在湖滩的漫流与深浇满灌上浪费水量总在四十亩以上。

4. 倒坝：六月七日大后晌，因山洪新建乡的支渠水位上涨，冲溃大小坝十一处，其中最严重者是安定乡戴家沟以下至边沟上游的一段，水沿戈壁滩向东流入边沟，灌入新建乡刘经魁庄子东马莲滩，再入黄水沟的北区方向流去，至中边渗没，沟中浪费水约计六十七亩，总计十一坝口，可浪费九十四亩之多。该乡的领导上及区上派去领导浇水的干部（李区长、盛明昌、马光德）不但对发洪水缺乏预见，同时在防护上的努力也是很不够的。当洪水发后，除于八号晚派四人巡沟外，再未派人做其他防护工作，也未亲自到全家闸及边沟闸上看看情况，在六月十六日进行检查时，只有浅沟及全家沟闸口与祁疙瘩石滩，所倒的三个缺口，及时打好外，其他地方，所倒坝口原样仍存。由检查看来，倒坝跑水处一般是在转弯，沟边与坝外差不多等高地方，如稍加防范或及时派人给果园乡放水一部，不致发生如此严重的跑水现象。我认为乡的领导及领导浇水的同志是有责任的。

为了改进工作，对该区水利上提出以下几点意见作为参考：

一、县的领导上应该改□五四年利用春水只泡地，不让浇春苗的决定。根据这次了解，如高黄乡菜地麦子一般是惊蛰下种，至立夏时还整六十天，浇头水再不能有所拖延，否则就会受旱，为此该区小麦在下年度全部争取利用春水浇头遍。

二、建议二区的领导上，除发动群众于本年结冰前将风沙石致积压的干支渠整修完竣，做好利用春水的准备工作外，五五年应将春水视如正轮水同样看待。组织起来进行轮灌，严格取消群众乱挖乱浇的习惯。

三、根据群众反映及与区领导上的研究，五五年给金塔应于立夏前十天放水，较为适时。

四、二区应用秋冬水泡完糜谷地，为此可以使绝大部分的春水用于灌溉春苗上。

五、有些农渠底部下半宽度不够，不但易于跑水，且阻止流速，个别桥梁亦修建太低，均应及时整修。

六、根据该区领导上的反映，一二两区引用讨赖河水灌溉农田，由五五年起，修建坪口，调配水量，均由县上掌握，根据两个区的利益决定。

酒泉县二区区委会甄玉祥（印）

区公所李百川（印）

检查人侯宝龄（印）

甘肃省人民政府酒泉区专员公署人民监察处给酒泉县
关于通知查处请酒泉县二区浪费水问题的公函

1954 年 6 月 30 日　　肃 22—1—3

甘肃省人民政府酒泉区专员公署人民监察处（函）（54）专监字第 0075 号

　　关于你县二区部分乡今夏浪费水的问题。从专署建设科检查的材料看来，该区对浇水工作事先虽作了布置，在思想上仍然重视不够，缺乏具体组织领导工作，故在开始浇灌中有些乡严重的发生上浇下放，各乡偷乱开口现象，致使高黄乡有两千四百多亩夏田旱了八十多天，鹳蒲乡受旱地约两千六百多亩。

　　领导浇水干部不负责任造成浪费水的现象较为严重。新建乡六村村长李彦云领导群众关闭闸口，自己却睡了觉，去的群众没有认真的关实，使水流入湖滩浪费水在四十亩以上。六月七日发生洪水，冲刷坝口十一处，浪费九十多亩地的用水，领导该乡浇水的干部区长李百川、马光德、盛明昌，对领导和督促群众防洪做的不够，洪水发生后，亦未亲自到坝口检查了解情况。值此专署六月十六日检查时有八个倒坝未打补好。

　　以上情况我们认为是严重的，希你委同有关部门对该区浪费水的问题应追查责任，对领导浇水不负责任造成浪费水的人员应分别给予适当的处理，并将处理情况具报本处（详细情况参看你县四科材料）。

甘肃省人民政府酒泉区专员公署人民监察处（印）

一九五四年六卅日

金塔县二区第十二次生产工作报告（三次浇压苗水）

1954 年 6 月底或 7 月初　　金 1—1—4

　　一般情况：东干渠各乡三次浇压苗水，因放水时间前后不同，自官坝乡六月十八日辰时开始浇到大新乡二十五日寅时止，共浇地 40 227.04 亩，算来时间较长，实际中间水量较小，到二十五日寅时结束，共需时六昼夜。像三下乡这次应浇地 6526.41 亩以外，出余的尾水又多浇 141.55 亩，该乡共计浇地 6668.46 亩，只占了十四个时间，较上次的三昼夜半（浇地 8200.74 亩）就减少了上次所占时间的三分之二。主要原因，一方面是水量大，二方面是在上次浇水的基础上的加工以及坚决执行了薄浇浅灌、集中轮灌、六成五成闭口的主要措施。

　　一、由于上级党政的领导重视，调配所有干部动员全体力量投入浇水，增强了领导力量，各乡做到了明确分工，明夜换班，分沟负责以及干部的主观努力。像王仪宾、陈殿清、魏占荣同志裤子编到半栏骨干，赤着脚、夹着铣，不分明黑，亲自动手，帮助老乡打水口，严格的执行了"薄浇浅灌"。诸如三墩乡副乡长赵秀英连跟四昼夜，喊哑了嗓子，跑烂了鞋，亲自下去帮助老乡堵水。所以老乡纷纷论说："赵乡长真能干，比小伙子还攒劲。"

二、这次特别克服了一二次浇水"前半夜吼吼喊喊，后半夜冷冷淡淡"的先紧后松的现象，如打水口、看沟沿、放坝看水均专人负责，90%以上做到了"六成五成闭口"。这个闭口原则是按不同地区的地势高低，田苗的稀稠来做的，这样浇灌后，经检查只个别地块里有剩下的干方，大多数的地里漫的很适合，群众也非常满意。在浇水中间像头墩乡农民赵吉财等人，在闭口紧涨的时候，自动的把棉袄脱下来塞漏洞。又像剩下的尾水干部叫梁学灏互助组放浇，但他们总说，惟恐犯下错误，怎说都不放。由此可见，群众对社会主义的思想，浇水的自尊心，大大的提高了一步，都带着欢欢欣欣的面容，走着、说着、笑着，夏田的丰收的确有了保证，多打下的粮食都卖给国家。同时像三墩乡二村农民李华春老汉说："我活了几十岁，人老几辈子，麦秆这个时候浇水没经过的事情。这都是共产党、毛主席领导的好处。"

三、浪费水。根据各乡汇报的多的少的均有浪费现象。以全区十个乡的统计，湖滩倒水 49 亩，浇没糜地 23.3 亩，谷地 15.5 亩，棉花地 3 亩，共浪费水 80.8 亩。像三墩乡水量掌握不够，警惕性不高、盲目性大、计划性差，沟里水大盛不下，加的人加不住，硬涨破了沟沿，淹没了 7.1 亩糜子。仅该乡统计浪费水 19 亩，比较严重，损失最大，乡分别进行了扣水，批评教育外。区上也严肃的指出了浪费水的危害性，以及对人民生产的不利，这是不应有的损失。

四、处理汪水。大多数乡做的很好，也获得了一定的成就。像头墩乡大村农民张铺行走背上两个柳斗，任世林劳模用树秧拉水的办法，撤净了沟里的汪水。诸如新坝乡的二村李三奶把沟里的汪水用脸盆浇过了 1.4 亩。但也有个别老乡调皮捣蛋，谩骂干部，像头墩乡七村梁万中，干部为催促快打水口，不但不听反骂"你毯上打花脸呢，不像个人型"。类似这样的人，我区意见下次就不让这号子人浇水，看他调皮到什么程度。

五、大多数的干部在这次浇水中，都下了最大的辛苦，不分明夜，看水毫不放松，有的连熬四五昼夜，得下了病，这说明我们的干部是对群众的生产有了高度的认识。

附各乡浇灌情况统计表：

地区	日	时	至	日	时	共计时辰	共浇地亩	浪费水				备注
								湖滩	糜地	谷地	棉花	
官坝	18	辰	—	21	巳	40	2 602.20	2.0				
新坝	21	申	—	23	巳	24	3 556.10	0.2	0.5	0.3	1.0	
天生坝	21	未	—	23	辰	25	2 716.28	0.7	2.8			
头口	20	巳	—	23	寅	34	4 208.00	8.3	5.0			
三口	19	寅	—	22	未	40	3 107.20	11.0	7.1	0.4	0.5	
三上	22	丑	—	23	未	19	2 208.20	1.2	5.2	4.8		

续表

地区	日	时	至	日	时	共计时辰	共浇地亩	浪费水				备注
								湖滩	糜地	谷地	棉花	
三下	23	未	一	24	申	14	6 668.00	13.0	25.72	4.8	1.0	
大新	19	巳	一	25	寅	43	4 946.50	7.0	2.70			
大坝	23	丑	一	25	丑	24	4 000.10	2.0		0.5	0.5	
旧寺墩	19	卯	一	22	寅	36	4 909.30	3.6				
小梧桐坝	23	巳	一	24	巳	12	1 260.23					
合计						311	40 277.04	49.0	23.20	5.5	3.0	

酒泉县第五区全区水利工资名册

1955 年 4 月 3 日　　肃 22—1—9

职务	姓名	性别	年龄	成分	每月工资分	起薪日期	领薪天数	实领金额
水利员	肖镜	男	三四	中	一三〇分	四月一日	三〇	四一.七〇元
水利员	杨玉贵	男	三二	贫	一三〇分	四月一日	三〇	四一.七〇元
水利员	李生禄	男	四九	中	一三〇分	四月七日	二三	三一.九七元
水利员	耿崇德	男	三四	中	一三〇分	四月十日	二一	二九.一九元
水利员	沈浩德	男	四三	中	一三〇分	四月一日	三〇	四一.七〇元
水利员	杨生春	男	四四	中	一三〇分	四月七日	二三	三一.九七元
水利员	薛天存	男	四二	中	一三〇分	四月十日	二一	二九.一九元
渠文书	焦洪文	男	三〇		一二五分	四月十日	二一	二八.〇六元
渠工	王宗山	男	三四	贫	一二〇分	四月十日	二一	二六.九四元
渠工	王国荣	男	三二	贫	一二五分	四月十日	二一	二六.九四元
渠工	谢章德	男	四一	中	一二五分	四月十日	二一	二八.〇六元
渠工	王英成	男	二一	贫	一二〇分	四月十日	二一	二八.〇六元
合计					一五二五分		二八三	三八四.三六

1955 年 4 月 3 日制表

酒泉县第三区公所关于报请任命李永芝等二人 为半脱产水利干部的报告

1955 年 4 月 10 日　　肃 22—1—9

酒泉县人民政府第三区公所（报告）三民干字第〇四〇号

酒泉县人民政府：

　　一、我区蒲金乡与新山乡，现无专制水利干部，为了贯彻和健全管理水利制度起见，现提拔蒲金乡行政主任李永芝（贫农）为蒲金乡半脱产水利干部，提拔新山乡原来水利员张绪光（中农）为新山乡半脱产水利干部。

二、以上二人（详细历史附履历表）薪津按一三〇分从本月十五日起计算供给。呈请批示俾便任用为盼（该二同志从三月十五日起已开始工作）。

谨呈酒泉县人民政府县长曹、副县长王。

第三区公所副区长：李多仁米志清

公元一九五五年四月十日

附：

干部复理表一（正面）

姓名	现用姓名	李永芝	性别	男	籍贯	酒泉	文化程度	原有	
	曾用姓名	李永芝	年龄	31	家庭出身	农人		现有	初小三年
	原用姓名	李永芝	民族	汉	本人成分	贫农		身体健康状况	健康

家庭状况	参加革命及现状的经济状况	现在家庭状况：马一匹、骡一个、牛一头、车一辆、人9口，土地20.2亩，一切农具俱全
	主要成员姓名职业政治态度	主要成员父李开年、弟李永芳、李永华在家务农，解放前参加一贯道，50年退出。对新政权认识平常。

结婚否，对方姓名，政治态度，现住何地，任何职务	本人已结婚对方姓名周玉关，现在家务农，思想比较进步
有何重要关系，社会职业、政治态度及现在的关系	舅父李成英现住临水区，现在务农，参加过一贯道，已退出。姐夫肖汉武现住蒲金乡，担任行政主任。
何时何地参加过何种政党或群众团体，担任过任何种工作，现在有无关系？	无
何时何地参加过何种反动党退，军队，封建会道门，担任过何何种工作，何人证明	曾参加过一贯道，50年退出。

干部复理表一（背面）

姓名	现用姓名	李永芝	性别	男	籍贯	酒泉	文化程度	原有	
	曾用姓名		年龄	31	出身	农人		现有	初小三年
	原用姓名	李永芝	民族	汉	成分	贫农		身体健康状况	健康

何时何地受过何种奖励	无
何时何地受过何种处分？有何意见？是否取消？	无
何时在何部门受过调查？有何主要问题？结论如何？	无
解放后参加过何种训练？参加过何种运动（如土改、审干等）？	五二年在毛家营参加干部轮训。□□□□□□□

参加革命工作前后主要经历（包括学习）			
起年月，止年月	在何地区何部门	任何职	证明人
1932 年至 34 年	在蒲草二沟初小读	学生	李谦德
1935 年至 44 年	在家务农	农民	范正伦
1944 年至 46 年	在本区蒲草沟	伪甲长	肖生彦
1946 年至 52 年	在家务农	农民	范正伦
1953 年至 55 年	在蒲金乡	村主任	范正伦

干部复理表二（正面）

姓名	现用姓名	张绪光	性别	男	籍贯	酒泉	文化程度	原有	不识字
	曾用姓名	张绪光	年龄	29	家庭出身	农人		现有	初小二年级
	原用姓名	张绪光	民族	汉	本人成分	农民		身体健康状况	平常

家庭状况	参加革命及现状的经济状况	全家 15 人土地 56.9 亩，房子大小 11 间，牛 3 头，马两匹，驴 4 头，木车 2 辆，其他农具全。
	主要成员姓名、职业、政治态度	父亲张春生一九二八年当过副县长一年，参加过白腊会徒，现在家务农

结婚否，对方姓名，政治态度，现住何地，任何职务	已结婚了。对方姓名□□□，家庭出身中农，未参加过任何道门，现在家劳动。
有何重要关系，社会职业、政治态度及现在的关系	舅父蔺加福，家庭中农成分，也没有参加过什么道会门，其他再无什么关系，一般亲朋政治方面都很清白。
何时何地参加过何种政党或群众团体，担任过何种工作，现在有无关系？	
何时何地参加过何种反动党退，军队，封建会道门，担任过何种工作，何人证明	一九四二年至四三年在玉门油矿当小工二年一九三七年至三八年在酒泉空军十四总站当伪兵二年半。（士兵）证明郭永祥、于典文、殷积善，现住新山乡。

干部复理表二（背面）

姓名	现用姓名	张绪光	性别	男	籍贯	酒泉	文化程度	原有	不识字
	曾用姓名	张绪光	年龄	29	家庭出身	农人		现有	初小二年级
	原用姓名	张绪光	民族	汉	本人成分	农民		身体健康状况	平常

何时何地受过何种奖励	无
何时何地受过何种处分？有何意见？是否取消？	无
何时在何部门受过调查？有何主要问题？结论如何？	无
解放后参加过何种训练？参加过何种运动（如土改、审干等）？	土改中担任民兵小队长，普选中被群众选为出席县人民代表。

参加革命工作前后主要经历（包括学习）			
起年月，止年月	在何地区何部门	任何职	证明人
1934 年至 1940 年	在家中	当牧童	董立科
1941 年至 1942 年 4 月	在家中	劳动	段国本
1942 年 5 月至 1943 年 10 月	在玉门油矿	当小工	殷积善
1943 年 11 月至 1949 年 12 月	在家中工劳动	劳动	段会本
1936 年 1 月至 1938 年 8 月	在空军十四航站	当士兵	郭永祥
1938 年 9 月至 1955 年 3 月	在家中	劳动	董建科
1955 年 3 月	在新山乡	水利员	

酒泉县第八区水利□□□名册

1955 年 5 月 5 日　　肃 22—1—9

项目		性别	年龄	家庭成分	原评分数	现评分数
区水利	荆生荣	男	45	中	100	156
	合计				100	156
半薪水利	马轮中	男	21	中	95	130
	杨进仁	男	45	贫①	95	125
	安长德	男	42	中	95	130
	麻世有	男	57	中	95	125
	合计				380	510
长夫	薛维元	男	53	贫	90	120
	张大满	男	27	贫	90	120
	杨才年	男	44	中	90	120
	□昌元	男	25	中	90	120
	黄梁栋	男	44	中	90	120
	黄安林	男	52	贫	90	120
	张廷玺	男	45	中	90	120
	合计				630	840
统计					1 110	1 506

1955 年 5 月 5 日制表

具体水利工程建设档案

酒泉县长关于夹边沟水库拨款给甘肃省水利局的电文

1950 年 1 月 20 日　　肃 22—1—1

电 288 号

兰州水利局：

　　我县夹边沟水库工程费请速核拨。目前急需购料，无款开支，如再延误将影响灌溉生产及人民生活，切要。

酒泉县华农 52 子舀印
一九五〇年一月二十日

---

① 编者按：原为"中"，后涂去，改为"贫"。

甘肃省酒泉分区关于夹边沟水库拨款给酒泉县长的批复

1950 年 8 月 3 日　　肃 22—1—1

甘肃省酒泉分区行政督察专员公署（批复）酒建字第 193 号

华县长：

你县酒建字第（47）号呈悉。关于改修你县夹边沟蓄水池一节，因目前国家财政至为困难，该项工程需款甚巨，刻下无法筹措，还是暂缓待机再兴为盼。

此致

敬礼

专员刘文山（印）

副专员曹布诚（印）

一九五〇年八月三日

酒泉县人民政府关于整修夹边沟水利工程给酒泉专区的呈文

1950 年 11 月 4 日　　肃 22—1—1

酒泉县人民政府呈酒建字第 97 号

酒泉专区专员公署：

一、本县临水区夹边沟蓄水池工程于本年春季在蓄水时期，闸门土坝遭损失，当时即动员该沟受益群众抢护和邻乡群众协助，需时卅五日，计作工一千六百余工，并贷粮二十市石。

二、本府为了该沟多蓄水量和将该水池重新整修，以期永久。计已于上月十八日开始整修，同月二十日经秘书处等前往勘查后决定，仍作养护工程。至重新整修一节，俟另行设计，决定完善于明年五月间蓄水用尽后，再行兴工。

三、关于护闸工程所需木料工资，本府按实际需要计贷款一百六十万元，斯项工程将计于本月十日到停工至加护土坝未完工程，拟在明春解冻后继续整理。

四、以上关于整修和贷款情形具文呈报，希请核备。

县长华农

一九五〇年十一月四日

马文炳给酒泉县长的呈文①

1951 年 10 月 6 日　　肃 22—1—2

一、夹边沟水库建修工程案于本月一日正式开工。

二、发动人工及拉运草筏、牛车经拟定夹边沟水库建修工程计划报告，每乡发动人工六十个限期一月完工。计划报告另寄。

三、本年进行修复土坝和草皮衬砌填面，均要填好夯实，挖好给水闸基础和打好基桩等工程。

四、经开工会议研究，挖基础至低层就要出水，并且库内原蓄水渗入。为了不妨碍，必须借用抽水机。请组织上公函向油矿局借抽水机一架（柴油机带的），并借请司机一人运来坝上进行抽水，以利打桩。

五、打桩钟架穿心杆等需函向工务段借用，据说临水河桥前有一架桩具是公务的借用。

六、增加贷款三亿二千五百万元的预算表件等随文寄上请签印补贷。

七、专区张若冰同志负责贷购的洋灰二万公斤请传知速行订购。

八、给水闸需用钢板（10×6×30）四百四十公斤，据张若冰同志言，专署可以贷购，请函询张若冰函转贷购为祷。

九、介绍夹边沟水利杨玉贵执县府公函办理以上各项事宜。谨呈县长华。

马文炳（印）呈

处理意见：

四科研究办理。

剑照代

10 月 6 日

酒泉县第九乡民众代表于存智等关于在新地坝修筑新渠给酒泉县长的呈文

1950 年 10 月 2 日　　肃 22—1—1

查西店区第九乡新地坝（西坝庄）自清雍正年间开辟以来，居民百余户，垦地五千五百余亩，当时坝堤稳固，水量充足，尚称保险渠坝。迨至民国以来，因渠道为时已久，沙淤石坝，水量渐小，每年修理费工万余，尚不足前有水量三分之一。更加山崖被河水冲蚀，不时倾塌，因之近数十年灾歉荐臻，亢旱频仍，民等虽想竭尽绵薄，疏浚沟道，但因前国民党统治之时，差徭繁重，兵役连征，能

---

① 编者按：马文炳身份不详，从正文推断或为区级干部。

出力之壮年约三分之二均被征去，所有未被征去者，均被逼迫，日不露面，夜不安枕，无法使之修坝，因之渠坝水量，日趋恶劣。自民国二十年以后，每年亢旱，已成惯例，每年修坝费工总在两万以上，芨芨柴草二万余斤，虽然费去如此实力而亢旱之灾在所难免，终年劳苦，迄无所获，因之本乡民穷财尽，人所共知，种地者十种九丢，赔去籽种者，比比皆是。前国民党统治之时，亦曾呈请设法帮助修建，但费去不少纸笔，始蒙派员勘查，继而派遣所谓水笼站测量人员，摇鞍动马，测量数年，费去钱粮亦复不少，但测量以后，许以政府力量帮助修理，但费去不少人力、物力、财力，终成泡影。而每年粮赋按地对科，无力纳粮者，鞭打绳拴，所谓"做官不怕民穷，阎王何愁鬼瘦"。有十亩地之家，每年只种四五亩，其余之地，因无水浇灌，尽皆荒芜，真是有地无人种，一切痛苦笔难尽。逮至昨岁，酒泉解放后，本乡户民莫不额手称庆，以为今后将可重睹天日，享受丰衣足食之福。继至本年古六月初二日，天降猛雨，山洪暴发，冲毁坝堤，户民力量薄弱，无法修理，经户民呈请后，果由政府借给大批钱粮，便将渠坝很快修好，本乡户民咸谓果不愧人民之政府。但暂时虽然修好，亦属剜肉补疮，明年之庄稼犹如望梅止渴，民心惶恐，莫知所措。皆谓如办理因之集众商议决定，另开新渠一道，俾使永无旱灾，且可开垦三千亩肥沃土地，民等将享受无穷之幸福，但户民心余，力违实难如愿，所以决定呈请政府帮助钱粮以资开辟。兹将另开新渠约需人力、物力、财力估计列于后：

一、欲开新渠约（挑明沟十一华里，打洞五华里）共十五华里，需人工两万一千余工；

二、每天以一百工，每夜以五十工计算预计五个月完成；

三、每工以七合（老斗）小麦计算，约需小麦一百五十老石；

四、约需钢铁三百余市斤，计需小麦一十老石；

五、本乡只能筹备人力，其余均靠政府帮助；

六、水量可增至原有水量二分之一强；

七、利益方面，本乡五千余亩地都可耕种，并能另开三千余肥沃田地，且可永无旱灾。理合将详细情形备文呈请钧府鉴核，派遣干员履地勘查并加测量，恳祈帮助钱粮以便修筑。民众等均沾鸿恩无极矣。谨呈酒泉人民县政府县长华。

西店区第九乡群众代表：于存智（印）冯有道（印）

崔治源（印）郭大邦（印）

各乡乡长：尤万龄（印）崔韫珍（印）

赵万福（印）刘学朋（印）

一九五〇年十月二日

处理意见：

四科对此水利工程应详查研究，将具体材料转报。

剑照代

10月2日

酒泉县西店区第九乡关于新地坝建修新渠计划给酒泉县长的呈文

1950 年 11 月 15 日以前　　　肃 22—1—1

西店区第九乡新地坝建修新渠计划：

一、本乡因坝堤不坚，时常倒坍，近数十年亢旱频仍，灾歉荐臻，因之本乡户民集众商议决定另开新渠一道，以资灌溉而免旱灾。

二、前曾呈请政府并蒙派员勘测决定路线，全长计挑明渠一千丈，凿洞子一千丈，共计两千丈。

三、挑明渠一千丈，约需人工一万二千工；凿洞子一千丈，约需人工一万五千工，共需人工二万七千工。

四、食粮以每工小麦一老升计算，需小麦二百七十老石。

五、凿洞子约需钢铁三百斤（造工具）约需火油五百斤。

六、开工日期决定自古十月初六日开工，届时谨请钧府派员莅临，借助政府力量，以资发动。

七、完工日期以每天一百工计算，至下年古五月底完工。

八、做渡槽及泄水应需之人工、木料，俟新渠浚后再为计划。

九、组织：经众讨论已成立西店区新地坝新渠建修委员会，并选举于存智、于如水、冯有道、崔治元、孟应孝、崔韫珠、于彦林、刘光铎、王作珍、冯全会、于存德、白光云、于如海、郭人邦、葛明德等十五人为委员，并请政府发给派状，以专责成。

十、建修委员会设主任委员一人，副主任委员三人，总理修坝各项事宜委员十一人，负监督工作，督催民夫经理食粮及工具之责任。

十一、本乡只能负担全数人夫，其余食粮、钢铁、火油等均需政府帮助。

十二、请政府先行借给食粮或现款一部分，以便准备工具及开始工作食用。

十三、主任委员及副主任委员请政府在右列委员内圈定。

十四、此计划有未尽事宜，临时再行呈请核办。

右列事项谨请钧府鉴核允准。

谨呈县长华。

工程已经报准给西店区政府的通知

1951 年 3 月 9 日　　　肃 22—1—2

西店区政府：

一、改修你区新地坝工程，省水利局已列入本年兴修计划内，并准贷款协助，一俟贷款拨到日，再行通知进行，至旧坝兴修工程，在新坝未修竣前，仍须及时整修并妥加保护，以免影响各田灌溉。

二、改修该坝工程，应需大批木料及芨芨草，应提前计划准备，上年勘定桩线，也应设法妥加保留。

三、以上情形，希转告该坝群众知照，并责成该坝负责人员遵办为要。

县长华农

一九五一年三月九日

新地坝水利委员会主任关于水利委员会改选给第四科长的报告

1951 年 10 月　　肃 22—1—2

西店区第九乡新修渠坝工程前已修好明渠八百余市丈，其余一千市丈隧洞尚未开凿。现经群众大会决定于十一月一日开工开凿隧洞，工程艰巨，责任重大，要有精明强干之人负责领导，才能完成任务。但前次负责领导之人员均系以前当过伪保长或村长之人，当然再不能居于领导地位。在土改中工作同志，即本着贫雇农要掌握政权的原则，另行改选了水利工程干部，选出三人员在职分方面都是骨干人员，在领导经验方面恐怕要贻误工作，如选出之工程股长郑连会，在开会研究工程如何进行时，一说就哭，有时连新地坝某一段的名称都不知道，领导工作时当然是有困难，请政府派遣干员经常驻坝施工，方不致贻误工作。谨呈董科长。

附干部姓名表一份。

酒泉洪水河新地坝水利委员会主任委员刘先能（章）

附：

职别	姓名	成分	简历	备考
主任委员	刘先能	中农	曾当西坝庄社仓社长。	
工程股长	郑连会	贫农		
监工	刘殿金	中农		
	刘殿仁	贫农		
	杨万和	贫农		
材料股长	刘殿吉	中农		
财金股长	崔锟珠	中农	曾任西店乡乡长，西店乡水利委员。	
管理员	王勉仁	贫农	河西区人，本年春才迁入本区。	

酒泉县长关于新地坝改选水利委员会等事的指示

1951 年 11 月 4 日　　肃 22—1—2

西店区新地坝水利委员会：

十月廿九日报告悉，兹将开工以后各需要办的几件事指示于后：

1. 你会既需要改组并无不合之处，不过不能脱离你乡行政领导，乡长、农会主任以及村主任是离不开的，工地工作人员不一定就是水委会的委员，希望利用乡的群众会上，慎重的再向健全里建立一下；

2. 复选后推就得工作人员，应按新负的任务认真负责，共同研究工作进展，绝不能因有困难，推却责任，贻误工进；

3. 现在虽已开工，希将工作进度，在已有的基础上，重新讨论具体实施计划，赶于明春用水前，不但将明渠、暗洞开凿竣工，且将渡槽和退水全部移筑在新渠上，至明渠有填挖土方之处，应夯实打紧，谨防漏水，免遭渠堤冲溃之虑；

4. 凿洞工程确系艰巨工作，希有关人员以全力抓紧时间，于古历年前开凿竣工，以免影响加筑溏槽工程；

5. 保存的粮款，应节撙开支，掌握遵用，开支若系不敷，应提早自筹解决。以上指示各点，希切实认真办理，并将经办情形，随时具报为要。

县长华农

河西区李连治关于整修渠坝工作给许县长的呈文

1950 年 11 月 22 日　　肃 22—1—1

许县长：

我区暂修渠坝工作，从本月九日开工，十八日停工，历时十天，共修大坝八条，计长二十一华里半，因深浅宽窄不一致，故最宽之坝有一丈五尺，最窄的有六尺，最深四尺，最浅二尺五寸，共费人工五千五百二十四个。共整修小渠三十二条，计长五十一里半（华里），宽五至七尺，深二尺五至四尺，共费人工四千三百一十五个。共修大小木桥七座，费人工一百五十个。总计整修大小渠坝、新修桥梁七座，共费人工九千九百八十九个。现因天寒地冻，无法整修，待明春再开始复修，希你参考为盼。

此致

敬礼

河西区李连治（印）

一九五〇年十一月二十二日

处理意见：

四科备查。

剑照代

十一月廿六日

酒泉边湾水利工程需用木料采购初步计划

1950 年　　肃 22—1—1

边湾是一个荒芜的旷野，地下蕴藏着莫大的水源，土地也很肥沃。为了把这荒芜的土地变成肥美的良田，我们在响应毛主席大生产的号召下成立了水利工程委员会，决定兴建边湾截引地下水的工程。这工程据测量计算全部完成，能灌溉地六万市亩，每年收益可获十万石食粮，其价值相当巨大。但因经费有限，今年预计先完成四分之一的工程，经费力量要集中在购买材料上。驻军九师全体指战员，为了建设新中国，增加国家财富，乃义务参加劳动，担任了该工程的挖土开渠的动力。

该工程需用木料为数颇大，采购地区酒泉负购木桩三千根，木板树一千株，金塔木桩一千根。酒泉树木并不多，就地采购的任务相当艰巨，我们为了及时完成任务，克服一切困难，致使不误工，不浪费经济，并作了实际调查。据现有材料，拟定下列采购办法和注意事项。

……①

为指示具报清理误工和保护坝堤等情形由

1951 年 1 月 16 日　　肃 22—1

酒泉县人民政府指示酒建字第一二四号

总寨区政府余区长：

一、你区下四闸上年清理误工一节，呈以酒建字第一〇〇号批签，办理去后，迄今未将办理情形报来，现在是否办理，希急速根据实际情况具报。

二、下四闸上游坝口原有木笼，经查（背面）多处已被拆除，希即责成水利员责人员追查责任具报，现届严冬，易于被人窃取，并即速着专人看护为要。

县长华农

一九五一年元月十六日

酒泉县总寨区政府关于洪水坝上河防洪问题给酒泉县长的报告

1952 年 7 月 28 日　　肃 22—1—1

酒泉县总寨区人民政府报告酒总建字第八九号

---

① 编者按：原文件正文于此后缺失。

华县长：

查洪水坝上河一段，于本月二十六日下午因天阴下雨河水猛涨，不到一小时，将进水口东西两岸冲溃二十余丈，将木桩冲走半数，在大退水下面西岸冲溃十丈左右，节制闸东岸全部冲溃，木桩未受损失，现主要之水量在进水口下面流出去一部分，其余之水在进水口上面，全河滩都有水，靠近西崖流出大量之水，但坝内还有半坝水足够应用。现天阴不晴，河水不息，不能工作，并对工程计划暂也不能决定，等待天晴水息，确定工程后再行报告，现将倒坝情形呈报备查。

职李如顺（印）

一九五二年七月廿八日

处理意见：

四科批复，组织干部抓紧抢修，并连各区情况及我们组织干部下乡做防洪与指示各区应注意的具体情况汇报专署。

华农

7 月 29 日

酒泉县第一区整修渠坝民工工料统计表

1953 年 5 月 29 日　　肃 22—1—5

项目 乡别	民工	芨芨草 （斤）	黄马草 （斤）	木料 （个）	树栽 （个）	毛柳 （个）	口柴 （斤）	备考
黄草乡	1 300.1	11 443	492	5	1 652			
长沙乡	1 322.9	8 006.8	1 162.8	4	400			
香庄乡	1 583.4	9 379.8	385	4	382			
中深乡	1 217.3	35 500	494	3	811			
西峰乡	664.3	4 312		7	907			
蒲菜乡	1 353.8	6 183	1 170	5	430	10		
塔寺乡	1 424.4	8 438	308	3	500			
冯侯乡	2 402.4	13 060	5 559	7	860	14		
文殊乡	1 633.1	11 529	1 774	7	1 800		11 861	
河口乡	2 276.5	10 208	4 075	5	458	8	44 564.8	
合计	15 434.4	90 109	11 799.8	50	8 200	22	56 355.8	
说明	1. 芨芨草除按地负担外，另购 36 000 斤。2. 黄麻草除按地负担外，另购 1 900 斤。3. 共用芨芨草 124 109 斤。							

酒泉新地坝整修工程计划书①

1954 年　　　肃 22—1—5

一、缘由

新地坝是洪水河最上的一个渠道，引灌西岸新地乡耕地 8829 亩。旧渠干流长约 9.5 公里，据碑记为雍正时开凿，沿 4 公里隧洞高崖上，旧洞遗迹甚多，证实已经几次变迁。全渠险恶简陋，每年抢修民工占全乡劳动力一半以上，情况已至无法输水，于五一年开工修建新干渠，工程也很艰巨，包括明渠 2.5 公里蜿蜒于陡坡危崖上，越过山洪沟 11 道，隧洞 4.5 公里，因较旧渠为低（0.8—11.0 公尺），保障输水比较安全，并可增大引水量以扩大耕地。但因为技术指导不负责任未作工程计划，任群众盲目开凿，五二年即因施工困难而停。共完成隧洞 3.5 公里，明渠 1.0 公里，工程标准根本谈不到，渠线弯曲，坡度不均，断面不口，高低错误自 0.5—2.3 公尺，或多挖或少挖；亦未作渠线控制，五步一弯，十步一拐，把直线 3.5 公里的隧洞开成 4.5 公里的隧洞了，浪费民工最少 1/4。五三年水利工作组勉强接受技术协助的任务，完成剩下的隧洞与明渠，并整修了全部工程，但由于技术工作粗枝大叶，不负责任，使不合理的情况照旧存在着，如渠底高程低者未填，高者也没挖到标准（有高 0.4 公尺者）减少了流量，增加了渗漏，使第一次放水失败（11 天水未流出隧洞全部渗完），又经整修水量仍小于原水量一倍，枯旱已种夏禾 3500 亩，少种秋禾 2855 亩，减产粮食 600 000 斤，造成严重人为灾害，党政蒙受不可估计的威信损失，这都充分说明了技术工作者不关心人民的疾苦，对群众的工作不负责任，所产生的损失是如何严重，加给人民的疾苦是如何沉痛。事情发生后，前后经杨局长、丁局长及贺书记等亲自检查，决定要把新地坝工程修好，并限明年用水前完成。

新地坝靠近祁连山，距城 20 多公里，分四条支渠浇灌，水量不足长期受旱，如水量可以保证时尚可扩大耕地面积 6000 亩。最近才发现石油藏量尚丰，正从事测勘，山中产煤量质具佳。再者地处上游对河水利用率很高，就是流不到下游的河水已足够应用，扩大耕地对整个用水影响极微，所以说新地坝工程整修不独有关群众的灾害，对工矿发展与树立党政的威信也是意义重大的，党政根据群众的要求作出一定要把新地坝工程修好的指示是非常正确的。

二、基本情况

1. 灌区情况：有四条支渠分灌于全乡耕地 8800 多亩，土质薄厚不一，自 0.5—1.5 公尺，渠道险陋，经常停水倒坝，种 7000 多亩仍不免受旱，生熟荒地约 6000 多亩，南靠荒山，东临洪水河高崖，全为砾石层，西北为砂石滩包围，灌区

---

① 编者按：原文件附工程图 10 幅，图形尚可辨识，然标记、数字已漫漶，不录。

孤立如岛，全乡人口 1754 名，大半劳动用于修渠，冬闲时多营采煤副业，以补助农业收入的不足。灌区坡度极陡约 1/100，渠道冲刷，很少整修，表土流失，渗漏增加，农渠更为紊乱，串地用水尚未完全改革，都须积极整理，并当改进用水方法及耕作技术，以提高产量。

作物年可一熟，夏禾以小麦为主，秋禾种植很少，以糜谷为主。此外尚有胡麻、洋芋少量种植。目前每亩平均产量仅折合细粮约 110 市斤左右。

2. 水文略况：洪水河无可靠水文记载，可查者最大洪水约为 500 立方公尺每秒，就观察与经验可略述概况，洪水河随降雨涨发无定，势猛而时短，往往两三点钟即完。纵深不长，融雪成河，受气候影响非常厉害，一日之间涨落不定，大致规律是夜涨昼落。每年十二月封冻断流，枯水流量（1.0—1.8 立方公尺每秒）自新地下流不到 10 公里即全部渗漏，耕地多靠引洪浇灌，自立夏后渐增，除洪水外约 6.25 立方公尺每秒。河床纵坡自 1/40—1/60，冲动质非常严重，有大至 0.5 公尺的石头，雨量甚稀，根据冰沟及城内水文记载，年两量约 80 公厘。新地坝地势很高，拔海 2000 公尺，生长季节不到 150 天，最低温度约为 -28℃左右，昼夜温度变化尤巨，约 10—15℃左右。

3. 受灾情况：根据政府详细统计结果，因缺水今年只种了 5973 亩，较去年少种 2855 亩，较以往少种 1100 亩，而浇上水者仅 3150 亩，每亩产量 116 斤，未浇水者产量 24 斤，加上一部分洋芋杂粮共合 1800 老石（每石 400 斤）。全乡人口为 1754 人，情况与估计出入颇大，党政又决定免收公粮及缓交贷款，并大力组织挖煤修路以工代赈，口粮问题不大，籽耗已全部集中保管，其严重问题是牲畜饲料缺少，政府已予适当解决。

4. 其他：本区交通不便，唯可勉强通行汽车，运输工具非常缺乏，主要是靠毛驴。渠道工程材料除石料、草料外，必须他处采购，非常困难。群众与自然灾害斗争的精神惊人，创造了很多就地取材的修渠办法，用芨芨编笼装石，修建拦水、引河、堵口、高堤、陡坡、防洪等工程，都是我们不会想象的事实，确有重视的必要，以便改良推广。

三、工程计划

1. 规划：原则是将已成的新渠全部整修，新建引水工程，适当调整坡度，扩大断面，在可能范围内劈顺急陡的锐角曲拐以达到供给 15 000 亩耕地用水，减少岁修，加强输水安全及引水保证（虽然现有隧洞工程寿命不会太长，新开合理安全的隧洞，就时间、人力、财力而论均不可能）。根据研究及实测结果，整修工程在尽量节减的原则下，仍相当艰巨，必须严格遵守工程最低要求的标准，更应抓紧时间。工程首要问题是引水口的决定，共有三个地方可供选择，一是仍用旧渠引水，二是上齐崖以上 500 公尺地点，三是上齐崖以上 100 公尺处。其中第三为最合适，工省安全，较第一最少节省 25 000 多个工，较第二节省 11 000 工左右，有可利用的坚固锈砂石层，及很好的地形排沙除理容易。缺点是对岸山洪沟水猛时可以直冲上游土崖，有淤塞渠口之虑。然用旧口问题更多，有 500 公尺明渠段，随时有被冲断的危险，另开新线工费太巨，同时引水必须经常修护，或清挖相当长的引水段，第二地点虽有锈砂石可兹利用，而有被对岸洪水冲断渠身的危险，两者除很长的高劈深挖距离外，仍必须修建 5 公尺跌水才可与新渠相接。另外需修山洪渡槽两座，又不能穿凿隧洞，因河岸系倒塌山崖堆成。经详询群众及观察整个河床形势，第三处对引水优点仍多，河床受山洪影响最多离岸数十公尺，且机会很少，加有利形势及陡的河床挖引主流靠岸非常容易。至于淤塞对岸山洪沟洪水，即令没有也不会减少多少，因为洪水河发水时整个冲动质（大可至 0.5 公尺的石头）全部移动，决定采用可以操纵的活动横闸板进水闸，视洪水涨落由渠底向上限制进水量，免除渠道的淤塞，引水口随时清淤，用工有限，所以决定采用最后地点，群众及干部一致认为最合宜。计修引水工程一处，排沙闸二座，分水闸一座，新开隧洞 125 公尺，新开明渠 350 公尺，整修明渠 2565 公尺，整修隧洞 4800 公尺。

2. 设计：

a. 渠首工程：建固定两孔进水闸一座，利用锈砂石地层并砌料石加固，进水高程低于河床 0.2 公寸，以利枯水时引水，并用活动横闸板视洪水涨落由渠底向上控制，以免冲动质大量冲入渠道。用木笼填石筑拦河坝 20 公尺，高于河床 0.2 公尺，固定河床确保引水，同时以不影响洪水及沙石的畅流，减少渠口淤塞，亦不影响主流改道，即能引足够的水量。设计进水水量，枯水时为 1.6c.m.s.。

b. 引水明渠采用 1/100 坡度，在进洞口及出洞口各建沉沙池及冲沙闸一座，用木质建筑，可容 150 立公方的淤积物，并随时冲放，以减少渠道的淤积之害。

c. 明渠整修：调整 1/2500，纵坡为 1/1500 断面，采用水深 1.2 公尺，底宽 1.8 公尺，侧坡 1H：4Y，输水量 1.3—1.4c.m.s.。

d. 隧洞整修：隧洞调整 1/1500，纵坡为 1/1000，流量 1.1—1.2c.m.s.。

根据流水时多次实测，推得整修后水量出洞口可达到 1.0c.m.s. 以上，唯可能仍出现新渠放水时的大量渗漏，不过放水数天后即可增至 0.7c.m.s. 比往日水量仍大，一年后足可达到 1.0c.m.s. 以上，根据群众习惯用水可保证 15000 亩的耕地用水。

新渠引水量最大为 0.66，放水成功后出洞水量仅 0.2 左右，渐渐增至 0.51c.m.s.（为往日水量 4/5），损失比例降至 0.15/0.66，所以引水量加大后损失比例仍可降低。我们是按实测结果推算糙率 n 的平均值再采用 n 值以计算设计流量，这样结果 n 值一定较实际者为大。所以整修后的水量，是有足够的保证。

所有工程必须按照计划标准来作并须加强行政领导及技术指导，技术人员决定员工七人经常往工地与以技术协助，以达到工程标准。

四、工程数量及工程费用列表如下

酒泉县新地坝整修工程费预算表

工程名称	项目	数量	单位	单价（元）	共价（元）	备注
引水工程	用粗料石	26.15	立公方	600 000	15 690 000	20个技工1方到工资3 000元
	采黑卵石	280	立公方	12 000	3 360 000	每天采运1方距200公尺
	∮25×180立柱	22	根	150 000	3 300 000	
	∮20×260横木	20	根	150 000	3 000 000	
	∮15×260顺木	22	根	100 000	2 200 000	
	∮20×160木桩	75	根	7 500 000		
	挖基土方	500	立公尺	6 000	300 000	每工挖2方
	挖排水沟土方	1 000	立公方	6 000	6 000 000	
	洋灰	3 843	公斤	3 000	11 429 000	
	沙子	400	立公方	50 000	200 000	
	石工	52	日工	30 000	1 560 000	砌料石闸墙工
	水工	100	日工	25 000	2 500 000	装木笼工
	铁什	15	公斤	30 000	450 000	闸板铁制及起开铁铆
	6×20×140木板	8.4	平公方	50 000	420 000	闸板及便桥维工料价
	小计				60 609 000	
排沙闸工程	∮20×350立柱	6	根	180 000	1 080 000	
	∮20×180横木	8	根	110 000	880 000	
	∮15×150小桩	3	根	50 000	150 000	
	∮10×300撑木	12	根	11 000	132 000	
	∮20×200顺木	6	根	125 000	750 000	
	∮15×300木桩	10	根	130 000	1 300 000	
	∮15×200板撑	8	根	120 000	960 000	
	6×20×200木板	2.6	平公方	5 000	130 000	工料价
	木工	20	日工	250 000	500 000	做木笼工
	普工	250	日工	12 000	3 000 000	包括挖基采选卸石及装木笼
	小计				6 182 000	同式两座
	两座合计				12 364 000	
新开隧洞	挖□砂石	3 840	立公方	120 000	46 080 000	长129公尺□以10个工计工资
	小计				46 080 000	
新开明渠	挖间隔土	16 154	立公方	4 000	64 616 000	每工挖3方
	采运卵石	40	立公方	18 000	720 000	15工采运一方运距300公尺
	干砌卵石	40	立公方	6 000	240 000	每工砌2方
	麦草	2 800	市斤	250	500 000	填卵石缝用
	小计				66 076 000	

续表

工程名称	项目	数量	单位	单价（元）	共价（元）	备注
整修隧洞	挖间隔土	2 196	立公方	18 000	39 528 000	断面 0.45 平方公尺，长 4 880 公尺
	□□	□□	□□	□□	□□	
整修明渠	挖间隔土	338	立公方	4 000	1 352 000	整修明渠 2 520 公尺
	夯填土	4 084	立公方	6 000	24 504 000	
	采运卵石	1 000	立公方	□□	□□	运距 300 公尺两护坡用
	干砌卵石	1 000	立公方	6 000	6 000 000	
	麦草	18 000	市斤	250	4 500 000	干砌卵石填缝用
	小计				54 356 000	
合计					279 013 000	包括工具及□灯泡办公用品等
管理费					15 987 000	
总计					295 000 000	

五、工程增益

全部工程完成后可保证 8800 亩地安全用水，每亩增产 10 斤即可增产 88 000 市斤。自 55 年起可再扩大耕地面积 3000 市亩，每亩纯增益以 60 市斤计，即可增产 180 000 市斤以上，两次共增产食粮 268 000 市斤，每斤以 1000 元计算折合人民币 268 000 000 元。

六、需要贷款

新地乡五三年因工程失败而遭受严重的旱灾，群众生活困难故再无力作义务工，故全部工程费（含民工工资）均需银行贷给以工代赈，解决群众生活的困难。

七、施工计划

计划于五三年十二月二十日开工至五四年四月底完工，施工进度列表于下：

期限 项目	1953 年	1954 年				
	完成百分数	完成百分数				
	12	1	2	3	4	
成立机构	100					
新开隧洞		25	50	75	100	
新开明渠				40	100	
引水工程				50	100	
排沙闸				50	100	
整理旧隧道	10	60	100			
整理旧明渠				40	100	

甘肃省酒泉公署关于新地坝工程经费给酒泉县政府的通知

1954 年 3 月 19 日　　肃 22—1—3

甘肃省人民政府酒泉区专员公署通知（54）建农水字第 0357 号

酒泉县人民政府：

　　经建水字第五二号报告悉。关于请准豁免一九五三年以前修建新地坝工程贷款三亿五千零三十万元，并请将一九五四年改修工程费二亿九千五百万元改为国家投资问题，经转报甘肃省人民政府财政经济委员会，兹接财经农水字第二九四七号批复："一、该项工程五四年整修实需工款两亿五千万元，本委同意在五四年小型水利投资款内全部拨给。但酒泉专署接到此款后，应精打细算，本着节约原则掌握开支。二、（略）三、该项工程请改为国营渠道一事，待本年整修工程完工验收后，再行研究办理。"

　　除该项工程一九五三年以前所有贷款三亿五千零三十万元问题待后批复外，希即遵照省财委批复精神，精打细算，撙节开支，不得浪费；并应加强领导工作，工程要达到规定的标准，按期完成，勿误农田用水季节为要！

甘肃省人民政府酒泉区专员公署
一九五四年三月十九日

处理意见：

　　依照指示办理。

贾尚信
三月廿七日

酒泉新地坝整修工程总结报告

1954 年 6 月 3 日　　肃 22—1—7

　　酒泉县新地坝工程经过三年来的继续施工，于一九五三年五月完成，由于施工计划不够周详，砾石隧洞渗漏估计不足，施工中局部测量有错误，填挖表数字例置，加之行政领导缺乏经验，单纯依靠技术，技术人多又无主要负责指导干部，工程完竣后，失始又未检查和抚平，□□□因放水，经十四日水始流出洞口，且水量不足旧渠三分之一。因而影响了五三年农田适时用水，造成了人为旱灾，全乡一七五四人，每人全年缺口粮二〇八斤。为此，上级一面拨款救济，一面决定继续整修。即于同年秋季进行了测量设计工作，重要工程以扩大过水断面，调整渠道纵坡。另改渠首位置为主，施工计划经过审核后，国库又投资款两亿九千五百万元，遂于五三年十二月二十三日开工。由于施工中具备了以下几点有效措施，五四年五月二十五日用水前，完成了全部工程，不但换回了去年工程失败的结局，且全乡七千一百多亩地的秋田全部得到了丰收（每人收入食粮平均千斤左右，除年需口粮五〇〇斤外，每人尚余五〇〇）。

一、组织机构

续修工程开工前，首先组织了新地坝工程委员会，由行政与群众组成。工委会下分设总务、工程、材料等股，分工负责，互相配合。总务股负责民工调动，管理与组织安全卫生及工程，委员会不属其他股的所有工作。工程股专负工程上的计划、布置、指导责任，做到工程有布置、有检查，合乎要求标准。材料股负责材料的购买、保管、供应等工作。由于组织工分的健全与明确，有力的推动工程顺利进展。

二、完成工程内容及施工情况

新地坝工程由五三年十二月二十三日开工，五四年五月二十五日全部完成（施工中间，在春节时停工五天，由于气候的变化，在二月份内除新开隧洞继续施工外，其他各项工作影响而未能施工）。在施工中对民工经常进行教育，召开小组长会议、青年团员及青年会议，普遍宣传按劳取酬、以方计价等方法，有力的促进了工程的进展，提高了工人工作效率，同时纠正了过去的混乱现象。

"该工程由于冬季气候变化异常，直至四月份部分地方尚未解冻。在新开明渠内，大石填塞，直接影响了工程的正常进行，拖延了完工时间。由于施工费部分超支，无法掌握工程费的计划开支。"

施工中参加施工的技术人员，接受了过去的经验教训，改变了工作作风，使行政与技术密切配合，有问题大家商量解决，纠正了以往各搞一套的错误思想，做到了工作有布置、有检查。由于行政干部强有力的领导，技术工作者的积极负责，做到随时抄平，随时检查工程标准，对整个渠道进行了普遍整修，挽回了去年失败的结局。基本工程完成后，即于四月九日初次试水，经四小时水即流到灌区（去年流出洞口十四天），且平均正常量达十一公寸，因而消除了该乡受益群众的一切顾虑，积极的按时完成了七千一百多亩的秋夏播种工作。

该坝工程按计划完成了渠首工程一座，新闸名渠三〇二公尺，新开隧洞一四八公尺。整修明渠二五〇三.八公尺，整修隧洞四五二一.二公尺，中间断续加有名渠三〇〇公尺，干渠延长四五〇公尺，新修沉沙池一座、分水闸一座，整修退水闸一座，翻修山洪渡槽三座，新修和整修防洪挑水坝十一座，护岸二五〇公尺，详细数字见附表[①]。

三、工程进行中的缺点及发生问题

1. 由于在整个工程开始前，准备工作做的不够，又因区上动员民工时没有很好的和乡上联系，盲目上工，使原计划每日四百人而增加到每日八百人，工具、

[①]　编者按：附表见 713 页。

宿舍和食粮均发生不足现象，加之天降大雪，发生了窝工。因此，即设法将这些问题做到了很快解决。

2. 工程计划不够细致，问题考虑不周。对冬季施工及地下土质困难情况了解不够，防洪工程未有考虑进去。直到施工时发现，新开渠内大石填塞锈石等较困难的工作，使工程进行受到影响，部分工程费超支，只得进行工程费的追加预算。

3. 这次开工后，首先提出了工地安全卫生工作，并指定专人负责，避免伤害事故发生。结果在二月十一日早晨地震后，在山坡放石头，碰伤民工一人。事故发生后，即将该民工抬送医院治疗痊愈。

四、几点经验

1. 今年接受了过去的经验教训，使行政与技术的密切配合搞好了这一工程。

2. 施工中采取了按方计价，提高了工作效率，保证了工程的按期完成，避免了工程费的盲目开支，减少了许多浪费。

3. 有问题大家研讨，求意见一致，分别执行。减少了工作中的困难。

酒泉新地坝续修工程完成数量统计表

单位：公斤 市斤 日工 公尺 根 吨 个

	名称	渠首工程	新开明渠	新开隧洞	整修明渠	整修隧洞	沉沙地	防洪工程	合计
	数量	1	302	148	2 503.8	4 521.2	1		
工程完成所需的工料及土石方	料石	26.88							26.88
	卵石		859		857.61			668.39	2 385
	砌卵石		34.76		854.2		35.7		924.66
	土方	157.4	21 096.96	3 552	4 758.3	5 112.85	374.2	549.5	31 939.2
	锈沙石	108.6	177.8						641.6
	沙子	10.5							10.5
	茇茇								45.133
	胡麻				12 971				13 822.5
	麦草				2 367		150		2 517
	技工	65.3							65.3
	木工								239
	民工								32 800
	渡槽							3	3
	护岸							250	250
	挑水坝							11	11
	铁工								252
	煤油								1 547
	练炭								177.3
	水泥	4.35							4.35
	钢铁								10.64
	木料								225

甘肃省人民政府农林厅水利局酒泉工作组
关于酒泉新地坝工程总结报告书

1954 年 8 月　　肃 22—1—7

一、基本情况

1. 新地乡位于酒泉城南约 25 公里的祁连山下，在洪水河西岸，为该河最上游的一个灌区，对河水利用率很高，很小之水亦可引用。全乡共有耕地 14 500 多亩（包括每年不种的荒地及轮歇地），每年播种约 6500 多亩，农民 266 户，人 1754 口，全劳力 450 多个。地势很高，拔海 1900 多公尺，南依荒山，东屏洪水河，西北为戈壁围绕；形如孤岛，气候干燥，年雨量约 80 公厘，生长期约 130 多天。作物以小麦为主，糜谷、豆类次之，年产量平均每亩 120—160 市斤。

2. 旧引水渠长约 9.5 公里，除明渠 4.5 公里外，全为隧洞。穿过极厚的砾石山岩，至分水坪下分四条支渠，浇灌全乡所有耕地。渠道非常简陋，沿危岩陡坡曲折而下，上游土质松软，经常塌方，又横过十一条山洪沟，均无防洪设备，常被洪水冲断，淤塞渠道，经常断流，造成旱灾。而且此种情况逐年恶化，已至无法使用。同时岁修费用很大，每年需工 10 000—15 000 个工日，茇茇草 60 000—80 000 斤，成为群众很大负担。当地农民有一段谚语："饿死饿活，不给新地做活；工钱不大，天天上坝。"由此可见旧渠破烂的严重情况。

二、工程经过

1. 查勘：由于旧渠的破烂，不能保证引水，又因地形限制，无法进行整修，所以庄稼常年受旱。在解放前，群众曾多次要求新开渠线，但无人过问。解放后人民政府接受群众要求，从事修建工作，于 51 年春由水利局计划科负责查勘，但未作施工计划，也没有具体安排，未留技术干部，交群众按没有断面标准的填挖表进行施工，是工程遭致失败的主要原因。

2. 施工经过：51 年 7 月初群众根据填挖表进行明渠施工，经过一个多月时间完成明渠 1500 公尺，在开挖新隧洞工程时水利局仅派一实习生协助，52 年 3 月份又因春耕停工，52 年冬季黑河水利工作组按指示进行了勘测，发现问题严重，但已无法另行设计。除报上级并按原计划进行了施工测量。53 年 4 月份工作组又进行了一次施测，因时间、人力、物力限制，无法更变计划，按已完成工程进行扩大整修。5 月份全部完成，前后拖延了三年，而实际作工不到 12 个月。从勘测至 52 年底实际施工在技术上都是不负责的。53 年最后的施工亦因技术力量不足，特仅一月使改善计划亦未达到标准。如陡坡及横断面大小不一，影响水流，又估计到新渠的严重渗漏（初放水渗漏 100%），加重失败因素。虽经几天整修，十多天的放水润湿，使渗漏减少后才流到灌区，但水量仍然很小，造成全区的旱灾。

3. 53 年冬在党政的大力支持下，地委贺书记及西水局丁局长均亲赴工地查勘指导，工作组又进行了详细的测量，做出施工计划，扩大断面，调整陡坡，另选渠首位置，新开隧洞及明渠 500 公尺，于 53 年 10 月开工，到 54 年 5 月份全部完成。施工期间专署张专员及县府茹县长均先后到工地督促检查，水利工作组派技术人员六人协助。每日每民工 200 人到 800 人。工程在严寒的气候下日夜进行（摄氏 -20 度左右），明渠全部及隧洞一部均在冰冻下完成。有七种不同的土石方，开挖 15 公尺的劈坡，深挖时许多大石无法取出，用爆炸、底埋、偏藏、开巷道等办法，克服一切困难，保证了工程能如期顺利完成。

三、放水情况

1. 53 年 5 月初第一次工程完成后于 5 月 11 日放水，因渗漏极大，直到 20 日早晨才流到 5600 公尺处，在八天多的时间里，流进洞子的水量最少 197 830 立公方。经过在洞外检查，约有 1000 多公尺的砾石岩上均有渗水下流，同时渠道高低不平，断面不一，更增加了渗漏损失，这就是水流不出来的主要原因。经复测后，总高差无误，洞内部分断面太小，高低不合标准，控制了流量，经整修后于 5 月 24 日早 7 时半放水，经 8 时 40 分水流出全部干渠。这次放水能很快流出，主要的是因整修进水量而增加。同时又经过 11 天时间的湿润，渗漏减少，经实际施测，进水量为 0.66 秒立公方，出洞水量出为 0.15 秒立公方，到秋泡地时水量因渗漏减少已增到 0.51 秒立公方，约高日流量五分之四。经多次实测平均引水量约在 0.66 秒立公方，明渠损失 0.12 秒立公方，洞子损失 0.03 秒立公方，损失比例由初次放水的 100% 减至 22.8%。

2. 54 年整修工程完成后（进水闸未修建），四月九日除此试水，经过 3 时 55 分（上午 8 时 20 分开口，12 时 15 分流到分水坪）水流到灌区，后经实测进水量为 0.918 秒立公方，到灌区为 0.616 秒立公方，已稍大于旧渠引水量，沿途渗漏损失 32.89%。试水后进进行引水口修建，赶 5 月 15 日完成，19 日放水，经过实测进水量为 1.053 秒立公方，分水坪为秒立公方，渗漏大为减少，流量已超过旧渠三分之一以上。到现在因渗漏减少，水量已达 0.9 秒立公方以上，为旧渠水量的 1.5 倍，除改善原有耕地用水外，足够扩大耕地 4500 多亩的用水。

四、工程概要

在三年断续施工中至第一次放水，共完成明渠 2500 公尺，隧洞 4500 公尺（中间夹有明渠 750 公尺），渠首一座，挑水坝七座，退水闸二座，山洪渡槽 12 座，开挖土石方约 34 500 立公方，共用民工 40 000 多日工，芨芨草 70 000 多斤，卵石 2800 多立方，大小木料 230 多根。

在这次施工中，计完成垱工进水闸一座，可容 100 公方公尺沉沙池一座，新开隧洞 148 公尺，新开明渠 302 公尺，整修明渠 2503.8 公尺，整修隧洞 4521.2 公尺，新建分水闸一座，整修山洪渡槽 3 座，新修和整修防洪挑水坝 11 座，护岸 250 公尺，共计用料石 26.88m³，水泥 2414.3m³，草 16 399 斤，衬砌明渠五分之二防冲防漏，整修退水闸一座。谨将此次续修工程中所用工料列表如下：

名称	料石	水泥	芨芨草	胡麻草	麦草	木料	石工	木工	民工	矿工	钢铁	煤油	附注
数量	4.85	4.35	45 133	13 882	2 571	225	65.3	239	32 800	252	1 064	1 547	内民工数字是按到工人数统计，未按原计划按件计工统计。

五、新渠增益调查

今年新地坝因施工群众负担重，无法扩大种植面积，仅多种 500 多亩，但因改善了用水情况，平均产量每亩可达 200 斤，较过去增加约 20 市斤，估计本年增益折合人民币 140 000 000 元，但新渠之增益不限于此。群众一致反映说：用水有了保证，基本上使岁修浪费数字降至最低数字，足有力量扩大种植面积 3000 亩，估计每年合人民币 5.1 亿元，所以群众表示除今年投资款外，愿意偿还以前贷款。增益见下表：

项目	数量	单位	单位增益	总计增益	折合人民币	备注
保证用水	7 000	亩	20	140 000	140 000 000	
扩大耕地	3 000	亩	100	300 000	300 000 000	纯增益
节省岁修人工	5 000				60 000 000	每工以 12 000 元算
节省岁修芨芨	20 000	斤			10 000 000	每斤以 500 元算
合计					510 000 000	

六、总结

1. 新地坝工程遭到失败，主要是由于草率勘测、技术不负责任所致，无有施工计划，就以简单填挖表交群众盲目施工。在 52 年及 53 年虽然已发现问题严重，而水利局上下采用了推卸及依靠的作风，置群众痛苦于不顾。工作组又以人少为由，不全力重视这一工程，使旱灾程度增加，且在 51 年施工时县区干部亦放弃了领导，使 53 年全乡损失产量合小麦 600 000 市斤，折合人民币 6 亿元，把最大的痛苦带给农民，使党政威信蒙受巨大损失，这种对群众不负责任的思想作风，应当严厉批评，适当处分，作为水利局全体技术工作者深刻教训。

2. 另一方面也证明技术工作的负责是胜利完成工程不可缺少的因素，而行政强有力的领导是工程完成的首要关键。经过这次的整修已满足了群众的要求，废除了已不能用的旧渠，除保证原有耕地充分灌溉外，尚可扩大耕地 4500 多亩，在每年岁修上最少亦可节省 6000 万元费用，基本改变了新地乡贫苦情况。所以我们完全同意今年检查组对新地坝工程贷款投资的意见。

这是一个鲜明的对比，事实给我们一个结论是：技术不负责任，行政放弃领导，给群众带来了六亿元的损失，党政威信的损失更无法估计。相反的是，有了党政的坚强领导，技术的责任协助，发挥了群众的智慧和力量，就可以为每年增产创造保证条件，确实值得全体技术工作深刻体会与警惕的实际教训。

酒泉县第七区整修洪水坝第一阶段工作总结报告

1953 年 4 月 27 日　　　肃 22—1—5

一、一般情况及工程计划

（一）根据五二年整修洪水坝工程基础上，在政府的正确领导下，进行整修在分水口以上至进水口共长 1148 公尺，宽 19 公尺，内修退水两道，节制闸一座。根据去年整修工程大部分是起了作用，农民生产上得到适当用水，生活上也得到初步提高，但在去年整修当中，经验不足，如用木料有的地方不适当，致使去年六月间下大雨，十余天后洪水猛发，将挑水木笼及坝堤，两岸埋桩冲溃堵着退水，使坝身容水过多，冲毁坝堤 658 公尺，节制闸一座。根据这些情况及接受去年的教训，政府提倡提早整修，在去年冬天计划需用民工 15 000 个，可以竣工，但因天气寒冷，只做了 10 083 个工，未完成预计工程。

（二）今年的整修春坝工程计划是于三月九日在区召开了区水利委员会议研究确定为修好洪水坝新旧工程。在分水口新修节制闸一座，在茅庵改线渠岸一公里□□，需民工 27 000 个，但因群众生活困难，力量不足，经水利工程师实地勘察后，贷给水贷款 75 000 000 元，解决了应用木料及木铁工工资困难。

二、组织情况

自三月廿二日开工至四月廿六日止的卅余天中，已大部先成□一段计划工程。

（一）领导方法：三月十六日于工地上召开了全体负责人员会议，讨论建立工作制度为□各乡民夫由该乡水利员负责领工作以十人编为一小组，各组选组长一人，水利员掌握各小组工作情况，水利组长和区干部共同领导整个工程，每晚开会研究工作机汇总情况。

（二）在整个建修过程中，群众对于修坝的认识和情绪逐步在提高，每天都能按预计计划完成任务，领导上为了巩固成绩，继续提高工作效率，及时进行了好的表扬，坏的也给以适当的教育。如小沟乡马世存（中农）说："过去贫雇农修坝是给地主阶级修的，因为地主都浇过了我们贫雇农浇不上，就等于给地主修的，现在修坝是给我们自己修，为了自己浇水发展生产，我们非常高兴。"又如新上乡贫农于永汉、小组长于加丰对工作组织的好，领导大家，团结共同努力，工作也细致，每天均提前完成任务，在两天当中就赶做出石沙□□。但也有认识不够的。如小沟乡刘科林（中农）是个小组长，工作不负责任，不能很好团结组员，因此每天分配的任务均不能完成，小组会议上也进行了批评，如田太邦批评他说："我们家里都很困难，把馍馍拿到坝上来应付差事对不起家里的人，你是个组长应当积极带动大家做好工作。"

三、就最近三十多天工作是收到一定的成绩（见附表①）

---

① 编者按：表见 714 页。

四、工作中的缺点

虽然今年工作中群众情绪很高，但领导上对政治领导是不够的，研究性差，如在第二道退水挖岸，当时没计划周到，未挖直因而在插岸时，又做了个二遍，浪费民工 63 个，如在给于守华打方时，没有计算正确，引起群众不满。有人反映不公平，上坝乡水利员于加官领导民工不负责任把石沙不往岸上卷垫在底下，引起其他乡民夫不满，这些都说明在领导方面是欠缺的。鼓口也较差，至现在工地上团的组织未建立，领导上存在着都是做几天就走的成立不成立没关系，因而失去领导骨干，也有的水利员存在着情面对工作中偷懒的人未能及时给以批评或纠正，如总寨乡水利员对该乡王兴化、王兴洛就是这样情况或多或少助长了此种现象，虽然以上这些都是个别现象，但也值得今后工作中注意的。

七区整修洪水坝第一阶段工料及已用工统计表

工程类别	工程名称	长宽尺度		已用工料数					合计		备注
		长（公尺）	宽（公尺）	木料（根）	石头公方	石沙公方	民工数	木工数	石沙方数	民工数	
补修	拦水坝一道	130			474		353.1		474	353.1	
补修	渠身一段	1 348	19		913	3 633.0	1 524.6		4 546	1 524.6	进水口下至分水口
补修	第一退水	200	12		1 327.5	2 652.0	1 365		3 979.5	1 365	
补修	第二退水	200	12		554	2 707.0	1 228.1		3 261	1 228.1	
补修	节制闸一座			600	835		359.2	119	835	378.2	含原闸桩两道
补修	节制闸一座			327	556		224.4	65	556	289.4	
补修	分水口一座			116			31	72.6		103.6	
补修	蹬水四道			584	365		155	80	365	235	
帮助	木匠作临工						78			78	拉大锯做草绳
帮修	东洞坝						64			64	
补修	新坝	2 415	6			9 025.0	3 008		9 025	3 008	
补修	骆驼巷一段	2 325	6		281	7 354.0	25 028		7 356	25 028	
补修	金鸡岭一段	2 415	6			9 025.4	3 009		9 025.4	3 009	
合计				1 627	5 306.5	34 396.4	13 802.1	336.6	39 702.9	14 138.7	
说明	1.木料包括枕口、闸桩、横掌、顺水顶木、墙板等木料；2.民工包括插岸、挖石沙；3.帮助木匠拉锯、作草绳；4.民工包括大区民工 1 938 个；5.工效每人每天平均沙方 2.89 方。										

五、今后工作意见

（一）洪水坝整修工程计划按五天完成任务，另外下屯子三天，共八天全部完成整修工程。

（二）茅庵改线工程一段计划五月三日动工，廿日竣工共十八天。

（三）今后领导要加强改进上述工作中缺点毛病，多研究讨论工作，首先干部团结教育群众，明确工作责任，提高工效。

七区区公所

一九五三年四月廿七日

酒泉县第七区整修和新修洪水坝工程总结

1953 年 6 月 5 日 肃 22—1—5

一、一般情况和工程计划。根据五二年整修工程的基础上进行整修，但在去年整修当中，有部分工程经验不足，因此建修工程不够十分稳固，再加去年六月间天下大雨 11 余天，洪水猛发，有部分工程被冲溃并将挑水坝和拦水坝的木笼及坝堤两岸埋桩冲溃下来堵在退水，冲坏坝堤共长为 658 公尺，节制闸一座，退水两道。根据这些重要工程的被冲溃情况，在政府正确领导下，提倡即早整修在去年冬天计划整修需要民工 15 000 个，可以整修完竣，但因天气很冷冻住不能工作，只作了一部分，共需用了民工 10 830 个，但应做的工程未得完成。

二、今年在三月九日区上召开看区水利委员会议，研究计划今年修洪水坝的新旧工程，计划老河新修分水口两座以上，新修节制闸一座，退水拦河坝一段，挑水坝两道，登水四个，茅庵新修改线渠岸一段，共长 1999 公尺，节制闸一座，登水一个。根据这些重要工程计划需用民工 17 000 个，芨芨草 110 000 市斤，民工、芨芨由群众按地亩负担，每一市亩地负担民工二分，芨芨一市斤。根据这些工料繁重，群众生活困难，力量不足，经水利工程师勘查后，请求政府贷给水利贷款一亿六千五百万元，解决了应用的工料、铁木工工资的困难问题。

三、开工日期及组织领导情况：

1. 三月二十二日开工至五月二日，共四十二天。当中根据工程计划为了不耽误用水时间下至大闸口，上至老河进水口，集中大力第一段整修工程全部完成。

完成第一段工程工料数字附表如下①：

2. 组织情况：区先成立了防旱抗旱委员会负责修坝人员，在原有的水利组长和长夫四十人外，区抽调区长一人，助理员二人，武装干事一人，各乡抽调水利员八人，乡长一人，脱离生产负责整修，除长夫以外，负责人员共一十九人，集体领导分工负责。

---

① 编者按：此表见 717—718 页。

3. 领导方面：三月十六日全体负责人员到坝开会，研究讨论建立了工作制度，各乡水利员分头领导各乡民夫进行工作，十人编为一个小组，内选小组长一人，水利员掌握工作情况，水利组长和区干部每天晚上开会，共同研究调配工作及汇报情况。

4. 工效情况：根据适当工作，每人每天做沙方三至四方，做石方三方到八寸，各乡水利员每天晚上召集小组长开会，评比工作。为了巩固工作情绪，每三天召集全体民夫开会，每天按时完成任务好的，及时在会上表扬或奖励。坏的进行教育。

四、群众对修坝的认识和情绪。经动员教育群众逐步的提高了群众的认识和工作情绪，如小沟乡中农马世存说："过去贫雇农修坝浇不上水是给地主阶级修的坝，现在真正是给我们农民修的坝。如为的是广大群众浇好水，发展生产，我们非常高兴。"如新上乡贫农于永汉，他是个小组长，常和于加丰研究工作，对工作很负责任，组织团结领导工作好，又很细心，每天提前完成任务，在两天内他一人就赶出了沙方三方。如贫农殷学明的老婆于桂芳，走坝上四十里路给丈夫送口粮做饭，他的认识也很好。她说过去妇女就不能到坝上来，现在修好坝也是为了我们的吃饭碗。也有认识不够的农民，如小沟乡中农刘科林是个小组长，对修坝认识不够，领导团结也不好，每天完不成任务，闹意见。在开会时有田太邦给他提了个意见说我们在修坝为的是浇好水，我们家里都很困难，政府把款了贷给我们来修坝，应付差事对不起政府，也就对不起自己家里的老婆、孩子，你是个小组长，应该积极工作，带动大家。

五、茅庵改线工程。五月三日开工至五月三十日止，共二十八天，茅庵□□部工程将于完成，共长 1779 公尺，宽 11 公尺，深 7 寸，节制闸长 25 公尺，宽 11 公尺，深 4 公尺，共作了民工 9086.3，木工 141 个，其具体工料列表附明于后[①]：

六、政府贷给水利贷款一亿六千五百万元已费用，其费用具体数字列表如下：

水利贷款费用统计表

项目	金额	备注
补助民工生活费	120 000 000	每工补助 6 000 元（生活不足的群众）
支付铁匠工资	500 000	
支付奖励民工买奖品	543 800	
支付木匠工资	1 974 300	每工工资 14 000 元
支付护工工资	27 000 000	每工工资 10 000 元
支买苃苃费用	14 981 900	
合计	165 000 000	

---

① 编者按：此表见 718 页。

整修洪水坝工料表

工程类别	工程名称	长(公尺)	宽(公尺)	木桩	堪木	顺木	批口	拾梁	墙板	棚板	闸板	合计	沙方	石方	合计	麦皮斤	洞子	民工	木工	合计
补修	挑水坝二道	122	1.5										476.5	64.5	1 121.5			386.4		386.4
	拦水坝一道	130												474	474	20 900	4 180	433.1		433.1
	进水口以下至分水口	1 148	19										3 633	913	4 546	14 390	2 879	1 680.4		1 680.4
	收拾拦河七道													807	807			269		269
补修	第一退水	200	12										2 652	1 327.5	3 979.5			1 365		1 365
	第二退水	200	12										2 707	554	3 261			1 288.1		1 228.1
	节制闸一座			24	40	24	322	8	168	32	36	654		835	835			259.2	119	378.2
新修	新修节制闸			16	24	30	30	169	168	27	18	418		556	556			224.4	65	289.4
补修	分水口			5	12	40	146	4	102	15	18	342	225	200	425			21	72.6	103.6
新修	新修拦水四道			62	108	62	391					623	303.7	398.8	702.55			233	115	348
补修	下莞水												376.8	324	700.8			188.8		188.8
	长水沟												215.7		215.7			71.9		71.9
	帮助木匠做零工																	394.9		394.9
	帮修东洞坝																	64		64

工程类别	工程名称	长宽尺度		已用木料									已做沙石方			已用		已作民工		
		长（公尺）	宽（公尺）	木桩	堪木	顺木	批口	拾梁	墙板	棚板	闸板	合计	沙方	石方	合计	皮皮斤	洞子	民工	木工	合计
补修	新坝	2 415	6										9 025		9 025			3 008		3 008
	骆驼坝	2 325	6										7 354	281	7 635			2 502.8		2 502.8
	茅庵	980											2 451	2 521.5	4 982.5			2 472.7		2 472.7
合计				107	184	156	991	15	438	74	72	2 037	29 419.7	9 846.8	39 866.55	35 290	7058	14 812.2	371.6	15 184.3
说明	1. 民工数内包括六区作 2 369.2 工，木料数内有六区大梁一道，每工平均功效 2.756 方。																			

茅庵改线工料表

工程类别	工程名称	长宽尺度		已用木料									已做沙石方			已用		已作民工		
		长（公尺）	宽（公尺）	木桩	堪木	顺木	批口	拾梁	墙板	棚板	闸板	合计	沙方	石方	合计	皮皮斤	洞子	民工	木工	合计
	茅庵改线	1 779	11										15 608.6	5 337	20 945.6	6 200	1 240	8 479.3		8 479.4
补修	闸子一座	25	11	42	44	92	240	29	800	25	14	1 286	10 000	312	10 312	1 000	200	555	125	720
	登水一座			12	24	12	85					133	36	36	72			22	6	28
合计		1 804	22	54	68	104	325	29	800	25	14	1 419	5 695	5 695	22 329.6	7 200	1 440	9 086.4	141	9 227.3
说明	1. 沙方包括桶坝桶挑岸槽。2. 石头包括桶岸装闸子做登水。3. 木料的来源去年坐年坐坝埋桩提提桩水冲下来拾下今年利用。又欣丁洪水坝上的十二棵树。																			

七、经验教训：

1. 在今年修坝当中为了顺利完成工程，就准备了一些奖品对一些积极劳动的民工进行了奖励和表扬，如新沟乡乡长马顺中在修坝当中积极负责督催民夫迅速到坝工作，同时有水利员田凯基在坝上领导民夫也很负责，在插岸时细心又能吃苦耐劳。根据这些情况，经过群众大会也经过了乡长水利员会议评奖，新河乡锦旗一面，这样就更进一步的提高了工效。又如组长张守滋在领导木匠工作时，很负责任，在调配木匠工作及调整木料做的很周到，也没有浪费人工及材料。又如张洪德领导民夫工作很好，碰到问题就很细致耐心的解释说服，没有出过偏差和毛病。

2. 在工作中有布置没检查，如上坝乡水利员于加官领导民夫工作不够重视，如在坝里挖沙时，沙不往远里扔，石头不往坝外扔，拿他还说我们领导就是一年，明年他谁领导修了再取去。组长王口静在打方时算的不够细致，群众会上田太邦反映说有的太多，有的太少。经群众会议也纠正了这些错误他自己也向群众作了检讨。总寨乡刘汉礼领导民夫挖方时群众王兴化不好工作，他不进行教育而且叫其他群众替他工作，有看面子的现象。

八、新旧工程虽已建修竣工，但为了保护巩固坝堤就有计划的雇了三十个雇工看守坝堤和随时补修，以免像去年发生许多偏向，把一些工程冲溃，今年不得不注意这，防止冲溃现象发生。

酒泉县第七区公所（印）
1953 年 6 月 5 日

酒泉第八区西头坝整修工程计划

1953 年 5 月 1 日　肃 22—1—5

西头坝是丰乐川河的一个坝口，引水浇灌上河清乡 19 000 亩耕地。由于渠口没有防洪建筑物的设备，每至汛期，洪水尽量导入渠内，西渠内数处有大石填塞，障碍渠水流行速度，水量不能增大，因此，渠坝经常溃决。下游仍系砂石填方渠道，经常冲陷流落，渠身逐渐冲刷加宽，渗漏很大。本年除已动员群众排挖渠身外，今年计划在引口加修节制、排泄洪水建筑物一座，芨芨石笼、木笼护岸，加厚渠坝一段，并召雇石工开凿渠道内大石，使水流畅，减少渠道溃决。

该坝工程完成后，可使原灌面积的适时安全用水，免受旱灾。每年可收益粮食 15 万斤，并且可减少汛期抢修及每年补修人工 1000 个，雇招工程费比较尚属经济。

除现在已经由群众施工外，而招雇石工开石及护岸修建筑物，工程在五月十五日前可以全部完工。

附工程费概算表 1 份。①

1953 年 5 月 1 日

某工程整修工程总结报告②

约 1953 年　肃 22—1—7

　　……此次施工由于吸取了过去工程失败的惨痛教训，接受了过去工程失败的经验教训，行政领导干部和技术人员在开工前奠定了按时一定要做好思想基础，为挽回工程失败后的恶果共同奋斗的信心，即在开工前第一次施工会议上，行政、技术干部和群众代表在会上互相找到了失败根源，从而树立和贯彻行政、技术、群众三方的密切结合，采取了理论结合实际和群众路线的工作方法，纠正了互相埋怨各搞一套的错误思想，使工作施工计划如期顺利的提高了一步。

　　一、一般情况

　　二、完成工程的有效措施：

　　1. 行政与技术干部奠定了按时修好工程的思想基础，贯彻三面的密切结合，采取了理论结合实际和走群众路线。

　　2. 政府补助工款，干部检讨消除群众顾虑，提高了工作热情。

　　3. 加强和改进组织领导，采取分工合作的定干制。

　　4. 党政领导上的重视和支持，亲自检查解决问题，动员各乡群众帮助。

　　三、主要缺点：

　　1. 工程不够全面，防洪和护坝工程未列入计划内，以贷款解决。

　　2. 预报欠实际，油、铁超示预报。

　　3. 施工中对全部工程的估计不足，冲坏渡槽。

　　四、存在来源：

　　每亩本年收益以 6.5 斗计算（约合 247 斤），共收 1 753 700 斤，即每人平均收入 1000 斤左右。

　　过去每亩平均收益 5 斗计算（约合 190 斤），共 1349 斤，即今年比过去多收益 404 700 斤。比 53 年多收 1 241 532 斤

---

　　① 编者按：原档案中无此表。
　　② 编者按：此文件前部残缺，标题、责任人、时间均不详，但该卷宗所收其他文件皆成于 1953 年，故拟为 1953 年。

单行本政府公文类文献

本类文献提要

单行本政府公文类文献是指各历史时期由政府负责发送编印，同时不为各级档案机构收藏的文献，包括《酒金水利案钞》与中共西北局编《西北灌溉管理工作会议汇刊》两种文献。

《酒金水利案钞》系民国时抄录酒金水案相关档案而成，曾在河西广为流传，《酒泉市水利电力志》将其收入，但文字错误较多，甘肃省图书馆西北文献部酒泉市水务局皆有收藏。《酒金水利案钞》由三个文件构成：《甘肃省政府训令辰字第四一二号》已见于本书民国档案 7 号案卷，在此从略；《甘肃省政府训令建二午字第一四一三号》是省政府鉴于《甘肃省政府训令辰字第四一二号》无法执行，而向第七区专员曹启文发出的责令调查电；《第七区专员曹启文给甘肃省主席朱绍良的呈文》即是相关答复，今予以收录。

《西北灌溉管理工作会议汇刊》为中共西北局编纂于 1953 年的铅字印刷品，由编者于 2010 年在兰州城隍庙旧书市场购得，中有两页遭撕毁。时中共西北局在西安召开专门会议，总结中华人民共和国成立以来西北地区灌溉工作的经验，并讨论未来工作的方针。当时关中平原、宁夏平原的大型灌区在民国时期已由地方专门机构直接管理，因此在 1949 年后即被视为"国营灌区"，而河西走廊广大地区因长期没有政府性质的管水机构，故被视为"民营灌区"。此次会议分别针对"国营灌区"、"民营灌区"提出了指导意见，而"民营灌区"即以河西走廊为代表。编者从中节录的几篇文献包括工作汇报、会议总结与领导发言，皆不同程度地反映出讨赖河流域在 20 世纪 50 年代初经历的一系列重大水利变革，具有不可替代的史料价值。

除上述两种单行本公文外，编者尚购得编制于 1958 年的《张掖专区灌溉手册》一种。彼时张掖专区系由原武威、张掖、酒泉合并后的大专区，该手册收集了当时河西走廊各大流域的灌溉规则与水利机构建制等，其中亦提到讨赖河流域。其时张掖专区还编印有《灌溉资料汇编》一种，主要刊登水利干部与群众来稿，反映了"大跃进"时期的水利面貌与当时水利工作的诸多生动细节，其中亦有涉及讨赖河流域的资料，不过无成篇文章。为保持原始文件的完整性，《张掖专区灌溉手册》与《灌溉资料汇编》将在本丛书《黑河卷》中予以统一刊布。

《酒金水利案钞》节录

甘肃省政府训令建二午字第一四一三号

　　查酒金两县因水利发生纠纷，经本府于二十五年派员查明，该两县水流以讨来、红水两河为区，酒属上游，每年自立夏开水之日起至立冬退水之日止，轮流灌溉，独享利益。金居下游，除上游无用退下之水、冰结水及茹公渠水外，至夏秋需水之时无水可灌，特以订分水办法，将酒泉设立夏放水之期提前十日，先由讨来河坝人民浇灌。至芒种第一日起，令由酒金两县长带警监督封闭讨来河各坝口，将水由河道开放而下，俾金塔人民按粮分配，浇灌十日，救济夏禾。至大暑前五日起如前法，将洪水河开放五日，藉润秋禾。并经本府第四百零五次省委会议通过，迭令第七区行政督察专员及酒金两县长会同办理在案。至本年放水之期，酒民仍堵河口未肯放水，除仍饬照案执行外，究竟是何实情，合行令仰该员会同建设厅工程司王仰曾克日前往，详勘河流形势，测算水量与酒泉耕地及实际可以分润金塔水量，分析列报，以便厘订规则，俾资遵守。此令。

第七区专员曹启文给甘肃省主席朱绍良的呈文

　　案奉钧府建二午字第一四三号训令"□入原文，至'俾便遵守，此令'"等因，奉此委员遵即前赴酒泉、金塔等县，令同建设厅工程司王仰曾暨酒泉凌县长子惟、金塔赵县长宗晋并县有关讨来河、红水两河灌溉区域内绅耆水利人员，详勘□测算水量耕地工作，□委员□学由王工程□专□其事另具"根本解决两县水利纠纷技术设计书"呈□公。[①]在未以技术将□两县水利纠纷解决以前，先决问题即讨来、红水两河水应否分给金塔。其理由，杨、林二委员言之甚详，无庸重求。在同国、同省、同一灌溉区域内，水利上游独享、水害下游独受，无论从民生上、政治上、情者生产上着眼，均以分给为适宜。而执行放水酒民堵河口不肯分给者，诚以语两河经迭次地震后水量减少，两县生齿日繁，加以民十八、十九、二十等年西北旱灾过重，各处灾民迁肃州者为数不少、人数骤增，荒地日辟、水不敷用，亦系实情。惟查两不敷用之水，而金塔、王子庄较任何地段为偏苦，其土地肥沃、人民朴实亦为任何地段所不及。倘不给水，人迁地荒，势在必有。先人辟之、自我弃之，想亦人情所不忍、法理所不许也。以钧令分润金塔之水量言，为数甚微，

---

　　① 编者按：此句字迹潦草特甚，多有不可识者。

实不能以两县之耕地或人口计算。讨来、洪水两河，酒泉灌溉日数自每年立夏日起、立冬日止，两河约计三百六十日，而金塔只十五日，占全量二十四分之一。水、河灌溉区域内，而酒泉耕地或人口决无二十四倍于金塔内。王子庄夏禾每年求一水而不可得，酒泉夏禾最低每年灌水在三次至七次不等。钧令分润金塔，□多益寡、挹彼注兹，考之河西各县水利，均有先例，实属至公至正称法也。至于酒民堵河口不肯多给，亦是恒情。兄弟分誉每多两县分水阋墙两县分水①，谁伏让□□之义。如年来三角、武坪之划归西固，红门寨之划归漳县，该各处民众或请收回成命、或聚众抗敌，或五六年、或四三年，考其原案，均安于故□，恃爱恃众，尝试政府。咸蒙主席重理甘政，熟察情形、恩威并用，不经年语各处民众心悦诚服、遵命接受，此执行有方也。自来邻省邻县有事争持地，官方各私其民，政治上之惯例。酒泉全县水利代表崔崇桂籍隶酒泉，上年为金塔县长，对于分水犹为金民多方呼吁，并未一言提及"酒泉分水有损于酒、无益于金"之电文。前金塔县长周志拯，浙江人也，离职年余，在临洮县任内尚有为金塔争水呼吁之诉函。可见惯例固属难破，而良心亦不易泯矣。至酒人一再呈诉理由"王子庄距水太远，水经路线多属沙漠，芒种融雪之水无多，恐不易流到"，均似揣测之词。何如逆令放水一次，只有十日□来河水，水流果不到境，自有事实证明，胜于雄辩多多矣。又有"诉芒种放水十日不变施酒民，此又有理由焉。一、酒民若干年水规按日按时或燃香放水，中间如抽分十日，大乱水规，不便调整。二、放水时各坝封闭、洪水弥漫，十日期满、不易堵塞"等语。查上项二理由，均与事实矛盾。如一，酒民请变通分水，由每年立夏后十数日、立冬前十数日。酒泉迟开早闭、两端让金塔灌溉是中抽乱规，缩头截尾不乱规矣。二，洪水暴发，每年冲毁堤坝不止数次。洪水冲毁力必较芒种融之水冲毁力大。且洪水毁坝，酒民自修；分水决堤，金人协筑，孰难孰易，不待驳辩，其理由之无足置议也明矣。兹拟在技术未解决以前或不以技术解决，时以维持钧府议决原案为原则，来年执行讨来河芒种日起之十日水，藉□实际情形将红水河之大暑前五日水暂予保留，因酒民讨来河灌溉区域比红水河灌溉区域较为丰润，且红水河分水灌金塔流道必经茅庵河滩、有伤公路故也。所拟是否有当，理合呈请甘肃省政府主席朱。

中华民国二十七年十月二十六日

---

① 编者按：此句原文如此，恐有错简。

中共西北局编《西北灌溉管理工作会议汇刊》节录

甘肃省民营渠道灌溉管理报告

一、基本情况

解放前甘肃旧有灌溉面积三百七十五万亩，其中百分之八十以上在河西。民营渠道的灌溉面积占全部灌溉面积百分之九十四，自人民政府成立后，重视国民经济的恢复和发展，在水利方面，普遍展开兴修小型水利，重点举办大型工程，重视灌溉管理。特别是结合减租反霸、土地改革、打倒地主恶霸直接或间接操纵把持的水灌，改革了封建统治遗留下来的陋规恶习，建立属于灌区人民的管理机构，推行合理经济用水。对于旧有破烂不堪的渠道，渠道紊乱，以及损耗浪费水量等现象，广泛的逐步的进行了整修改进。尤其是河西地区，进行了裁支并干，添修控制水量与防洪排水设备，渠道衬砌减漏，裁弯取顺，渠道与河道分离等各种工作，因而提高了渠道的效能，除保证原有地亩的用水外，并扩大灌溉面积，截止本年十月底的统计，四年来全省共扩大灌溉面积一百七十万零五千余亩。由于民营渠道加强灌溉管理，整修和改善控制水量设备，实行经济用水，共扩大灌溉面积五十三万余亩，占总成绩的百分之三十一。

二、一九五三年工作情况和经验

今年夏灌阶段，甘肃全境遭遇了二十多年来未有的旱灾，河、泉水量普遍低减。六月中旬，黄河及主要支流沿岸二百八十三部水力天车，停转的达百分之九十。在芒种夏至之间，田禾用水紧要时期，如河西黑河、讨赖河各主要河流的水量，低落到常年同时期水量的百分之六十到七十。当时灌区群众和一般干部，仍为旱灾减产已不可避免。但由于省、专党政首长，亲到灌区督导，做了调配水量，增贷水车、追加修渠压坝、贷款等各种紧急措施，县区级党政领导干部，亲自计划领导渠道配水，指导农民经济用水。河西各严重缺水地区，采取统一调配用水，实行集中轮灌，不仅渡过了水荒，而且比五二年产量提高一成到二成。河东中部皋兰、靖远等旱灾严重县份，有一部分当时不能进水的灌溉设备，经过进行了紧急整修改善，得以避免或减轻旱灾，并发动群众，在夏禾槎地普遍扩大秋播，收到了很大的效果，不但克服了旱灾，得到丰收，而且扩充了灌溉面积。截止十月底，就张掖等四十九个县市的统计，今年各项水利工作，共扩充灌溉面积三十四万五千七百三十七亩，民营渠道因加强灌溉管理，实行经济用水，扩到灌溉面积约九万亩。

一九五三年民营渠道灌溉管理工作，是在以往三年来不断发展的基础上又迈进了一大步。由于加强灌溉管理，不仅基本上克服灌区旱灾，保障了生产。而且通过广泛的实行经济用水与示范推广灌溉所获得的丰产和增产事例，深刻的教育了干部中轻视管理的错误思想，教育了农民中的过量用水与不能灌溉等各种保守思想，同时也帮助行政与业务领导思想上对于重视管理，加强领导，推行适时适量灌溉的认识提高了一步，为今后工作改进与推动，创造了有利的条件。今年工作成绩的获得，主要是：

（一）各地党政进一步重视灌溉管理，整顿管理机构，健全灌溉组织。今年河西绝大多数的县上及河东甘谷等县，早在春耕生产会议或水利工作会议中讨论布置用水管理与渠道岁修、整修计划。民乐县今年整顿加强大小渚马洪水等主要河系流域性的管理机构，将新的用水规章提在县人民代表会议上慎重研究讨论，期使切合实际，贯彻推行。张掖县成立县水利管理处，按行政区划又成立十二个管理所，由区长兼任所长，水利人员任副所长，全县共设置专职干部七十二人。高台县将原来组织涣散的二百零六名行水人员，裁减整顿为六十七名负责水利干部，临泽犁园河水委员会增加了专职干部，统一掌握各渠系的配水工作。河东灌溉较多各县，也较普遍的整顿加强渠道管理组织，经过了民主讨论撤换改选一些不负责的管理人员，使修护渠道与管理用水提高一步。解决基层组织中存在问题，有效的纠正自流混乱现象，在今年灌溉管理工作成绩中表现出巨大作用。安西县一区五乡，今年具体规定支书、乡长、行政主任、村长负责领导群众巡护渠道的地段，建立了责任制以后，基本消灭了决堤跑水事故，纠正了村与村、上游与下游互不相关的现象，张掖县大官渠试办闸组长，田地由组员轮流代浇办法，加强了闸组长的责任，扭转了放任自流。永登连丰渠经过五二年民主改革，建立新的合理用水制度，今年不仅浇足了原有三千亩地，还扩灌了七百亩旱地，农民反映说："不怕水不够，全怕没人管。"足以说明灌溉管理的重要性。河东部分地区虽有灌溉条件而无浇水习惯，经过当地行政示范观摩方式，进行宣传动员，每县扩大灌溉面积数百亩到千余亩。在民族杂居地区，由于在党政领导下建立民主管理，促进民族间的团结，临夏县刘家集汉族农民，今年给四堡子乡的回族让了一分水，特举行回汉联欢大会，赠送锦标，庆祝团结。经济用水方面，由于行政重视领导得以推行改进灌溉方法，高台五区，在地畔挑挖引水沟，取消了串地灌水的不良习惯；榆中刘家营实行大田内加活埂，变为小田浇水，河西各地开展了变大田改为小田的号召动员工作，都得到一定的成效。

（二）重视基层组织的整顿与建立，推广了新的用水制度。今年虽然遭遇严重旱灾，而在灌区内能够维持用水秩序，是与整顿基层组织建立用水制度分不开的。河西地区，更广泛的实行"干渠小水时由上而下，大水时由下而上，洪水时全面抢灌，斗渠一律由下而上；农渠一律由上而下"的用水方法，是结合着"小水集中轮灌，大水各自分灌，洪水全面抢灌"的精神，得到群众拥护。具有灵活性的集中轮灌制，不仅适用广，因而节省了分散浇水造成的浪费损耗，缩短了浇水时间和轮水周期，水量逐渐枯减，形成严重缺水问题，经县委书记常昆同志，亲自领导，把二十一条支渠内细微水量集中起来，推行集中输灌，由每昼夜浇地七百余亩的进度，提高为一千五百亩，使第三水待浇小麦提早八天浇完；浇第四水时，又采取了不等水流到地尾即行堵口的薄浇办法，每昼夜浇地提高到二千五百亩，使四万三千五百余亩夏禾，普遍获得丰收。河东灌区农民，今年较广泛的组织起来或加强了组织性，漳县城关乡水渠自由磨户管理，今年浇地农民组织起来，天旱时停止转磨，实行自下而上的浇水制度，推选出专人巡渠与检查用水，消除了过去决堤、偷水、乱浇等现象。农民胡世荣反映说："组织起来就是好，不然，天旱时，我这下游水地一辈子也浇不到水，今年浇的很容易。"当用水紧要关头，渠水量不能供给全部田禾灌水时，各地较普遍的采取了根据作物用水缓急，决定先浇、缓浇与分次按成的配水以及民勤等县部分地区实行按照计划浇水深度用水方法，渡过了水荒困难。并扩大了灌溉面积。

（三）加强水的统一调配，发挥水的有效利用。解放后，河西、黑河、讨赖各河系上下游之间，以及渠与渠之间，从团结友爱互助精神出发，做了很多调剂用水工作，对生产抗旱起了一定作用。根据群众觉悟程度逐渐的提高。今年当旱象严重时期，在河西专县党政亲自领导下，做了较广泛的统一调配水量措施。张掖、临泽两县，给下游调配的水量，可供夏禾十四万亩一次用水，酒泉县给金塔配水三次，金塔县有十一万亩夏秋田禾得到一次及时灌溉；玉门县两次给安西县调配水量，以及其他县境内渠与渠的调配用水，不仅使受旱田禾浇到了救命水，因而摆脱了受旱减产，并为全面丰收创造了条件。金塔全县每亩平均增产小麦二十三斤，安西县增产四十斤以上，高台县夏禾产量为解放四年来未有之丰收，张掖县小麦平均产量达三百六十斤。今年采取统一调配水量措施，不只是在农业生产上得到巨大成绩，而且在思想建设上也有显著收获，对于封建意识影响下以地域本位的割据占有水的不正确观点，给予有效的扭转，进一步的建立了水为全民所有的思想。

（四）大力进行渠道岁修、整修和改善工作。全省民营渠道的岁修＝整修与改善工程，在已有的基础上，继续不断的进步着。河西酒泉专区八县，今年合并干支渠道三十六条，长凡一百二十四华里；新修改换引水＝输水、分水、退水各项大小建筑物一千一百四十九座；动员民工五十万零七千工日，超过前二年平均动员工百分之十八。尤其是今年开始举办了四条干渠的防洪排水工程，加强三十一个坝的防洪设备工程，继续进行渠道衬砌，发生的效用很大，敦煌县今年将上下永丰，大有和窑沟四条干渠合并在五一年合并了得下三渠内，避免了长凡五十华里宽约一里的沙质河床的严重渗透，临泽梨园河合并了干渠节省了渠线一二四公里，这都有效的解决以往缺水问题，保证了丰收。张掖黑河总口十四条干渠，于五二年合并为东西两干渠后，又经本年添修与加强防洪排水设备，节省岁修看水民工二万四千工日，柴梢二十余万斤，改变了过去"小水用不上，大水用不成"和"水灾旱灾一齐来"的现象。民乐县大渚马、海潮坝等河渠道，五二年用卵石衬砌，胡麻杆塞缝后，渗透减少百分之四十，面积扩大四分之一，在群众自愿要求下，今年又进行小渚马渠道衬砌，及洪水河渠首控制水量和防洪工程与总干渠五华里的衬砌。永昌宁远堡三四乡，在河西堡一带新开渠道十二华里，脱离了原来输水的卵石河床，仅这一段新渠实施的结果，使夏至前后水量增加百分之三十以上，当地群众准备继续进行渠道与河道分离工程。河东地区，两年来草率新修的小型渠道，其中绝大部分今年加以整修利用。会川滩水渠，五二年试水冲断后，一直再未通水，今年动员群众整修，开始浇地一千余亩。临夏市北山根水渠，五二年竣工未能浇地，今年补修干渠，开挖了斗农渠，浇地一千二百亩。平凉专区今年整修、新修四百二十二条渠道中，旧有渠道的整修、岁修占绝大部分。河东各县，旧有民营渠道的岁修清淤工作，今年较普遍的提高了一步。黑河流域各渠道整修办法，系采取了群众的经验，利用当地木石等材料，做成四方或长方形的框子，装上大块石头，按科学的安排布置，筑成挡水坝，分水闸、退水闸、溢洪道等建筑物，把框子用木桩打入河中固定起来，可以随河床的冲刷情形而下沉，而且初期是透水的，所以不易冲坏。用卵石衬砌渠道的办法，系以河光卵石不用修砾，砌铺渠道流水线面，用胡麻杆塞填缝隙，经过几次大水后，泥沙填糊隙缝，防漏的功效很好。这两种办法既省工又省钱，都值得推广。

三、存在的问题和缺点

由于省水利局以往对于灌溉管理工作，没有放到重要地位。今年仍偏重少数国营渠道的整修工程，而对广大民营渠道管理工作的看法，单纯认为工作大，干部力量不足，工作可以推迟；而没有认识到如何配合各级党政与依靠群众力量以推动工作的办法，更没有领会掌握重点指导的工作方法，因而放弃了应有的指导和主动。缺乏认真的总结已有经验，没真正负起推广经验的责任。今年本省中部永靖、皋兰、靖远等七县灌区内，少灌夏禾六万九千余亩，因灌溉失时而减产的面积达十三万七千余亩，这样重大的损失由于省水利局与当地行政的领导上，对于灌溉管理工作重要性认识不够，掌握情况太少，对旱灾的警惕性和预见性差，抓的不紧等一系列的缺点是分不开的。灌溉占农业生产主要位置的永登、景泰等县，以及灌溉占主要成分的临洮、靖远等县，尚未建立县的水利领导机构，广大民营渠道的灌溉管理工作，不能全面得到应有的进步。河东方面，三年来各县热情多于兴办小型水利，而忽略对旧有渠道的督导检查，今年各地虽有程度不同的扭转，但做的还很不够。平凉平丰渠，能灌一万五千亩，草率修成后，缺少检查整修，群众没有浇水习惯，又没重视宣传教育工作，群众引水浇地的很少，也就不加爱护，失去应有效能；临洮德远渠洞子坏了，主持修渠的干部不得力，思想上有顾虑，临时通水的高□方，筑起后没人守护，通水不到五天就垮了，区署又不重视，县上督导检查抓的不紧，以致灌区八千亩庄稼，有百分之九十五变成旱地。产生上述缺点的思想根源，是由于没有真正领会到管好旧有渠道，发挥潜在力量——提高产量与扩大面积，其效益之速，远胜于兴办新的工程。全省各地特别是河东地区，存在不少领导生产与灌溉管理形成脱节现象，甚至放弃对灌溉工作的领导，有很多领导春耕生产的行政干部，片面的认为领导群众修渠、压坝、挖淤是水利人员的任务，忽视行政领导应负的组织动员责任。当旱象接近形成，河东灌区有不少行政与水利干部存在着等待下雨河涨的保守思想，不做人为的积极努力，以致造成许多不应有的减产损失。像靖远永固渠一再迟迟着手修渠压坝，发生严重旱灾是放松领导所造成的事例之一。从今年山丹、永登两县先后暴露出封建残余"看河水"、"差田水"，封建思想影响遗留下来"水从门前过，不浇有罪过"种种陋规恶习，以及闹本位自私的不良现象，说明以往灌溉管理方面进行的民主改革工作，许多的做的不细致，还留下不少的空白点，亟待今后重视。河西一带较普遍的大片漫灌与串地浇水等不良灌溉方法，流于形式与不健全的基础组织，以及推广河东冬春灌问题，都需要不断的努力改进。

四、今后意见

根据中央水利部指示精神，一九五四年本省民营渠道灌溉管理工作方向，应为加强行政领导与业务指导，继续整顿旧有灌溉设施，进一步加强灌溉管理，提高灌溉□□□□□□□□的力量。在□□□□□□与大片漫灌的不良灌溉方法，推行小畦灌提倡经济用水，以提高单位面积产量，首先补充缺水耕地的水量，进而扩大灌溉面积；在河东方面，尚未取得冬夏灌溉习惯的地区，应重视宣传教育与示范观摩工作，已取得经验或已有冬夏灌溉习惯的灌区，即应大力推广并不断的提高灌溉方法。现有河系渠系的管理机构，在当地行政领导下加以整顿健全。范围较大渠道，应建立管理机构，配备专职干部。因条件不具备，缓设或不设县水利机构者，当地灌溉管理领导工作应列为建设科重要工作之一。引用同一水源且关系密切的渠道，应联合组织水利管理委员会。一般灌溉用水，应提倡组织起来，帮助群众，建立与健全基层用水组织，拟定确实可行的用水公约，建立用水秩序，以消灭纠纷和浪费。当水量不足以供给全部作物同时用水情况时，推广按照作物用水缓急或分次按成的配水办法，做到公平合理。灵活性的集中输灌配水方法，在节省水量损耗，减少人力与纠纷各方面，都已得到成功的经验，各地应很好的运用推广，并在实践中不断充实提高。各地民营渠道，应本就地取材精神，订出通盘整修计划，分年逐步实施；工程较大或技术性较复杂的工作，应交由水利工作组研究设计，经上级批准施工。

酒泉专区四年来水利工作总结报告

一

我区位于蒙古高原和新疆沙漠的边缘，气候高亢，雨水极少，农田灌溉均靠祁连山雪水，一九四九年九月全区解放后，旧日遗留的渠道残破失修，水规极不合理，严重影响着农业生产的恢复与发展。四年以来，由于各级党政的重视与正确的领导，在工程上，已将全区二百多条干渠和各地的支、农渠全部整修，修建渠上较大的建筑物（闸、坝、隧洞、涵洞、渡漕、桥梁等）二千一百一十多处（一九五一、一九五二、一九五三年合计数），合并干渠六十八条，支渠一九三条（农渠太繁未计），开新渠七十六条，掏浚新旧水泉二三五五八个，新建小型蓄水库三座，整修小型水库二座，改善大型蓄水库一座。在灌溉管理上摧毁了封建水规，建立了民主管理制度，在民主集中的原则下，统一调配水量，减少了浪费，提高了灌溉效能。因此，除充分供给了原有的农田一，五四七，三〇三亩的用水外，并消灭了其中全旱、半旱和微受旱的六十二个乡二六六，三三一亩地的旱荒，整大灌溉面积二五九，一一五亩。农作物单位面积的产量已由每亩一九五斤提高到二四二点三四斤。

二

一九五〇年人民民主政权建立不久，群众组织尚无基础，我们对于全区水利情况尚不够了解，即先从发动群众建立各级水利委员会，改革封建水规、整修旧有渠道、改良灌溉方法三方面着手，保证了当年农田用水，并增扩灌溉面积三四，一〇五亩。但在这一年中先后发生了十四七次水利纠纷，轻伤十七人，其中最严重的为安西、玉门两县的水利纠纷，相持二十天，经刘文山专员亲去调解才告解决。

一九五一年，因已经过一年的工作，掌握了基本情况，摸索到了一些经验，即有计划、有步骤地开展工作。在这一年，结合减租反霸，镇压反革命，抗美援朝等群众运动，彻底铲除了水利上的封建制度，如废除了先屯后科（原先将军队屯垦的田地浇完了水，再给民田浇，嗣后屯田虽然也改为科田，但是这个恶例子相沿至解放时还未改），三不浇（刮风不浇、下雨不浇、夜晚不浇），取消了世袭的皇渠水和按粮分水、按户负担，实行了按地分水、按地负担，部分地区改革了串地水，存沙水（为了储存上地用的沙，挖一池塘灌水，水干后即将沙取出）。实行了勤浇浅灌，并规定下游浇水不好地，上游不许浇荒滩、草湖。以往各地为水唱戏、献牲、祭龙王、送礼等迷信浪费，每年就有三千六百一十五市石，这一年除临泽县唱戏浪费了六石六斗粮食外，其他各县都已废除。实行了民主管理，健全了各级水利委员会，加强了水利工作的领导。在工程上有重点的进行合渠并坝，首先由金塔县将六条总干渠并未两条。六坪分水并为两坪，酒泉县一、二两区各将四条干渠并为一条，获得显著成绩，博得群众一致赞许，成为本区合并渠坝的范例。全区的干、支、农渠也进行了普遍整修。省上又拨来小型水利贷款十五亿元，并派来技术干部指导各地工程，因此在这一年中增加和节省了很大水量，除农田普遍地比往年多浇了一个水外，还解决了全旱、半旱和微受旱的一九九，九二三亩田地所需要的水量，并扩大灌溉面积八〇，六八三亩。因水量充足，农作物单位面积产量已由每年一九五斤（一九五〇年）提高到二一〇斤。

一九五二年，在两年工作已有成绩的基础上，水利工作更向前推进了一步，在民主集中的原则下，我们规定：

（一）大力进行合并渠坝，普遍彻底整修旧有渠道，重点修建渠道上的建筑物和掏泉打井。

（二）革新水规，统一调配水量，彻底消灭水利上的封建残余和本位主义思想。黑河水系：立夏前的春水，临泽迟开口三天，以更多的春水，照顾鼎、金两县压苗，同时取消高台、金塔、鼎新、安西等县群众分水和监视放水制度，实行专署确定，各级行政首长负责，下游政府突然检查的办法，确定芒种前十天的均水，临泽、高台两县关闭渠口十一天柔远渠，丰稔渠合并后均水期间同样闭口，三清渠关闭一半，正义五堡浇均水五昼六夜。高台、临泽两县县长对这一规定，应负全责，保证渠口封实，不漏滴水。鼎新薪如均水用不完时，应立即报告专署，将水退浇高台受旱地区，不得有丝毫浪费。规定玉门本年比去年给安西多分五百亩地的用水，但玉门仍须完成本年扩大灌溉面积的任务，并不得封闭安西原有水口和发生偷水现象。

（三）实行公平用水，按地受益，按地负担的水利政策，按地亩多少，渠道远近，渗漏大小，作物需要，受旱情况公平分水，有地即有水的权利和负担的义务，严禁偷水、卖水、买水等破坏生产的现象发生。

（四）彻底残除水利上的一切恶习陋规，取消"三不浇"，"倒沟浇地"，"点香浇水"，"大块地浇水"，"串地水"，"存沙水"及私有农渠等陋规，严格禁止随便将水放入草湖、荒滩、道路等浪费水的恶习，普遍建立村、乡水利小组（防旱小组）统一监视，统一用水的制度，实行勤浇浅灌。

由于这些有力措施，在这一年的水利上是得到了显著成绩，临泽县的梨园河系，十条干渠并成四条，缩短渠线九八里，改变了威狄堡一年九旱的现象。敦煌县将一向缺水的伏羌、庄浪、新渠（又称下三渠）三条干渠并为一条，缩短渠线三十里，总计在本年内全专区合并的支干渠有八七四条（农渠未计）。其次大力整修渠道和掏浚新旧水泉六一，二九八个，修建计上的较大建筑物闸、坝、隧洞等计八三三处。这样就节省了水量，保证了全区全部农田的用水。如在酒泉河东区六乡榆树坝过去常年受旱，许多群众因缺水迁居，本年农田用水亦得到了解决，西店区六、七、八三个乡，往年种七千多亩麦田还受旱，今年虽种了一万四年多亩也都浇好了，因此彻底的解除了全区尚存的六万余亩农田的旱荒，又扩大灌溉面积一三二，五四九亩，农作物单位面积产量由二一〇斤提高到二二八点三二斤，同时废除了鼎新、安西群众因监视均水的一，四四三个人工，节省了分水费用八十二石粮食，这两个问题都是历史上相沿数百年争持不决的问题。

一九五三年，对已并的渠坝加修巩固，应并得渠坝继续合并，其中主要工程如：敦煌县将上永丰下永丰，大有，窑沟四条干渠又合并于前年合并的下三渠内，名为惠煌渠，就是党河东岸浇地十二万余亩的七条干渠合并成一条，避免了长五十里，宽一里的沙底渗漏，有效的解决了缺水困难，而获得丰收。完成酒泉讨来河和高台城南及临泽黑河沿岸的防洪工程，并修建高台芦湾墩、酒泉临水区的小型蓄水库，成为我区水利工程上的新措施。去冬今春祁连山上积雪不多，又加气候不熟，积雪未消，立夏后，水量日渐跌落，各河水量普遍较往年的水量小十分之三四，各地田禾都蒙受严重旱灾。各级党政领导鉴于旱象严重，即亲自动手，集中力量，统一调配水量，临泽两次封闭渠口，将水放给下游的高台灌溉夏田十二万多亩。临泽高台两县又两次调剂鼎新、金塔水量，浇夏田全部及秋田一万多亩。酒泉县三次调剂金塔水量，浇夏田三万余亩秋天七万余亩，十月间又放水给金塔增加冬灌地，玉门也三次给安西调剂水量。"安西县上党政领导，因掌握了今年夏田的播种面积增加和祁连山积雪较少，水量不够分配的原因，即在干部会上积极动员，强调防旱抗旱的严重性，并亲自下乡领导督促，新修和整修了部分渠道工程，合并了渠十七道，挤窄渠宽从五丈到一丈左右，使长达二〇〇里损耗在70%的渠道减少了蒸发渗漏，节省了用水，同时在浇水过程中坚持'统一调配，集中薄浇'的用水原则，并且让群众自己讨论浇灌方法订出具体浇水计划，因此就有力的解决了该县水量不足的困难，使今年夏田获得了丰收。"高额丰产户每亩地收获量达到九百余斤，一般丰产户也在六百斤左右，单位面积产量每亩达二四二点三四斤。仅据酒泉安西报告，即扩大灌溉面积一一，八六八亩。

三

在四年来的水利工作中，我们体会到：

（一）重视小型水利，抓紧开源节流，大力合渠并坝，是节省水量、提高灌溉效能最有效的办法。我区小型水利在水利设备中占很大比重，必须予以应有的重视，不能因致力于某些大型水利工程而有所忽视。四年来的事实证明，每年春季进行掏浚泉源，可增加一定水量，实行合渠并坝，不仅可以缩短渠线，减少渗漏和节省岁修工程，而且可以提高水流速度，缩短浇水所需时间，今后仍应继续推行。

（二）必须坚决实行统一调配水口，□□水利工作中的分散主义，克服各级干部和农民群众的本位主义思想。由于历史上长期的封建统治，农民群众及部分干部（甚至包括一些领导干部，尤其是本地干部）不自觉的将"水"视为私产，互不相让，有的上游地区，宁可将水灌浇草湖、荒滩、树林也不愿让与下游浇地，因此必须实行统一调配水量时，往往遇到干部本位主义思想的抵触，应注意不断克服。在调配水量时各级政府要做到及时检查，并监督放水，这样调配水量的决定，才能贯彻，否则，将会有阳奉阴违的现象发生。在放水以前，应召集有关干部进行动员，讲清道理，打通思想。作出决定，放水以后紧接开会，进行总结，对认真执行放水决定者予以表扬，对执行放水规定不力及不执行放水规定者分别予以处分，才能将放水规定贯彻下去。否则，如只靠行政命令，虽派人四出督促检查，仍不能得到预期效果。

（三）水利技术应与行政领导及群众相结合。一九五二年，高台丰稔、柔远两渠合并时，县的领导对技术人员的设计未加研究，施工时，又未派主要干部领导，竣工时亦未加以检查，致设计与施工中的错误未能纠正，工成放水后，冲坏渠身，浪费了人力、物力。又如酒泉新地坝渠道工程，自一九五一年起施工，于一九五三年完工后，水量仅及原有水量的二分之一，致有二千多亩地浇不上水，四千余亩地只有三四成的收成，使一千八百余口人蒙受严重灾荒，成为全区目前唯一的灾区，这是由于行政领导未能及时检查，盲目相信技术，技术干部脱离群众所致。

（四）水利工作应与群众运动相结合。四年来我区水利工作上的成就，首先与推翻了反动统治，建立了人民民主政权，进行了一系列的社会改革，摧毁了封建势力分不开的，特别是经过土地改革运动，废除了封建剥削制度，实行了农民的土地所有制，实现了耕者有其田，广大农民的生产热情空前高涨，更成为水利工作的原动力，今后农业生产是农村中压倒一切的中心工作。在本区来说无水利就无农业，更应将水利工作作为生产工作中的首要工作。

（五）必须自上而下严格执行水规，坚持"教育与惩办相结合"的方针，不可偏废。今春经过反官僚主义、反命令主义、反违法乱纪运动后，有些乡村干部将对违犯水规者予以惩罚，也仍为是强迫命令，甚至是违法乱纪，因而对执行水规采取放任自流，加以部分领导干部，本位主义思想滋长，曾一度形成水规紊乱，政令不行。后对有关干部予以批评，对破坏水规分子分别予以惩处，始有好转。因此，今后在执行水规上必须坚持"教育与惩办相结合"的方针，如果只强调教育，对违犯水规者不予以应得惩处，则无以儆效尤。当然一味惩办，而忽视了耐心的教育工作，形成惩办主义，也同时是不对的。浇水以前，召集群众开会，进行组织动员，并定出浇水中的纪律，共同遵守；浇水以后，再开会检讨浇水的得失，并处罚违犯和破坏水规者，即可提高浇水速度，并可以具体事例教育群众遵守水规，减少浇水中的事故。

四

对今后工作提出如下意见：

（一）工程方面：继续合并渠坝，尤须着重于合并农渠。利用洼地草湖，增修小型水库，储蓄冬春余水，调剂夏季缺水，掏浚水泉，并增加蓄水坝，加强小型水利工作组，并提高其技术水平。

（二）管理方面：加强管理机构，县水委会配备二至三名专职干部，或在专县设水利科，做到定额、定薪、专职。冬季春季时集中专区训练一次，以提高其政策和水利技术水平。加强乡村灌溉小组，监督各户统一浇灌，以减少浇水中的浪费。切实推行勤浇浅灌，以达到合理用水。严肃水规，对破坏水规者，应予以批评教育或处罚。

（三）统一调水量：在民主集中的原则下，统一调配水量，合理分配用水，并为了调配及时，减少浪费人力、物力，上游各渠坝应彻底做好退水闸。

（四）结合改进耕作技术，于冬春之间改小大地块，平整地亩，培修田埂，禁绝串地水，存沙水。播种面积，播种时间和植树育苗均应按各地区水量和浇水季节适当的掌握，夏田和水稻的播种面积在目前的水利条件下，暂不增大，以保证现有播种面积的充分用水。

西北区一九五三年灌溉管理工作总结及一九五四年的工作方向

一、总结情况

　　西北区五省解放前原有灌溉面积两千六百三十二万余亩。在封建制度的统治下，渠道简陋紊乱，破烂不堪，水量损失严重，用水效率很低。水权都操纵在地主恶霸手里，广大群众得不到充足用水。面积不但不能发展，而且年年浇不好地，不能得到应有的丰收。有些地区，又因深浇漫灌，排水不良，而造成许多湖泊和碱滩湿地。自人民政府成立以来，首先注意到国民经济的恢复和发展。在灌溉管理方面，结合着土地改革，基本上完成了渠道管理的民主改革，建立了属于灌区人民的管理机构，仅陕甘宁三省，就训练了基层干部六千四百七十六人。不管是新旧渠道，大部都经过了整修和改善。添建了许多渠道的引水输水工程和防漏防冲及防洪排水等设备，推广了经济用水方法。供水系统紊乱的旧渠，特别市甘肃的河西，相当普遍的做了些裁支并干和裁弯取顺等工作。四年来，各省新修和整修了较大渠道八十四条，小型渠道九万余条；发展水车二万七千多辆，水井十六万八千多眼，至本年十月底统计共扩大灌溉面积八百四十七万余亩。等于解放前原有灌溉面积的百分之三十二。截至目前止，西北已有灌溉面积三千四百七十九万余亩，每一口人已合一亩多水地。

　　在西北缺水少雨的地区来说，有了水，就已经给增加农业生产，创造了可能的条件。至于如何经营管理，如何才能使水尽其利，很好的为我们服务，就必须重视灌溉管理工作。本年初，西北行政委员会马主席在西北区水利工作会议上讲话中指出："今年我们要首先着重的把三千多万亩水地灌溉好。三千三百多万亩水地，如果按西北人口平均算起来，每人有一亩的样子，如果把这些水地确实种好了，那么，对于克服旱灾，增加产量，改善人民生活，增加国家收入，将有很大的作用。"这更促使了我们的重视。四年以来，我们的各省的水利工作者，在党政的领导下，结合群众，在这一方面，已经作了很大的努力，获得了一定的成绩。当地配合发展生产，完成国家建设，我们迫切需要来检查以往，确定今后工作的方向。

二、一九五三年的工作总结

　　西北各省的灌溉工作，在连年改进的基础上，今年又向前推进了一步，提高了灌溉技术，扩大了灌溉面积。在各级党政的正确领导下，发动所有灌区的工作人员和广大群众，进行了热烈的防旱抗旱运动，渡过了自一九二九年以来□□□□□□灾荒，不但没有耽误了灌溉，而且得到了多年未有的丰收，这就说明了我们过去对灌溉用水有很大的浪费，给今后节约用水指出了明确的方向，兹将主要成绩总结如下：

第一，改进灌水方法，扩大灌溉面积：各省各公营渠道，正向合理用水方面努力。陕西各渠在配水工作上，已经按照作物土壤情况，力求适时适量。洛惠渠曾依照苏联先进配水方法，结合渠道水量，输水渗透蒸发损失，灌区土壤、作物、降水量、气温等因素，作出了夏灌配水计划，在学习苏联先进经验上，起了一定的推动作用。甘肃、宁夏、青海三省，在用水方面，亦多在漫无标准的基础上，已经开始走向统一掌握水量，集中调配使用的阶段。新疆亦初步实行以乡或小渠为单位的灌溉制，并试行勤浇浅灌。个别地区并初步实行了按地亩、作物分配水量在这种条件下计在国营渠道方面，共扩大灌溉面积陕西六二，六一七亩，甘肃一三，九九五亩，宁夏八四，二四四亩，青海四三，二一五亩，新疆二八，六一〇亩。总计五省共扩大灌溉面积二三二，六八一亩。

各省对广大的民营渠道的组织领导，已经重视了。甘肃河西黑河本流各渠，临泽梨园河、民乐洪水河等，在各灌溉管理组织方面，均设置了专职干部，加强了领导，只黑河张掖县一县，就设了专职干部七十二人。新疆省对于喀什的盖孜河、克孜河、绥来的玛纳斯河、迪化的乌鲁木齐河、昌吉的头屯河和库车、沙雅、新河三县同一水源的渭干河，均以河系成立了灌溉管理组织。由各自为政而走向全灌区集中统一的配水输灌，这些都对灌溉工作，起了一定的作用。在民营渠道上，共扩大灌溉面积，甘肃为八九，七二六亩，新疆为五五，一六三亩，其他各省尚未统计上来。

第二，开展了防旱抗旱运动，使灌区普遍地获得了丰收，今年初夏，甘肃、宁夏、青海三省，遭遇了自一九二九年以来所未有的旱灾，情况异常严重。据甘肃张掖水文站测验的结果，自一月至八月十日，只降雨四十多公厘，而在五月内，只降落了〇.二公厘。六月份莺落峡黑水河水量，平均每秒为四八.四〇公方（一九五二年同月为每秒一三二.七五公方），兰州附近黄河水小，天车不能转动；宁夏省全省灌溉所用的唯一黄河水源，亦小到每秒只三百公方，比往年减少将近一半。正在这紧急时期，各省党政首长，亲到灌区，做了各种紧急措施，指导农民经济使用水量，并由县长亲自领导群众浇地，才安稳地渡过了水荒。甘肃省河西黑河下游大部农田，正在芒种前后无水灌溉，以高台县最为严重，秋禾种不上，夏禾小麦干旱的要死，酒泉分区地委贺书记，武威分区地委张副书记，省水利局杨局长，率领各县县长及四科长等，到灌区内作了紧急调配水量的措施，使下游农田均浇上了"救命水"。宁夏省由孙副主席主持，召开了灌区内县书、县长联席会议，决定各县、区、乡百分之八十以上的干部，均投入灌区领导群众压□挖渠，经济用水，使灌区五十多万亩稻田和七十多万亩秋田，均适当地浇了水及时播种。青海省在张主席的亲自领导下，进行了防旱抗旱运动，扩大了现有渠道的灌溉面积，完成了灌区的播种任务。

在当时，大家都认为今年旱灾减收，已不可避免，但却意外的各灌区均得到了丰收。甘肃湟惠渠灌区，小麦每亩平均产四六三斤，比水车灌得平均增产一六三斤，而邻近的砂田，大部干死无收成。黑河流域张掖县平均每亩产三六〇斤，个别的盈科渠平均到每亩五〇〇斤以上。宁夏省小麦每亩平均二六〇至三五〇斤，高出去年一倍以上。

陕西泾惠渠灌区棉花，因灌溉和作务不善，历年严重减产，去年每亩棉花收获量，平均只有二十五斤。中农部中水部十分重视这一问题，经组织了包括农、水、地质等方面四十余人的调查组，在苏联专家安东诺夫参加指导之下，研究总结了减产原因，并提出了今后改进意见。大区和陕西省农林水利各有关机关，共同组织了植棉指导委员会，研究拟定了包括灌溉用水、轮作倒槎、种子处理等技术指导方案，并定出了一九五三年指导工作实施计划，由委员会领导执行。在灌溉方面，由于实行了冬灌或旱春灌，使棉苗提早出苗五天至七天，而且出苗整齐健壮，虽在初期遭受虫害，但在扑灭害虫后，配合时适时的天雨和渠水施灌，今年棉花产量，已提高到每亩接近六十斤，比去年增产百分之一四〇。

新疆各灌区小麦，今年平均每亩达二六七斤，陕南各渠水稻，每亩平均五〇〇斤，都是多年所未有的丰产。

第三，冬灌工作：自去冬以来，我们明确了冬灌工作的认识以后，即积极推动冬灌工作，在甘肃河西、宁夏、新疆等，早有秋冬灌习惯的地区，宁夏共冬灌了约二百二十九万亩，新疆约为一千一百余万亩，都扩展了冬灌面积，在没有冬灌习惯的地区，如陕西省大部，甘肃省陇东陇南地区，青海省部分地区，也开始了冬灌，扭转了过去认为冬灌无益的错误观点。陕西省各国营渠道，今年冬灌面积，共约七十万亩，比去年增加了三十万亩，占全省国营渠道灌溉面积百分之三十五，甘肃省国营渠道的冬灌面积，共十五万八千多亩，占全省国营渠道总面积的百分之七十。青海省也做了些试验。

在小麦和棉花收获以后，各冬灌地区，都进行了调查统计工作，总结了冬灌经验，陕西省作过四十几处典型调查，其中除了很少几处，因为冬灌不及时，肥料不足和耕作方法不合适等原因，看不出冬灌成效，又有个别地区，如青海人民渠的冬灌地发生黑穗病等现象，陕西部分豌豆地冬灌后有减产情形，还需继续研究外，绝大部分材料，证明了冬灌对于农作物有着显著的效果。在同样耕作施肥的情形下，冬灌麦田，比较没有冬灌的，每亩增产由三十斤到一百斤不等。冬灌棉花，到了春季在作好精细地保墒工作情形下，不用春灌就能播种。由于地温不受冬灌而减低的影响，棉苗出土，一般地比较未冬灌地提前五天到七天。陕南进行冬灌的麦田和稻田，在生长期间，虫害大减。甘肃省湟惠渠灌区，冬灌麦田每亩平均产量，比没有冬灌的平均增产百分之三十。青海省人民渠冬灌试验地，每亩产小麦五百三十五斤，未冬灌地为三百六十七斤。由以上许多实际事例，可以肯定冬灌对农业增产，是有很大好处，今后还要大力推广。

第四，渠道整修：西北各省的渠道，除极少数国营渠道，具有新式工程设备外，旧型的民营渠道。占全部灌溉面积百分之八十以上。大多数都是没有控制水量的设备。渠系紊乱，排水不良，渗漏损失严重，个别地区，如甘肃河西和新疆一带，渠道输水损失，常达百分之六十以上，以致不能发挥灌溉效能。许多地区形成了水小时不能上渠，水大时渠冲岸垮，横流漫溢，不但无法得到黑河流域水利工作组的指导帮助，已经作出全县的旧渠整修计划，并制订了逐步实施方案，动员受益群众，就地取材，应用科学方法，安排布置，他们在洪水河总口，用木框盛大卵石修建了进水闸及滚水坝，用河卵石衬砌渠道，胡麻□□□，已经完成了五公里的渠道，用这种办法在全县各渠已经修成九十余公里，对防冲防漏表有良好的效果。每年都浇好了地，而且大大节省了养护工料，农民相信了技术，纷纷提出改善渠道设备，各县政府亦均要求水利工作组简直忙不过来。这种省工省钱的办法结合在技术方面研究改进，是值得提倡推广的。

第五，灌溉经验：各省均已经开始重视了灌溉试验问题，陕西省调派专职干部，在泾惠渠灌区设立试验站一所，与陕西省泾惠渠农场合作，进行棉花需水量试验，初步得出了棉花在生长期的总需水量，每亩为三八六、一七五公方，及在各时期的用水量，计幼苗期每亩需水五一.二六公方，结蕾期每亩需水四〇.〇二〇公方，开花结铃期每亩需水一八一、七五八公方，成熟吐絮期每亩需水一〇三.三八五公方，另外吸收地下水分九.九八六公方（圆筒试验结果）。褒惠渠灌区设立水稻试验站一处，进行水稻需水试验，得出初步结果为每亩需水七五〇.八四四公方（雨量包括在内，不包括田埂渗漏），计还叶期需水一四八.四三一公方，有效分蘖期需水二二五.七四四公方，无效分蘖期需水三六.六四六公方，圆杆期需水六六.三五五公方，孕穗期需水六一.九一一公方，抽穗开花期需水九六.八六七公方，乳熟期需水一一四.八九〇公方。甘肃省亦在黄羊渠设立重点试验站一处。另外，陕西省洛、渭、梅、涝、黑、澧等渠，甘肃省洮惠渠及张掖、酒泉二农场，青海省在西宁附近，新疆在和平渠，有的与农场合作，有的在重点斗内与农民配合，分别进行小麦、包谷、水稻等主要作物的需水量试验，求取作物的适当用水次数和每次的用水量，虽然缺点还很多，但大部分均已得出了相当成绩。

历年以来，我局和各省对灌溉管理工作，尤其是对占百分之八十以上的民营渠道的灌溉管理工作，都未给以足够的重视，因之对各渠道管理机构干部的配备，多系数量不足而质量又低。青海省和平渠只派干部二人，担任管理工作，但还调走一人，去深沟渠监工。新疆省水利局至今还没有专管灌溉管理的机构。甘肃、宁夏、青海各省水利局，有时候因了某一项紧急任务，常将领导管理的机构拉乱。一般技术干部，有些还轻视灌溉管理，不安心，没兴趣，甚或认为灌溉管理工作，要与行政和群众打交道，嫌麻烦。一般地都不深入群众，不细心研究，不进行具体指导，没有建立起灌溉时为群众生产服务的思想，没有体会到灌溉管理是一个繁重的、复杂的、细致工作，是一个光荣任务。今年以来，虽已有了转变，已经开始重视，但仍缺乏通盘的筹划，预见性差，事先准备不足，或粗心大意，对业务生疏，而又缺乏学习钻研精神。因之发生了许多不应有的错误或缺点，造成许多不应有的损失。兹将主要几点检讨如下：

第一，没有明确认识灌溉是为群众生产服务，必须与农业生产密切结合的重要性。任何不从发展生产出发的想法和作法，都是错误的。也是违反党和人民政府的政策的。由于认识不够明确，因而就发生了一连串的错误和事故，陕西渭惠渠在本年六、七月用水初期，因为雨水调顺，一般管理人员，认为今年用水已无问题，麻痹大意不注意水量的调配安排，□□八月以□□□□旱水小，农田用水紧急，而调度不灵，供应欠缺，以致农民群起包围管理处，殴打管理干部。陕西褒惠渠管理处为着求取科学配水的根据，在农民育秧苗和灌苔子时期，在渠道中测量不同水位的流率，致使水量忽大忽小，农民捉摸不定，影响了农民灌溉。甘肃黄羊渠在水荒时期，曾发生不少次抢水打架等纠纷事故，其原因正是因为管理干部不认识灌溉是为群众生产服务不深入群众，不具体领导群众浇地及缺乏配水计划所致。

第二，整修渠道，保证安全输水，是灌溉工作的首要任务。各渠道在每年岁修以前，必须详密地检查渠堤及其建筑物，如发现獾窝鼠穴，裂缝陷坑，必须立即彻底修补，尤其是斗分渠的整修，更须特为重视，以防止因决口跑水，影响农田灌溉和冲毁淹没损失。过去只管干支渠的整修而忽视斗分渠。还有许多渠道，仍未注意这一问题，对于检查修补工作，做的很不彻底，致发生许多决口跑水事件，陕西褒惠渠今年发生一次干渠大决口，泾惠渠支渠决口三次，宁夏省秦渠干渠一天中发生二次决口，影响了农田灌溉，淹没了农田房舍，造成了很大损失。斗分渠溃决跑水，更为普遍，这一问题，应当特予重视。

第三，许多灌区，还有严重的浪费水量现象，深浇漫灌。撇清澄浑，不但对水量不爱惜，而且乱流乱退，造成下游许多碱滩湿地，根本不了解"水浇的多了，不但对庄稼并无好处而且有害"，宁夏省唐徕渠今年在缺水时期，渠道流量尚有三十三秒公方，但不能保证三十万亩麦田的灌溉。可是今年因为水量不足，该省各灌区实行了较合理的用水，得到了较去年增产一倍的丰收，已证明了浅浇的好处，但该省在黄河水位上涨，各渠水量充足以后，又复大水漫灌，致使湖泊重现积水实在是最不应该的现象，急应予以纠正。

第四，在灌区里面推行先进的灌溉方法，是从推翻旧的到建设新的一项改革工作，同时也是群众的思想建设工作，首先要很好地进行对群众的宣传教育，传授技术，解决各种工具问题，同时更须重点领导，典型示范，到群众看到好处以后，自然会在思想上接受，如果只是盲目冒进，或强迫命令，不但作不出成绩还一定会造成严重的错误，陕西泾惠渠对于推行沟灌工作，去年曾盲目的规定沟灌百分之八十，结果造成群众怨言纷纷，今年又提出棉花沟灌百分之六十，但在棉苗出土以后，经过调查，播种行距完全符合标准的，只为全部三十八万五千亩棉田的百分之十五左右，行距在一尺六寸左右，勉强可以开沟的，占百分之四十，到了开沟的时候，先因虫害，后因天雨过多，开沟面积仅约二万八千亩，这就是一个很好的教训。

第五，灌溉管理干部，应深入灌区，密切联系群众，具体领导配水给群众浇好田地。但今年却意外的发生县级科长领导群众制造纠纷及群众暴动和个别干部作风极为恶劣的现象。新疆省莎车县建设科长率领群众去别什干渠上游扒水拆坝，毁坏水磨，与泽普县建设科长，双方打架，打伤了两人。于阗六乡农民阿不都克的合日提等十人，竟将六乡乡长，水利委员、农会主任三人挖坑活埋，幸遇救未死。甘肃黄羊渠管理处曾订有未经上报的用水公约，其中有一条是"偷水者戴高帽子游街"，致使斗段长私自吊打群众。和给群众涂画猪脸，翻穿皮袄，敲着锣游街。这些人员，或已给予适当处分，或已送法院处办，这□□□□□事件和极为恶劣的工作作风，不特给农田灌溉工作带来了损失，而且给群众造成极不良的政治影响，是我们应该严厉禁止，坚决改正的。

三、一九五四年的工作方向

一九五四年的工作方向，应本着中央水利部指示的精神进行。必须认真改善现有灌溉渠系的领导，特别要克服不深入群众、不深入研究、不进行具体指导的官僚主义的领导与无人负责的现象。灌区内的灌水浇地问题，一定要专人分段负责，具体指导，总结群众的灌溉经验，进行灌溉试验，并逐步实行与作物和土壤需要相适应的配水计划，努力做到合理用水和防止土壤碱化，以打下科学的灌溉经验，灌区群众所交的水利费，只能用于本灌区的岁修、养护及管理人员的开支，故须根据当地群众经济力量，按最低比例征收。关于水车水井塘坝及群众过自己兴修的水渠渠道的灌溉问题，应提倡组织起来，帮助群众成立管理用水的组织，以期合理用水，发挥潜在能力，但必须根据自愿互助原则，不得强迫。对于国营渠道，为了消除"供给制思想"，并推动工作继续向前发展，在不增加原来群众水费负担的条件下，原则上应逐步实行企业化经营。但由于目前灌溉管理机构不健全，用人多，开支大，浪费多是一般现象，广泛推行企业化，势必增加农民水费的开支，因此目前只能从原有收水费习惯，农民亦认为所收水费不高的国营灌溉事业中，由省水利局选择一、二处，重点试行企业化的经营办法，取得经验，再行推广。切忌急躁冒进，普遍推行，致增加群众负担，影响水利灌溉。根据上述方针，我们对一九五四年的灌溉管理工作任务作如下的布置：

第一，必须将灌溉管理工作，在各省水利工作的领导中放到最重要的地位。应认识到灌溉管理工作，是一项极为复杂，极为繁重，又是科学技术与群众相结合的工作。必须在党政的领导下，配备足够数量并具有相当技术水平的干部，健全组织□构，深入钻研，总结群众经验，进行灌溉试验，才能将地浇好，以期在现有基础上将灌溉技术提高一步，达到逐年增加单位面积产量之目的。

第二，加强对渠道经营管理的积极性，克服"供给制思想"，提高工作效率，首先应做到收支平衡，逐渐走上企业化，并□一步的争取积累资金，改善工程设备，造成继续发展的必要条件。一九五四年为了补贴不能自给渠道的管理用费，仍由国家投□三十三亿余元，其中包括陕北各渠，洛惠渠青海北川渠和新疆和平渠等，这些渠道，有的亦完成了两三年，一九五四年还不□达到自给。希望到一九五五年争取不再由国家补贴。关于国营渠道推行企业化经营的问题，提议先在陕西选择一两处条件具备渠道试办，待取得经验后，再推广到其他省份。各省的水费征收与使用计划，自一九五四年起，必须报大区核备，以便进行督□指导。

第三，灌溉管理工作努力的目标，应将保证农作物适时适量的充足用水，增加单位面积产量，列为首要地位。在水量充足条件下，再向扩大灌溉面积的方向发展。新疆在一九五三年的工作总结中提出，有些耕地因缺水而受旱，因此在生产上就不□召扩大灌溉面积，而着重于浇好现有田地，提高单位面积产量，在灌溉管理上主要的是以保证现有农□的□□□□□□，因而□到产量普遍的提高。甘肃河西像金塔县每人已合到四亩水地，专署提出一九五四年水利工作的任务是保证适时适量的充足用水，不再要求扩大灌溉面积，这都是很对的，值得其他有同样情况的地区参考。在有水，有地又有耕种的地区，大量扩充灌溉面积，特别在西北还是迫切需要的。

第四，渠道整修是目前灌溉管理工作一项非常重要的工作，就国营和民营渠道的具体情况看，应采取不同的方法和步骤分别进行。

甲、国营渠道：应健全斗渠以下的渠道工程，挖淤培堤，整修建筑物，并添置必须的量水设备，达到完全可以控制水量的程度，以适应实行小畦灌和沟灌得要求。整修工程工料费用，以由群众负担为主，必要时可用水费或贷款补助。各省应按照各渠道的具体情况，拟出计划分期实施。

乙、民营渠道：在专署的统一领导下，以县为单位，通过群众研究讨论，拟定各渠道的整修计划，在县人民政府的直接领导下，以渠为单位，发动受益群众，分期实施。工程原则，应以利用当地材料为主，总结群众式工程经验，在现有的基础上，加以改进。各地均可根据当地条件，提出适当的办法进行。如果需要永久式的工程，在群众自愿与可能的原则下，亦可举办。应当重视有计划地领导各渠岁修工程，与整修计划配合进行。以上这些措施，应符合渠道的整体规划，避免以后翻工，造成浪费。

第五，必须做好灌水工作，才能保证农产丰收。一九五四年各地区应尽力推广冬灌和早春灌工作，同时应做好夏灌配水计划和一切准备工作，防止因天旱水小，而使灌溉受到影响，在灌溉方法的改进上：

甲、在国营渠道方面：必须本着经济用水原则，制出详确的用水计划，有计划有步骤的进行，改大畦为小畦，重点地推行沟灌，有些作物要实行排种，进一步结合灌溉试验结果，制出更精密地按各种作物需灌次数、时间及需水量的灌溉规格，以求适时适量用水，增加产量。设立测量渠首进水量测站，研究渠道渗漏损失等问题。

乙、在民营渠道方面：将大畦漫灌、串地灌水及在渠身乱开口门的办法，逐步改为小畦灌、统一掌握集中轮灌等，防止乱放乱退，以期走向经济用水的道路。

第六、灌溉试验：在今年的基础上继续进行，各试验站所，必须结合当地主要农作物及具体情况，进行试验，绝不应脱离实际为试验而试验，除进行作物需水量试验和用水试验外，有许多地区并应进行地下水测验，观察地下水升降情形，并研究农田起碱原因，各站所并应充实设备和干部力量，以求很好地得出结论，供给灌溉面积的需要。

这次会议，在西北说来，还是首次，中央水利部和大区都极为重视，各省亦都殷切盼望，通过这次会议，制出今后的工作方法和步骤，而这一文件所提出的总结和今后的方向，又以限于资料，极不全面，各地可能还有生动的具体事例和很好的改进意见，希望各位代表尽量提出交付讨论，以期把我们这次会议开好，把我们的灌溉管理工作，大大地向前进一步。

西北区灌溉管理工作会议总结

一、会议的情况

我们的灌溉工作会议，自十一月九日起，至十六日止，已经胜利的结束了，会议的内容很丰富，收获很大。

这次会议，有中央水利部及西北区级各有关部门和农业技术研究等机关学校代表参加，在大会讨论会上，作了讲话和发言，指示出灌溉管理工作的方向，并解答了许多问题。

参加会议的还有陕西省渭南、宝鸡两专区代表，甘肃省平凉、庆阳、天水、定西、临夏、武威、酒泉各专区及西海固自治区代表，在会议中，报告了各地灌溉管理情况和数年工作进行经过；各民营渠道负责人和基层行水人员，在讨论会上，提出了不少的经验事例，更丰富了会议内容。

灌溉管理工作，只是在解放后才开始被重视，这几年大家在摸索的过程中，积累了许多经验，也遇到不少的困难。在各项工作中，得到了许多成绩和好的方法，有的是可以肯定，有的还存在着许多疑问；在领导以至干部的思想上，对灌溉管理工作的重要性的认识，有的还很不明显，所以亟需有这样一个会议，集思广益，讨论研究，交流经验。

在这次会议上，分别作了陕西冬春灌溉总结、宁夏的春修工程总结、洛惠渠的科学配水、甘肃民营渠道的管理整修、灌溉试验及泾惠渠试验站及泾惠、斗口二农场，通过许多实际事例，把各地在推行先进的灌溉方法、渠道整修、加强管理等方面，获致的成效，摆在大家面前，使大家认识到灌溉事业，是应该如何讲求技术，如何珍惜水量，而使有限的水源，发挥其最大效能；如何使其不致浇坏土地；怎样能使其增加单位面积产量，和怎样能更节省费用而为国家积累财富，使大家又一次纠正了过去不重视灌溉管理工作的思想，明确了努力的方向。

二、会议的主要内容

在会议中，把许多问题归纳为组织领导和灌溉技术二大类，展开讨论。

关于组织领导方面：

一致认识要做好灌溉管理工作，首先要有坚强有力的领导和健全的组织，各地举出了不少事例，说明了这一问题，又认为灌溉事业，将是水利重点区专县今后领导农村生产的主要环节，必须加强领导，讲求灌溉技术，发掘水与地的潜在力量，始能在农村生产中发挥作用。

在会议中讨论和各地经验证明，一个河系的开发利用，一个渠系的管理经营，一定要与流域性规划结合起来一定要服从整体化，因之，应先建立统一的领导关系，将所有河系和较大的渠系，建成统一的局面，以免分散主义和本位主义的发生，而影响上下游和将来的整体规划。组织领导，又一定要与行政区划结合起来。领导关系：凡一渠道，灌溉范围属于一乡的，即归乡领导，属于一区的，归区领导；属于一县的，归县领导；跨两县以上的，归专区领导；跨两专区以上的，归省直接领导，这样则水利管理，显然成为各级行政许多重要业务部门之一、自然会很好的运用力量，把灌溉事业办好。

本此原则，目前：

（一）领导关系

甲、国营渠道，应按由省水利局统一领导，分级负责的原则，分级规划各级政府负责领导，条件成熟的即可进行移交，如果其中因为技术性较复杂，估计归地方领导后，目前还有困难的；或因贷款包袱很重，地方不愿接收的个别渠道，则仍可暂时由省领导，又省局准备作重点领导的渠道，亦可不交。至于归省直接领导的渠道，其干部配备、行政经费支付、财务收支、重要工程计划的批审等，归省统一办理；而发动群众搞好生产，水费征收和渠道养护等，则仍由当地政府领导。须认识到领导生产已成为专县领导农村工作压倒一切的任务，而灌溉事业又为农业生产的主要保障，是群众性的工作，如果脱离当地政府领导，则绝对不可能办好；而主观的估计"交下去后，恐怕办不好"的思想，是极端错误，是没有根据的。

乙、民营渠道，一律按照上述原则，归各级行政直接领导，在技术方面，将来各专署均可能配备相当数量的水利技术人员。目前配备各地的水利工作队，可在专区领导下进行各渠整修的计划，较大渠道的改善工程或灌溉技术的改进，省水利局应派专人前往帮助。至于管理渠道的基层干部，可采取当地训练办法，招收农村青年知识分子和抽调行水人员中德积极分子，施行短期训练，提高其政治觉悟，并灌输技术常识，各专县所需的高中级技术人员，现在即应作出计划，由上级作训练调配的准备。

（二）管理机构

甲、在国营渠道方面，仍维持原有的管理局、处、所，为业务执行机关，另结合行政、农业、群众（包括灌区内热心水利的民主人士、劳模和基层行水人员）组织灌溉委员会，以当地行政首长为主任委员，为领导权力机关，审议重要计划措施和初步审定财政收支计划等。如跨两县以上的渠道，由专员或指定一重要县长为主任委员，其他县长为副主任委员，跨两专区以上的渠道，省府可指定主要专区的专员为主要委员，其余专区和管理局、处、所长为副主任委员，各县长为委员。

乙、在民营渠道方面，较大的河系或渠道，可组织水利管理委员会，以当地行政首长或指派专职人员为主任委员，全权负责，以灌区内最高一级的行政首长、农业机关场所负责人、热心水利的民主人士、农业水利劳模和有经验的基层行水人员为委员，具体领导灌溉事业的推进，委员会内可设办公室，设专职干部负责日常事务的推动。其所属县、区、乡或各单位渠道，应各设分会，负责推动一切灌溉事务。其在一县境内，如有许多的小型渠道，不属一个河流系统，或上下游并无关联者，则可各自组织，归县统一领导。亦可不设专管机构，即由防旱办公室直接领导。

（三）整修渠道

渠道的整修，是我们一九五四年工作中的一项重要任务，应采取不同的方法和步骤分别进行。国营渠道，应健全斗渠以下的渠道工作，以适应提高灌溉技术的要求。民营渠道的整修，应列为各专县领导水利事业的重点，数年来各地的实际范例，已证明只要能做好示范工作，只要善于发动权重，此项工作即可顺利推进。像我们在开会报告中所一再提出的甘肃河西一带的实际事例，应用当地材料，采取科学办法，渠道修好后，水的利用率就会提高，群众浇好了地面且多浇了地，工料费并不高，每年还节省了不止一倍的养护费用，群众领会了修正渠道的好处，相信了技术，于是纷纷要求水利工作组代为测量设计，定出计划，很诚恳的表示："只要给我们测量出简单的图样，把线定好，你们就不要管了"，工、料、款，都由群众自己负责，因为这都是群众生产所必需的工程，他们都非常踊跃，这就具备了整修渠道的良好条件，各地应仿照办理。首先应由水利局派技术人员或水利工作队详为查勘测量，作出计划，工程原则，如我们在一九五四年的工作方向内所提出的："应以利用当地材料为主，总结群众行之有效的工程经验，在现有的基础上，加以改进。"如此，则工科可不成问题，需款时，应根据群众经济力量，酌量征收水费，如群众力量一期不能负担，可酌用小型水利贷款。摊筹水费或使用贷款时，必须通过水利管理委员会或由所属高一级的行政机关批准。

国营渠道的水费征收，必须本着重要水部指示的精神"按照本灌区岁修、养护及管理费的需要，根据群众经济力量，按最低比例征收"应由省统一制订计划和征收标准，在开支方面，应本增产节约原则，尽量节缩，实行经济核算，逐步的走向企业经营。

关于灌溉技术方面：

（一）冬春灌问题

甲、麦田冬灌：其好处为（1）保墒保苗：麦田经过冬灌后，做好耙糖保墒工作，可以储蓄大量水分，供给春季春麦下种和冬麦发育的需用。（2）疏松土壤：麦田经过冬灌，通过冻消作用，提让疏松，有利于系发育和缓冲□□剧烈变化□□□分解肥料。（3）减轻虫害：可以杀死一部分表土层虫卵和蛹虫。（4）洗碱和保护表土作用：泛碱土地，经过冬灌，可以□表土层……①

中央水利部灌溉总局萧秉钧副局长讲话

丁局长要我讲话，我是不会说话的，且因第一次到这里来，情况不够了解，关于中央对农田水利工作方针政策，丁局长报告里均讲过了，我没有重复之必要，只不过是根据我个人所感到的一点和大家谈谈。

这次在西北召开这样的灌溉管理会议，在灌溉管理工作上来说，还是第一次。这不仅是说明了灌溉管理工作在西北已成了迫切的重大问题，当前水利工作中很重要之一环，同时也说明了这里党政负责同志对这一工作的重视。

西北四年来，不仅是普遍的整修了所有的原有渠道，进行了许多渠道防漏防冲防洪排水等工作，修建了许多新的大小型灌渠，发展了水车水井工作，扩大灌溉面积八百余万亩。使西北灌溉面积达到了三千四百余万亩，每一口人合到了一亩多水浇地。这在西北这个干旱少雨地区说来，是具有着非常重大的意义和作用的。

同时在民主管理上也作了很大的改进和提高，不仅是结合着土改，已基本上完成了渠道管理的民主改革，建立了属于人民的灌溉管理机构，而在用水配水之管理上、水费之征收上，也进行了必要的改善，已开始向着合理的科学方面发展。由于大区省负责同志对水利灌溉工作之重视，扭转了过去只管浇水，不管增产的现象，致今年各省均已达到或超过了所计划的灌溉任务，普遍得到了丰产。在提倡冬灌上，已初步的取得了一些经验和成绩，这次到泾惠渠发现了老乡们已认识了冬灌的好处，目前西北的灌溉试验工作，有些地区也已建立，进行作物需水量试验，都说明了这里对灌溉管理的重视。

自今年三月间，全国农田水利会议后，各地克服了农田水利工作中之不从实际出发，贪多冒进脱离群众的官僚主义，批判了在灌溉工程上不注意工程效益，忽视用水管理，使工程与增产的目的脱节；不顾客观条件与主观力量，不注意收集基本资料，粗枝大叶，不按基建程序，冒然动工，盲目冒进的倾向，纠正了过去忽视灌溉管理工作与用水不当而影响到土壤破坏、作物减产的错误。明确了农田水利工作的群众性与地方性。今后的灌溉工程应着重于群众性的小型水利。整顿现有水利设施，加强灌溉管理，发掘潜在力量，扩大灌溉面积，增加生产。至

---

① 编者按：原文献此处残缺数页。

于新办的较大的水利灌溉工程，应采取慎重态度，充分准备，稳步前进，择要举办的方针。半年多以来，全国各地的农田水利工作较过去提高了一步。灌溉管理工作已普遍引起了重视，在灌溉管理机构之建立上、灌溉的试验上、灌溉制度之建立与用水管理上，都已开始有了各种不同程度的改革与建立。原对灌溉管理不够重视的地区，有的已把灌溉管理工作提到了重要的地位，原无专门灌溉管理机构的，如西南、广西等地区，也均设立灌溉管理机构。目前全国进行灌溉试验的，已有三十余处之多，不少地区已发觉了大水漫灌对作物土壤的危害，而提高警惕。对于土壤分析、地下水观测、渠道排水、浅浇施肥、农作技术配合、土壤改良，已开始了注意，说明了灌溉管理工作均已较前迈进了一步。□□□□存在着许多的缺点，急待今后去纠正。丁局长所提出来的缺点，不是西北一个地区，而是整个的情形，甚至有的比这里还多还严重，都是应当作为经验教训，来改进我们今后工作的，我不再重述。此外，再就我个人所感觉到的几点，提出来供作参考。

一、灌溉管理是科学的、复杂的、群众性的工作，并不是过去一般所认为的单纯的放水灌地问题，更不是没有技术的单纯事务工作，或是和一般地群众性地行政工作一样。为了要做到作物的适时适量用水，达到改良土壤与增加产量的目的，就必须进行试验研究供作，对于不同土壤中，各种作物适宜水的需水量，必须试验。另外对灌区地下水观测、渠道水文记载分析研究工作，和气象雨量之观察等，都必须根据情况周密进行。根据这些资料才能作出适合当地土壤作物之灌溉定额来，作为我们用水配水的依据。同时必须在结合群众吸收劳模丰产经验下，按着目前渠道之具体情况，作出具体的用水计划，向群众宣传解释，组织起来，为了合理用水，争取丰产，反对大水漫灌而斗争！

二、灌溉管理必须与行政密切结合，使灌溉管理成为地方行政协同配合，不仅要接受当地政府领导，而且要主动的向当地政府报告工作，使工作成为当地政府领导农业生产工作中的一部分，而相互协同，密切配合，发动群众，组织群众，结合群众需要一致向前。如此才能实现民主管理，发挥作用，消灭用水纠纷。在群众的监督，地方行政指导下，改进灌溉管理工作。只有这样才能使水利计划与灌溉技术在行政协助配合下，顺利的执行，群策群力的为了灌溉增产目的而奋斗。目前还有不少灌区的管理干部，缺乏与当地政府之密切联系配合，形成了单干情况，步调不一，影响工作进行。西北水利局提出要每一灌区必须向当地政府汇报工作，遇有重大事件，随时报告请示，当地政府也必须监督指导，使灌溉管理工作之开展。

三、节约水量，提倡浅浇，适时适量的用水，注意排水工作，克服大水漫灌，消灭跑水事故，才能免除土壤恶化，影响减产。目前过量用水的现象，在全国各地还是很多很严重的，就西北来说，有些地区这种情形也是存在着的。过量用水、大水漫灌，不但未能达到灌溉增产目的，反而招致地下水上升，破坏土壤结构，引起碱化。宁夏有的地方土地甚至已碱化或沼泽化，难以耕种，可为殷鉴。所以我们必须接受大水漫灌招致成灾的惨痛教训，提倡勤浇浅灌，平整土地，改大畦为小畦，重点的推行沟灌，根据作物需要，适时适量用水，才能改良土壤达到增产目的。同时也必须加强渠道岁修养护，宣传群众组织群众，保证安全行水。在尚无排水系统与泄水设备的灌区，也须注意排水工作，因水无处排，也会更加助长了沼泽化、盐碱化的危险。

　　四、根据当地具体情况，使科学技术与群众结合，才能把先进经验运用于工作的实践。灌溉管理为了达到增产目的，是必须要重视科学技术，吸收先进经验的，尤其是苏联的先进科学经验，更必须很好的学习，但如何才能使先进经验运用于当前的实际工作中，则是很大的问题。我们必须深刻钻研体会先进科学经验的本质和精神，更必须根据目前当地具体情况，有计划□□□的实施，帮助群众克服困难，发动自觉自愿的去作，才能在自动性创造性的发挥下，使这种先进科学经验方法得到广大群众普遍的欢迎，普遍的推广，胜利完成工作任务，否则会有相反之结果。如沟灌本是科学的、先进的灌溉方法，但在群众尚未了解，土地尚未平整，实际困难未得解决的情况下，若冒然命令执行，则必脱离实际，不能为群众所接受。所以在施行前，必须做一系列的工作，准备好实行的条件，才能办到。如这次看到的沟灌，有的实际上仍是大水漫灌，不但使群众没有得到沟灌的好处，反招致了不必要的麻烦，当然群众是不会接受的。但在泾惠渠所召开的座谈会上，平整土地精耕细作，得到沟灌丰产的劳模，则盛赞沟灌的好处，即可证明并不是沟灌不好，是没有做好沟灌之准备和条件，没有典型示范交流经验，使群众了解沟灌的好处，没有很好的解决实际存在的困难，使沟灌技术结合群众，并为群众所掌握的缘故。因此我们必须根据当时当地的具体情况，使科学技术与群众需要相结合，才能发挥先进经验之作用，达到增产之目的，把伟大的人民水利灌溉工作搞得更好！

当代重要水利文献选编

本类文献提要

从 20 世纪 50 年代后期开始，各级水利管理机构在讨赖河流域陆续建立，水利工作的基本任务、方法与机制也逐步完善和确立，并一直延续至今。自 20 世纪 60 年代初开始特别是改革开放以后，各级水利部门档案的收集管理制度日益严密，积累的档案数量巨大，因此不可能也不必要如历史时期的水利文献那样予以竭泽而渔式的搜集整理。然而当代毕竟是历史的延续，且在过去的 50 多年中，流域水利工作取得了长足的进展，新工程不断建成、新制度不断创立，有力地保障了农业生产的迅速发展，并支持了地方城市化与工业化进程的快速推进。因此，编者有必要在当代水利文献中选取少量有代表性的文件，以反映当代水利工作的主要任务、基本特点及核心规范。在流域各级水利部门的大力支持与指导下，编者分 6 类对当代水利文献进行了选录。

第一类文献为水利机构设置与基本管理制度档案，旨在反映近 50 年流域各级水利机构的设置沿革及其职权变化，以及水利管理的基本制度的演进。

第二类文献为流域分水制度档案。1947 年鸳鸯池水库建成后，流域性的水利纠纷大为缓和，但能够从根本上解决问题的流域分水制度并没有建立起来。从 20 世纪 50 年代开始，流域委员会制度开始在本流域建立，负责流域内的全面分水制度的制定与调整。本部分文献以流域委员会历次会议记录为主体，以反映流域分水制度的形成机制与变化过程。

第三类文献为灌区事务类档案。这类档案是各类灌区事务流域水利工作的基础，编者选取了涉及基层水管所运行制度、干渠配水计划、水利义务劳动管理，以及水利纠纷调节的各类文献，基本覆盖了流域内主要山水、泉水灌区的大致情况。

第四类文献为水费水价类档案。向政府支付相应费用以获取水资源使用权，是中华人民共和国成立后本流域水利事务与此前各时期水利事务的根本区别。本部分文献旨在反映水费制度演变的大致面貌，以及用水价格的演变趋势。

第五类文献为河道管理类档案，包括防洪、河道综合治理，以及取水许可、挖沙管理等事项的文件。

第六类文献为重要工程管理类档案，主要指鸳鸯池水库与讨赖河中游渠首（一般直接称为渠首）管理体制等方面的相关档案。

当代水利文献选编主要取材于甘肃省水利厅讨赖河流域水资源管理局，以及嘉峪关市水务局、酒泉市水务局、肃州区水务局与金塔县水务局收藏的各类公文，直接注明其文件号；无文件号的，注明收藏单位。当代重要水利文献的选编与整理工作，由甘肃省水利厅讨赖河流域水资源管理局各位同仁完成。

基本管理制度与水利机构设置

酒泉县水利建设十年成绩

讨管局藏档案

解放十年来，在水利建设方面，解放后除改进了旧的水规制度，加强群众性的灌溉管理，坚决进行了水利建设的治本工程，贯彻了水利工程中的"以兴修为主，小型为主，社办为主"，三主方针和民办公助、中小结合的原则，特别时是农业互助合作化的大发展，给水利建设奠定了良好的组织基础与物质基础。全市人民发挥了无穷的智慧，以无比的英雄气概，开山辟岭，开发水源，修渠建库，打井掏泉，大力进行农田水利基本建设，为水而战，向水要粮，因而为酒泉水利建设史上写了光辉的一页。十年来，全民兴修水利用工 1199 万个，共完成土石方工程 1799.8 万方，兴修干、支渠道 2041 条，整修 13 362 条，全长 1092 公里，各种水利建筑物 6107 座，兴修小型水库 38 座，总蓄水量达 3300 万立方公尺，并大力进行了打井掏泉、排灌，普遍整修原有渠道，建成了密布的灌溉网，同时改进了灌溉技术，大地改小块，取消串灌地，平整地块，大大提高了水的利用率，其收益共扩大面积 40 余万亩，基本上摆脱了干旱威胁，改变了十种九丢的面貌，并且基本控制了洪水期最大的流量，十年九旱的洪水地区即将变为年年细水长流。

关于酒泉专区一九六二年灌溉用水规章（草案）的通知

［61］酒署张字第 068 号

各市（县）水利局、自治县、疏勒河水管处：

酒泉专区一九六二年灌溉用水规章（草案）是根据历年来形成的制度，本着上下兼顾，共同发展的精神，并召集有关市县负责同志商讨，一致同意制定的，兹印发各地遵照执行。执行中有什么意见请及时报告专属。但在未做正式变更前仍应遵照执行。

酒泉专员公署水利局

一九六一年十一月二十五日

附：

酒泉专区一九六二年灌溉用水规章（草案）

甲、讨赖河系均水规定

1. 讨赖河四月二十日上午十二时前酒泉利用春水，四月二十日上午十二时至五月五日上午十二时酒泉各渠闭口退给金塔十五天。清水河、临水河四月一日上午十二时至四月十五日上午十二时酒泉各渠开口利用春水。四月十五日上午十二时至五月五日上午十二时酒泉各渠闭口退给金塔二十天。

2. 讨赖、清水、临水河五月五日上午十二时开口浇夏禾。六月十二日上午十二时起至六月二十日上午十二时止，酒泉讨赖河、清水、临水及水磨沟各渠闭口八天，全部水量由金塔浇夏田。

3. 讨赖、清水、临水及水磨沟各渠于七月二十一日上午十二时至七月三十一日上午十二时全部闭口十天放水给金塔浇秋田。

在每次放水期满，讨赖河渠首以下各渠迟闭口六小时。

4. 处暑以后酒泉除浇搓子池地及场面外，应把全部余水放给金塔。

5. 讨赖、清水、临水及水磨沟各渠于十月二十五日上午十二时至十一月五日上午十二时全部闭实，把水放给金塔泡地。十一月十一日上午十二时以后再将全部冬水退给金塔泡地。

乙、疏勒河系均水规定

1. 昌马河渠系已建成通水，原玉门、安西"四六分水制"取消。昌马河灌区所有两市县和所属农场的耕地用水，由疏勒河管理处按新的渠系及面积制定全年配水计划，负责配水。为了保证安西用水，昌马河西干渠成立灌溉委员会，并由管理处、安西、玉门各派干部一人，在灌溉期间负责检查，执行配水计划，上游不得截引。

2. 安西十三道口岸泉水，仍按原规定执行，玉门和其他单位不得占用。

3. 蘑菇滩农场用水，渠道未修通前，由灰槽子泉水配给 0.2—0.3 秒立方米，以后农场发展应由昌马河西干渠引水灌溉。

4. 城河泉水在昌马河总干渠渡槽以南由玉门引浇，渡槽以北除黄花营子按原口引水外，其余全部放给安西灌溉。饮马农场引用疏勒河泉水，最大不得超过 0.8 秒立方米，但必须由疏勒河管理处，召集安西、玉门等有关单位共同研究协商，按协议执行。

5. 肃北党城湾耕地用水，在灌溉季节，正常引党河水量 0.5 秒立方米，最大不能超过 0.7 秒立方米，非灌溉季节和农田不需灌溉时，除人畜饮水外，其余水量全部从渠口退入党河，由敦煌灌溉。

6. 石包城引榆林河的水浇地，不得超过 1000 亩，以免影响下游灌溉，并要积极开渠挖泉，按灌溉面积负担岁养护工料。加强对泉源的保护，防止牲畜践踏，破坏泉源。

各大河系流域均水期间，河系管理处和上下游有关单位的负责干部，要组织均水检查组，对有关用水单位均水制度的执行情况，进行监督检查，使其按时开放和闭口，中游非均水渠口要安闸固定断面设立水尺，观测进水流量，不得多引。下游要严格掌握水量，计划用水，扣好尾水，及早通知上游准时开口，上游不得乱截乱引或借故推延放水时间，同时闭口要严看，不能留漏水，否则按违犯水规论处。均水期上游自动闭口。

本着上游照顾下游的原则，各灌区上下游之间，公社与公社之间，队与队之间，公社与农场之间，集体与自留地之间的用水，必须实行统一配水，上下兼顾，一视同仁，对下游农场不得以输水远、损失大等为借口而减少配水量，但能打井的地区，农场应积极打井灌溉，解决水量不足的矛盾。

各公社、国营农场，要配备专职水利干部，在灌溉和工程正修或岁修期间，必须有一位领导干部分管水利工作，各级水利干部，不得乱拉乱用，随意调换。各级灌溉管理组织和水利干部，一定要认真负责，大公无私，管好水，浇好地，护好渠。灌溉小组必须坚持昼夜灌溉，不得明浇夜退，任意增减水量，并严密交接制度，接水者不到，浇水者不走，如因失职、浪费水量或淹没农田、道路、房屋等造成损失者，要查清责任，严肃处理。

渠系管理处，要深入调查研究，算清水土平衡账，因地制宜，通过群众，编制全年配水计划，交灌区委员会或灌区代表会讨论通过，报市县批准执行。计划批准后水管所再根据全年配水计划，在每轮浇水前分次作出详细灌水计划，下达各用水单位遵照执行（编制计划的社员自留地和机关生产地都要包括在内）。任何单位和个人不得乱指挥、乱开口。水管所在执行中，亦不能随便改变，更不能拿水徇私舞弊。灌区委员会有权监督检查，但水管所可根据水源变化、灌溉进度、存在问题，随时听取群众意见，向领导汇报，召开灌区委员会讨论研究，修改灌水计划。

各机关、学校、工厂、交通等单位生产种地用水，要先向管理单位申请，经批准后，按地配水，一视同仁。各用水单位一定要按规定浇水，不能特殊。在浇水期间，如因组织不严，明浇夜退，决堤倒坝，浪费水量，影响其他单位用水或庄稼受旱减产，应由浇水单位除立即修复冲坏的灌溉设施保证正常输水外，并要追查责任，根据情况轻重，进行处理。

肃南的祁丰、文殊公社和酒泉洪水片各河沿山交接地区的浇水，应按实灌面积（包括社员自留地）配水，并负担岁修养护工料，酒泉各有关河系管理委员会必须吸收所在队的负责人参加研究以上有关灌水和负担问题。

工矿、交通部门用水，须按月作出全年用水计划报有关市县和水利部门审批，要本着以农业为基础的原则，保证工业用水，不能宽打窄用。引水口要严格控制，水利部门有权检查引水量及有关事项，各用水单位不得阻碍或拒绝。如因水源缺乏，工农业用水发生矛盾，各有关用水单位应共同协商研究，达成协议后，双方签订合同，共同遵照执行，不得乱挖乱截。

对各级渠道和建筑物，要实行分级管理，明确责任，如因失职，是工程遭受破坏者，由负责管理单位进行修理。

对模范遵守和执行水规制度、爱惜水量、积极养护渠道和防汛抢险，并与一切浪费水量、破坏水规制度作斗争的单位和个人，要给予适当的奖励和表扬。对偷水、抢水、违犯水规制度、严重浪费水量、破坏工程设施，盗窃工程器材等屡教不改的单位和个人，根据情况轻重，本着教育与处罚相结合的精神，采取批评教育或罚工、罚钱、罚实物等办法及时处理，坚决兑现，以利于灌溉用水制度更巩固的顺利执行。同时各级水管人员要提高警惕，严防五类分子的破坏，如有发现，必须划清责任，送交司法部门处理。

中共中央西北局兰州调查组关于
河西的水利管理工作问题的报告

[62] 经办字第 60 号

经委党委并报西北局书记处：

河西是甘肃粮棉基地，也是国家的工业基地，工农业用水量很大，但降雨量很少，年降雨量在一百五十毫米以下。因此群众说："水是命根子"，"没有水就不能发展农业"。解放后在党的领导下，改善了部分工程，废除了封建水规，实行了民主管理。到一九五七年有效灌溉面积，由解放前三百零一万亩，增加到五百一十七万亩，其中保证面积由二百万亩，增加到三百八十三万亩。平均粮食单产由一百二十斤增加到二百八十斤。一九五八年后新修水库，又增加蓄水库容四点七亿立米，增建卵石衬砌渠道七百五十公里，灌溉能力大大提高，有效灌溉面积达到六百一十五万亩，其中保证灌溉面积达到四百五十二万亩。但由于这几年兴修工程中放松了管理，旧有工程迭遭损坏失修。据统计：全河西较大干支渠二百一十一条，条条皆有不同程度的损坏。淤积量达一百六十五万立米，损坏较大建筑物六千三百三十七座，输水能力由原九百七十二秒立米，减少到六百八十九秒立米。如高台县有大小渠道四十八条，长七百八十五公里，淤积失修六百七十八公里，占百分之八十五；大小建筑物二千八百九十座中，损坏失修严重的三百五十座，占百分之十二；共有二十万立米以上小型水库二十八座，损坏严重的十一座，占百分之四十。致实灌面积反而比前减少。

到一九六一年，全区只灌了五百一十五万亩，其中保证灌好的只有二百七十四万亩，加上劳力、畜力乏弱及肥力缺乏等原因，平均亩产量又下降到一百余斤。近两年由于管理工作还没有赶上，一面在恢复，一面又有新的损坏。如一九六一年七月，古浪县大靖渠，在一次洪水中就冲毁已成卵石衬砌渠道八段；临泽沙河渠的大沙河防洪堤，去年冲毁三十米，今年又扩大到二千米；张掖盈科渠去年恢复安装的启闭机今年又被损坏；临泽、高台的大小闸门年年都是冬毁春修，每次修复耗木料约二千立米。

水利工程是直接为农业生产服务的，水利工程的好坏，直接影响到农业生产的好坏，水利工程的巩固寿命长短，主要依赖于管理养护。因此，管理养护是水利工作中十分重要的一项工作。没有管理养护，水利设施就会受到破坏，就不能正常的发挥作用，反而每年要耗费许多投资、材料，调用许多劳力，进行恢复整修，才能维持通水灌溉。所以在加强河西水利工程恢复工作的同时，必须首先加强水利管理工作，健全与加强水利管理所（处）的组织，才能使原有的工程巩固下来，已整修的工程不再遭到不应有的破坏。

目前河西水利管理上存在的问题，主要是机构削弱，人员有够固定，报酬偏低和一些制度废弛。据调查：全区一九五七年前有水管机构九十一个，专业管理干部六百四十人，工程养护工人七百三十二人，群众性脱产与半脱产的支斗渠系渠长、斗长、闸长、看水员平均每一千亩一人，并且各灌区都有民主管理组织的水利委员会。专业管理职工工资，全由水费开支，平均每人每年收入三百五十元，水利委员及群众基层管理人员报酬，直接由受益区补助，每人年获粮食二百到四百斤。一九五八年后随着撤区并乡及农业生产逐渐下降，水费收不上来，专业管理机构纳入了国家编制，管理人员大量裁撤，保存下来的工作也不固定，口粮按机关干部供应，不能适应查工巡渠等轻体力劳动的要求，思想教育没有赶上，工作不安心。到一九六〇年机构减少到六十六个，人员减为四百一十六人。去年机构虽恢复到八十个，人员五百三十九人，今年又精减为七十七个，四百五十七人，平均人均负担的水地管理面积由三千八百亩，增加到一万三千五百亩。敦煌县平均负担一万六千亩；古浪县负担二万亩；武威县负担二万二千亩；金塔县负担四万八千亩。民主管理的水利委员会及群众基层管理人员全部被撤销或由社队干部兼任。今年虽有恢复，群众性管理人员有四百二十六人，但由于报酬问题没有解决，也流于形式。因而有些地区的管理工作，几乎处于停滞状态。

根据以上情况，对今后加强组织管理，恢复和建立、健全制度，提出如下建议请考虑：

一、建立与健全管理制度，加强管理人员

水利管理人员是农业第一线的生产人员，与行政管理人员不同，每增加一名管理人员管好用水，就有可能使粮食增产。按照河西灌区引水渠长，大型建筑物多，有些地区荒僻，土地分散的特点及过去的经验，平均每四千亩有一名管理职工和每二百亩有一名群众性基层管理人员，再结合社队不脱产水利人员，才能真正使水利设施管好用好，这样就需要专业职工一千五百四十人及群众基层管理人员三千零七十五人。解决的具体意见：

1. 充实管理人员，总计在现有职工四百五十七人的基础上再增加编制名额一千零八十三人。按分级管理原则调整组织，个别灌溉面积大，土地分散的地区，还可增设一些机构，职工的工资百分之五十由国家开支，百分之五十在水费收入中开支，并适当提高工资标准及改变口粮为轻体力劳动标准供应。据计算全部年工资总额为五十万元，补助口粮总额为四十三万斤。如果能照顾到河西的困难，和水利管理秩序方面还存在很多问题，目前还不能把按规定征收的水费全部征收起来的情况下，暂时把工资和口粮全由国家补贴开支，待两三年后随着农业生产的恢复，能按规定全部征收水费后，管理职工的开支实行自足，不再由国家补贴。

2. 恢复与健全灌区民主管理组织，如水利委员会，或水利代表会，所有这些人员在执行水利任务时由受益社队对误工部分照常评工记分。

3. 恢复群众性的基层管理的渠长、斗长、闸长等专业管理人员，对这些人员的口粮和工资补贴如何搞，可请甘肃水利厅作进一步研究提出意见。

二、恢复与建立水规制度

1. 调整用水关系，目前用水纠纷很多，牵涉到专区之间，县与县之间，社与社之间，有的已经影响到群众关系和合理分配用水的问题，因而直接影响到农业生产，除解决思想认识方面的问题外，经过调整后规定大家遵行的一些制度共同遵循。

2. 集体地与自留地的用水关系，有的地方提出"先自留地""后集体地"，因而自留地灌水很好，集体地灌不上。为了浇自留地群众到处开口，浪费水量很大。因之建议，对机关农场、国营农场、集体地、自留地的配水问题应以一视同仁的原则作一次研究，规定配水办法。

3. 水费负担制度应该坚持，这是个政策和方向问题，在一九五八年以前曾经收到过二百三十万元到二百五十万元，去年共收了三十九万元，今年根本未收。在河西目前困难的情况下可以根据实际情况有些减收或免收，但不应减免的应坚决收回。建议对自留地和各机关单位所办的农场等用水一律收水费。

三、加强水管人员的组织生活和政治思想教育，认真组织他们进行学习，以解决目前存在着的不安心工作的现象。

总之我们认为，对河西的水利管理工作需要给以大力的整顿。

西北局经计委兰州调查组刘昌汉、石林

一九六二年八月二十八日

中共中央西北局兰州调查组关于甘肃省河西地区重点水利工程整修计划和如何加强水利管理工作的报告

［62］经办字第 36 号

甘肃省河西地区的农田水利，占全省很重要的地位。全区已建成主要渠道 211 条，建筑物 2180 座，水库的蓄水容量在 3 亿立米以上。现共有水地面积 730 万亩，占全省水地面积 1050 万亩的 70%，其中，有效灌溉面积 616 万亩，占全省有效面积 850 万亩的 72%，保证灌溉面积 452 万亩，占全省 620 万亩的 73%。

水利工作，总的情况是向好的方面发展着，如总结了几年来的经验教训，提高了对水利工作的认识；对渠道，以清淤为主，进行了整修，并大抓岁修，使部分工程得到了改善；在有条件的地方，打井挖泉，扩大了水源；制订了水规纪律，初步调整了水利管理机构，改进排水办法，将水权集中在水利部门，改变了过去"水跟书记走"的局面。

去冬以来共计灌地 676 万亩（包括冬灌小麦越冬水、返青水、泡地等），比一九六一年的 575 万亩，增加了 13.4%（尚不包括社员自留地和机关、企业农场所灌的土地）。夏灌：一次水完成应灌面积的 89.8%，有的灌了三四次水，还有少量土地灌过五六次水，自留地灌的更多。秋灌：一次水完成应灌面积的 93.6%，有些灌了二次水或三次水。但是问题还不少。主要是：

第一，由于过去没有认真贯彻执行中央"修、管、用"相结合的水利方针，在实际工作中，重大轻小，喜新弃旧，忽视管理，放松维护，许多水利工程遭到了严重损坏。据调查，211 条主要渠道，每条都有程度不同的损坏，2180 座建筑物，损坏了 720 座，占 33%，主要是渠道闸坝、分水闸、陡坡等损坏较为严重。如昌马河渠道干支渠有 290 个陡坡，严重损坏的有 166 个，损坏程度达 50% 的有 91 个，输水能力由 40 秒公方减少到 8 秒公方。近两年来由于管理工作没有赶上，一面在恢复，一面又有新的破坏。如古浪县大靖渠，在一九六一年一次洪水中就冲毁已成卵石衬砌渠道八段；临泽沙河渠的大沙河防洪堤，去年冲毁 30 米，今年又扩大到 2000 米。

第二，管理机构削弱，人员不固定，报酬偏低和一些制度废弛。据调查，全区一九五七年前有水管机构 91 个，专业管理干部 640 人，工程养护工人 732 人，群众性脱产半脱产的人员平均每千亩 1 人，并且各灌区都有民主管理的组织——水利委员会。专业管理职工工资，全由水费开支，平均每人每年收入 350 元，水利委员及群众基层管理人员报酬，直接由受益区补助，每人年获粮食 200 到 400 斤。一九五八年后随着撤区、并乡及农业生产逐渐下降，水费收不上来，专业管理机构纳入了国家编制，管理人员大量裁撤，保存下来的工作也不固定，口粮按机关干部供应，不能适应查工巡渠等轻体力劳动的要求，思想教育工作没有赶上，工作不安心。到一九六〇年机构减少到 66 个，人员减为 416 人。去年机构虽恢复到 80 个，人员 539 人，今年又精减为 77 个，457 人，平均每人负担的水地管理面积由 3800 亩，增加到 13 500 亩。敦煌县平均负担 16 000 亩；古浪县负担 20 000 亩；武威县负担 22 000 亩；金塔县负担 48 000 亩。民主管理的水利委员会及群众基层管理人员全都被撤销或由社队干部兼任。今年虽有恢复，群众性管理人员有 426 人，但由于报酬问题没有解决，也流于形式。因而有些地区的管理工作，几乎处于停滞状态。

第三，由于近年来开荒、护种使上下游配水关系紧张。河西地区，因为天旱少雨，农民主要依靠引水灌溉。为了保证每条河系下游灌地用水，一般的靠近水源地区是禁止开荒的，近几年来，扩大耕地面积，不但群众开荒、破坏林木、草原，国营农场、劳改农场和机关农场也大量开荒，据不完全统计，60 个农场一九六二年实播面积即达 26 万多亩，而且多在河流上游，在用水时间和数量上与群众争执很多。加之很多地区不根据自然条件和水源情况，也不了解群众多年的种植经验，扩大夏田比例（高达 75% 左右），形成尖锐的用水矛盾。

根据上述情况和问题，为了加快河西地区农业生产的恢复和发展，在农田水利工作方面，必须做好以下工作：

一、加速水利工程的整修

根据河西地区水利工程严重失修损坏的情况，经省水利厅会同当地水利部门，经过勘测之后初步计算，要全部完成整修工程，需作土石方 600 余万立米，需 700 余万劳动工日，水泥 1 万吨，木材 4000 余立方、钢材 1000 余吨，投资在 2000 万元以上。工作量相当大，全部恢复需要三年左右的时间，个别严重的地区，还可能长一些。在河西当前劳力弱、粮食困难的情况下，必须分别主次、缓急、见效快的分期分批的进行。

今年八月间确定秋冬重点整修 50 项（土石方工程量 46.7 万立方），投资 250 万元，口粮补助 100 万斤。共需劳动工日 87.1 万个，木材 610 方，水泥 2043 吨，钢材 47 吨，启闭器 74 个。

这次安排秋冬重点整修的水利工程项目，具体是从上而下，又从下而上，经过调查研究，反复讨论后定案的，并在张掖召集了有各专区地委书记或专员和县委书记或县长，以及主管水利的局长等参加的会议做了布置。因之比较扎实，对具体问题的安排也比较周到、细致。

为了如期如质如量的完成这一批重点整修工程项目，在组织施工的过程中还应该注意以下几个问题。

1. 立即做好施工前的准备工作。由于时间短，工作量大，要求各专、县立即做好各项准备工作，其中包括对劳动力的调遣，材料的清理、运送，勘查设计的审核、补充修改，领导骨干和技术力量的配备等；

2. 加强施工领导。省水利厅应有一位厅长负责河西工程；各专、县应当指定负责同志抓整修工作，从始到终的管起来，检查进度，质量，解决具体问题；专、县水利部门，具体组织工程的进行，并加强现场的技术指导工作；

3. 对劳动力的抽调比例，既要考虑工程的需要，又要不影响秋翻、秋灌、秋收等农活，要全面照顾，切实注意施工中的人身安全；劳动力要基本固定，不要经常更换；妥善安排民工生活，应有专人负责民工的食、宿、喝水等问题，并且要注意做好民工的政治思想工作；

4. 国家补助的钱、粮，一定要发给本人，任何人不得克扣；可以实行定额包工，超额奖励的办法，争取缩短工期；

5. 对抽调非受益区的劳动力（这次安排的整修工程中，只有临泽一处需调非受益区劳力），必须根据等价交换的原则，给予比受益区的民工较多的报酬；

6. 贯彻专款、专料、专用的原则，并严格执行请示报告制度，专区范围内的项目，允许有少量的内部调整；

7. 施工中必须按技术规程办事；加强技术指导，保证施工质量。

二、加强管理、建立健全管理制度，充实管理人员

兴修水利固然重要，养护、管理、计划用水更加重要，修而不管，等于不修。今后在整修水利工程的同时，必须加强水的分配和使用（特别是遇到天旱、水少），加强养护管理工作。

（一）大抓农田灌溉：

河西今年夏收遭灾，粮食严重减产，秋泡地完成的很差，翻地比去年减少，旱象仍然严重。这种情况的持续，对今年和明年的农业生产极为不利，不仅直接影响今年秋灌和冬麦播种，而且也严重威胁明年的春灌和播种。为此必须克服侥幸心理和松劲畏难情绪，纠正"春松、夏紧、秋不管"的思想，保证把现有的水管好、用好（根据天气预报，河西今后二个月，雨量仍然很少，霜冻将提前半个月）。

1. 加强管理，实行计划用水，特别注意上游地区的用水管理，制止偷水、抢水现象。

2. 妥善安排农村的劳力，对秋收、送粮、翻地、灌水、整修工程等，要统筹兼顾。必须节约用水，做到随犁随泡，防止泡后不犁还要重泡的现象。并因地因时制宜，适当掌握泡水定额。

3. 当前首先抢灌秋苗作物，对新开的荒地，没有收成的土地，可以考虑暂时放弃，避免浪费，集中水量尽先确保秋禾。

4. 水源十分缺少的地区，可适当减少冬麦种植面积。

（二）建立与健全管理制度，加强管理人员：

水利管理人员是农业第一线的人员，与行政管理人员不同，增加一名管理人员管好用水，就有可能使粮食增产。按照河西灌区引水渠长、大型建筑物多、有些地区荒僻、土地分散的特点，及过去的经验、平均每 4000 亩有一名管理职工，和每 200 亩有一名群众性基层管理人员，再结合社队不脱产水利人员，才能真正使水利设施管好、用好，这样就需要专业职工 1540 人，及群众基层管理人员 3075 人。解决的具体意见：

1. 充实管理人员，总计在现有职工 457 人的基础上，再增加编制名额 1083 人。按分级管理原则调整组织，个别灌溉面积大，土地分散的地区，还可增设一些机构，职工的工资 50%由国家开支，50%在水费收入中开支，并适当提高工资，口粮改按轻体力劳动标准供应。据计算全部年工资总额为 50 万元，补助口粮总额为 43 万斤。照顾到河西的困难，和水利管理秩序方面还存在很多问题，目前还不能把按规定征收的水费全部征收起来的情况下，暂时把工资和口粮全由国家补贴开支，待两三年后，随着农业生产的恢复，能按规定全部征收水费后，管理职工的开支，实行自足，不再由国家补贴。

2. 恢复与健全灌区民主管理组织，如水利委员会，或水利代表会，所有这些人员，在执行水利任务时，由受益社队对误工部分照常评工记分。

3. 恢复群众性的基层管理的渠长、斗长、闸长等专业管理人员，对这些人员的口粮和工资补贴如何搞，可请甘肃水利厅作进一步研究提出意见。

（三）恢复与建立水规制度：

1. 调整用水关系，目前用水纠纷很多，牵涉到专区之间，县与县之间，社与社之间，有的已经影响到群众关系和合理分配用水的问题，因而直接影响到农业生产，除解决思想认识方面的问题外，经过调整后，应规定一些制度共同遵循。

2. 集体地与自留地的用水关系，有的地方提出"先自留地、后集体地"，因而自留地灌水很好，集体地灌不上。为了浇自留地，群众到处开口，浪费水量很大。建议对机关农场、国营农场、集体地、自留地的配水问题，应以一视同仁的原则作一次研究规定配水办法。

3. 水费负担制度应该坚持，这是个政策和方向的问题，在一九五八年以前，曾经收到过 230 万元，今年根本未收。在河西目前困难的情况下，可以根据实际情况有些减收或免收，但不应减免的应坚决收回。建议对自留地和各机关单位所办的农场等用水一律收水费。

（四）加强水管人员的组织生活和政治思想教育，认真组织他们进行学习，以解决目前存在着的不安心工作的现象。

三、根据水源调整夏秋作物比例

河西历年来的规律是秋水多、夏水少，每年 4—6 月的水量占 20%—25%，7—9 月占 45%—55%，其他各月占 25%—35%。过去，农作物的比例是夏、秋各半，有"夏秋平、不受穷"、"夏秋半、吃饱饭"的说法，近几年来违背了这个规律。如一九五二年至一九五四年夏田比例为 44.5%—48.1%，一九五五年至一九五七年夏田扩大到 68%—72%，一九五八年强调多种细粮和早熟作物，夏田增到 72.9%—74.8%，一九六一年为 71.4%，一九六二年为 72%。据了解，古浪县有一个生产队几乎没有秋田作物。这种状况，必须改变，一定要根据群众习惯和水的自然规律，来安排夏、秋作物的比例关系，特别是在水源不能控制的山水灌区，必须按河水的流量，来考虑农作物的播种面积。机关、企业的农场，也要适应自然规律，不能蛮干。

四、限制开荒，保持水源

几年来，机关、企业大办农副业等，开了许多荒地，这些新开荒地都在上游，加上群众砍伐树木、森林，不仅对水源有很大影响，还影响草原。武威反映，近几年有许多单位在该地金塔、西营、东西大河上游建立农场、羊场等，使永昌东大河从年径流量 3.8 亿立米，到一九六〇年减为 2.5 亿立米，一九六一年减为 2.4 亿立米，一九六二年四至五月流量又比去年同期减少 30%—40%，影响了下游农田及时用水。表面上，多开了荒，多种了地，实际上大面积的土地受旱减产。因此，在河道水源地区，今后应明令禁止开荒、乱砍乱伐树木。对已开垦的荒地，应加以整顿，如确实有影响水源的，适当处理，以保证下游大片的老熟地农田灌溉。

中央西北局经济委兰州调查组

一九六二年八月三十日

酒泉专员公署关于成立疏勒河、讨赖河流域水利管理处及有关问题的通知

[64] 酒署办字第 105 号

酒泉、玉门市、金塔、安西县人民委员会，讨赖河、昌马河管理处：

根据省委、省人委"关于建立河西各流域水利管理机构的通知"精神，经专署一九六四年六月十七日第三十七次行政会议决定：

一、撤销昌马河管理处，成立酒泉专区疏勒河流域水利管理处，统一管理玉门市昌马河、安西县昌马河和双塔堡水库的水利管理工作。撤销玉门市昌马河水管所、安西县昌马河水管所和双塔堡水库管理所。管理处，在行政上由专署领导，业务上由专署水利局指导。管理处下设机构，由昌马河河系委员会讨论确定，报专署备查。

二、将酒泉专区讨赖河管理处改设为酒泉专区讨赖河流域水利管理处，由专署水利局领导。金塔县鸳鸯池水库管理所，收归讨赖河流域水利管理处统一管理。

三、上述撤销的水管所和鸳鸯池水库管理所，所属正式职工、房屋、财产、交通工具、牲畜、仪器等一切设备、财产，以及公文、资料等，均应造册，分别向上述两个管理处于七月十日前接交完毕，任何单位和个人，不得擅自调离职工，动用财产。一切债权债务，由新设单位负责处理。

甘肃省酒泉专员公署（章）

一九六四年六月三十日

中共甘肃省委甘肃省人民委员会关于建立河西各流域水利管理机构的通知

甘发 [64] 157 号

武威、张掖、酒泉地委、专署及河西各县（市）委、人委，河西建委并省编委并告省委组织部：

河西水利管理工作，经过一年的努力，已有很大的好转。管理队伍有所加强，在去年省上批准新增一千三百五十名编制中，调配充实了部分人员；整修、恢复了很多工程；灌水制度有了改进，用水纠纷显著减少，为一九六三年取得较好的农业收成，起了一定的作用。部分专管机构，通过征收水费，已达到人员经费自

给，使管理工作开始出现新的局面。但目前发展很不平衡，主要是有些地区对"重建设、轻管理"的思想还未彻底扭转；有些灌区管理体制不够明确；人员难配齐，领导力量弱；少数地区在人员配备上还有"三少两多"（人少、骨干少、技术力量少，老弱病残多、有思想问题的多）使用上有"三乱"（乱调、乱拉、乱用）的现象。水管部门的工作尚多停留在防水、"跟水"的水平上，对工程、灌溉、组织等管理工作都抓得不紧，工程还不能正常运用，效益还不能充分发挥，有的甚至发生不应有的事故。

为了迅速提高水利管理水平，巩固水利建设成果，必须积极加强组织建设，充实人员，有力的领导群众，制定出完整的管理制度，建立正常的管理秩序，实行节约用水，扩大灌溉效益，逐步减少国家投资和革众负担。为此，对各流域水利管理机构的建立作如下决定：

（一）较大流域和灌区（包括水库）的管理机构，都要改由过去按行政区划成立管理组织的办法，应按流域、按渠系建立专业管理机构，实行集中统一管理，并密切结合受益区的人民公社管理组织，共同管好工程，用好水，浇好地。

（二）疏勒河、讨赖河、黑河、东西大河、石羊河等各建立流域水利管理处，其中疏勒河、黑河、石羊河流域水利管理处，配备正县级干部负责，或有专区水利局局长兼任；行政受专员公署领导，业务受专区水利局指导。讨赖河、东西大河流域水利管理处，配备副县级干部负责，受酒泉和武威专区水利局领导。

流域管理的任务是：

1. 负责计划上下游、左右岸合理分水，督促检查所属灌区执行。

2. 进行所管工程的控制运用和维修养护，审批所属各灌区工程维修养护计划。

3. 当流域内进行基本建设工程的甲方。

4. 进行有关全流域的科学观测研究，并指导灌区进行灌溉科学试验。

5. 负责流域内水库及灌区的库旁、渠旁植树，插柳育苗，进行绿化。

6. 做好水源保护工作。

7. 进行水库养鱼养鸭，发展副业生产。

8. 协助行政征收水费。

9. 总结推广水利管理和工程维护的先进经验。

各流域水利管理机构，除负责指导本流域内各管区的管理处(所、站)的工作外，并直接管理流域内的枢纽工程、总干渠和水库：

疏勒河流域水利管理处，直接管理昌马河总干渠和双塔堡水库，共编制一百零五人；

黑河流域水利管理处，直接管理黑河总口工程，共编制九十人；

石羊河流域水利管理处，直接管理民勤红崖山和松寿寺流量站，共编制九十人；

讨赖河流域水利管理处，直接管理金塔鸳鸯池水库，共编制六十人；

东西大河流域水利管理处，直接管理金川峡水库和二坝渠工程，共编制六十人。

以上合计编制四百零五人（不包括各流域内所属灌区管理机构的编制），比原来流域管理处、总干渠和水库的总编制人数尚少三十三人（详见附表），剩余的编制，由河西水利指挥部掌握。上述所需人员，均在一九六三年下达各专区管理人员编制内解决，并由各专区组织部门统一安排，积极调配。地委无法配齐领导骨干的，省委组织部帮助配齐。

（三）武威黄羊河灌区水利管理所和水库管理所，应统一起来，组成黄羊河水利管理处。现有人员不动，建制仍归专区，省水利厅加强指导，以作水利管理的示范，编制一百人，现有人员不足的由省水利厅配备。

（四）除建立流域管理机构外，还应根据灌区内受益大小，建立各级管理处（所、站）。在较大灌区，受益面积在二十万亩以上的，建立灌区水利管理处，配备副县级干部；受益面积在三万亩至二十万亩的，建立灌区水利管理所，配备区级干部；受益面积在三千至三万亩的，建立灌区水利管理站，配备公社级干部。以上均由县建立，干部由县配备。其中在流域管理处所辖范围内的灌区管理处（所、站），业务上受流域管理处领导，行政上由县领导，均由县直接领导。

（五）为了加强社、队水利工作，所有灌区内的各公社，在根据省委的决定适当合并或调整以后，均增设一名水利专职干部，负责社、队水利管理、工程维修、灌水和平田整地等工作，业务受灌区管理机构领导。行政受公社领导，占用管理机构编制名额，由水利事业费开支。在增设水利干部后，如管理机构人员不足时，各灌区可提出意见，以后再考虑增编。

（六）水利管理是农业生产的第一线工作，水管人员的缺额补充，除不放松当地城市吸收外，也可在当地农村中吸收一部分。水管人员的工资级别，按国家有关规定办理。口粮标准，工人按重体力劳动供应，平均三十八斤；干部按轻体力劳动供应，平均三十一斤供应。

以上决定，希即遵照执行，并将执行情况报省。

中共甘肃省委

甘肃省人委

一九六四年三月二十八日

附机构编制表：

流域水利管理处	直属管理机构	原编制人数	现计划编制	比原编制增减人数
疏勒河	原管理处	75		
	双塔堡水库	50		
	昌马河水管所	8		
	合计	133	105	减28

续表

流域水利管理处	直属管理机构	原编制人数	现计划编制	比原编制增减人数
黑河	原管理处	80		
	总口管理所	25		
	合计	105	90	减15
石羊河	原管理处	40		
	红崖山水库	50		
	松寿寺流量站			
	合计	90	90	
讨赖河	原管理处	20		
	鸳鸯池水库	45		
	合计	65	60	减5
东西大河	金川峡水库	45		
	二坝渠			
	合计	45	60	减15
合计		438	405	减33

关于讨赖河流域水利管理机构体制及编制的通知

甘机编发〔1998〕003号

省水利厅：

甘水人发〔1998〕6号文收悉。经研究，先将讨赖河流域水利管理机构体制、编制及有关问题通知如下：

一、管理体制

将原属酒泉地区管理的讨赖河流域水利管理机构改变为省水利厅管理。

二、机构编制

管理体制改变后，机构名称为甘肃省水利厅讨赖河流域水利管理局，县级建制，事业性质，经费自收自支。该机构自收自支事业编制80名，县级领导职数4名。内设办公室、水政水资源科、工程灌溉科，综合经营科。下设渠首水管所、南干渠水管所、北干渠水管所，灌溉试验站和河道管理站。核定科级职数15名。

三、职责任务

（一）负责有关法律、法规的贯彻执行，管理、调配流域水资源，开展水政监察，协调处理水事纠纷。

（二）负责流域综合治理，组织建设和管理流域内控制性的重要水工程，管理讨赖河渠首、南北干渠及附属工程，管理酒钢引水渠首至鸳鸯池水库河段河道。

（三）指导、协调流域内的防汛抗洪，地方水利、水电、水土保持等工作，参与流域内省列水利基建项目的审查和计划安排。

文件下发后，请省水利厅与酒泉地区行署会同有关部门，共同做好交接工作。

甘肃省机构编制委员会（章）

1998 年 5 月 14 日

附：

讨赖河流域水利管理机构交接文书

经甘肃省人民政府批准，甘肃省机构编制委员会以甘机编发[1998]003 号文件通知，将原属酒泉地区行政公署管理的讨赖河流域水利管理机构改变为甘肃省水利厅管理。

按照省编委通知精神，由酒泉地区行政公署将原讨赖河流域水利管理处所属人员、财务、物资、业务等一并移交省水利厅。具体交接事宜如下：

1. 原讨赖河流域水利管理处所属党政群组织机构 10 个和在岗职工 75 人、离退休人员 27 人交由省水利厅管理。

2. 原讨赖河水利管理处直管工程和管理使用的其他固定资产，总值 1827.70 万元，交由省水利厅管理。

3. 讨赖河流域水利管理体制改变后，管理费收取标准暂按讨赖河流域管理委员会第十次扩大会议纪要确定的标准和征收办法以及讨赖河流域水利管理委员会《关于讨管处 1998 年管理费收交问题的通知》执行。流域管理机构的经济活动交由省水利厅管理。

4. 流域内分水制度维持讨赖河流域水利管理委员会第六次扩大会议通过的分水制度。

5. 今后流域内的重大事宜须与各用水单位共同协商议定或解决。

移交方：酒泉地区行政公署　接收方：甘肃省水利厅

移交方代表：王殿英　接受方代表：冯婉玲

1998 年 7 月 10 日　　　1998 年 7 月 10 日

关于明确厅讨赖河流域水利管理局主要职责的通知

甘水党发 [1998] 第 19 号

厅讨赖河流域水利管理局：

根据省编委甘机编[1998]03 文件通知，将原属酒泉地区管理的讨赖河流域水利管理机构交由省水利厅管理。管理体制改变后，机构名称为"甘肃省水利厅讨赖河流域水利管理局"，县级建制，事业单位，经费自收自支。

按照省编委确定的讨赖河流域水利管理局的职责任务，经厅研究并与有关方面协商，现将甘肃省水利厅讨赖河流域水利管理局主要职责明确如下：

　　甘肃省水利厅讨赖河流域水利管理局是甘肃省水利厅的派出机构，受省水利厅委托在本省讨赖河流域内行使水行政管理职能。按照统一管理和分级管理的原则，统一管理该流域甘肃省境内的水资源和河道。负责本省境内流域的综合治理和开发，管理具有控制性的重要水工程，搞好规划、管理、协调、监督、服务，促进河道治理和水资源综合开发、利用和保护。

　　一、负责有关水利法律、法规及水利方针政策的组织实施和监督检查，制定流域管理的有关规章和政策。

　　二、制订流域水利发展战略规划和中长期计划。会同有关地、市人民政府及有关部门编制流域综合规划和有关的专业规划，规划批准后负责监督实施。

　　三、统一管理流域水资源，负责组织流域水资源的监测和调查评价。制订流域内跨地、市水中长期供求计划和水量分配方案，并负责具体实施和监督管理。依照有关规定管理取水许可，负责本流域内省水利厅管理权限内的取水许可审批、监督和管理以及水资源费的征收工作。对流域水资源保护实施监督管理。

　　四、统一管理本流域河流，负责管理讨赖河干流河道。

　　五、负责讨赖河干流重要河段（酒钢引水渠首至鸳鸯池水库）采砂管理工作。

　　六、组织制定本流域防御洪水方案，负责向省抗旱防汛指挥部上报跨地、市河流的防御洪水方案，督促检查流域内跨地、市河道的清障工作，指导流域内蓄滞洪区的安全和建设，协助地方政府做好抗旱、防汛日常工作。

　　七、实施流域水政监察，协调处理部门间和地、市间的水事纠纷。

　　八、承担酒、嘉两地农业和酒钢工业生产用水的供水任务。

　　九、负责原讨赖河水管处直接管理范围内的渠首引水枢纽、渠道、堤防工程、各类建筑物及其附属工程设施的管理、维修和养护，确保工程安全运行。

　　十、负责流域综合治理和开发，参与流域内大、中型水利工程项目审查，组织建设并负责管理具有控制性或跨地、市的重要水利工程。

　　十一、指导流域内地方水利、水电、水土保持、水利工程管理和节约用水等工作。

　　十二、承担省水利厅委托与交办的其他工作。

中国共产党甘肃省水利厅党组（章）
一九九八年七月八日

关于成立讨赖河流域水政监察支队的批复

甘水政发〔2000〕45号

省水利厅讨赖河流域水利管理局：

　　你局报来《关于成立甘肃省水利厅讨赖河流域水政监察支队的报告》收悉，经研究，现批复如下：

1. 同意组建甘肃省水利厅讨赖河流域水政监察支队。

2. 严格按照水利部《关于加强水政监察规范化建设的通知》的"八化"要求，组建关系协调、组织严密、纪律严明、运行有力的专职执法队伍。

3.水政监察人员应选拔政治、文化素质高、专业水平强的同志，经行政执法人员持证上岗培训后，上岗执法。

4. 水政监察规范化建设工作完成后，报省水利厅组织验收。

特此批复。

甘肃省水利厅（章）

二〇〇〇年十一月十四日

关于对《讨赖河流域水利管理办法（试行）》的批复

甘水政发〔2000〕52 号

讨赖河流域水利管理局：

甘水讨发〔2000〕52 号关于申请批准《讨赖河流域水利管理办法》的报告悉。根据《中华人民共和国水法》、《中华人民共和国防洪法》等有关法律、法规，以及甘机编发〔1998〕003 号《关于讨赖河水利管理机构及编制的通知》、甘肃省水利厅党组〔1998〕19 号《关于明确讨赖河流域水利局主要职责的通知》、甘水政发〔1998〕25 号《关于讨赖河流域水利管理局履行取水许可管理职责有关问题的批复》、甘水政发〔1999〕22 号《关于委托省水利厅讨赖河流域水利管理局行政处罚权的通知》精神，结合讨赖河流域的实际，省水利厅充分征求和吸收了流域内各地（市）、市（县）水利部门及用水企业意见，经认真研究，同意你局上报的《讨赖河流域水利管理办法（试行）》，从即日起公布实施，此前有关部门于 1983 年制定的《讨赖河流域水利管理办法》同时废止。

甘肃省水利厅（章）

二〇〇〇年十二月二十一日

附：

讨赖河流域水利管理办法（试行）

第一章　总则

第一条　为合理开发、利用、保护和管理水资源，依法加强流域水资源统一管理及河道综合治理，促进流域内经济发展，根据《中华人民共和国水法》、《中华人民共和国防洪法》、《中华人民共和国河道管理条例》等有关法律、法规以及甘机编发〔1998〕003 号《关于讨赖河流域水利管理机构及编制的通知》、甘肃省水利厅党组〔1998〕19 号《关于明确讨赖河水利管理局主要职责的通知》、甘水政发〔1999〕22 号《关于委托省水利厅讨赖河流域水利管理局行政处罚权的通知》精神，结合流域管理实际，制定本办法。

第二条　甘肃省水利厅讨赖河流域水利管理局（以下简称"讨管局"）是甘肃省水利厅的派出机构，受省水利厅委托，在本省讨赖河流域内行使水行政管理职能。主要任务是：按照统一管理和分级管理的原则，统一管理该流域的水资源，负责管理讨赖河干流河道；负责流域的综合治理和开发，管理具有控制性的水工程，搞好规划、管理、协调、监督、服务。

第三条　讨管局负责流域内有关法律、法规及水利方针政策的组织实施和监督检查，制定流域管理的有关规章和制度。

第四条　本办法适用于讨赖河流域内水资源和讨赖河干流的综合治理、开发、流域、保护和管理。

第二章　工程管理

第五条　讨管局参与流域内大、中型水利工程项目审查及组织建设，统一管理流域内具有控制性或跨地、市的重要水利工程，直接管理酒、嘉两地、市农业引、输水的共享骨干工程及其各种附属设施。

第六条　在流域内新建、改建、扩建具有控制性的引水、防洪等大中型水利工程，由建设单位向讨管局申报建设方案，经讨管局商有关部门初审后按有关程序逐级报批。

第七条　讨管局直管共享工程包括：渠首引水枢纽；南干渠（进水闸至文殊沙河分水闸）14.758 公里；北干渠（进水闸至鸳鸯闸）17.23 公里；北一支干渠（北干渠分水闸至新城二闸）10.4 公里；北一支干三支渠 3.58 公里；鸳鸯输水渠 5 公里；文殊沙河防洪渠 1.4 公里。

文殊沙河防洪渠除讨管局直管的 1.4 公里外，东岸由酒泉市负责管理，西岸由嘉峪关市负责管理。

讨管局管理的工程要建立健全观测、检查、控制、运用、维修养护、安全保卫等必要的规章制度和技术档案。

为了防止衬砌渠道冻胀破坏，气温低于-5℃时停止行水。

第八条　工程管理、保护范围：按照《甘肃省水利工程土地划界标准》规定，结合实际，渠首主体工程以上 50 米、以下 100 米为工程保护区；渠道工程从渠道上口边缘计算，有沿渠公路的一侧 15 米，另一侧 5 米为工程管理范围，管理范围以外两侧各 5 米为工程保护范围；穿越农田、村庄的渠段，其管理范围、保护范围根据实际情况确定。支渠以下工程的管理、保护范围由各县（市）或灌区依据有关标准划定。

第九条　水工程管理、保护范围以内严禁挖坑取土、打井开渠、扒口掏洞、爆破拆石、开荒种地；渠道内不准堆放和设置阻水障碍物。工程两侧道路、通讯线路、管理房屋及其他建筑物不准毁坏。沿渠林带、树木不准任意砍伐。

第十条　因国家建设确需在输水渠道上架设桥梁或其他建筑物的，由建设单位向渠道工程管理单位申报建设方案，经渠道工程主管部门审查批准并按有关规定交纳占用水利工程补偿费后方可施工。

第十一条　讨赖河干流引水渠首、南、北干渠骨干工程的整修、加固、维修、养护由讨管局负责。其费用由讨管局从水费收入中列支。

第十二条　南、北干渠工程水毁修复实行分段包干，包干段落划分为：

酒泉市：北干渠（北干渠进水闸以下至 7+000）7 公里；南干渠（5+000 至文殊沙河分水闸）9.758 干流；文殊沙河防洪渠东岸（至渠底二分之一）1.4 公里。

嘉峪关市：北干渠（7+000 至北干渠分水闸）3.04 公里；北一支干渠 10.4 公里；南干渠（南干进水闸以下至 5+000）5 公里；文殊沙河西岸（至渠底二分之一）1.4 公里；北一支干三支渠上段 1.5 公里。

金塔县：北干渠分水闸以下至鸳鸯输水渠末尾 12.19 公里。

边湾农场：北一支干三支渠下段 2.08 公里。

上述水段工程修复所需三材（钢材、木料、水泥）由讨管局提供；人工、柴草、树秧以及拉运抢险队伍、物资的运输工具分别由分段包干的灌区受益单位承担。

第三章　河道管理

第十三条　按照"统一规划、分段管理和流域管理与行政区域管理相结合"的原则，讨管局依据《讨赖河流域水利规划》会同酒嘉两地市水行政主管部门和其他有关主管部门编制讨赖河流域防洪规划，分别经两地市人民政府审查提出意见后，报省水行政主管部门批准。在讨赖河干流范围内，协助地方政府做好防御洪水预案和实施方案，督促落实防洪行政首长负责制以及河道整治和防洪安全责任制，协调、监督酒、嘉两地市水行政主管部门做好抗旱、防汛日常工作。

第十四条　按照《甘肃省水利工程土地划界标准》规定，讨赖河干流河道两岸或界桩以外 15 米为管理范围，管理范围外 25 米为保护范围。

第十五条　在讨赖河干流管理保护范围内的建设项目（包括开发水利、水电、整治河道的各类工程，跨河、穿河、穿堤、临河的桥梁、道路、立杆架线、埋设缆线、管道、开路口、修建厂房、库房、工业和民用建筑及其他公用设施），必须经讨管局审查同意后，按照基本建设程序履行审批手续，进行建设。

第十六条　在讨赖河干流管理保护范围内，严禁下列行为：

（一）影响行洪、排洪的一切建筑设施；

（二）围河造田、填河、种植阻水作物；

（三）围圈占用、修筑堤坝、打井、截流引水、蓄水、堵塞排洪、泄洪出口；

（四）开挖便道、倾倒垃圾、废土、废渣、破堤扒口；

（五）防汛期间严禁履带或重型车辆、无关人员及其车辆在防汛河堤上行驶（防汛抢险车辆除外）。

第十七条　在讨赖河干流管理保护范围内进行下列活动，必须报经讨管局批准，并服从其管理；

（一）从事水产、旅游、养殖、渔业占用河道的（包括河滩地）；

（二）确需在河道管护范围内修筑堤坝、抽水泵房和拦水堵坝、截洪引水、蓄水、修筑人防工程及水工建筑；

（三）采砂、取土、淘金；

（四）在河滩地存放物料、修建厂房或其他建筑设施；

（五）爆破、钻探、开采地下资源。

第十八条　在讨赖河干流河段（酒钢引水渠首至鸳鸯池水库）采砂、取土的，必须按照《讨赖河干流河段河道采砂管理办法》规定实行许可证制度。

第四章　用水管理

第十九　条流域内一切水资源属国家所有。流域内各用水单位应当实行计划用水，厉行节约用水，加强用水管理。一切用水单位都要积极采用先进的节水措施和技术，提高水的利用率。

第二十条　讨管局根据水资源总量和流域国民经济及社会发展的整体状况决定水的分配量。

改革现行分水制度，水的中长期供求和水量分配要逐步实现按量分配，要按照生活、工业、农业、生态用水的先后次序，适当调整工农业用水户的用水量，发挥市场在水资源配置中的基础作用，发挥水资源的最大效益。

调蓄径流和分配水量，应当兼顾上下游、左右岸和各方用水需要，优化配置水资源。

在水量分配实行按量分配之前，工农业所需水量由讨管局暂按现行分水制度统一调配。

第二十一条　各用水单位要按时参加讨管局召开的供水计划会议，并向讨管局报送年度用水计划、轮次用水计划和工作总结。不得拒绝讨管局对水利设施管理、用水计划执行情况的监督检查等工作。

酒钢公司供水由讨管局直接调度，供水期间派员与酒钢工作人员共同测记水量。冬季供水期，河道来水要做到尽量全部引进，防止浪费，汛期根据水量变化和农业用水情况，灵活调度供水时间和流量。各用水单位必须服从讨管局的统一调配，严格按计划引水。

第五章　水政水资源管理

第二十二条　讨管局对流域内水资源实行统一规划，统一管理。流域内开发利用保护水资源和防治水害，应当服从《讨赖河流域水资源开发利用规划》。

第二十三条　讨管局依据《讨赖河流域水资源开发利用规划》会同有关部门编制讨赖河流域的水资源保护专项规划、水中长期供求计划和水量分配方案，并依法报批，批准后负责具体实施和监督管理。

流域内各县（市）水行政主管部门及用水单位应根据讨赖河流域水资源保护规划和水中长期供求计划，组织制定本行政区域的水资源保护规划和水中长期供求计划，并组织实施。采取有效措施，合理利用和保护水资源。

第二十四条　讨管局负责本流域内省水利厅管理权限内的取水许可审批、监督和管理。根据本流域用水状况、下年度水量预测、节水规划及上一级水行政主管部门下达的取水控制总量，制定本流域下一年度取水计划，综合平衡后制定各行政区分水计划。

流域内各地、县（市）水行政主管部门应按照讨管局制定的分水计划，审批下达各用水单位的年度用水计划。对用水计划内新建的水工程，也必须报经讨管局批准。

流域内各地、县（市）水行政主管部门，应将地县管理权限内的取水许可证年审情况报送讨管局备案。

讨管局监督管理各用水单位的节约用水。各用水单位每季度应向讨管局报送用水报表，讨管局将每季度用水单位取用水情况统计后上报省水行政主管部门。每年 1 月份向省水行政主管部门上报上年度取用水总结。

在讨赖河干流管理保护范围外 500 米以内打井抽取地下水的，应经讨管局审核同意后，地、县（市）水行政主管部门方能办理取水许可手续。

第二十五条　加强水资源保护。讨管局根据流域水资源保护规划，设立水环境监测站，负责全流域水域水质的监督和检测，组织水功能区的划分和生活饮用水源区排污的控制，监测河道、湖泊、水库的水量水质，审定水域的纳污能力，提出限制排污总量的意见。在讨赖河干流设置、改建、扩建排污口的，必须报经讨管局同意。

第二十六条　地县（市）水行政主管部门要按照《水污染防治法》的规定，加强流域内河流的水污染防治。对流域内造成水污染的企业应责成其进行整顿和技术改造，并采取综合防治措施，合理利用水资源，减少废水和污染的排放量。

任何生活、生产活动及建设项目必须防止造成水土流失和水污染；产生的污水必须做到达标排放。垃圾要存放在指定地点，及时清运。造成水土流失和水污染的单位，要负责治理并承担全部治理费用。

第二十七条　讨赖河干流河道及工程保护区内禁止使用渗井（坑），禁止向水体排放有毒、有害废水以及倾倒固体废弃物、污染物。

第二十八条　水资源保护区内乡村地区，各县（市）必须加强对农业废弃物的管理，禁止随意弃置。

第二十九条　加强流域水政监察工作。讨管局按照规定的授权范围依法实施直接的水政监察。

水政监察的基本任务和职责是：

（一）宣传贯彻水法规；

（二）依法保护讨赖河流域辖区内的水、水域、水工程和其他有关设施，维护正常的水事秩序；

（三）依法对辖区内的水事活动进行监督检查，对违反水法规的行为依法作出行政裁定、行政处罚或者采取其他行政措施；

（四）配合司法机关查处写区内的水事治安、刑事案件；

（五）开展依据国务院《水政监察组织暨工作章程》规定需要履行的其他水政监察活动。

第三十条　讨管局负责讨赖河干流的水土保持执法监督工作，指导流域水土保持工作，建立水土保持执法监督体系。具体实施依据《甘肃省实施水土保持法办法》、《甘肃省水土流失危害补偿费防治费征收、使用和管理办法》的规定执行。

第六章　经营管理

第三十一条　为推动讨赖河流域水利事业的不断发展，流域内的水利工程管理单位要完善各项管理制度，以水价改革为突破口，不断提高经营管理水平，逐步建立以水养水的良性运行机制。

第三十二条　讨管局直管的水利工程和各类设施要推行供水商品化。在准确核算供水成本的基础上，报经省水行政主管部门和物价主管部门审查核定水价，并按批准的水价计收水费。

第三十三条　加强水费的计收使用管理。各用水户应于上半年足额缴纳 50%的水费，年终全部结清，不得截留、拖欠、拒缴。

讨管局要按照《水利工程管理单位财务会计制度》严格财务制度，加强对水费的使用管理。每年由省水利厅主持召集一次例会，交流、沟通流域内重大问题。

第三十四条　流域内各管理单位要在搞好管理工作的基础上，抓住国家实施西部大开发的战略机遇和"再造河西"的有利时机，充分利用水土资源优势，因地制宜、积极发展多种经营，增加水利经济收入。

第七章　奖罚

第三十五条　对在保护水资源和水利工程设施、维护分水制度、防汛抢险、水费收缴工作中做出显著成绩的单位和个人予以表扬和奖励。

第三十六条　根据《甘肃省实施水法办法》（以下简称《办法》）第三十条三十一条，在讨赖河管理范围内，对违反水法规和本《办法》规定，有下列行为之一的，讨管局责令其停止违法行为，限期清除障碍或采取补救措施，并处以罚款，情节严重，已构成犯罪的，应依法追究刑事责任：

（一）未经批准或者不按批准的作业范围、方式在河道、河床、河滩内和水工程管护范围内兴建建筑物的，处以 500 元至 10 000 元罚款（《办法》第三十条一款）；

（二）在河道内、水工程渠道内弃置、堆放物体或乱倒垃圾的，处以 300 元至5000 元的罚款（《办法》第三十条二款）；

（三）未经批准或不按照河道管理机关划定的范围采砂、取土危及堤防安全的，处以 200 元至 5000 元罚款（《办法》第三十条一款）；

（四）未经水行政主管部门批准随意在河道内、水工程内扒口、取水、截水、阻水、排水的，处以 100 元至 500 元罚款（《办法》第三十一条一款）；

（五）毁坏水工程设施、防汛设施等其他水利设施的，处以该设施损坏部分 1 至 2 倍的罚款（《办法》第三十一条三款）。

第三十七条　根据《甘肃省水利工程水费计收和使用管理办法》，供水期间，不经管理单位批准，随意开口放水的，或偷水抢水的，加倍收取水费。

第三十八条　流域内各工农业用水单位应按规定按时交纳水费。

讨管局直供用水户水费以省物价核定的标准执行，拒不交纳或无故截留、拖欠，经一再催交无效的，讨管局有权限制供水，直至停止供水，少供水量不再补供。

第三十九条　在河道管理范围内采砂的单位和个人应按季度缴纳河道采砂管理费。逾期一月不缴的，按月追加 1%的滞纳金。逾期两月不缴的，除应缴清拖欠的管理费外，吊销采砂许可证。

第四十条　水行政主管部门水管人员应严格按照《行政处罚法》规定的程序执行本办法，严格遵守水法规、制度，营私舞弊、私自放水、或玩忽职守造成损失者，按有关内部管理办法予以处理。造成重大损失的，依照有关法律、法规追究刑事责任。

第八章　附则

第四十一条　本办法执行中的具体问题，由省水利厅讨管局负责解释。

第四十二条　本办法自批准公布之日起施行。

嘉峪关市水利局职能配置、内设机构和人员编制方案

讨管局藏档案

根据省委办法〔2001〕105 号《关于印发〈嘉峪关市机关改革和人员编制精减方案〉的通知》精神，结合嘉峪关市实际，将市水利局从市农林局划出单设，挂市抗旱防汛指挥部办公室和市节约用水办公室牌子。市水利局是市政府主管全市水行政工作的职能部门。

一、主要职责

（一）水法规的宣传与水行政执法。贯彻执行《中华人民共和国税法》、《中华人民共和国水土保持法》、《中华人民共和国防洪法》等水行业法律、法规；制定本市的水行业政策、水利法规和各项水规制度，制定全市水利发展计划和中长期规划。

（二）依法查处本市内影响较大、情节严重、案情较为复杂的水事案件和省水政监察总队交办的案件；负责辖区内的水资源管理、水工程管理、河道管理、水土保持管理、水文、防汛、抗旱设施管理并进行执法监督检查，对违反水法规的行为作出行政裁决、行政处罚决定或采取其他行政处罚措施；按照法律、法规规定和授权范围，承办辖区内的水行政复议、应诉、理赔等工作的具体事务；参与协调本市内影响较大的水事纠纷，配合公安、司法部门查处水事治安、刑事案件。

（三）依法征收管理范围内的水资源费、水土保持费、水利工程供水水费等行政事业收费和受委托的其他费用；监督检查水费的征收、管理、使用情况。

（四）负责全市的取水许可、水土保持许可和河道许可工作。

（五）指导全市中小型水利工程建设，负责中小型水利工程初步设计审批及年度施工计划审批工作；管理全市水利建设市场，监督指导市场准入，工程招投标和工程质量，组织水利工程建设项目的执法监察；指导全市农田水利基本建设，编制农田水利基本建设实施方案并监督实施。

（六）负责双泉截引工程、双泉水库、安远沟水库、拱北梁水库、农村灌溉、防汛、人饮工程、工业园区、双泉工业园分区供水工程管理工作；负责向迎宾湖供水，并按成本征收水费。

（七）加强灌溉管理，负责三个万亩灌区、四个水利站的管理工作和市抗旱服务队的管理工作；加强对全市防洪设施、抢险物资、队伍、值班情况的监督、监察和统一调度，确保全市安全度汛；负责市抗旱防汛指挥部的日常工作。

（八）加强节约用水工作，组织、拟定全市节约用水方面的政策法规并监督实施；指导全市计划用水、节约用水工作；积极推广工业、农业、生活用水的节水技术措施，提高水的利用率；负责市节约用水办公室的日常工作。

（九）承办市委、市政府交办的其他事项。

二、内设机构

根据上述职责，市水利局设 3 个职能科室。

（一）办公室

负责组织协调全局内部日常党务、政务、事务工作，起草全局性统计工作文件，负责全局文电管理、文秘、文书、档案、来信来访、机要保密工作，督促检查局党组和全局会议决议落实，负责全局的财务及固定资产管理；负责全局的劳动工资、人事工作、协助局领导组织实施精神文明和社会治安综合治理等工作。

（二）水利科

贯彻执行水利法律法规和国家有关水利的方针政策；编制水利中长期规划和年度计划，做好水利建设、管理、统计等工作；负责水工程的设计、组织、施工和工程质量的检查验收和监督管理；管好农村水利灌溉、农田水利基本建设，管好农用机井，不断完善人畜饮水工程，负责农村水利设施的维护；做好水费的核定、征收等工作；做好上级组织及领导交办的其他工作。

（三）水政水资源科

宣传贯彻水法规；依法制定辖区内的各项水规制度，规范各项水事行为；依法保护水、水域、水工程和其他有关设施，维护正常的水事秩序；依法对水事活动进行监督检查，对违反水法规的行为依法作出行政裁决、行政处罚或者采取其他行政措施；指导和监督检查水政监察支队工作，负责培训水政监察人员；负责水政监察人员的年度考核；配合司法机关查处水事治安、刑事案件；负责全市水行政案件的行政复议工作；组织、拟定全市节约用水方面的政策法规并监督实施；指导全市计划用水、节约用水工作，监督实施全市节约用水规划，制定有关标准，拟定区域与行业用水定额并监督管理。

三、人员编制和领导职数

市水利局机关行政编制 5 名（从市农林局划出），事业编制 4 名（其中后勤事业编制 2 名从农林局划出，增加参照公务员管理事业编制 2 名）。其中：局长 1 名，副局长 1 名（从市农林局划出处级干部职数 1 名），科级干部职数 3 名（从市农林局划出科级干部职数 1 名）。

四、其他事项

市水利局所属事业单位：

（一）市水政监察支队：为自收自支科级事业单位，事业编制 8 名，其中科技干部职数 1 名。

（二）撤销市农村水电管理所。市抗旱服务队（打井队）从农村水电管理所划出单设，为差额拨款的科级事业单位，保留事业编制 8 名，其中科级干部职数 1 名。原经费开支渠道不变。

（三）双泉水利站：为自收自支事业单位，事业编制 7 名。

（四）文殊水利站：为自收自支事业单位，事业编制 8 名。

（五）新城水利站：为自收自支事业单位，事业编制 9 名。

（六）峪泉水利站：为自收自支事业单位，事业编制 7 名。

中共甘肃省水利厅党组关于讨赖河流域水利管理局加挂甘肃省水利厅河西水利培训中心牌子的批复

甘水党发〔2003〕7 号

厅讨赖河流域水利管理局党委：

你局关于在管理局北干渠水管所建设甘肃省水利厅河西水利培训中心的请示（甘水讨党发〔2002〕21 号）收悉。经厅党组 2002 年 12 月 31 日会议研究，同意在讨赖河流域水利管理局加挂甘肃省水利厅河西水利培训中心牌子。河西水利培训中心挂牌后，具体培训业务受水利厅人事劳动教育处指导，在讨赖河流域管理局领导下开展业务。请你们接到通知后，积极创造条件，加快设施建设，尽快开展培训工作。

中国共产党甘肃省水利厅党组（章）

二〇〇三年一月七日

甘肃省水利厅讨赖河流域水利管理局
机构和人事制度改革方案

讨管局藏档案

根据《国务院办公厅转发国务院体改办关于水利工程管理单位体制改革实施意见的通知》（国办发〔2002〕45号）、《甘肃省人民政府批转水利工程管理体制改革工作领导小组关于水利工程管理体制改革试点工作指导意见的通知》（甘政办发〔2003〕31号）《甘肃省人民政府办公厅关于印发甘肃省水利工程管理体制改革方案的通知》（甘政办发〔2004〕147号）、《甘肃省人民政府办公厅关于印发〈甘肃省事业单位实行聘用合同制管理办法〉的通知》（甘政办发〔2005〕122号）、《关于开展事业单位改革试点工作的通知》（甘人通〔2005〕48号）等文件的有关精神，确定甘肃省水利厅讨赖河流域水利管理局机构和人事制度改革方案如下。

一、机构改革

（一）改革管理体制和运行机制

省水利厅讨赖河流域水利管理局要实行管养分离、主辅分离、经营性与公益性分开。在科学划分公益性和经营性资产的基础上，对内部承担公益职能的部门与经营职能的部门分开，将经营部门转制为企业。要科学设岗，精简内设机构和人员，建立符合国家政策和适应社会主义市场经济体制的管理体制和运行机制。

（二）机构定性

根据国务院、省政府关于水利工程管理体制改革的有关精神和该水利工程主要职责和任务，省水利厅讨赖河流域水利管理局定性为事业性质的准公益性类水利工程单位，经费实行差额补贴。

（三）主要职责

1. 负责有关水利法律、法规及水利方针政策的组织实施和监督检查，制定讨赖河流域水利管理的有关制度；

2. 会同有关市、县人民政府及有关部门制订本流域内的水利发展计划和流域综合发展规划并负责监督实施；

3. 制订流域内用水计划和水量分配方案，并负责具体实施和监督管理，负责水费征收；

4. 会同有关市、县政府组织制订流域防御洪水方案，督查流域内市、县河道的清障工作，协助地方政府做好抗旱、防汛工作；

5. 协调处理流域内水事纠纷；

6. 负责直接管理范围内的渠首引水枢纽、南北干渠、各类建筑物及其附属工程设施、堤防工程等共享骨干工程的管理、维修和养护，确保工程安全运行；

7. 完成有关法律、法规授予及上级有关部门交办的任务。

（四）人员编制和领导职数

核定事业编制 70 名，其中：财政拨款 30 名，自收自支编制 40 名。处级领导职数 5 名。

二、改革用人制度

根据国务院和省政府关于事业单位实行聘用合同制的政策法规，省水利厅讨赖河流域水利管理局用人制度进行如下改革：

（一）全面实行聘用制。除了局领导以外，全局其他人员全部实行聘用制，由管理局与每一位员工签订聘用合同书，实行岗位管理。合同签订以后，加强对职工的考核、培训和管理工作，不断提高全体员工素质和管理水平。

（二）竞争上岗，按岗聘人。对聘用的条件、程序、范围、考核、解聘分别制定出具体的配套办法，依法竞聘。

（三）在实行事业单位基本工资的前提下，实行实际工资与档案工资进行分离管理。被聘用人员按新聘岗位确定实际工资，原工资作为档案工资。在国家正常晋升工资时或职工退休时，按其档案工资晋升或计发退休费。

（四）实行待岗制。对分流或未聘任人员在未安置前，按待岗对待，待岗期一般为 3 至 6 个月，最长不超过 1 年。待岗期间进行必要的业务培训，培训合格者可按照聘用程序进入聘用。

（五）凡是涉及伤残、病残不能坚持正常工作的，依据国家政策办理。

（六）鼓励分流人员自谋职业或领办企业，在此期间，税收优惠政策按有关规定到税务部门申请办理。

（七）养老保险和医疗保险按国家和省上有关政策规定执行。

三、改革分配制度

根据国家人事部和省人事厅关于事业单位聘用人员工资待遇等问题的政策规定，改革分配制度。聘用人员的工资待遇要与其岗位职责、工作绩效紧密结合，坚持效率优先、兼顾公平、向关键岗位和特殊岗位倾斜。具体办法是：一、国家规定工资构成中的固定部分仍按现行标准执行；二、国家规定工资构成中津贴部分全部搞活，其中：50%作为职务（技术等级）津贴发放，50%作为岗位目标责任津贴发放；三、上级及本局规定的津贴补贴继续按现规定执行。搞活的部分工资，要通过制定具体考核办法进行发放，既要体现效率优先，又要兼顾公平。通过内部工资分配的改革，进一步调动广大职工的积极性。

四、其他事项

要充分发挥主管部门的职能作用，加强对试点单位政策引导和监督检查，做好试点单位的政策宣传和思想发动工作，着力解决群众关心的热点难点问题，处理好改革、稳定与发展的关系。同时，根据国家和省上有关政策法规，制定出工资分配、用人制度、人员分流、社会保障等具体的实施意见和配套政策，以保证改革方案的贯彻落实。

这次机构和人事制度改革方案是一个阶段性的改革，以后要继续深化改革，逐步把公益性和经营性职能及部分行政管理职能从任务、资产、人员完全分开。做到政事、政企、事企职能分开。随着水利工程管理体制改革的不断深化，经营职能要完全向自收自支和企业方向发展。

甘肃省水利厅关于讨赖河流域管理工作的会议纪要

甘水办发［2005］92号

9月6日，省水利厅厅长许文海、副厅长刘斌主持召开讨赖河流域管理工作协调会议，就讨赖河流域管理的有关问题进行了专题研究。酒泉市水电局局长王正强、嘉峪关市水务局局长侯银泉、肃州区水利局局长南益民、金塔县水务局局长杨生春、省讨赖河流域管理局副局长张光平、厅机关有关处室和厅属有关单位负责同志参加了会议。

会议听取了有关市、县（区）对讨赖河流域管理工作的意见和建议，听取了讨赖河流域管理局的工作汇报，厅有关处室和单位对如何加强流域管理工作发表了意见和建议。厅长许文海、副厅长刘斌围绕加强和改进流域管工作发表了重要的指导意见，现将会议认定的主要事项纪要如下：

一、会议认为，讨赖河流域管理局按照赋予的流域管理职能积极开展了流域管理工作，取得了一定成效，但目前在流域分水制度、管理体制、河道管理、水费收取、工作方法和工作作风等方面仍存在着一些突出问题。这些问题加剧了流域管理中的矛盾，影响了流域管理工作的正常开展，有关市县（区）讨赖河流域管理局要引起高度重视，切实转变职能，改进工作方法，做好本职工作，加强协调配合，认真解决好管理滞后和服务不到位的问题，努力实现团结治水和共同发展。

二、会议强调，要进一步完善利于分水制度，制度是基础，制度是保证。讨赖河流域管理局在充分调研的基础上尽快研究提出新的流域分水制度方案，经厅水政处初审后，向流域内各用水单位征求意见，按照先民主后集中、少数服从多数的原则进行充分地讨论研究后再行决策。

三、会议提出，要尽快建立流域分水协商机制，讨赖河流域管理局负责研究提出具体方案，每次分水的例会制度要立即实施，要增加分水的透明度，做到公开、公平、公正，在分水制度未调整之前，原分水制度要不折不扣的执行。讨赖河流域管理局要认真对待工作中存在的问题，明确整改措施，切实转变工作作风，改进工作方式方法，强化服务意识，正确处理好本职工作与三产的关系，让用水单位满意。

四、关于加强河道管理问题，会议要求，省讨赖河流域管理局要尽快理顺和规范河道的采砂管理，加强河道范围内建设项目的管理，研究制定河道管理办法，切实履行流域水行政管理职能。厅经财处会同省水管局近期要对讨赖河流域管理局的河道采砂收费、三产收入和采砂管理工作进行现场调研，在调研的基础上提出意见，帮助讨赖河流域管理局加强和改进管理工作。

五、关于省讨赖河流域管理局水费收取问题，会议决定，2005 年各用水单位拖欠的水费，必须在年内交清，2005 年以前拖欠的水费，各用水单位要提出清欠计划。

六、关于流域分水和向各用水单位配水量的水量监测工作，会议确定由省水文水资源局提供支持，与省讨赖河流域管理局实行合同管理，测水人员由省水文水资源局内部调剂，测水费由用水各方共同承担，要确保计量工作客观公正。

七、关于嘉峪关市在北干渠改建中违反基本建设程序规定问题，会议责成嘉峪关市就改建工程向流域内有关市县征求意见，在取得一致意见的基础上补办有关手续。今后，流域内各有关市县要认真贯彻河道管理的法律、法规，讨赖河流域管理局要进一步加强河道范围内建设项目的管理，共同创造良好的河道管理秩序。

二〇〇五年九月七日

甘肃省人民政府办公厅批转省水利厅关于讨赖河流域管理局管理体制改革实施方案的通知

甘政办发〔2006〕120 号

省政府有关部门：

《甘肃省水利厅讨赖河流域管理局管理体制改革实施方案》已经省政府同意，现予批转，请认真贯彻执行。

甘肃省人民政府办公厅（章）
二〇〇六年十月三十日

附：

甘肃省水利厅讨赖河流域管理局管理体制改革实施方案

（省水利厅二〇〇六年十月十日）

为了加快推进讨赖河流域水利工程管理体制改革，根据《甘肃省水利工程管理体制改革方案》，结合我省实际，特制定本实施方案：

一、指导思想和基本原则

指导思想：以邓小平理论和"三个代表"重要思想为指导，认真贯彻国务院、省政府关于水利工程管理体制改革的精神，结合省水利厅讨赖河流域管理局（以下简称"讨赖河管理局"）工作实际，建立健全符合流域管理实际的水利工程管理体制和运行机制，实现流域水资源的统一管理，为讨赖河流域经济社会可持续发展、全面建设小康社会服务。

基本原则：正确处理水利工程社会效益与经济效益的关系，逐步实现水利工程设施的良性运行；正确处理水利工程建设与管理的关系，努力形成建管并重的局面；正确处理责权利之间的关系，建立有效的约束和激励机制；正确处理改革、发展和稳定的关系，积极稳妥地推进水利工程管理体制改革；正确处理近期目标与长远发展的关系，以管理体制改革促进流域水资源的统一管理。

二、主要内容和任务

（一）单位职责。讨赖河管理局是具有水行政管理职能的流域管理机构，统一管理讨赖河流域甘肃省境内的水资源和河道，承担向流域内嘉峪关市、酒泉市肃州区、金塔县、农垦边湾农场和酒泉钢铁集团公司调配水资源的任务。其主要职责是：

1. 负责有关水利法律、法规及水利方针政策的组织实施和监督检查，制订讨赖河流域水利管理的有关制度。

2. 会同有关市、县人民政府及有关部门制订本流域内的水利发展计划和流域综合发展规划，并负责监督实施。

3. 制订流域内用水计划和水量分配方案，并负责具体组织实施和监督管理工作。负责水费的征收工作。

4. 会同有关市、县人民政府制订流域防御洪水方案，督查流域内市、县河道的清障工作，协助当地政府做好抗旱、防汛工作。

5. 协调处理流域内水事纠纷。

6. 负责直接管理范围内的渠首引水枢纽、南北干渠、各类建筑物及其附属工程设施、堤防工程等共享骨干工程的管理、维修和养护工作，确保工程安全运行。

7. 承担有关法律、法规授予及上级有关部门交办的任务。

（二）单位分类定性。依据省人事厅、省编办《关于印发甘肃省水利厅讨赖河流域管理局机构和人事制度改革方案的通知》（甘机编办发［2006］11 号）精神，确定讨赖河管理局为准公益性类水利工程管理单位，经费实行差额补贴。

（三）编制及岗位设置。参照《水利部、财政部关于印发〈水利工程管理单位定岗标准（试点）〉和〈水利工程维修养护定额标准（试点）〉的通知》（水办［2004］307 号）精神，按照精简、高效的原则，2006 年省人事厅、省编委核定讨赖河管理局事业编制 70 名，其中：公益性工作人员（财政拨款）30 名，主要为履行水行政管理职能人员；经营性工作人员（自收自支）40 名，主要为从事闸门、渠道和建筑物运行管理维护及辅助类岗位的人员。

（四）内部机构设置。依据主要职责和有关规定，内部管理机构要按照"精简、统一、效能"的原则，科学合理设置。

（五）深化内部制度改革。根据国务院和省政府关于事业单位实行聘用合同制的规定，讨赖河管理局除局领导外，其他人员均实行聘用制，竞争上岗，按岗聘人。

根据人事部和省人事厅关于事业单位聘用人员工资待遇的规定，改革分配制度，坚持效率优先、兼顾公平的原则，合理拉开差距，实行动态管理。

（六）经费来源。公益性工作人员经费由省财政全额供给。经营性工作人员经费、日常维修养护经费由讨赖河管理局自行负担，更新改造费用在折旧资金中列支，不足部分按项目管理程序申报。

（七）水价改革。根据《水利工程供水价格管理办法》（国家发改委、水利部 2003 年第 4 号令）和《甘肃省物价局、甘肃省水利厅关于下发〈甘肃省农业用水价格改革指导意见（试行）〉的通知》（甘价商［2003］34 号）的有关规定及水利工程管理体制改革的要求，按照补偿成本、合理收益、优质优价、公平负担的原则核定供水生产成本，合理确定水价。供水价格由省物价局会同省水利厅审批。

三、组织实施

为保证改革工作顺利进行，成立讨赖河管理局改革工作领导小组，在省水利厅的指导下，按照国务院和省政府关于水利工程管理体制改革和事业单位改革的具体要求开展工作。一是要认真学习宣传，加强组织领导。要组织广大干部职工认真学习领会改革的有关政策，统一思想认识，增强改革信心，提高参与改革的积极性和主动性，为改革创造良好的氛围。二是要做好沟通和协调工作。水利工程管理体制改革涉及财政、发展改革、编制、社保等多个部门，要加强协调，理顺关系，争取各方面的理解与支持，确保各项改革措施落实到位。三是要全面做好改革方案的实施工作。根据国家和省上有关规定，制定工资分配、人事、社会保障等方面的具体实施意见和配套办法，保证改革实施方案的全面落实。四是要注重改革实效。通过改革，充分发挥工程效益，解决流域水利管理工程中存在的突出问题，不断提高经营管理水平，以水资源的可持续利用支撑经济社会的可持续发展。

甘肃省人民政府办公厅 2006 年 10 月 31 日印发

关于机构更名的通知

甘机编通字 [2010] 16 号

省水利厅：

甘水发 [2009] 692 号请示收悉。经研究，同意将甘肃省水利厅讨赖河流域水利管理局更名为甘肃省水利厅讨赖河流域水资源管理局。机构更名后，原核定的人员编制和处级领导职数均不变。

甘肃省机构编制委员会办公室（章）
二〇一〇年四月二十九日

流 域 分 水

酒泉专区讨赖河流域管理委员会第三次会议纪要

讨管局藏档案

时间：一九六五年十月五日至七日

地点：地委二楼常委会议室

出席：专署杨正祥、孙光涛、高瑞光，讨管处董吉祥，酒泉县张正江、刘义，金塔县时思明、李明扬，酒钢公司陶天柱，农垦十一师郑深，省水利厅北干渠工作组仇培潮。

会议主要讨论确定了给金塔提前放十月份水的问题；讨赖河流域管理处体制问题；金塔、酒泉两县均水的水规制度问题，水规纪律问题；水费征收问题；管委会委员补选问题；讨赖河渠首工程整修问题；讨赖河给洪水片调水问题。除此还确定了龙王庙水文站的修建问题。具体决议：

一、给金塔县提前放十月份水的问题。金塔县秋季作物旱象严重，目前秋泡地仅完成六千余亩，占任务计划的百分之三，酒泉县本着团结互助，上游照顾下游，共同抗旱的原则，充分发挥共产主义风格，在原规定十月二十日十二时放水的基础上，提前十天于本月十日十二时放水，放水路线在不影响讨赖河北干渠新建工程寿命的原则下，从南、北干渠放水，并在十一月十五日前还从讨赖河输水，以提高水的利用率。

二、讨赖河流域管理体制问题。与会同志一致认为目前讨赖河管理处仅负责上游的讨赖河渠首和下游的鸳鸯池水库，酒泉的中下游和金塔下游均未管。讨赖河关系到酒、金、嘉三县（市）的用水，可是工程管理采用的是分散的块块管理方法，渠首、鸳鸯池水库由专区讨管处管理，中间的南、北干渠，金塔输水渠，清水、临水，金塔的总、东西总干渠灌区由县管理，支干渠以下由社队管理；用水上采用死时间、活水量，按行政区划均水，使整体划为局部，活水划成死水，上下脱节，各自为政，全局安排，灵活调度无法进行。下游灌区，国营农场用水如干渠紧张状态，如今年金塔秋田受旱，酒泉余水外调；酒泉已泡地 90%，金塔才泡 3%（原因是体制与制度不合理）；夏田灌水，酒泉新城，果园三水灌完，边湾农场二水还未完，一条渠上用水，周围社队灌完，而专区农科所还不能用水。特别在讨赖河北干支渠以坚持高标准渠道和南干渠即将建成高标准渠道的新情况下，加强统一管理尤为重要。为此，讨管处行政应受专属直接领导，业务由专属水利局业务指导。并决议讨赖河南、北干渠和清水、临水和金塔总干渠，东西总干渠十个水利管理所均受讨管处统一领导，认真执行讨管处各项决定和配水计划。并按一九六五年元月省水利会议纪要规定"讨赖河、东西大河因流域面积不大，牵扯关系不太复杂，人力、物力也有一定基础，可以很快实行流域管理。目前应加速做好准备工作，如期于六六年元月份前实现流域管理，对全流域的管理机构实行直接集中统一管理"。因时间仓促，这次会议确定在一九六六年春灌前接管完毕。为适应工作需要，应逐步扩大编制，充实人员，机构。现各水利管理所的人员、财产一律不得动用。

三、金塔、酒泉县一九六六年均水的水规制度问题，仍按讨赖河系一九六三年灌溉管理实施办法（草案）执行。

四、水费征收问题：决议会后由讨管处统一按亩配水，以方便收费，按讨管处实际需要提成水费，但一九六五年讨管处经费的提取确定酒泉出四万元，金塔出三万元。讨赖河渠首会后维修工程需民工由酒泉、金塔两县合理负担。但一九六五年冬季渠首维修所需民工由酒泉负担。

五、水规纪律问题：必须严格执行按时开口、闭口、打严闭实。不得借故拖延放水，如有意见必须河系管委会开会议决，未决定前任何单位或个人不得擅自改变。对群众应加强教育，严禁偷水、抢水或任意扒口和损坏工程，如有违者由讨管处报请有关部门坚决按水规纪律予以处理，违犯水规，浪费水量造成损失者要进行赔偿，有意破坏的反坏分子要由司法部门处理，并要由讨管处负责督促将处理结果上报专署，以示严肃。

六、河系管委会委员的补选问题：由于部分委员的工作变动和工作需要，确定杨志范、孙光涛、张树春、时思明、张子江、董吉祥、何吉声、甄玉祥、李明扬、魏占华、刘义，酒钢公司陶云柱，农十一师郑深等十三位同志担任委员会委员。杨子范同志为主任委员，孙光涛、张树春、时思明、张子江同志任副主任委员。董吉祥兼任办公室主任。

七、讨赖河防洪问题：在每年六、七、八三个月防洪期间，需民工二十名，由金塔、酒泉两县各负担十名。民工伙食补助费每天五角，由讨管处负担。运输民工的来往车费，由讨管处报销一个往返。

八、讨赖河给洪水河调水问题：金塔县意见首先在基本满足需要的情况下，如需给洪水河调水时需经河系管委会（或专署）批准，酒泉县意见在自己用水期间可以自行调剂。上述两种意见未能统一，尚待今后继续磋商，并报请专属决定。

九、酒泉县意见临水、清水两个水管所既管辖讨赖河系的水，又管清临河系的水，仍应由酒泉管理，其他与会多数同志意见认为归讨管处统一管理。两种意见尚未统一，有待专署决定。

除此还确定了龙王庙水文站的修建问题，由酒泉县责成讨赖河北二支干渠工委会承担修建，并在今年冬冻前力争完成，民工工资由三九公司负责，工资每工日一元五角（包括伙食补助）。

上述问题，管委会责成讨管处会后立即上报专署请速批示，以利工作进展。

酒泉专区讨赖河流域管理委员会
一九六五年十一月十二日

讨赖河流域水利管理会议纪要

（一九七四年十月二十九日）

讨管局藏档案

讨赖河流域管理处（以下简称讨管处）于一九七四年十月二十五日至二十九日，在酒泉地区招待所召开了流域管理会议。讨管处管委会主任郭长生同志主持了会议，参加会议的有：酒泉地区水电局副局长董积魁，嘉峪关市农林局副局长马稼技，酒泉钢铁公司革委会生产指挥部机动处吕作全、动力厂刘延起，沈治君。酒泉县革委会主任刘士杰、水电局副局长杨三新，金塔县革委会副主任张世雄、水电局长何吉声，农建一师六团魏占春、七团董建顺，讨管处革委会副主任梁好德等二十二位同志。省水电局工作组朱子成同志也参加了会议。会议以批林批孔为纲，从团结用水的愿望出发，联系实际，敞开思想，着重讨论了流域管理范围的调整、流域分水制度的调整和管理经费的负担等问题。现将会议讨论协商共同议定的几个主要问题纪要如下：

一

到会同志一致认为：讨赖河流域水利管理工作，在省、地委的正确领导和流域内各级领导，广大群众的积极支持和配合下，做出了一定成绩。中央北方会议以来，农业学大寨运动蓬勃发展，耕作制度不断改革，科学种田水平不断提高，灌溉面积不断扩大。打井提灌逐步发展，工业要求供水量逐年增大。这些新情况的出现，给流域管理工作带来了新问题，提出了新课题。为了使管理工作适应新形势，解决新矛盾，既要进一步加强流域集中统一管理，又要充分调动各级领导治水管水的积极性，达到统一领导，分级管理，层层负责，充分挖掘水利资源潜力，扩大灌溉效益，加速商品粮基地建设目的。在坚持集中统一领导和分级管理的原则下，应对管理范围和分水制度做适当调整。

二

根据《甘肃省水利管理工作暂行办法》第一条："凡受益在一队、一社、一县、一地的水利工程，应该分别由队、社、县、地负责管理；受益在两队、两社、两县、两地的工程，原则上应由上一级管理，或由上一级委托一个主要受益单位进行管理"的规定，现将集中统一管理范围调整如下：

1. 讨管处管理范围：嘉峪关市、酒泉县、金塔县（下简称嘉、酒、金）、农林场共享的讨赖河渠首、南干渠（渠首至文殊沙河分水闸）十三点三公里，文殊沙河泄洪渠一点四公里；北干渠（渠首至总分水闸）十点六公里。北一支干渠（总分水闸至一支干渠二分水闸）十点四公里，北一支干渠上的新建支渠二斗门以上（二斗门以下由农建管理），北一支干渠上的三支渠双坝峡分水闸以上（分水闸以下分别由酒泉、农建管理），北二支干渠（总分水闸至鸳鸯闸）和鸳鸯输水渠共长四点二公里；上述工程附属桥涵、渡槽、分水闸、干支斗门和管理房屋、通讯线路、绿化林木。

2. 嘉峪关市管理范围：讨赖南干渠上一、二、三分水闸以下的三条支渠（二支渠只管文殊沙河以上嘉、酒共享部分，维修改建用工合理分担）。六个干直斗门以下的六条直斗渠。干渠九点三公里处泄水闸以下泄水渠一点四公里（泄水渠道维修养护用工由讨南嘉、酒各受益公社负担，由南干渠水管所协助办理）；北干渠上一、二干直斗门以下的两条直斗渠，北一支干渠上一、二分水闸以下的一、二支渠，一条直斗渠，文殊、新城两个公社，安远沟大队，嘉峪关农科所种地。

3. 酒泉县管理范围：讨赖南干渠文殊沙河分水闸以下干渠十三点一公里。支渠五条（四支渠上嘉峪关文殊公社冯家沟六队一个，生产队由酒泉负责配水，水由嘉市配给，维修改建用工合理负担）干直斗渠两条，二支渠文殊沙河以下渠道；北干渠上三直斗门以下的三斗渠，北一支干渠上三支渠双坝峡分水闸以下的双坝峡支渠。北二支干渠上一分水闸，鸳鸯闸以下支渠四条，干直斗渠四条；清水、临水两灌区内所有的渠道、水库工程；果园八个公社，西峰、新城、地区五七干校、地区农科所、城郊、丁家坝等七个农、林场及机关单位种地。

4. 金塔县管理范围不变。

5. 管理范围调整后，讨管处管理的公用工程的维修、改建、防汛抢险用工，由各受益单位合理分担；嘉、酒、金，农建分管的工程，自修、自管、自用。

6. 管理所隶属关系。应与上述管理范围相适应。讨赖河渠首、南、北、干渠三个管理所仍由讨管处直接领导。管理工程维修、养护、防汛抢险。负责嘉、酒、金三市县的用水分配，并检查指导讨赖灌区（嘉、酒）工程管理和灌溉管理工作；果园、西峰群众管理段交酒泉县直接领导；新城、文殊群众管理段改为南、北干渠水管所属配水站，现有群管人员属新城、文殊公社的交由嘉峪关市直接领导。属西洞、怀茂公社的交酒泉县直接领导（这两个群众段房屋属讨管处，群管人员可以使用一部分）；清水、临水两个水管所及现有群管人员交酒泉县直接领导。

7. 讨管处直接领导的三个水管所，目前需要十五名常年亦工亦农人员，现有四个群管段人员中调配九人（嘉峪关三人，酒泉六人），金塔六人。这些人员由水管所直接领导，统一使用；劳动报酬有受益单位负担（基本口粮不再分配），口粮由各市县提交给讨管处的水费粮中解决。

管理范围调整的交接工作，在一九七四年十一月底前办理完毕。

三

现行分水制度，是一九六四年根据当时农业耕作制度的需要制定的。从十年来的实践看，大部分是合适的，基本适应下游农作生长期需水。由于耕作制度的不断改革，酒泉冬麦播种面积的逐年增大，越冬、返青用水不断增加。洪水河灌区发展较快，河道来水不均，不能适应作物生长需求，多年来已从讨赖河分给部分水量补给不足；金塔气温较高，无霜期较长，适宜扩大复种作物，需要提前分水抢种；嘉峪关市蔬菜面积扩大，需要灵活调剂不同作物用水；酒钢已经投产，目前供给的部分生产用水没有规定具体时间，流域管理机构解决供水困难。鉴于以上原因和广大群众对流域分水制度改革的要求，根据一九七三年讨赖河流域工农业上下游、左右岸实际引用水量和灌溉面积，以及清、临灌区水量下降的实际情况为基础作了调整。关于酒钢用水，会议决定目前供水三千五百万立米左右，设计不足部分由讨管处、酒钢分别向省上请示报告，目前仍按议定的水量供给。

四

管理范围调整后，水费粮由嘉峪关市、酒泉县分别征收（农六团边湾农场由讨管处按当年播种面积直接征收）。并按正常年份配水量由流域管理处提交。作为流域管理机构，共享工程维修、防洪抢险、设备更新和科学试验经费开支。预计近几年每年管理机构经费六万元，工程维修三万五千元，试验经费一万元，共计十万五千元。由各收益单位承担。讨赖灌区（嘉、酒）每亿立方米水量负担二万二千元。鸳鸯灌区（使用讨赖河水量）每亿立方米水量负担一万五千元。清、临水河（包括鸳鸯灌区用水）每亿立方米水量负担一万元。按照上述比例，酒泉县应负担五万一千元，金塔县应负担四万一千元。嘉峪关市应负担一万三千元。各市县提交的水费，应在当年十二月底以前一次交清。处理共享工程及防汛抢险民工，亦工亦农管理人员需要的补助粮，由嘉、酒、金分别在征收的水费粮中负担。

五

关于成立流域管理委员会的问题，到会同志认为十分必要人选名单由各有关单位提出送讨管处与各方协商一致后，在适当时机予以建立。

讨赖河流域水利委员会第一次（扩大）会议纪要

（一九七六年十一月二十八日）

讨管局藏档案

讨赖河流域水利委员会于一九七六年十一月二十六日至二十八日，在酒泉地区讨管处召开了第一次（扩大）会议。酒泉地区各委会副主任，管理委员会主任杨柱基同志主持会议。出席会议单位原有嘉峪关市革委会主任刘华强、酒泉地区讨管处处长郭长生、酒泉地水电局副局长翟有才（代表胥席珍）、嘉峪关市农林局副局长朱学敏、酒泉钢铁公司机动处副处长杨柏英、中共酒泉县委常委黄瑞忠（代表张俊基）、金塔县革委会副主任肖占瑞同志。列席会议的有：酒泉地区讨管处革委会副主任武福民、崔光明，酒泉地区水电局李经基，地区农垦局熊国祥、董庆顺、侯念春，酒泉县水电局马世曾、毛换文，金塔县水电局何吉声、葛生年，嘉峪关市农林局水电科王锐敏、陈志华，酒钢动力厂沈治君，共二十一人。

会议高举马克思主义、列宁主义、毛泽东思想伟大红旗，热烈欢呼我们党又有了自己的英明领袖华国锋主席，热烈欢呼以华主席为首的党中央一举粉碎王张江姚反党集团篡党夺权阴谋的伟大胜利。深揭狠批"四人帮"反党集团的滔天罪行，以阶级斗争为纲，坚持党的基本路线，本着统筹安排，工农业、上下游互相兼顾的精神，从团结治水、用水的愿望出发，制定了讨赖河流域管理办法和分水制度，研究了酒钢大草滩水库引水渠首管理和讨管处经费负担问题。经过充分讨论协商，取得了一致意见，达到预期目的。

一

会议认为：讨赖河流域水利管理工作，在毛主席革命路线的指引下，在党的一元化领导下，在广大群众的积极支持配合下，做出了一定成绩。为了认真贯彻"以农业为基础，工业为主导"发展国民经济的总方针，最紧密的团结在以华主席为首的党中央周围，继承毛主席的遗志，深入开展"工业学大庆"、"农业学大寨"普及大寨县的群众运动，加强备战备荒的物质基础。我们必须搞好流域统一管理，合理使用水源，确保工程安全，充分发挥效益，为工农业迅速发展做出贡献。经认真讨论研究制定了《讨赖河流域水利管理办法（草案）》和《讨赖河流域分水制度》，拟在会后颁布施行，并在实践中修改完善。

二

酒钢是西北地区的一个钢铁基地，尽快把酒钢搞上去，对改变甘肃和西北地区国民经济现状有重要的意义。国家要求要在"五五"期间把酒钢建设成为年产八十万吨铁、五十万吨钢、三十万吨钢材的规模。"六五"在"五五"的基础上翻一番。酒钢生产生活用水，应首先挖潜地下水潜力，"五五"期间开发到二点五秒立米，不足部分由讨赖河补给。根据实际需要报省管委会批准，各年由讨赖河供应的水量为：一九七六年四千万立方米；一九七八年五千五百万立方米；一九七九年六千五百万立方米；一九八零年七千万立方米。一九八零年以后用水量另定。

大草滩引水渠首工程，属酒钢生产引水的专用工程，但关系到上下游，工农业用水问题，应在讨管处的统一领导下，工程由酒钢自管，自修、自用，保证机电设备完好，引泄水安全。冬季供水期河道来水要尽量做到全部引进，防止浪费；洪期根据水量变化和农业灌溉情况，灵活调剂供水时间和流量。供水期间由讨管处安排直接调度，并与酒钢管理人员共同测记流量。

三

工农业用水水费，由酒、嘉、金分别向直接受益单位征收（边湾农机校由讨管处按当年实际面积征收），并应向流域管理处提交管理经费，作为人员工资、劳保福利、水源勘测调查，办公宣传、房屋维修、工程维修、防汛抢险、机电设备更新和科学试验开支。预算近几年，每年需要人民币十七万元。议定酒泉县五万元，金塔县四万元，嘉市农业一万元，不足部分请酒泉地区给予补贴。提交的管理经费须在当年十二月底前一次交清。本着加强工农联盟，工业支持农业的精神酒钢承担上流掏泉等施工投资及讨管处管理费用的一部分，计人民币五万元。

近几年防汛抢险民工，亦工亦农管理人员每年需要口粮和补助粮二万斤。酒泉承担一万斤，金塔七千斤，嘉市农业三千斤。工程维修、改建和水毁维修用工的补助粮由各受益单位自行解决。

四

一九七四年十月流域管理工作会议，确定由嘉峪关市分管的工程和灌区，下放交接手续在一九七六年十二月底前办理完毕。交接范围按上次会议确定不变。不属移交范围内的管理房屋和设施，嘉市可以使用，但必须经常维修，保证完好。

文殊沙河泄洪渠一点四公里，仍由讨管处管理，其维修养护，防汛抢险和水毁修复，分别由嘉市、酒泉负责。具体划定西峰通往文殊公路桥以上（包括公路桥）由嘉市负责，以下由酒泉负责。

五

流域管理委员会会议每年召开一次，听取和审查讨管处的工作报告和年度工作计划，遇有特殊情况可临时召开会议。

讨赖河流域水利管理委员会第二次（扩大）会议纪要

（一九七八年二月三日）

讨管局藏档案

讨赖河流域水利管理委员会第二次（扩大）会议，于一九七八年二月二日至三日，在酒泉地区讨管处召开。管委会主任郭长生同志主持会议。讨管处革委会副主任梁好德同志作了工作汇报。出席会议的有胥席珍、姚继、吴大成同志，还有讨管处革委会副主任武福明、崔光明，酒泉地区水电局张才，酒泉县水电局马世曾、毛换文，金塔县水电局何吉声、葛生年，嘉峪关市农业局水电科王锐敏，陈志华，酒钢机动处吕作权，沈治君同志，共十六人。

会议审议了讨管处的工作报告。一致认为，在英明领袖华主席抓纲治国战略决策指引下，在党的统一领导下，流域广大群众，以揭批"四人帮"为纲，深入开展农业学大寨运动，大搞以水为建设的农田基本建设，加强水利管理，战胜了低温、冰雹等自然灾害，粮食总产达到二亿六千三百多万斤，棉、油等经济作物都有增长。抓纲治国一年初见成效的目标基本实现。工作汇报中提出的一九七八年水管工作的主要任务，是积极可行的。符合流域实际情况。要努力完成。

会议要求各用水单位和各级水管机构，高举毛主席的伟大旗帜，在华主席为首的党中央领导下，坚决贯彻党的十一大路线，抓纲治国，继续革命，打好揭批"四人帮"的第三个战役。彻底肃清流毒和影响，全面贯彻执行毛主席的无产阶级革命路线和政策，调动一切积极因素，把建设"大寨式"灌区当作一项重要工作抓紧抓好，充分挖掘现有耕地和现有水利设施潜力，加速建成高产稳产灌区，为实现抓纲治国三年大见成效，尽快建成商品粮基地而奋斗。现将协商议定的几个问题纪要如下：

一

一九七六年十月二十八日流域管理委员会第一次（扩大）会议制定的《讨赖河流域水利管理办法（草案）》《讨赖河流域分水制度》，经过一年来的实践证明是基本合理的，继续贯彻执行，在执行过程中，进一步调查研究，收集各方意见，逐步修改完善。

二

加强灌溉管理，总结群众管理和用水经验，改革灌溉技术，严格执行分水制度，充分利用水源，提高灌溉效率，努力完成领域内五十五万五千多亩农田灌溉，给芸水河灌区调剂水量三千万立方米的任务。

为了防止衬砌渠道冻胀破坏，饮用河水的社队，要在当年十一月十五日前（当气温在零下五度以上时可适当延长几天），蓄存够冬季人畜饮水量，来年二月上旬前，干区内不再引放水量，以保证工程安全；要求嘉峪关市、酒泉县水电（农业）局，敦促有关社队，修建一些防渗涝池或水窖解决冬季人畜饮水问题。

三

讨赖河南北干渠，由于沙石入渠磨损严重，近几年已发生局部水毁事故，影响安全输水和农业生产，必须在五年内，将四十八公里干渠加固完成。

一九七八年，完成南干渠三级陡坡之文殊沙河分水闸一段长二点八公里，南侧坡翻修一公里，北干渠安远沟分水口至北干渠分水闸一段长五点四公里的加固工程。加固工程在讨管处的统一领导安排下，分别由酒泉县、嘉峪关市和金塔县负责组织施工人员和运输车辆完成南干渠二点八公里，侧坡翻修一公里，北干渠上段一点七公里，下段三点七公里的施工任务。施工计划，技术指导和水泥材料，主要工具的解决由讨管处承担，铁锨、洋镐、架子车和住宿生活用具施工单位自备，施工人员和短途运输车辆，生活费和口粮补助，由各施工单位自行研究处理。施工时间由讨管处根据南干渠行水间歇的具体情况安排，各施工单位，要按安排要求，保质保量按期完成。

四

文殊沙河防洪渠水毁修复工程，设计洪水流量同意按二百一十秒立米计算，渠底宽九米，侧坡一比一点五，渠深三米。渠底及侧坡部斜长一米用砼灌砌卵石砌护，厚度二十五厘米，侧坡上部用砼预制板砌护，厚度八厘米，工程扩宽占地约十三亩，请嘉峪关市农业局向计划部门申请减除。占地赔偿按三年平均折产，赔偿费从嘉峪关农业局计划修复的工程费中支付，工程设计、检查验收、由讨管处负责；施工组织领导、技术指导和材料供应等分别由嘉峪关市和酒泉县负责。施工地段按第一次管委（扩大）会议确定的范围分别修建，五月底以前完成。

五

嘉峪关、酒泉、金塔向讨管处提交的水费和水费粮，仍按第一次管委会（扩大）会议确定的提交的数字不变，必须在当年十二月底以前交清。不得拖欠。历年欠交的水费，要在今年内分次交清。

南干渠三级陡坡至文殊沙河南岸，近几年来，沿岸生产队填滩扩地，已于渠岸相连，秋冬泡地渗水冻胀损坏渠道，要在渠堤以外十米，开挖排水沟一条，排除渗水和尾水。开挖工程由酒泉县完成。工程占地请嘉峪关市农业局与文殊公社研究处理，占地不予赔偿。

讨赖河南干渠、北干渠沿岸渠堤十米以内，不得开荒种地，挖沟取土，嘉峪关市、酒泉县与各水管所，要向社队做好宣传教育，共同保护好水利设施。凡已种植至渠堤边的耕地，要求退到十米以外。

关于讨赖河流域分水制度局部调整的通知

酒地讨〔1979〕16 号

嘉峪关市农业局水电科、酒泉、金塔水电局：

根据流域管委会第三次（扩大）会议确定，于一九七九年五月二十八日、二十九两日召集了农业方面负责水利工作的同志，认真讨论了流域分水制度的局部调整问题。经充分讨论协商，同意对讨赖、洪水、临水河分水制度暂作如下调整，试行一年后再进行修订。

一、讨赖河八月十五日至八月三十一日鸳鸯灌区用水期间，给讨赖灌区用水四百三十二万立米七天用完，在鸳鸯灌区用水期满时，讨赖灌区归还水量五百万不超过六百万立米，还水以当时流量计算时间，还水期间清、临水灌区沿讨赖河两岸各口只准引原流量，不得多引给鸳鸯灌区的还水流量，讨管处监督检查，酒泉负责执行。如果截引多引水量，按实引水量的二至三倍偿还。

二、清水河魏家湾水库春季蓄水开始时间从原定四月十日提前到四月一日，魏家湾以下各水库开始蓄水时间仍为四月十日不变。八月十五日至八月三十一日不再给鸳鸯灌区分水，归酒泉利用。

三、临水河八月十五日至八月三十一日给鸳鸯灌区分水期间，临水、鸳鸯坝可以引用洪水下泄的洪水，临水河只准引一秒立米，鸳鸯坝只准引零点五秒立米，当通过两坝口洪水流量小于二秒立米时停止引水。

四、清水、临水灌区十月三十一日至十一月五日用水的五天时间归鸳鸯灌区使用。

除以上调整外，原定的分水制度不变，要求各用水单位严格贯彻执行。

酒泉地区讨赖河流域水利管理处（章）

一九七九年五月三十一日

讨赖河流域水利委员会第四次（扩大）会议纪要

（一九八○年五月十五日）

讨管局藏档案

讨赖河流域水利委员会于一九八○年五月十二日至十五日，在酒泉地区讨赖河流域管理处召开了第四次（扩大）会议。管委会主任委员李进德同志因公出差。会议由酒泉地区行政公署副专员金学有同志主持。管委会副主任委员、讨管处处长郭长生同志作了一九七四年管理工作汇报。出席会议的有：副主任委员李华栋、委员白雁龄（代）、朱学敏、杨柏英、张俊基、王占先（代）；参加扩大会议的有：

讨管处崔光明、韩志杰。酒泉县水电局李福、毛换文，金塔县水电局何吉声、葛生年，嘉峪关市农林局水电科王锐敏、陈志华，酒钢机动处和动力厂李忠、吕作权、沈治君、刘延齐，酒泉农垦分局边湾农机赵献文同志，共二十一人。

会议审议了讨管处的工作报告。一致认为：在党的十一届三中全会精神的指引下，在党和政府的领导下。一年来，讨管处的管理工作，依靠流域广大群众，加强水利管理，合理调配水量，战胜了低温，旱洪，冰雹等自然灾害，促进了个农业生产发展，成绩是显著的。对工作中存在的一些问题，需要进一步研究改进。汇报中提出的一九八零年管理工作的主要任务，是积极可行的。符合流域实际情况，要努力完成。

会议本着统筹安排，工农业、上下游互相兼顾的精神，从团结治水、团结用水的愿望出发，讨论了《讨赖河流域水利管理办法（修改草案）》和《分水制度》的局部调整。研究了文殊沙河防洪工程规划和管理经费提交等问题。取得了一致意见。

一

为了进一步加强水利管理，合理使用水源，保证工程安全，充分发挥兴利除害效益，与会同志认真讨论了《讨赖河流域水利管理暂行办法（修改草案）》。认为还需要进一步研究，充分听取各方意见，待成熟后再行讨论通过。现仍按酒泉地区，嘉峪关市革命委员会酒地革发[1976]135 号和嘉革发[1976]82 号文件批转的《讨赖河流域水利管理办法（草案）》执行。

二

一九七六年十一月二十八日流域管理委员会第一次（扩大）会议制定的《讨赖河流域分水制度》，经过几年来的实践证明是基本合理的，对当前生产不够适应的部分，经讨论协商同意作如下调整，在水源不足的情况下，各用水单位应继续挖潜解决。

1. 清水河魏家湾水库以上春季蓄水时间由原定四月十日提前到四月一日；清水河八月十五日至三十一日给鸳鸯灌区分水十六天改为十天，即八月十五日至二十五日。

2. 清水、临水河灌区沿讨赖河的头道坝，二墩坝、蒲上、蒲中四个引水口，七月十五日至三十一日不再给鸳鸯灌区分水，在讨赖河分水期间仍引原流量。

3. 清水、临水灌区十月三十一日至十一月五日用水的五天时间调给鸳鸯灌区使用。

4. 讨赖河八月十五日至三十一日鸳鸯灌区用水期间，根据讨赖灌区灌溉需要和水量变化情况，讨管处可作适当调整。

5. 酒钢工业生产引用讨赖河水量按四千五百万立方米供给。冬季供水三十七天（起止日期视气温情况确定）。这个期间河道来水量尽量做到全部引进，以免浪费。不足部分在七、八、九三个月内补够。

三

会议一致同意文殊沙河防洪治理规划。本着统一规划、分期治理的原则，提请酒泉地区行政公署和嘉峪关市人民政府共同上报省人民政府审批，列入计划，设计洪水流量二百五十秒立米计；上、中段行洪河床宽度为一百二十米和一百五十米；下段泄洪渠底宽为二十五米。泄洪渠扩宽占地约四十五亩，按三年平产折价赔偿，由讨管处会同嘉酒共同协商，划定部分闲滩空地以利于发展生产。

鉴于汛期即将来临，泄洪渠进口上下东西两岸各七百米防洪堤，分别由嘉市、酒泉按规划修建，其他受洪水威胁部位亦应采取防洪措施，以保安全防汛。

四

为保证流域管理工作顺利进行，公用工程设施及时维修加固，原规定向讨管处提交的管理费，酒泉五万元，金塔县四万元，嘉市农业一万元，酒钢工业五万元。经会议复议必须如数提交，不得拖欠。历年尾欠部分，应在今年内分期交清。

五

讨赖河南干渠三级陡坡至文殊沙河渡槽一段南岸，近几年来，附近生产队填滩扩地，占用了渠道划定的安全范围，耕地已与渠道相连，秋冬泡地渗水冻胀损坏渠道，灌溉尾水和跑水冲坏渠岸，严重影响工程输水安全。一九七八年二月管委会第二次（扩大）会议确定："南案渠堤十米以外开挖一条排水沟，排除渗水和尾水。并请嘉市农业局与文殊公社研究处理。"由于各种原因没有实现，这次会议重申，仍按规定处理方案由讨管处会同嘉市农业局现场具体划定位置，务须在今年秋季完成。

六

为了保证《流域水利管理办法（草案）》和《流域分水制度》顺利实施，对违反规定的单位和个人，应视情节轻重加倍扣还水量或赔偿损失。情节恶劣、影响很坏，造成严重后果者，应按一九七九年七月十二日甘肃省革命委员会关于保护水利工程保障防洪安全的布告中的有关规定严肃处理。对保护水利工程设施，维护水规制度有功的单位和个人，应予表彰和奖励。

讨赖河流域水利委员会第六次会议纪要（扩大）

（一九八四年八月八日）

讨管局藏档案

讨赖河流域水利管理委员会于一九八四年八月七日至八日，在酒泉地区讨赖河管理处召开了第六次会议（扩大）。会议由酒泉地区行政公署副专员金学有同志主持。出席会议的有嘉峪关市农业局副局长蔡兴建，酒泉地区讨赖河水利管理处处长郭长生、副处长王占先、盛跃、王治顺，酒泉地区水电处处长吴大成，酒泉钢铁公司能源处处长汪师德、动力厂副厂长沈治君，酒泉县副县长茹进忠，县水电局副局长马世岑，金塔县副县长郭敬贞、县水电局副局长王福邦，农垦分局边湾分场党委书记侯广国以及有关人员共二十三位同志。

会议期间，讨赖河流域水利管理处处长同志作了讨赖河领域一九八二、一九八三年水利管理工作汇报；讨论了《讨赖河流域分水制度》、《讨赖河领域管理试行办法》；协商确定了流域水利管理委员会成员调整、充实意见；研究确定了讨管处管理经费调整方案。

会议坚持民主集中制的原则，经过反复酝酿，认真协商，对有关问题取得了一致意见，达到预期目的。

一

会议审议了管理处的工作报告。与会同志一致认为，两年来，在十二大精神的指引下，在上级党政部门的正确领导和各级业务部门的指导支持下，流域水利管理工作，依靠广大群众，在坚持流域分水制度和用水管理方面，做了大量工作。保证了工程安全，做到了统筹兼顾，合理调配，达到了均衡受益，促进了个农业发展。会议研究工作中存在的问题，提出了修改意见。

会议认为，汇报中提出的一九八四年管理工作主要任务，符合流域实际情况，是积极可行的，要努力完成。

二

根据机构改革，人事变动的实际情况，讨赖河流域水利管理委员会有必要进行调整，充实。按照酒钢政企分开的实际情况和便于开展工作，酒钢增补一名委员，考虑到各受益单位都能参与流域管理工作，农垦分局边湾分场增补一名委员，讨管处增补一名技术干部担任委员。委员会成员由原来的八名扩大到十一名。经协商议定，新的委员会由下列人员组成：酒泉地区行署专员金学有、嘉峪关市副市长贾石、嘉峪关市农业局副局长蔡兴建、酒泉地区讨管处处长郭长生、副处长王占先、酒泉地区水电处副处长翟有才，酒泉钢铁公司能源处处长汪师德，酒泉县副县长茹进忠，金塔县副县长郭敬贞，农垦分局边湾分场党委书记侯广国等十一位同志。金学有同志任主任委员，贾石、郭长生同志任副主任委员，今后由讨管处报请酒泉地区行政公署，嘉峪关市人民政府批准。

三

按照讨赖河流域管理委员会第一次会议（扩大）纪要，"工农业用水水费和水费，由嘉、酒、金分别向受益单位征收（边湾农场由讨管处按当年实际播种面积征收），并向领域管理处提交管理经费，作为人员工资、劳保福利、水源勘测调查、办公宣传、工程维修、防汛抢险、机电设备更新和科学试验等开支"的规定，原定管理费十五万元，由于省上已明确指出，今后水利工程维修，国家不再投资，由水费中开支，加之工程运行接近或超过二十年，维修量增大，材料涨价。同时，讨管处业务扩大，人员增加，离退职工越来越多，职工工资调整等因素，原定管理费标准已远远不能满足流域管理工作需要。甘肃省水利厅、省物价委员会《关于调整水利工程供水收费标准》的文件下达后，税费征收标准大幅度提高。为了保证流域水利管理工作的顺利开展，流域管理经费应调整。会议确定讨赖河流域水利管理处的管理费从一九八四年起提取三十万元。其中酒泉钢铁公司负担七万元；农业单位按七六年至八三年平均实际引水量计算，酒泉县负担十万三千七百元（其中包括洪水河外域调水三千万方左右），金塔县负担九万一千三百元，嘉市农业负担二万五千元，边湾分场按年实际用水量，每方水收费五厘，由讨管处直接征收。会议决定嘉市农业、酒泉、金塔、边湾分场应提交的管理费八四年免去新增部分的百分之四十，其中酒泉县应交八万二千二百二十元，金塔应交七万零七百八十元，嘉市农业应交一万九千元。边湾分场按实际用水量计费，免去新增部分的百分之四十。

一九八五年起，都按新定标准缴纳，各单位应负担的管理费于次年五月一日交清。有关单位历年拖欠的管理费，八四年底一次交清。共享工程维修，防汛所需的补助粮，仍按第一次流域委员会决定标准提交，酒泉县一万斤，金塔县七千斤，嘉市农业三千斤。水费有节余时，可由讨管处决定少征或免征。

四

会议同意讨管处修订的《讨赖河流域水利管理办法》和《讨赖河流域分水制度》，根据会议讨论的意见，今后做文字修改，报酒泉地区行政公署，嘉峪关人民政府批准生效。

讨赖河流域水利委员会第七次会议（扩大）纪要

（一九八七年八月一日）

讨管局藏档案

讨赖河流域水利管理委员会于一九八七年七月十五日至十六日，在酒泉地区水电处召开了第七次会议（扩大）。会议由酒泉地区行政公署副专员刘兴、嘉峪关市副市长龚雪泉同志主持。参加会议的有酒泉地区水电处处长吴大成，酒泉钢铁公司副总工程师汪师德，动力厂副厂长沈治君，酒泉地区讨管处党总支书记王天元、副处长王占先、于建华，嘉峪关市农林局副局长蔡兴建，酒泉市副市长许万福，金塔县副县长李国安，农垦分局边湾农场副厂长侯念春以及有关同志二十四人。

会议期间，讨赖河流域水利管理处副处长王占先同志作了讨赖河领域水利管理委员会第六次会议以来流域管理工作的汇报；协商确定了讨赖河流域水利管理委员会委员调整意见；讨论研究了贯彻执行省政府［1987］1 号文件精神和委员们提出的有关问题。现将会议研究确定的主要问题纪要如下：

一

鉴于原流域委员会委员工作变动较大，经协商确定：新的流域管理委员会由酒泉地区行署专员刘兴，嘉峪关市副市长龚雪泉，酒泉地区水电处处长吴大成，酒泉钢铁公司副总工程师汪师德，酒泉钢铁公司动力厂副厂长沈治君，酒泉地区讨管处党总支部书记王天元、副处长王占先，嘉峪关市农林局副局长蔡兴建，酒泉市副市长许万福，金塔县副县长李国安，农垦分局边湾农场场长陈景才等十一位同志组成。由刘兴同志任主任委员，龚雪泉、吴大成、王占先同志任副主任委员。

二

会议审议了流域管理工作汇报。与会同志一致认为，第六次流域管理委员会以来，讨管处在流域管理工作中沿着"全面服务，转轨变型"的水利改革方向，按照"加强经营管理，讲究经济效益"的水利工作方针，在坚持流域分水制度，加强工程养护管理，实行计划用水等方面做了大量工作，基本做到了工程安全，统筹兼顾，合理调配，均衡受益，促进了工农业生产发展。总的来看，流域管理工作近几年比过去有了进步，成绩是主要的。但也存在一些问题，如流域会议间隔过长，管理工作中出现的酒钢冬季引水未按时开闭口，局部地区违反制度，发生偷水抢水事件未能彻底解决等，有待于今后改进。

会议认为，汇报中提出的今后流域管理工作的任务和流域建设设想基本符合流域实际情况，是积极可行的，对有些问题还需要进一步探讨和调查分析。

三

讨赖河流域现行分水制度，是考虑历史沿革，根据各单位实际需水和可能供水量反复修改形成的，是基本合理的。会议重申：分水制度仍按第六次流域会议纪要的规定和管理办法执行。

近几年工业生产规模不断扩大，农业种植面积持续增加，需水量越来越大，而水资源却逐年减少，地下水溢出带向下游退缩，致使工农业用水普遍紧张，供需矛盾日益突出。会议认为，解决这一矛盾的主要途径就是充分调动管水单位的积极性，互敬互谅，团结协作，千方百计挖掘水资源潜力，提高工程效益，实行科学管水用水，争取基本适应工业、农业生产和人民生活用水的需要。具体做法：

一是充分发挥工程效益，加强各级渠道的养护管理，减少输水损失，提高渠系利用率。清、临水灌区的小水库，小唐坝在保证工程安全的前提下提高蓄水能力，收集闲散水源，拦蓄部分洪水，以解决用水之缺。各灌区的农用机电井，都要充分利用，搞好维修配套，提高单井效益，扩大井灌面积，减轻地面水负担。二是在充分利用现有水源的基础上，积极开辟新水源。各用水单位都要树立长期防旱抗旱思想，广泛宣传节水省水的重要性，切实加强用水管理，实行计划用水，不断改进灌水技术，提高灌溉水利用系数。认真总结灌溉试验成果，推广省水增产的先进方法。个别旱情严重的地区，要发扬自力更生，艰苦奋斗精神，设法开辟新水源，积极打井掏泉，修建小水库。临水河上游四个村的干旱问题，酒泉地区水电处将协同酒泉市在两、三年内争取打部分灌溉机井，以缓解这个地区长期干旱的状况。工业用水应坚持首先开发利用地下水，不足部分根据可能和有关制度规定由讨赖河引水供给。酒钢用水量仍按四千五百万方供给，高速线材投产，以及生活用水增加所需水量由酒钢内部挖潜调剂解决。在条件允许的情况下，尽快改造黑山湖井群的输水管道，以使该井群提水量逐步达到设计能力，弥补地面水的不足。

四

会议期间，对委员们提出的几个具体问题，经广泛讨论议定：

酒泉代表提出修改分水制度的意见，因变更范围较大，涉及面广，暂不变动。会议要求由讨管处组织力量进行调查，分析论证，提出方案交下次流域会议再议。

为提高工程效益和调解用水，充分利用大草滩水库的蓄水潜力，每年在供给酒钢工业用水四千五百万方的前提下，由讨管处根据河道来水情况灵活调度，本着先蓄后调的原则，洪水多时多蓄，多蓄水量转入下年，枯水年份少引，每三年结算平衡一次。

本纪要经酒泉地区行政公署、嘉峪关市人民政府批准后执行。

附流域会议报到名单：

流域会议报到名单（七次）			
姓名	单位	职务	签名
吴大成	水电处	处长	吴大成
王天元	讨管处	总支书记	王天元
王占先	讨管处	副处长	王占先
于建华	讨管处	副处长	于建华
魏兴满	讨管处	科长	魏兴满
马世成	讨管处		马世成
扈昌步	讨管处		扈昌步
梁好德	讨管处		梁好德
张桢	金塔鸳鸯池	所长	张桢
吴秀兰	讨管处		吴秀兰
齐爱敏	讨管处		齐爱敏

讨赖河流域水利委员会第八次扩大会议纪要

（一九八九年五月二十四日通过）

讨管局藏档案

讨赖河流域水利管理委员会于一九八九年五月二十三日至二十四日在讨赖河流域管理处召开了第八次扩大会议。参加会议的有委员会委员、正副主任委员以及有关同志共十九人。

会议期间，听取和审议了讨赖河流域管理处处长翟有才同志所作的《讨赖河领域管理工作汇报》；根据讨赖河管理处人事变动情况，为便于工作，协商调整了流域管委会成员。由现任讨赖河管理处处长翟有才同志接替王天元同志担任流域委员会副主任委员（王占先同志不再担任副主任委员），其余成员及委员单位不变；协商确定了提高管理费问题。现纪要如下：

与会同志一致认为：讨赖河领域管理处在第七次领域委员会以来，认真贯彻了整顿经济秩序，治理经济环境，全面深化改革方针，在加强经营管理，讲究经济效益，坚持流域分水制度，开展灌溉试验，综合经营等各方面做了大量工作，基本做到了工农业兼顾，上下游均衡受益，保证了流域七十多万亩农田灌溉和工业用水。汇报中提出的今后设想是积极的。会后要在各方面的支持下积极主动做好工作，争取圆满实施。

根据讨管处向各用水单位提交的管理费远不能满足工程维修，现又工程老化，年久失修，工程安全难保，加之工资、物价上升的实际情况，经全体委员会议议定：在水法配套法规尚未实施和省政府［1987］1号、［1987］170号文件精神没有落实前，讨管处管理经费由原来的二十九万元，增加到五十八万元，其中酒泉市二十万七千四百元，金塔县十八万二千六百元，嘉峪关市五万元，酒泉钢铁公司十四万元。边湾农场按实际供水量每方水十二厘，由讨管处直接征收。经讨论商定，新增的管理费从一九八九年元月一日起执行。新增管理费主要用于工程改造维修费用，改善工程现状，提高工程效益，确保工程安全运行。

讨赖河流域管理委员会第十次（扩大）会议纪要

（一九九五年四月四日通过）

讨管局藏档案

讨赖河流域管理委员会于一九九五年四月三日至四日，在酒泉召开了第十次（扩大）会议。参加会议的有：酒泉地区行署副专员王殿英、嘉峪关市政府常务副市长魏学鸿、讨赖河流域管理处处长朱向东、酒泉地区水电处处长郭跃堂、嘉峪关市农林局副局长赵兴录、酒泉市副市长王治国、金塔县副县级调研员王治泰、酒泉钢铁公司能源处处长张宏江、动力厂副厂长王连根、农垦边湾农场副场长杜兆发、讨管处副处长张光平。

参加会议的还有：酒泉市水电局局长蒲传乐、金塔县水电局副局长车文元、酒泉地区水电处水管科科长史福寿、嘉峪关市农林局水电科科长李海滨、酒泉地区讨管处工程灌溉科科长扈昌步、酒钢公司能源处高级工程师卫国明、动力厂生产科科长蒋玉福、农垦边湾农场水电所所长侯念春等共十九人。

会议由流域管理委员会会议领导小组主持。

会议认真听取和审议了讨赖河流域水利管理处处长朱向东同志所作的《讨赖河流域水利管理处工作汇报》；协商调整了流域管理委员会组成人员；讨论通过了《讨管处水费征收办法改革方案》；经会议领导小组研究，原则通过了《讨赖河流域水利管理委员会会议程序》。会议结束时，管委会主任委员酒泉行署副专员王殿英、嘉峪关市政府副市长魏学鸿分别作了重要讲话。

一

这次会议是在各级政府和水管部门认真贯彻全国、全省水利工作会议精神，深入进行水利体制改革的形势下召开的。会议依据国家关于水利体制改革的各项方针政策，联系讨赖河流域的实际，对讨管处提请委员会议审议的有关问题展开了认真的讨论。与会同志认为，讨赖河流域水利改革应当坚决地贯彻全国、全省水利工作会议精神和省政府《关于加快水利体制改革和发展的决定》，建立以"五大体系"为重点的适应市场要求的水利产业和良性循环机制，促使水利更好的为国民经济和社会发展提供全面服务。然而，讨赖河目前存在着的水利设施破烂，工程效益衰减，管理费用拮据等问题，与流域内工农业生产和人民生活需要不相适应，必须从根本上加以解决。解决的办法，就是按照甘政发［1995］9 号文件精神和既尊重历史，又体现供水成本的原则，从水价改革入手，改革讨管处管理费征收办法。

与会同志经过热烈讨论，各抒己见，集思广益，在水利改革的总体看法上形成了共识，为本次会议解决流域重大问题奠定了思想基础。

二

与会代表解放思想，实事求是，正确处理流域整体利益同各用水单位个体利益的关系，求同存异，顾全大局，基本完成了会议各项任务。

第一、会议本着实事求是的原则，对讨管处在流域管理委员会第九次（扩大）会议以来的工作给予了充分肯定。

第二、经协商议定，本届流域委员会议由王殿英、吴宝真、朱向东、郭跃堂、赵兴录、王治国、闫沛禄、张宏江、田景仁、王勇智、张光平 11 人组成。王殿英任主任委员，吴宝真、朱向东、郭跃堂任副主任委员。

第三、会议审议通过了《讨管理费征收办法改革方案》。会议议定：讨管处管理费按成本核定。供水总成本 290.2 万元，按多年平均供水量分解到各用水单位，其中酒泉市 117 万元，金塔县 121.9 万元，嘉峪关市 50.1 万元。

根据甘政发〔1995〕9 号文件精神，酒钢在工业用水标准未确定之前，仍交纳管理费。取费标准暂按此次农业水费增长幅度（154%）计算，即以年 35.6 万元征收。

边湾农场应交纳水费。水费标准按每立方米 30 厘计算。

会议遵照水费应"逐步到位"的原则，结合与会同志关于"这次水费改革力度较大，眼下用户承受能力有限"，"管理费收缴时间应该为两次"，"酒钢公司管理费应打入总成本"等意见，决议：（一）讨管处管理费在供水总成本 290.2 万元基础上下浮 10%，即酒泉市 105.3 万元，金塔县 109.71 万元，嘉峪关市 45.09 万元，酒钢公司管理亦在 35.6 万元基础上下浮 10%，为 32.04 万元。（二）改革后的管理费自 1995 年 1 月起执行 60%，即酒泉市 63.18 万元，金塔县 65.83 万元，嘉峪关市 27.05 万元，酒钢公司交纳 32.04 万元；1997 年 1 月起按供水成本全部到位。

管理费由各县市水电局分两次直接向讨管处缴纳（讨管处不再向灌区收取），年底全部结清。拒不缴纳者讨管处有权停止供水并不再补供；无故拖欠者，按月率千分之五缴滞纳金由讨管处向银行贷款，利息由拖欠单位承担。

最后，会议就资金管理，科学用水问题对讨管处提出了具体要求：（一）讨管处要切实加强管理费的管理和使用，在严格管理费用支出的基础上，拿出部分资金用于水利设施的维修、改造、养护工作，把管理费用在刀刃上，充分发挥资金效益；讨管处应请有关部门对年度经费使用情况进行审计，将审计结果报告管委会。（二）为了做到团结用水，节约用水，讨管处应将合理、科学的开发利用水资源问题作为一个课题来研究，提出切实可行的政策措施，促进水资源效益的发挥。

附签名表：

通过会议《纪要》签名			
姓名	工作单位	职务	签名
王殿英	酒泉行政供述	副专员	王殿英
魏学鸿	嘉峪关市政府	常务副市长	魏学鸿
朱向东	讨管处	处长	朱向东
郭跃堂	酒泉地区水电处	处长	郭跃堂
赵兴录	嘉峪关市农林局	副局长	赵兴录
王治国	酒泉市政府	副市长	王治国
王治泰	金塔县政府	副县级调研员	王治泰
张宏江	酒钢能源处	处长	
蒋玉福	酒钢动力厂	生产科长	
杜兆发	边湾农场	副厂长	杜兆发
张光平	讨管处	副处长	张光平

关于组织开展讨赖河干流分水制度
及水量分配研究项目的通知

甘水办发［2010］58 号

讨赖河流域管理局：

　　根据省水利厅要求，为了进一步研究讨赖河干流分水制度中干旱情况下水量调剂应急方案，以消除来水减少或长期干旱情况下产生水事矛盾、或者因分水问题造成受灾等情况的发生。经请示厅领导决定由你局组织开展《讨赖河干流分水制度及水量分配研究》（暂定名）项目，现将有关事宜通知如下：

　　1. 组织实施：以你局为主，我办参与，组织项目研究编制工作小组，负责调查研究，编写报告工作。可邀请省水科院、水文局、厅水政水资源处、嘉峪关市、酒泉市水务局的增加进行技术咨询。

　　2. 时间要求：该项目初步成果报告须在 2008 年 12 月 31 日前完成，经审查的终审稿应在 2009 年 2 月底前完成审查报告终审稿。

　　3. 项目资金：初步成果安排项目资金 5 万元，最终成果，待对前期资金审查后安排。

甘肃省水资源委员会办公室（章）

二〇〇八年十一月十二日

灌 区 事 务

酒泉市丰乐河工程委员会第一次会议决议

肃州区水务局藏档案

丰乐河系公社、农场：

　　本河系于 1962 年 9 月 15 日在水管所成立了工程委员会并召开了第一次会议，现印发你们，请提出指正及不同意见，以便正确执行。

　　一、本河系从 55 年至 58 年以来，在省、专、市委正确领导下及大力支持下和各地群众不辞劳苦的辛勤劳动的结果，在本河系创造了巨大成绩，兴修干渠两条，共 31 公里，并全部做好衬砌，支渠九条，共 50 公里，衬砌完成 26 公里，干、支渠引水分水建筑物 34 座，桥涵建筑物 14 座，并完成截涌泉渠 6 公里等各项史无前例的宏伟工程。提高了渠道用水利用率，达到了安全、适时通水，保证了农业用水的要求，这是我们很大的成绩。由于近几年来，我区同其他地区一样遭受了严重的自然灾害和错误执行党中央指示的双重因素，使人民生活处于困难的状态，造成了人力、物力、畜力不能相适应各项事业的发展及要求，水利工程也同样形成失修，建筑物失去应有的作用，因而，造成灌溉上的紧张、浪费，使农作物遭旱而减产，不能使农业按计划、有步骤的发展。

为了解决上述存在的问题，党中央早就提出：水利是农业的命脉，必须首先解决水利问题，使水过关，在这样的前提下及目前所处的形势，省、专、市委各级召开了水利会议，并作了专题讨论及指示，会议指出：恢复、整修、巩固、提高水利工程是解决水利问题的重要措施，我河系在这一精神的鼓舞下，根据工程破坏情况，提出了整修计划，并得到了省、专、市委的支持，给本河系东、西干渠工程投资 16 970 元，粮食补助 4700 斤，这将对今秋整修工程提供更丰富、更顺利的条件。

二、为将今秋工程顺利迅速进展，达到全省目标，保质保量，作如下决议：

（1）健全工地领导组织机构：根据市委指示在此期间正式成立工程委员会，以便决定研究解决工程存在发生的问题，督促检查工程数量、质量、民工生活、器材购置、保管、安全卫生等项工作，以保证按质、按量、按期完成，现将工程委员会成员列名如下：

工程委员会主任委员：翟春荣同志

副主任委员：万金斗同志

委员：刘其光、杨再年同志，并为东干渠及东一支渠工程负责人。

刘志安、赵玉同志并为西干渠工程负责人。

张永芳、安国英、周学敏同志等九人组成。

（2）坚持工程质量：为保证工程巩固下来，达到三五年内的安全，不许强调工程质量、标准、规格达到设计要求，必须按照施工技术人员的指导进行整修，不合格的立即进行返工，否则不予验收，为加强责任制，工委会下设工程检查验收组，及时进行检查，提出存在问题，现列名如下：

工程检查验收组组长：翟春荣

副组长：万金斗、周学敏同志

其他成员以及工程负责人参加检查、验收。

并为适应工程技术要求，各对配备下列人员进行指导及工程检查工作。

西干渠：吴敏、刘学文同志

东干渠：王匡栋同志

东一支渠：张吉瑞、茹悦中、贾尚会同志

（3）加强民工基层领导：个工程负责人必须要求出工单位（公社、大队）在施工期间专门固定下来领导干部，做好民工思想教育，抓好工程进度、工作效率、工程质量、工序安排，劳力调配、工程统计等工作，有组织有领导地按质、按量、按时完成工程任务。

（4）定人、定时、定量：在施工期间，各出工单位抽调出强壮男劳力，固定下来，争取不换人，提高出勤率，完成劳动定额，按时开工，按时完成，以免影响农业生产，为此作以下安排：

施工日期：10月2日至10月31日，共30天

西干渠：下河清公社应工作日2640个，计划每天应上工人数88人，下河清农场应工作日1319个，计划每天应上工人数44人

东干渠：丰乐公社应工作日900个，计划每天应上工人数30人，清水公社：应工作日510个，计划每天应上工人数17人。

东一支干渠：丰乐公社应工作日484个，计划每天应上工人数16人，清水公社：应工作日767个，计划每天应上工人数29人.

三项总计：应工作日6620个，计划每天应上工人数224人。

以上安排，各出工单位在不影响农业生产的原则下，也可适当增加，但不得等于计划人数，争取早日完成。

（5）以人定量，按方计工，以工付酬、多劳多得，这是激发民工积极性的一个重要手段，也是按期如数完成工程任务的有效措施，为此要求出工单位必须按播种面积负担劳力，接受工程任务，按人包工，早完早回，并各出工单位按计划工程任务包到底，工完账结，再不清算弥补，现将各投资补助如下：

出工单位	工程量（立方米）			投资（元）				补助粮食（斤）
	合计	土方	石方	合计	工资	运费	材料费	
总计	6 124	3 274	2 850	10 000	4 295	4 424	1 281	4 700
下河清公社	3 540	1 650	1 890	5 829	2 112	2 949	768	2 310
下河清农场	1 738	778	960	2 915	1 055	1 475	385	1 155
丰乐公社	540	540		805	720		85	790
清水公社	306	306		451	408		43	445

以上投资及粮食补助按工程量及工日分记，每个工日工资0.8元，粮食0.14斤，在总投资款内剩余6970元，作为拨给水泥20吨的材料购买及运费开支，由工委会掌握使用。另外，以上投资不包括东一支干渠，由丰乐、清水公社自行负责整修。

（6）做好开工前准备工作：各公社必须指定专人，据工委会议在9月15日起负责工程器材、工具的购置、运输、保管、妥善安排民工食宿，为工程进展奠定良好基础，以免在开工后造成停工待料、窝工浪费、或由于工具欠缺影响工效及工程质量。

（7）加强工地安全卫生工作：任务第一，安全当先，必须强调工地安全，杜绝一切事故发生，做到安全施工，并各工地抽出医务人员在工地巡回医疗，检查食宿及防治传染疾病的发生，保证工程完成，人身无损。

总之，在今秋和明春，以最大决心修好本河系几年来破坏失修的工程，并要巩固下来，以发挥其应有作用，保证安全、适时、顺利的通水，为农业的生产发展做出更大的贡献，使农业逐日走上健康道路。以上意见是否妥当，请予以指正。

丰乐河水管所
一九六二年九月十七日

酒泉县水利电力局关于银达公社浦上沟、浦中沟、三墩公社、二墩坝分水纠纷问题的处理纪要

肃州区水务局藏档案

为了搞好水利管理，解决好上、下游之间的用水矛盾，县水电局受县革委会的委托，于五月十一日在清水河水管所召开了由银达、三墩两个公社的主要负责同志和管水干部，清、临水水管所负责同志参加的会议，县革委会吴副主任也参加了会议，对银达公社浦上沟、浦中沟、三墩公社的二墩坝因分水发生的纠纷问题进行了座谈处理。会议在充分发扬民主，总结以往分水中正反两方面经验教训的基础上，本着实事求是、团结用水、节约用水、提高水的利用率的原则，经反复协商，对几个分水口的分水制度和管理办法形成了一致的意见，特拟定此纪要。

一、分水制度

三个分水口的分水制度从七八年夏灌开始，在原来以双方的面积多少按水量分成灌溉，改为按双方应灌溉面积分天集中轮灌，在一年的实践中，上游部分群众对此还不能接受，确定仍采取以往分成定量的分水制度，从今年五月到明年四月底，再实践一年，据其中发生的问题再酌定改革。为了保证这一制度的实行，纠正其中的舞弊和解决下浇上截的混乱现象，特拟定以下管理制度：

1. 由于涉及到两个灌区，为了高度集中水权，统一分水口的管理，会议拟定由分水口所在地的清水河水管所负责管理。

2. 分水时间从七九年五月十五日上午十二时起，由双方公社管水骨干和水管所共同现场按实际流量测定各口应分水量的标准。

3. 分水量的比例及其标准：经协商仍按七八年双方分水的应浇面积为准，即：三墩公社一万六千七百亩，银达公社九千七百亩。

4. 为了确保下游用水，经双方验定的分水口，流量在三秒立米以下（包括三秒立米）者，浦上、浦中沟不得自行启闭阀门。增大流量，其流量超过三秒立米以上或因流量小于原分水流量零点七立米者，应由两个水管所和两个公社的管水干部共同测定应分水的增减比例。

5. 今后如发生分水纠纷应由双方社队领导和水管单位出面协商解决，不得以任何借口搞群众性的打架争水等现象。

二、管理与奖惩办法

1. 为了掌握群众分水标准，决定在浦上沟分水口增设安装启闭机一台，其设备、材料、资金均由水电局负责解决。三墩公社出劳力运输，清水河水管所组织施工安装。

2. 银达引洪口的引洪流量定位十五秒立米。超过十五秒立米的部分由清水河负责按.分水定量比例计算分水。但下游必须保持十五秒立米的流量，双方社队不得自行乱启闭截引。

3. 会议决定在浦上沟引水口修建管理房一间，由清水河水管所出料，三墩公社负担劳力修建，三墩公社选派两名亦工亦农人员住浦上、浦中两个分水口负责看管验定的分水标准流量，人员名额列入临水河亦工亦农人员，五至七月三个月内按其工种发给补助费。

4. 严格水规制度，做到有奖有罚，赏罚分明，会议决定任何一方在分水期间采取放石头、验砖、淤柴草等手段加大原定分水量者，看水人员应及时报告清水河水管所，每偷一方水罚款三角，加倍扣两方水，由双方水管所负责收（扣），分别付给因偷水受损失的社队做补偿。

5. 上述制度要求各方面必须模范地遵守，特别是管理单位和看水人员必须大公无私，如发生徇私舞弊，应查清真相，视情况和造成的结果分别给予经济制裁直至纪律处分。

6. 本制度自纪要下发之日起执行。

一九七九年五月十五日

酒泉县讨南灌区水管所一九八三年水利管理工作汇报

肃州区水务局藏档案

一、基本情况

1. 我们灌区属于讨赖河流域，是一个引用讨赖河水为农田灌溉水源的自流灌区。近年来，在党和政府的领导下经过灌区干部群众努力，灌区管理设施有了新的发展，现有干渠 1 条，长 12.3 公里，支渠 8 条长 42.65 公里，斗渠 93 条长 122.91 公里，防洪堤坝 3 条长 29.68 公里，共有大小建筑物 533 座，有效电机井 89 眼，全灌区受益的有 3 个乡、17 个村、131 个生产小队、一个国营林场，共有灌溉面积 56 300 亩，农业人口 2.35 万人，我灌区引水期为 153 天，平均流量 3.12 秒立米，年引水量 4126.3 万秒立米，按灌区可供农田需用的地下水储藏量和目前电机井管理水平，全年为农田灌溉提供补充地下水约 151 万秒立米。架设专用电话线路 13 公里，渠道绿化 4 公里，植树 1.58 万株，营造成片林 21 亩，根据蓄、引、提配工程设施和灌溉水源，我灌区除特殊气候反常情况，一般中旱年景，基本可以满足全灌区各类作物各生长期的需水要求。

2. 灌区水利设施的管理，采用上下结合，分级管理的原则，国家管理的一条干渠长 12.3 公里，由专管机构水管所管理，由职工 5 人组成管理段一处，根据现状，分类定段，划段包干实行"五定一奖"的奖罚责任制。支渠 8 条长 42.65 公里，由收益社队管理，固定常年养护人员 20 人组成管理站 3 处。定立"五定一包"岗位责任制。斗渠及田间配套工程本着谁收益谁管理的原则由生产队管理养护。总之，水利工程设施的管理上采取分段养护以段包工、责任到人实行奖罚的水利管理责任制，使各级渠道及所属建筑物的完好率在 85%以上，渠系利用率提高到 60%，灌溉水的利用率达到 57%。

电机井工程设施属于社队管理，由灌区水管所抽调专人指导检查，除大队管理的以外，生产队管理的包干到人，订立承包合同 38 份，实行"五定一补助"，以井养井，今年 5—6 月当农作物需水高峰的 1—3 轮需灌期供需矛盾大，充分发挥了机井作用，共提取地下水 151 万秒立米，灌地 5693 亩顺利地完成了夏灌任务。

二、用水计划的编制

随着大包干责任制的普遍推行，为了适应新形势发展的需要，促进农业增产和农业生产的不断发展，我灌区在完善、改进"四改一建"灌水方法的基础上，一九八二年在省地县主管部门的帮助指导下，开始实行计划用水，水票供水的制度，用水计划是灌区引水、配水和灌水的主要依据，我区编制用水计划依据是：

1. 分析水情，准确掌握来水量

灌区根据历年引水情况，按照经验频率分析法，确定年引水量，依据农业生产计划指标制订切实可行的用水计划，我灌区年引水量各期分布不匀，加之没有调蓄能力，农业用水高峰的五、六月份水源较紧张，按 15—17 天轮期尚缺近六千亩地用水近 150 万秒立米，秋季水源较富余，我区采取夏灌期充分发挥电机井提取地下水补充河水，每眼井负担 60—90 亩灌溉任务，秋灌期停井省电，提供河水进行供需平衡，全年计划引水 3802 万秒立米，实引水量 4126.3 万秒立米，占引水计划的 108.5%，按有效灌溉面积计算，年计划需水 3514.6 万秒立米，实际用水 3950 万秒立米，占计划用水的 112.4%。在实际用水量过程中采用：在通常情况下，按计划定时、定量引水，流量突变时，小水分组轮灌，大水全面开口，同时浇灌确定干渠引水量在 5 立米以下，按支渠分两个轮灌组，引水量在 5—8 立米，全面开口确保用水计划的实施。

2. 认真落实作物面积

根据水情上报落实灌区全年各类作物的种植比例、播种面积，由下而上逐级分别渠系编制年计划用水，根据我区情况一般年份春播占总播种面积的 53.5%，秋播经济作物占 46.5%，对于个别单位和个人不考虑水情，不按照种植比例种植的，我区则根据具体情况采取对多种夏粮少种秋粮的以实际面积作配水计划，优先保供计划内，后再考虑计划外，经批准解决计划外面积用水加倍收费。这样有效地限制了自由种植现象，达到均衡供水。

3. 加强用水管理

为保证用水按计划执行，提高灌溉效益，调水配水所购买水票，可一次性买清全年水票，也可分期或按轮次购买。二年来的实践证明，水票制的实行克服了用水中的平均主义，促进了节约用水，提高了灌溉水的效益和西峰乡的西峰林木，中深沟林在春灌期间零星种菜河泡地，他们再不等靠河水，主动开井解决，春灌节约水量 20 万立米。西洞乡往年由于管理不善，每轮水超计划用水 10 万—20 万秒立米，实行水票后直接联系到个人经济利益，从干部到群众均能爱水惜水，收到了显著效果。全灌区通过实查八一年尚有串漫灌地 1270 亩，去年春灌开始前，各级组织深入村对检查督促改沟加埂，并采取加倍收费的办法，今年全部改完，全灌区实现小畦灌溉灌区，西峰乡年用水量和上年相比减少用水 62.48 万立米，使用水票制真正起到了……①

印发《金塔县鸳鸯灌区水利管理制度》的通知

金水电字〔1987〕第 047 号

各乡、镇人民政府、生地湾农场：

鸳鸯灌区《水利管理制度（试行）》，经四月十一日灌区管理委员会八七年第一次会议讨论通过，现印发试行，请各乡、镇人民政府切实加强对灌溉工作的领导，健全、充实管理机构，督促各用水单位改善经营管理，不断提高管理水平。试行中发现问题，请及时向灌区水管公司提出，以便修改。若以前颁发的灌区管理制度与本制度有矛盾者，以本制度为准。

附：《金塔县鸳鸯灌区水利管理制度（试行）》。

金塔县水利电力局

一九八七年四月二十日

附：

金塔县鸳鸯灌区水利管理制度

（讨论试行稿）

总则

第一条　随着农村改革的不断深入，水利管理也随之需要改革。为适应农村大包干的生产责任制，结合本灌区水资源紧缺；输水渠道、机电井自然老化的实际问题，实行合理灌溉，节约用水；加强管理，及时维修的方法。为管好现有工程，降低灌水定额，达到科学灌溉，省水增产，提高水的利用率，走节水型农业的道路，特制定本制度。

---

① 编者按：其后资料缺失。

第二条　结合本灌区实际，从管理体制及其职责，工程管理，用水管理，灌溉试验，经营管理等方面制定了具体条款，付诸实施。

第一章　管理体制及其职责

第三条　灌区的权力机构是灌区管理委员会（以下简称管委会）。职责是：1.审议灌区的水利管理制度。2.审议灌区的配水计划和工作计划。3.召集一定范围的会议研究解决灌区水利管理上的重大问题。

灌区管委会的常设办事机构——水利灌溉管理公司（以下简称水管公司）。下设一室、三所、一站，即办公室，总干、东干、西干渠渠系管理所，及灌溉试验站。其职责是：

1. 贯彻执行党的各级政府各个时期的水利方针、政策以及管委会的决议。

2. 抓好灌区内工程设施的正常维修、清淤、养护工作，督促受益单位搞好渠系配套、田间配套工程。

3. 开展灌溉试验工作，总结群众经验，指导科学用水，坚持执行水规制度；坚持执行计划用水；科学灌溉。改革习惯的灌水方法，改进灌溉技术，提高灌溉效率和水的利用率。

4. 积极推行省水增产灌溉技术推广工作，要把这项工作视为灌溉管理的突破点，集中力量，长期不懈地抓紧抓好，抓出成效。

5. 组织水费收缴，健全财务制度，加强经营管理，开展多种经营，组织进行灌区绿化工作。

6. 健全原始资料记录和管理台账制度，加强统计工作，建立技术档案。

7. 做好职工培训工作，提高政治、业务、技术水平，关心职工生活，解决实际困难。

第四条　灌区内各乡、镇健全乡镇水利管理站（以下简称水管站）。这一组织行政上由乡（镇）人民政府领导，业务上受灌区水管公司的指导，其职责：

1. 宣传贯彻水利方针、政策，执行灌区的水管制度，配水计划。

2. 负责组织群众维修、养护好全乡内的水利工程设施。

3. 及时准确地上报本乡、镇的用水计划、灌溉进度，并做出轮末、半年及全年灌溉总结。

4. 根据全灌区的配水计划，做好本乡镇按渠系的配水计划，做到分量准确，并及时计征收缴水费。

5. 认真学习水利管理技术，注意总结群众中的省水增产经验，指导群众科学用水，合理灌溉。

第五条　灌区内各乡镇的行政村成立3—5人的灌溉领导小组；各村的居民小组以斗、农渠组成灌溉小组，其共同职责是：

1. 服从灌区水管公司、乡镇水管站的用水安排。

2. 实事求是地向乡镇水管站统报作物种植面积，各轮次的实灌面积。

3. 落实村、队的灌水组织，明确职责，整修好渠道、水闸，维修好机电井，做好灌水前的一切准备工作。处理好用水纠纷，向农户收取水费。

4. 组织、指导群众科学灌溉，努力改进灌水技术，做好大地改小、平整土地等工作，坚持薄浇浅灌，节约用水。

第二章　工程管理

第六条　凡涉及两个乡（镇）以上受益的工程设施均由灌区水管公司管理。

第七条　凡在一乡（镇）之内涉及两个以上村受益的工程设施均有乡（镇）水管站管理或委托主要受益村管理。

第八条　专管工程设施按原划定的总干渠外坡脚以外各 100 米，干渠、支干渠外坡线外各 50 米，经耕地段代公路一侧 20 米，另一侧 13 米的保护区及管理范围管护。群管干、支干渠，较大斗渠，按渠、路、林总宽 10—20 米管护。严禁任何单位和个人在保护区城内扎坟、取土、垦殖、割草、放牧。不允许在渠道内倾倒垃圾杂物。

第九条　不论哪一级管护的工程设施，必须连同渠道所属各类建筑物、量水设施、通讯线路、树木、道路、管理房屋等全面管理，缺项或管理不好者，均按所签订的岗位责任制论处。

第十条　任何单位和个人不得任意在所在渠道上设障堵截、增开引水口，需要增建或改变原有建筑物时，必须逐级向灌区主管部门提出申请，批准后方可进行，否则按破坏水利设施论处，并限期拆除。

第十一条　加强对现有工程设施的管理、维修、养护工作。

1. 根据工程设施的管理范围，采取分级管理、划段管护的原则。灌区水管公司，乡镇水管站及村队管理组织视其管护规模，都要建立健全行之有效的责任制。

2. 灌区水管公司对总干、干渠、支干渠及大型排洪闸；乡镇水管站对干渠、支干渠、支渠、斗渠、渡槽、机电井等设施建立的技术档案要妥善保存。经批准后改建、维修的设计计划、实施资料、竣工报告均入档备查。

3. 机电井均由受益乡镇、村、队、农户自立章程管理、使用、维修。

4. 对于灌区内的各级渠道、建筑物、启闭设施每年分春、秋两季全面检修，平时运行中随坏随修，确保正常运行。

5. 维修工程费用来源：专管工程的材料费可从灌区水费中列支；群管工程的材料费由各乡镇水管站从灌区水管公司返还给乡（镇）经费内支付。不足部分由受益村队自筹。

6. 维修、清淤用工本着谁受益、谁负担的原则，按受益单位的灌溉面积分担，年终灌区全面清理。各乡镇、村、队统一结算，自求平衡，长期兑现。

7. 酒泉均水，灌区内抢修工程备用的柴草，也有受益单位按灌溉面积分担，每年度可根据需用量多少，按照水管公司分配的数量分送指定地点，限期交纳，不得拖延。

8. 灌区内的所有单位和每个公民都有保护防洪工程设施的责任、权力，有洪水召之即来。

第三章 用水管理

第十二条 灌区内一年四季实行计划用水。现行的配水制度是：水权集中，统一调配，三级管理，斗为基础。配水原则是：以亩配方，以水定时，按比例配水。供水原则是：定额配水，指标到乡，供水到户，包干使用，节约归己，超用不补。

第十三条 本灌区是有坝蓄水自流灌区，一般年份实行统、算、配、灌、定、量的措施进行灌溉。

统：统一管理，合理利用地面、地下水资源，实行地面水、地下水统一纳入配水计划，进行灌溉。

算：分析水情，算好供需水量，合理安排各类农作物的种植面积。

配：因土质、因作物种类的需水规律，合理安排配水轮期，实行以渠系配水、供水。

灌：根据全灌区各乡镇村队的实际状况，因地制宜，分类指导，确定其各类农作物的灌溉制度、灌水方法，适时适量地给各类农作物灌水。

定：以亩定量，定量灌溉分轮次供给。

量：各级渠道测水量水准确，按斗渠供水收费。

第十四条 坚持按配水计划供水、用水；灌区内的各用水单位必须在每年的三月底以前向灌区水管公司申报各类作物的种植面积，以此作为配水的基本依据。

第十五条 必须严肃规章制度，执行各灌溉季度的用水计划，对已定的配水计划任何单位和个人不得任意变更。灌溉期间不准任何单位和个人干预或阻扰管理人员履行职责，不准任何单位或个人私自在引水渠上架设提水机具；不准任何单位和个人擅自在输水渠上开挖引水口，扩大引水量，影响用水秩序；不准下浇上截，上浇下偷，明浇夜退；不准设障引水，强行开闸放水，聚众霸水，引起水利纠纷；不准辱骂殴打管水人员；不准串灌漫灌，深浇满灌，倒沟串坝；不准任何单位或个人因某种原因以借口破坏水利设施。违章用水者供水单位有权停供水量，并根据情节程度给予经济处罚，情节特别严重的起诉司法部门追究刑事责任。

第十六条 对工作不负责任，发生倒水事故冲坏渠道，淹没农田、民房，倒入闲滩空地浪费水量者，视其水量多少和破坏、损失程度，由肇事者赔偿全部损失。

第十七条 所有从事水利管理的人员都必须大力向群众宣传计划用水、科学灌溉、省水增产的重要意义和必要性，并采取有效措施，组织群众将现有的大地块改小。近期地块不得超过 2 亩，而且要平整地面，超过这个标准者按地块面积加收大于计划亩定额以外的水费。

第十八条　积极开展灌溉试验，推广应用灌溉试验成果；公司灌溉试验在试验研究灌溉制度、灌水方法的基础上示范、推广应用所取得的成果。灌区内的所有水利管理人员都必须认真收集、总结群众中省水增产的经验，为提高水利管理水平而创造性地工作。

第十九条　加强检查指导，互通情报，上下联系，灌溉期间，县上主管部门的领导及乡镇村队的领导，要经常性地深入田间地头检查指导，发现问题及时纠正解决，同时要求各用水单位每两天申报一次灌溉进度，停水两天内将本轮次浇灌情况总结上报。

第四章　经营管理

第二十条　灌区管理单位属事业性质，实行企业化管理，坚持"两个支柱，一把钥匙"的水利方针，积极发展多种经营。

第二十一条　各受益单位要认真执行现行的水价政策，体现多用多负担，少用少负担，不用不负担的原则。下轮开灌前交清上轮水费，否则不予供水。十二月五日前交清冬泡地水费款，拖延一天，按银行贷款利率计交利息。

第二十二条　水管公司各渠系管理所、室、站及各乡镇水管站在管好工程、管好水的前提下，发动职工、群众利用渠旁的水土资源优势，大力发展多种经营生产，增加收入，力求以水养水，减轻农民负担。

第二十三条　为了进一步搞好全灌区的水利管理工作，从1987年起对灌区各乡镇水管站按水利部颁发的《灌区管理技术经济指标》进行考核，其内容是：（1）引用水量；（2）灌溉面积；（3）水的利用系数；（4）灌溉效率和灌溉模数；（5）灌溉定额；（6）工程设备完好率；（7）收入和支出；（8）主要农作物产量。

第二十四条　加强职业道德教育抵制行业不正之风，严禁以水谋私，端正业务指导思想，尽职尽责，做好本职工作。各管理单位的职工群众都必须在各自的工作岗位上明确职责，努力学习和掌握水利管理方面当前应知应会的基本知识，全心全意搞好服务。对于工作成绩显著的单位和个人，给予表扬奖励。对工作不负责任，玩忽职守，造成重大事故者，视其情节轻重，给予罚款和行政处分，直到追究刑事责任。

第五章　附则

第二十五条　各乡镇水管站及有关用水单位，可根据本制度，结合本乡村的实际情况，制定出本单位的实施管理细则和有关规定，并报水管公司备查。

第二十六条　本制度经灌区管委会讨论审议后，从一九八七年四月二十日起执行，并在执行过程中修改完善。

鸳鸯灌区管理委员会

酒泉市人民政府批转关于乡（镇）
水利管理站管理办法的报告的通知

酒政办法［1989］74号

各乡（镇）人民政府：

现将《酒泉市乡（镇）水利站管理暂行办法》印发给你们，望认真贯彻执行。

酒泉市人民政府（章）

一九八九年十二月三十一日

附：

关于乡（镇）水利站管理暂行办法

为了进一步加强乡（镇）基层对水利事业的领导，积极发展农村水利，切实加强水利建设，确保工程的正常运行，节约用水，不断提高水的社会效益，特制定本办法。

第一条　水是农业现代化的重要组成部分，也是工农业生产中不可取代的重要资源，发展农村水利事业，对提高农业劳动生产率，促进农村经济的发展，推动和提高农村人民的物质生活有着重要作用。

第二条　农村水利事业是水利工作的一个组成部分，加强乡（镇）水利管理是水利管理和农业经济发展的共同需要，为此，各乡（镇）成立水利管理站（简称乡水管站）负责本乡（镇）水利工程建设与管理工作，使水利更好地为农业服务。

第三条　乡（镇）水管站是市水利电力局的派出机构，系乡（镇）政府和市水利电力局双重领导下的事业单位，行政上受所在乡（镇）领导，业务上受水利部门的指导，是乡（镇）政府开展农村水利建设和水利管理的专设机构，站长及工作人员的任免、聘用、调动、征求乡（镇）政府意见后，由市水利电力局负责，水管站人员编制名额占所在灌区水管所指标，人员工资在水管所领取公用经费由所在灌区水管所按财政标准拨付，管理由乡（镇）政府统一管理或水管站建账管理。

第四条　水管站工作人员必须拥护党的各项方针、政策、坚持四项基本原则，要有较强的政策观念与工作责任心，热爱水利事业，全心全意为基层水利事业搞好服务，努力学习，不断提高自身政治素质和业务素质。

第五条　水管站要认真宣传、贯彻《水法》和党在农村水利事业中的各项方针、政策、法律、法规和上级业务部门制定的各项规章制度。在乡（镇）政府的领导下，负责所辖范围内水力资源管理工作，做好水量调配，计划用水和节约用水；搞好各季水利工程项目的计划申报与施工管理工作；负责本乡（镇）管理的各类水利设施的维修、岁修与管理养护工作；完善村、组管理体系，健全管理责任制与考核制度；组织群众抗旱、防汛，进行农田基本建设，负责村、组水利劳动积累工的落实，安排使用与管理，积极推广节水新技术和其他科技成果，健全科技档案，搞好水利统计报表和其他水利工作。

第六条 根据上级有关政策、规定负责组织水费的收缴工作，依据有关规定管好乡（镇）提留 10%的水费及人员经费，在搞好本职工作的同时，充分利用本乡（镇）范围内的水土资源，积极开展综合经营，增强自身发展能力，逐步减轻国家和群众负担，改善职工生活福利。

本办法从发布之日起实行。

一九八九年十二月十二日

金塔县人民政府关于转发
《金塔县水利劳动积累工使用管理办法》的通知

金塔县水务局藏档案

各乡（镇）人民政府、县直有关单位：

根据国务院关于大力开展农田水利基本建设的决定精神，参照省政府《关于农村水利劳动积累工的暂行规定》和上级业务部门的贯彻实施意见，县水电局拟定了《金塔县农田水利劳动积累工使用管理办法》，并有县水电工作会议讨论完善。经县政府研究。同意这个"管理办法"并予以转发，望认真贯彻执行。

金塔县人民政府
一九九〇年五月二十六日

附：

金塔县农田水利劳动积累工使用管理办法

第一章   总则

第一条 使用农村水利劳动积累工进行水利建设，是在国家支持下依靠群众自己的力量巩固和发展农村水利事业的一项基本制度，也是人民群众对水利建设投入的重要组成部分。为了充分挖掘潜力、发挥人民群众在农村水利建设中的积极作用，进一步完善劳动积累制度。根据国务院《关于大力开展农田水利基本建设的决定》和《甘肃省人民政府关于农村水利劳动积累工的暂行规定》精神及地区行署"关于农村部分收费整顿改进意见"的有关要求。特制定本办法。

第二条 农村水利劳动积累工的使用范围

1. 村及以上组织的农村水利工程的新建。如防洪、排涝、人饮病改、灌溉渠道、引水蓄水工程等；

2. 小水电站及农电线路的新建；

3. 上述工程的配套、维修、岁修、清淤、更新改造和除险加固；

4. 乡村管理的水利工程的养护和季节性管理用工；

5. 村级以上组织承办的农田基本建设，如条田、配套等用工。

以下几方面不得使用劳动积累工：

1. 国家举办的水电基本建设工程；

2. 农户个人或联户举办的水电工程及一般的土地加工、渠道整修等；

3. 上述适用范围以外的或其他行业的建设用工。

第三条　使用劳动积累工，要严格遵守"谁受益、谁出工"、"专工专用"的原则，不准以任何借口搞平衡。确因工程量大需要用非受益区劳动积累工时，必须坚持自愿互利、有借有还、并签订用工合同。劳动积累工一定要用于水利建设。严禁把劳动积累工用来搞其他非规定范围内的建设和把其他建设用工算作劳动积累工。

第二章　劳动积累工的计划管理

第四条　农村水利劳动积累工用工必须坚持"统一计划、分级管理"的原则。全县用工总量由水电局根据全县工程项目、数量、工程量来统一计划。具体实施根据"谁受益、谁安排。谁兴建、谁管理"的办法执行。

第五条　乡（镇）、村使用劳动积累工，先有乡（镇）水利站根据工程项目、工程量、用工数量作出设计或计划。报乡（镇）人民政府根据工程建设的需要和劳力资源情况进行审批。计划批准后，再由乡镇水利站负责按计划要求组织农户出工和管理使用。

第六条　灌区使用劳动积累工时。先由灌区水管所作出设计或使用计划。报县水电局审批后，通知各乡镇人民政府按照计划要求落实用工事宜。

第七条　县属较大型工程使用的积累到动工，由县水电局统一作出计划。经上级业务部门和县人民政府批准后，由水电局安排使用。

第八条　各用工单位在编制工程设计、计划时。要把劳动积累工的使用计划纳入设计概算。在审批设计和列项时，要审批劳动积累工的使用计划。

劳动积累工按县 30%、乡 50%、村 20%的比例掌握计划和管理使用。

第九条　根据《甘肃省人民政府关于农村水利劳动积累工的暂行规定》，每个农村劳动力每年一般应完成十至二十个劳动日，平均不少于十五个劳动日。有的地方可根据实际需要多投一些的要求。结合我县实际，每年每劳完成的水利劳动积累工应不少于二十个。军烈属以及其他特殊困难的农户。可经乡以上人民政府批准后予以核减或豁免水利劳动积累工。

第十条　劳动积累工可采取以资代劳、以机代劳和以物代劳。以资代劳的工值应略高于当地雇工值；以机代劳应按机具实际完成的工程量折算日；以物代劳可按省地当时物料价格折算。

第三章　劳动积累工的使用管理

第十一条　劳动积累工的使用计划一经批准，负责使用和管理的单位，应按开工日期、工期、工程进度和用工数量编制劳动积累工的使用方案。同时，通知有关单位落实好用工事项。

第十二条　工程负责单位应向收益范围内的农户明确的时间、地点、数量、质量和要求，对无故不出工或不按期完成任务者有权进行处罚。对工作不负责任造成质量不合格者，令其返工、并承担误工损失。

第十三条　在使用农村水利劳动积累工时，要尊重和爱惜民力，加强组织和施工管理，保障工作安全，提高工时效率，使人民群众建设水利事业的积极性得到充分发挥。

第十四条　建立健全农户劳动积累工手册和乡、村、队劳动积累工登记簿。各用工单位和乡（镇）、村、社在向农户分配劳动积累工时，可根据劳动力资源情况按劳或按承包地数量分配。年初应让各农户知道自己应出的工日。每分配使用一次，就要给农户登记一次，待年终进行结算。

第十五条　对在工程建设中表现好、成绩突出的单位和个人，由工程建设单位给予精神和物质奖励。对成绩特别突出的，由县水电局给予嘉奖，奖励经费可以从以资代劳资金余额和工程管理费中支付。

第四章　劳动积累结算管理

第十六条　工程竣工后，负责管理和使用劳动积累工的单位要按照审定的用工计划，对工程的完成和用工情况进行审核结算、决算。列入竣工报告，并按标准折算计入成本，可以群众集资统计。

第十七条　各使用水利劳动积累工的水利水管单位要建好台账制定专人专管或兼管账务，并负责在年初将本单位本年度所使用劳动积累工的计划、每月所完成的工程项目、用工数量及年终劳动积累工的使用情况上报县水电局。台账和上报内容应包括：直接投工、以资代劳工、以机代劳工、以物代劳工、以资代劳工的资金使用情况。

第十八条　水利劳动积累工是指完成一个水利定额工，而不是完成一个工天的工日，在进行水利劳动积累工的计算时，必须按照有关水利施工定额标准进行计算。

第十九条　水利劳动积累工的使用必须接受群众监督，实行"计划、使用、结算"三公开。将用工数量、完成工程项目及工程量向群众公布。管理单位要及时将农户的投工情况进行清理，并通过村委会和农户核对。做到农户出工和工程用工相一致。

第二十条　水利劳动积累工每三年进行一次平衡。当年结余的积累工可借转下年使用。三年内完不成规定标准的，由乡水利站负责按差数折价收费。列入专账，专款用于水利工程的建设、维修，不得挪作他用。

第二十一条　对使用劳动积累工单位的领导要实行目标考核。把他们对劳动积累工的领导要实行目标考核。把他们对劳动积累工的计划、使用管理及工程质量的好坏，作为任期内政绩考核的一项内容。成绩突出的给予奖励和晋升。工作不负责任甚至造成损失者给予处罚或降职。

第五章　附则

第二十二条　各水利用工单位和各乡（镇）人民政府在使用劳动积累工时，要切实根据农时、农民的承受能力和工程建设的需要，统筹安排，避免农民负担过重而挫伤其对水利建设投入的积极性，以促进农村水利建设事业在农民的支持下不断得到发展。

第二十三条　各乡（镇）人民政府可在执行时根据本办法结合自己的实际情况，制定实施细则。

第二十四条　本办法经县人民政府批准后。由县水电局监督执行。

金塔县水工程管理和保护暂行办法

金水电字［1991］第 95 号

第一条　为了管好用好水工程设施，确保安全运行，充分发挥设施效益，根据《中华人民共和国水法》及《甘肃省实施水法办法》的有关条款，结合我县实际，特制定本办法。

第二条　本办法所称水工程设施系指：水库、渠道及渠系建筑物、田间灌溉工程、工程道路、机电井、观测井、泵房、排水治碱、水工程附属的通讯线路、护堤（渠）林带，生产管理和经营管理设施及其他所有的水利设施。

城市供、排水、绿化用水工程设施不在此列。

第三条　划定水工程管理和保护范围，要本着有利于水工程设施运行安全，便于实施管理和维护、发展的原则，必须在符合已建水工程设施原设计要求的前提下按照水工程设施管理的要求划定。

第四条　县水行政主管部门负责全县水工程的管理保护工作，按总体规划拟订各类水工程的新建、改建和编制有关的计划，开展保护水工程设施的宣传教育工作，会同水工程所在乡（镇）、村队及有关组织建立健全管理组织，加强对水工程设施的管护。

第五条　水工程管理、保护范围是指：

（一）水工程管理范围：是指水利工程设施本身建设占地以及有关生产、维护、管理和观测设施占地，管理单位建设用地的总面积。

（二）水工程保护范围：是指为了确保水利工程，在各种不利情况下安全运行和进行维护工作。需要禁止其他单位、个人进入的必要范围。

第六条　属国家管理的水工程，管理保护范围由县人民政府划定。水工程管理范围内的土地所有权属全民所有，使用权归国家水利管理部门；农村集体经济组织管理的水工程，管理保护范围由乡（镇）人民政府划定。水工程管理范围内的土地所有权属乡（镇）集体所有，使用权归属农村集体水利管理组织和个人。水工程保护范围内的土地的所有权和使用权不变，国家管理水工程保护范围内的土地，所有权和使用权归乡（镇）集体所有时，国家水工程管理单位应与农村集体经济组织签定管护协议，群众只能保护土地现状和开展不得危及水工程安全的耕作。

第七条　国家管理的水工程，管理范围内的耕地，凡已经办过征地手续的，以批准规模文件为准，土地已征用，但仍有集体组织占用的要收回，土地没有征用的，以批准规模或现有规模和需规定的管理范围办理，不在办理征地手续。有争议的由乡以上人民政府裁决，划定水工程管理范围后减少的耕地，由乡、村、队内部调整。

第八条　在划定的水工程管理、保护范围内禁止下列活动：爆破、扒口、打井、葬坟、取土、采石、采砂、建筑、倾倒垃圾、废渣、堆置杂物、放牧、滥伐林木、割草及其他危及工程安全的活动。

第九条　各类水工程设施和管理，范围根据实际地形在下列范围内划定：

（一）大中型水库、引水枢纽：鸳鸯池、解放村水库、大墩门、大坝渠首引水枢纽在管理范围外坝体上、下游、左右坡角以外划定管理范围。最小水平距离不小于 500 米。库区内以最高水位时的水位线向外不小于 200 米为管理范围。

（二）小型水库、塘坝。在坝体上下左右坡角外 200 米内为管理范围。库区内以最高水位时的水位线向外 30 米内为管理范围。

（三）总干、干渠、支干渠及渠系建筑物：依据兴建时批准的设计为准，左右林带（路外侧林带，下同）堤垄外坡角以外，耕地段最少 5 米，荒滩地段 100 米为管理范围。

（四）支渠及建筑物：依据批准时的设计为准，左右林带堤外坡角以外耕地段 3 米，荒滩地段 50 米为管理范围。

（五）田间灌溉沟道及其他设施：以左右两侧外坡角根据实际情况划定。最小水平距离不得小于 2 米划定管理范围，建筑物以其外坡角向外 3 米为管理范围。

（六）机电井、观测井以井口边缘向外 5 米为管理范围，如遇井泵房屋则以墙基外 2 米为管理范围。

（七）排阴治碱工程左右外坡角向外耕地段 3 米、荒滩地段 50 米为管理范围。

（八）凡水工程附属的生产管理和经营管理设施，以已办理土地使用手续时确定的界线为准，以外 3 至 5 米为管理范围。

第十条　保护范围在管理范围外划定：大、中、小型水库、引水枢纽工程不小于 500 米或根据实际情况划定。总干、干渠、支干渠及建筑物根据实际地形划定，但最小距离不得小于 5 米，如遇戈壁、荒滩、填方、盘山沿河的水工程设施，其管理、保护范围根据实际情况在以上基础上扩大 1 至 5 倍划定。

第十一条 凡在水工程基础上改建、扩建县、乡、村公路的，应首先取得县水行政主管部门的同意，以保证工程安全为原则，在不改变主体工程现状的基础上进行建设，并注意爱护管理保护范围内的林木，涵养水土，已经利用的，必须遵守本办法的有关规定，水工程有险情时，以水工程需要处置。公路维护、养护中的有关问题，由水利、交通部门协商解决，必要时双方可签定协议。

第十二条 已划定工程管理范围内的违章建筑，要限期拆除，拆除确有困难的，须经县水行政主管部门同意后维持现状，不得再改建、扩建。当工程有险情时，以工程需要处置。

第十三条 水工程、水工程管理保护范围用地，均属国家、集体资源。已经划定，受法律保护，任何单位和个人不得侵占、破坏水工程设施的权利。

第十四条 （一）水工程设施的维修、养护按照谁受益、谁负担的原则，按受益单位的灌溉面积分担，年终以灌区全面清理。各乡（镇）村队统一结算，自求平衡，长缺兑现，用工按劳动积累使用管理办法严格执行。（二）维修工程费用：专管工程的材料费可从灌区水费中支付。群管工程的材料费由各乡镇从灌区水管所返还给乡（镇）的经费内支付。不足部分由受益村队自筹。

第十五条 任何单位和个人确需在已划定的管护范围内进行除耕作以外的平田整地等作业时，均应在事前一月内向水工程管理部门提出申请，批准后，在指定的范围、时间内完成。

第十六条 非管理单位和个人不得私自拆卸水工程的配套部件（或整体），改变各类设施的构件运用功能，不得私自启闭各类闸门，不得在水工程管理单位的通讯线路上挂架广播线。

第十七条 今后凡新建、改建各类水工程，在申请设计计划时，均应按国家有关规定和本办法的有关要求，将工程划界列入计划项目，否则不予审批，竣工前应会同有关部门，划定管理、保护范围，否则不予验收。

第十八条 在已划定的水工程管理保护区界上，要设立必要的永久性标志物和界碑，在向土地部门申请办理土地使用手续，任何单位或个人不得擅自移动，损坏标志物、界碑。

第十九条 跨县的水工程管理、保护范围由县人民政府会同有关部门划定。

第二十条 违反水法规及本办法，有下列情形之一的，县水行政主管部门除责令其停止违法行为，赔偿损失，限期清除或采取补救措施，恢复原状外，视其情节，可并处警告和50—2000元罚款，应当给予治安管理处罚的，按照《中华人民共和国治安管理处罚条例》的规定处罚，构成犯罪的，依法追究刑事责任。

（一）损毁堤防、渠岸、闸坝、水工程建筑物、机电井、监测设施、林木及通讯照明等设施的。

（二）在水工程管理保护范围内建筑、扒口、打井、爆破、葬坟、挖筑鱼塘、采石、采砂、取土、倾倒垃圾、废渣、堆置杂物等危害水工程安全活动的。

（三）侵占、抢占水工程设施、水工程管理及经营设施的。

（四）在水工程管理保护范围的水域内炸鱼、毒鱼，哄抢水种植、养殖、农林产品的。

（五）不执行本办法第十一条、第十二条、第十五条、第十六条、第十八条的。

（六）任何单位和个人在渠河道上搭设便桥，影响运行或损坏渠道设施的。

第二十一条 对盗窃、抢夺水利物资器材、水工程设施的，依照刑法追究刑事责任。

第二十二条 威胁、诬陷、辱骂、殴打水政、水利管理人员执行公务的，无理取闹、煽动闹事的，依据有关法规严肃处理。

第二十三条 水利管理人员玩忽职守、滥用职权、徇私舞弊，造成严重后果的，由主管部门依据有关规定严肃处理。

第二十四条 当事人对行政处罚不服时，可在接到处罚决定通知书之日起十五日内向作出处罚决定的机关上一级机关申请复议，对复议决定不服的，可以在接到复议决定之日起十五日内向人民法院起诉，当事人也可以在接到处罚通知之日起十五日内直接向人民法院起诉，当事人逾期不申请法院会长不向人民法院起诉，又不履行处罚决定的，由作出处罚决定的机关申请人民法院强制执行。

第二十五条 本办法由县水行政主管部门负责解释。

第二十六条 本办法自发布之日起施行，执行当中若与上级规定不符的，按上级规定执行。

甘肃省水利厅对省八届人大四次会议第 466 号建议的答复

甘水案函发 [1996] 94 号

张德仁代表：

您提出的"关于再次要求解决高台县截引酒泉水源问题的意见"收悉，6 月 20 日至 23 日我厅组织工作组前往酒泉、张掖两地及有关县、市进行调研。工作中分别与两地水利部门、有关乡镇负责同志和当地农民群众进行了座谈，徒步或骑马十余小时，行程 50 多公里，到祁连山海拔 4500 米处现场查勘了红塘水源及引水工程。现答复如下：

一、红塘水源基本情况

红塘水源属酒泉市马营河系，为马营河上游支流错口河东岔的一条支沟。马营河水系发源于祁连山脉北麓，上游由九条支流汇集而成，主要靠冰雪融水、出露泉水和降水补给，多年平均径流量为 1.16 亿立方米，主要灌溉下游酒泉市的清水镇、升乡和山河林场共 7.25 亩耕地。红塘水源流域面积约 7 平方公里，积雪面积约 1.5 平方公里，径流量约 1100 万立方米，约占马营河水系年径流总量的 9.5%，位于肃南裕固族自治县大河区水关乡境内。

二、红塘水源引水工程情况

高台县修建的红塘引水工程于 1966 年 10 月开工，1969 年上半年建成。在 1974—1975 年期间，因部分渠道所处岩体发生滑坡，改建为引水隧洞工程；1986 年又对因冻胀合拢的 860 米明渠进行了维修加固。目前红塘引水渠全长 4.66 公里，其中明渠 2.46 公里，隧洞 5 处共 2.20 公里，简易节制分水闸一座，泄洪闸三座。引水渠设计过水流量为 0.6—0.7 立方米/秒，实际最大引水流量约 0.7 立方米/秒，最小 0.1 立方米/秒（今年 6 月 21 日实测引水流量约 0.1—0.15 立方米/秒），每年引水时间为 5—9 月，年平均引水量为 350 万立方米（丰水年可达 400 万立方米，枯水年一般仅 300 万立方米），约占红塘水源年径流量的 32%、马营河年径流量的 3.1%。这部分水量被引入石灰关水系，与该水系上游 4 条支流汇集后进入石灰关水库，主要用于高台、肃南两县 2.33 万亩耕地的农业灌溉和当地农民群众的人畜饮水。

三、调查认定的主要事实

由于红塘引水工程的建设阶段，是在"文革"动乱时期，工程的设计文件和技术资料没有得到妥善保存，两县、市反映的情况又差距较大且难以核实。通过现场踏勘和分析，对两县、市争议较大的几个问题做了初步认定：

1. 关于引水渠首是否上移。红塘引水工程自 1969 年建成后，相继在 1974 年和 1986 年搞过渠道改建和维修加固工程，但渠首位置没有上移。

2. 关于红塘水源下泄水量减少的原因。据分析，红塘水源水量减少的主要原因是补给量较少所致。由于全球性气温回升导致雪线逐年上移，现渠首位置在海拔 4800 米处，6 月 21 日目测雪线在渠首上面 5—6 公里处，海拔约 5300 米。当地群众介绍，自引水工程修建以来，雪线平均上移约 1 公里。据高台县水电局反映，修建引水工程时，红塘产水量约为 1350 万立方米，现已减少到 1100 万立方米。

3. 关于高台县的引水量。根据高台县水利部门多年观测引水资料，结合红塘水源产流分析和 6 月 21 日的测流结果，高台县平均引水情况为 5 月 1 日—5 月 15 日约为 0.1 立方米/秒；5 月 16 日—5 月 31 日约为 0.15 立方米/秒；6 月约为 0.2—0.25 立方米/秒，7—8 月约为 0.25—0.3 立方米/秒；9 月，为 0.15—0.2 立方米/秒。累计全年引水量约 300 万—350 万立方米。除高台县引取的水量外，剩余的近三分之二的径流量，仍以渗流、泄洪和地下水出露等形式，回归到了酒泉马营河水系。

四、对红塘水源水事纠纷的初步意见

受益于红塘引水工程的高台县红崖子乡和肃南县水关乡西河村，是一个水资源极为贫乏的地方。因为缺水，农业生产得不到改善，群众生活十分困难，致使人口纷纷外流。近年来外迁人口已达 1200 多人，弃耕土地 3000 多亩，草场面积急剧退化。当地干部群众一再向我们反映："红塘引水工程是我们的救命工程，是广大人民群众在面临生存威胁的情况下，克服常人难以想象的困难建成的，有的人为此付出了生命的代价。"我们在踏勘引水工程的过程中对此深有感受。

在调查了解的基础上，结合双方的意愿，本着"统筹兼顾、求同存异、共同发展"的精神，我们提出解决这起水事纠纷的原则是：尊重历史、面对现实、团结治水、共同受益。具体意见是：

1. 红塘引水工程维持现状，不得擅自扩建或向上延伸取水口位置，年引水量严格控制在 350 万立方米以内。

2. 鉴于马营河来水减少的实际，建议酒泉市对马营河灌区着手进行节水改造，通过节水挖潜，缓解用水矛盾。其节水项目另行申报。

3. 依照取水许可有关规定，请张掖地区水电处通知取水单位按照本次调解确定的取水量，前往肃南县水电局进行取水登记，经肃南县水电局初审后，由张掖地区水电处审核发证。

4. 酒泉市、高台县人民政府应各自做好群众的思想教育工作，维护水事秩序。

5. 以上意见，请酒泉、张掖两地区及有关县市共同遵守。

感谢您对水利工作的关心和支持。

甘肃省水利厅（章）

一九九六年九月十一日

金塔县水管体制改革领导小组关于鸳鸯灌区
水利工程管理体制改革验收意见书

金塔县水务局藏档案

水管单位名称	金塔县鸳鸯灌区水利管理所		
程类型灌区	灌区	工程规模	大型
工程所在地点	金塔县鸳鸯灌区	主管部门	金塔县水务局

　　工程概况：金塔县鸳鸯灌区位于河走廊北部边缘，承担着金塔绿洲八个乡镇三个农林场站，42 万亩耕地的抗旱保灌任务，总人口 11.2 万人。属甘肃省大型灌区之一。灌区有鸳鸯池水库管理所，解放村水库管理所，鸳鸯灌区水利管理所三个二级科级事业单位（改革时没有成立板滩水库管理所），均隶属县水务局管理。当时，灌区有正式职工 265 人，离退休 68 人。经费来源为水费和水发电收入。

　　灌区内唯一河流北大河，发源于祁连山，属黑河水系的一大支流，年平均径流量 3.37 亿立米，年降水量平均 59.9 毫米，蒸发量多年平均 2538 毫米，冬寒夏酷温差大，四周沙漠环绕，属典型的沙漠性气候。现有鸳鸯池、解放村、板滩三座水库，总库容 1.49 亿立米，兴利库容 8700 万立米。鸳鸯池、解放村水库坝后各建有小水电站一座，两电站装机容量 3860 千瓦。灌区现有干渠 8 条，长 98.53 公里，支渠 72 条，长 452.74 公里，骨干工程各类建筑物 2099 座；斗渠 1520 条，长 954.18km，农渠 20 718 条，长 1482.8km，斗农渠建筑物 39 216 座；现有机电井 1250 眼。

续表

水管单位名称	金塔县鸳鸯灌区水利管理所		
工程类型	灌区	工程规模	大型
工程所在地点	金塔县鸳鸯灌区	主管部门	金塔县水务局

改革情况：在单位的分类定性上，鸳鸯灌区 3 个管理单位均承担防洪、抗旱等公益性任务，由于水价没有按成本到位，无法提取大修理折旧，正常的工程维修养护都靠国家扶持，不具备自收自支条件，按照国务院《实施意见》单位定性标准，分类定性为准公益性事业单位。根据部颁（81）规范标准，结合各水管单位工作性质，对鸳鸯灌区的定岗定员进行了测算，经县政府核定 3 个建制单位定编 259 人，其中：鸳鸯池水库管理所定编81 人，解放村水库管理所定编 58 人，鸳鸯灌区水利管理所定编 120 人。

在经费测算上，由县财政局、计划局、水务局共同负责，已经完成了各项经费测算。经测算，鸳鸯灌区全年总收入 1036 万元，总支出 1329.84 万元，需财政补贴及支付 294.2 万元（按 2003 年）。

验收小组意见：鸳鸯灌区水管体制改革工作，从 2003 年开始，至目前，按照国务院、省市水管体制改革的政策精神，根据县政府批准的改革实施方案，已完成了各项改革任务，从总体来说，达到了改革预期的效果，验收组通过详细询问在职人员岗位设置、工资到位、竞争上岗、分流人员安置去向及落聘人员思想动态等情况。仔细查阅、翻看了定编定岗、竞岗分流、人员安置、在编在职人员名册、工资发放表等改革相关文件档案资料。最后一致认为鸳鸯灌区水管体制改革工作完成了定性定编，落实了财政经费，实施了内部改革，人员竞争上岗，定编定岗到人等各项改革工作，改革工作的完成既确保了水利工程在社会效益中的充分发挥，又在水管单位内部建立了有效的竞争激励机制，已初步建立起定岗合理、管理科学、运行高效的管理体制，达到了水管体制改革的预期目标，实现了水管体制改革工作的跨越式发展，现申请上级部门验收。

验收小组结论：
同意申请上级验收。
　　　验收小组负责人：杨金泉（签字）
　　　2007 年 6 月 18 日

验收小组单位（盖章）
2007 年 6 月 18 日

水管体制改革领导小组（盖章）
2007 年 6 月 18 日

水价水费问题

甘肃省水利事业费管理办法（初稿）

讨管局藏档案

为了贯彻党的勤俭建国，勤俭办一切事业的方针，确实管好用好水利事业费，以促进水利工程的恢复、整修，使其充分发挥灌溉效益，保证粮食增收，向来本着专款专用的原则。已确定自 1962 年元月份起全省水利事业，改由水利系统垂直管理。为了做好这一工作，特制定本办法。

一、财务机构和人员配备

各级水利部门应根据精简人员即节约开支的精神，在不增加编制的原则下，在本部门内部调剂，充实专职财务人员，设立财务机构，以适应工作需要。

1. 省水利厅设置计划财务科，管理全省水利事业费，包括市级单位及县级水利部门的计划、统计和财务工作；

2. 县市水利部门配备专职财务人员（或计划财务股）1 至 3 人管理本单位及所属单位计划统计、财务物资等工作。

二、财务管理

3. 根据统一管理，分级管理的原则，各项水利事业费分省、区（州、市）县（市）三级管理，区、州、市水利部门与省水利厅发生领报关系；县、市水利部门与区、州、市水利部门发生领报关系。

4. 县市水利部门对所属工程的投资，应直接掌握管理，分期拨款由工程单位按月向县水利部门报销，并进行登记。施工单位由于施工期较长，投资较多，设置财务机构或配备专职财务人员着，可按单位预算会计管理，按月报送会计报表。

5. 各县市水利部门根据当地劳动部门或编制委员会批准的编制人数，于当年9 月底前提出下年度机构经费和农田水利、水土保持补助费（应提出工程项目计划或补助对象）的建议数字，一并报市、州水利部门审核汇总后报省水利厅。

6. 省水利厅根据各地报来的机构经费和事业补助费的建议数字，结合中央分配的指标下达各市（州）数字，各县州市根据省上下达的控制数字，通知各县市水利部门级直属单位编制年度工作项目计划及预算。并于每年 12 月底前汇总报省水利厅，经省水利厅审核后作为核定预算，下达各县市、州水利部门据以安排工作（报送年度建议数字及预算表时，附送基层表一份）。

7. 市州直属单位及县市水利部门按核定的年度预算编制季度分月经费计划报市州水利部门审核。市州与季度开始前 20 天编造季度分月经费计划报水利厅核算财政厅审批。

8. 临时性用款，如会议费、修缮费、大宗印刷、汽车大修理、设备购置费等等编送临时计划表报批。

9. 根据批准的季度分月经费计划，机构经费按月汇总，事业补助费按工程进度汇总。

10. 各单位应根据批准的预算进行，如果需要调整时，项与项之间经费的调剂必须报省水利厅批准，未经批准不得调剂，以保证专款专用。

11. 给单位附属的修配厂、水泥厂、抽水机站等为水利事业服务的生产单位必须实行成本核算，应向主管部门编报财务收支计划。如有收入不敷支出的单位要专案报上级主管部门审查批准后，按差额补贴或亏损补助办理。

12. 各单位根据"单位预算及会计制度"处理日常会计事务，现规定如下：

（1）根据合法的原始凭证填制记账凭单，根据记账凭证和所附原始凭证登记有会计账簿，按月结清，对往来款项应及时清理结算。

（2）农田水利补助费按工程项目设户，按费用项目设专栏进行登记。

（3）各单位根据预算确定的用途，按照各项开支标准办理支出，不准办理无预算，无计划或超标准的支出。

（4）各单位应专设出纳人员办理一切现金收付事项，没有条件专设出纳人员的可指定人员兼办，会计员管账不管钱，出纳员管钱不管账。

（5）各单位的材料、设备、工具、器具等应指定专人管理，建立验收登记、领发、保管等制度。

13. 会计报表根据省财政厅规定的时间和要求报送：

（1）月份银行支出数简报。县市水利部门于每月 30 日（31 日）把银行支出数与银行核对相符后，当日向市州水利部门电话汇报，市州水利部门与月份终了后一日（即下月 1 日）按规定指标汇总向水利厅电报汇报，

（2）月份预算支出计算表，各县于月份终了后 3 日内报出，县州市于月份终了后 8 日内汇总报省水利厅。

（3）月份定额情况表，各市州随同支出计算表附送基层表 2 份报省水利厅，据以核算下月经费。

（4）每逢三、六、九、十二月增报资产负债表，并附文字说明和财务成果分析。

（5）年度决算编制办法另行规定。

三、开支标准和范围

14. 工资类别、地区生活津贴及福利费等按省上有关规定，照旧执行。

15. 住勤费、公务费等往来开支，按《甘肃省行政经费开支标准》及有关规定执行。

16. 医药费原由当地卫生部门支付的仍向卫生部门申报，原向财政部门申报的改由水利部门领报。

17. 农田水利、水土保持事业费及防汛堵口复堤费开支范围附后。

四、监督检查

18. 各级主管部门对所属单位的水利事业费使用情况，经常地派人到基层单位进行监督检查、具体帮助和指导工作，检查报告向水利厅报送一份。

19. 各单位要加强对财务工作的领导，随时检查财务开支情况和解决存在的问题。

20. 各单位财务人员，对于本单位资金使用情况发现不合理现象或有贪污浪费情况，除向本单位领导请示解决外，并向上级主管部门或向水利厅反映。

五、预算外资金管理

21. 预算外资金，包括水费收入，材料变价收入，固定资产变价收入，水泥厂、修配厂、生产收入等，多编造年度收支计划，并按季度编送预算外资金收支计划表逐级上报。县州市汇总上报市附基层表一份。

22. 根据国务院 1958 年 1 月 25 日批转水利部关于征收水费的几点意见的指示，凡用水单位都应交的水费，水费收入不做地方财政收入，也不得挪作非水利事业开支。

23. 水费支出贯彻以水利养水利的原则，主要用于管理人员的经费开支和工程岁修养护费用。

24. 预算内资金和预算外资金应分别管理，在银行分别开户，不得混淆。

本办法在执行过程中，请各地随时提出修正意见，使之不断改进，补充修改和完善。

一九六二年四月十一日

金塔县水资源费征收管理和使用暂行办法

金水电字〔1991〕第 95 号

第一条 为了合理开发利用水资源，促进节约用水，充分发挥水资源在国民经济中的作用。根据《中华人民共和国水法》第三十四条和《甘肃省实施水法办法》第二十九条规定，结合我县水资源状况，特制定本办法。

第二条 凡县辖区内直接从河流、湖泊、泉源内取水或借助水工程取水和开采地下水的单位和个人，均应缴纳水资源费。

第三条 县水利电力局统一管理全县水资源费的征收和使用，县水政水资源办公室具体负责。农村水资源费可由县水电局委托基层水管单位征收。

第四条 水资源费的征收标准

（一）引用地表水：工业用水按每立方米 20 厘计征，生活用水按每立方米 10 厘计征，农业用水每立方米 0.4 厘计征，水力发电按发电收入的 4% 计征，养鱼消耗用水按每立方米 0.5 厘计征，占用水面养殖按每年每平方米 0.5 元计征。

（二）提取地下水：工业用水按每立方米 20 厘计征，生活用水按每立方米 10 厘计征，农业用水每立方米 0.4 厘计征，自筹和半自筹打的农林用水井可适当降低标准。

第五条 水资源费从取水口按取水量计征。取水单位和个人均应安装量水设施，无故不安装量水设施的按该取水工程（或设备）的最大取水量（或铭牌取水量）日运行二十四小时连续使用计算收费。

第六条 工业和生活用水的水资源费每半年征收一次，农业用水的水资源费按年征收。县水政水资源办公室向取水单位和个人发出交费通知，由取水单位和个人到指定地点按时自行交费。

第七条 水资源费为水资源管理专项资金，应按照"取之于民，用之于民"的原则，专款专用以收定支，连年结转使用，不得挪作他用。免交能源交通基金。

第八条 水资源费的使用范围：

（一）开展水资源调查、评价、监测、保护等基础工作和有关水资源的科学研究工作。

（二）地下补源回灌诸措施实施及节水措施和开发新水源的补助或贷款贴息。

（三）水政水资源专管人员的管理经费。

（四）水资源管理工作的宣传、教育及技术培训。

（五）对水资源管理、保护和科研及节约用水成绩突出的单位和个人的奖励。

（六）按规定比例上交上级水资源管理部门的经费。

第九条　水资源费的使用统一由县水政水资源办公室编制年度计划，县财政部门和水行政主管部门负责监督使用并接受上级业务部门的监督。

第十条　违反水法规和本办法，县水行政主管部门除有权按照水利部 2 号令《违反水法规行政处罚暂行规定》第十四条进行行政处罚外：

（一）拖欠水资源费的，按月加收 5% 的滞纳金，拖欠三个月以上的视为拒交。拒交水资源费的，县水行政主管部门可单处或并处 50—2000 元罚款，责令停止取水或查封其取水设施，直至吊销取水许可证。

（二）超计划用水的，对其超用部分实行累进加价的办法加收水资源费。半年和年度超量在 10% 以下的，按水资源费标准的 50% 加收；超量在 30% 以下的，按水资源费标准的一倍加收；超量在 50% 以下的，按水资源费标准的两倍加收；超量在 50% 以上的，可强行限制或停止供水，直至查封其取水设施。

（三）罚款及增交的水资源费不得列入生产成本。

第十一条　被处罚单位和个人在接到处罚通知之日起十五日内可向上一级水行政主管部门申请复议或向人民法院起诉，逾期不起诉又不履行处罚决定的，由水行政主管部门申请县人民法院强制执行。

第十二条　本办法由金塔县水行政主管部门负责解释。

第十三条　本办法自颁布之日起执行，执行中如与上级有关法规不符的以上级法规为准。

关于按供水成本价格征收水费的通知

甘水讨发〔1999〕75 号

嘉峪关市水电局、酒泉地区水电处、酒泉市水电局、金塔县水电局、农垦边湾农场及所属各水管所：

为了尽快建立完善、合理的水利价格体系，促使流域水利工程管理走向良性运行，管理局在进一步做好现有水利固定资产核资、严格按有关供水成本核算的基础上，依据省政府制定的水费政策和要求，结合流域管理实际提出了水费改革方案。近期，省水利厅以甘水办发〔1999〕71 号转发了省物价局甘价工〔1999〕232 号《关于改革省水利厅讨管局供水价格的通知》，以工程供水价格的形式明确了管理局的收费行为。经管理局结合流域管理实际，就改革后的水价提出实施意见如下：

一、水费标准

管理局向酒泉市、金塔县、嘉峪关市供水价格统一定为 0.013 元/m³，年度水费总额酒泉市 143.85 万元，金塔县 149.78 万元，嘉峪关市 53.07 万元。向边湾农场的供水价格暂按酒泉地区现行水价执行。

二、执行时间

通知明确，新的水价从 1999 年 11 月 1 日起执行。但考虑到本流域管理费按年度征收的实际，经研究，新的水价从 2000 年 1 月 1 日起执行。

三、具体要求

1. 切实做好九九年度管理费上交工作，执行新的水价前，各单位要足额上交九九年度管理费（九九年度应交管理费数额为：酒泉市 105.3 万元，金塔县 109.71 万元，嘉峪关市 45.09 万元），不得拖欠。

2. 认真按核定的水价标准做好水费计收工作。新水费是保证管理局工程正常运行和管理活动正常开展的必要经费，各单位不得以任何理由截留、挪用、拖欠。

3. 水费实行按灌溉季节计收，上半年交纳 50%，其余 50% 必须于当年底前全部结清。各用水单位必须在规定的期限内向管理局足额交付水费，逾期不交的，按月加收 2%—5% 的滞纳金，对个别尾欠水费量大，且经一再催缴无效的，管理有权限制供水，直至停止供水。所少供水量不再补供。

特此通知。

甘肃省水利厅讨赖河流域水利管理局（印）
一九九九年十二月十六日

省水利厅讨管局关于申请重新核定
供水生产成本费用和水价的报告

甘水讨发〔2001〕36 号

省水利厅：

我局现行水价是 1999 年经省水利厅审查并经省物价局审批确认的。1999 年 6 月，我局向省水利厅上报了《省水利厅讨管局关于申请核定供水生产成本费用和水价的报告》。为进一步核实成本，合理制定供水价格，省厅会同省物价局组成联合调查组，于 1999 年 9 月下旬赴酒泉调查测算讨管局供水成本及其他情况。经调查组反复测算，核定讨管局供水生产成本费用总额为 388.33 万元，总水量按 26 996.7 万立方米计算（剔除了向金塔县供水中，计量点到鸳鸯池水库之间河道渗漏水量 4000 万立方米），供水成本价格为 0.0144 元/立方米。

在充分听取各用水单位意见的基础上，本着既考虑工程供水成本，有利于促进节水，又兼顾用户利益和水价逐步到位的原则，省物价局在甘价工〔1999〕232 号《关于改革省水利厅讨管局供水价格的通知》中，审批确定讨管局对酒泉市、金塔县、嘉峪关市供水价格统一制定为 0.013 元/立方米。上述价格自 1999 年 11 月 1 日起执行。

按照今年全省水利工作会议提出的水价要达到成本价的要求，今年以来讨赖河流域内各县、市已按现行供水成本重新进行了新的水价核算。为此，根据讨赖河流域内供水价格实际和省物价局 1999 年核定水价时提出讨管局供水价格要在 2 至 3 年内达到成本的要求，我局认为，讨管局供水价格在 1999 年已核定的基础上，2002 年内实现按成本到位，并考虑 2000 年、2001 年讨管局供水生产成本、管理费新增支因素，申请重新核定供水生产成本费用和水价。

根据《甘肃省水利工程供水生产成本、费用核算管理暂行规定》和《国家水利产业政策》的有关精神，按照 1999 年省水利厅、省物价局测算讨管局供水生产成本费用时确定的原则依据，我们对供水生产成本和水价重新进行了核算。

经测算，讨管局的供水生产成本费用总额为 455.55 万元，因近两年来河道来水量同 1999 年核定水价时的来水量变化不大，本次核定水价时酒泉市、金塔县、嘉峪关市的总水量仍按照 1999 年确定的多年平均水量 26 668.8 万立方米计算，最后测定讨管局供水成本价格为 0.017 08 元/立方米。以多年平均供水量计，各用水单位每年承担的水费额为：酒泉市年供水量 11 065 万立方米，水费总额为 188.99 万元；金塔县年供水量 11 521.8 万立方米，水费总额为 196.79 万元；嘉峪关市年供水量 4082 万立方米，水费总额为 69.72 万元。

以上报告妥否，请批示。

甘肃省水利厅讨赖河流域水利管理局（印）
二〇〇一年五月二十三日

关于调整省水利厅讨赖河流域水利
管理局供水价格的审查意见

甘水函发〔2001〕31 号

省物价局：

省水利厅讨管局根据全省水价改革的精神，结合流域内灌区水价调整的情况，最近向我厅上报了《关于申请重新核定供水生产成本费用和水价的报告》（甘水讨发〔2001〕36 号），经审查提出以下意见：

一、讨赖河属黑河流域西水系。讨管局是讨赖河水系的流域管理机构，负责对酒泉市、金塔县、嘉峪关市、边湾农场等的供水。讨管局直接管理的工程有一座大型水闸、46.65 公里堤防、51 公里的输水渠道年供水量 2.7 亿立方米，是讨赖河干流的首级供水环节，控制灌溉面积 57.97 万亩。省水利厅讨管局供水价格调整，有利水管单位建立良性运行机制，对促进节约用水具有重要意义。

二、省水利厅讨管局现行水价为 0.013 元/立方米，是 1999 年省物价局、省水利厅按水价逐步到位的原则审核批准的，1999 年供水成本 0.0144 元/立方米。由于固定资产增加，管理费用提高等因素，经核算，目前供水成本为 0.017 元/立方米。经初步审查，核算方法符合有关规定，核算结果符合实际情况。

三、根据国家计委《关于灌溉农业用水价格有关问题的意见》精神及省上关于水价改革有关规定，为保障讨管局正常开展供水生产，实现良性循环，建议讨管局供水价格调为 0.017 元/立方米，新水价自 2001 年 6 月 1 日起执行。

甘肃省水利厅（印）

二〇〇一年五月三十日

关于调整讨赖河流域水利管理局供水价格的通知

甘价工〔2001〕147 号

省水利厅：

根据国家和省政府节约水资源的一贯精神，本着有利于节水，兼顾用户利益和水价逐步到位的原则，在广泛听取了灌区各方面意见基础上，经研究决定，从 2001 年 7 月 1 日起讨管局供水价格每立方米提高 0.003 元，即由现行水价每立方米 0.013 元调整到每立方米 0.016 元。

接到通知后，讨管局要认真做好供水工作，要加强管理，降低供水成本，积极协调有关各方加大水价改革宣传的力度，促进讨赖河流域调整结构，节约水资源。

甘肃省物价局（印）

二〇〇一年七月十日

转发关于调整讨赖河流域水利管理局供水价格的通知

甘水办发〔2001〕115 号

讨赖河流域管理局：

现将省物价局《关于调整讨赖河流域水利管理局供水价格的通知》（甘价工〔2001〕147 号)转发你们，结合你局实际，提出以下贯彻意见，请一并遵照执行。

一、在充分考虑水损的基础上，按照省物价局批准的水价标准和讨管局与各用水户的多年平均结算水量，各用水单位每年应承担的水费份额分别为：酒泉市年计费供水量 11 065 万立方米，水费总额为 177.04 万元；金塔县年计费供水量 11 521.83 万立方米，水费总额为 184.35 万元；嘉峪关市年计费供水量 4082 万立方米，水费总额为 65.31 万元。你局要严格执行省物价局核定的水价标准，加强对水费的征收力度，提高实收率。

二、你局要按照《国家计委关于印发改革水价促进节约用水的指导意见的通知》（计价格[2000]1702 号）和省水利厅《转发关于取消农村税费改革试点地区有关涉及农民负担的收费项目的通知》（甘水办发〔2000〕47 号）要求，将水费收入纳入生产经营性收费，加强对水费的征收管理。

三、你局要加强财务管理，努力降低供水成本，逐步实现水管单位良性运行。

甘肃省水利厅（章）

二〇〇一年八月十七日

甘肃省水利厅 2002 年第 1 次厅长办公会议纪要

讨管局藏档案

2002 年 4 月 8 日，刘斌副厅长主持召开了厅长办公会议，专题研究了讨赖河流域水利管理工作问题。酒泉地区行署、嘉峪关市政府、酒钢集团公司、流域内有关县市及省水利厅有关处室、厅直单位的负责同志出席了会议。现将会议研究决定的主要事项纪要如下：

一、研究了讨赖河流域水资源管理问题

讨赖河流域内工业和城镇生活年 500 万立方米以上、农业年 2000 万立方米以上的取水，由县级水行政主管部门签署意见，经地市水行政主管部门初审后，报讨赖河流域水利管理局审批发证并报省水利厅备案。

改革现行分水制度。统筹考虑干支流、上下游、左右岸、工农业用水需求，实行水资源统一调度和总量平衡相结合的定时定量分水制度。

流域内骨干调蓄工程实行水量调度权和工程管理权相分离，水量调度权归属流域管理机构。

二、研究了讨赖河流域建设项目管理问题

讨赖河流域管理范围内新、改、扩建水利项目，地市水利部门向省厅或计划主管部门报送建设项目建议书和可行性研究报告时，应附具流域机构的书面审查意见。流域内大中型水利、水电工程的初步设计报告，由地市水利部门上报流域管理局提出意见，作为省厅审批的依据。凡属流域重点项目，通过讨管局上报水利厅审查。

三、研究了讨赖河流域专项资金管理问题

今后凡是涉及领域内的专项资金，由省厅拨付流域机构，由流域机构拨付项目业主单位。讨管局要加强资金管理，建立健全检查、监督机制，保障专项资金合理使用。

四、研究了讨赖河流域抗旱防汛工作问题

讨管局协调、指导、督促流域抗旱工作，负责制定并落实抗旱预案。负责组织制定流域防洪规划，并督促共享工程项目实施。按照防洪工作地方行政首长负责制的基本原则，督促干流防洪负责人，签订防洪责任书。组织制订流域防御洪

水方案，组织流域内汛前检查、河道清障、水毁工程修复及干流河道采砂管理；加强流域内供水调度，发展干流防洪工程应急除险加固。讨赖河流域干支流上，涉及两地市的主要防洪工程，要经过管理局的审查，并负责建设项目的监督管理。

五、研究了讨管局运行情况及目标管理问题

讨管局 2003 年 4 月 8 日完成过渡期，2003 年 4 月 8 日至 2004 年 4 月 8 日实现职能完全到位期，从 2004 年 4 月 8 日开始全面实现可持续发展期。

加快《讨赖河流域水资源利用规划》的编制工作。讨管局要抓好规划编制工作，争取早日上报省政府批准实施。

认真研究分水制度改革，加大节水力度。要从流域水资源统一管理和优化配置的要求出发，按照生活、生产、生态用水的先后次序，研究和提出符合市场经济要求，适应流域发展实际的水资源配置意见，充分发挥市场在水资源配置中的基础作用，把有限的水资源配置到效益较好的环节中去，同时，尽快着手流域水资源调度方案的编制工作。

研究调蓄工程管理体制存在的主要问题和改制方案。积极论证大草滩、鸳鸯池、解放村等水库联合调度和工程管理权与水量调配权两权分离的必要性和可行性，尽快实现流域内调蓄工程水量调度归属流域管理机构。

抓好《讨赖河流域管理条例》的起草工作。要积极研究起草《讨赖河流域管理条例》，争取列入政府立法计划。通过立法强化流域管理职能职权，使流域机构在流域管理中有法可依，有章可循。

积极做好与省直综合部门的协调工作。流域管理中前期工作程序、基本建设管理、资金管理、水资源管理等，涉及省计委、省财政等综合部门，应积极协调好工作关系。

加大水价改革力度。从 1998 年至 2001 年四年中，各用水单位累计欠交水费 370 万元，严重影响了讨管局的正常管理工作，同时，省物价局［2001］147 号文件和省水利厅［2001］115 号文件，就新的水费标准作出了明确规定，希望各用水单位高度重视，积极抓好清缴工作。

甘肃省水利厅（印）

二〇〇二年四月八日

关于酒泉钢铁集团公司水资源费征收有关事宜的通知

甘水办发［2002］116 号

省水利厅讨赖河流域水利管理局：

酒泉钢铁集团公司是我省较大的用水企业，2002 年批准的年度用水计划为 4800 万立方米，其中工业用水 3600 万立方米（含镜铁山、西沟石灰石矿用水 300

万立方米），根据省人民政府第 25 号令规定的征收标准，年度应上缴水资源费 108 万元。

根据新的《中华人民共和国水法》第十二条第三款的规定，为了加强流域机构的水资源管理和监督职责，经研究，从 2003 年起，省水利厅授权讨赖河流域水利管理局全额代收。所征收水资源的 80%留讨管局，20%在三日内上缴省水利厅，由水利厅在两日内上缴省财政厅。

讨管局要认真贯彻有关法律、法规和政策规定，加强对酒钢公司的用水监督管理；要加强交换用水节约用水措施的落实，按照批准水量和实际取水量足额征收水资源费，不得随意减免。

特此通知。

甘肃省水利厅办公室（印）

二○○二年十月二十三日月

肃州区讨南灌区农业灌溉用水收费调查情况的报告

肃州区水务局藏档案

肃州区水利局：

根据酒地水电［2002］362 号文《关于转发〈省水利厅关于开展农业灌溉用水收费检查通知〉的通知》的精神，我灌区结合实际，立即组织人员和用水单位及用水户代表共同对灌溉用水收费情况进行调查了解，现将调查情况汇报如下：

一、配水方式、灌水组织及水费实际负担情况

灌区内现逐步推行配水到斗，计划用水的供水制度，以斗口水量按方计费征收，年初根据气象资料预测水量，按用水单位面积、作物种植比例，科学编制用水计划，提前下发水量包干计划，为产业结构调整提供依据，每轮水前做好配水计划，下发各水管站，水管站配水到各村、组。

在用水管理上，灌区管理到支渠，斗口以下由村组管理，各组成立灌水小组，负责田间灌溉管理，统计灌水作物面积、浇灌时间、水量等工作，消除平均主义，实行按组计量收费，确保水费收缴任务的完成。

由于我灌区引用讨赖河水，河道来水量不均，根据河道来水的实际情况，同时为有效节约用水，利用价格杠杆，实行余缺阶段浮动水价，鼓励各单位在汛期多引多灌。二○○二年我灌区复种及五、六月水价为 15 厘/m³ 不变，其余轮次水价按实际用水量核算，但灌区内平均水价不得超过 60 厘/m³ 的标准。村组水费是以村组当年实用斗口水量的总数为准核算确定，按户分摊。二○○一年平均水价为 0.04 元/m³，我灌区共计引用水量 3298 万立方米，亩均水费为 25.1 元/亩，2001 年灌溉面积 5.8 万亩，征收水费 131.9 万元、总人口 27 374 人，人均占有作物面积 2.12 亩、灌区亩均水费 23 元、人均水费 48.18 元、农民粮食作物每亩支出 464 元。其中水费支出 32 元，占支出的 6.9%。经济作物支出以蔬菜为依据，亩均支出 751.7 元、水费 39.2 元，占支出的 5.2%；二〇〇二年平均水价为 0.06 元/m³，我灌区共计斗口水量 2847 万立米，亩均水费为 38.5 元/亩。

二、灌溉用水相关的负担情况

根据调查情况，如西洞二支跨地区全长 18.2km，群众清淤出劳多，全年看水出工 448 个；因铁路涵洞三截入渠，造成淤积，每年至少清淤二次出工 230 个，合计出工 678 个，按每个工日 17.75 元计算，全年投劳折资 12 035 元，占水费的 2.6%，亩均投劳折资 1.1 元，群众要求水利工程建设实行有偿劳动，以保证群众产业结构调整所剩余劳动力的分配。

三、水费计收中搭车收费情况

经所内人员走访调查，由于农村费税改革今年全面实行，村队再不收费。除看水清淤收费，现暂无查出搭车收费等现象。

四、在加强灌区水费计收、用水户对配水收费的监督方面，水管单位采取的措施和制定的制度

根据《水法》第五十五条规定，使用水工程供应的水，按照国家规定应当向供水单位缴纳水费。我灌区多年平均主体引用水量 3960 万立方米，主要用于农业灌溉、城市周边地区的绿化生态和林地用水，农业灌溉用水按实用水量向农户征收水费，绿化生态林地用水实行无偿供水。

1. 水费征收标准

灌区农业灌溉用水水费征收严格执行酒政发〔2001〕319 号文件的有关规定，实行按方计费，水量从斗口算起。水管所每轮水向下发配水计划，由村组管水负责人同所内管水人员及水管站管水人员共同测水计算。

2. 水费征收办法

水费一律征收现金，并严格按照主管局审批的数额为准，半年结算一次，年终结清。我灌区为减少水费征收的中间环节，切实减轻农民负担，根本上杜绝乱摊派、乱收费和搭车收费，水费由水管所直接向村组收缴，在水费收缴中开具全省统一印制的水费专用票据，不用票据收取水费的，用水户有权拒付。

3. 检查中暴露出来的问题

（1）水费改为经营性收费并实行新水价，农户一时还接受不了，再加上水利工程建设上出义务工，农民推诿扯皮，不愿出工。

（2）水利工程设施老化，田间工程配套不齐，水利用率低，使地表水资源浪费、地下水资源超采，造成水资源不能合理利用。

（3）农业产业结构调整中不能适应水费征收过程中出现的新情况、新问题。

（4）2001 年、2002 年两年平均 980 万立方米、2003 年预计 1600 万立米实行绿化生态林地无偿供水，还给讨赖河流域管理局上缴管理费 18 厘/m³，造成灌区整体亏损。

五、整改措施

1. 加大水法宣传力度，加强政策学习，完善规章制度，进一步改善水利工程设施现状，有效提高水利用率，提高服务质量，使用水户对国家资源有正确的认识，积极配合上缴水费。

2. 加强与用水单位及用水户代表的经常性接触，多听他们的意见和建议，并提出切实可行的办法，做好灌区的水利工作。

3. 加大水资源费的征收力度，使地下水和地表水灌溉比例得到平衡。

4. 完善管理体制，转变工作作风，提高服务质量，加大灌溉管理的科技投入，提高测流精度，尽快实现全面计量到户，让群众满意。

肃州区讨南水管所（章）

二〇〇二年十一月十六日

河 道 管 理

关于《酒地讨字［1994］21 号文》的批复

酒地水电水管字［1994］14 号

讨赖河流域管理处：

你处报来《关于讨赖河酒泉段、文殊沙河东岸河道管理工作交由酒泉市负责管理的报告》收悉。经我处研究，根据 1984 年 8 月讨赖河流域水利管理委员会第六次会议讨论通过的并经酒泉地区、嘉峪关市政府批准的讨赖河流域水利管理办法，讨赖河酒泉段、文殊沙河东岸的河道管理由讨赖河流域管理处统一管理，其辖内的堤防工程案该办法实行划段包干进行兴建与养护维修，讨管处做好督促检查工作。

关于河道管理的具体工作，按我处 1992 年酒地水管字 37 号文件的要求，由讨管处组建河道管理站负责讨赖河和文殊沙河管理，并尽快做好水利工程土地划界、进行河道清障和采砂管理工作。

同时建议河道管理站建立后应尽快制订河道管理细则或办法提交下次流域委员会讨论。

甘肃省酒泉地区行政公署（章）

一九九四年七月二十六日

酒泉段河道管理站及有关问题的报告

酒地讨字［1994］31号

地区水电处：

按照酒地水电水管字 [1994]14 号文件批复精神，为了加强讨赖河河道管理的具体工作，拟设立"酒泉地区讨赖河流域酒泉段河道管理站"。具体负责讨赖河酒泉辖区内的河道管理工作，行使有关水行政管理权。

根据《中华人民共和国水法》、河道管理条例以及讨赖河流域水利管理办法的有关规定，该站具体任务是：（1）根据讨赖河流域的统一规划负责辖区内堤防工程包干单位对工程兴建、养护维修的督促检查工作；（2）负责辖区内河道保护、清障工作；（3）负责辖区内的采砂取石的管理工作；（4）负责辖区内河道水质监测工作。

按照该站的具体任务，该段河道管理站应为管理处属下的自收自支科级事业单位。

在整个流域河道管理尚未统一以前，根据其工作任务和具体工作量，该段管理站暂先编制四人，有干部、工人各二人。编制暂先占用原讨管处已核定的编制。设立管理站的有关事宜由本处调剂解决。人员经费由河道采砂管理收入中支出。涉及河道规划整治有关工程费用及较大开支，请水电处或地区财政处予以补助。关于该段河道管理细则或办法，已着手制定，待后上报审批。

妥否，请复。

酒泉地区讨赖河流域水利管理处（章）
一九九四年八月六日

关于讨赖河流域水利管理局履行取水
许可管理职责有关问题的批复

甘水政发［1998］25号

讨赖河流域水利管理局：

你局甘水讨发［1998］10号《关于履行取水许可管理职责有关问题的请示》收悉。经研究，现批复如下：

根据厅党组甘水党发［1998］第19号文件确定的关于讨管局"负责本流域内省水利厅管理权限内的取水许可审批、监督和管理以及水资源费的征收工作"的职责，今后凡在讨赖河流域内属于省厅审批的新、改、扩建取水项目，受理机关和地（市）水行政主管部门审核后由厅讨管局审批，并报省水利厅备案。已由我厅发证的取水单位酒泉钢铁公司和金塔县鸳鸯灌区水利管理所的取水许可监督管理工作，从今年 10 月 1 日起委托讨管局代行，监督管理工作的内容、程序及方法依照水利部 6 号令《取水许可监督管理办法》和省政府 18 号令《甘肃省取水许可制度实施细则》的有关规定执行。涉及取水许可的有关证、书、表统一到我厅领取。

鉴于讨管局负有"承担酒、嘉两地农业和酒钢工业生产用水的供水任务"的重要职责，酒钢公司应当继续向讨管局足额交纳管理费。酒钢公司的水资源费暂不委托其他部门征收，由我厅直接征收。

甘肃省水利厅（章）

一九九八年十月二十二日

关于委托省水利厅讨赖河流域水利管理局行政处罚权的通知

甘水政发〔1999〕22 号

讨赖河流域水利管理局：

根据《中华人民共和国行政处罚法》第十八条、第十九条之规定，依照中华人民共和国水利部《关于流域机构实施〈防洪法〉规定的行政处罚和行政措施权限的通知》精神，经研究决定：

一、甘肃省水利厅委托讨赖河流域水利管理局在以下指定范围内实施《防洪法》第七章规定的行政处罚：

1. 在讨赖河干流河道内，未经省水行政主管部门签署规划同意书，擅自建设防洪工程和其他水工程、水电站的；或者违反规划同意书的要求，影响防洪的。

2. 在讨赖河干流河道内，未按照规划指导线整治河道和修建控制引导河水流向，保护堤岸等工程，影响防洪的。

3. 在讨赖河干流河道内，有下列违反行为之一的：建设妨碍行洪的建筑物、构筑物；倾倒垃圾、渣土、从事采砂、采金、取土、垦殖等影响河势稳定，危害河堤防安全和其他妨碍河道行洪的活动；在河道内种植阻碍行洪的林木和高秆作物。

4. 在讨赖河干流河道内的建设项目，未经省水行政主管部门派出的流域管理机构审查同意，发放建设项目同意书，或者未按照其审查批准位置、界限，从事工程设施建设活动的。

5. 在讨赖河干流河道内建设非防洪建设项目，未编制洪水影响评价报告的；或防洪工程设施未经省水行政主管部门验收，即将建设项目投入生产或者使用的。

6. 破坏、侵占、毁损讨赖河干流河道的堤防、水闸、护岸、抽水站、排水渠系等防洪工程和水文、通信设施以及防汛备用的器材、物料的。

二、省水利厅委托讨赖河流域水利管理局实施行政处罚的程序等，按照《行政处罚法》和水利部令第 8 号《水行政处罚实施办法》的规定执行。

甘肃省水利厅（章）

一九九九年七月三十日

关于讨赖河流域酒泉段部分河道管理范围重新划定确认书

甘水政发〔2000〕52 号

按照甘水讨发[2004]4 号《关于改变讨赖河三利公司南侧河道管理范围内部分土地用途的函》精神，2004 年 5 月，我局同讨管局水政科、河道科对讨赖河流域酒泉段部分河道管理范围进行了重新划定确权。

一、重新划定的区域

东至：酒果路大桥；南至：新建讨赖河北防洪坝；西至：国道 312 线大桥；北至：原城关镇经济开发区、三利公司等单位南墙。该范围东西长约 1100 米，南北宽约 120 米。

二、新区城内河道管理范围的确定

根据《甘肃省水利工程土地划界标准》，经过双方协商一致，该区域内从新修建的北防洪坝坡角以北 15 米划定为河道管理范围；从河道管理范围向北 25 米处划为保护范围。

三、土地权属的确定

根据《中华人民共和国土地管理法》规定的城乡地政统一管理的要求和土地用途管制制度，新河道修建后，新、旧河道之间用地性质便发生了变化，由水利设施用地改变为水利设施用地、部分为其他性质的建设用地。《中华人民共和国土地管理法》第五十四条规定："建设单位使用国有土地，应当以出让等有偿使用方式取得，但是，下列建设用地，经县级以上人民政府依法批准，可以以划拨方式取得：

（一）国家机关用地和机关用地；

（二）城市基础设施用地和公益事业用地；

（三）国家重点扶持的能源、交通、水利等基础设施用地；

（四）法律行政法股规定的其他用地。"

按照以上规定，该区域内除河道管理范围用地可保留划拨方式供地外，其余土地必须实行有偿使用，由酒泉市土地收购储备中心收回，作为国有储备土地，酒泉市招标拍卖办公室按土地出让程序供地。其土地使用权确定如下：

1. 河道管理范围：土地所有权属国家所有，土地使用权属讨赖河水利管理局；

2. 河道保护范围：土地所有权属国家所有，由酒泉市土地收购储备中心作为国有储备土地。为保证河道安全，土地审批时设定限制性条件，即严禁在此爆破、挖砂、采石、修建永久性建筑物等；

3. 河道保护范围以外土地：土地所有权属国家所有，由酒泉市土地收购储备中心作为国有储备土地。

四、有关问题的解决

1. 原酒泉市土地管理局于 1996 年对讨赖河流域酒泉段进行了划界确权，并颁发了酒国用[1996]字第 1389 号《国有土地使用证》，因北大河改造修建尚未全面竣工，该段土地使用证暂不做变更。但是此范围内土地权属以本《确认书》为准。

2. 对于原河道管理范围内，市国土资源局城关分局与讨管局签订的《国有土地租赁合同》自双方签定本《确认书》之日起自行终止。

3. 对于原河道管理范围内，讨管局与单位或管理签订的出租合同，自双方签定本《确认书》之日起自行终止，由市国土资源局城关分局实施管理。

本确认书一式四份，双方各执两份，未尽事宜，双方协商解决。

甘肃省讨赖河流域水利管理局（公章）

酒泉市国土资源局城关分局（公章）

二〇〇四年六月十六日

关于讨赖河主河道嘉峪关市区段管理问题的会议纪要

甘水讨发〔2006〕18 号

2005 年 12 月 21 日，嘉峪关市水务局以嘉水务字〔2005〕127 号文申请将讨赖河嘉峪关段委托其管理。讨管局结合河道管理实际并根据省水利厅关于"协商管理"的指示，2006 年 3 月 15 日在嘉峪关市水务局会议室，讨管局会同嘉峪关市水务局召开了专题会议。参加会议的有省水利厅讨管局局长朱向东、副局长张崇、水政水资源科科长薛万功、河道管理科科长杨建民，嘉峪关市水务局副局长侯银泉、办公室负责人刘家声、水政水资源科科长李建忠等。现就议定事项纪要如下：

一、嘉峪关市把讨赖河市区段综合治理作为"十一五"期间的重点建设项目之一，计划在 2—3 年内投资 1200 万元，围绕南市区拓展建设对河道进行整治。该项目的实施将会提高城区河段防洪能力，有效增加城区建设和绿化用地面积，为城市发展和城乡一体化建设创造良好的基础，并对进一步加强河道管理、促进河道综合治理起到重要作用。讨管局积极支持和协助嘉峪关市政府搞好此项工作。

二、在省水利厅讨管局职责不变的前提下，讨赖河主河道嘉峪关段（上至嘉文公路桥，下至酒嘉交界处），由嘉峪关市水务局实施管理。管理内容包括：1.河道整治和堤防建设；2.河道保护、清障、防汛、执法；3.河道采砂许可、收费及管理；4.河道内建设项目的初审；5.管理期限商定为 5 年，2010 年以后的另行确定。

三、嘉峪关市水务局应根据城市规划和河道现状，提出河道综合治理规划和堤防建设项目可研报告、初步设计报告，报讨管局审查同意后按基本建设程序报批，并组织实施，在"十一五"期间完成河道综合治理任务。

四、其他单位申报占用或穿、跨越该段河道的工程项目，由嘉峪关市水务局审查后，报讨管局按有关程序审批。

五、嘉峪关市水务局应加强河道管理力度。会议确定：1.嘉文公路以上河段为禁采区；2.嘉峪关市水务局收取的河道采砂管理费必须专款专用，专户储存，除正常人员、车辆支出外，其余全部用于该段河道治理；3.河道采砂费要定额征收，要公平、公开、公正的竞争。

六、嘉峪关市水务局应负责做好该段河道防洪抢险的组织协调等工作。

七、讨管局应加大宏观管理力度，发挥协调、指导、服务功能，支持配合嘉峪关市水务局搞好管理工作，同时嘉峪关市水务局应接受讨管局的监督检查。

甘肃省水利厅讨赖河流域水利管理局（章）

二〇〇六年三月二十五日

关于明确讨赖河嘉峪关市区段采砂管理有关事宜的通知

甘水讨发〔2006〕25号

讨赖河嘉峪关市区段各采砂单位和个人：

根据嘉峪关市政府将讨赖河嘉峪关市区段河道整治和建设作为"十一五"期间的重点建设项目之一的规划，为积极支持和协助嘉峪关市政府搞好河道整治和建设，我局会同嘉峪关市水务局就该段河道管理问题进行了协商。在讨赖河主河道由我局统一管理权限不变的前提下，嘉峪关市区段（上至嘉文公路桥，下至酒嘉交界处）在"十一五"期间（2006年至2010年）的河道整治和堤防建设；河道保护、清障、防汛、执法；采砂许可及收费管理由嘉峪关市水务局实施管理。在此之前，凡在我局办理过采砂许可证并在讨赖河嘉峪关市区段采砂的单位和个人，从2006年起到2010年期间我局不再办理采砂许可证及年检事宜。有关河道采砂许可及其他事宜从即日起到嘉峪关市水务局办理。特此通知。

甘肃省水利厅讨赖河流域管理局（章）

二〇〇六年三月二十七日

重要工程管理

甘肃省水利厅关于鸳鸯池增大蓄水问题的意见

〔62〕水农林字第0518号

金塔县人民委员会：

金水字第093号函悉，关于你县鸳鸯池水库今年计划最高蓄水量8000万立米的问题答复如下：

根据以往实际达到过最高蓄水 7440 万立米和工程扩建部分还未充分经历考验的情况，为确保工程本身与下游绝对安全起见，必须稳扎稳打，逐步巩固提高。

今春最高蓄水时期可能已成过去，但为了今后度汛安全以及冬春灌水安全，还须注意在近几年内控制库内最高水位不超过 1319 米，相应总库容在 7500 万立米左右为宜。为此经过几次考验确实证明工程质量无重大问题，而上游来水又很充足时，再进一步考虑提高蓄水量，但以不超过 8000 万立米，相应库水位 1319.5 米为限。在蓄水考验期间，如发现工程有可疑现象，除紧急上报外，应立即停蓄，或适当泄放，防止发生意外事故。此外尚须注意：

1. 蓄前仔细检查输水洞闸门和溢洪道临时闸板及启闭设备是否灵活齐全，启闭有无困难，如有问题及早检修。

2. 蓄水期间必须加强检查，随时观测土坝输水洞溢洪道及其他部位是否有异样情况发生，发现问题立即报告并提出处理意见。

3. 准备一些抢险防护器材，如草麻袋、砂子、石子、块石等，以防万一。

4. 蓄水加大水位抬高后，上游淹没，范围势必随之增大，将会影响一部分农田及居民的生产及生活，这个问题应由你县负责及早和淹没区有关部门联系妥善解决。做好安置迁移工作，以免当地群众遭受不应有的损失。

目前正是水库放水的灌溉季节，如果该库最高蓄水期已过，希将今春实际蓄到过的最高水量和水位以及诸如风浪和坝后渗漏等相应发生的情况一并报告为要。

甘肃省水利厅
1962 年 5 月 12 日

酒泉专员公署讨赖河管理处关于讨赖河渠首移交工作的报告

［64］讨管水字第 007 号

专署：

为了提高讨赖河系的灌溉管理、工程管理和组织管理水平，解决用水矛盾，保证酒、金两县（市）该河系的农作物稳产高产，于五月七日在市水利局，讨赖河水管所正式向讨赖河管理处作了移交，现将移交工作报告如下：

一、会议由讨赖河管理处吴庭俊同志主持，酒泉市水利局副局长董建平，讨赖河水管所所长刘义、毛焕文，讨赖河管理处闻清行，专署水利局石嵩等六同志参加。

二、水权问题：自即日起由讨赖河管理处统一管理。配水计划：六四年仍按六三年配水计划执行，六五年开始酒泉市向讨赖河管理处报配水计划，经审批后执行。

三、渠段划分：讨赖河渠首到南干渠 120 公尺的洞口；渠首到北干渠 80 公尺的洞口处为分界线，洞口以上由讨赖河管理处（包括渠首所有的 15 台启闭机及一切设备）负责管理；入洞口开始以下划归酒泉市负责管理。至于所有渠道清淤岁修养护、汛期所需民工由酒泉市负担。遇有较大型工程计划由讨管处报批，民工由酒泉市派遣，报酬按有关规定执行。

四、房屋：由讨赖河水管所无代价借给讨管处房屋 11 间，在借用期如有损坏，由讨管处负责修缮。

五、人员：讨赖河水管所派熟悉业务的工人一名，协助讨管处熟悉业务。其工资、口粮、工作安排仍由酒泉市讨赖河水管所负责。

以上报告如无不妥，请批转执行。

酒泉专区讨赖河河系灌溉管理处（章）
一九六四年五月七日

酒泉专区讨赖河流域水利管理处
关于鸳鸯池水库接管工作的报告

[64] 酒专讨讨水字第 012 号

专署：

根据省委、省人委 64 年 3 月 28 日甘发字第 157 号文的决定和专署、酒署办字第 105 号的通知精神，我处对鸳鸯池水库的接管工作于 8 月 15 日到 20 日进行清点造册后经金塔县第六次行政会议决定自 9 月 1 日起将鸳鸯池水库的债权、债务、房屋、工程、大小家畜、皮车、汽车等全部移交我处，现将移交情况报告如下：

接交：专区讨赖河流域水利管理处主任吴庭俊。

监交：专署水利局副科长刘忠长，金塔县水利局副局长王锡五。

移交：鸳鸯池水库管理所所长何吉声。会议研究下列问题。

（一）自 1964 年 9 月 1 日正式将鸳鸯池水库的正式职工、工程、房屋、债权、债务、交通工具、仪器、电讯设备、副业生产、土地牲畜等全部移交给酒泉专区讨赖河流域水利管理处，管理运用。

（二）工程管辖范围：自水库回水淹没区至跃进桥由讨赖河流域管理处负责管理，包括土坝全长 240 公尺，顶宽 50 公尺，底宽 185 公尺，坝高 36 公尺。溢洪道全长 100 公尺，建有闸墩 35 座，木桥一座长 100 公尺，过水孔 34 孔，顺水墙两道，溢洪流量 610 秒立米。旧洞子全长 164 公尺，洞口上圆下方建有平板闸门两扇，上装手摇式启闭机两台，现启闭不灵。洞口用麻袋堵塞，洞内裂断横缝两道，影响土坝安全故未输水。新洞子全长 128 公尺，洞口圆形建有平板闸门两扇上装螺杆式启闭机两台。通风管两个，操作台两层，高达 26.7 公尺，启闭机完好，洞口溢流量 50 秒立米，库容 8000 万立米。跃进桥以下的渠道工程和小型水库由金塔县水利局管理。

（三）档案文件：1962 年至 1963 年的金塔县各部门的来文一册共 372 页。鸳鸯池水库 1962 年至 1963 年的上报、存档文件一册共 154 页。中央、省厅 1964 年元月至 7 月的指示、通知等文件一册共 115 页。酒泉专署 1964 年元月至 7 月的指示通知一册共 27 页。

（四）正式职工、房屋、运输工具职工 24 名。其中干部 5 名，工人 16 名，汽车司机 2 名，临时工 2 人。但司机及临时工由于受编制的控制，讨管处应将名额给金塔县水利局 2 人。房屋、民工工棚、磨棚 237 间，其中房屋 156 间，工棚 81 间。汽车两辆，皮车 22 辆，骆驼 55 峰，骡马 7 匹，牛 4 头，驴 1 头。

（五）用水规章制度仍按讨赖河系灌溉管理处 1963 年用水规章制度执行。

（六）鸳鸯池水库正常维修和整修，民工由金塔县负责动员，其工资、补助粮按国家规定由讨赖河流域水利管理处支付，在防洪期间所需的民工亦由金塔县负责，报酬按规定执行。

以上如无不妥，请专署批转执行。

酒泉专区讨赖河流域水利管理处（章）

1964 年 9 月 14 日

金塔县人民委员会关于鸳鸯池水库移交
讨赖河水管处接管的报告

［64］金人赵字第 147 号

酒泉专署：

接酒泉专员公署办字 105 号文的通知精神，我县经第六次行政会议研究决定将鸳鸯池水库现有的工程设施、在册人员、交通工具、房屋财产等全部移交讨赖河流域水利管理处接管，并于六四年八月二十日由酒泉专署水利局刘忠长科长、金塔县水利局王锡五副局长作鉴交人，由酒泉专署讨来河水管处吴廷俊主任接收，金塔县鸳鸯池水库管理所何吉声所长移交，截止八月二十日清点造册完备，后经九月六日县长办公会议请吴廷俊、王锡五等同志参加讨论同意在九月一日正式移交完毕，现将移交清册随文上报备案。

金塔县人民委员会（章）

一九六四年九月九日

酒泉专员公署关于金塔县鸳鸯池水库
移由讨赖河管理处管理的批复

［64］酒署马字第 160 号

金塔县人委、讨赖河管理处：

金塔县人委金人赵字第 147 号《金塔县人民委员会关于鸳鸯池水库移交讨赖河水管处接管的报告》和讨赖河管理处酒专讨水字第 012 号《酒泉专区讨赖河流

域管理处关于鸳鸯池水库接管工作的报告》均收悉。经研究同意金塔县移交和讨管处接管的内容与管理范围，从一九六四年九月一日起，鸳鸯池水库的一切工程设施、财产、人员、债权、债务均由讨管处负责管理。此复。

甘肃省酒泉专员公署（章）

一九六四年九月卅日

关于对讨赖河渠首整修及新修工程计划的批复

［65］酒署水工字第 018 号

讨赖河管理处：

你处以［65］讨水字 006 号文报来"关于报送 65 年讨赖河渠首整修及新修工程计划书的报告"收悉，经研究，批复为下：

1. 南干渠排沙闸孔宽 1.5 米，共三孔，可改为 2 米宽的二孔，并从中向沉砂池上游作导砂墙一道，闸下排砂渠道不应过窄。洞口便桥前的闸槽无作用，应取消，其渠道断面和隧洞断面相适应避免水流紊乱。

2. 北进水闸挡砂板暂不修建，待以后结合北干渠改建时统一考虑。

3. 拦河坝下游采用芨芨石笼护砌，仍系临时措施，不需 120 米全部护砌，暂在冲刷严重、影响安全的地段护砌。

酒泉专员公署水利局（章）

一九六五年二月十八日

关于讨赖河渠首正修工程开工报告的批复

［65］酒署水工字第 032 号

酒泉专区讨赖河流域管理处：

你处酒专讨水字第 011 号"关于讨赖河渠首一九六五年工程新修及正修开工的报告"收悉，经研究，同意按计划开工，但必须本着增产节约的原则，投资额不得超过十二万元。并应保质保量，如期完成任务。

酒泉专员公署水利局（章）

一九六五年三月十六日

关于下放鸳鸯池水库及水电站由金塔县革委会领导和管理的通知

［69］酒专革生字第 039 号

最高指示：认真搞好斗、批、改。国家机关的改革，最根本的一条就是联系群众。

金塔县革委会生产指挥部、专区讨管处革委会：

全国亿万革命人民在党的八届扩大的十二中全会公报的巨大鼓舞下，意气风发地夺取无产阶级"文化大革命"的全面胜利，以战斗的姿态迎接党的第九次代表大会召开和一九六九年更大规模的工农业建设高潮。为全面落实毛主席关于"革命委员会要实行一元化的领导，打破重叠的行政机构，精兵简政，组织起一个革命化的联系群众的领导班子"的最新指示，彻底批判叛徒、内奸、工贼刘少奇及其在我省的代理人在水利战线上所推行的反革命修正主义路线，实行毛主席"统一计划，分级管理"的教导，更好地发挥各级革命委员会一元化领导的作用，经专区革委会讨论，决定将专区讨管处革委会所辖管的鸳鸯池水库及水电站下放移交给金塔县革委会领导和管理。希接通知后，双方即办交接手续，为了保证作好交接工作，必须：

一、高举毛泽东思想伟大旗帜，突出无产阶级政治，活学活用毛主席著作，用毛泽东思想统帅和处理交接工作的一切问题。

二、坚决遵照伟大领袖毛主席"统筹兼顾，是指对于六亿人口的统筹兼顾。我们做计划、办事、想问题，都要从我国有六亿人口这一点出发，千万不要忘记这一点"的教导，树立全局观点，以"公"字出发，做到五个"统一"，反对本位主义，分散主义和小团体主义。

三、要高姿态，高风格，团结一致，民主协商，处理好人员、资金、物资和器材设备等一系列具体问题，发扬把困难留给自己，方便让给别人的精神。

移交后，必须狠抓人的思想革命化，上靠毛泽东思想，下靠灌区广大革命群众，进一步做好水库和电站的管理工作，使其更好地为农业增产服务。

甘肃省酒泉专区革命委员会生产指挥部（章）
1969 年 2 月 13 日

酒泉专区讨管处革命委员会关于鸳鸯池水库与电站移交金塔县革委会的报告

酒专讨革字第 017 号

最高指示： 共产党员必须懂得以局部需要服从全局需要这一个道理。党的各级机关解决问题，不要太随便。一成决议，就需坚决执行。

专区革委会：

在战无不胜的毛泽东思想的光辉照耀下，在无产阶级"文化大革命"的凯歌声中，全国亿万军民，意气风发，斗志昂扬，步步紧跟毛主席的伟大战略部署，坚决响应毛主席关于"认真搞好斗批改"的伟大号召，狠抓革命，猛促生产，夺取无产阶级文化大革命全面胜利的大好形势下，在党的八届十二中全会公报的巨大鼓舞下，酒泉专区讨管处革委会和金塔县革委会遵照毛主席"备战、备荒、为人民"，"抓革命，促生产"的伟大战略方针，根据专区革委会决定精神，在专区革委会联合召开了关于鸳鸯池水库，电站交接座谈会。

我们认为，会议高举毛泽东思想伟大红旗，突出无产阶级政治，以毛主席一系列最新指示为纲，狠批叛徒、内奸、工贼刘少奇及其一小撮反革命修正主义分子在水利战线上所推行的反革命修正主义路线，大立毛主席的无产阶级革命路线。认真学习了伟大领袖毛主席关于阶级斗争，群众路线，水利工作的光辉指示，受到了教育，提高了认识，为圆满解决交接工作中的问题，打下了良好基础。

我们认为，专区革委会关于将鸳鸯池水库、电站移交金塔县革委会领导和管理，更好地为农业增产服务，是从全局出发，统筹兼顾，巩固发展人民公社集体经济，加强管理，精兵简政，合理用水，解决矛盾的一个重要措施。我们完全拥护，照办。

为了做好交接工作，我们必须高举毛泽东思想伟大红旗，突出无产阶级政治，用毛泽东思想统帅和处理交接工作中的一切问题，树立全局观点，要以"公"字出发，要从全局出发，要从团结出发，要从人民利益出发，反对本位主义，分散主义和小集团主义。要高姿态，高风格，团结一致，民主协商，发扬把困难留给自己，把方便让给别人的精神。

现将交接工作中的几个具体问题，报告如下：

1. 我们意见是鸳鸯池水库、电站，全部移交金塔县革委会领导、管理，包括水库现有一切水利设备、财产、人员按原编制移交。

2. 酒、金两县均水问题，在旧制未破以前仍按原来水规制度执行。

3. 六八年鸳鸯池水库淹没区域迁移费 3 千元，专区批准从水库六八年电站基建款内支付，考虑不太恰当，我们的意见从一九六五年鸳鸯池水库农田水利基建节余款五千元内支付。

4. 一九六五年在修建讨管处房屋时，专署所拨修建款不足，动用鸳鸯池历年业货款三千元，根据水库意见，为了扩大再生产，要归还这笔款，我们的意见可在我处六八年水费中开支，请专区革委会决定。

5. 汽车问题，按原则财产全部移交金塔县革委会，但我们考虑到本灌区面积大，确实需要一辆汽车，请专区革委会决定。

6. 讨管处按规定历年来从金塔县水费中提取二万四千元作为管理费，水库移交后，讨管处每年也应从金塔县水费中提取二万四千元的管理费。

7. 电站修建除国家投资的款外，后经专区革委会批准借用我处的五万一千一百元，应按计划还清。

8. 电站目前配备一台一百二十五千瓦的发电机仍有我们订货。

9. 电站尚未完成的工程，移交后由金塔县全部负担。

10. 移交人员经费问题，在移交后六九年第一季度的人员工资由我处拨款六千五百八十三元，从第二季度起，人员一切开支由金塔县革委会负担。

酒泉专区讨管处革委会（章）

一九六九年元月十三日

关于转发"鸳鸯池水库及水电站交接工作座谈会议纪要"的通知

［69］酒专革生字第 96 号

最高指示：认真搞好斗、批、改。革命的组织形式应该服从革命斗争的需要。党的各级机关解决问题，不要太随便。一成决议，就须坚决执行。

金塔县革委会，专区讨管处革委会：

专区生产指挥部同意"鸳鸯池水库及水电站交接工作座谈会议纪要"，现转发你们贯彻执行。在执行中，必须高举毛泽东思想伟大红旗，大力突出无产阶级政治，狠抓政治思想工作，发扬共产主义风格，抓紧抓好交接工作，以实际行动向"九大"献礼，为把鸳鸯池灌区办成红彤彤的毛泽东思想大学校而努力奋斗！

酒泉专区革委会生产指挥部（章）

一九六九年五月十六日

鸳鸯池水库及水电站交接工作座谈会议纪要

金塔县水务局收藏文件

在伟大领袖毛主席亲自发动和领导的无产阶级"文化大革命"已经取得伟大胜利的大好形势下，金塔县革委会和专区讨管处革委会遵照伟大领袖毛主席关于"国家机关的改革，最根本的一条，就是联系群众"的伟大教导，和专区革委会生产指挥部［69］酒专革生字第 039 号通知精神于三月二十七日召开了鸳鸯池水库及水电站交接工作座谈会议，参加会议的有：专区革委会生产指挥部农业组赵攀仓、翟有才同志、专区讨管处革委会郭长生、工宣队王兴成同志、金塔县革委会交接小组魏占荣、杜桂孝、柴宋岱同志、鸳鸯池水库管理所何吉升同志，会议高举毛泽东思想伟大红旗，突出无产阶级政治，认真学习了毛主席的有关教导，学习了两报一刊一九六九年元旦社论，深揭狠批了水利战线上的反革命修正主义路线，武装了思想，提高了认识，为今后做好水利管理工作打下了思想基础。

与会同志一致认为，专区革委会生产指挥部决定将鸳鸯池水库及水电站下放移交给金塔县革委会领导和管理，是符合伟大领袖毛主席"精兵简政"的战略方针，是紧跟毛主席伟大战略部署，落实斗、批、改的有效措施，表示坚决拥护，积极照办。一定要高举毛泽东思想伟大红旗，突出无产阶级政治，活学活用毛主席著作，用毛泽东思想统师处理交接工作中的一切问题。在交接工作中，首先要交好政治思想，坚决反对本位主义、分散主义和小团体主义。要高姿态，高风格，发扬把困难留给自己，方便让给别人。要顾全大局，从"公"字出发，从团结出发，从人民利益出发，做好接交工作。

会议对移交工作中的几个具体问题也进行了充分的讨论，大家的意见是：

（一）人员问题：为了有利于精简机构和斗、批、改的顺利进展，双方人员应按现有人员进行移交，对移交人员的工资和经费开支从今年六月份起由金塔县革委会负担。

（二）资金问题：为了更好地贯彻厉行节约、反对浪费、勤俭建国的方针，对财务收支应进行一次清理。对六八年鸳鸯池水库淹没区域迁移费三千元与讨管处修建房屋时动用鸳鸯池水库农副业款三千元，应按专区的过去的批复精神执行，互不偿还，互不退补。鸳鸯池电站修建由于修建项目增加，从讨管处历年水费节余款中暂垫的五万一千三百元。考虑到水电站工程还没全部完工，设备缺件也不配套，机器尚不能正常运转的情况，只由电站收入中归还二万六千元，其余不补交。

（三）物资、器材、设备问题：应按双方现有状况不变的原则进行清理交接。对原有汽车，考虑到讨赖河灌区滩大面广，交通运输确有困难，仍归讨管处使用。对外借财产立即进行清理，由借出单位负责收回。

（四）鸳鸯池水库及水电站移交金塔县革委会领导和管理，专区讨管处今后要突出无产阶级政治，加强业务指导。

（五）灌区管理费的提取与水规制度，可在灌区委员会讨论确定。在新制度未建立前，应按原制度执行。

会议要求移交工作双方必须遵照毛主席"只争朝夕"的伟大教导，更高地举起毛泽东思想伟大红旗，紧跟毛主席的伟大战略部署，认真贯彻会议精神，立即行动，抓紧交接工作，为把鸳鸯池灌区办成红彤彤的毛泽东思想大学校而努力奋斗！

鸳鸯池水库及水电站移交工作座谈会议
一九六九年三月二十八日

关于讨赖河渠首改建工程可行性研究报告的批复

甘计农［2000］552 号

省水利厅：

你厅"关于讨赖河渠首改建工程可行性研究报告的报告"（甘水规发［1999］18 号）和"关于报送讨赖河渠首改建工程资金筹措方案的函"（甘水计发［2000］28 号）均收悉。经研究，现批复如下：

一、工程建设的必要性

讨赖河渠首工程始建于1959年，是向酒泉市、金塔县、嘉峪关市及农垦边湾农场供水的重要农灌渠首，设计灌溉面积57.96万亩。由于项目原规划设计不尽合理，渠首防洪标准低、防洪排沙效果差，渠道磨损严重，清淤量大。加之工程运行至今已有40多年，工程已趋老化，设备陈旧失修，河道来水和用水条件也发生了很大变化，致使灌区受旱现象时有发生，严重影响了所辖灌区农业生产和社会经济的发展。因此，改建讨赖河渠首使其发挥效益是十分必要的。

二、建设内容及规模

1. 提高工程防洪标准。设计洪水由原设计的20年一遇提高到30年一遇；校核洪水由原50年一遇提高到200年一遇。

2. 将闸前河道主流稳定在南岸，拆除原南侧冲砂闸，新建3孔泄冲闸。原设计的北侧五孔冲砂闸、土坝均在原建筑物基础上改成溢流堰，旧溢流堰加高2.55米，改建后溢流堰顶不设闸门。

3. 南侧进水闸在原基础上加高，更换闸门，闸孔仍为三孔，门上设胸墙。北侧进水闸位置改在冲砂闸上游北侧，通过溢流堰前暗渠引入北侧引水渠。

4. 加高渠首上游两岸护堤。

三、总投资及资金来源

项目总投资1300万元。项目建设资金拟申请国家补助850万元，其余450万元由受益区自筹解决。

接文后，请据此编制项目初步设计，并积极落实项目建设资金，以促项目早日开工建设。

甘肃省发展计划委员会（章）

二〇〇〇年六月二十二日

关于上报《甘肃省讨赖河渠首改建
工程初步设计报告》的报告

甘水讨发〔2000〕46号

省水利厅：

讨赖河渠首工程始建于1959年，运行至今已40余年。针对运行中存在的问题和渠首工程难以为继的现状，从1984年开始委托由酒泉地区水电处设计队、省水利水电勘测设计院先后对渠首工程改建进行勘测设计。省水利水电勘测设计院按省厅指示，结合酒泉地区水电处设计队已做的工作，在对改建方案进一步改进和优化的基础上，于1993年11月完成了《甘肃省讨赖河渠首改建工程初步设计报告》。1999年又对《初设报告》进行了进一步修订，重新进行了概算。现将《甘肃省讨赖河渠首改建工程初步设计报告》和《甘肃省讨赖河渠首改建工程初步设计概算》报来，请省厅予以审查、审批。

附：1.《甘肃省讨赖河渠首改建工程初步设计报告》（略）

　　2.《甘肃省讨赖河渠首改建工程初步设计概算》（略）

甘肃省水利厅讨赖河流域水利管理局（章）

二〇〇〇年七月三日

关于讨赖河渠首改建工程初步设计报告的批复

甘水规发〔2000〕48 号

讨赖河流域水利管理局：

你局报来甘水讨发〔2000〕46 号文《关于上报甘肃省讨赖河渠首改建工程初步设计报告的报告》收悉。讨赖河渠首由南北泄冲闸、南北进水闸、溢流堰、土石坝等组成，控制灌溉面积 57.96 万亩。经过 40 年的运行，水闸枢纽存在的主要问题：一是原设计按 20 年一遇洪水设计，50 年一遇洪水校核，根据防洪标准，校核洪水为 200 年一遇，校核水位高出土石坝顶 1.2m，高出闸墩顶 0.6m，土石坝及闸墩均漫顶；二是两岸取水可靠性差，引水困难，不能满足灌溉用水；三是闸底板、墩墙及溢流堰顶部磨损严重，影响水闸的正常运行；四是闸门锈蚀严重，止水老化，漏水严重。2000 年 4 月经省水利厅组织专家鉴定，该渠首枢纽为三类闸。省计委于 2000 年 6 月以甘计农发〔2000〕552 号文批复了工程的可研报告，省水利厅于 2000 年 7 月主持召开讨赖河渠首改建工程初步设计审查会议，省水电设计院根据会议精神编制了初设修改报告，经研究，现批复如下：

一、同意渠首枢纽除险加固后控制灌溉面积 57.96 万亩，该枢纽属大（二）型工程，主要建筑物按 2 级设计，次要及临时建筑物按 3 级设计。

二、同意渠首枢纽防洪标准按 30 年一遇洪水设计，洪峰流量 720m³/s，200 年一遇洪水校核，洪峰流量 1340m³/s。地震按地震基本烈度 8 度设防。

三、原则同意将河道主流稳定在南岸，采用一岸两侧引水方案。南进水闸原底板加高 2.4m，底板高程 1687.5m，保留原闸室 3 孔，孔口尺寸 2m×2m，设计引水流量为 20m³/s；在南岸主流槽北侧新建北进水闸，底板高程 1687.5m。闸室 3 孔，孔口尺寸 2m×2m，设计引水流量为 20m³/s；北进水闸引水后通过暗渠将水分送到北岸，暗渠为箱形整体钢筋砼结构，总长 148m，纵坡 1/100。应通过水工模型实验进一步验证其引水的可靠性。

四、同意泄冲闸闸室采用开敞式平底板宽顶堰，共 3 孔，单孔净宽 6m，整体式钢筋砼结构，中墩厚 1.2m，边墩厚 1.5m，闸底板厚 1.2m，表面增设 0.25m 厚硅粉砼。闸前设埋石砼铺盖，长 30m，厚 0.5m，闸后消力池消能。

五、同意将长 100m 的溢流堰加高 2.55m，采用埋石砼浇筑，堰型为折线实用堰，堰顶高程 1689.15m。堰后采用消力池消能。

六、同意将长 54m 土石坝改建为溢流堰，拆除表面浆砌石及部分坝体，对原坝体修整后，浇筑砼溢流堰护面，堰型为折线实用堰，堰顶高程 1689.15m，采用消力池消能。

七、基本同意将原北侧 4 孔净宽 8m 的泄冲闸改建为溢流堰，采用埋石砼浇筑，堰型为折线实用堰，堰顶高程 1689.15m，采用消力池消能。应结合水工模型实验成果，进一步研究保留北侧一孔泄冲闸作为暗渠末段冲砂措施的可靠性。

八、同意对上游护堤进行加高处理，采用砂砾石填筑，浆砌石护面。原则同意对渠首上下游河道进行整治，需要根据水工模型试验成果进一步确定治理的范围。

九、同意采用闸门自动观测设备控制引水流量，新建 600m² 永久管理房屋。

十、审定工程总投资 1300 万元，动用预备费需报我厅审批。

十一、建设单位在项目实施过程中，应严格按基建程序办事，采用招标方式优选施工队伍，加强工程质量监督，精打细算，保质保量按期完成加固任务。

甘肃省水利厅（章）

二〇〇〇年十二月二十七日

甘肃省水利厅关于讨赖河渠首改建
工程主体工程开工报告的批复

甘肃省水利厅文件

省水利厅讨赖河流域水利管理局：

你局"关于讨赖河渠首改建主体工程开工建设的请示"（甘水讨发［2001］18 号）收悉。现批复如下：

讨赖河渠首始建于 1959 年，是酒泉市、金塔县、嘉峪关市、农垦边湾农场灌溉用水和酒钢工业用水的主要水资源调控工程。2000 年 6 月省计委以甘计农发［2000］552 号文对该渠首改建工程可研报告作了批复，同年 12 月省水利厅以甘水规发［2000］48 号文批复了初步设计，审定工程概算总投资 1300 万元。

目前，建设资金已经落实，监理单位也已选定，主体工程通过招标确定由省水电工程局和酒泉地区水电工程局分别中标承建。经审查，具备开工条件，同意开工。

甘肃省水利厅（章）

二〇〇二年三月十一日

文史资料类文献

本类文献提要

中华人民共和国成立后推行的各级文史资料编纂制度，为近代史研究学界提供了大批文献，此种以当事人回忆为主要内容的特殊文献形式虽有明显的局限，然其史料价值仍不可忽视。编者主要从《酒泉文史资料选辑》、《金塔文史资料选辑》中，选择与各时期讨赖河流域水利问题相关的文献 16 篇，涉及的内容十分丰富。其作者群体中，顾淦臣先生是全程参与鸳鸯池水库工程的老一辈工程人才，张文质先生则在民国时期长期担任金塔县秘书科长等职，其余诸位也大多是长期从事水利、地方志等工作的前辈。

讨赖河流域近代水利史的研究受困于文献材料的稀薄、分散，文史资料类文献在人物事迹介绍、事件梳理等方面的文字记载，为研究者深入搜集材料提供了诸多线索，在某些方面有提纲挈领的作用；至于诸多历史细节有不见于其他文献者，则值得研究者特别注意并加以辨别。例如，吴成德、赵法礼在《毛凤仪凿山引水造福金塔》一文中，将佳山峡谷视为雍正年间肃州屯田通判毛凤仪开凿，其实并无其他文献支持，且峡谷实际形成于地质年代。但这则取材于民间传说的"通判凿山"的故事，可能曲折地反映出清代地方当局为下游新屯田区增加水源的长期努力，其真实方式可能是对佳山峡口进行了人工拓宽。又如，张文质的《酒金两县水利纠纷之缘起》一文，在记述民国"酒金水案"相关事件时有大量只加引号未明出处直接引文，编者发现其中一些引文确有所本（如"酒人之视金人如秦人之视越人"一句引文见于周志拯的《甘肃金塔县概况》，原载《开发西北》1934年第 4 期，详见本书第五单元），可见这些资料必有所依托，可以凭信。

此外，《甘肃文史资料选辑》第 42 辑尚有郭建中的《民国时期酒泉的水规制度》一文，因作者系《酒泉市水利电力志》的主要撰稿人之一，文章内容与《酒泉市水利电力志》第三章第三节一致，本书第一章已予收录，此处不再重复。在民国"酒金水案"爆发初期，担任甘肃省第七区行政督察专员的曹启文作为酒泉地区最高民政长官，深度介入了地方水利事务，其言行曾对流域水利事务产生了较大影响；宁夏回族自治区海原县政协编写的《天都烟云——海原文史资料第一辑》一书，收录了介绍曹启文生平事迹的两篇文章，今予收录，为有兴趣深究其事迹的读者提供若干线索。另有天水市政协文史资料委员会编纂的《天水名人》一书中，介绍了 20 世纪 30 年代末至 20 世纪 40 年代初曾担任金塔县长的天水人士赵宗晋生平的事迹，亦与"酒金水案"有关联，今予收录。

由于各种文史资料册数多，编印时间不一，编者于每篇文献的标题中加页下注，注明作者、卷数、出版时间。

红岭水库工程水毁事故纪实①

一、工程情况

红岭水库位于酒泉市东南红山乡境内，是红山河的一个山谷水库。1968 年 7 月，由地、县联合组成的"根治酒泉县洪水片旱灾调查队"根据洪水片旱灾情况需要提出修建水库，经原"酒泉县水利工程处"勘测，县农管站设计，在施工中，又会同地区基建大队进行了修改，至 1971 年 1 月 20 日设计方案基本确定。整个工程采取"因陋就简、土发上马"、"边施工、边设计"的方法。水库工程包括土坝、输水洞、排砂泄洪渠以及电站等项工程，设计坝高 50 米，库容 240 万立米，设计总工程量 76.87 万立米，水泥 1058 吨，钢材 34.7 吨，木材 285 立米，计划国家补助投资 149.92 万元。

工程于 1968 年 11 月 8 日仓促开工，由红山公社承担施工任务，并完成排砂泄洪渠。因工程量大，任务艰巨，为早日竣工发挥效益，酒泉县委决定于 1971 年 5 月组织全县会战。正值会战工程坝高抢修到 10 米时，1971 年 7 月 9 日下午 3 时 40 分，因暴雨发生特大洪水造成水库垮坝的严重事故。

二、事故经过及抗灾纪实

红山河是酒泉市山水灌区的五条河流之一，来水量以融雪为主，且集中于夏季，洪峰流量最大为 31 秒立米（1963 年 7 月 25 日）。经访问当地群众称 1909 年曾发生过一次特大洪水，约 100 秒立米以上。1965 年修建渠首时，按汇水面积分析得 50 年一遇洪水为 139 秒立米，20 年一遇洪水为 112 秒立米。1971 年入夏以后，河道平均来水量比历年小，一般在 1—3 秒立米。7 月 9 日，自晨 7 时开始，有中等强度降雨，但河道未见涨水，来水量在 4 秒立米左右，较 8 日小。下午 3 时，山内黑云翻滚，伴有雷声，有暴雨迹象，此时库区无雨，河道仍未见涨水。3 时 25 分，库区下雨，至 3 时 30 分，形成倾盆大雨，山坡洪水沿沟而下，冲出山谷，最大流量为 180 秒立米。从 4 时起，洪水流量逐渐下降，至 6 时 40 分为 32 秒立米。洪水历时 3 小时 10 分，总泄量达 83 万多立米。

在特大洪水面前，水库会战指挥部全体人员带领民工，积极投入了抗洪斗争。指挥部带领一、二营民工共 670 人，赶在洪水前面抢护大坝，但洪水来势很急，至 3 时 36 分，整个坝面全面溢水，抢护人员被迫撤离。3 时 40 分，下游堆石体开始破坏，至 45 分全部冲毁。洪水经河道过坝面，冲走了坝面和材料厂的大量器材。

---

① 编者按：作者晓路，原载于政协酒泉市委员会编《酒泉文史资料》第 2 辑，1988 年编印。

总站民兵连指导员茹其怀，不顾个人安危，奔向闸房低处的怀茂民兵连住房报信撤退，正在吃饭的三十四名民工还没来得及撤退，洪水即压顶而过，连房带人被洪水全部冲走。冲入东干渠后，茹其怀等六人，被洪水浪簸出渠道，受伤得救，其他二十八人均不幸牺牲。果园民工王应祥冒洪水抢险开闸时，被洪水冲走牺牲。西峰、三墩民兵连正前往机房防汛途中，有五人（其中西峰一人）被扑面而来的洪水冲走。东洞、三墩民兵武廷荣等三人正在河边转运煤，未来得及提防，也被洪水卷走。与此同时，排砂渠首、土坝和水库下游引水渠首均遭受严重毁坏。

酒泉县革委会于 9 日下午 5 时 10 分得悉水库出事的消息后，县革委会主任杨辉立即召开了紧急会议，动员全县抢救。会后，立即组织了医生、干部和工人等 65 人的抢险工作队，带上救灾物资，杨辉带领第一批人员连夜冒雨赶到现场。次日凌晨，副主任赵山带领第二批人员和物资赶到救灾现场。与此同时，副主任锡林带领近百名干部深入怀茂等五个公社，在社队干部的配合下，向死者家属进行了慰问和抚恤工作。在中国人民解放军驻酒军队，省、地驻酒单位，玉门铁路分局等兄弟单位的大力支援和红山公社以及铁路沿线有关社队的配合下，救灾抚恤工作迅速展开。7 月 11 日，死亡民工均以埋葬完毕，并以公社召开了追悼大会。受伤人员经抢救治疗都已脱险，受伤民工得到了救济，损失器材物资正在积极回收清理。水毁工程已部分进行修复，恢复了渠道输水。其他公社民工已于 7 月 15 日前全部撤回，红山公社民工在修复部分水毁工程后，也于 8 月 5 日撤回，投入夏收。

三、水毁损失

从开工到水毁事故发生时，整个工程完成总工程量近 20 万立米、劳动力 45 万个工日，参加工程人数最多时达 1575 人。事故后，死亡民工 35 人，轻、重伤 10 人，损失东方红—75 型拖拉机 1 台，架子车 90 多辆，抽水机 1 台，胶管 200 多米，木料 40 多立米。损失达四十八万四千一百多元。

四、红岭水库图公牺牲民工

姓名	性别	年龄	住址（所在社队）
王应详	男	24	果园乡北闸沟六队
赵广礼	男	20	三墩乡双桥四队
李生泉	男	39	三墩乡二墩四队
杨万青	男	19	三墩乡祁家沟二队
任付善	男	17	东洞乡东洞二队
武廷荣	男	24	东洞乡北沟六队
陈生珍	男	20	西峰乡侯家沟六队
钟菊善	男	23	怀茂乡西坝六队
秦胜元	男	46	怀茂乡南沟三队

续表

姓名	性别	年龄	住址（所在社队）
王二峰	男	21	怀茂乡系插队知识青年
钟月善	男	19	怀茂乡西坝八队
崔志荣	男	28	怀茂乡南沟一队
张生付	男	19	怀茂乡南沟二队
张国喜	男	20	怀茂乡东坝三队
王立中	男	26	怀茂乡东坝六队
胡彦录	男	20	怀茂乡东坝四队
崔天付	男	18	怀茂乡东坝七队
段武	男	20	怀茂乡东坝八队
万占林	男	21	怀茂乡六分四队
白玉奎	男	51	怀茂乡六分三队
胡成玉	男	17	怀茂乡怀茂四队
周玉廷	男	19	怀茂乡怀下二队
芦寿春	男	23	怀茂乡怀下五队
于希隆	男	28	怀茂乡怀下一队
陈积会	男	19	怀茂乡关明三队
运积全	男	17	怀茂乡关明六队
孙全德	男	22	怀茂乡关明二队
马千俊	男	18	怀茂乡关明四队
张礼	男	16	怀茂乡关明七队
殷玉会	男	19	怀茂乡怀中六队
朱付武	男	18	怀茂乡怀中二队
朱烈武	男	18	怀茂乡怀中一队
马文刚	男	24	怀茂乡黑水沟五队
盛建成	男	18	怀茂乡南坝四队
许生前	男	18	怀茂乡南坝三队

酒金两县水利纠纷记略①

　　酒泉、金塔两县毗邻。酒泉历居上游，金塔世居下游，其引水用水均无法与酒泉比拟。然而，两县的农田灌溉和人民的繁衍生息却全都依赖祁连山雪水的融融之功。

　　祁连山北麓有寒山口、红山口、观山口三大要口，距酒泉城约 60 多华里，形成三条主要河流。其中的一条叫红水河，流经酒泉的洪水坝、总寨、铧尖、中渠、临水一带，再经临水堡西（也叫临水河）流至下古城，与酒泉北半部的清水河支

---

① 编者按：张清江口述、程索群整理，原载于政协酒泉市委员会编《酒泉文史资料》第 4 辑，1991 年编印。

系的泉水同时汇入讨赖河，在下古城最后流入鸳鸯池水库，经夹山子水峡口流入金塔县界，为金塔县人民的生命水源线。

金塔县由于地多水少，在旱季大量用水季节，供不应求，历年来因水浇田而常常纠纷起伏。起初是个人与个人，村与村之间的小争小斗，以后逐渐发展到乡连乡，县对县的大斗。直至持械相争，各不相让，有时大打出手，流血伤残，给两县人民造成了年多日久的恩恩怨怨。从此，斗殴兴讼，累月连年，当地地方执政者，初以两县民间小事，漠然视之，后事态逐步扩大而大动干戈酿成械斗。据清朝末年的一宗旧档案，有这样一段记载："金塔县金西坝破营子村（今金塔乡营泉村）农民陈某去酒泉洪水坝偷水，被酒泉看坝人发现后活活打死，引起金塔人的强烈抗议，告到道台衙门涉讼多次，终未解决纠纷，从此两县年年为水浇田而持械相斗。"从这段文字里可以看到，为了争水，金塔人民曾经付出过血的代价。同时也可以看到旧社会的官府衙门草菅人命的一斑。

民国 11 年（1922 年），有酒泉县知事沈某奉安肃道尹王世相谕，会同金塔县知事李士璋双方磋商议定，每年立夏后五日，酒泉、金塔各得水 5 分，双方不得以任何理由擅自更改或仗人多势众，以暴力自作主张截水，并在茹公渠（酒泉临水乡）、金上坪（金塔县境内六大坪之一、在金大村至上截村一段），分水时由酒、金两县各派人员监分。而讨赖河之水尚未订立案例，金塔各坝向县府申诉理由是："水是祁连山自然资源，不是酒泉人祖辈遗留之水，理应两县均沾泽沛。"

由于分水不能得到公允的解决，越发激起金塔人的公愤，公众一致推出乡绅赵积寿等赴省请愿，赵为金塔当地人急于义愤毅然挺身而出，见了当时的省主席慷慨陈词，声泪俱下，他的举动打动了省主席朱绍良，朱随即委派杨世昌、林培霖二委员来酒金二县视察，解决历年两县用水之纠纷。委员们来到酒泉调查了解真情后，并会同驻酒七区专员曹启文、酒泉县县长谭季纯、金塔县县长赵宗晋等会商多日，取得了一致的意见。在商水大会上，赵积寿以"大旱望云霓，久病盼良医"的词句来欢迎这次盛会。最后宣布了分水的办法：自芒种之日起，封闭酒泉讨赖河各坝口，使水下流，救济金塔麦禾 10 天；又从大暑五日起封闭酒泉红水各坝口 4—5 日，救济金塔县的秋粮。

此文立后，酒泉人仍不恪遵，到了两县分水时期，纠集民夫，各执器械，伏于各渠道要口处阻拦金塔农民封闭渠口，并以抛石块、砖头、舞铁锨，乱行殴打。来人寡不敌众，最终四散逃回，死伤在所难免。次年再去分水，虽有驻兵协调，但酒泉处于上游，水又被酒泉人夜晚堵截，步步掣肘，金塔方面奈何不得。后经甘肃省政府主席谷正伦将解决金塔用水一事呈报中央，当时的水利部长薛笃弼（曾任过甘肃省长，对河西用水及甘肃省情况较为了解），饬西北水利林牧公司负责醵资建鸳鸯池水库，解决金塔人民长期用水问题。自水库造成以后，从根本上治理了蓄水、引水、浇水的难关。从而使酒泉、金塔两县民间用水纠纷得到解决。中华人民共和国成立后，在人民政府的关怀下，制定了合理的蓄水、分水制度，从此酒金两县人民水利纠纷才得到彻底解决。1949 年 10 月 16 日下午，彭德怀将军亲自视察了鸳鸯池水库，给予了极大关怀。

现在酒金两县人民亲如兄弟，自解放至今再未出现持械争斗，两县的庄稼年年喜获丰收。

鸳鸯池水库修建者原素欣[①]

金塔、酒泉两县人民修建的鸳鸯池水库，已经四十六年了。当年呕心沥血主持修建水库的原素欣主任兼总工程师虽已作古，但其献身精神和光辉业绩，仍历历在目。

原素欣，辽宁宽甸县人，1900 年生，自幼家境贫寒，勤奋好学。1923 年毕业于北京大学物理系，留校任助教。其间加入中国共产党。1926 年考取东北公费留学生，进美国威斯康星大学，改学土木水利工程。1928 年获工程硕士学位，尔后又去德国继续深造。1931 年"九一八"东北沦陷，原公义愤填膺，出于救国救民之爱国热情，放弃学业，于 1932 年初取道莫斯科回国，抵达哈尔滨后，立即参加了抗日同盟军，在共产党的领导下，转战于北满、南满、绥远等地，担任军事指挥。在战斗中由于武器弹药匮乏，粮饷无着，受党派遣赴北平筹措，到北平后被国民党特务逮捕入狱，押解南京。后经多方营救，直至张学良书面担保，才获释放。出狱后先后在河南焦作工学院、中央大学任教授。1937 年抗日战争爆发后，派赴重庆筹建中央大学重庆校舍，担任该校水利工程系主任。1941 年受聘到甘肃水利林牧公司任副总工程师。同年，修建鸳鸯池水库方案确定。1942 年甘肃水利林牧公司酒泉工作站和肃丰渠工程筹备处成立，被委任为主任兼总工程师。同年 6 月来酒赴任。

百业待兴，首抓人才招聘、组建工程处。原公素欣来到酒泉后，人生地不熟，各项事情都得亲自动手，首先得有个落脚点，这是他抓的第一件事。在他的努力下，多方奔走，到处查看，积极协商，确定东关周公祠为办公地点（现市博物馆址）。接着从省上调来部分职工，从当地招收了些学生，各项工作陆续开展了起来。工作站和工程筹备处，两个牌子，一个任务就是筹建鸳鸯池水库工程。结构设置比较精干，下设工程、会计、总务三个组，承担工程勘测、设计、后勤供应等业务工作，工作人员总共四十多人。在筹备过程中，各项工作都围绕工程的勘测、设计进行，工程技术人员是第一线的，也是最主要的。技术力量不强，影响工程质量，所以他以主要精力，解决这一问题。在他的威望和感召下，先后从全国各

[①] 编者按：作者张庚尧，原载于政协酒泉市委员会编《酒泉文史资料》第 6 辑，1993 年编印。原注：本文作者张庚尧同志当年曾亲自参加了鸳鸯池水库的修建工程，本文中有些材料系原公素欣之女原玉琴、婿顾淦臣提供，二人现为南京河海大学教授。

地聘来一批工程技术人员，充实了技术力量。他们有实学、有才能、有经验，愿意在艰苦地方奉献才华。如刘方烨（浙江人，副总工程师）、顾淦臣（江苏人，工程师，现为南京河海大学教授）、雒鸣岳（甘肃靖远人，工程师，现为甘肃省水利厅总工程师）、江浩（吉林人，工程师，现吉林省水利厅长）、章正铣、黄静安等人，就是其中的佼佼者，保证了工程的勘测、设计、施工任务的顺利进行。

深入实际，亲自抓勘测设计。勘测、设计是修建水库的关键一环，关系水库的成败。为了保证工程设计的稳妥性、可靠性，他不遗余力，从多方调查研究。认真负责，不怕艰辛，风餐露宿，骑马步行，亲赴祁连山查勘水源，走遍讨赖、洪水、丰乐、马营各河系，了解水利资源，历时长达四个月之久，吃尽了苦头。他还走访牧民，向他们请教，了解历史上各河系洪水涨落时间等情况，从而摸索规律，掌握第一手材料。同时在讨赖河、临水河、马营河、鸳鸯池等地，先后设立四个临时和常年水文观测站，测量四季各河系流量变化，这项工作坚持了三年多时间，积累了资料，提供了数据，为设计工作提供了可靠依据。在设计过程中，他更是孜孜不倦，一丝不苟，反复论证，不断修改图纸，研究可能出现的问题，确保施工过程中少反复或不反复。

抓住时机，积极组织施工。经过一年时间的筹备，各项准备工作就绪，于1943年6月正式动工。这时从外地招聘的技术工人和两县组织的民工，陆续到达工地。为了确保工程的顺利进行，开工后他就常年驻守在工地，亲自指挥，反复查看地形，选定坝址，钻探坝址构造，解决疑难问题。他很关心民工生活，经常到民工宿舍、伙房检查，询问情况，发现问题及时解决。在工地上哪里有问题、有困难，哪里就有他的足迹。在一个时期，民工出勤成了棘手问题，影响工程进度，这时他就忙于解决这个问题，奔跑于两县政府之间，多方协调关系，帮助组织民工，在他的努力下，这一问题很快得到解决。为了巩固民工出勤，他多方体察民工疾苦，保证粮食供应，加强生活管理，严格制止打骂民工，设立医务室为民工看病，从而稳定了民工队伍，保证了工程进度。

工程进入到1945年，由于物价飞涨，货币贬值，工程费用枯竭，面临严重困难，工程大有夭折之危险。就在这时，负责施工重任的原公素欣，心身不安，形色憔悴，在一筹莫展的情况下，他不顾辛劳，日夜兼程，毅然赴兰州向省政府汇报情况，乞求增加工程费。经过一周的奔走呼吁，请求援助，总算下情上达，不虚此行，增加了工程费，解决了运输工具，顺利返回工地。从此，集中力量，加强领导，昼夜施工，进度加快，经过五个年头的施工，于1947年7月胜利竣工，解决了金塔县七万余亩耕地的缺水问题，使长期以来酒、金两县的水利纠纷问题得到了缓解。水库的建成，论功绩，当属所有参加施工的劳动者和工程技术人员，但原公素欣在工地坚持了五个多年头，费尽心血，他的忘我精神和坚强毅力，精心组织和求实态度，不可磨灭，将永载史册。正如"甘肃肃丰渠鸳鸯池水库铭"记载曰："始终勤恪斯役，历百艰费懈者，则工程师原君素欣也。"

1949 年 5 月南京解放后，他先后在南京军管会水利部、华东军政委员会农林水利部任工务处长，河南治淮工程指挥部任副总工程师，中央水利部任技术委员会委员、设计局副局长，水利部与电力部合并后任该部建设总局副总工程师等职。在任职期间，对全国各大型水库和水电站的建设进行技术审查，解决了许多设计和施工难题，使工程顺利建成，发挥了巨大效益，作出了卓著贡献。原公素欣一生倾注于祖国的水利事业，积劳成疾，于 1979 年病逝。

原公素欣自奉俭朴，乐于慷慨助人，待人诚恳谦逊，态度平易近人。工作勤奋，坚持原则，实事求是，认真负责，深受人们尊敬。在他领导下工作过的人，都很怀念他。

讨赖河渠系形成、分水制度及防洪体系建设沿革考①

《汉志》云："福禄县呼蚕水，东北至会水入羌谷。"呼蚕水即讨赖河也。

讨赖河源出于祁连山主峰托赖掌。西北流经朱龙关折向北又 40 公里出山流向东北，傍文殊山西侧，绕酒泉县城北，又东流至下古城会清、临二河，流入金塔境内，过梧桐河向东北流至营盘（芮公营）以北汇入黑河，过天仓，再流入内蒙古居延海，全长 350 余公里。

讨赖河是酒泉盆地三大河流之一，它有着悠久的发展历史，对酒泉、金塔两市县的农业和酒钢工业用水起着重要作用。

一、讨赖河开发的历史沿革

讨赖河水渠开发历史悠久。《汉书·匈奴传》载：当时河西是"逐水草迁徙，无城郭常居耕田之业"。可见当时虽有茫茫沃野，潺潺流水，却只有游牧，而无农耕之业。

公元前 121 年（汉武帝元狩二年），凭借汉朝强大的经济、军事力量，西征匈奴，取得河西之地，随即设郡戍边，移兵屯垦，置农都尉以开渠营田，继而移民实边，给田耕种。当时，"用事者皆言水利"，凡新开发区皆疏通河道，"引河水及川谷灌田"，开始了大规模的农业生产。《汉书》中记载："河西自武帝开设之后渡河自朔方以至令居，往往通渠，置田官吏卒五、六万人。"有云河西"水草畜牧，为天下饶"。其时，酒泉大兴屯田水利，引用讨赖河及丰乐川等水，广开水田，徙民置县，遂化荒原为酒泉绿洲。

---

① 编者按：作者王天元、扈昌步，载于政协酒泉市委员会编《酒泉文史资料》第 7 辑，1994 年编印。

此后，随着历史的演进，生产的发展，讨赖等河水被逐步开发利用，形成了庞大的灌溉渠网。唐代前期，充分利用祁连雪水，在汉晋的基础上维修旧渠，增开新渠，广增农亩，酒泉泉水诸河已有大干渠40多条，农支渠百数十条。唐末五代之后，战争纷起，吐蕃回纥割据河西，农业生产发展较慢。到宋代，河西被西夏所据，许多农田变为草原。耕稼之事，几被荒废；"沙州、瓜州、鲜有耕稼"。后数十年，虽有所恢复，但饥荒连年蓄民流亡者无数。蒙元之世，忽必烈始兴屯田，甘、肃、瓜、沙，复开军屯。延至明代，屯田置吏，皆悉内属职官。由于占田较多，一面给蒙古降将官兵授分土地，就地安置，一面大量移民，新开田土，实行"寓兵于农"的屯田制度，水利也随之有了较快的发展，如永乐以后，肃州千户曹赟，率民在城南开凿兔儿坝、黄草坝、沙子坝等，引用讨赖河水灌田数万亩。渠长120余里。分水引灌城区四面田土五万余亩，继又在洪水河口沿崖开凿东西洞子坝各一道，支渠七道，开发了洪水坝大片土地。清朝在康熙、雍正、乾隆时期为筹划西征粮饷，大力兴办马营河千人坝水利工程与重修红水河东西洞子坝工程开地近十万亩，解决了讨赖河鞭长莫及之虞。又先后于讨赖河灌区，新开果园之新西渠，临水暗门之茹公渠，三墩之新沟，鸣沙窝之新沟，城东之山水沟等渠数道，填补了农田空白。此后在各类土渠土坝的基础上，复经整修，讨赖河两岸基本上形成了十九坝53道分水沟的引灌灌溉网络，灌溉面积达146574亩之多。河北坝下会清水、临水、洪水河之水，在金塔境内形成东、西七坝15道分水沟的灌溉网，灌溉金塔境内近七万亩农田。1942年（民国三十一年），甘肃省农牧公司从重庆请来了水利工程专家原素欣，开始对河西水利进行了较细致的调查，勘测出了讨赖河基本情况，搞清该河系的全称，支流十七条总长320余公里，并测得各支渠及主流出山口的最大和最小流量。于1943年6月动工，花费法币16亿元，用工86 000多个，在临水鸳鸯村西北修建蓄水1200万立方米的鸳鸯池水库，历时三年又五个月，于1946年11月完工。受益面积达十万亩。到解放前酒泉、金塔引用讨赖河水灌溉面积达到二十七万亩。

二、南北干渠的修建

解放后，在党和人民政府的领导下，组织群众治理河道，兴修水利，发展农业生产，取得了辉煌的成绩。1952年开始又对讨赖河南北岸平行引水口进行合并、整修，集中引水；1958年开挖南干渠，从渠首到文殊沙河14公里及以下支干渠12.6公里，支渠四条24公里，斗渠十条。1959年又新开北干渠10.6公里，支渠两条3.3公里，斗渠四条16.5公里，农渠七条4.6公里。所开渠道，全部用卵石衬砌，使水的利用率有了很大提高。1959年至1960年由张掖专区水利局勘测设计，酒泉市组织施工修建南进水闸三孔（引水量二十秒立米，冲沙闸五孔），北进水闸五孔（引水量四十八秒立米，冲沙闸五孔）。100多米的渠首工程拦洪坝，也于1963年完成加固整修任务。

为了进一步减少渗漏，提高渠道水德利用率，扩大灌溉面积，经甘肃省水利厅设计院勘测设计的支干渠工程及田间配套规划，由酒泉县组织实施。1963 年 8月首先对北干渠（包括一、二支干渠）全面进行高标准防渗衬砌改造，历时三年，于 1966 年底结束，共改修衬砌干渠 14.7 公里，支干斗渠二十七条 105 公里及鸳鸯输水渠 5 公里，共完成工程量 259 万余方，投工 484 000 个，投资 2 116 000 余元。同时于 1966 年对南干渠也同样开始了全面高标准防渗改造，经过二年多奋战，完成总干渠一条 13.3 公里，支干渠及斗渠十八条 66.5 公里及文殊河口 1.4 公里。完成工程量 76.1 万方，投工 70 余万个，工程总投资 250 万元。

经过以上兴修、整修，渠道渗漏大大减少，水的利用率由原来不到 30% 提高到 53%，扩大灌溉面积近二十万亩，整个流域灌溉面积达五十五万亩，并且每年还给酒泉洪水片输水三千万方，给酒钢供水四千五百万方。使讨赖河水为人类造福翻开了新的一页。

三、讨赖河用水管理及分水制度

1. 用水的行政管理

自汉武渡河开疆，设郡置官后，由"田官"、"渠卒"，管理屯田和用水。《汉书·匈奴传》载："汉渡河自朔方以西，往往通渠，置田官吏卒。"《居延汉简》记载：在居延屯垦，田卒以外还有"河渠卒"，甚至多达千人。唐代各渠设置渠长和斗门卒，直接管理水事。《明史·职官志》载："问知，通判分掌水利、屯田、牧马等事。"清代规定："沟洫必访求于乡耆里长，而总其事于郡守，责成于县令，分其事于县丞、主簿。"乾隆二十七年（1762 年）肃州增设王子庄州同，专司水利。民国初年仍沿用清制，各乡皆设农官管水。1926 年（民国十五年）改农官为水利，负责修渠引水事宜。各地按渠坝长度地亩多少，规定若干天为一轮，各户又按地多少，规定"点香"计时制度。但基层渠道仍存在恶霸霸水，豪绅抢水，财主偷水等弊政，虽有水规等于虚设。

解放后，水事管理由人民政府负责，整个讨赖河系于 1962 年成立管理处，各渠道分别由水管所管理农田灌溉的分水、调水工作。

2. 具体分水制度

两千多年来，朝代虽多次更迭，但各时期的分水习惯、办法、大致沿袭不衰，讨赖河各渠坝的分水也不脱其臼，大致有：

按粮分水制。即上游取水口的大小是以缴纳田赋的多少而定，即所谓"渠口有丈尺"之谓也。一般地说，古人按地亩粮石，在渠口镶平，平时按计算好的尺寸分水是合理的。而实际上也有例外，各渠坝所属田土的纳粮多寡，是以土地面积及土地等级而定，与渠坝口大小无关。《肃州新志》记载：黄草坝、沙子坝、兔儿坝在讨赖河的取水口分别为一丈六、一丈四、一丈五，仅差一、二尺，而起各坝所属浇灌田土交纳的粮则分别为 661 石、794 石、292 石，相差甚大。

点香制。以十二时辰燃香计时，以田亩多少分香尺寸，开口点香，香完闭口。表面虽似公平，但鬼弊多端。因香有干、湿、粗、细及榆面香、含硝香，香头有迎风、背风之分；还有底香和暗点正板香烘炙，加快上层香的燃烧速度等。而其点香的权力又控制在乡渠、农官手中（他们多属地主豪绅），吃亏的总是农民。群众把管理点香的人称为"活龙王"。清朝时酒泉买一寸香的常年水代价是小麦一石二斗。这种办法延至解放后才被废除。

上轮下次和下轮上次制。即自渠首到渠尾或渠尾到渠首，依次浇灌，每从头到尾或从尾到头，一次为一轮。每轮的天数各因渠坝长短不同，十天或十数天不等。这种办法有永久定案的，也有临时议定或混同使用的。

干沟湿轮制。即在规定的浇水日期内，不论有水、无水、或水大、水小，均为一轮，到期即止。如头轮水浇到渠中段，水干了，或时间到了，下轮水仍从头开始浇灌，不管渠尾农田上次是否浇灌。

以上不论哪种分水办法，都有利于地主豪绅，而贫苦农民总是得不到应有的水量而常常受旱。

解放后，人民当家做主，彻底废除了一切不合理的分水制度。逐步实行修渠上坝按耕种浇灌面积合理负责，浇水用水共同受益，基本上做到了合理用水，均衡受益。八十年代以来实行以亩计水，以方定时，节约归己，浪费不补的用水分水制度，并且推行节约用水的各项有效措施，依法治水，科学管水，是现有的水量得到充分应用，造福人民。

四、水旱灾害及防洪工程建设的概况

由酒泉城内地层挖掘情况的初步观测，从原始社会到汉代建筑，讨赖河洪水漫淹，水量最大和为时最长的有五次，而中水、小水的次数约数百次，故酒泉大地土壤概属冲击层，洪淤土。

经查考有关资料，从公元前 104 年到解放前的二千余年中，酒泉市（县）境内遭受各种较大的自然灾害 110 多次，其中旱灾 24 次，水灾 6 次。严重的如 1929 年的旱灾造成的饥荒，斗米贵达银元六块，为平时十倍，人食草根树皮，甚至人自相食，饿死无数。

讨赖河水，由于历代劳动人民从事修浚，逐步变水害为水利。但由于诸多因素和条件，本河系统的河道基本上很难治理。历来洪水泛滥无定期、无规律，一般从文殊河口至城西一段，每年河水冲刷东南岸；河身南移，冯侯、西峰一带，田地被水冲刷成为大患。尤其乾嘉之世，县城西北老君闸田土，冲刷殆尽。城以东至三墩一带冲刷北岸土地，形成高崖，河北坝蒲谭沟渠道被冲没，不得不在二墩坝口西。另开坝口，其田土亦遭大量损失。由于受灾岸堤长，面积大，抑或整修，也由于土法工程质量不保，往往出现水小浇不上，水大无法拦，形成无水干旱，水大成灾的情况，并且造成桥飞路断，交通断绝，抗灾收效甚微。

讨赖河源于祁连山区托赖山之阳，冰沟口以上 450 余公里为峡谷河床，以下 3.5 公里到渠首为石砾戈壁，洪水冲刷对生产、生活无大的影响。而渠首以下的四十余公里，大多为砂砾河床，由于来水大小不定，河床变迁较大，遇洪常常危及两岸村庄、农田。仅 1952 年一次大洪水冲毁银达三个村庄的耕地 1100 多亩，村庄三处。据 1973 年调查，冯家沟以下至北大桥河段，二十年间河岸南移 80 多公尺，宽处达 300 米以上，冲毁护岸林 600 余亩，农田 200 多亩，给南岸农民生产、生活及城市安全带来严重威胁。1979 年文殊山区突降暴雨半个小时，下泄洪水量达每秒 215 立方米，冲断抑洪沟渠东岸堤 370 米，洪水沿原河槽下泄，淹没西峰乡六十二个生产队，洪水入城，淹及城内三十多个单位及居民住房。这次洪水冲淹土地、农林场 89 500 余亩，房屋 3400 余间，倒塌 2640 间，损失近 700 万元。

1952 年后，在人民政府的领导下，组织群众治理河道，兴修水利，大大增强了抗灾能力。1953 年在原河北区政府的组织下，对北大桥以下易冲十公里河段，进行治理，共筑木排桩、石笼式防护堤坝三十六道，长 4.8 公里，投工四万余，土方工程量达 6.67 万立方米。护堤后植树 2000 多亩，恢复耕地 600 余亩。此后，讨赖河水防洪工程与水利工程建设同步进行，而主要的三项防洪工程是从六十年代中期开始陆续修建的。

1. 文殊沙河防洪堤在 1966 年南干渠改建后，由讨管处设计并组织施工。在文殊乡冯家沟村境内，横岸沙子坝、黄草坝两条老渠兴修干砌卵石泄洪堤 1.5 公里，设计流量二十秒立方米。以后两次被冲垮，又两次重建。1980 年开始，先后用五年时间，建成永久性防洪堤坝 12.32 公里，过路桥一座，完成工程量 60.7 万立方米，投工 618 000 个，投资 1 589 000 元。

2. 北大河防洪堤，即从渠首至北大桥 23 公里河段，1971 年前均只进行简单的防护。从 1972 年开始，先后在主要地段即西峰官北沟一队至北大桥南岸一段，建成永久性防洪堤 6.5 公里，北岸 500 米，临时性防洪堤 3.9 公里。

3. 南北干渠防洪堤，主要是保护已建成渠道免受洪水冲击，在兴建、改建渠道工程的同时，用推土机堆筑砌石堤，并在部分地段采取干砌卵石护面，总长 50.15 公里，其中，南干渠从南洞口至泉湖十支渠共 17.3 公里，北干渠从渠首至总分水闸 10.1 公里及北干渠 23.8 公里。

以上防洪工程，虽未能完全保证整个流域水害的侵袭，但较过去已有很大改进。

五、发展前景的构想

讨赖河水资源为养育酒、金两市县人民，开发建设酒、金两市县及嘉峪关市、酒钢起了重大作用，从本流域的具体情况分析，尚有广阔的开发前景，如能重视并逐步实施，将会为本河流域工农业生产发挥更大作用。

第一，从本河流有记载的 48 年实测资料，冰沟口出山年径流平均 6.53 亿立方米。而每年实际引用的只有 4.8 亿立方米，只占径流的 73%，仅从出山口到渠首 21 公里，河床渗漏达 1.3 亿立方米，占径流的 19.7%，渠首至北大桥 21 公里一段又渗漏 1200 万余立方米。如果为减少渗漏损失，增加可利用水量，扩大灌溉面积，可将河道进行有效治理，或改建成干渠式过水，可减少三分之二即七千万立方米渗漏，可扩大灌面 10 万余亩。如加上下河道治理田间配套工程维护，渠道改道等措施，将会增加更多水量为工农业生产服务。

第二，根据有关部门提出的规划，结合河道治理，利用水的自然落差，可修筑四级梯级电站，装机总容量可达 5 万千瓦，年可发电 3 亿多度，可充分利用廉价水能资源，造福一方。修建电站所需资金虽巨，但建成后除社会效益外，电站本身的经济效益也很可观。

第三，解放后，讨赖河水利管理经历了分散—集中—再分散的过程。管理体制的多次变动，从未摆脱按行政区域划分管理的格局，把工程管理、用水管理分别开来，更不考虑组织管理和经营管理为内容的技术管理，造成用水与工程管理"两张皮"的情况，而且用水也机械按时间划分，不考虑量的关系。不能统一调度调剂余缺，为争水权，影响上下游工农业的关系，也不能统一考虑综合开发的前景问题。因此如果随机构改革，能将本河流的管理体制进行改革，将会更有利于生产和社会的发展。

民国时期的一份田地"买契"①

"文化大革命"后期，酒泉县革命委员会保卫部要从原办公驻地（现酒泉市政府），搬往现酒泉市公安局办公驻地（当时为酒泉县种子公司）。将清理出来的各种废旧纸张，扔在后院垃圾堆上，被风刮得满院乱飘。当时保卫部工作人员魏占蔚，随手拾起一份民国时期的田地"买契"。认为契约上的毛笔字写得很好，有欣赏价值，就拿了回来，保存至今。

这份"买契"，是中华民国二十年发生在酒泉县沙子坝二分沟（即现在的泉湖乡春光村一带）的一桩田地买卖事项。保存完好，字迹清楚，是一份极为完整的资料。

"买契"由两部分组成：

第一部分：为中华民国酒泉县政府的官方"买契"凭证。"买契"为中间一联，两边均填写有编号和盖有"酒泉县印"四个大字的正方形（边长 7.8 厘米）骑缝印

---

① 编者按：作者郭大民、魏占蔚，原载政协酒泉市委员会编《酒泉文史资料》第 11 辑，1998 年编印，下引版本同。原注：郭大民，政协酒泉委员会工作，《酒泉文史》编辑。魏占蔚，现任酒泉市公安局法制办公室主任。

三记，表明酒泉县政府有关部门存底备查。这一联与买卖双方所定立之契约粘连，加盖骑缝鉴印，交买主保存。

"买契"为毛笔书写，石板印刷，有的字迹不清，印刷纸面不洁，残留黑色印油染迹多处，反映了当时的印刷技术较差。"买契"栏目内容分为卖主姓名、不动产种类、坐落面积、四至、卖价、应纳税额、原契几张、年月日、例则摘要、发契时间、卖主及中人姓名。从栏目填写看出，此契约不动产田地壹拾伍亩，卖价大洋肆佰陆拾玖元（每亩大洋约 31.27 元），应纳税额为大洋贰拾捌元壹角（税率约为 6.7%）。在填写的几项栏目上，盖有"酒泉县印"。"例则摘要"栏目为买卖双方必须照章纳税、如期办理、超限处罚等方面的具体规定。填写"买契"时间为中华民国二十年二月。

第二部分：为卖主曹鹤龄与买主魏元炘双方确定之约定（即"卖契"），为毛笔所写。前段先写清了曹鹤龄卖地的原因、地数、应上交税粮（壹石零伍升）、草（贰拾束零伍分），以及所卖田地贰段的水路、四至位置。后段为买主魏元炘名下之条款：经中人说合，卖价为纹银叁佰柒拾伍两整，折付大洋肆佰陆拾玖元，价银当中人面交清，不短少分厘。自此后所有随军务杂差，挑渠上坝，城工庙会均有买主承担。并特别写着，今后"所有地内土木金石、树枝芽条、沟埂余坡、斜尖小岔、茇茇柳墩一契卖清"等内容，涉及田产的方方面面，乃至地下可能埋藏的金石，一律属买主所有，以免今后发生纠纷。"恐后无凭，立此买契永远为证"。此处亦盖有"酒泉县印"。

买卖双方立契时间为民国十九年阴历十月二十七日。以下为立契人（卖方）父子、正副村甲牌长、说合人、同胞堂兄弟、同沟邻人的画押（"十"），代书人刘宝珊亦有画押。

在契约左上方空处，贴有印花税票，并盖有椭圆形印章（字迹不清）。其中"甘肃印花税票"壹分面值的十二张，贰分面值的 7 张。印花税票右侧上方书写有"民国卅一年五月三日检讫"的字样，并盖有椭圆形印章（字迹不清）。此为后来中华民国政府审验土地时所写之标记（经询问老者，民国卅一年前后民国政府曾全面审验丈量过耕地）。

由官方、买卖双方之契约合成的这份"买契"，是现在不可多得的一份中华民国时期民间经济交往记载的原始资料，它真实地反映了当时社会条件下民间不动产买卖的处理方法和政府的管理办法。

附"买契"复印件（原件由魏占蔚提供）：①

立杜卖田地树株，文契人曹鹤龄：

　　因为无力耕种，今将沙子坝二分沟祖遗田地贰段，约下籽种一石五斗，税粮一石零五升，草壹拾束零五分。其地四至：东壹段，东至使水

---

① 编者按：此附件原为照片，兹就其手书之正文作录文，印刷体之"例则摘要"从略。

伙沟，南至官路，西至官沟，北至业主使水伙沟；西一段，东至使水官沟，南至官路，西至官路，北至官路。四至分明，水道出路通行，并无阻碍。兄弟父子商议妥确，仰中说合，情愿出卖与魏元炘名下，承粮耕种，永远为业。同中言明，估作时置卖价纹银叁佰柒拾伍两整，当次钱折付大洋肆佰陆拾玖元银，当中一手交清，并不短少分厘，亦无私情折扣勒卖等情。自卖之后，所有随粮军务杂差、挑渠上坝、城工庙会，以应买主承纳，不与卖主相干。所有地内土木金石、树株芽条、沟埂余坡、斜尖小岔、茇茇柳墩，一契卖清，并无遗漏，均在四至之内。倘若有户族睹都人等异言争论者，由业主一面承当，不与买主相干。复增冒涨内画字在内沟，邻画字在外。恐后无凭，立此卖契永远为证。

民国十九年阴历十月二十七日

立杜卖田地树株文契人曹鹤龄（画押）同子曹国泰（画押）

同正、副村甲牌长刘汉宗（画押）李万年（画押）秦治邦（画押）

说合人贾兆丰（画押）邵续堂（画押）

同胞堂兄弟曹玉龄（画押）曹克敏（画押）

曹锡龄（画押）曹镛龄（画押）

曹俊龄（画押）

同沟邻人闫积善（画押）杨复春（画押）

王兴明（画押）马存元（画押）

马福元（画押）

代书人：刘宝珊（画押）

新中国成立后洪水三进酒泉城纪实[1]

酒泉虽属干旱缺水地区，年均降水量只有 85 毫米，但由于调蓄能力不足，往往暴雨成灾，致使洪水多次漫淹西峰乡，三次溢进酒泉城。

第一次，发生在 1951 年 5 月下旬。那天下午，酒泉城南乌云滚滚，雷声震天，霎时间暴雨如注。约一小时后，文殊山北的沙河卷起了洪涛，与南石滩洪水汇合，向城西南西峰乡上游的侯家沟、沙子坝、蒲莱沟一带路槽集中，奔流而下，经西峰中深沟土坝路槽、陈家花园北边撞入南门外东侧的龙王庙[2]西南墙角。因河道被

---

① 编者按：作者李缵涛，原载于《酒泉文史资料》第 11 辑。原注：李缵涛，原系酒泉市委研究室干部，现已退休。

② 原注：现南关小学为旧时龙王庙庙址。

多年积聚的垃圾杂物淤塞，无法疏通，洪水漫进南城门洞。一时间，城里居民人心惶惶，纷纷往高处躲避。水流到南大街十字口时，流速减弱。此次洪水，淹了侯家沟、沙子坝农田约百余亩。

第二次，发生在1956年6月中旬的一天中午。暴雨过后，约上百个流量的洪水，沿南石滩、文殊山，顺着文殊沙河，经西洞一队，西峰乡侯家沟一、二、三、七队，沙子坝一队，聚集于塔尔寺下游的土坝路槽直冲而下，涌进酒泉城南门，流到了鼓楼下边。县政府及城关镇立即组织群众，用草袋、土石堵水，不到一小时水势缓解。这次洪水，城内损失不大，却淹没了西峰乡良田近300亩，损失粮食12万多斤。

60年代初，县委、县政府吸取水淹酒泉城的教训，西峰、泉湖两乡，在南石滩西边修了分干渠，筑起了一道约10公里长的拦洪坝，把洪水疏通到茅庵河。又在西峰乡和文殊山交界处，修了防洪渠，完成了将大小洪水支流西入讨赖河的防洪工程。

西峰公社党委还根据全国"农业学大寨"精神，为改变全社自然面貌，做出了渠、路、林、居民点一次配套的长远发展规划。每年秋冬，组织农民开展大规模的农田基本建设。通过10年努力，治理了由南石滩张良沟入口，经新村、中深沟通南门的香庄路槽；由侯家沟入口，经沙子坝、蒲莱、塔尔寺、中深沟、西峰寺一、三、四队直通南门的土坝路槽。把原来这两条直通南门外小石河的自然泄洪水道，挖高垫低，改造成了良田。

城郊南门外解放桥（南石河小桥）附近一些机关单位，认为西峰公社在上游修了防洪渠，洪水得到了治理，再不会流下来，所以纷纷占用沿城河道，修建各种设施。不料，就在人们认为相当"保险"、"太平"的情况下，第三次洪水又进了酒泉城。

1979年7月29日晚11时，酒泉城乡普降大雨。文殊山以南的戈壁滩降了60年罕见的特大暴雨，洪水从四面八方汇集文殊沙河，流量为256秒立方米，超过防洪渠原设计流量的一倍。洪水将渠坝上段东岸冲毁370余米，直穿西峰公社9个大队，46个生产队，于30日凌晨5时，进入酒泉城内，穿越了3条大街和9条小巷，水淹达6个小时之久。受洪水冲击的机关、学校、商店、工厂、部队达30个单位。其中水淹商店10个，倒塌两个；中小学6所，教室25间，倒塌11间；水淹城市单位房屋122万平方米，城镇居民347户，888间房屋被洪水冲泡，其中178户、437间房屋倒塌，迫使890人迁入机关、旅社、学校、亲友家中临时居住。

这次洪水西峰公社首当其冲，是一个重灾区。侯家沟大队7个生产队房屋全部倾斜倒塌。沙子坝一队、蒲莱四队、塔尔寺一、二、三队，官北沟五队，西峰寺九队，这14个生产队，灾情极为严重，集体和社员房屋，夏秋粮食及经济作物几乎全部被冲毁。全社受灾群众583户，3058人无家可归。其中死亡3人，受伤

14 人，水淹房屋 3402 间，倒塌 2775 间（其中知青点房屋 136 间，集体单位的 581 间，社员个人的 2058 间），损失达 34.6 万元。

洪水冲走、淹没、毁坏夏秋粮食作物 9672 亩，按 1978 年实产计算，损失粮食 663.5 万斤，毁坏集体和社员库存粮 22.8 万斤。洪水过后的第二天中午，遭冰雹袭击的夏秋粮食作物达 6486 亩，损失粮食 101.5 万斤，瓜菜 691 亩，损失价值达 8.75 万元。

洪水毁坏集体库房 6 座，饲养场 12 个，猪场 16 个，损失大牲畜 16 头，猪 326 口，羊 438 只，大型拖拉机 2 台，手扶拖拉机 3 台，成套机井 7 眼，各种农机具 70 台（件），以及化肥、农药、水泥等各种财物折价 19.8 万元。社员损失被褥 296 床，衣物 1703 件，大型工具 1002 件，自行车 33 辆，缝纫机 19 台，各种小农具、灶具、家禽等财物折价 14.2 万元。公社机关、学校、商店、信用社、卫生院、农具厂、畜牧站等国家和集体单位机器设备、药品、农药、化肥、水泥、货物等财产折价 58.8 万元。

洪水冲毁支渠 5 条，共长 2 公里，斗渠 87 条，共长 27.4 公里，大小建筑物 28 座，使 15 000 亩粮食作物引水无渠，灌水无坝，良田变成了泥滩。

西峰公社共损失各种粮食 787.8 万斤，各种财产折价 138 万元，全社道路、水路、电路、广播、电话中断，集体和社员 30 年辛苦积蓄，10 年农田水利基本建设成果，一冲而光，在西峰历史上没有先例。

洪水给酒泉城乡人民造成损失 813 万元，给人民带来沉重的灾难。洪水无情人有情，党和政府发动群众，给受灾人民带来了极大的温暖。截至 8 月 10 日，地、县 11 个单位及泉湖、清水、果园三个公社，还有西峰新村、张良沟等 4 个轻灾大队，先后给灾区人民送来救灾面粉 17 914 斤，煤砖 15 900 块，木柴 8000 余斤，衣物 5368 件。粮食等部门还送来帐篷为无房群众搭临时渡灾房，解决了燃眉之急。地、县医院还派来医疗队，为受灾社员防病治病。在党和政府的大力关怀下，城乡上下奋起抗灾救灾，生产自救。

这次洪水过后，由酒泉地区讨管处牵头，召集嘉峪关及我县有关部门人员开座谈会。会上，对防洪渠修复拓宽、加高工程，形成会议《纪要》，并制定了具体实施方案。原防洪渠底 10 米，扩宽为 25 米；渠岸堤坝，由原 16.3 米，加高 2 米。总造价 80 万元，投水泥 2080 吨，木材 200 立方，钢材 7 吨。投入劳力 144 400 个工日，由嘉峪关文殊公社及我县西峰、泉湖三个公社投工完成，以保证酒泉城乡人民的安全。

防洪渠的加高拓宽，虽然使酒泉城乡人民的安全有了一些保障，但由于自然气候变化无常，在我们生活的漫长岁月里，会不会再发生更大的洪水灾害？特别是现在南石河几乎不复存在，洪水来没有通路，如果再发生洪水进酒泉城的事，后果将不堪设想。这个问题不能不引起人们的深思，教训是深刻的，千万不能忘记。

忆红岭水库工程水毁事故[①]

由晓路撰写的《红岭水库工程水毁事故纪实》已载入《酒泉文史资料》第二辑。27 年过去了，作为那次事故的幸存者，我总是经常想起那惊心动魄的一幕。

1971 年 5 月，怀茂人民公社党委遵照中共酒泉县委关于会战红岭水库工程的决定，动员民兵踊跃参战。当时人民公社是一大二公的形式，要服从全局，对分派的名额一定要完成。怀茂公社共有 65 名青年报名参加工程会战。当时正是"文化大革命"中期，一些五类（指当时划分的地、富、反、坏、右）家庭出身的男性青年较为积极，如王二峰、胡延禄、段武、张礼、朱富武等人都写了决心书，发出了"红岭水库建不成，决不下战场"的誓言。他们劳动踏实，表现出色，被工地团支部初步确定为发展团员的对象。

5 月 4 日，会战红岭水库的民兵连出发。公社门前彩旗招展，锣鼓喧天，标语口号、决心书张贴满墙。大队民兵连，高举红旗河毛主席语录牌，胸前佩戴着不同样式的毛主席像章，向亲人告别，受到公社附近数百名社员的夹道欢送。

怀茂公社属于非受益地区，加之偏僻边远，比较贫困，所以工程指挥部动员红山民兵连把住房腾给我们，减轻了我们拉运木材、修建住房的困难。我们的住房选在一处历年流水的河床上。建国后，经过逐年兴修水利，红山公社从西山坡上凿涵洞，东山坡上砌明渠，在峡谷中间筑起了一座东西干渠分水闸。为使流水集中入闸，又修筑了一堵南北长约 100 米开外的拦洪坝。此坝地基与我们的住房水平一线，虽有 1.5 米高的拦洪坝，但根本无法拦挡特大山洪。

我们怀茂公社民兵连，编为工地第一营的第四连，张庭辅（金佛寺镇上三截村人）任营长，许永珍任副营长，连长是杨迎春，副连长是郭吉福，笔者为连指导员。

1971 年是个大旱之年，7 月份（农历闰五月），酒泉泉水片的小麦已经抽穗，早熟品种的穗已出齐，而沿山一带的小麦有的尚未浇头水，不少夏禾即将枯死。当地农民都渴望能刮几场热东风，融化祁连山上的积雪。为防止洪水暴发，冲毁工程，工地指挥部关闭了红岭渠首的分水闸，一旦有水可输入东西干渠浇田灌禾，谁知这一措施却为一起重大事故埋下了隐患。当时红岭水库工地上共有全县 1570余人参加会战。从 7 月 6 日夜间，祁连山里就下小阵雨，延至 7 月 9 日，工地整个停工，民工就地听令。当时下午三时许，祁连山上黑云翻滚，电闪雷鸣，暴雨好似瓢泼，山上洪水倾泻而下，由南向北形成特大洪峰，水势凶猛，最大流量达180 秒立米，当即把一个 2.5 吨的羊脚碾和一台东 75 型的链轨式拖拉机冲走了。

[①]　作者王敦邦，载于《酒泉文史资料》第 11 辑。原注：王敦邦，怀茂乡黑水沟村农民。

造成35名民工（怀茂28名）死亡，并有轻重伤10人，工程器材物资等损失达21万余元（投入劳动力报酬不计其内）。

这次洪水，据当地老者说是百年不遇的特大洪灾，造成的损失是十分惊人的。当时笔者到嘉峪关市拉运木材刚返回工地，正在房中与银达连队的来人谈话，从门口看到南面有一房子多高的洪水席卷而来，于是急忙跑出屋外，连声呼喊在另一宿舍里的民工赶快下山，已有几人跑出。因形势紧迫，我竟愣住不知所措，结果被银达连队的副连长杨华和管理员殷积财连推带搡拉上山坡，转身一看，怀茂连队住人的房子都不见了。细细回想起来，那次重大事故，既是山洪造成的自然灾害，也是人为因素。其情况如下：①从7月6日开始连续下雨，迫使工地停工，民工就地休息（不准随便离开工地）。到7月9日下午三时许，祁连山里突然黑云翻滚，霎时大雨倾盆，几分钟后，院内积水盖膝，紧跟着一人多高的木头就顺着河床翻滚而下。当时我连民工吃过饭的仍回宿舍，有的和衣而卧，有的打扑克下象棋，还有的站在锅台边等着捞面。转瞬间，就被汹涌而下的洪水连锅带人一起冲走了。②工地通讯设备很差，没有广播，各营部虽有电话，但线路简陋，往往中断。工地指挥部距怀茂连驻地约8里之遥，并在上游河道双叉之处。山洪暴发后，副指挥陶志清、周志品才跑步通知下游各营连紧急疏散。等他俩跑到一营四连时，我们的驻地早已被洪水冲的荡然无存了。③因红岭河渠首分水闸关闭，山洪来势凶猛，东西干渠流淌不畅，很快将渠首拦洪墙冲毁，而怀茂民工住地位置正在工地下游河床里，山洪暴发时首当其冲，因此有28名同志被洪流卷走。④民兵平时虽受过军事训练，但和正规士兵相比，缺乏敏锐的警觉性和严格的组织纪律性。在洪水下来时，有些人不知及时躲避以保全生命，而是返回宿舍，拿个人的东西，结果被洪水卷走。管理员胡延禄就是从伙房出来，又返回到办公室收拾账簿和现金被洪水吞没的。

也有死里逃生的幸存者。共产党员王庆友，当看见洪水越过拦洪坝之际，跑进宿舍吼喊其他同志，倏然墙倒顶塌，他被卷入洪流，先经过50余米长的跌水，又进过很多水闸桥洞（均为石条或石头砌成），大约漂了3里远近，忽然发现支渠里斜堵着一根木头，他抓住木头爬上去，才得以脱险。炊事员何丰书，见洪水进入伙房，因人多从门里出不及，他急中生智，脚踩锅台钻出天窗，跳到了山坡上，脚刚落地，房子就轰然倒塌。管理员胡延禄、炊事员韩凤山，为了保护伙食账和千余元现金，未能跑出，被洪水卷入干支渠。后经韩凤山说，他们在水中撞到什么抱什么，湾湾转转漂流了约15里，到了红山公社东面的河床上，流速减缓，他一手拉着胡延禄，一手去抓崖沿上的一颗小榆树，由于拉力过猛，将榆树连根拔起，又掉进水里。转瞬间穿过了铁路，洪水分散，水浅速慢，可是人已经有气无力，再也爬不动了。当人们把他送到红山医院抢救苏醒过来后，才听说胡延禄在距他5米以外的一根方木底下死了。

被洪水冲毁的当天，除我由上坝民兵连派人看管外，其余 33 人（有 3 人回家）各自投宿。第二天（7 月 10 日），指挥部把我们安置在红山水管所食宿。酒泉县革委会给我们送来了救济衣裳和铺盖，后来知道这些衣被都是部队和市民捐助的。

在清点落实死伤人员后，中共酒泉县委主要领导带领工作组，深入到有关社队，安抚死亡民工家属。死难者根据家庭生活情况，分别给予 500 至 1500 元的抚恤安置。唯独胡成玉，因为父母残疾，弟弟幼小，哭闹不休，由当时的县革委会副主任锡林许诺，将其姐姐招收为工人。

为了会战红岭水库，怀茂公社 28 位民工死于洪水。红山人民公社党委，为了纪念这些同志，以当地特产麻子石，精心制作了一座石碑，将他们的名讳镌刻其上。并将部分死难者的遗体，在怀茂乡北山坡上显明地方，集体安葬，以示纪念，被当地人称"北山公墓"，每逢清明寒食，有的学校还组织师生前往扫墓。

坝圪墶水利发展简史①

本人在基层乡村供职多年，亲身经历了原怀茂乡北片坝圪墶人民兴修水利的艰难历程。作为一名退居二线的老干部、老党员，我觉得有责任、有义务将这段历史记录下来，以励后人。

一、水源缺乏的坝圪墶

坝圪墶，顾名思义，乃以圪墶为坝也。原怀茂乡西坝、东坝、南坝三地的灌溉水流皆顺着诸多圪墶南侧流向东北，故将受益区域统称为坝圪墶。

最初的坝圪墶人口少，面积小，用水量也小。从新城段长城以北各股泉水汇聚成的上泉水足有 0.4 立方米/秒，再加上下泉水约 0.1 立方米/秒，完全可以满足灌溉之需。随着时间的推移，到这里落户的人越来越多，人口、牲畜不断增加，耕地面积逐年增大，原有的水源已无法满足灌溉之用。为了争水，叔侄成仇家，兄弟若路人，上下游互不相让，左右岸你争我夺，每年都发生持械斗殴事件。当时的坝圪墶属于金塔县，但金塔县连附近的旱情都解决不了，哪里还顾得上边远之地——坝圪墶！

为此，这里的乡贤文人和有头面的绅士自发聚集起来，五次三番到肃州衙门上访请愿，请求从新城乡所属渠坝内分得山水点滴，以解长城以北民众禾苗久旱之急。直到明成化年间，肃州来了一位能体察民间疾苦的都御史徐廷璋，在乡贤绅士们的再三恳求下，准许在新城坝内为坝圪墶民众分水一脉，分水坪设在安远

---

① 编者按：田发明撰稿、运焕亨整理，原载于中国人民政治协商会议酒泉市肃州区委员会编《肃州文史》第 17 辑，2013 年编印，下引版本同。

沟祁家地尾巴一带。新城坝坪口宽 1 丈 4 尺，西区乡坝坪口宽 3 尺 6 寸。坝圪塄民众为感谢这位姓徐的官老爷，将该渠定名为"新城坝徐公渠"。从徐公渠分出来的水流过新城和果园两乡交界的城路口以后，又在下面兴建了一座分水坪，分水坪后边修筑的一段土坝也叫圪塄，圪塄东边渠水浇过今东坝村的地方叫东坝圪塄，圪塄西边渠水浇过今西坝村、南坝村的地段就叫西坝圪塄。自从城路口有了长流水，又从下边分成了两条坝，新城果园的群众便把城路口改称为"双坝峡"，至今再未更名。

二、下游人浇水的辛酸

1. 输水渠道远、渗漏大

徐公渠虽然给坝圪塄人缓解了燃眉之急，但取水用水总是喜忧参半。因为坝圪塄到安远沟至少有 70 华里的路程，当时的坝圪塄满打满算也只有 180 多个劳力，除过生病的和被抓去当兵的，剩下不到 100 人，这些人既要耕种自家的田地，还要负担沉重的劳役，根本无力在戈壁石滩上挖成一条七八十里长的水渠。所以，这条"徐公渠"只是在分水坪以下开挖了一段宽约 2 尺，深 3 尺至 4 尺不等，长不到 2 华里的沟槽，再往下就让河水顺着雨水淌过的低洼地形曲里拐弯乱转。那时的嘉峪关至新城间是一片人迹罕见的黑石滩，水一直转到新城蒲草沟与果园西沟村交汇处，顺势进入一条宽约 50 米、深 2.5 米的沟槽，这就是后来的双坝峡。河水顺着这条自然形成的沟槽和人工修筑的分水闸分流后，穿过水淌进地口时剩下很小的一点。因此，当地民谣说"三十里的河湾，四十里的涮弯，等水淌到地头，黄羊兔子咂干"，这话虽说的有点夸张，但确实是上边水大能冲倒人，下边水小能急死人，原因就是绝大部分水沿途渗漏到石滩上了。

2. 差役多、负担重

有了徐公渠，坝圪塄人浇水的水源算是有了一定保障，但《新城坝徐公渠开垦水程碑记》明文规定，下游每年必须出春水人夫 36 名，时间半月；夏坝人夫 36 名，时间半月。两项合起来每年 1080 个人工，此外还有看坝人夫、淌沟人夫若干名，每年交苃苃草 5000 斤，祀神或演戏助布施钱 20 吊。春水人夫的主要任务是到总干渠或渠首清淤、抱石头。在总渠干活的时间实际上不到一半，其余的时间是给安源（应该是"远"）沟的大地主闫加有家里干农活，主要是种田、拉土、犁地、推粪等等，不到半个月不准回家。夏水人夫的任务是到分水坪以上清淤，其余的时间给闫加有推粪、打荸子、割麦子、打场。这样一来，坝圪塄人家里的春种夏收就受到影响。以西坝圪塄为例：水程碑中规定，地列 182 份，每年春季，水利批水之后，三沟九昼夜自下而上轮流浇灌，不得紊乱。上家沟口自闭，有不闭或闭之不坚、造成偷漏走失水源者，罚钱若干。说明当时实有耕地 5460 亩，共分为 182 份，每 30 亩为一份，每份地一年出一个人夫，计 15 天，折合小麦 3 斗，共计 546 斗。其中春水夏坝 72 个人夫，顶小麦 216 斗，下余 330 斗为水利和长夫的工资。耕地不足 30 亩的农户，几户合在一起凑成一份。浇水时点香计时，每昼夜 12 炷香，每份地 1 炷香，地少的人每 3 亩地才 1 寸香，连一块地都浇不过香就完了。为此，地浇不完的人只好向别人借香，有的干脆把这轮的香借给别人，等下一轮水来时再用积累的时间浇地。地多的人一户就是一两炷香，每轮水基本可以浇完，难怪有这样的顺口溜："穷汉夹富汉，份子一样摊，褡裢绞脖子，磨破驴蹄子；上坝磨秃了锨头子，浇水才见个水头子"。

3. 待遇不公、低人三等

人常说："骆驼脖子长，吃不了隔山的草。"可安远沟的大恶霸竟然每年让坝圪塄的民夫在农忙季节按时按班地给他白干活。每次农夫上来不管天阴天晴，都只能住在闫加有的磨道里。成天给他家干活，有时还不管饭，让民夫吃自己赊来的口粮。这叫低人一等。

新城的坪口设在迎水，宽 1 丈 4 尺，但总渠上坝每次出人夫不到 10 人，我方的坪口设在背水，只有 3 尺 6 寸，每次出人都是 36 人，半月时间。新城坝每次分的工段特别少，也不给闫加有干活。我方除了给闫加有白干活之外，大部分艰苦的工程都是坝圪塄人完成。这叫低人二等。

北龙王庙敬神演戏，每年都是坝圪塄献的羊最大，钱也不少出，可是坝圪塄的水利、长夫、民夫叩头时被勒令跪在最后的一个斜角里，连别人屁股后正中的地方都不许跪。别人住在龙王庙的庙院里，坝圪塄大小人等住在庙院外自己修的茅草房内，吃的时候是自做自吃。这叫低人三等。

三、解放后的水利工程建设

1956 年，西坝乡所属的四个高级社动工新建锅盖梁水库，1964 年发挥效益后逐年加固扩建，到 1991 年建成，历时 36 年，经三代人艰苦奋斗，库容从 60 万立方米提高到 183 万立方米，加上汛期复蓄，年出库水量达 400 万立方米，成为酒泉县第二大水库。

1967 年及其后，为了开通支渠，修建斗渠，连通农毛渠，坝圪塄人连续奋战 5 年多时间。为了全力配合大会战，男性青壮劳力全部参加大队组建的专业队，每人每天开挖土方量都在 12 立方米左右，各大队每年完成渠道总长度 23 公里以上。

南坝渠上段地处风沙口，每遇大风，大量沙土被风吹入渠内，造成淤塞，南坝村的群众为此吃尽了苦头。1970 年 12 月，我从挖防空洞的工程中得到启示，组织大家讨论，确定了从西坝屯庄挖隧道直通南坝，以此防御风沙的计划。经南坝村男女老少两个月苦干，一条高 1.8 米、宽 1.4 米，全长 842 米的隧道全线贯通。上下两头长 500 多米、深 3.8 米的明渠也相继开工。当时，酒泉地区领导大加赞赏，并把从金塔拉练路过西坝村的城市基干民兵连留下支援南坝的水利建设，把该渠定名为"军民渠"。在各方的共同努力下，第二年 5 月，"军民渠"按期建成并投入使用。

以后开展的大规模平田整地工程，使过去的弯弯沟、深路槽、台台地、宽地埂变成了地平如镜、埂直如线、面积大体相等、渠路林田配套的方格条田。改土治碱、挖沟排碱等措施，使以往"冬天白茫茫，春天水汪汪，夏天苗发黄，秋天几斗粮"的三类田变成了一类田和二类田。水资源的利用率因此大幅度提高，粮食产量逐年增长。

以南坝大队为例，1964 年还吃国家回销粮，1966 年开始卖余粮，1974 年以后每年出售粮食 100 多万斤。本人 1963—1975 年任大队干部时的笔记本可以说明粮食产量的增长情况：南坝大队 7 个生产队，1962 年粮食单产为 84 斤，总产为 17.4 万斤；1966 年粮食单产为 337 斤，总产为 69.1 万斤；1970 年粮食单产为 412 斤，总产为 85.2 万斤；1974 年粮食单产为 740 斤，总产为 154.4 万斤。12 年时间粮食单产增长了 8.64 倍。

农村水利设施改善后，耕地面积逐年增加，导致用水普遍紧张。从北干渠水管所到双坝峡的干渠总长 15 公里，中途有分水闸 11 处，因渠线长，用水单位多，水管人员少，每当怀茂用水期间，上游偷水事件时有发生，下游人防不胜防。经常是四个村的水才供了两个村，北干渠的水方已经用完。对此，坝圪塄人民曾多次要求另起炉灶。

1986 年底，各村全长 32.8 公里的 5 条支渠和下段 2.8 公里的干渠衬砌工程全面完工后，经选点对比，政府决定从讨北引水，经果园佘家坝西边的石滩到双坝峡，新建一条全长 5.8 公里的干渠。1987 年 4 月，工程正式动工，各村出动车辆 200 余台，劳力 1160 名，采集拉运大石料 510 立方米，碎石 567 立方米，青沙 146 立方米，开挖土方 2340 立方米，砌石加高渠两岸 1100 米。10 月下旬，各村再次调集劳力 1100 余人，在石滩上吃住一星期，完成了全工段的土方开挖任务，总土方量达 65 920 立方米。10 月底预制场五种规格计 88 876 块套砼预制件全部备齐。

1988 年春，工程指挥部组织工程技术人员和民工清岸台，刷边坡，拉运截水砖，埋设截水墙，筛运底砖垫料，开始全面衬砌。由于工程量大，各村以队统一放线，以户分段施工。劳力少的农户请亲朋帮忙。四个村原本不足 1900 个劳力，但工地上一下子达到 2400 多人，各类车辆 500 多台。在长达 6 公里的运输线上，架子车、小皮车、大皮车争先恐后，牛拉车、驴拉车、马拉车扬鞭奋蹄，手扶子、四轮车、大型车马达轰鸣，黑烟和黄土在半空中飞扬。渠道内标红放线，打桩的专心致志，衬砖投料的汗流浃背。经过苦战，一条笔直的、一眼望不到头的新干渠终于砌成，东边还附带新建了简易公路，直通水管所。干渠的过水能力达到 4 立方米/秒。5 月 5 日，怀茂人第一次浇上了新干渠的水。渠水流进了每块田地，也流进了下游坝圪塄人干渴已久的心田。1988 年 7 月，怀茂和果园分水的闸楼房建成，沿渠防洪设施全面完工。

　　坝圪塄人经过 20 多年的大干苦干，终于实现了井、库、河水三保险，从而实现了旱涝保收的愿望。

探访"龙洞"说"洪水" ①

　　2012 年"七一"前几天，笔者应肃州区图书馆之邀，到该馆学术报告厅作报告，讲毕，到馆长办公室稍事休息。闲谈中，馆长秦国顺先生建议我到洪水坝老渠首南的"龙洞"考察一下，说"洞里面有'碑文'状的'老古董'，是关于洪水坝的记载，你一定感兴趣"。由于时值洪水频发期，加之无越野车助力，终未成行。

　　今年"五一"，我与家人驱车前往，到"马鹿墩"遗址弃车下崖，沿着老洪水坝输水渠道南行，经北、南两座废弃的钢筋混凝土渠首向南望去，东岸悬崖上一孔黑黝黝的洞口隐约可见，那就是我要寻觅的"龙洞"。记得在 1972 年夏，生产队派我到"马鹿墩"防洪，为期 40 天。住在位于"马鹿墩"西侧的红水河水管所，防洪地点就在"龙洞"北侧的第一座渠首。那时虽听老者讲过"龙洞"，一则年轻无知，二则劳动强度过大，从未产生过去"龙洞"一游的冲动；不想在两鬓斑白的四十年后，却想去窥探"龙洞"之究竟。

　　"龙洞"位于洪水坝老渠首南一里的东岸悬崖上，北距兰新铁路红水河大桥约 3 公里。洞府高出河面约 3 米，坐东向西，洞宽 3 米。高约 3 米，进深 4 米。开凿于砂砾层，涂抹泥巴后用白灰纸浆造面。洞内无雕塑。正面绘有三座神像，技法朴拙。正中的龙神像似乎毁于"文化大革命"期间，仅存少许"龙角"和"太师椅"。这种椅子在如今的百姓家也能见到，可见"画师"来自民间，并非专业画工。洞的南、北各绘一座"碑"。北壁"碑文"题名为"红水河口龙洞序"，正文应为 244 字，字体工整，显然乃老秀才所为。因粉壁脱落或人为毁坏的有 28 字，经断句后根据文意补出部分文字（见注），基本不影响领略全文。落款共有 18 字，由硬件铲除 2 字，据"中华民国"和"岁次戊辰"可断为"十七"。现敬录断句如下：

红水河口龙洞序

　　尽人而祀神者心之诚也，尽神而佑人者神之灵也。盖心叩诚无弗神之灵，神不灵无以佑人之诚。

　　肃郡城南三十里□②洪水坝河，其河之上流东侧有龙洞壹□③，□□④

---

① 编者按：作者李生万，原载于《肃州文史》第 17 辑。
② 原注："□"内应为"有"字。
③ 原注："□□"内疑为"窟"字或"孔"字。
④ 原注："□□"内前者疑为"乃"字，后者应为"明"字。

季万历年间□^①，□□^②三百余载，其洞神像如□，乱石□□，□^③我郡洪水一坝之胜迹也。夏则河水畅流，阃坝各口均资灌溉，万姓赖以生活；是皆人心之诚，以感神圣之灵有以致之也。然历年既久、水冲沙压，龙洞旧迹渐形消灭，水口大小尺寸亦渐紊乱，幸有□□^④述。基于民国□□^⑤年提倡于前、重凿洞府；程君时学充任水利于后，随商□□□^⑥，□□□^⑦、夫头、长夫询谋佥同，共捐赀二十七吊，□□□修龙洞、□□^⑧神像，更续阃坝水口尺寸、章程，以垂永远不朽□□^⑨。

中华民国□□^⑩年岁次戊辰秋八月吉日

由《序》可知：龙洞开凿于明万历年间，系"洪水坝"民众祭祀龙神、保留水规章程之所在；原有的"龙洞"经"水冲沙压"面貌全非，今之"龙洞"乃民国十七年重新修葺、彩绘而成；修葺前的洞内，原有明代后期关于"洪水坝"渠首及龙口大小、所辖各坝用水规程等文字记述；"红水河"系"洪水河"的原名，盖因水色泛红而得名，而"洪水"则为"坝"名；洪水坝引水设施应早于"龙洞"开凿年限。

南壁"碑文"敬录如下：

水口尺寸开列于后：

下四闸分水口贰丈九尺；上中花、上三闸分水口贰丈壹尺。

无论上三、下四各闸口，每壹石粮应摊三分口。

下四坝水利程时学，夫头夏□□，长夫马希珠、于嘉兴、程□荣、薛国栋、魏德同全建。

上三闸水利□建国、王勤善、于□林。

此文虽寥寥数语，不但道出了"上三、下四"闸的龙口尺寸和堰口宽窄的依据，还依稀可辨当时水利系统的用人机制和红水河的灌溉区域。

红水在先秦时期，与"黑水"、"白水"齐名，均发源于古昆仑山麓，《穆天子传》中就有记载。古"肃州"对"红水"的利用，应在史前。而本地现存最早的地方志——《肃镇华夷志·水利卷》中仅涉及明万历年间的洞子坝、红水坝、花儿坝和红水新坝。收益区域仅有总寨、西店子、乱古堆（今总寨镇三奇堡村）等堡和小泉儿（今铧尖乡集泉村），不甚全面。

---

① 原注："□"内疑为"开"字。
② 原注："□□"内疑为"距今"或"历经"二字。
③ 原注："□"内疑为"乃"字或"系"字。
④ 原注："□□"内前者疑为"序"字，后者应为"记"字。
⑤ 原注："□□"内疑为"十七"或"十六"二字。
⑥ 原注："□□"内疑为"用于"二字。
⑦ 原注："□"内疑为"葺"字。
⑧ 原注："□□"内疑为"之功"二字。
⑨ 原注："□□"内疑为"彩绘"二字。
⑩ 原注：据"岁次戊辰"推算，"□□"内应为"十七"二字。

"洞子坝"，应包含东洞子坝、西洞子坝及滚坝，乃明代洪武年间曹赟负责所开，系朝廷在关内屯田的产物。收益区域是今天的东洞乡和西洞镇。"谁能开通东坝庄，猪狗不吃麸喇糠"之民谣流传千古，在明初得以实现。"洪水穿硐"工程后为"肃州八景"之一。

花儿坝，龙口在"洪水坝"之北，包括上花儿坝、中花儿坝和下花儿坝。上花儿坝引红水河之水上东岸，浇灌今总寨镇的沙河村及三奇堡村"新洪沟"片；中花儿坝引红水河之水上东岸，浇灌今总寨镇的三奇堡村下片和铧尖乡的集泉村和漫水滩村西片；下花儿坝灌溉今总寨镇的排路村，尾水由临水河东北流，惠及今铧尖乡的上三沟村和原临水乡的中渠村。

洪水坝，龙口原在"马鹿墩"西侧，因"时常崩颓，于旧坝之南新挑一渠"，又名"洪水新坝"，笔者下崖所走的渠道应是。明代新开的"洪水新坝，就是《龙洞序》中"洪水坝"。只不过龙口上移而已。

延至清代乾隆年间，"洪水坝"灌溉面积增大（柳树闸和新渠闸），已有"碑文"中所谓的"上三下四"七闸。自西而东分别由头闸、小闸、店子闸和单闸、双闸、柳树闸、新渠闸组成。"下四"闸浇灌今总寨镇东片和上坝镇全境，故引水龙口为"贰丈九尺"，较"上三"闸龙口宽八尺。"碑文"中"上三下四"七闸之记载，有力地印证了《重修肃州新志》中的相关记载，弥足珍贵。

此外，"洪水"片的总寨、乱古堆两堡，系元代城堡。它和新城、下古城、临水、塔儿湾、上河清、金佛寺、清水七堡一道，经明初增宽加高与嘉峪关并称谓肃州州城"十大要塞"。

以此推断，总寨、三奇堡等地引红水河河水浇灌土地的"洪水坝"渠首，最晚应在元代已经形成。

尽管"龙洞"内的文字出自于民国年间的普通人之手，也未足百年岁月，但其中透露的水利信息，却穿越时空上溯到明代万历年间。程时学等人补修的渠首，经建国后多次重建一直使用至 1976 年 7 月，随着该月"洪水河东干渠渠首"建成而代之。1997 年，原酒泉市编写的《酒泉市志·水利建设篇》，却对 1976 年以前的"洪水河"渠首建设只字未提。但愿此篇小文，能弥补地方史之缺漏。

毛凤仪凿山引水造福金塔[①]

毛凤仪，字虞来，号抑庵，清代拔贡，生于顺治十二年（1655 年），祖籍湖北江陵县。凤仪天资聪颖，勤奋好学，年及二十，博览群书，有报国济民之志。不

---

① 编者按：作者吴成德、赵法礼，原载于政协金塔县委员会编《金塔文史资料》第 1 辑，1991 年编印，下引版本同。

久，应扬州太守熊×聘，协理政务，政绩显著。后又参与决堤修复工程。康熙三十四年（1695 年），他立志疆场，从戎征战，以军功授汉中宁羌州州同。四十二年（1703 年），监授临洮府通判，分治酒泉郡（为肃州通判）。至四十九年（1710 年）卸任。五十七年（1718 年），又因效力军前有功，复任肃州通判。雍正六年（1728 年）因命案挂误解组，本年冬，川陕总督岳锺琪保留复任。在肃州前后三任，共二十余年，办了许多好事，修文庙、振兴教育，建粮仓、发展农业，呈请减免人丁差役和赋税。而其功最大、利最久者，要数开垦王子庄地方。

毛凤仪在任期间，发现金塔王子庄一带，土壤肥沃，气候适宜，利于耕牧。由于讨赖河水被夹山阻隔，注蓄于鸳鸯池中，冬、春及洪水期，水从水峡口越山而过。农历五、六月，庄稼急需用水时刻，也是上游减流季节，夹山南池水汪洋，碧绿一片，夹山北河道干涸，禾苗枯死。其境西部（今古城、中东、西坝）仅有一条水渠（广禄渠），流至威虏水量台小，大片可垦荒地尚未开发。雍正四年（1726 年），呈请川陕总督岳锺琪批准，兴工开发。此时，年逾七旬的毛凤仪，为了稳定民心，首先安置自己的家眷定居王子庄（今西坝乡金马村）地方，并从镇番（今民勤）、高台等地招民范英等 318 户，在王子庄东坝（今中东镇）、西坝（今西坝乡）开垦荒地 25 顷 37 亩 7 分。其间，由于户民初到，住无房舍，耕无牲畜、农具和籽种，除官府拨给补助外，他拿出家产，予以资助。同时，雇用石匠三百名，披星戴月，将夹山水峡口凿深劈宽，使河水无阻地流入金塔境内。又开挖王子庄东坝和西坝两条水渠，各长 40 或 50 公里不等，总共花费白银 2600 余两（在占拨盖造回民房屋内动用）。从此，使数百年荒漠之区变为鸡犬桑麻之境，田园阡陌，烟火相错，农牧业生产迅猛发展。

他不仅有经济之才，且善诗词，著有《塞上吟》表述忠志。雍正七年（1729 年），卒于肃州，终年 75 岁。

民感其功，划给毛公后代土地数百亩，不交差、不纳税，任意浇灌。并在金塔县城西 20 里处的西坝龙王庙左侧，修建毛公祠，每年春祈秋报，为之念经、唱戏一天。乾隆十五年（1750 年）腊月，复将其墓迁于祠旁。

另据传说，毛凤仪因开发王子庄地方，动用国库银两，被人诬告，朝廷派人前来捉拿，凤仪深感年迈，即使无罪，千里跋涉，命亦难保，遂坠金自杀，差人取其首回京复命。如此不白之冤，激起肃州人民公愤，纷纷上书朝廷，皇帝遣使复查，毛公仪确属爱国爱民的好官，为之昭雪。金塔百姓，为毛公铸一黄铜头像，并立祠堂，以表其功。

黄文中事略①

黄文中，字中天，清光绪十五年（1890 年）生于甘肃省临洮县城。民国六年（1917 年）留学日本东京明治大学。留学期间，参加了同盟会，曾因翻译《日本民权发达史》一书，宣传三民主义，深蒙孙中山赏识，亲笔题赠"世界潮流，浩浩荡荡，顺之则昌，逆之则亡"的条幅留念。回国后，于民国十年（1921 年）任甘肃省教育厅第一科科长。当时，民主自由思想高涨，他到处讲演宣传，倡言民权，抨击时政，引起当局忌恨，唆使部属伺机狙击，在一次下班回家途中突遭毒手，他被打倒在地，头破齿落，血流满地，昏迷不醒，偶遇相识抬至其家，赶送医院急救，幸免于死，后自号"再来人"。

民国十七年（1928 年）任金塔县县长。十八年（1929 年）任鼎新县县长。在任职期间，他刷新政治，革除时弊，推行地方自治，建立区、村、闾政权，创办学校，宣传民主思想，修补金塔城墙，维护地方治安；提成男女平等，禁止女子缠足；重视农业等反面颇有政声，受到百姓爱戴。

黄文中在金塔任职一年，创设教育馆，民众阅报室，中山俱乐部，民众学校等为社会教育起了感化陶熔之效。他很重视农业，委托赵积寿、刘怀基、吴永昌等人组成水利委员会，解决金、酒均水问题。他采取利用庙会进行演讲宣传和公开的唱戏场合强制青年剪辫示众等办法，严禁男子留发辫，女子缠足，并亲自写了女子放足歌，谱曲教学生到处演唱，广为宣传，对当时男剪辫，女子放足起了很好的教育和推动作用。是年秋天，金塔封建迷信活动盛行，黄文中派人将破营子（今金塔乡营泉村）传神说鬼、人称"陈老母"的一巫妇，抓来关押，然后进行游街示众，让其"显灵"，至此，封建迷信活动大有收敛。

黄文中生活简朴，清贫自守，平时尤工诗词书法。卸任后，一度旅游江浙一带，寄情山水，在游览杭州西湖名胜古迹时，抒发豪情诗意，撰写了不少诗歌联语，品题西湖楼台亭榭，笔文俱佳，如西湖湖心孤山中山公园内那副"山山水水处处明明秀秀，晴晴雨雨时时好好奇奇"的楹联，成为西湖众多对联中不可多得的佳作，他因此也名满江南。

晚年，他在兰州一中教国文 14 年之久，他专教该校高中古典文学，旁征博引，讲解透彻，学生敬仰，同人钦佩。当时他虽已迟暮之年，而爱国之心始终如一，他为该校写过一首校歌，歌词内容："义轩桑梓，河岳根源，兰州中学，巍巍在其间。迎头学，莫畏难，敬业乐群，千锤百炼，养成社会之中坚。复兴民族，还我

① 李煜东整理，原载于《金塔文史资料》第 1 辑。

河山！复兴民族，还我河山！"充分表达了他热爱祖国，盼望祖国早日振兴的赤子之心。

1946 年，黄文中因病逝世，终年 57 岁。

酒金两县水利纠纷之缘起①

　　酒泉、金塔两县毗连，均赖讨赖河、红水河灌溉。酒泉地居金塔上游，幅员广大，需水量数倍于金塔。每逢春季河水解冻，消冰水上涨，酒人阻挡不住，金塔可顺利灌溉春水，利于春播，及至清明时节，河水下落，夏苗灌水紧张之际，河水多被酒泉各坝控制，剩余流至下游之漏闸细流，仅能满足金塔坝灌溉，而王子六坝只能望地兴叹。如果不发洪水，就连一次压苗水也浇不全。还有如没弊口（指头、二、三墩）地方，多成壤土种、壤土收，禾苗生长期滴水不得见，以至王子六坝小麦产量下降到每亩 120 斤，有的连籽种也收不回来。当时形成"酒人之视金人如秦人之视越人（见周志拯均水报告）"的局面。金塔人民为了生存，与天争，只有求龙王下雨；与地争，地无泉眼，又无打井技术，只有与人争。向谁争？自然向上游酒泉人争。我曾见过清末一件旧档案，有金塔西坝坡营子（今金塔乡营泉村）农民陈某私去酒泉红水坝偷水，被看坝人打死，引起金塔人抗议，告到道台衙门涉讼多次，终未解决纠纷。

　　民国十一年（1922 年），有酒泉县知事沈××奉安肃道尹王世相谕，会同金塔县知事李士璋双方磋商议定，每年立夏后五日酒泉、金塔各得水五分，在茹公渠金上坪立案，分水时由两县各派员监分。而讨赖河系尚未案例，即经金王各坝向县府屡屡申诉："水是祁连山自然资源，不是酒泉人祖遗之水，应是两县均沾泽沛。"越激发金塔人民公愤，公推乡绅赵积寿等赴省请愿，赵也挺身而出，见了省主席慷慨陈词，声泪俱下，打动了朱绍粮，委派杨世昌、林培霖二委员来酒金视察，解决历年水利纠纷，曾会同驻酒七区专员曹启文、酒泉县县长谭季纯、金塔县县长赵宗晋等会商多日。"大旱望云霓，久病盼良医……"（赵积寿致欢迎词），最后拟定均水办法："自芒种之日起封闭酒泉讨赖河各坝口，使水下流，救济金塔麦禾 10 天；大暑五日起封闭酒泉红水各坝口 5 日，救济金塔秋嫁。"而酒泉人仍不恪遵，到了均水之期，乃纠集民夫，各执器械，伏于渠口阻挡封口，见金人即抛石块乱行殴打。最凶的一次曾打死金西坝民工张万录，金塔多人受伤，还把几头牲口拉去。酒人以逸待劳，金人寡不敌众，四散逃回。次年又去均水，虽有酒泉驻军派兵弹压，但是水甫均下又被酒人截堵，步步掣肘。于是金塔人一再呼吁，酒泉因属掩耳盗铃，金塔依然海底捞月（见金塔要求均水公呈）。此时，金、酒均水纠纷

---

　　① 编者按：作者张文质，原载于《金塔文史资料》第 1 辑。

愈演愈烈，金塔当由赵积寿再赴兰州呼吁，"一片公心在热肠，争谋水利熬冰霜"（林振华赞赵诗句）。甘肃省政府主席谷正伦将解决金塔水利问题的建议转报中央，当时的水利部长薛笃弼（曾任过甘肃省长），饬西北水利林木公司负责筹建款建修鸳鸯池水库，解决金塔水利问题。从水库修建以后，酒金两县水利纠纷得到了解决，均水制度合理立案。

周志拯在金塔的二三事①

周志拯原名济，字行，浙江永嘉县人，早年留学日本早稻田大学，经济学硕士。历任甘肃省省府科长、区长、省府训练所教育长等职。民国二十二年（1933年）冬，任金塔县县长，到任时正值地方抗旱，灾荒频仍，捐税浩繁，农商交困，高利盘剥，民不聊生，他勤求民隐，对人民疾苦深感同情。曾写过金塔县历史概况，详细陈述了金塔的民情实况，任职三年期间，关心群众疾苦，为民办了很多实事，下面回忆一、二，以颂其绩。

一、关心民疾，肃整邪风

在他到任时，当时正是马仲英西逃，马步康盘踞酒泉，军阀无限制地抓兵派款，勒征烟亩罚款和苛捐杂税等，群众负担越来越重，当时每年按人头摊派白洋一至二元，周县长对此专门提案报省府核减。此后，他又查知前任县长杨体侃有向百姓用款支烟之事（一块白洋顶交烟土二至三两不等）。周认为官吏剥民，不择手段，乃叛众离亲，法不容忍，于是将杨的经办人杜万荣扣押监禁，杨闻之畏惧，认罪服惩。

有一次，军阀马步康在各县举办骡马会，目的是聚赌抽钱。金塔的骡马会由纨绔政客吴连福总包，吴又转包给金塔赵悦祖等人。当时逢演戏，各方赌徒都来骡马会设赌摊，部分好赌者倾家荡产，如梧下（今大庄子乡三墩村）农民李富春一天就输了两头耕牛、六石小麦。周县长无法阻止，适逢总包头子吴连福来金，周表面上设宴款待，其目的想借此机会设法惩戒，恰巧吴和分包头子赵悦祖、王某等发生矛盾，纠纷闹到县府，周即提审，当堂斥责吴连福等聚赌捣乱，盘剥百姓，责令管押，呈报省府，预定骡马会期由一月缩为二十天。从此，这种邪风才有所收敛。

户口坝（今三和乡天生场村）乡绅王桂中有借机敲诈农民之事，并捣乱县农会选举大会，致使乡民代表宋治中、王裕国拒绝出席会议，酿成纠纷，周即责令将其拘捈管押，并判有期徒刑一年。金塔坝劣绅吴国鼎逼其继母陈氏自杀，把尸体投入河中。被陈福控告。遂将吴羁押半年之余。周县长体察民情，不畏强霸劣绅，绳之以法处理民怨时弊，深得民众称颂。

二、筹设金塔农民低利借贷所

周氏在金塔，关心百姓疾苦，注意民众呼声，他经过明察暗访，了解到农民为了维持生计，每年被逼春借一斗，秋还一倍，还带一二两烟土不等，借一块白洋，每月利息二分，年息累加，这种驴打滚的高利贷剥削，压的农民喘不过气来。为了限制高利贷剥削，减轻农民负债，民国二十三年（1934年），周县长决定将地方结存公款筹措设立金塔县农民低利借贷所一处，借用改建了北门内旧商号一处，开始了正常的营业。并委任赵积寿为第一任主任，以后继任的有王安世、雷声昌等人。为活动地方金融，该所以石印版（当时购有石印印刷机一台）印制塔形油布票（地方币），票面有一元者，也有串者（每六串折银一元）。农民借款按审批手续立借据，利息每年仅五分，因此农民都愿意借这种官款。这种办法有力地抵制了高利贷的剥削。后来崔崇桂，戴云凌等任县长沿袭采纳，一直持续到二十七（1938年）。

三、兴修水利

当时各坝的水利管理人员很少，渠坝失修，每年洪水期间，水流遍野，影响农作物灌溉。为了加强管理，节约用水，周决定在各坝增设总水利一人，由县农会干事长兼任。之后又进行了大量的维修护养渠道的工作，补修扩建了东拦河坝，动用民工600余人，修筑了由金西坝至六坝，长约2公里，高约3米的拦河长堤，使原来的破残坝堤拓宽加固。从此人们把拦河坝称为"周公堤"。其他各坝在他的发动之下，都先后不同程度地得到了修整加固，为当时金塔的农业生产和防洪排涝起了重要作用。

四、重视治安工作，保护人民利益

在当时，县乡各地，社会秩序非常混乱，土匪、流氓横行霸道，无恶不作，案件接连发生，直接威胁着人民群众的生命和财产安全、如金大坝大户张廷柱，被土匪拷打烧伤，抢走其财物，这些杀人不见血的恶棍悍不畏死，甚至将追捕警察殴打致死。周氏为了维护广大群众利益，他决心除恶惩凶。经过明察暗访，在取得可靠证据后，将首恶土匪头子李瘦狗（绰号）、红山王（绰号）、邓俊等人按非常时期惩治盗匪条例拘捕入狱，经呈报上级批准，枪毙了李瘦狗、王永治、胡兴魁等首恶分子。之后，又乘县城关帝庙演戏之机，将惯匪红山王、邓俊等四人，吊在戏台梁上，严刑鞭打，起到了杀鸡给猴看和大平民愤之作用，当时群众拍手称赞说："今天演的戏叫'土匪大上吊'。"从此，一些土匪恶棍行径有所收敛，社会秩序有所好转。

五、兴办文教事业

周氏到金塔之时，全县仅有三所高级小学，为了使广大群众的子女都有受教育的机会，周县长亲自到各校查看，广泛听取意见。根据当时的实际情况，他一面选派教师梁学儒、王玉章等三十余人到酒泉师训班进修，一面进行校舍扩建。当时设在城内东北隅的完全小学，地址狭窄，设备简陋，不理发展，便将该校迁至南门外潮音寺（今南关校址），并改建教室，增置桌凳。进修教师返回后，被委派到各校施教，壮大了全县教育战线的骨干力量。与此同时，还拆除了东岳庙地域塑像，改其为民众教育馆，为纪念辛亥革命，中殿又塑了孙中山像，观众展览了古今名人书画及辛亥革命烈士照片十多张，当时任姜辅周为馆长，画家高凌汉为专责干事。这些措施都为金塔教育文化事业的发展起了推动作用。此外还在协台所门前修建了民众体育场面设置了球架、木马、滑梯、浪桥、单、双杠等体育器具，丰富了广大职工群众的业余文体生活。

六、主持编写县志

为了给后人提供史料，周县长珍惜祖国文化遗产，他通过广泛征求意见，取得官绅同意后，在前任县长和蒋绍汾已主持动手编写的基础上，成立了临时县志局，选聘了乡绅赵积寿、谢鸿钧、云怀先、崔怀信等人为协编，自兼总编，并派人采集资料，历时半年，初步完成抄本县志四册。虽未最后审定，但未以后的县志编纂提供了有价值的参考文献。

同时，周还坚决革除民间积弊，禁止种植和吸食大烟，禁止童养媳和妇女缠足，禁止赌博和帮会活动，为推动社会进步做了一些有益的事情。

赵积寿与鸳鸯池水库①

赵积寿，字仁卿。清光绪三年（1877 年），出生于本县东坝板地屯庄（今中东镇中五村）一个富户家庭，排行为三，人称赵三，清代文庠生，他继承父业，农商兼营。民国 3 年（1914 年）金塔协镇裁撤后，购得县城东南侧之教场一处，辟为田园。带着夫人孩子在金大坝（今金塔乡金大村）另立门户。民国十五年（1926

---

① 编者按：作者赵法礼，原载于《金塔文史资料》第 1 辑。

年）被选为全国国民代表大会代表，并先后担任甘肃省参议员、第七行政区名誉水利专员、金塔乡临时参议会参议长、鸳鸯池水库工程管理处副处长等职。

他为人公正，热心地方公益事业，民国十六年（1927年）和21年（1932年），金塔闹饥荒，赵积寿奔赴酒泉，劝捐粮食，救济灾民。22年（1933年）冬，受县长蒋绍汾之托，主编《金塔县志》。民国23年（1934年）被县长周济委任为金塔乡农民低息借贷所所长和全县社仓总社正，负责向贫困农民发放低息贷款、籽种和口粮。在多年实践中赢得群众和历任官吏的信赖，誉为绅士，其功最大者，当数兴修鸳鸯池水库。

解放前，金塔一带，十年九旱，灾荒频繁。民国十七年（1928年），县长黄文中目睹人民饥饿不堪的凄惨情景，组织以赵积寿为首的水利委员会，专司"均水"之责，曾对赵当面指出："讨赖、洪水，乃金酒两县共有之水利资源，如今，原有水规已被破之，上游截流堵坝，灌滩泡湖；下游禾苗枯萎，为金塔百姓生存及，汝当仿效毛目先例，率领乡民，到酒泉各坝均水。"赵积寿慨然应诺，从此后，以均水为己任，坚持不懈，开始访州官，拜县衙，据理力争，而官私其民，搪塞应付，致使金、酒两县的纠纷日益尖锐，每年夏、秋季节，双方聚众，持械斗殴，少则数百人，多则数千人，致死致伤之事常有发生，甚至竟有人策划打死赵三，有几次险些丧生。但他毫不畏退，自编《金酒应均分水之理由》，在本县群众特别是青年学生中广为传抄，以期后继有人。从民国二十三年（1934年）起，赵积寿每年带着万民折、呈诉状、枯死幼苗和青秕谷物，乘坐畜力铁轮轿车去兰州请愿，跪泣于省政府门口，求见省主席和有关官员。在省城时间久了，他所带的费用已光，就同随行人员在兰州市拾废铁换钱来维持生活，以便继续求愿。直至二十五年（1936年）冬，才引起省政府的重视，派杨世昌、林培霖二委员亲临视察，决定每年芒种之日起，封闭酒泉各坝渠口，让金塔浇均水10日。大暑五日起，封闭红水各坝口，浇水5日。但此规定既不能解决金塔的干旱问题，又不能缓和两县的水利纠纷。民国二十七年（1938年）7月，金塔县县长赵宗晋和全县县长凌子惟联名向省政府递呈"用科学方法，蓄置水量，节制使用，以利耕耘"。提出兴修鸳鸯池水库的建议，虽属领先良策，但又苦于没有经费，久议不决。此时，金、酒均水纠纷愈演愈烈，赵积寿继续上访，久住兰州，三番五次伺机求见省主席，申诉金塔人民干旱痛苦之情。民国三十年（1941年）4月，修建鸳鸯池水库之案始定。同年8月1日，省政府委托省水利林牧公司办理蓄水库工程事宜。三十一年（1942年）6月，设立肃丰渠工程筹备处，聘中央大学水利工程系主任原素欣（法国留学生）教授为主任，开始勘测、设计、钻探等工作。三十二年（1943年）6月，改筹备处为工程处，正式开始施工。年近七旬的赵积寿，驻守工地，极力襄助，当时由于物价飞涨，货币贬值，蓄水库工程面临夭折，他除奔跑于各级政府和协调于有关部门之间，要求解决工程中遇到的有关困难时，还注意体察民工的疾苦。按工程计划，水库施工期间，每天要保持民工4000名，其中金塔和酒泉各 2000 名。前期，由于管理和生活方面的问题，民工金昌逃跑，查清其中弊端后，于民国三十四年（1945 年）成立金塔和酒泉两个民工大队，由各自地方政府派人管理民工的伙食、医疗、民工的轮换安排和组织施工等，制止打骂民工和贪污克扣行为，并筹集猪、羊、油、醋和蔬菜慰问民工，从而稳定了民工队伍，保证了工程进度。在施工过程中，由于人民对水库之利一时尚未认识，造谣的、诬告的、编成顺口溜谩骂的，流言蜚语，处处皆是，对此种种，他视若未见，听若罔闻。民国三十六年（1947 年）5 月，水库竣工。给水涵洞出水口上刻横额："继禹云迹。"左右对联："流进来一潭碧水，倒出去万担金粮。"这充分赞颂了勤劳智慧的金塔人民的光辉业绩，表达了鸳鸯池水库的重大作用和金塔人民的美好寄托。

民国三十六年（1947 年）7 月 15 日，水利部政务次长沈白先主持放水仪式，省建设厅长谭声乙，省水利局长黄万里，西北水利林牧公司秘书长赵宗晋，酒泉专署、酒泉县，均派代表参加了隆重的放水典礼。会上酒泉专员刘亦常向赵积寿展示其被控告状多起，一时参加观光者哗然，异口同声要求撤销原控状，查究诬告者。刘即宣告赵本无咎，群愤始息。此刻，广大农民都在注视着这第一次蓄水的流向，当河水流入下游各坝，农民之田园，赵积寿及时查处了犯有重浇漫灌而又敲诈勒索他人的恶霸之后，获得了人们发自内心的敬佩。1949 年 1 月 29 日，赵积寿与世长辞，终年 73 岁。

1947 年的水库修建，只完成了鸳鸯池水库的一期工程，蓄水量 1200 万方，只能满足王子六坝 7 万亩农田的一次用水，解放后，经过人民政府多次投资整修，才形成现在的规模，论功绩，当属中国共产党和在建库工程中流血流汗特别是献出宝贵生命的所有劳动者。

在旧社会，办一件有利于人民的事太难，赵积寿经过十九年的努力才看到了一个水库雏形，由于此项工程来之不易，他这点为人民效力的精神也就在人们心目中留下了较深印象。

张治中视察金塔[①]

1948 年秋，县长马元鹗上任不久，在前半月接到了酒泉行政专员王维墉的通知，西北军政长官张治中将军赴疆路过酒泉，去金塔视察工作，准备接待。马元鹗立即召开会议，组织安排，准备各项接待工作。并专门设立了总务股，粉刷墙壁、张贴标语、制作彩花、准备食宿；设立了治安股负责治安，维持秩序；组织专人负责绘制汇报图标，缮写书面报告。一切准备就绪后，等候长官驾到。

① 编者按：作者张文质，原载于《金塔文史资料》第 1 辑。

深秋的一天早晨，金塔各界人士纷纷云集南门外等候迎接，突然汽车隆隆、尘土飞扬，张将军及随行人员到了，顿时人头攒动，掌声四起，鲜花挥动。马元鹗、赵积寿等到车前行礼迎接，随行人员相继下车。其中有：河西警备司令陶峙岳将军、军长李铁军、副军长周嘉彬（张治中的女婿）；甘、青、宁考铨处长水梓，兰州大学教授冯国瑞、《西北日报》社社长易君佐及张的女儿张素娥；还有护卫宪兵约三十多人。当时政府参加会见的人员是：县绅赵积寿、县长马元鹗、还有吴崇德、顾绪宗（县党部书记长）、李经年（县参议长）、顾子才（中学校长）。张将军一行到后，城市各处、下榻四周，均有宪兵站岗放哨。进入县府后，马元鹗便呈上准备好的汇报图表，逐一汇报，张将军逐件翻阅一遍，随即召开了有关人士座谈会。我（张文质）以《甘肃日报》特约记者身份也参加了会见。我有幸见到这位名声显赫的将军，他讲话声音洪亮有力，强调团结就是力量，要应兴应革，兴利除弊，并阐述了爱国、爱民、爱友军的政治主张。会毕摆了酒宴，宴毕少许，便听到副官鸣哨，随员纷纷集中，张即动身，返往酒泉。

彭总视察金塔鸳鸯池水库①

1949年10月，金塔刚解放不久，全县人民沉浸在胜利的喜悦中。16日下午，天气晴朗，碧空万里，这时，有五辆吉普车鱼贯而行驶入南夹山口，绕过山脚，爬上山梁，来到鸳鸯池水库，停在水管所。从车内下来五六位解放军首长，在工作人员的陪同下，走进了作为临时接待室的东陪房。一位身材魁梧、仪表英威的首长，说要看看有关水库的资料，水管人员很快将资料递到手首长面前。他翻阅了一阵，称赞道："你们能把水库资料比较完整地保存下来，这很不错嘛！"当他了解到水库正在进行闸门启闭机室维修和导水洞塌方清理施工时，便离开了接待室，走向了山下水库工地。

几位首长沿着一段水沟，绕过水库溢洪道、导水墙，来到坝前。首长看到了正在施工的民工，关心地询问了他们的食宿情况。这时，一位身穿长袍马褂，留着一缕长须的老人走了过来。首长问道："他是啥人？"在旁的陪同人员介绍说："他叫吴永昌，是地方绅士，当过商会会长，现在是水库水利专员。"首长上前去和吴永昌握手，询问了他的情况，并亲切地鼓励他说："你是从旧社会过来的人，对金塔的情况很熟悉，要把水库修好、管好、好好为人民服务。"首长转过身，招呼在场的人说："大家坐下随便谈谈。"他又说："水库保护得还很好，这里刚解放不久，新政权还没有建好，老乡们还在修水库，这很好！水利是关系农业丰歉的大事，把水库修好、管好，就是为农业丰收创造了条件。"大家在和谐的气氛里交

---

① 编者按：曾涛、高维东整理，原载于《金塔文史资料》第1辑。

谈了约半个多钟头。首长起身要返回，吴永昌等人执意要送首长一行上山。首长说："你年纪大了，上山路不好走，就不要送了。"说完，就和随行人员一起上山，回到了水管所。

在水管所院子里休息时，首长说："你们这里很好嘛，有这样一座水库，管好用好就不怕旱灾了。"休息了一会，他和工作人员一一握手告别。并且鼓励他们说："要好好为人民服务。"人们目送远去的吉普车，想着刚才的一切，猜测着，不知是解放军里的哪一位首长。

翌日九点多钟，水管所门前的空地上又停下了一辆大卡车，车上坐了好些解放军。下车后，他们在工作人员引导下直接来到水库工地上查看，其中一位戴着眼镜的解放军工程技术人员对陪同人员说："彭总昨天来看了水库，很满意，他指示我们再来看看，技术上有什么困难，提出来我们可以解决。"一听说昨天来的是人民解放军副总司令彭德怀，大家顿时兴奋了起来，为能够见到彭总而高兴。没想到，彭老总戎马倥偬，还关心着鸳鸯池水库，专程前来察看，大家心情非常激动，觉得没能留彭总多停一会，没能和彭总多说几句话感到非常遗憾。

恶贯满盈的吴国鼎①

想当年威风凛凛，倚官仗势，霸人妻、害人子，毒死妻与母，擢发难数滔天罪；

看今日天网恢恢，恶贯满盈，冤要伸、苦要诉，偿还血和债，万口同诛害人贼。

这是 1951 年 3 月，金塔县各届人民斗争大恶霸吴国鼎时，悬挂在会场两侧的一副对联，它是对恶霸吴国鼎罪恶的真实写照，也表明了人民对他的愤慨之情。

吴国鼎，字鼏丞，金塔县金大坝（今金塔县红光村）人。早年在酒泉师范乙种讲习科毕业。吴国鼎一生罪恶多端，有他的历史根源也有家庭基础。幼小时他虽聪明，但性格奸黠，少年念书时，就依靠家庭的势力，欺凌小同学，后来走向社会，更是无恶不作，胡作非为，直至走上历史的审判台。

一、横行乡里，为非作歹

他巴结当时的劝学所长王桂中，当上了劝学员（后期的督学），骑马下乡查学，还要带上跟班，自命不凡，每到一个学校，都要教师奉承，学生欢迎，装出一副威风凛凛的样子。民国十四年（1925 年），他去三下国民小学检查，被教员杨仪为

---

① 编者按：作者张文质，原载于《金塔文史资料》第 1 辑。

奉为上宾，宰羊设宴，请来当地头号人物来陪酒。饭后，既不查教学课程，又不阅学生作业，又因校董没有贿赂他而记恨，以该校学生少为借口把校董石进山鞭打一顿，最后校董不得不送他银元两块，他收之后，扬长而去。吴国鼎由于善能钻营藉势，逐渐成为全县的头面人物，曾先后担任过金塔女子小学校长、县农会干事长、东区乡乡长、区指导员、县参议会副议长等职。因长期横行霸道，形成了走路持棍，说话打哼的政客恶习。一段时期，官府信他，同伙捧他，正人恨他，群众怕他。由于他仗势欺人，随便打骂群众司空见惯，就连邻居也不敢随便进他的门。

二、倚官仗势，强行霸水

当时由于鸳鸯池水库还没有修建，酒、金两地因水利纠葛甚烈，金塔地方十年九旱，酒泉每年只给金塔均水两期共 15 天，因此流入金塔的水贵如油，各渠系都按序浇水，而每逢水到罗圈沟（吴的住地），没有吴国鼎发话，谁也不能浇水，他仗势霸水，自己任意浇灌。民国 32 年（1943 年），一次吴国鼎堵截苗水，重浇漫灌，处在下游等水浇的李吉奎因气愤难忍，把吴拉到水沟中淹泡几分钟，为民出气，吴爬出后见人众多，未能动手报仇，他恼羞成怒，把渠长雷振铎骂了一通，后找县长喻大镛诉说，喻亦惮于吴的威势，把肇事人拘留了三天。他一向横行乡里，欺压良民，罗圈沟的人，除李吉奎这个外地人不怕他外，其他人遇事都是敢怒不敢言，只能暂时委曲求全。

三、野心不善，伺机整人

吴国鼎对官吏是逢迎在先，算账在后，大耍两面作风，他曾串联王桂中、罗维熙、吴国玺、王锡爵等一批地方恶棍为心腹，平时去探明有些人的情况，抓住把柄，等到卸任后或一定时候，乘机即起算账，因此人称他们为"算账派"。他们曾算过县长周志拯，告过马元鹗。特别是在周志拯卸任后，吴卵翼下的一伙寻找借口，硬拦着周不让走，周在殷邦昇家待了五个月，致使二科（财务科）科长周宗颐气愤而死，周志拯给胡友瑗信中说："吾弟之死，乃吴、王二劣而逼。"周志拯被逼，纯属是吴泄私愤之举动。因为周志拯性格耿直，对待为富不仁的土豪劣绅或有犯罪行为者严惩不贷。在周任职期内，适有金石坝（今金塔乡塔院村）人陈福，控告吴国鼎毒死继母，又叫上长工张老二把尸首送于西拦河冰窟窿内，吴拒不承认，逢有李吉奎和张老二作证，周逮捕了吴，铐押在监狱过了几堂，案子正在彻底查办之际，适逢红军西上，周也准备向额济纳旗逃避，无暇顾及此案，只得把一些在押案犯，觅保释放，吴乘机逃之夭夭。

吴国鼎常常以整人为本能，拉帮结派，如他勾结当时的省议员王桂中、县党部书记长顾绪宗等人，反对马元鹗、吴崇德。每逢选举，吴国鼎暗中活动，争取选票。当时有五十多名乡镇民代表，大多屈从于吴国鼎的压力，惮于他的恶势，后吴被选举为县参议员。得选后，他野心勃勃，又想当副议长，终于引起人们的反感，充分暴露了他的丑恶嘴脸，当时就有五十多名代表联名控告吴，即发传单，列书罪状十余条。

四、丧尽天良，霸占人妻

民国 27 年（1938 年），吴任县立女子小学校长，不久，就恋上了该校教员有夫之妻李某，后李某又恋上了代课教师殷某，成了三角恋。因此，他和殷某积怨很深，对殷耿耿于怀。一天他伪装谦和，约请殷某到他家便餐，又请了曹汉英作陪，酒过三巡，吴突然掏出手枪，对准了殷某，曹汉英赶快抱住了吴的右臂，子弹打在墙壁上，殷跳窗逃走，幸免于难。又一次，吴、殷都要到县参议会开会（二人当时任参议员），正当入席间，猛不防吴国鼎举起铁棍照殷头上击去，旁有吴峻山拦住，在众目睽睽之下，公然行凶，可见吴国鼎之凶恶面目。事情败露后，李的丈夫陨某得知其事，寻到金塔，准备大闹一场，结果还是吴国鼎仗势纳李为妾，陨某气愤难忍，乃寻找李引下的死婴，盛在竹篮内，上盖毛巾提到吴家做客，把篮子放在桌子上，还未等坐稳就匆忙走了，吴揭开毛巾一看，内放着一具死婴，他无奈只好将死婴悄悄送到林中，事后丑闻还是传开了。吴和李结成夫妻后，丧尽天良，毒死正妻，为除隐患，竟然又把正妻所生的儿子吴世番赶出家门。在一次酒宴上，乡绅赵积寿当面讽刺吴国鼎说："家遭继母陷害，儿子赶在门外，小生吴世番也……"吴理屈词穷，面红耳赤，央求说："三爷、三爷，话下留情！"

吴国鼎这个人面兽心的淫棍，他占有了李某后仍不满足自己的兽欲，为达到另找新欢的目的，任意对李进行蹂躏，使李精神受到刺激忧郁而死。不久他又盯上了他的知心朋友桂巡长之妻，桂尸骨未寒，妻就被吴国鼎强行占有，纳为小星。

五、敲诈勒索，合伙贪污

吴国鼎在任副议长时，一次和警察局巡官刘凯下乡催兵，夜宿户口坝下五分（现在大庄子乡大口子三队）张盛业家，他们事前侦得张有藏烟，威胁张把烟土拿出，否则搜出来治罪不轻，经不起吴、刘威吓和政府禁烟令的威慑，张不得不拿出白洋四百元，作为弥逢。据说刘、吴各分二百元，后经别人向马元鹗县长揭发，刘凯吓跑了，吴被马元鹗拘押到县政府审讯，因刘逃跑，吴不承认，被马镣押候质。马元鹗让张文质向《甘肃日报》写稿揭发，即以《狼狈为奸，同流合污，堂堂议长，贪污白银》为标题，反映了他们的贪污事实，经马审后改作《藉查黑土、讹去白洋、冤沉海底、案翻覆盆、堂堂副议长，心毒如豺狼》，此稿经《甘肃日报》、《西北日报》刊出，吴国鼎之丑恶行为昭之于众，后因同案刘凯未获，未能定案，吴又被释放。

六、人民公审，国法难容

1950年，在减租反霸运动中，人民群众告发了吴国鼎，公安局依法逮捕了他。1951年，镇反运动中，群众要求斗争吴国鼎，人民政府于3月29日，召开了数千人参加的全县性的群众斗争大会。事前，搭了会台，在街道上张贴了标语、漫画，有的漫画把吴国鼎画成了毒蛇猛兽，有的把吴国鼎画成了妖魔鬼怪，当场有70多人登台诉苦、申冤，在他的屠刀下先后就有6人失去了生命。一整天的斗争会，群情激愤，人民义愤填膺。吴国鼎真是恶贯满盈，无恶不作，他的罪恶罄竹难书。大会后，人们一致要求，当场枪毙吴国鼎，人民政府为满足大家的要求，为民平愤，会后即调查整理材料，报请专署批示。半月后经专署批准执行枪决。血债累累的头号恶霸吴国鼎得到了应有的惩罚。

吴永昌事略[①]

吴永昌（1885—1966），字久臣，金塔县金大坝（金塔乡红光村）人。农商兼营，在县城北关开设"永兴和药店"一处，曾先后担任街长、县商会会长和县水利委员、教育款产保管委员、县参议员。民国十六年（1927年）和二十一年（1932年）金塔遭受重旱灾，饥民载道，哀鸿遍野，他不忍胞泽受难，乃商于诸同仁，倡议募捐，拯救灾黎，并先后两次同赵积寿去酒泉劝捐粮食救济金塔灾民。

从民国十七年（1928年）起，吴永昌先生一直参与金塔和酒泉的"均水"活动。民国三十八年（1949年）6月，经县长马元鹗推荐，由甘肃省建设厅任命为鸳鸯池水库水利专员。1949年8月；兰州解放，国民党溃败散兵向河西逃窜，过往散兵溃匪抢劫金塔人民财物时有发生。吴永昌为了保卫鸳鸯池水库安全，不顾个人安危，食宿在水库，带领民工和水库职工驻守工地，昼夜值班防范，使水库没有遭受意外事故。

1949年9月，金塔和平解放，在县人民政府的领导下，吴永昌继续驻守鸳鸯池水库，担负着水库的安全和蓄水工作。同年10月中国人民解放军彭德怀副总司令亲临水库视察，当时，吴永昌正和民工一起清除水库旧洞口后面的积淤，先生得蒙垂询，彭总见先生白发苍苍，胡须及胸，还在和民工一起施工，看管水库，为民服务，随问其姓名并记之。此后被任命为鸳鸯池水库主任。1950年10月吴以特邀代表身份参加了甘肃省第一届人民代表。

---

① 编者按：作者张文质、吴正中，原载于政协金塔县委员会编《金塔文史资料》第2辑，1993年编。

崔崇桂在金塔[①]

崔崇桂，字德庵，甘肃省酒泉县文殊乡塔尔湾村（现属嘉峪关市）人。生于清光绪十七年（1891 年）农历腊月二十八日。他幼年就读于本村私塾，并受教于酒泉城内宿学郭其澄（肃州名儒郭维城之孙）门下，经过苦读，精通四书五经。民国六年（1917 年）奔赴北京高等学堂甲种讲习所学习，接受了新的文化和科学知识，在爱国民主思想的熏陶与鼓舞下，奠定了教育救国的思想基础，毕业后返回家乡，决心献身教育事业。

1918 年学成归来的崔崇桂，适值赵世英（字子俊，金塔县人，留学日本明治大学）创办的甘肃省立第九师范即今酒泉师范学校成立，崔崇桂应聘任学监（旧时稽查学生出入，考察功课勤惰及起居等事的学校官员）。1923 年 4 月，崔崇桂又担任该校第五任校长，直到 1932 年辞职。10 多年来，他把全部心血都倾注在教学和学校建设工作上，为酒泉地区各县培养了大批师资，为地方教育的发展做了一定贡献。1933 年崔崇桂任酒泉县教育局长，想方设法发展农村小学教育，取得了比较显著的成效。后因教育经费困难，政府又不支持，他愤然辞职，在酒泉师范任国文教员。

三十年代前、中期，河西各县被西北军阀马步芳势力所控制。民国二十六年（1937 年），酒泉军政当局让崔崇桂代理金塔县县长，他上任后邀请地方绅士恳谈，提出积极发展农牧业的生产计划，并采取一些有力措施，促进骆驼养殖业的发展。他还利用金塔县酒泉师范毕业学生较多的有利条件，积极推动学校教育，并开展民众识字活动，让各村初级小学教员利用晚上时间开办民众识字班，动员一些青壮年文盲（包括妇女）到学校识字。由于时局变化，他任职不到一年即卸任。金塔民众称颂其德行，临行时特送"乐志君子"绵匾一副。

讨赖、红水和清水诸河水，本属酒泉和金塔两县共有之水资源。金塔地处下游，又因原有水规破坏，民国时期，酒泉一些乡绅堵河断流，久霸不舍，致使金塔连年干旱，双方为争水常聚众持械殴斗，致伤人命。对应不应分水给金塔？崔崇桂始终坚持尊重历史，面对现实，妥善解决的公正立场，受到赞扬。据民国二十七年（1938 年）省府委员《呈复酒金水利稿》称："自古以来，邻省邻县有事争持，地方官多各私其民，政治上之惯例。酒泉、金塔水利代表崔崇桂，籍隶酒泉，上年为金塔县长，对于分水扰数，金民多方呼吁，并未一言提及酒泉分水（给金塔），有损于酒（泉），无益于金（塔）之电文。"当金塔县长赵宗晋提出兴修鸳鸯池水库的建议之后，崔崇桂认为找到了解决金塔干旱缺水，缓和两县水利纠纷的

---

① 编者按：作者张世铭，原载于政协金塔县委员会编《金塔文史资料》第 3 辑，1997 年编，下引版本同。

领先良策，诚心赞同。四十年代初，崔崇桂被酒泉官绅推选为甘肃省参议会议员，并任驻会议员，离开酒泉到兰州任职期间，他支持并协助赵积寿多次恳请甘肃省政府拨款修建鸳鸯池水库终获批准。按计划，该工程施工期间每天需民工 4000 名，省政府决定酒泉、金塔各出 2000 名。酒泉专员公署和酒泉县政府在执行这一指令的过程中，时任国大代表的崔崇桂多次说服酒泉官绅，一定响应，不得抗拒，从而保证了水库工程的顺利进行。经酒、金两县人民共同努力，建成了团结用水的象征——金塔鸳鸯池水库。

　　解放后，崔崇桂被省党政提名为特邀代表，出席甘肃省人民代表大会，继而被聘任为甘肃省文化教育委员会委员，但不幸于 1953 年 6 月 16 日病逝于兰州，终年 62 岁。

鸳鸯池水库工程初建史[①]

　　鸳鸯池水库位于酒泉市下游 45 公里，金塔县上游 10 公里。坝址为佳山峡。工程于 1943 年 6 月开工，1947 年 5 月竣工。坝高 30.26 米，坝顶长 216 米。为当时我国最高的土坝，亦为用现代科学技术建筑的我国第一座土坝。1958 年、1964 年、1973 年三次加高，现在坝高为 37.8 米。库容 1.048 亿立方米，每年冬季蓄满，春季灌溉放空，夏季蓄满，秋季灌溉放空。灌溉金塔县 20 多万亩良田并供金塔县工业用水和饮用水。水电装机 1890 千瓦。本文缕述当年勘测设计施工的过程。

修建缘由及拟议经过

　　讨赖、红水河发源于祁连山，在酒泉市下游汇合，流经鸳鸯村，纳清水河后，穿过佳山峡，流至金塔。源头是祁连山融雪，清水河除雪水外，主要是地下渗出的泉水。12 月至 5 月流量小，讨赖、红水、清水三河流量共计 7—8 立方米/秒，4、5 月农田灌溉需水最多，水量只敷酒泉一县之用，金塔无水可灌，因而发生争水纠纷。8、9 月融雪洪水较大，三河流量达 300—600 立方米 / 秒，流到金塔，冲毁六坪及渠堤，发生水灾。10 月，三河流量较小，亦不敷两县灌溉之需。11 月至 3 月，农田休闲，不需灌溉，河水全部下泄金塔，又遭冬季水灾。

　　为了解决争水纠纷，200 多年前，年羹尧曾规定两县分水比例。本世纪 30 年代，两县耕地增长面积已达当年的 10 余倍，灌溉水量更感不足，争水纠纷愈演愈剧。1936 年，甘肃省政府派杨世昌、林培霖二委员到酒泉、金塔考察，与酒泉专

---

　　① 编者按：作者顾淦臣，原载于《金塔文史资料》第 3 辑。原注：本文作者系南京河海大学水力发电工程系教授、水利部技术委员会委员、中国水力发电工程学会名誉理事、中国水利大坝安全监测中心顾问委员会副主任委员、国际土力学及基础工程学会会员。

员、酒泉县长、金塔县长会商决定分水法:"自芒种之日起封闭酒泉讨赖河各坝口,使水下流,救济金塔麦禾 10 天;大暑前 5 日起封闭酒泉红水河各坝口 5 日,救济金塔秋稼"。但因需水紧张之时,酒泉用水已感不足,农民不肯封闭渠首,金塔农民到渠首封堵,常酿成械斗,上述分水办法执行不通。1938 年 7 月,甘肃省政府采纳酒泉县长凌子惟、金塔县长赵宗晋"利用科学方法,蓄置水量节制使用,以利耕耘"的建议,8 月派建设厅科长火灿,技正王仰曾前往调查,火灿主张仍按分水办法强制执行,以维省府威信,王仰曾主张在佳山峡口建筑拦河坝形成蓄水库。省府采纳王仰曾的主张,决定修建蓄水库。11 月,派工程师王立仁、张锤琪等三人前往查勘。1939 年 4 月又派技正杨廷玉前往规划。估算工程造价,数额巨大,省府难以筹措。1940 年 11 月,派工程师吴惇、刘恩荣再次赴实地查勘,是否可用凿井、引泉两法暂时解决金塔旱荒。经过查勘,认为井、泉水量不足,仍只有建造水库解决。1941 年 4 月省府决定修建鸳鸯池水库。

古代佳山峡河床岩盘较高,河水被阻,拦蓄成湖,名鸳鸯池,水深约 10 米。1726 年,肃州通判毛凤仪想利用鸳鸯池水量浇灌金塔王子庄耕地,雇石匠 300 名,将峡谷河床凿深劈宽,引水至王子庄,鸳鸯池干涸。只有鸳鸯村尚在。当时没有闸门控制泄蓄的科学技术,凿深了峡口,只能一次引水灌溉,不能再蓄,故仍未解决金塔灌溉问题。只有用现代科学技术建造水库,才能按照人的意愿蓄泄自如。

1941 年初,甘肃省政府与中国银行组建了甘肃林牧公司,总经理为沈怡,副总经理为郭铁海、赵敦甫,总工程师为周礼。公司设立若干林场、牧场以及武威水利工作站、张掖水利工作站、酒泉水利工作站、肃丰渠工程处等下属单位,工作站负责河西两专署各县的水利维修、管理、开发,肃丰渠工程处负责酒泉金塔灌区渠系规划设计及鸳鸯池水库工程规划设计施工。

1941 年 8 月 1 日,甘肃省政府正式委托甘肃水利林牧公司承办鸳鸯池水库工程建设事宜。

勘测试验设计经过

1941 年 6 月,沈怡总经理聘请中央大学水利工程系主任原素欣教授为甘肃水利林牧公司副总工程师,兼酒泉工作站主任及肃丰渠工程处主任。原素欣教授早年留学美国威斯康星大学获工程硕士学位,又到德国留学数年。1931 年"9·18"事变后,愤然回国,投笔从戎,参加抗日同盟军,打击日本侵略者。1934 年受聘为中央大学教授。原素欣教授到酒泉任职以后,陆续聘请工程师刘方烨、顾涂臣、雏鸣岳、朱益、任宝森、刘德豫、吴德恒、章正铣、龚玺、章昌五、陈业清、王用善、黄静安、王觉民、赵允中、江浩、郭道文等担任勘测、试验、设计工作。招聘培训水文测验员,设立讨赖河、洪水河、昌马河、党河等水文站。组织测量队，测绘鸳鸯池水库及佳山峡地形图，并测绘酒泉金塔灌区地形图。王用善任队长，陈业清、黄静安、王觉民为队员，委托玉门油矿到坝址钻探，钻了三个孔，探明河床及岸坡覆盖层厚度及岩性。左岸台地为沙丘覆盖，用钢钎打探了其厚度。又调查了坝址附近砂卵石料及佳山北凹黏土料。采取砂卵石料及黏土料 1 吨，运到重庆石门中央水利实验处作土工试验，研究砂卵石与黏土配合土的配比、最大干容量、最优含水量、渗漏系数、压缩系数等。刘方烨、顾淦臣、任宝森、刘德豫、龚玺、章昌五进行水库工程的水文分析、调洪演算、枢纽布置、水力计算、结构计算、稳定分析以及制图，章正铣负责水工模型试验，在酒泉东门外水磨沟砌筑模型，利用水磨沟的水进行试验。那时国内还没有羊足辗，吴德恒参照美国羊足辗图纸负责设计和监督制造，在酒泉铜铁作坊用铜铸造羊足辗。刘方烨和赵允中负责闸门和启闭机设计，在兰州工厂制造。所有设计书和图纸经刘方烨审核，再由原素欣审定批准。

土坝采用砂卵石掺黏土料称为配合土（砾质土）心墙，在当时国内外尚无先例。60 年代初期，瑞士葛兴能阿尔卑坝心墙，及日本御母衣坝斜墙也采用砂砾与黏土配合的砾质土。给水隧洞进口设两扇宽 1.76 米高 2.6 米的串滚式钢闸门，中墩厚 1 米，高 5.5 米。这种闸门节省启门力，是一种先进的门型，当时没有电动启闭机，采用这种门型是很适当的。在土坝与溢洪道之间设导水墙作为坝头挡土墙，与溢洪道相接。这是很好的布置方案，节省了土坝填筑量和溢洪道开挖量。但给水隧洞采用无压洞并用预制混凝土块砌顶拱和边墙是不成功的。1951 年泄水时产生明满流过度，招致顶拱塌落冒顶，发生险情。当时，施工时钢筋不足，故未采用钢筋混凝土衬砌而采用预制混凝土块衬砌，也是不得已而为之。

施 工 过 程

1943 年 6 月，成立鸳鸯池蓄水库工程处，设在佳山峡右岸山顶的青山寺。青山寺有东西两寺，寺内已无神像，墙壁屋顶尚完好，内部加以修缮，办公和住宿都在寺内。设工务组、文书组、会计组、材料组、事务组。工务组组长为刘方烨，组员有顾淦臣、朱益、龚玺、赵允中、刘德豫。1946 年以后，又有雒鸣岳、江浩到工地参加工作。监工员有黄绍孔、寇子明、赵发祥。后来派寇子明常驻金塔，做材料和生活物资供应工作。工务组负责施工详图、测量放线、质量监督、施工计划、验收等工作。给水隧洞工程由工信工程公司承包施工，该公司经理为林同棪，派工程师蒋丰、李振东常驻工地。林同棪一年来工地一、二次。土坝和溢洪道则由工程处自营施工。土方开挖、运输、填筑由酒泉、金塔两县民工施工。石方开采则由几名小包工承包。

材料组由张庚尧负责，仓库也由他管。事务组有医疗室，老刘大夫内外科都看，工伤抢救也管，医生护士一身兼做。

刘方烨、刘大夫和黄绍孔家眷也住在青山寺，其余都是年轻人，尚未结婚。伙食办得很好，大家住在周围二十里无人烟的青山寺，昼夜工作，没有觉得艰苦。原素欣负责酒泉工作站和鸳鸯池水库工程处，两处都要管，一半时间在酒泉，一半时间在青山寺，1946 年后，常驻工地，尽心竭力，克服困难，使工程圆满完成。

施工设备很少，有 4 辆 3 吨卡车，运输永登水泥、兰州钢材、陇南木材，以及粮食煤炭。酒泉和金塔的物资，则由当地运输户用马车牛车运到青山寺。筑坝土石料由 610 轻轨 0.125 立方米的斗车人力推运上坝。在设备缺乏的情况下，创造了一些因地制宜的有特色的施工方法。由于当地干旱，粘土的天然含水量仅 3%，故结成坚硬土块，开采出来的大土块，先用大锤敲成小块，然后铺在平场上由马拉石磙粉碎。在另一平场上，先铺一层沙卵石，厚 40 厘米，稍洒水，然后在其上铺一层粉碎的粘土，厚 15 厘米。再在其上铺砂卵石，洒水。如此相间铺土，铺到 1.65 米高。因无挖掘机，故用人力立面铲挖装斗车。斗车在轻轨铁路上推行，经过坝下游的跨河桥，桥上有轱辘吊桶提河水倒入斗车中使土湿润，运到坝面卸下，人工推平，配合土的含水量已比较均匀，铺土厚 18 厘米。因无拖拉机，故用 8 匹马拉羊足碾碾压 8 遍。填土干容重可达 1.9 吨/立方米。渗透系数为 1×10^{-6}—1×10^{-7} 厘米/秒。用环刀孔注水法及自制渗透仪检查渗透系数。

截流以后，基坑排水只有 2 台小水泵，工地无电源，又无柴油机，故用汽车带动水泵。将汽车后轮架起，卸去轮胎，把皮带套在轮箍上，带动水泵。因排水能力太小，心墙底部基坑开挖只挖到 4 米深，水排不干，无法挖到基岩面。故改为签打木板桩，板桩长 3—5 米，厚 10 厘米，企口拼接打下去。配合土心墙与两头岸坡基岩面及导水墙浆砌块石面都涂刷土浆，然后铺配合土与之相接。

鸳鸯池水库工程于 1947 年 5 月完工，7 月 15 日举行落成放水典礼，投入正常运行。

工 地 点 滴

1943 年 6 月，工程处在青山寺成立后，鸳鸯池蓄水库工程就开工了。没有举行开工典礼。开工后，首先要做的是隧洞进出口、土坝坝脚、溢洪道开挖线、导水墙等的测量定线，规划运土上坝的轻轨铁路和开除出渣的道路，安排工人的工作场地。我们这批年轻技术人员早餐后就从青山寺由山道走下去到坝址，中午爬山到青山寺吃午餐，饭后立刻下山，到傍晚再上山吃完饭，晚上作计算或修改图纸，有时还要下山去工作。青山寺到坝址河边，高差约 300 米，每天上下几趟不觉得累。大家都有两点想法：一是学以致用，在大学里学了技术理论，到这里结合实际，有了用武之地，心情很高兴。二是为开发西北出点力，提高农业产量改善受益区人民生活，增强国家实力，以便打败日本侵略者，我们这些人可以回到久别的被日军侵占的故乡。我们住在古寺中，听惯朔风呼号铁马叮当，没有感到孤单忧伤，而全身心投入了工作。由于物价飞涨，工资不涨，到 1945 年夏季，我们每月工资只能买 60 斤面粉。我们生活要求很低，不买什么衣物，只要伙食好吃得饱就行。夏季吃到金塔产的香甜脆的克克齐就是莫大享受。

1943 年夏季，公司总经理沈怡到河西视察，先到武威、张掖，7 月到酒泉。7 月下旬，他从酒泉坐马车到青山寺，途径正在鸳鸯池边墙附近测量的测量队，下车到队部座谈和慰问大家。然后到青山寺，住了两天，看到工地后和大家座谈。大家对工程充满信心，没有什么要求。

1944 年秋季，罗家伦去新疆经过酒泉，他原先是中央大学校长，1941 年辞职，后来任新疆监察使。原素欣在酒泉水利工作站办公地点周公祠设便宴招待，并举行座谈会。罗家伦说："原教授不怕塞上风沙，带领一批青年学子，建设水库工程，开发河西走廊，崇尚实际，艰苦创业，我以大学校长的名义，感谢你们不辜负老师的培养。愿你们不忘记张骞、班超的开拓精神。"

林同棪每年到工地一二次，他与蒋丰、李振东讨论隧洞工程进度和技术问题，有时也邀我参加。他常说："抗日战争胜利后，我们要兴修很多水利、铁路、公路，才能使国家富强起来，我们的任务将很繁重。"林同棪 1947 年去美国，现在他是国际上著名的斜拉桥专家。

金塔县乡绅赵积寿每年到工地参观一二次，我们向他介绍工程情况，他不甚明了。1945 年秋季，隧洞、导水墙已经建成，左岸台地土坝已接近坝顶，河床土坝已修到 10 几米高，河水已由隧洞流出，他看了以后说："以前我看见这边挖那边填，这边开山那边砌墙，我看不懂，你们讲了我也不明白，现在有模样了，我看懂了。"又说："蓄水库工程建成后，我要给原素欣主任立碑。"

工程并不是一帆风顺的。最困难的是物价飞涨，原来批准的概算，到 1944 年底已经支付告罄。于是编制追加概算上报公司。公司资金也匮乏，不能如期拨款。1945 年，拖欠民工工资甚多。到 11 月中旬冰冻期停工，民工要退场回家，应付清工资。10 月份又向公司发电报请求拨款，并询问酒泉中国银行，几乎每天都去问，该行说汇款未到，多次向兰州发电报催款，多次向银行查询都无效果。11 月下旬，民工包围青山寺兴师问罪，经诚恳解说劝导，未酿成大事。原素欣为此忧心如焚，自己到酒泉中国银行去问主任，他无赖地说拨款两个月前就到了，你们不来领。取到款后，发清民工工资，民工满意地回家了。大家估计，拨款早已到酒泉中国银行，该行挪作别用，使工地发生扰乱，我们都很气愤，但无可奈何。

1945 年 8 月，抗日战争胜利以后，这批技术人员大多辞职回原籍找工作。蒋丰、李振东因隧洞工程已完工，1945 年初离开工地。到年底，刘方烨、朱益、刘德豫、龚玺、章昌五、章正铣、郭道文、任宝森、吴德恒、陈业清、王用善、黄静安、王觉民、赵允中都先后离开酒泉，只剩顾淦臣一人在工地坚持工作。

是年年底，编制 1946 年年度预算，货币贬值，已不能作预算的单位，而以小米为单位，1946 年年度工程预算约为小米 300 万斤。

这时，总经理沈怡离开兰州去重庆，后来任南京市长。工程经费的筹措就更困难了。1946 年春天，原素欣专程赴兰州，向公司和省府汇报工程情况，请求拨款。此时工程已完成 85%，务祈不要功亏一篑前功尽弃。省府同意拨款并调卡车 10 辆到工地运输土石，以竟全功。

1946 年 7 月，原素欣带领雒鸣岳、江浩到工地，全力以赴，昼夜赶工，客服一切困难，终于在 1947 年 5 月大功告成。

附录　工程规模和结构尺寸

一、土坝

坝高 30.26 米，坝顶宽 5 米，坝顶高程 1316.26 米，心墙底部高程 1286.0 米，木板底部基岩面高程 1281 米左右，上游坝坡 1∶3.0，下游坝坡 1∶2.6。

开挖台地覆盖砂 319 378 立方米，开挖坝基砂砾石 31 761 立方米，打设木板桩 182.5 平方米。填筑配合土、砂卵石、石渣 296 800 立方米。

二、导水墙

上游墙高 9 米，长 84 米，墙顶高程 1316.26 米，下游墙高 4 米，长 79.2 米。浆砌块石 8706 立方米。

三、溢洪道

前沿宽 100 米，其中混凝土滚水坝长 38 米，高 2.0 米，坝顶高程 1309 米，泄槽长 183 米。

开挖土方 33 434 立方米，开挖石方 60 119 立方米，浇筑混凝土 273 立方米。

四、给水隧洞

洞高 2.5 米，宽 2 米，顶部半圆拱，洞长 164 米，进口明槽长 76 米。

开挖土方 506 立方米，开挖石方 4468 立方米，衬砌混凝土预制块 375 立方米。

五、进水闸及启闭室

闸室宽 4.52 米，高 2.6 米，中墩厚 1.0 米，钢闸门 2 扇，宽 1.76 米，高 2.6 米。每门重 3 吨。

启闭室为圆形，内装铸铁手摇启闭机 2 台。

浇筑混凝土和浆砌条石 112 立方米。

酒金水利纠纷之始末①

酒 金 一 家

酒泉金塔，自古一家。从北魏孝昌二年（公元 526 年）废会水县，将县境西部王子庄地方并入酒泉之后的 1387 年间，一直为同一地方政权管辖。清雍正四年（公元 1726 年），总督岳锺琪"见水利必须之事，因行令肃州通判毛凤仪等，趁筑堡盖房鸠工之便，相度讨来（赖）河之水势，另开新渠二道"。即王子庄东坝（今中东镇）和西坝（今西坝乡）。至此，肃州有"熟地共一千七百一十三顷四十五亩二分九厘九毫九忽，实征本色正粮一万三百三十二石七斗四升五合……本色大草九万三千五百三十束六分一厘"。所属承纳粮草的大小坝口共 50 个，其中属于原金塔县的包括新城子、两山口和野麻湾在内共 10 各坝口。河流有讨来（赖）河、红水河、丰乐河、千人坝河观音山坝，水源均来自祁连山。

讨赖河和洪水河系的有：

"兔儿坝，源流系讨来河，坝口起于东岸，宽一丈五尺，深五尺，长二十余里……"

"沙子坝，源流系讨来河，坝口起于东岸，宽一丈六尺，深六尺，长五十里……"

"黄草坝，源流系讨来河，坝口起于东岸，宽一丈四尺，深五尺，长六十余里……"

"城东坝、黄草营儿、野麻湾、新城子、河北坝、两山口坝、下古城坝，源流均系讨来河、清水河及附近泉水。"

"东洞子，源流系红水河东岸，西洞子，源流系红水河西岸。滚坝儿，源流出自红水河西岸。以上东、西洞子、滚坝三处，俱系凿石崖为洞，引水灌田。"

上花儿坝、中花儿坝、下花儿坝、红水坝、小泉儿坝，"源流系红水河及附近泉水"。

临水坝、茹公沟（渠），"源流系红水河之水尾"。

金塔寺东、西坝、户口坝、梧桐坝、三塘坝、威房坝、王子庄东坝、王子庄西坝，"源流系讨来（赖）河并红水河水尾"。

当时的水规是按耕地面积和承纳粮草数额确定各坝口的位置及宽度和深度尺寸，用块石或柴草压好后不许变动。水顺河淌，不容拦截。唯红水河上游，河低地高，准许其用芨芨筐装卵石垒筑滚水坝，拦蓄部分河水，以利灌溉。乾隆二十七年（公元 1762 年），鉴于临水坝以下河床下降，立夏后茹公渠浇水困难，经王

---

① 编者按：作者赵法礼，载于《金塔文史资料》第 3 辑。

子庄州同和肃州通判协定,准其拦河分水,"金塔坝分得水七分,茹公渠得水三分"。民国十一年(公元 1922 年),又经两县县长判令"两造在临水大河各得水五分,每年立夏后五日分水"。

水 利 纠 纷

清朝后期,随着气候变化和植被的破坏,祁连山积雪减少,众河道水量下降。加之附近各县一部分农民迁往酒泉定居,上游人口增加,耕地扩大,水的供需矛盾日益加剧。讨赖河,每年农历三、四月间,来水量甚小,水淌到下游全渗入河。因此,上游各坝在大河中堵坝引水,放任自流。年复一年,原有水规自行破坏,堵河断流,成了常例。由于土地的大量集中,上游一些地主恶霸把持了水权,他们为了明浇夜退,灌湖泡荒,煽动农民群众,为其独霸水利而效力,激化了上下游之间的水利纠纷。特别是民国二年(公元 1913 年)析置金塔县,分了县也分了心,地方官各私其民,助长了地方势力,酒泉乡绅竟说:"金塔所灌系山洪暴发之水。"将河水霸而不舍。每年夏秋季节,若不是洪水将上游各坝的拦河坝冲垮,下游农田滴水不见。民国十五、六年(公元 1926 年和 1927 年),金塔连旱,饥荒成灾,"人民死去无算"。十七年,黄文中(甘肃临洮人,毕业于日本明治大学)任金塔县长,目睹民众饥饿不堪的凄惨情景和酒泉独霸水资源的极端不平,组织以赵积寿为首的水利委员会,专司均水之责。从此,金塔的"均水"成了有组织的统一行动。每年出动近千人到酒泉均水,双方械斗,致伤甚至死亡事件发生多起。二十三年(公元 1934 年),周济(字志拯,浙江永嘉县人,毕业于日本早稻田大学)任金塔县长,为政三年,每年除组织农民到酒泉均水外,还向省政府呈文,要求解决酒金两县的水利纠纷。卸任以后还以个人名义多次向水利部和甘肃省政府写报告,并在报刊上发表文章,伸张正义,为金塔争水鸣冤。这时,水利纠纷已达高潮,省政府才有所重视。

团 结 用 水

民国二十五年(公元 1936 年),甘肃省政府"特定分水办法,将酒泉设立夏放水之期提前十日,先由讨赖河坝人民灌溉,至芒种第一日起,令酒、金两县长带警监督,封闭讨赖河各坝口,将水由河道开放而下,俾金塔人民按粮分配,浇灌十日,救济夏禾。至大暑前五日起,如前法将红水河开放五日,藉灌秋禾"。此水案由两县县长有时甚至由酒泉专员亲率一个营或团的军警监督执行。

民国二十七年(公元 1938 年),赵宗晋(甘肃天水人,毕业于美国哥伦比亚大学)任金塔县长。他实地查看,周密思考后和酒泉县长凌子惟联名向省政府递呈"用科学方法,蓄置水量,节制使用,以利耕耘"的报告。认为兴修鸳鸯池水库,蓄积冬春余水是解决金塔干旱和两县水利纠纷的领先良策。该工程自民国三十二年（公元 1943 年）六月开工，至三十六年（公元 1947 年）五月竣工，蓄水量 1200 万立方，可供 7 万亩农田灌一次水。施工期间，酒泉和金塔每天各出民工两千名，累积工日 86 万个，国家投资法币 16 亿元。这座水库九十酒、金两县人民团结用水的象征。

1949 年解放后，酒、金两县的水利纠纷，得到真正解决。

鸳鸯池水库，国家又累计投资 575.7 万元，经 1958—1973 年间的三次加固维修，库容增至 1.048 亿立方米，正常蓄水 8500 万立方、保灌面积达 22.4 万亩。

讨赖、红水和清水河之水资源，本着"团结用水，上下游兼顾"的方针，先后由专区建设科、水电处、讨赖河流域管理委员会及其常设机构讨赖河流域水利管理处统一管理，协调调配。

1950 年，酒泉县提出每年夏秋季节，再主动给金塔放水 8 天。

1956 年 5 月，甘肃省水利厅组织专区建设科长及有关县长参加的会议，就张掖、酒泉两地区各河均水问题做出新规定：讨赖河，4 月 27 日上午 12 时至 5 月 12 日上午 12 时，给金塔放均水 15 天，以利春灌；6 月 16 日上午 12 时起至 24 日上午 12 时，酒泉封闭渠口 8 天（讨赖河、红水河、清水河及水磨沟同时封闭），以利金塔夏灌；8 月 5 日上午 12 时至 15 日上午 12 时，给金塔放均水 10 天，以利秋灌。在每次均水期满，北大桥以下各渠口迟开 6 小时（开口时间为下午 6 时）。处暑后酒泉除浇茬地及场面外，应把全部余水放给金塔。在立冬前 7 天（11 月 1 日），酒泉各渠口全部闭实，把水放给金塔。

此后，又经 1957 年、1963 年、1974 年、1976 年、1980 年、1984 年共 6 次调整。其中：1984 年 8 月 7 日至 8 日，讨赖河流域管理委员会第六次会议，对工农业、上下游使用讨赖、清水、临水 3 条河系水量规定如下：

讨赖河：

鸳鸯灌区用水：2 月 3 日至 3 月 25 日 50 天。4 月 18 日至 5 月 5 日 17 天。7 月 15 日至 7 月 31 日 16 天。8 月 15 日至 8 月 31 日 16 天。9 月 15 日至 9 月 25 日 10 天。10 月 15 日至 10 月 31 日 16 天。11 月 8 日至 12 月 28 日 50 天。年内用水 175 天。其中，3 月 1 日至 5 日给讨赖河灌区用水 2 立方米/秒，放涝池。7 月给讨赖河灌区留水 5 立方米/秒，使用 10 天。

清水河、临水河：

鸳鸯灌区用水：8 月 15 日至 8 月 31 日 16 天。10 月 15 日至来年 4 月 10 日 177 天。年内用水 193 天。

展　望　未　来

祁连山雪线继续上升，众河道来水量逐年减少，降雨量减少，地下水位也不断下降；农业人口增加，耕地面积扩大，工业用水和城乡人民生活用水量急剧增加。长此下去，再过 50 年、100 年……干旱缺水将成为本地区经济发展和人民生活较突出的制约因素。水是农业的命脉，人类生存的基础，当地各级领导和人民群众必须高度重视这一严峻现实。开源节流，特别是水资源的开发乃是及早探索的主要课题之一，万莫熟视无睹，临渴掘井，并望酒、金两县人民，继续坚持"团结用水，上下游兼顾"的方针，携手前进！

"红水河"与"洪水河"的名称由来[①]

红水河，源出祁连山的龙孔大坝至古浪峡一带，水呈红色，始名红水。河床内夹有金沙子，唐代亦称金河。高居诲《使于阗记》云："甘州西五百里至肃州，渡金河西百里出天门关是也。"天门关位于嘉峪关西北的黑山脚下，唐时石筑关城，里程相符。至今，尚有人在酒泉城东南的红水河古道拉沙淘金，史实相吻。明、清以来，因红水河流经酒泉城东南茅庵庙地段，又叫茅庵河；流经酒泉城东北临水堡地段，又叫临水河。其实，临水堡乃明代建筑之土城，以临近红水河而命名。清代《重修肃州新志》中的《景致》和《水利》部分，均将此河写作"红水"，由于地层结构关系，上游部分水量渗入戈壁补给地下水，到茅庵庙以下，地形变低，岩层变细，地下水又溢出成泉，汇入河道（发洪水时，地表水沿河而下），至下古城与讨赖河汇合后流入鸳鸯池，全长 140 公里。原为酒、金两县共有水利资源，灌溉今酒泉市的东洞、西洞、总寨、上坝、临水和金塔县的金塔片七乡（镇）耕地。民国二年（1913 年），酒泉、金塔分县后，酒泉一些乡绅为了堵截讨赖、红水之河水，竟避开历史与现实，说什么"金塔所灌系山洪暴发之水"，进而把"红水河"说成"洪水河"。而甘肃省民国政府有关文件中一直写作红水河。1949 年解放后，省地调整了酒、金两县的用水规程，延长了讨赖河给金塔的均水时间，将红水河上段之地表水供上游各坝引用，并在上游修筑了渠首工程。为了协调均水，1963 年起，有关两县均水文件中才正式将红水河上段写作洪水河，下段写作临水河。

宝水堂修建始末[②]

宝水堂是解放后金塔县修建的第一座大型建筑。1957 年 5 月制图，6 月备料，7 月 1 日正式开工，10 月底竣工，11 月 7 日剪彩使用（1982 年因修政府礼堂而拆除）。其修建经过是：

---

① 编者按：作者赵法礼，原载于《金塔文史资料》第 3 辑。
② 编者按：作者俞登寿、罗哲臣，原载于《金塔文史资料》第 3 辑。

一、起因

解放后随着工农业生产的持续发展，人民生活有了提高，群众对文化娱乐活动的要求越来越迫切。加之开会、演出均在仓库、操场、露天广场进行，遇到雨雪风天，只得休会、停演。特别是县上召开大型会议，如"党代会"、"四干会"均无合适会场，困难较多。由前省人委办公厅秘书长、时任金塔县委第一书记的陆为公和县长张和祥主持，经县委、县府多次研究讨论，决定在县城西操场、今政府礼堂地址坐北向南修建礼堂一处。

二、设计

在当时技术人才缺乏的情况下，县上安排俞登寿同志带领马英等 3 人，前往酒泉、玉门、张掖等地参观礼堂、剧院的样式与结构，均未得到理想要求。之后，县委书记陆为公写信向省人委办公厅求助，省厅派工程师张文龙前来帮助，县府指派俞登寿陪同，在张掖历时 7 天，完成了宝水堂的设计和预算工作。

三、备料

备料工作一开始，县委、政府领导就强调，我县资金困难，必须精打细算，不能大手大脚搞人为的浪费。备料中，经办人员紧扣预算，反复核定，在红光、金大等几个农业社订购了灰、砂、石料，上截农业社承揽了 6 万块砖坯任务，门窗、屋面板等所需干木料旧地采买。架杆等料本着不占资金的原则，向社队借用。全部工程需青砖 8 万块，屋面瓦 5 万块，由于技术、运输等问题，承包给酒泉砖瓦生产合作社，由他们派人来金塔在上截烧制。由于"三材"本县紧缺，需向外地求购。原金塔县委书记、时任张掖专署办公室主任时思明，得知金塔修建礼堂缺材料的消息后，从张掖解决钢材 5 吨，水泥 30 吨，松圆木 8 立方米，并派车运到金塔。但尚缺 6 米长方木大梁 24 根，檩条 240 根，纤维板 850 平方米以及各种型号的圆钢 1 吨，跑遍酒泉、玉门等地均未得到解决。在需料急本地又购不到的情况下，陆为公书记又写信派员找到省人委机关事务管理局的一位负责同志，他阅信后随即派两名采购员，不到 10 天就将材料按规格要求，如数运到酒泉。

四、施工

为了整个工程的顺利进行，保质保量按时完成任务，县上组成了有 9 人参加的临时工程委员会，还未开始工作，反右派斗争开始，工程委员会瘫痪。因而县府决定指派俞登寿为甲方代理人，负责全面工作。木工马英、泥工申进保各负其责，确保工程进度和质量。县委、政府的主要领导每天早晨 7 至 8 时，都亲临工地询问检查，帮助解决问题。在资金紧张、材料紧缺、经验不足、技术力量薄弱的情况下，决定泥、木普工在本县抽调选派，工资按省上的工程定额，每人每天 1 元 5 角，由红光、上号、东沟 3 个农业社承包调派。各农业社又选送技术较好的木工 12 人，泥工 5 人，经过考试，按实际工作量每人日工资 3 元。由于领导重视，组织严密，规章制度健全，有力地调动了施工管理人员和泥木工的积极性。为了适应工程需要，工程采取以师带徒，边学边干的方法，一个学技术，赶时间，惜材料，保质量的竞赛评比活动迅速掀起，技术力量不断壮大，技术水平日渐提高，既保证了工程进度和质量，又节约了材料。从整个工程来看，进展是顺利的，亦未出现伤亡事故和大的疑难问题。

五、工　程

依据图纸设计和实际需要，工程有增无减。使用面积 926 平方米，可容纳 840 人至 1050 人。堂高 5.2 米，跨度 17 米，共 13 间。舞台 160 平方米，木板铺面。木架大梁 12 道，23 路檩条起脊，脊高 4 米。水泥砂浆地平，沥青瓦砾封顶。屋内纤维板吊顶，墙壁白灰粉刷。外墙沙子白灰粉刷，卵石散水。大门有屏风，南向正门 3 间砖混结构，上有女儿墙，正中有"宝水堂" 3 个红色大字。工程竣工后，县府组织各部门领导、设计工程师和有关人员检查验收，质量尚好，可使用 20 年。只要加强管理，及时维修，估计可使用 80 年左右。

六、碑　文

工程进行到结尾阶段，到底叫什么名称好，在单位干部职工中就议论起来了。有的说"干脆叫礼堂"，众说纷纭。县委第一书记陆为公认为起堂名要含蓄，有意义，符合金塔的实际。因金塔地处讨赖河和红水河下游，历来缺水，影响农业发展。在酒、金两县水利争端未解决之前，要惜水，主张叫"宝水堂"，以引起全县干部群众惜水灌田意识。此意见经各单位讨论，一致拥护。堂名确定后，随既然派员持陆亲笔书信前往兰州，特请清末进士范振绪书写"宝水堂" 3 字。撰写碑文时，陆为公又再三说明，做事要有远见，书记、县长、设计、施工、泥木匠都不书名，免得以后一人有事，牵连碑文或碑被毁坏。在众人的建议下，他亲自拟定了宝水堂碑文内容：

> 金塔素号缺水，但有干部群众不甚惜之。水为农业之命脉，维独惜水，农业方能增产，人民生活始能改善。故以宝水名堂，既欲今人宝之，复欲后人永宝之意。本堂国家共花费人民币 6 万余元。

随后，隐名埋姓派员去金塔中学征求语文教师的意见，一字未改。然后选用原山陕会馆质地最好的一块石碑，由许得荣书写，高生俊雕刻，端端正正镶嵌在东墙第一个太平门南侧。

七、经费

　　根据设计图纸预算，资金还有缺口。陆为公写信，选派会计罗哲臣向省财政厅求助，人回款到。经省财政厅批准，在县财政总预算中列支 2 万元，年终又补助 1.2 万元；县财政拨款 3 万元，其中自有资金 2500 元。工程费用 6.2 万元，连同幕布、桌凳以及取暖设备等，共花费人民币 6.6 万元。

　　宝水堂竣工后，才结束了金塔多年开会无会场，演出无舞台，活动无场地的寂寞冷落局面。

皇 逼 水 [1]

　　皇逼水主要指清王朝始建的东西拦河（即今防洪堤）水利工程。

　　在清王朝时期，因河堤多年失修，植被严重破坏，风沙侵袭，日久天长，东西拦河成了金塔最大的水患之源。冰河期间，沙子淤积，冰块堵塞，河水溢漫岸堤。夏秋季节，洪水暴发，水流过大，下泻困难，冲刷堤岸。因而，不论冬水或洪水期，时有倒水决堤之险。西拦河倒水，除金塔乡、大柳林、小河口外，王子六坝均受其害，无法灌溉，庄稼绝收；一旦倒水，家家派柴，户户起夫，老幼上阵堵水。群众有"水倒黄沙槽（拦河），丫头娃子都不饶"的说法。东拦河决堤倒水，不仅影响王子六坝的灌溉，更严重的是危及金塔堡（县城）的安全。据老人相传，清雍正末年，一次东拦河被洪水冲了堤岸，把金塔堡西南城角冲毁了一段，西城墙冲掉了一半。直到嘉靖年间，才补修了水毁城墙。道光十七年（1837 年），国库拨银 3000 两，"修导渠坝，兴筑逼水堤岸，长约 20 余里，皆用破山石暨沙石条，岸厚丈余，岸高约七、八尺不等。"对东西拦河、六坪及部分河道进行了全面加固维修和疏导。因动用了国库银两，群众把逼水堤岸叫"皇逼水"。同时还封闭了东西拦河湾一带，规定市民百姓不准放牧，不得到此地拾柴捡粪。几年之后，东西拦河湾草木茂盛，夏天油绿一片，冬天野兔飞鸟成群栖身。今西坝龙口一带，草木生长更茂，行人牲畜无法通过。

　　清末到民国时期，东西拦河植被逐渐遭到破坏。民国二十二年（1933 年），东拦河冬水溢漫岸堤，冲断河堤水坝，流水直逼金塔县城南门，刚上任的县长周志拯，即派民工拦坝堵水护城，城门也用沙包土石查封。后县府组织全县 3000 多民工，六坪长夫和有治水经验的水利人员 100 多人，费了半月多时间，才将决口堵住，水入河床。第二年（1934 年），全面维修了东西拦河堤之后，有些地方绅士和政府官员为了在周志拯面前讨好，就把东西拦河堤改叫"周公堤"。

---

　　[1] 编者按：作者俞登寿、吴培周，原载《金塔文史资料》第三辑。原注：本文作者中，俞登寿原系金塔县计划委员会副主任，现离休；吴培周原系县委统战部部长，现退休。

解放后，在中国共产党的领导下，全县人民自力更生，艰苦奋斗，在水利建设、防风固沙方面取得了巨大成就。昔日东拦河的皇逼水，已被对大水能排能控、小水能蓄能放、混凝土板衬砌的总干渠和防洪堤代替。对危害总干渠的风沙源，现正在分期埋压治理。

我在民国年间的见闻（节录）①

五、曹启文遗事

民国三十一年（1942）左右，曹启文在甘肃肃州（今酒泉）当专员时，有次回兰州探亲，不料蒋介石乘飞机亲临肃州，发现曹不在专员公署，十分恼火。一些驻军将领乘机谗言挑拨，蒋介石当即下令撤了曹的专员之职。曹在兰州家中听说蒋介石飞抵肃州，火速上路欲赶往见驾，时天降暴雨，河水骤涨，无法通过，他只好仰天长叹了。

在出任西北公路局行辕主任期间，心系家乡教育，时常问及办学情况，曾给西安小学捐款 5000 元，受到乡亲们的称赞。②

民国三十四年（1945）前后，曹代表甘肃省到陕西汉中慰问在那里受训的青年远征军。当他们一行在凤县途中，突然发现有个小孩落入河水中，情况十分危急，曹立即与随行人员奋力抢救，最终将小孩救上了岸。

曹启文事略③

曹启文先生，字汉章，一字牧夫，甘肃省海原县人，民国前八年农历八月初一日生。祖父明月公，业农，父克振公，邑庠生，旋习医，终生悬壶济世。胞兄炳文，袭父业，仁心仁术，乡里交誉之。

先生幼承庭训，胞与为怀，有大丈夫志。民国十三年冬赴兰州，考入省立第一师范学校，深得校长水梓先生之启迪熏陶，学业猛进……④未几中国国民党中央

---

① 编者按：曹昌文口述、梦凡整理，原载于政协海原县文史资料委员会编：《天都烟云——海原文史资料第一辑》，银川：宁夏人民出版社，2006 年，下引版本同。原注："曹昌文，字子盛，海原县西安镇下小河村人，曹启文之弟，生于清光绪三十三年（1906）十二月二十八日，逝世于 2003 年 4 月 21 日。曾经历过海原大地震劫难、军阀混战、兵燹匪患、大旱饥荒，见证过红军西征、时局变革、世事兴衰的沧桑岁月。童年时读过私塾，因爱好史志，凭着博闻强识，为新编《海原县志》、《海原县军事志》及 1920 年海原大地震的纪录片口述过大量史料。本文是曹昌文在 1980 年至 2003 年间所述述的民国时期发生在海原的故事片段。"

② 编者按：此所指"家乡"为今宁夏回族自治区海原县，"西安小学"之"西安"系指海原县境内西安镇。

③ 编者按：作者余俊贤，载于《天都烟云——海原文史资料第一辑》。原注："余俊贤，曾任国民党广东省党部主任委员、国民党（台湾）监察院院长等职。"

④ 编者按：此文中所有省略号为《天都烟云——海原文史资料第一辑》编者所加。

派田昆山先生由北平入甘主持党务，深器先生之智勇，延之入党。厥后先生以中国国民党党员，矢竭忠诚，为三民主义之实现而奋斗者，终其生如一日。

民国十六年冬，先生卒业于第一师范学校第一期。翌年夏，远赴南京，报考中国国民党中央政治学校第一期，入社会经济系，民国二十一年夏毕业，派赴江宁县社会局实习。民国二十年初，新疆省主席金树人电请中央派员赴新发展党务，先生奉委为新疆党务特派员。夏四月，苏联策动新疆政变……先生往抵安西不得进，折返兰州待命。是年冬，边防督办盛世才救平变局，中央复循其情，命先生赴新。有以其地僻处边陲，强邻压境，情势不稳，且非中央力量可及，以劝阻其行者，先生不之顾，毅然就道。及抵新，怵目兵燹之余，农村凋敝，哀鸿遍野。先生认非辑抚流亡不足以奠治安，非增进生产不足以拯贫困，乃倡议地方政府及乡绅，筹集资金，捐献粮食，创设被服纽扣工厂，以安流离；发配谷种，贷放资金，给予一切之便利，使返乡复耕，以裕民食。旋又倡以工代赈，修拓沟渠，整理荒芜，复兴农田水利。不两年农村复苏，地方大定，党务工作益加顺利进行，省政当局自主席刘文龙、盛督办以次，莫不钦之敬之。

民国二十四年，先生奉命返京出席国民党中央全会，因深感全国边陲地区，民族复杂，语言隔阂，风俗习惯不同，中央派往工作人员，多不能适应环境，为开发边疆巩固国防计，特提请在边疆地区设立学校，就近培育边区青年，学成参加地方建设。当即采纳，付诸实施，于同年底在包头、肃州、西宁、康定、大理各设中央政治学校分校。先生应命筹设肃州分校，并出任该分校主任，嗣虽转任甘肃省第七区行政督察专员，仍兼分校主任，前后八年，成材无数……

民国二十六年春，日本间谍于宁夏省额济纳旗内伪装喇嘛，进行不轨图谋，经先生悉心侦破，擒日谍二十余人，获无线电机两部，枪械多支，及帐幕寝具食粮药品等大批物资，厥功至伟。先生任事之智勇，可见一斑。

先生之于办理肃州分校也，教师敬如上宾，学生爱如子侄。尝以良师难得，远赴兰州、西安，甚而重庆以求之，及其至也，生活照料无微不至，用心之良苦，令人感佩。迨至抗战中期，物资奇缺，学生有衣难蔽体者，先生于校中设立工厂，教以纺织之技或着编织毛衣，又或韧革皮以为服，师生卒无寒冻之处。时先生又以行政督察专员兼酒泉县长，清盘全县粮仓，得积余小麦颇丰，请准以为员工福利。因见师生面多菜色，乃将其应拨部分 8000 余公斤，悉数拨付学校，作为师生改善伙食之需。民国二十九年冬，新疆督办盛世才闻该校学生衣食粗劣，日用品多有不足，以两卡车物资相赠，并赠先生伊犁名马两匹，俄国瓷器一批，时值法币四百余万元，先生将其个人赠品变卖，移作学生深造奖学金，成立保管委员会保管，凡毕业学生有志外出深造者，均可申请。终其任，而奖学金犹有余焉。

先生之于督察县政也，虑其大而慎其始，举凡国计民生所在，无不经之营之，以是政通人和，治绩斐然。民国二十八年冬，辖内老君庙发现石油原油，蕴藏量十分充沛，中央设厂开采，而人员器材奇缺，尤以矿工为甚，经先生协助筹划，并亲赴陪都准将辖内七县征集之壮丁，拨充开矿之用，而不派赴战地服役，因是而得大量开采。然炼油器材之补充与成品之运送，亦随之而复发生问题，经先生协洽新绥汽车公司总经理朱西亭，允将绥包停驶货车四十余辆，全部移付矿区使用，使石油之产销均获妥善解决。其勇于任事，有如此者，是以三十一年间，中央宣慰团赴西北宣慰后方支援抗战军民，行至酒泉时，团长李根源先生曾赋诗以美之，诗云："祁连积雪皑如银，化作甘泉下泽民。难得酒泉贤太守，八年政教协天人。"信非过誉也。同年先生辞行政督察专员，以在任内急公好义故，竟亏欠债务折合达银元三千元有奇，得其尊人变卖家产以偿之，及至兰州竟无资赁屋，借居友家，并来其夫人张成君女士暗中典当首饰度日，闻者贤之。

民国三十二年甘肃参议会成立，先生获选为参议会副议长，献替良多。三十五年任第七区公路党部主任委员，对西北交通多所建言。同年任制宪国大代表，于宪政基础之建立，亦与有力焉……

民国三十七年膺选行宪第一届监察委员，次年四月，政府搬迁广州。时西北尚未沦陷，先生认为大局仍有可为，乃毅然离穗，遄反兰州部署。不幸绥包等地相继失守，共军节节进逼，先生于危急中离兰州，之西宁，越祁连，走酒泉，得外籍教士之助，乘英机飞渝，转抵台湾，劫后余生，所存者一身耳。

先生秉性刚直而宅心仁厚，望之俨然，即之也温。平日生活刻苦，清廉自持，尤于奖掖后进，不遗余力。于民国四十三年起，以节衣缩食之所得，筹集"成君助学基金"，奖助清寒学生。二十余年来受其奖助以完成学业而事业亦有成就者近百人，然先生默其行事，故世知者鲜。其职风司宪三十年中，凡所建言，一本于忧国恤民之情怀；有所纠弹，胥发自望治之心切。不为势屈，不稍私循，亦天秉之笃厚与赋性之刚毅而然也。

先生躯体素健，去岁偶感微疾，旋即康复，原可克享天年，不意脑溢血突发，于民国六十六年四月一日晨九时十分在耕莘医院溘然长逝，享寿七十有四，遗子女九，在台者五女为甦，六女为雅，虽均年幼在学，然夫人刘涵华女士，深娴内则，贤淑持家，善于教导，他日定可抚育成立，以告慰先生在天之灵无疑也。

赵宗晋事略[1]

赵宗晋，字康候（公元 1898—1967 年），天水市秦城区人。幼年聪慧好学，七岁时入汪公馆私塾读书。十二岁时入私立亦谓学堂。因勤奋好学，考试成绩总是名列前茅。十五岁毕业，考入省立兰州中学。

---

① 编者按：原载于水市政协文史资料委员会编：《天水名人》，兰州：甘肃文化出版社，1998 年，未注明作者。

　　1913 年，甘肃国会议员商定，由教育厅派送四名陇南籍学生进京深造，学费由省议员月薪中抽出 40 元供给。经选考确定赵宗晋等四人到京入国民大学附中。不久，袁世凯解散国会，议员资助学费落空。于是赵宗晋向教育厅申请自荐转入清华学校。在清华学校学习期间，1919 年 5 月 4 日，北京学生掀起了震惊中外的"五四运动"，抗议帝国主义侵略，火烧军阀政客曹汝霖公馆。赵宗晋积极投身这次伟大的爱国运动，曾是当时被军阀军队关押的两百余名学生之一。后经各地学生和社会各界的严正抗议，才被释放。

　　赵宗晋在清华学习八年，于 1921 年自高等科毕业，当年即出国赴美留学。他到美国先入格林奈尔大学，两年后取得学士学位。又经三年先后在衣阿华和哥伦比亚大学深造，荣获硕士、博士学位。1926 年学成回国时，接受甘肃省长官公署委托和 500 元路费，赴欧洲考察教育，沿途经英、法、德、奥、意等国，取道地中海、南洋返国。当时，对赵宗晋以低廉代价进行多国之行的事迹，上海《申报》曾作过连续报道，给予了高度的评价。

　　赵宗晋回国后，即投身于家乡的教育事业。先在天水中学任教，翌年任天水师范校长。当时在中等学校里禁止男女同校。他遵循孙中山先生的教导，提倡男女平等教育，借鉴外国及沿海城市发展教育的经验，又结合天水的实际，倡导创办女子学校。后经多方努力，社会各界广泛支持，女校终于在孔庙成立。当时学生虽仅有 20 多名，但开创了天水女子学校的开端。

　　1932 年，国民党中央委派他为甘肃省党部委员，同时接受甘肃学院教授聘请。不久又兼任《甘肃民国日报》社社长，在该报的地方自办栏目《三言两语》中广开言路，刊登一些抨击官厅腐败的文章，因而激怒了当局，被解除了社长职务。

　　1938 年，朱绍良任甘肃省主席，委任他担任金塔县县长。赵宗晋就任前就立下了"公正廉明，为百姓办事"的誓约。到任后，他倡导种棉，并选点试种，当年见效；推行以工代丁，将应征壮丁改送玉门油矿当工人；兴修水利，积极建议省建设厅和水利厅，修建酒泉和金塔之间的鸳鸯池水库。这些实事的办成，深得金塔人民的好评和爱戴。

　　1941 年，他由河西调回兰州。之后再次任天水师范校长。1944 年，他被选为天水县参议会议长。就职后，他到各乡镇调查田赋粮负担，又组织慰问正在修建中的宝天铁路民工，并建议铁路局修建民工纪念堂、纪念碑，纪念为修建宝天铁路献身的民工。1945 年参议会改选，他到国立五中任教。

　　解放后，曾在西北师范学院、天水师范、天水三中任教。为民盟天水市委员会委员，天水市人民代表，政协委员。1967 年因病逝世，终年 69 岁。

拾肆 口述类文献

本类文献提要

　　口述史料是本流域水利文献的重要组成部分。我们在搜集整理文献之初，即制定了一个较为宏大的田野调查计划，并进行了某些尝试。但经过一段时间的调查后发现，本流域一般群众对于水利事务的关心程度远未有我们预期的高，且民间记忆中关于水利的内容缺失严重。在绝大多数 20 世纪 40 年代后出生的受访对象的印象中，"缺水"从来不是一种常态，除个别人会提起一些极端干旱的年份，"浇地"对于广大农民而言只是日常农业生产中极为自然的一个环节，因为每到规定灌溉时期水便会自然流到自己的地头。对于"水利"、"渠长"这一类称呼，大多数民众表示曾听说过，但说不清其具体职掌。至于曾经遍布流域的龙王庙体系，现在无一幸存，与之有关的各种仪式、制度与社会组织早已从日常生活中消失，很多 50 年代以后出生的人甚至不知道本村、本乡曾经存在过龙王庙。因此，进行人类学意义上的系统田野调查困难重重。于是我们转而进行重点访谈式的口述史料采集。我们从流域内不同年龄的水利工作者群体入手，并通过他们进一步接触到掌握相关信息的各类人士，形成了这一组访谈材料。

　　我们的访谈对象当然以耆老为主，访问内容则侧重于 1960 年之前的相关水利事务，尤其是文献材料中记载不详的风俗、制度、事件、人物等等，例如本流域龙王庙的形制、传统水利组织的运作方式、泉水灌区与山水灌区水利活动的区别、鸳鸯池水库的修建细节、建国后群众性水利活动的组织方式以及著名水利人物事迹，很多资料十分珍贵。例如通过冯明义先生的讲述，我们才知道讨赖河流域的水利事务中还会有"打乌牛"这样独特的风俗。冯先生于 2011 年 2 月溘然长逝，时距接受我们采访仅有三个月。更令我们遗憾的是，金塔县地方志办公室原主任赵发礼先生在我们计划采访的前几日不幸病故，他本人对金塔水利史颇多知见。抢救口述史料的工作无疑是在与时间赛跑。

　　本单元收录的 11 份访谈材料按采访时间排列，还有不少访谈材料因太过支离或史料价值不高而未被收录。虽然各位访谈对象都是不同意义上的"有心人"，但相对完整的回忆之间仍存在一些明显的差异，例如关于"水利"或渠长的地位，不同区域、不同出身的受访者印象完全不同。这其中既反映出流域内不同区域间的客观差异，更需从社会观念史维度予以理解。在录音整理过程中，如何既尽可能保留不同各种原始信息与语言特色，又使文本体现出基本的逻辑性，是难以解决好的矛盾。我们虽尽力平衡两点，但难免有遗憾之处。但我们的基本原则是宁可保存口误与记忆偏差，也不擅自增删更动。很多口述材料与文献材料若合符契，但也有不少与文献材料存在差异，我们一概存之，对读者自有益处。

冯明义访谈材料

访问对象：冯明义，1929 年生，酒泉市肃州区总寨乡人，酒泉市博物馆前馆长。

访问时间：2010 年 11 月 23 日上午

访问地点：酒泉市肃州区冯明义先生家

访 问 人：张景平（清华大学）、王炳文（清华大学）、张建成（甘肃省水利厅讨赖河水资源管理局）

文字整理：王炳文、张景平

欢迎清华大学的朋友们来酒泉搜集水利史方面的材料。关于建国前的水利问题，文史资料以及建国后新修地方志中有一些记载。我不是水利专家，但因为家庭因素，对一些旧日水利事务的细节有所了解，或可补文献不足。过去的很多事情，记忆不准确了，恐怕要误导你们，因此只谈一些有把握的内容。

我的老家，在现在的总寨乡，那是洪水河灌区的一部分。你们知道洪水河吗？两种写法，洪水和红水，民间混用。现在地图上一般写成"洪水"，但我看历史文献，明清时一般还是写作"红水"。解放前的洪水河有三个坝口，从上游到下游依次叫作大坝、新坝、花儿坝，用今天的话说，实际上就是三条干渠。这三个干渠中，大坝也叫洪水坝的灌溉面积最大，村庄也多，新坝次之，花儿坝最小，人口也是依次递减，大概新坝和花儿坝的人加起来，不到大坝的三分之一。我们家就住在新坝，我父亲在解放前曾担过新坝的"水利"。当时，新坝与花儿坝各有"水利"一人，大坝因为干渠下的支渠较多，"水利"不止一个。

"水利"不是官，不用国家发薪俸，但他在地方的作用却很重要。"水利"有两大职责。第一件是组织人民修理渠坝，主要是渠口的拦水坝还有下面的一段坝身；至于分入各村的渠道，由各村庄的保长、甲长负责维护。用今天的话讲，"水利"主要负责渠首和干渠，他率领着的施工队伍成员称为"长夫"。第二件是常年住在坝口，观察水情，掌握引水的时机。这第二件职责对于我们新坝来说尤其重要。有一句话这样说："大坝提闸子，新坝撂丫子，花儿坝领的一伙碎娃子。"什么意思？我解释给你们听。大坝浇水方便，水量也足，他们浇够才把水放下来，所谓"提闸子"就是指泄水。由于事先没有人通知新坝，因此新坝的水利一发现河里有水，就得赶快动员人把水往坝口里引。那时河床宽，无法预料水从那一溜子下来，所以没法提前准备，因此全是水来了以后再把水挡住，动作要快，不然水头一过，能进到坝里的水就少了；因为人人都要跑着干活，所以叫"撂丫子"。

大坝的余水经过我们新坝后，留给花儿坝的就很少了，基本上是晚上我们不用的水，或者是没拦住的、漏下去的水，因此花儿坝也不用修什么正经坝口，随便带着一帮小孩子，方言叫"碎娃子"，去河滩看看，能用多少就是多少了。这是旧水规不公平的一种反映。

整个酒泉有多少"水利"，我不知道，但我想各坝"水利"的情况应该是很不相同的。比如，大坝的"水利"，似乎好处比较多，都是地主们争着当，有些人在解放后就被枪毙了。大坝的地主也确实多，我记得有一个马老爷，派头、排场都很大。但是就我们新坝来说，大家当"水利"就不是很积极，富人尤其不愿意当，太苦。当过"水利"的人很多我都认识，多是中常人家，也就是解放后说的中农。比如说，我家、郭水利家、韩水利家，都是中农，还有一个张水利是贫农。其实不光是"水利"，新坝一带的保甲长、乡约都不是富人，我小时候村里有一个周乡约，就是个穷人。"水利"没有调拨水的权力，因为封建水规的力量很大，社会普遍严格遵行，不该"水利"管的事就坚决不让你管。其他地方，比如说，大坝，好像有徇私舞弊的"水利"，但我没有亲眼见过，不能随便说。至少我们新坝的"水利"都比较本分，老百姓都很尊重他们，我父亲不当"水利"了，人们还是叫他"冯水利"。

"水利"的报酬不多，我不记得具体是怎样规定的，但是应该来自各家的摊派。各家摊派的钱、物，都是用来修理渠坝的，其中有一小部分作为"水利"的报酬，每家出多少，有个习惯的份额。每年冬天，"水利"就要领着手下长夫往各家搞清算，这个叫"清夫"。要是哪家今年该完成的任务没有完成，比如说没有派人挑坝，没有出茇茇，那就要交罚款。不交，"水利"见啥拿啥，绝不手软，硬抢。我印象中这应该是"水利"的唯一特权，其余征粮收税的事情都和他无关。我记忆比较深刻的是一年"清夫"时，"水利"说今年欠的不多、年景又不好，算了；可手下的长夫不干，起哄，然后几个保甲长也就不同意了，最终还是去清了一回，至于清回多少钱物，最后怎么处理，我就不知道了。

"水利"的产生过程，很多细节我不大清楚，但有两点可以肯定。首先，我没有见过哪一家长期把持"水利"，"水利"一年一换，没有连任的，你们说的宗族、家族影响，我没有感觉到；第二，"水利"的产生也不是靠选举、推举，我父亲怎么当上"水利"，我不知道，但肯定没有举手表决这个环节。不过我知道大坝上有时会有几个人争当"水利"，如何决断呢？这里就有一种方法：打刍牛。刍牛，你们知道吗？《道德经》上不是有"天地不仁，以万物为刍狗"的话么？"刍牛"和"刍狗"是一类东西，不过改成牛的形状。刍牛用细木头扎个虚架子，里面塞上亚麻草，放在总寨的龙王庙前，要当"水利"的人各执一棍棒上去敲打。谁最后一棒下去，把刍牛打散，让肚子里的亚麻散在地上，谁就是"水利"。打刍牛时，有很多群众围观，所以输家一般没法抵赖，但也偶有两个人都自称是胜利者的情况，于是就打架。总寨有一个叫于同龙[①]的人，在打刍牛时殴死一人，死者家属把

---

① 编者按：此姓名未经核对，系根据发音拟出。

尸体抬到于家门口示威好几天，于家人不敢出来，不得吃喝，后来不知怎么解决了。不过，我觉得群众对打刍牛比较感兴趣并不是因为他们关心谁当"水利"，而是据说那牛腹里的亚麻草被人打过后就有了神力，如果拿上些压在自家牛槽的土坯底下，牛就不会得病。于是每次打刍牛，大家都蜂拥而上去抢草，把地下捡的一根不剩，有些人被踩得鼻青脸肿。

打刍牛所在的总寨龙王庙，那是很值得一提的。大坝有三个灌区，就是总寨、营尔坝、上坝，总寨片最大，龙王庙就建在它的地盘上。这个龙王庙又叫大龙王庙，应该说是整个酒泉最大的一处庙宇。你们说到讨赖河河口的龙王庙，听说过但未见过，不知道是否比总寨的更大。大龙王庙占地很大，三面土坯墙，一面夯土墙，有三进院子，其中栽种很多花草，尤多兰花，这在酒泉是少见的。但我后来回忆它的建筑形式，觉得有几点不太正常之处。首先是院子里空地太多，其次是正殿台基宽阔，但上面的建筑却只有普通民房那么大，其三是整体建筑风格过于朴素，没有斗拱、彩头。我后来猜测，民国时期的大龙王庙并没有太长的历史，它应该是在清末回民起义以后重建的，就建在以前庙宇的基址上，但以前的庙宇究竟怎么样，我们现在完全不知道了。

每年开春，大坝、新坝、花儿坝的水利均要到龙王庙开会，宣布"开河"，就是开始要整修渠坝了。那时候的水利工作都在春天。"开河"具体是在哪一天，记不清楚了。这一天，各坝"水利"带着长夫都站在院子里，一些大地主、民主人士也在，给龙王烧香礼拜，排场很大。这种大事我是没有机会参加的，民国三十年我父亲作为新坝"水利"参加过一次，后来经常给我们讲当时如何如何，大部分细节现在都忘了。"开河"之后，四月初一也是一个大日子，因为酒泉人都要在这一天上文殊山去朝山，大龙王庙就在这必经之路上，于是也要到这里焚香朝拜，三教九流人都有，我也去过多次，这是和水利活动完全无关的。到了秋天，又有一次大集会，所有的"水利"再次带着长夫到庙里，大家一起谢龙王，如果要打刍牛，也要在这时进行。

每年春、秋分与四月初一，就是大龙王庙的三个大日子，要唱戏。当时铧尖等乡都有剧团，平时到处唱，但这三个日子一定要聚到大龙王庙。除此之外，这里就没有太多人了。大坝的"水利"是否在这里办公我说不上来，但庙里没有和尚、道士，只有一家看庙的人，应该是总寨这边的人。庙里当然供着神像，至少有龙王、文财神、水财神三种。但具体什么样子，我已没有印象，只记得水财神很威风，倒有些像藏传佛教里的护法神。解放以后，大龙王庙就再没唱过戏，刍牛也不打了。1957年时我在总寨一带搞宣传时庙还在，但没有进去看看。庙里面原来有两块碑，被搬去作为小学校的墙基。大约从1958年开始，酒泉的龙王庙都拆了，大龙王庙也不在了。

至于酒泉和金塔的争水，我听说过一些。据说金塔有个赵三爷，是个官僚地主，有权有势，曾组织金塔农民到酒泉抢水，还打过架。金塔水有两个来源，一为讨赖河，一为洪水河。洪水河是个季节河，发生了山洪，酒泉用不了的、拦不住的，即顺河滩流往金塔，而讨赖河则整年水流较稳，因此金塔人主要争讨赖河水。至于其他情况，我也不知道太多。

你们问到我一些人的名字，大部分我不知道，但崔崇桂、安作基都是很有名的，是旧社会的民主人士。崔崇桂是读书人，当过金塔县长，一生主要办教育；他的儿子崔凤俭，也是民主人士，解放后被错判过劳改，后来平反。安作基在解放前就已经去世，似未为官，但于地方事务比较热心，名望亦高。但我没有听说他们和水利有什么关系。

解放以后水利发展很快，可以说是根本改变，大部分老渠都不用或填平，名字也都不知道了。你们提到的茹公渠，应该在临水河，但现在应该没有了，为什么叫这个名字，我记得有来历，但具体细节忘却了。20 世纪 50 年代政府出钱合并了许多渠道，如大坝、新坝合成一条干渠，设了一个总寨乡，把我们都包括进来。花儿坝也有了水源保证，再不用领着小娃娃乱跑了。渠道也是越修越好，渗漏减少，节省了大量水，管理也方便，再不用天天守在坝口。封建水规也废除了，成立了水利部门。但 1957 年我搞宣传的时候，老百姓还是习惯把水利干部叫"水利"，总寨的几个水利干部我认识，他们解放前就当过"水利"，但那时已经是吃公粮的人了。人民当然拥护新水规，没有听说过有什么太大的意见。

邢玉同访谈材料

访问对象：邢玉同，1947 年生，嘉峪关市文殊镇河口村农民。

访问时间：2010 年 11 月 27 日下午

访问地点：嘉峪关市文殊乡河口村

访　问　人：张景平（清华大学）、王炳文（清华大学）、张建成（甘肃省水利厅讨赖河水资源管理局）

文字整理：王炳文、张景平

我们家是高台县的，解放前家里遭了灾，我老子就一路逃荒到酒泉。那时候南龙王庙缺一个看庙的，河口大队的人就让我老子住在庙里，我就是庙里生下的。解放以后分了地，我们才搬到庙下面的河口大队里去住，但我小时候还是经常去里面玩。

南龙王庙早已经没有了，地方就在河边，后面有一个大土墩子。那时龙王庙怪大的，有前、后两院，门朝东开，前院为庙，后院住人。前院的正房里神像很大，中间供龙王，胡子长长的，是最大的神像。龙王两边还有许多神像，很多我不认识，但知道左手边第一个是财神、右手边第一个是巡水夜叉。正房门头上挂着两块牌匾，是好木头，上面刻着全是人名，都是给庙里捐过钱的。后院房间很多，住二、三十个人没问题，以前除了我们家以外，还住着上坝的民工，以前叫长夫。有几间房堆满粮食、柴草、工具，其实就是仓库。讨赖河对面还有一个北龙王庙，比我们这个小一些，模样差不多，都是石头弥下的墙，地上铺着方砖。庙里正房是青砖盖的，屋瓦、斗拱等都有，后院则是土房，墙很厚。你们问我有没有石碑？我记不清楚了。

解放前每年四月初八时，龙王庙内都要唱大戏，连唱五六天，要连上立夏那一天。立夏时庙里要分水，酒泉县长就带着大老爷子们来了，白吃献上的猪、羊等，然后看着给各坝分水。那时老爷们就在戏台上搭个桌子，好酒好肉吃上，底下就站着各坝的"水利"、长夫，一人发一个馍馍，一碗骨头汤。那个馍馍有现在的不锈钢盘子这么大，上面点着红点，先在神前供过，堆得高高的，然后再发给"水利"、长夫。发剩下的馍馍，庙外头看热闹的人就来抢，妇女们尤其抢得凶，说是给娃娃有福气。这个龙王庙特别灵，平时不分水的时候，也有很多人来烧香、捐钱、捐东西，我老子就给收着，庙里面住着的"水利"记上账；如果只是送吃的，我们和长夫就分掉了，所以我老子说我小时候没挨过饿。

我老子看庙不是只坐在庙里，要和长夫们一起劳动。我们的活儿比较重，主要是打挡河坝。挡河坝是用石笼垒起来的，没有别的东西，水其实拦不净，漏下去的很多，所以下面河里慢慢又有些水，能让有些小沟引上些用。那时河北面一个总口，河南面一个总口，水都给逼进来，南面的总口就在龙王庙下面。水从总口进来，先流到兔儿坝口，兔儿坝先引一部分，再流到下面，被沙子坝、黄草坝分别引走。人们常说："高山走水的兔儿坝，燕子垒窝的沙子坝，铜帮铁底的黄草坝。"这个意思是说，兔儿坝在最上面，坝身就在崖边；沙子坝最长、水流最缓，渠水到下游经常就干掉了，因此燕子都能在里面垒窝；黄草坝走水最利索，少淤积，坝身也不容易毁坏，所以说是"铜帮铁底"。南干渠修好以后，这三个坝就都没了。有些老地名还有，比如"蹬槽沟"，"蹬槽"就是现在"跌水"的意思。

解放前闸门很少，木头做的，舍不得安在总口，因为夏天水一大就要把挡河坝冲垮，把个闸门冲得没影，所以闸门就安在兔儿坝和黄草坝的坝口。但是闸门小，坝口宽，还是要靠打石笼的。那时各坝都在打石笼上下工夫，石笼要不高不矮，不紧不松，不然就可能少分水。那时候一发洪水，把渠里冲得全是沙子、石头，水就流不动了，所以要人去挑坝。各坝挑坝的人不住在庙里，而是住在各坝口的坝房子里，他们也要看着闸，不让人乱动，一般是保长领着。总口那时更严，谁要去乱动，抓住往死里打。我感觉那时候人们对于水上的事都很上心，不讲情面，因为这关系到交皇粮。没有水，就没有皇粮，那皇上吃什么？国家的兵吃什么？几辈子的老人都有这个责任心，重视皇粮、重视水。

解放以后修南干渠，我上去了。那时人人都上，妇女们也上，老人孩子送饭。我们要搬石头、运洋灰，挖土、打夯，活比以前多多了。不知道为什么这么干，上面说啥就是啥。我们的大队书记欺负我不是酒泉本地人，老骂我，看不起我们在庙里住过的人，就派我去干重活。现在的南干渠，也有我的贡献哩！

我们家从庙里搬出去不久，庙就已经变成水管所了。庙里面唱戏、发馍馍，都是听我老子说的，我记事以来一次没见到。六几年的时候，水管所的所长是郑××[①]，很照顾我们。有一天，我们还在南干渠工地上，听见叮叮咣咣地响个不停，下工时就知道郑××把庙拆了。当时传说庙里墙根底下有财宝，我们都赶过去刨，结果什么都没发现。人们都说是郑××把财宝拿走了，但我看他其实是个厚道人，就不相信这样的话。水管所就建在不远的一片荒地上，那庙里的梁、柱都是好木头，盖新房用得上。现在北干渠水管所有个亭子，柱子就是原来庙里的梁。

张建成访谈材料

访问对象：张建成，1969 年出生，酒泉市肃州区怀茂乡人，接受采访时任甘肃省水利厅讨赖河流域水资源管理局规划计划科科长。

访问时间：2010 年 11 月 28 日下午

访问地点：甘肃省水利厅讨赖河流域水资源管理局北干渠水管所

访 问 人：张景平（清华大学）、王炳文（清华大学）

文字整理：王炳文、张景平

感谢你们采访我。让我代表基层水利工作者谈一些情况，这个任务是很重大的。我们水利口人才很多，你们更应该去采访领导、总工，他们水平高，就是在基层工作的同志，比我优秀的也很多。我在这里只能就我比较熟悉的工作，也就是日常水利工程的一些技术与组织情况，向你们简单介绍一下。

我是从 1987 年开始参与到工程工作中去的，在南干渠水管所，负责"洪水片"的工作。当时已有引讨济洪工程，负责从讨赖河南干渠向洪水河灌区引水，所以名为"洪水片"，实际浇的是讨赖河水。那时渠道修理主要靠动员群众，我们称为"大兵团作战"，方言里叫"挑渠"、"上坝"。渠道早都是衬砌好的，但年年行水总会有损耗、破坏，所以我们的任务就是及时发现这些破损的地方，并把它们修好。

一般而言，渠道最容易损坏的是渠底，边坡问题不大。我们讨赖河的渠道，边坡的衬砌方式很多，有浆砌石、混凝土、片石等等，但渠底一般都是浆砌石做底，上面再浇筑混凝土。如果渠底混凝土剥落不及时修补，露出的浆砌石就会慢

---

① 编者按：原人物名略去。

慢磨损，就会危及边坡，严重的会导致渠岸崩塌、渠道决口。我们在渠道无水的时候要仔细观察渠底，发现问题后报到水管所里，所里再报到局里，局里每年制订维修计划。维修计划一般是春天下达，一定要在五月五日夏灌开始之前完工。这是年度的大计划，一般不是小修小补，都是重新浇筑儿公里渠段的混凝土，有防患于未然的意思。

除了不行水时的大修，在行水时我们还要巡渠，及时处理突发情况。比如，我早期工作的南干渠，一共长 12 公里，我们把它分成三段，分别有人负责。我刚工作时，主要负责南干渠上段约 4 公里长的地方，每天早上都要早起，徒步查看一遍，刮风下雨都要去。到了渠边以后，先看渠里水清不清，再仔细听听水声。如果水比较浑浊，或者水声不正常，就要赶快查看。水声不正常有两种情况，有时候是渠边的大石头不小心掉进去了，有时候就是渠底坏了，二者之间有细微差别，老水利们有经验，一听就能听出来。除了水色与水声之外，波浪状况也是渠道状况是否正常的重要表现。我调到北干渠工作后，有一天早晨巡渠时，感觉一个地方浪花比平时明显大些，还有一个漩涡是以前没有见过的，马上回去报告领导。后来停水查看，发现渠底出现一个一米宽的深坑，渠道顺流方向有几十米长的混凝土渠底都快冲掉了，如果不及时修理，甚至可能引起渠岸崩塌。因此一个有责任心的巡渠工，要能够记住各渠段不同的波浪状况，并能随时发现异常。

发现问题是我们工作的第一步，重点还是如何组织修缮。我们局里负责提供水泥、钢材等材料，以及拌和机、发电机、架子车等机械工具，并把这些东西运到施工地点，群众出劳力、出拖拉机。凡是从我们干渠引水的乡镇都有出工任务，今年哪个乡、明年哪个乡，规定的清清楚楚。我们这些水利人员，具体负责给他们分配任务，在工地把关质量。我刚参加工作时，条件还很艰苦。有时要整修的渠道在戈壁滩上，周围没有村庄，我们和民工就挖个地窝子住，自己带粮、做饭，各乡的水利专干与带人来的村长同吃同住。当然我们只负责干渠维修，至于再下面的农渠、毛渠，各村自己修，一般都在自己村庄附近，不用这么辛苦了。

我们把要维修的渠道分成若干施工段，每段设一个拌和混凝土的料点，每个料点相隔 300 米，设拌和机、柴油发电机各一台。为什么要隔 300 米？因为那时我们用拖拉机运输，距离一长，混凝土容易粘在车上，其中的水和土也容易上下分离，而在 300 米距离内，还不至于发生这种现象。每一个料点有一个拌和机，一个人负责操纵，老式拌和机不能自动上水，还要兼任往料斗里加水的任务。水泥就堆在拌和机旁，两个人负责往料斗里倒水泥，制成混凝土另需的沙石则由另外十五名民工负责从较远的集中堆放点运来，还有两个人负责负责管理和指导放料，所以一个料点一共是 20 人。

混凝土拌好后，就有拖拉机来运输至施工点，三台拖拉机交替运输。那时的拖拉机没有自卸装置，全靠驾驶员的技术把混凝土倒进渠里。渠岸边缘一般都是不平的小斜面，拖拉机到工作点的渠边就顺势一转，拖斗的一只轮子刚搭在渠边，这时候自然形成一个比较小的角度，下面就有民工拿两块 1.2 米宽的铁皮接到拖斗下面，上面两个民工把后挡板抽掉，拿铁锨送点力，混凝土就顺着铁皮的方向精确地滑到施工点了。

得到混凝土后，渠底的民工就要用铁锨把混凝土平铺到渠底各处，我们严格要求这个厚度是 13 厘米。这是个技术活，如果经验不行的人去做，各处厚度差别过大，就会影响工程质量。平铺完毕后完后，就用整道器开始把混凝土压实、平整。整道器由柴油发电机供电，两人操纵，慢慢移动，先横、后竖、再横，一共整压三遍，要把 13 厘米的混凝土层就压成 10 厘米。每个整道器配备四人，两人两人交替操作，中间不能停顿。渠底与边坡的结合部不是平面，整道器用不上，要用一种特质的工具压实。整道器只是大致平整，还需要手工抹平。手工抹平也是两道工序，第一遍用木抹子，在整道器整完后就粗略地收过去，第二遍是用铁抹子，要在 15 分钟后细细抹平，叫作"收光"。"收光"结束，这才算是大功告成。

民工们不懂工程原理，技术参差不齐，而我们水利人员数量又很少，如何保证工程质量就成了我们动脑筋比较多的地方。比如，混凝土拌和时，水泥和沙石的比例本来是重量比，我们换算成容积比，这样便于操作。那些运料的架子车不是一般的架子车，它的容积是我们定制的，要求民工每次装料时装满、装平。民工们三人一辆架子车，一个料点就有五辆架子车，三车装石，两车装沙，每运一次，同去同回，这些都是为了保证拌和比例的正确。为了保证渠底混凝土的厚度，我们用木头做了很多特殊的尺子，发到每个施工面，民工只需要让混凝土的表面最终与尺面持平就行。这样一来，少数水利人员就可以掌控一个较大的工地，而每个施工段也不需要太多的熟练工，一天完成 100 多米问题是不大的，因此一般一个星期就可以结束。我见过每天完成 250 米的特殊情况。

总的来说，我们年年进行的渠道维护是有一套比较固定的流程与规矩，不但我们熟悉，老百姓也熟悉。这是解放后几代水利人慢慢积累下来的，里面有很多朴素的经验，至于为什么要这样做而不能那样做，大家未必全答得上来。我参加工作时，这套运行了几十年的工作方式已到了尾声，因为它适应的是上个时代的技术水平、人员素质和施工方式。到了 20 世纪 90 年代，情况发生了很大变化。首先，机械化水平大大提高，根本不用这么多人；其次，随着水费制度不断改革，1998 年以后农民就没有出工的义务了，变成向专业工程队招标，由他们施工、我们验收。这样，"大兵团作战"就寿终正寝了。你看这些工具都堆在库房里，没什么用处。我们水利部门的角色也发生了很大变化。过去负责施工是一大任务，所以修这么多的仓库，要存放水泥、器材，计划经济时代嘛。现在我们的工作重点主要转向管理水资源、服务用水者，也要多搞科研，我觉得这是时代的进步。

最近和清华大学的朋友们一起翻档案、做采访，引起我的一些回忆，也有一些新的感触。我们讨管局，以及流域内兄弟部门的水利工作者都有这样一种感觉，就是水利工作虽然越做越好，但是群众对于水利工作的感情好像比以前淡了。我觉得以前的群众，他们都亲身参与到水利工作中去，奉献多、索取少，有责任感，并认为这是天经地义的，现在这样的情况不多了。在我们这样的干旱地区，如何让群众关心水利、热爱水利，我们还有很多工作可做。

单新民访谈材料

访问对象：单新民，1932 年出生，酒泉市肃州区水务局退休干部，酒泉市肃州区临水乡人。1949 年 10 月参加中国人民解放军。1956 年复员回乡，同年开始在临水河水管所参加水利工作，1987 年退休。

访问时间：2012 年 2 月 11 日下午

访问地点：酒泉市肃州区南苑社区苑中园小区单新民先生家

访 问 人：张景平（清华大学）、齐桂花（甘肃省水利厅讨赖河水资源管理局）、王新春（西北师范大学）、杨易宾（兰州大学）

文字整理：杨易宾

临水河灌区是一个泉水灌区，最主要的灌溉设施是由一组简易拦河坝构成的梯级引水系统。在泉水河灌区，拦河坝的主要功能不是拦蓄径流，而是截引附近汇入河道的泉水，因此抵御激流冲击不是其主要任务。修建拦河坝，需事先砍伐树木并将树干、树枝分离，以树干植入河道中形成一排桩基，而将树枝等略作扎束，横置于桩基之前，而在桩基之后堆累"草皮"。所谓"草皮"者即是连根铲起、带有泥土层的野草，多从附近河滩就近取来，而其所带泥土层甚厚，这使得一块"草皮"看上去似乎是长满青草的立方形土块。因此，泉水河拦河坝的修建，无论从工料负担还是劳役负担，都比山水河轻很多。山水灌区因渠道淤塞严重，一年要"挑坝"数次；泉水河灌区因水质清澈，一年仅需"挑坝"一次，主要为疏浚泉眼。但临水河有一种特殊情况，即其河道与洪水河下游河道重合，每年夏天洪水河的山洪都要冲决拦河坝。所幸重修不难，且洪水还有一部分可被引入渠道。

临水河灌区有七沟，即围绕七条水渠形成的七个村庄。解放前，每年由七沟民众共同推举"水利"一人，每沟各出"长夫"一人，皆每年一换，其报酬由七沟共同平摊。"水利"多由中农轮流担任，率领"长夫"专门负责七个渠口的日常维护与看守。但每年一次的春季大修与灌溉期间的抢修必须广泛动员灌区民众，皆为义务劳动。此种日常管理体制在解放后基本沿用，只是"水利"、"长夫"变成了国家财政供养的水利干部与职工。20 世纪 50 年代酒泉县政府有四个科，分别负责人事、财政、文教与农林水利，时有"一科有权，二科有钱，三科卖嘴，四科跑腿"之说。临水河与酒泉其他各河系水管所成立于 1955 年，隶属第四科。临水河水管所刚成立时就设在临水河龙王庙，这也是解放前临水河七沟"水利"与"长夫"居住的地方。临水河龙王庙占地约为一亩，一进院落。正房三间，仅供奉一尊龙王神像，东西厢房各三间，为管水人员居所，院落拐角另有厨房一座，全庙无碑刻。该庙在解放前后曾为洪水所毁，旋重建。我1956年参加水利工作时所居住的即是新庙，但已没有任何祭祀活动。其后水管所在他处新建办公用房，临水河龙王庙遂荒废，20世纪60年代因河道摆动而圮毁。据我的感觉，红水坝的大龙王庙规模要比临水河大得多，但其命运则与临水河龙王庙相仿。

应该说，"文化大革命"之前临水河水利工作的基本形态与解放前变化不大，因为主要的水利工程还没有建起来，还需要年年出工上坝、挑坝。在20世纪五六十年代，临水河地区的水利工役负担标准大约为80亩地出一个人工，每个人工一般只需服役一天。但在灌溉期间需抢修拦河坝时，则另有一种紧急动员方式，叫作"烟筒子工"，即附近一切有炊烟冒出的人家必须无条件提供劳动力。这时候总感觉劳动力不够用，只要不是太老的老人、太小的娃娃，都有义务出"烟筒子工"。"文化大革命"以前，地方主要领导到现场指导、监督水利工作是十分常见的，我印象最深的是县委书记常昆，他定的规矩，干部下乡无论是干什么的，碰到"烟筒子工"，得放下手中工作参与到其中，直到渠里进水。"三年困难"时期，据说是他做主将一些粮库的存粮发给群众，因此威信很高，被称为"常青天"；"文化大革命"时将他押到各乡去开斗争大会，结果群众总是想办法保护他。常昆来临水河的次数比较多，一般是在春天打坝比较最忙或者是向金塔均水的时候。20世纪60年代后期，临水河各渠首进行了永久化改造，其中暗门、临水两坝就是我在临水河水管所任所长时主持修建的，第一次装上了闸门。从此以后，老百姓的水利负担减轻了，领导也就基本不来了。不过，由于临水河流域地下水位过高，泉水随地涌出，各渠无法衬砌，而今仍以土渠为主。相对于讨赖、洪水两大山水灌区渠系多次改建，解放后临水河灌区渠系变化不大。

关于临水河全流域的水资源状况，20世纪70年代之前临水河不感缺水，水量反而较富余，灌溉时"明浇夜退"，且与其他灌区基本没有水利联系。解放前倒是金塔经常有人趁夜晚偷掘河坝，常引发两地民众冲突。我曾听老人说起，某一年金塔方面前来偷掘河坝的民夫被带领长夫看守坝口的朱水利捉住，被押解至临水河龙王庙吊打，不幸身亡。金塔方面讼至官府，官府将朱水利在酒泉监狱羁押一年。金塔方面不满判决，要求与临水河七沟签订"均水"协议以示补偿，临水方面坚决反对，而朱水利又两次自投监狱，以表明坚决不向金塔"均水"的坚决态度，遂成为英雄。建国后，在专区的协调下，临水河与讨赖河、清水河一起向金塔"均水"，此后再无冲突。但20世纪70年代以后，临水河泉水涌出减少，水量渐感不足，原来数量众多的草湖渐次消失。在此背景下，20世纪70年代末兴建了焦家嘴子水库。20世纪80年代之后，打机井成为更多农户的选择。

冯天义访谈材料

访问对象：冯天义，1929 年出生，酒泉市肃州区人，肃州区水务局退休职工，长期在洪水河流域工作。

访问时间：2012 年 2 月 11 日下午

访问地点：酒泉市肃州区冯天义先生家

访　问　人：张景平（清华大学）、齐桂花（甘肃省水利厅讨赖河水资源管理局）、王新春（西北师范大学）、杨易宾（兰州大学）

文字整理：张景平

如今我年纪大了，先前水上①的事情有很多也记得不真。现在仅就我参加过的工作和你们说道说道，那确实是辛苦啊！

我招工到水上是在 20 世纪 50 年代初，具体哪一年忘了。当时在洪水坝，最难过的就是每年上坝的时候了。关于这个上坝我可以给你们说得具体一些。这上坝之前首先要编草笼。草笼是用芨芨草编的，首先要把芨芨草泡软、捶柔、搓成绳，其后再用这草绳编成草笼，其实就是一个大筐子。每个草笼一尺半见方的口，有一人高。你们说木笼？有，我也见过，但我工作的时候已经很少用了，木料金贵嘛！都拿去做闸框、闸门了。上坝有片树专门给水上供木料，是大地主家管着的，每年用的木料都去那里砍，砍完还有人管种。我到水上的时候树已经快没有了，解放以后净砍不种嘛。后来时间一长树又慢慢长起来，到底是在河边容易活。以后水上也就慢慢不怎么用草呀树呀的，就成了野树林，有时候老百姓当劈柴用。

以前砍柴是个麻烦事，我们这儿能烧的东西不多，村子周围的树本来少，因此大家都是劈枝子用，劈完还能再长，整个树是不会轻易砍倒的。老百姓以前就是烧麦秸，哪能够烧呢？所以娃子要去捡牛粪，大人要劈柴，冬天还要去戈壁滩上采白茨。怎么采？家里的女人给缝上一个皮裤筒，准备上两天馍馍，赶上车往滩里走一回，遇到白茨就用膝盖把根子顶住，用长把子镰刀一下就把一棵白茨全刮下来，有皮裤筒不怕扎嘛！去一天、回来一天，不走回头路，刚好把车装满，这就是一冬天烧的。以前煤很少，一般人家烧不起。

这话说得有些跑远了，再回来说草笼。草笼装上石头叫作石笼，就有一二百斤重，以前就是用这个拦水。但是水的劲儿很大，单个石笼是站不住的，必须把石笼连接起来。怎么连接呢？先在岸上把草笼四个四个捆在一起，每四个草笼之间要用草绳捆七道，口都朝上面，排成正方形，这叫一"墩子"。草笼在岸上只能

---

①　编者按："水上"系当地方言，指水利相关工作。

装一点石头，不然人是抬不动的。把这草笼抬到河里，就要往里面填满卵石。因为事先放了些石头，草笼不至于浮在水上，但还不免被水冲得歪倒，就必须让人站在草笼后面，用身体把草笼顶住，不让它侧翻，其他人就赶紧往里面填石头，就是河床里的卵石，卵石填满草笼就站住了。因此，一般的施工就分成两拨人，站在上水头的人填石头，下水头的人顶石笼，且要求要七个"墩子"同时进行装填，这一处就要耗费掉三四十人。洪水河的河床宽，就是这么着从两边一直垒过来，到中流接起来，感觉一河滩全是人。那时没有洋灰、没有钢筋，洪水河里净是石头，木桩也打不下去，全靠石笼把水挡住才能放到渠里。所以说上坝是个群众运动，人少了是不行的。洪水坝每10亩地出一个人，是有老规矩的。

我们水上的人不太怕来水少，水少了就用石笼打个导流墙，一样把水逼到渠里，但是水一大就比较危险了。洪水河年年夏天、秋天要发大水，一发水就把石笼冲掉了。农历七月以后发水可以不管，冲坏了就等到来年春天再修，但七月以前就必须及时修好。有时大水头刚过就要下到水里去把口子堵住，一次上去几百人是常事，六五年夏天是700多人，算是多的。那时的河水还是又深又急，有时候把填到一半的石笼冲倒，便把堵石笼的民工压在河底，弄不好要死人的。很多地方不会做闸①，大水一来就往渠里灌，把渠道淤积得十分厉害，因此又要挑坝。挑坝的时候，一般的沙石用铁锨扬到两边，大的石头就要用抬把子②给抬出去，所以上坝也是一个下苦的活。

过去的水利工作，上坝每年要好几次，春天是完全重新做石笼，夏天是抢修，每年要好几次，挑渠也要好几次。解放前，这些事情都是"水利"委派给保甲长去组织的，解放后先是互助组、后来是公社组织，都是在龙王庙商量，具体怎样商量，我们老百姓可不知道。但不管解放前还是解放后，摊派都很严格，老百姓也还是比较自觉的。编这个草笼一般就六七斤重，红水坝每年用掉十万斤芨芨是常有的事，你们可以算算要编多少草笼。这些草笼都是被摊派的人家在立夏前编好的，包括每年夏天堵口子用的也要一并预备，临时再弄来不及。各家拣自己方便的时间，分别来河坝里编草笼，有人在旁边替你数着，够了就回家。芨芨草到处都是，拔也拔不完，一个人麻利点，一天做上个八九个草笼是不成问题的，今天你家来，明天他家来，一个月工夫也就备齐了。只是挑渠比较苦，有些弱的后生把那沙石扬不到渠边，依旧落到渠里，监工的要骂哩，说偷奸耍滑不卖力，弄得眼泪汪汪的。那些监工有的比较好，比如，五几年有一个杨村长，他老爷子就是解放前的杨保长，看见确实力弱不行的，也不狠骂，就悄悄让他运抬把子去了。

我刚到水上时，主要的苦活都是农民干的，我们水利人员主要是巡渠、望水③、往渠道里配水，但要真的遇到顾不上的事④，还是要亲自下水的。我们要长期住在

---

① 编者按：原话如此。
② 编者按："抬把子"系一种担架状工具。
③ 编者按："望水"指观测水情。
④ 编者按："顾不上的事"指险情。

坝口，而农民是轮换的。农民上坝、挑坝时，工具与粮食柴火全是自己带的，都装在牛车里拉来。解放后渐渐要用石头、洋灰，也是用牛车拉的。洪水河在解放后合并了不少渠道，你们问我的那些老渠，我是不清楚了，有些听说过，没有见过。以前都是土渠，五几年开始就慢慢拿些石头在两边码上，用胡麻杆塞缝子。后来洪水坝废弃了，在上游建成钢筋洋灰的渠首，安装了节制闸、退水闸，渠道都衬砌了，老百姓的水利负担就减轻很多，我们的工作也就容易了。

当时公社、大队对水利工作也很重视。有一件事我印象十分深刻。以前轮到一个大队浇水的时候，队长要亲自到上一个灌溉完毕的大队去"接水"。"三年困难时期"的时候，一个去"接水"的队长在途中饿昏了，一头栽倒在麦田里。醒来以后，把刚灌上浆的麦子往嘴里塞了一把，缓过来一些，但还站不起来。后来他就一步一步爬到上一个大队去，到那里都已经半夜了。我们做水利工作，总能得到他们这些人的配合，一切都顺利得很。

王富邦访谈材料

访问对象：王富邦，1926 年出生，金塔县三河乡人。新中国成立前曾参加国民党军队，1949 年 8 月随部队在兰州起义。1956 年转业至酒泉参加水利工作，曾任金塔县水利局副局长，后离休。

访问时间：2012 年 7 月 18 日上午

访问地点：金塔县王富邦先生家

访 问 人：李加福（兰州大学）、闫生田（甘肃省水利厅讨赖河水资源管理局）、杨易宾（兰州大学）

文字整理：杨易宾、张景平（清华大学）

现在酒泉、金塔之间的均水制度可以追溯到解放前，大概就是七月十五、八月十五、九月十五给金塔均三次水。每次均水时，金塔县派人到酒泉各渠口上看着。解放前酒泉人把水截掉，不让浇，双方就打架，很厉害。解放前金塔可怜得很，年年的麦子基本上就旱掉了，因为只有出花时能浇一次水，一直到成熟前没有水，所以没啥收成。后来就开始修鸳鸯池水库。

鸳鸯池水库 1943 年开工，我是 1944 年就到工地上劳动了。水库工地当时归赵积寿领导，民工都叫他"赵三老鬼"。赵积寿本人我见过，当时是黑胡子老汉，大地主，据说是"七县参议"，七个县的人都归他管，比专员大多了。现在金塔说起赵三老鬼人都知道，要是说赵积寿好多人就不一定知道了。当时民工有句顺口溜："赵三老鬼大坏蛋，高台人征到金塔修个水龙站。"这是说当时的民工不但有酒泉、金塔县的，还有高台、鼎新县的，高、鼎两县和讨赖河毫无关系。那时候没人给民工发钱，出工主要是靠摊派，长夫、乡约、农官按家家的地亩摊工，如果不去的话就罚钱，一般要罚十几、二十元钱。工地上住的是烂席子搭的工棚，吃的、烧的都要自己带，上面也能再补一部分粮食，都是大锅煮小米。我当时只有 17 岁，在金塔县三河镇，每年摊半个月，家里再没有别人，只好上去。那时候大家都不愿去，一则工程量大，二则负担不起自己的费用，所以工地上开小差的人很多。现在想想，当时还是宣传不到位，一般人只知道是修个"水龙站"，不知道具体是干啥的。

赵积寿轻易不到工地，工地上主要负责的是监工和队长。监工是外地人，都是原主任带来的，队长就是本地人，是从能打人、能管人、能使唤动人的人中挑出来的。谁干活干得慢，就要打。有一次我们在山上运土，听见队长在下面喊："你下来！你下来！"到底是喊谁下来，谁也不知道，也装着不知道，真要下去，不管是不是你，好歹一顿打。有的人偷懒到山沟沟里歇一会，队长就赶着去打。监工有自己的一身衣服，白天夜里在坝上巡查，带着枪，其他人都没有枪，队长也没有，主要是怕群众造反。我记得有一个监工把手枪掉到水里面了，再没有找到。吃饭的时候，队长、监工、技术员是小灶，我们民工是一个班一个灶。每一个班有 50 人，都来自同一个乡，厨师也是本乡人，也算一个工，这是最轻松的活了。班上面有小队、分队，我们也弄不清楚谁是小队长、谁是分队长，索性都叫队长。

那时候鸳鸯池工地上要有 2000 多人，我这样的娃娃属于年龄小的，大部分都是壮劳力，也有 60 来岁的老汉。我看大家都是穷人，没有一个地主富农。工地上没有大夫，要是生病了实在坚持不住，可以回家，但是要人来换，要是自己往回跑，抓回来就是一顿打。当时也没啥工具，就是些铁锨、洋镐，比较先进的就算滑车了。滑车见过吗？像铁道那样铺上路轨，人推车在轨道上跑，专门用来运土，我推过。我还去砸旁边山上的青石头，拌水泥灌浆，那时炸药很少，主要靠人工。

整个工程中我上去过三次，一共 45 天，1946 年那一次最辛苦，工期催得紧，要连夜加班，整个工地上全点的是汽灯，那时赶上农忙，甲长一家一家去催人。我从工地下来的时候，水库还没有修好，但大模样已经出来了。后来我被国民党抓了壮丁，跟着部队跑来跑去，后来在兰州起义了。我是中华人民共和国成立以前就在部队参加工作，所以是离休干部。金塔的离休干部差不多都是从部队下来的，地方上的只有葛生年等几个人。

我转业到地方是 1956 年，以后就一直搞水利。一开始先在酒泉工作，1960 年修建讨赖河渠首的时候，我负责开采料石，先在清水那地方打料石，之后用火车运回工地。当时我管着有 40 个石匠，其中有八个人从宝成铁路上调过来的，是国民党的留用人员，有当过空军中尉的，有当过连长的。我在部队干过，又是党员，政治上比较可靠，所以让我去领导他们。那时候正好是困难时期，条件很艰苦，食物缺乏，经常饿肚子，但我们还坚持干。我记得当时细料石是四面光，一方是 40 元；粗料石是三面光，一方是 30 元。我既当领导，又负责付款。想想当时一起工作的人，这两年都走得差不多了，现在剩下就我一个。你问我当时整个大工程的情况，那我真说不上来，只知道当时除了技术人员以外，绝大多数参与者都是本地人。

南干渠结工程结束后我就调回金塔工作。那时候金塔县有四个科，水利当时归第四科管，编制好像是五个人。解放初的第四科科长姜昌宏，50 多岁，是国民党的老人员，后来在"肃反"时自杀了，比较冤。技术人员有两个人印象比较深刻，一个是邓大吉，酒泉修南干渠时请他去负责技术工作，还有一个就是李明扬，后来水利科从建设科分出来，他当科长。李明扬解放前就做水利工作，给我们讲过一些酒金纠纷的事，大多就是双方斗殴。还有一个人叫×××，也当过水利科科长，他因为被查出有贪污，"肃反"时就不让他当科长了。

除了鸳鸯池水库外，刚解放的时候讨赖河上再没有像样的工程，后来一件件修起来，成了现在的规模，这是国民党做不到的。水利工作有没有矛盾呢？当然有。毛主席说有人的地方就有矛盾，但我们解决得好。1952 年大庄子、中东镇一带的群众因浇不上水而围攻政府，县长时思明、书记马能元都亲自出面给群众做工作，承诺加强水利建设、开辟新水源，这样就把问题解决掉了，整个过程没有用枪用刀。那个为首的叫魏占华，人家叫他"魏大炮"，后来还是当上了水利干部，政府没有为难他。只是他入党总入不上，我从部队回来后就给他当介绍人，解决了他的组织问题。

至于酒泉给金塔均水，没有大冲突，但小矛盾还是有，主要是临水河的几个渠有时不给放水，我处理过好几回。主要的问题是在某个干旱年份，临水灌区与金塔县曾达成口头协议，在金塔用水时段可以将闸门开启"一砖高"。但一块砖有六个面，放在地上有三种摆法，那么这"一砖"既可以指砖的厚度，也可以指砖的宽度，还可以指砖的长度，金塔与酒泉的临水灌区对此有不同的看法。每次处理，都是由讨管处、现在叫讨管局出面协调，金塔、酒泉两家水利部门一起来解决，直到现在还是这样。毕竟现在有制度，白纸黑字地写着嘛，解决起来不难。现在每次均水时，金塔还要派人到临水河的闸上看着，在那里有专门的房子。个别矛盾激烈的时候，临水灌区曾派人把金塔方面的锁在房子里，然后根据自己的理解去放那"一砖高"的水。你们现在去看，闸门上都有锁，有的需要用金塔方面的钥匙、有的需要用酒泉方面的钥匙才能打开。这是解放前就有的习惯了。

葛生年访谈材料

访问对象：葛生年，1931 年出生，酒泉市肃州区人。1949 年曾在金塔县民众教育馆、金塔县政府工作。1949 年 9 月参加革命，担任新中国首任金塔县县长时思明的警卫员，1951 年到金塔县建设科工作，后担任金塔县水利局局长，后离休。

访问时间：2012 年 7 月 18 日下午

访问地点：酒泉市葛生年先生家

访 问 人：张景平（清华大学）、李加福（兰州大学）、闫生田（甘肃省水利厅讨赖河水资源管理局）、杨易宾（兰州大学）

文字整理：张景平、杨易宾

　　我在水利上干了一辈子，对讨赖河算是比较了解了。你们今天来看我，我很高兴，有一些自认为独到的心得可以分享。以地名为例，讨赖河到注入黑河的地方，有一个地名在地图上叫火烧牛头湾，其实应该是河稍牛头湾，旁边的大沙窝中有个洞子叫火烧洞，其实应该是河稍洞。河稍，就是河的尾巴嘛！你对一条河要是没有感情，你是不会去琢磨这些问题的。

　　讨赖河流过镜铁山下的王子沟、清凉沟、冰沟，就到了嘉峪关明长城的尽头，再往下一点水就到酒泉的平地上了，在这里被分到渠里面。解放前这些渠有黄草坝、河北坝等，分水就在现在嘉峪关火车站的南边。河北岸有个北龙王庙，河南岸有个南龙王庙。分水的时候，各渠的农官、乡约都要到龙王庙来，河北边的人去北边的庙，河南边的人去南边的庙。那时候的分水很严格，我十二三岁时去现场做过工，没有什么现代工具，就用那芨芨草编的石笼，码成墙，按照分水多少给你把口子量下，底下把石头垫上，害怕你挖深了之后多放水呢。这就是过去的分水制度。分完水后有人看着，谁也不能到这个地方放水去，抓住后棒打都是小事，还能把人绑到牛尾巴上跟着牛到处走。即使你是个农官、乡约，要是私自到分水的地方去捣乱，当时把你打死打伤。我经历过一次，就是把一个乡约打倒，就抬上送到家里治伤去。怎么抬的呢？就是把驴子背上的鞍子取下来绑在杆子上，人在上面躺着，一头搭在驴子的背上，另一头几个人抬上，再有几个人把驴牵上。酒泉人对自己都这样，再不用说会如何对金塔人，所以酒泉和金塔的均水确实出了些人命，群众起来闹事，把金塔县县长打得都跑掉了。

　　我在金塔工作时，常听人说以前浇水确实困难。有一句谚语："三十里河湾，四十里吊湾，进头水淌掉，叫地主恶霸咂干。"这话是解放之后说的话，解放之前根本不敢说这话，那时候就说："三十里河湾，四十里吊湾，进头水淌掉，叫黄羊兔子咂干。"人家是农官、乡约，国民党的官员、保长，能让人家的地旱着让你浇？不可能。那时候，一亩地就给一寸香，有些人香烧完了，水还没有到，就说"给下一家走"。除了点香制度外，还有就是发牌牌。你浇地的时候给你一个，浇完就收走发给下一家，没有牌牌放不上水，有人专门管收牌牌和发牌牌。我听过一些老汉说过："哎，那是个样子货，刚发下来就收上去，根本浇不完地。但那个牌牌还不能仿做，你要是仿做被人家查到，田里的粮食立刻就被铲了。"

　　那时候省上有个水利林牧公司，解放后当上水利厅厅长的杨子英在里面管水，后来国民党中央又派原素欣来修建肃丰渠，核心就是鸳鸯池水库，当时老百姓叫水龙站。修成之后，把酒泉给金塔均水的压力就小了，主要是水库蓄住不用的闲水。不过那时鸳鸯池水库只能蓄水1200万方水，跟现在不能比。

鸳鸯池水库当时的修建我也参加了，来的都是金塔和酒泉的民工，印象中酒泉各乡都有，而金塔有些浇黑河水的地方如天仓、营盘等就没有派人来。当时工地上分民工与雇工，民工是被摊派出工，没有工资，但雇工可以每天领二升麦子，约合现在的三斤，不到四斤。这些麦子是由那些无人能应摊派或不想出工的人家上交给工程处的。我是酒泉东坝人，家里摊派的那一份工本来由我叔叔当着，但因为家里穷，就把我带到工地上去当雇工，再挣一份钱。像我这样的情况很多，我当时年龄小，本来人家不要，后来好说歹说，总算被收下。

当时，我们是按照升旗子上下工。就在青山寺的顶上有一个杆子，通过升降红旗来通知上下工。上工就升旗子，降旗子就是下工。那时候青山寺底下的石头质量非常好，其他的石头都比不上。弄下来后，民工砸了之后就拌成混凝土。由于主体是土坝，大部分民工的主要工作就是拉土，取土点在现在的酒航公路附近，先装上金塔的牛车爬到山顶，再用人力平车推到坝上。我的任务就是推平车。有一次过木头桥，重心一失，从桥上掉到水里面，差一点被淹死。幸亏旁边的人看见，把我用杠子拉出来。

回想那个时候，最坏的印象就是吃饭。先头都是自己带吃的，后来由于柴草运不过去，工地上开始管饭，几个大锅一起做饭。我们都是连夜赶工，吃的都是小米饭，几天才能吃上一顿面条，面条很多时候是生的，不得熟。饭都是大锅煮的，做饭师傅拿着铁锨一舀，给你往碗里一扣，搁上些开水泼的辣子，有的人没有抢到碗筷，直接拿着铁锨吃。工地上连个厕所都没有，人们就在水边胡乱解手，做饭师傅舀水也不看，胡乱一舀水，有时碗里就能吃出粪便来！可就是这样的饭，也不能管够管饱，因为粮食都是用拨下来的钱买的，折合成小米来做计量单位的。这种死不死活不活的日子，放到现在，饿死都不过。那时鸳鸯池水库的工程投资中，大部分就是用于我们民工的伙食费，还有做饭用的燃料，但粮价涨得太厉害，能买到的粮食越来越少，何况发电机用的柴油，以及技术人员的工资都从中开销。技术人员的条件比我们好，他们住在青山寺，有正经厨师开小灶，一个叫赵得林的工友专门给他们服务。赵是酒泉泉湖乡四坝村人，骑上一头灰色大犍驴，负责给技术人员发信、送报纸、送文件，采购小灶所需的肉、蛋、菜，等等。

技术人员住在青山寺，我们民工晚上睡在青山寺对岸的大庙里，没有床，全是柴草铺。酒泉人晚上想要往回跑，监工就在睡觉的时候把他们的鞋子和裤腰带都收掉，最后连裤子都收掉。那时候监工专门用外地人，其中有一个卞监工，打人最厉害。当年要十七八人拉着的羊脚碾子，相当于咱们现在的压路机，拉起来必须飞快，不然就被卞监工照头上一人一棍子。他后来不知道怎么就落户在金塔，我20世纪80年代一次下乡时还见过他。我问："你是不是姓卞？"

"这位领导你咋知道我姓卞呢？"

"我记得当年在鸳鸯池水库上你把我们打的……"

"啊呀，我有罪啊！我有罪啊，啊呀……"

说到鸳鸯池水库就不能不说到赵积寿，官职相当于现在的省人大常委会的委员，当时叫省参议员，在金塔均水方面比较积极，后来又积极支持修水库，是个金塔有名的民主人士。20 世纪 80 年代我们写《水利志》，省上要求说给赵积寿树立一块碑，我们把碑文都准备好了，可是赵积寿的后代说不要管了，他们自己弄，我们也就不好坚持，这个机会就错过去了。有一个故事很有意思。修水库的时候，一个金塔民工实在饿得受不住，就开小差到处去乞讨，挨家敲门要馍馍。要到城边一家，出来一个老汉问他："你在哪里做事？"

"我到水龙站当工去了。"

"修那个水龙站好不好啊？"

"哎，赵三老鬼没事干，一心想修个水龙站，把我们老百姓弄的还不如牛马。"

老汉听完不言语，回头给一个家人说："去，看有馍馍没，给上两个让吃去。"回头又给民工说："回去工地吧，回去了好好地弄，水龙站修起来就水浇了，你们就再不用受旱、要馍馍了。"后来民工在工地上又见到这个老汉，才知道这个老汉就是赵积寿。

当时骂赵积寿的顺口溜很多，有的还能唱，比如，有一首说："赵三老鬼没事干，一心要修水龙站，省上作揖磕头求，求神仙，得到支持修个水龙站。"赵积寿是 1949 年去世的，葬礼隆重得很。当时酒泉到处抓壮丁，我逃到金塔民众教育馆当工友，正好赶上。赵积寿去世的场面那叫个排场啊！几个大法台，请下的和尚、道士就在那个地方念经。晚上就用芨芨编成把子，蘸上清油，点起来照明。那时候的纸火只要生活中有的，都要给做上，牛啊、马啊、轿子啊都有。我长这么大，这样的排场就那么一回，再没有见过，当时要是有录像机拍下，现在也是很珍贵的资料。民众教育馆是个闲地方，我的工作就是在城门上挂挂新闻黑板报、打扫打扫图书室、替代写状子的先生擦擦桌子，所以有时间去看赵积寿的丧事排场。

上面说的是我的一些亲身感受，当时只知道干活，不知道工程原理。解放后我长期从事水利工作，不断学习专业技术，并参加了三次大规模改建，逐渐明白鸳鸯池水库最初修建时的一些基本考虑。施工顺序是先修导水墙、给水洞，最后填筑土坝，先西岸、后东岸。导水墙与给水洞的布置方法和现在的工程不太一样，导水墙当时建在靠西岸的台地上，有一个弧度，墙的尽头下面就是给水涵洞入口，导水墙的最主要功能其实是保护涵洞。钢筋、水泥很少，主要用在导水墙与给水洞的施工中，买不到钢筋就买竹竿代替，所以导水墙与给水涵洞质量很差，没几年就塌掉了，现在水库排空后还可以看到导水墙的上游残迹。当时水库施工的机械化程度很低，最先进的东西就是卡车与抽水机，所以可以说主要是依靠人力完成。因为施工条件差，所以水库的隐患十分明显，其中最明显的就是清基不彻底，有一层板岩去除不了，土坝后来的渗水与此密切相关。工地保障也很成问题，不但民工生活条件恶劣，更表现为施工安全没有保障，因为晚间没有照明掉进抽水基坑淹死的民工就好几个。

　　和鸳鸯池水库有关的还有几个人物要提一下。第一位姜昌宏，金塔县姜家屯庄人，时任民工大队队长，大队部就在青山寺里。那时候水库上的民工将近两千多人，他一个也不刁难。有些人找他请假，害怕不准，一见面就跪下磕头，他就说："赶紧起来，赶紧起来，有话起来说，不要这样。你是哪里人啊，干什么？"那人就说，我是哪里哪里人，家里穷得很啊，老妈妈有病，我要回去看一趟。姜听完后说："你去了可要回来啊，你要是不来我不准假。"那人就说："啊呀，肯定回来，肯定回来。"于是把监工叫来说，给这个人准上五天假让回去。还有些人家比较远，就给准七天假。有些民工有病了，姜昌宏就让大队部里面的保健员开个条子，拿这个条子去县城看病抓药都不要钱。这些钱实际从总经费中报销，但民工不知道这些，都觉得姜是大善人。解放以后，姜昌宏很受重用，当上了金塔县建设科的科长，但在1956年"肃反"的时候被吓坏了，跳到赵积寿家旁的一口井里自杀。这是一件令人惋惜的事。

　　第二位是吴永昌，长胡子老汉，和赵积寿关系很好，他在赵积寿去世以后当上鸳鸯池的水利专员。彭老总到酒泉后，去视察鸳鸯池水库，就给吴永昌说："你们把水库看得好好的，是有功劳的人，继续当专员吧。"吴永昌家是金塔的大地主，但解放后基本没有受冲击，而且很受尊敬，当上了金塔县副县长。"三年困难"时期，专区领导特意把他接到酒泉，在生活上给予充分照顾，后善终。

　　第三个是吴国鼎，是个恶霸地主，暗地里和赵积寿过不去。解放前金塔有几大家势力，赵家、吴家、白家、李家，关系微妙。政府让各家表态支持赵积寿，团结起来支持水库建设，吴国鼎是最阳奉阴违的一个。吴国鼎还反对过好几任县长，有点不可一世的架势，自己娶了三个老婆，后来在"镇反"时被镇压掉了。

　　除他们三人外，你们开的单子里还有几个人我也知道。李经年，当过金塔县参议会议长，解放时年龄已很大，不久即去世。李凤栖是金塔的富人，因与吴国鼎有牵连，被镇压。成国胜，金塔一霸，人民都怕他，曾率领家丁去抢人，解放后被镇压。梁学诗，金塔的大户，解放前当过庆阳县县长，正式发表时民众教育馆专门在城门口挂了三天黑板报，解放后因被指控残杀边区革命群众，在兰州被镇压。白汝璘是城西上街里人，解放前当过乡长，家里势力很大，兄弟几个如白汝珪等人也都是人物；解放后白汝璘被发配到天兰铁路工地上去劳动，在一处隧道施工时及早发现了塌方的先兆，救下好几条人命，因此立功放回，后平安终老。顾子材，家里是县城边红光村的大地主，解放前当过县长，解放后在金塔中学当校长，"土改"中因被告发转移财产，关禁闭一年，后亦终老在家；其家人顾元勋抗战中去延安投奔革命，后任解放军天津某部后勤部副部长，正师级干部，1951年给我写信，主动要求把家里财产捐出去。张文质，解放前就是建设科科长，解放后降职留用成科员，"文化大革命"时被诬陷成"历史反革命"，后来平反，常常写回忆文章发表。李明扬，解放前就在水库工作，后来被彭德怀表扬，当上了水库管理站的站长，一辈子做水利工作，是我的老同事。

解放以后的水利工作，应该说资料是很丰富的。我们在 20 世纪 80 年代编过水利志，可惜的是没有出版，不知道稿子现在还在不在。金塔县乃至整个讨赖河流域的水利工作一直在发展，中间再没有中断，我可以说是一个见证者。1951 年我就到金塔县建设科工作，那时候农业、林业、农机、气象都归建设科管，后来水利科就分出来。我本来负责农林工作，和水利关系密切，从 1966 年起专门搞起了水利，第一份工作是搞农田水利的规划。当时我们金塔成立了农田水利规划队，有 18 个脱产干部，我是其中之一。现在所用的渠系、林带基本都是当时规划的，只是渠道的标准越来越高了。

我真正管水是 20 世纪 70 年代，一开始在黑河，负责去张掖地区的高台县给金塔县鼎新镇均水。这期间给我的印象最深的是一个叫程万鹏的张掖水利干部。这个人解放前就在河西走廊搞工程，对河西走廊水利的来龙去脉了如指掌。黑河均水制度从什么时候形成呢？他说是清朝时年羹尧定的规矩，还给我看过很多资料。从中我知道原先高台和鼎新分水制度是要鼎新县长领着人到高台均水，一路享受着专员的待遇，走到哪儿吃住到哪儿。后来水还是不够用，两个县就一起出钱在高台地面上修了个马尾湖水库，两家的用水三七开，七成水归鼎新。我当时就把这些材料抄下来，回来油印，可惜现在找不到了。马尾湖水库是解放前筹建的，解放的时候已经形成了，解放以后新政府仍然派鼎新的人管理。后来均水制度比较完善，我们只负责均河道里的水，就不介入马尾湖水库的管理工作了。

解放以后的水利成就，扎扎实实地在那里摆着，现在都在造福人民，我也不必多说。但谈到解放前后水利工作的最大不同，我个人的感觉主要有三点：一是领导特别重视，二是科学性不断加强，二是水利除服务农业外还必须服务工业。我想说几件具体的事。

1952 年金塔县威虏坝附近的老百姓因浇不上水围攻了县府，这个事件使时思明县长对水利问题的重要性有了更深刻的体会，因此事后没几天立刻把我派到威虏城里去领导挖泉，那时我刚从兰州的农林干部培训班学习回来。威虏城的这眼泉在当地名气很大，传说以前这里安置"胡人"时就依靠这眼大泉，不过解放时早已没水了。我们动员了很多农民在沙地上挖泉，挖一锹沙旁边的沙就再填进去半锹，进行得十分缓慢。为了连夜赶工，我们就把木盒子四周挖出洞、糊上纸，把墨水瓶装上火油点着放在里面，就靠这个照明。挖了几天，地下水渗出来，就形成一个大水洼，可是毕竟低于地面，没法直接引用，时县长就马上调过来一台解放式水车。虽然这个挖泉工程因为效率低下最后放弃，但可以看出时县长对水利的重视。后来张和祥县长当政的时候，为金塔制定了一整套严格的水利工作纪律，比如，灌溉完成后渠道中的残留水分必须全部舀到田里，干部下乡时遇到农民灌溉必须无条件立即上前帮忙等，他自己也是身体力行。这些纪律颁布的同时，张县长大规模推行的渠系改造与闸门设备的普遍安装，根本改变了金塔的水利面貌。可惜他在 1958 年被诬为"反党集团头目"，在夹边沟劳改农场被迫害死了。

"三年困难"时期，甘肃省政府责成张掖地区、酒钢、酒泉市组织上祁连山考察，我是其中一个小组的组长。讨赖河上游归肃南县管，肃南县派林业局局长跟我们同行，还有一个猎户当向导，一直沿讨赖河往祁连山里走，直到青海的托勒牧场。我们当时要爬雪山，体力消耗大，但一个月只有十五斤粮食，除此之外就只有些蒜瓣当副食了。进到山里面，雨就下得特别大，我们经常得在少数民族群众的木棚、帐篷里躲着，走得很艰难。我们坚持考察了半年，回来就写报告给省上报上去了。那时我们就发现，"七一冰川"脚下的祁连山水源林被修镜铁山铁路支线的劳改队破坏得很厉害。这个劳改队是在 1955 年或 1956 年到山里面砍林子去的，那时候我抽调到县上的"肃反"办公室，知道很多原来的国民党头头都编到这个队里，对这个队的情况比较熟悉。应该说，这是讨赖河水源林遭到的最大的一次破坏，自我们考察后政府就开始注意保护了。我们就是要一切要讲科学。还有金塔的地下水问题，过去总说要打井，但地下水的量究竟怎么样？这就要进行科学观察。1980 年，中科院兰州沙漠所的一些研究人员和我们一起打了 28 个井观测地下水，五天取一次样化验检测。那时候地下水位是 6 米，到 20 世纪 90 年代的时候成了 16 米了，所以说我们水资源状况还是面临一些比较严峻的挑战。

流域水利工作中，工业企业的加入产生了新的课题。1980 年召开的流域委员会上，地方的同志和酒钢的同志发生争论。酒钢的同志很激动，说我们要是因缺水而减产，你们谁负责？郭长生处长批评我们，太不给酒钢的同志面子。我说，我也有牢骚要发呢！我对酒钢的同志们说，按规定冬天你们要放给我们的一秒钟三方水为什么总凑不够？你们总说供电线路不好，老停电，闸门冻住提不动；你们再要是说提不动，我就把柴草拉过去点着，用土办法把冻化掉，再用手提，你们敢不敢让我去？酒钢的同志不好反驳，这样我们就成"一比一平"了。类似的场景在流域委员会开会中经常发生，但这种争吵不是无意义的，我们和酒钢的同志之间由此解决了不少问题，也建立了友谊。无论大家在会场上吵得多厉害，会下都很和气，因为大家都是坚持原则的人，毫无个人私利。记得就在 1980 年的会后，酒钢的同志在晚饭时教我们用扑克牌变魔术，我至今还记得一些玩法的原理。

桂丰江访谈材料

访问对象：桂丰江，1935 年出生，金塔县古城乡光明村五队农民。

访问时间：2012 年 7 月 20 日上午

访问地点：金塔县古城乡光明村五队

访　问　人：李加福（兰州大学）、齐桂花（甘肃省水利厅讨赖河水资源管理局）、闫生田（甘肃省水利厅讨赖河水资源管理局）、杨易宾（兰州大学）

文字整理：杨易宾、张景平（清华大学）

　　解放前，王子庄六个坝，王子东坝、王子西坝、威房坝、梧桐坝、户口坝和三塘坝。威房下分别有一坝、二坝、三坝，直到七坝，我们就是威房七坝。每年五月一日之后，金塔坝浇水；五月一日以前，放下水六坝浇着。六坝分水的地方叫六坪。分水时，老百姓就拉着柴草往六坪送，将柴草垫在水里，上头用石头压上，再用木头做成像现在分水闸一样的口子，就这样把水分开，这是以前每年一度的浩大工程。

　　那时候的六坪，每一个坝有一个石庙子，大小就和现在人家的院子一样，三面房子，一面大门，大门全部是朝南开的。平时不分水的时候就雇下的人看庙子，分水的时候大家都过去吃住在里面。吃的东西都从大家那儿收上去的，各家都要摊。分水的时候，还要请下一个先生，这个先生就是自己本坝的人，专门管账。我们拉过去的柴草先生要点，看看是七分还是八分①，还要算你出了多少工，最后写给你一个条子。到了年底，全凭这个条子算这一年你家按地摊的工和柴草全了没有。没有的话，你就出粮或者出钱来补。到时候，也多少给这些先生点报酬。石庙子正房的墙上有个画下的神主，上面写着中间一行大字，两边两行小字，上面写的啥我也不知道，前面还是有香案，供着个香炉。

　　鸳鸯池水库上面也有庙，就是那个玉皇阁，后来都拆掉了。玉皇阁的那个山高得很啊，解放后加固修水库时就把那些石头砸下来，由我们一点点砸成碎石拌成混凝土浇灌。那石头比后来的石头都好，砸开之后水灵灵，中间绿绿的。过去的工程不像现在用的是鹅卵石，那时候的石头完全是大石头一块一块砸出来的。

　　说到以前的浇地时的计水方法，靠点香，也用筷子，点香是一家一户地分水，筷子是一村一村地分水。你问我筷子怎么用？就是把一只筷子插到地上，看它的影子，按照辰巳午未这样的时辰记时间。比如说，我们这个威房七坝，一共多少地，总共就算成多少时间，这边插着筷子算着总数，那边就各家点香分水；筷子的影子到了，就算各家的香没完，整个七坝的口子就封上了。这些筷子啊、香啊都是由农官、渠长来管，他们和保甲长被老百姓一起叫作"大头"。我们这儿没有"水利"，原来鸳鸯池南边有几个乡归金塔管，好像他们有"水利"。农官、渠长一年一换。你想当这个农官或者渠长，就给那个总负责的提上些东西看望一下，他就把你宣布了，不存在你们说的推选问题。你问总负责是谁？我也说不太清楚。要说送礼，给的也就是过年杀下的猪肉，再能有啥东西呢？当渠长年龄要大，年轻人还轮不到你，起码要50岁以上。保甲长们收粮、收草、收银，能给自己落下些，农官和渠长就没有这些好处，工资更是没有，最多给自己的地多放些水，也就这么一点好处了。但是如果该人家放水时你偷水，人家一旦发现，上来一帮子人把你的青苗给你全部铲掉，不管你是农官、渠长。我们那时候就见过人家铲庄稼的。虽说大户人家，分水的时候和一般老百姓一样。那时候统统没有闸门，放个水就是拿铁锨挖、柴草填，全是壮劳力干的活。

---

　　① 编者按：所谓"七分"、"八分"是就草的含水量而言的。

修鸳鸯池水库的时候我还小，人家不要我们这些娃娃，我父亲上去过。那时候不修能行吗？赵三老汉把大家都发动起来，大家都得修，用筐筐往土坝上抬土。解放之后加固水库我就去了，土坝曾经发生塌方，抢修时我就在上面，具体时间应该是 1952 年 8 月。那时候人很多，有主要负责人、工程师，还有我们这些做活的老百姓。我们主要负责拉土、护坝、拉柴草。旧的导水洞子塌了以后，我们就把旧洞子堵起来，在旧洞子的东面开了个新洞子。那个旧洞子就在现在土坝靠东山坡的那个地方，与新洞子之间的距离很大。

我们当时上工都是队上派着去的嘛，起初都是按地出差，比如说，家里有几亩地，你就得出一个工，那时候的一个工就是一天。后来变成"锅底子活"，凡是吃饭的都上。我 1953 年修了六个月，180 天。主要管我们的总负责人是李明扬，分管的就是一个乡一个的负责人，领工的让我们干什么我们就干什么。1952 年的时候，我们的伙食是上面拨一部分，完了之后自己带一部分。一天每人二斤粮，50 个人一口锅，工地上也有几十口大锅呢。吃的主要是小米饭和面条子，以小米饭为主，面条为辅。每天都有任务，干不完了还不能下班，晚上接着干。总体是三班倒，24 小时三班，八个小时一班。我们住的就是搭下的席棚子。

1958 年水库又修，我也参加了。那时候已经是集体了，也不用自己带粮食，完全是上面拨。吃的总量一天也是个二斤粮。刚开始放开吃，吃光了之后没吃的了，一天改为六两，后来变四两，想要自己做饭，连锅都没有。坝上那时候有个一两千人吧，工分是集体的，你只要上去干了就行了，一个月过去，生产队里给你随便画上几分工就行了。

后来修解放村水库我也参加了，情况差不多，活儿特别重，但不至于挨饿了，吃的是上面拨发一部分自己带一部分。解放村水库修建的时候要深挖地基，挖下20 米后打黄土墙，上来以后才打坝。参加的人也很多，集体有多少地，你就得派去多少人，也是几个人倒班。我们每一两个月就要上去一次，换着干。

"文革"以前，还没有机器，全靠人。我记得在鸳鸯池上，几十个人拉着石轱辘来回碾压，中间是个大木杠子，很笨重，就是土话说的碌碡。后来渐渐有了机器，我们就很少再去打坝挖渠了，好像修解放村水库时就有一些拖拉机什么的了。

赵学谱访谈材料

访问对象：赵学谱，1930 年出生，金塔县人，行政退休干部，赵积寿的侄孙。
访问时间：2012 年 7 月 20 日下午
访问地点：金塔县赵学谱先生家

　　访 问 人：李加福（兰州大学）、齐桂花（甘肃省水利厅讨赖河水资源管理局）、闫生田（甘肃省水利厅讨赖河水资源管理局）、杨易宾（兰州大学）
　　文字整理：杨易宾、张景平（清华大学）

　　不谦虚地说，没有我爷爷，就没有鸳鸯池水库，金塔也不会有现在这些人口。
　　我爷爷生于1877年，后来考中文庠生。我祖上是从山西迁移过来的，到金塔的时间大约是乾隆年间。起初，我们住在威虏坝，后来由于人太多，就迁移到了王子庄。我太爷爷，也就是我的曾祖父，那个时候还给人家拉长工，到了20多岁的时候，积攒了些土地，但是家里面仍然很穷。到了爷爷辈，家境还是不好。我爷爷兄弟三人，大爷爷29岁就殁了，二爷叫赵积善，是我的亲爷爷，去世时50岁，我没见过，我现在说的爷爷就是三爷爷赵积寿。我爷爷年轻时和大家一样务农，后来就去拉骆驼、跑运输。当时主要是跑包头、绥远，就是所谓的走西口，和蒙古族人打交道，听说为了多挣一些钱还经常到外蒙古去，这样逐渐在当地积累起比较可观的财富。解放前我们家的骆驼很多，有一支自己的驼队，我印象中到爷爷到年纪很大时，偶尔还会跟着驼队一起出一次货。所以说，爷爷从事政治的钱都是自己挣的。他是一个很坚强，很有毅力的人，也很热爱地方人民。
　　解放前，金塔也就一万亩地[1]，水的来源主要靠酒泉流下的几条河，如讨赖河、洪水河、临水河等等。酒泉占据上游，我们占下游，往往是他们不愿意浇的水才放给我们。这样，我们浇水就很靠不住，没有保障。那时候的金塔旱得不成，几乎到了一种民不聊生的地步。人们就纷纷逃往现在的瓜州、玉门，甚至新疆，那些地方的水利稍微发达一些。酒泉人到秋天才把水放下来，这时候糜子都旱死了。这样一种情况下，金塔全县人几乎都逃荒去了。我爷爷认为再不能这样下去，一定要想办法解决这个问题，后来就争取到了"均水"这样的结果。
　　但是"均水"也是很不顺利的。酒泉人占据着上游，有先天的优势，就是不给均。所以我爷爷经常就到酒泉府衙打官司争水，一年有一到两次带着人到酒泉均水，从上游给下游要水。地方官都住在酒泉城里，所以也不向着金塔人说话。当时从金塔到酒泉两站路，整整走两天。均水时，我爷爷一面和酒泉人交涉，一面强行决口子，这样就经常和酒泉人打架，生命常常没有保障。人群中很乱，经常有人喊"打死赵三爷，打死赵三爷"，幸好当时没有被打死。金塔也就是这样和酒泉争水持续了好多年，后来水规就慢慢定下来，现在仍然执行的是过去的均水制度。大概内容，一年中酒泉给金塔就放两次水，主要是北大河的水，沿路上派着金塔的民工蹲在各个路口上看口子，怕酒泉人半路把水截走。但就是这样，水还是不能保证，人还是没有粮食吃。在这种情况下，就非要修水库不行了。

_____

　　[1]　编者按：访谈时原话如此。

为了修水库，我爷爷经常到省城兰州请愿。金塔到兰州要走 18 个马站，一个单程就是 18 天。我爷爷坐的是一个铁轱辘轿车①，车是我们家的，骡子也是我们自己家的。当时，他是水利委员会的委员②，就挂着那么个头衔，没有使公家一分薪水，路上所用的盘缠全部是我们家自己出。爷爷就这样辛辛苦苦到了兰州，拿着干瘪的青苗、麸皮谷子，跪在省政府的门上求省政府出面协调。这样一次次地去兰州，有时候在兰州一待就是一两个月。没钱的时候，爷爷就在兰州拾些破烂换饭吃。1937 年到 1941 年，大部分时间就在请愿中过去了，那是很辛苦很辛苦的。一直到了 1942 年，才把修水库的事情定下，真的很不容易。可以看出，我爷爷确确实实是一个为人民服务的人。

当时那种情况下，当官的不为老百姓着想，而我爷爷却处处为金塔人民着想。他不拿公家的一份薪水，仍然这样坚持地干着，促成了鸳鸯池水库的修建。我爷爷在这过程中的为人民服务的行为着实感动了百姓，也感动了一些官员。中央也派人来主持修建水库，就是原素欣先生，对我爷爷也很尊重。我爷爷在修建水库的过程中一直关心着水库。鸳鸯池水库修建中施工一度瘫痪，当时的流言蜚语很多，说什么"赵三爷、没事干，车车坐上兰州转，一心要修水龙站"。骂的话很多，告状的人也很多。水库上死掉几个民工，账都算在我爷爷头上。水库修成以后，专员刘亦常在水库建成大会上把这些状纸都烧了。

我爷爷认准的东西不肯放松，面对这些流言蜚语只有不理不睬。如果退缩了的话，人还是饿着，地还是荒着。当时的情况，官员不支持，百姓不支持，地主恶霸们也起来反对。用一时的眼光来看，修水库确实使地方受到些损害，因为民工确实辛苦，又要加重地方负担；但从长远来看的话，那是大大的益事。所以说，评价鸳鸯池水库不能离开当时的历史背景，水库能够建成是很不易很不简单的。我爷爷一生清清白白的，不论是均水还是修建鸳鸯池水库，他的费用都是自己家里的钱，说他贪污也贪污不上。忍受了那么多辛苦，完全是为了人民，自己一直很坚强。

为了和酒泉人争水，除打点好金塔县长以外，还不得不巴结当时的专署专员、酒泉县县长和当地驻军，于是我爷爷就在酒泉买了院子，就是现在的邮电街里。我爷爷在这里写过一个小册子，名字似乎叫作《金酒应分水之理由》。这个册子里面写了十条理由，认为水是天下人的，不是你酒泉人一家的，不能由你一人霸占，我们就要分这个水，从理论、习惯、地理位置、人民生活等方面把道理讲透。这个册子是我爷爷自己出钱印的，估计有几百本，有现在半个书那么大，三四页厚，我当时印象很深，但可惜现在没有一本保存下来。我爷爷当时在酒泉写这个东西，金塔的孩子来酒泉上中学、上师范，就发给他们，请他们去学校宣传。酒泉人不高兴就不用说了，可金塔也有一些人反对、说风凉话，说什么利用娃娃、有野心之类的，这让人很伤心。

---

① 编者按：此处所谓"轿车"指的是一种带顶棚的马车。
② 编者按：访谈时原话如此。此处有误，水利专员系甘肃省政府聘任。

　　我小的时候在酒泉上学，就住在爷爷的院子里。每半个月，就从家里拉一只羊到酒泉，宰了之后，打上酒招待官员。那时候馆子少，没有听到说在馆子里面招待他们，就在家里，用煤炉子炖羊肉。爷爷住在北房，我和我母亲住在西房。晚上爷爷老喊我的名字，实际是在叫我母亲，让看羊肉煮到什么成色了。除了请官员吃羊肉请喝酒以外，还给他们送东西。我爷爷在金塔有果菜园，这在当时很少见，酒泉三四处，金塔一两处。爷爷的果菜园里产两种东西，一种叫红果子，另一种就是韭黄，这在酒泉是比较稀罕的东西。我记得有一年去专署给专员送韭黄，年龄小、见不上专员，是专员手下的副官或者是秘书收下，还给了我一块二毛钱。我爷爷巴结官员是否还有送钱之类的，我就不得而知了。

　　虽然这样，但是爷爷对待子女是异常严格的，对儿子、侄子、孙子都严，经常灌输的是勤俭节约、淡泊名利的思想。有这么一件事情，可以看出来他对待子孙的严厉。常听人说，我的亲伯父叫赵诵鲁，十八九岁的时候，有一年过年的时候跟人赌博耍钱。我们家有个 20 亩地的庄院子，中间是个用蒿草围起来的院墙，我伯父就和一帮子人在里面设局，结果被我爷爷发现了。当时拉住后就狠狠地打，打到几乎要把腿打断。我亲奶奶出来哭，说这又不是你自己的亲儿子，凭什么往死里打，这才作罢。第二年，我这个伯父就去上酒泉师范了，后来又上黄埔军校，和顾祝同同期。① 后来干到相当于师级的这么一个职位，做军事外联方面的工作，后战殁。我爷爷为此不断上告，后来顾祝同就拨了些款子，在金塔修了个忠烈祠。

　　虽然说在别人眼里看来我们是地主，表面很风光，但是家里人多，生活还是不行。现在随便一个农村人比那时候的地主生活都好。我那时候和爷爷睡在一个床上，对我待遇还是比较好的。我们吃的和家里做活的长工一样，爷爷单独吃。有时候家里给他炒羊肉，他就给我们孙娃子夹几块。我们一直没有分过家，所以家里人多，当年有三处庄子，后来又在校场买了块地，修了个屯庄名叫"天水庄"，就是现在金塔县园艺场附近。"天水庄"里面有个花园，修着亭子、花栏，每年的端午节金塔人都来游园。土改时"天水庄"的人都被扫地出门，甘肃省主席郭寄峤赠给我爷爷一块"造福桑梓"的匾额也破坏了。我爷爷在金塔城里还有一座院子，前院是灶房和关牲畜的地方，后院有个住人的木板楼房。后来，爷爷又在大门上加盖了一间二层门楼作私塾，把族中的子孙以及和朋友孩子接来读书。

　　爷爷生于正月初一，逝世也是正月初一。去世之后停灵二十一天，一般人都是三四天。那时候酒泉专区七个县都来人了，省上也来了人。我爷爷活着的时候当了七县水利专员，一点薪水没拿上，就是奖励个皮轱辘②，这就是获得的全部奖励。爷爷的遗物都没有留下，历次运动中大部分照片也都烧掉了。我印象比较深刻的一张照片是我爷爷穿着儒服、带着儒巾，后来再没有见到。

---

①　编者按：此处似有误。《创修金塔县志》卷 6《留学》云："民国十六年赵诵鲁留学于南京中央政治学校三年。"且顾祝同亦非黄埔军校的学生。

②　编者按："皮轱辘"指马车用的是橡胶轮胎。

赵福华访谈材料

访问对象：赵福华，1943 年出生，酒泉市肃州区下河清乡人，甘肃省水利厅讨赖河流域水资源管理局退休干部。

访问时间：2012 年 9 月 28 日上午

访问地点：甘肃省水利厅讨赖河水资源管理局

访 问 人：李加福（兰州大学）、齐桂花（甘肃省水利厅讨赖河水资源管理局）、高玉娇（兰州大学）

文字整理：李加福、高玉娇

我 1943 年生人，1963 年 5 月份参加工作，2003 年退休，在讨管局工作了整整 40 年。刚参加工作的时候是渠道维修工，1969 年 9 月份调到讨赖河渠首水管所，到 1988 年调到南干渠水管所当副所长，1992 年在北干渠水管所当副所长，1995 年升为所长，1998 年 3 月份调到灌溉试验站当支部书记，一直到退休。

我是下河清人，那里属于马营河流域，因此关于解放前讨赖河干流，以及洪水河流域的水利情况知道的不多。我们刚参加工作时，南干渠、渠首一带的水利人员都住在南龙王庙，北龙王庙已经不在了。南龙王庙供着龙王的神像，还有龙王的手下，不时有老百姓来烧香，所以我们每天打扫卫生时都要把供桌擦得干干净净。农历四月初八这天，来烧香的人最多。南龙王庙是 1962 年拆除的，现在渠首北干渠排沙坝上面有个仿古的八卦楼，就用的是龙王庙大殿的材料。那时的渠首没有什么样子，就是自然河床，要靠打石笼来堵水，一层层码好要六七个小时。我刚参加工作的时候还编过石笼，还用芨芨草搓绳子，后来渠首修好就不用了。

整个讨赖河流域的灌溉能力原本确实比较有限，河水每年大小不一样，不是每块地每年都能浇上水。每年的端午与五月十三是两个比较重要的日子，老百姓有句话："小旱不过端阳，大旱不过十三。"这是什么意思？那就是说，如果到端午节浇不上水，那就已经成小旱；五月十三还浇不上水，那就是大旱，要绝收。农民浇不上河水，就只能希望天下一点雨，但五月十三日是最后的期限，再往后就不管用了。如果刚好五月十三下雨，老百姓就说那是"关老爷磨刀水"，是关老爷磨完刀后给百姓剩下的。

20 世纪五六十年代的渠道和渠首设备都相当落后，闸门都是木闸，闸板有 20 公分厚，两米见方，用芨芨草绳拴上，手动提起放下。1965 年国庆节的时候下了大雨，渠里水很大，我们就去提退水闸，结果闸板卡住了，我们的老书记就下到渠里用钢钎撬。闸板提到半空，那上面的芨芨草绳子突然扯断了，整个闸一下子又砸下去，我们老书记就这样牺牲了。"文化大革命"时期，就用上螺丝式的老式启闭机，启闭闸门时用两把钢钎往中间柱子的窟窿里一插，四个人推磨一样地转圈，虽然还是相当费劲，但比以前安全多了。再后来，启闭机设计成手摇型，两个人可以轻松操作。现在大的闸门早已实现电气化，渠首七八吨重的闸板，一按电钮就提起来了，听说马上还要改成用电脑自动控制，这在以前是想都不敢想的。

我们刚参加工作时，讨赖河的渠道还很简陋，大部分都是弯弯曲曲的土渠。以前修渠凭经验较多，20世纪五六十年代我们水利系统的技术人员才开始搞科学的渠道设计。我也被临时抽调去参加过测量队，领队吴球是我们酒泉比较有名的水利工程师。吴工是上海交大的大学生，眼见要毕业，就被划成"右派"，发配到酒泉来。他本行是学桥梁的，但派不上用场。比如，我们讨赖河渠首边的那个大桥本来就是他设计的，但上面说他没有大学文凭，就另找人设计，结果设计出来的和吴工一样。后来吴工转而搞水利设计，设计渠道、渠首。他在酒泉的代表作，是马营河东干渠、观山河与洪水河的栅栏式渠首，防止卵石、大石入渠，国家水利部专门来考察过。后来这个技术被新疆学去了，又大大改进了一番。不过，虽然我们有一些像吴工这样的本地技术人员，大的工程主要还是省上设计，拨款也主要靠省上，地方负责出劳力，比如，南、北干渠和渠首就是这样修起来的。20世纪60年代初修北干渠时，每一个民工每天完成一个定额就发一斤粮，超额完成，就发钱。那时候刚过困难时期，粮食很紧，这还是很有吸引力的。

我刚工作时初中还没毕业，但那时有文化的人少，还算是一个"知识分子"，因此做了几年的维修工后就调我去当统计员。我的职责就是根据配水计划，到现场去统计各公社每天的灌水量与灌溉面积，有时候还要下到生产队。一个公社的计划完成了，就通知他关上渠口，让下一个公社去灌溉。那时候条件太差，一个水管所只有一辆自行车，所长自己骑，我们下乡都是靠两条腿跑路，水放到哪个公社，我们人就跟到哪个公社。公社的干部都认识我们，一过去他们就能知道，老远给我们打招呼。我们跟农民天天打交道，整个渠道灌完，才能回水管所。那时我们觉得跟老百姓打交道很顺利、很愉快，没有难解决的问题。我们就在公社或生产队吃饭，一顿饭交两毛钱，半斤粮票，吃的和农民一样，否则就显得很刺眼。我们局里有个张姓管水员，到西峰乡去看着浇地，生产队给炖了碗粉条吃，还准备了些烟、酒，结果马上就有闲话传出，说他是"粉条子缠腿，有酒便是水"。西峰公社的党委书记吴大成听了很不高兴，把生产队的头头叫上来收拾一顿，说吃吃喝喝这种事情是你们主动提出的，背后再把人编排一顿，不厚道。

我在水管所除担任统计员外，主要的工作还是组织修整渠道。修渠本来是很费劲的，老百姓都有顺口溜，说是"磨破驴蹄子，褡裢绞脖子"。20世纪60年代还很穷，买不起水泥，都是土渠改成的干砌卵石渠。我们施工人员在修渠道时，要把石头排队，大的放下面，小的放上面，一层层不能出错，当时的顺口溜说："三角眼，六面靠，提不动，拔不掉，风化卵石全不要。"以后慢慢改成了浆砌石，用混凝土现场浇筑，我们就做成一种模具，让老百姓比照着施工。这时水泥是运来的，沙石要老百姓就地取材。20世纪七八十年代以来，30多公里的干渠又加固了一遍，渠底的混凝土厚度加厚了八公分。修渠的人工是按地摊派的，我们水管所负责组织。20 世纪 60 年代也交水费，我记得洪水片是一亩地五毛钱一斤粮，那时候就这么低。

20 世纪六七十年代，水利工程施工条件差，经常会出人命。讨赖河南干渠隧洞在冬天施工，因"三九里的开河水"而淹死三个人。什么意思呢？三九时气温已经回暖，白天河里的冰化了，晚上又冻住，这样慢慢就形成冰坝。有一天冰坝突然垮掉，河道里蓄积起来的水一下冲进隧洞里面，造成伤亡。当然，整个流域最惨痛的一次水利事故是红山河红岭水库溃坝，死了三十多人，水库到现在还没有修起来。那是 1971 年的夏天，山里突然下暴雨，洪水把坝冲垮了。坝上施工的人倒没什么伤亡，因为他们看到水头一来，都跑到高处，遇难的都是在工地下游休息的民工。怀茂乡的民工牺牲最多，因为那天他们是轮休，很多人在工棚睡午觉，来不及跑。我有个堂弟当时也轮休，事故发生当晚清理现场，到处找不到他，工地上连棺材都给他做好。结果第二天人却出现了，原来事故发生时他去了妹妹家，事先没有给领导请假，算是逃过一劫。

所以说，我们酒泉虽然降雨少，但洪水的危害还是很大的。20 世纪六七十年代酒泉还发生过几次大洪水，对水利设施破坏也很大。我印象中在 1979 年 7 月，文殊沙河发洪水，从西峰一路流下来，进入酒泉南门，把老百姓捆的大麦子垛都冲跑了。我们南干渠是横跨文殊沙河的，这个河道常年无水，没有预料到会有这么大的洪水，因此修建时只给留了一个一米多直径的涵洞。这一次洪水中，我们的渠垮了，重建时吸取教训，改成渡槽，施工时我全程参与。这个渡槽是钢筋混凝土的，质量很好。我记得钢筋分两种，较细的钢筋可用铅丝捆扎在一起，但渡槽地基的钢筋很粗，必须全部用电焊才能连接起来，我就负责操作柴油发电机。洪水以后，我们还拓建了防洪渠，大概有 25 米宽。以前我们的水管所不仅管灌溉，还要管防洪。除了夏天的山洪以外，春灌前各个小水库也有防御洪水的压力。为什么呢？水库为了保障春灌，已经把冬水蓄得很满了，水面快与坝顶接近了。我们这儿春天风很大，那就形成很大的波浪，不停地侵蚀坝体。20 世纪五六十年代的小水库都是土坝，越到顶坝体越薄，经不起这样的冲刷，所以弄不好要溃坝，形成"人造洪水"，所以春灌前我们的心都悬着。后来国家拨款改造病险水库，我们流域大多数水库都加固了堤坝，修建了防浪护坡，这个隐患算是根除了。

我刚参加工作的时候，耕地还不多，没什么用水矛盾。讨赖河流域的分水制度印成一个小本子，酒泉多少天、金塔多少天，我们人手一册。在这制度之外，还有一些惯例，比如，酒泉遇到降雨，就要"明浇夜退"，即白天浇水，晚上把水放到河道里给金塔流下去。20 世纪 70 年代以后，用水开始有一些矛盾了，我看主要有三个原因。第一是耕地扩大比较多，而我们的水库太少，调蓄能力不够。第二是我们的城市、工厂发展起来了，用水也很多，酒钢的生产规模扩大一次，流域委员会就要吵一次架。但相对于前两点，我认为最关键的是第三点，就是现行流域管理体制存在比较大的问题。最早我们讨管局叫讨管处，只有十几个人，主要管渠首和酒泉的几个灌区，后来洪水河、清水河、临水河以及鸳鸯池水库都并进来，变成了一个流域性的大机构。我个人认为，在这个大机构管理之下，大部分用水问题都比较好解决，全流域一盘棋嘛！可惜的是"文化大革命"中，灌区下放地方，现在讨管局只管渠首和南、北干渠三十几公里，其他渠道与水库由县区水务局管理，就好像亲弟兄分了家，有很多问题就不好解决了。

　　因为需要更多的水，20世纪70年代以后机井开始普及。机井分两种，大部分机井是灌溉用的，小部分是城市供水用的。那时候上面支持打井，刚开始经费全部是省里给，后来减少了，但也还有50%到60%，剩下的都是老百姓自筹，也是按地亩摊派。老百姓都愿意打机井，因为这样就把用水的主动权抓在自己手里，不用看别人脸色，也不用年年修渠。但是地下水打得多，生态一定要出问题，因此现要想打井就不容易批下来了。嘉峪关市的一部分自来水也靠打井，由于取水井就打在在我们北干渠边上，客观上加剧了我们渠道的渗漏，造成了灌溉用水的损失。全流域的地表水、地下水权如何统一管理，这是一个值得思考的问题。

　　20世纪60年代酒泉市的水利局副局长董廷甲是民主人士，管水利调度，我刚工作时基层还有一位干部鲁德章，40多岁，人们都叫他"鲁水利"，他们在解放前就是干部，也是解放后流域里第一拨水利干部。前面提到的吴球，算是第二拨中资格比较老的。到我当上水管所所长，已经是第四拨了。几十年间，物是人非，令人感慨，有两位老同志，给我印象比较深刻。

　　第一位是毛焕文，曾任酒泉县水利局水管股的股长，年龄比较大，我们刚工作时就称他为"毛爷"，后来因为工作关系也有不少交道。他在流域水利系统有"活地图"之称，酒泉所有的大小河流与渠系网络都非常熟悉，哪个乡用哪里的水，有多少口子，心里一清二楚，很多数据也都信手拈来。那时候信息不发达，查个资料不容易，但你要是问他，比如，某某河分几段引水，每段流量多大、四季的水量分别多少，他都能不假思索地告诉你，这是大家都钦佩的人物。

　　第二位是董吉祥，讨管处筹备处的处长，部队转业干部。20世纪60年代初，他的行政级别是16或17级，因为刚到地方，还可以从省里拿三年补贴，一个月工资100多元，我们才拿44块6毛钱。他生活特别朴素，喜欢和工人打成一片，经常骑车到下面去检查工作，鸳鸯池那么远的地方，也是骑车去，骑不动就坐在路边抽根烟，休息一下。"文化大革命"中董吉祥受到较大的冲击。

　　20世纪60年代我们刚参加工作时，年轻调皮，喜欢编老领导、老职工的段子。比如，"某某的腿、某某的嘴、某某的计、某某的气"，是说他们四位，有的勤于下乡，有的善于作报告，有的点子多，有的对工作要求严格，这是赞扬的话；还有一些则是对官僚作风的讽刺，比如，"某某的诈骂皇天，某某的挤眉皱眼，某某老不言喘"。现在看来，这些段子把一些老领导、老职工的特点总结得很传神，但确实不大严肃，所以我就不提他们的名字了。现在他们中的多数人早已作古，现在回忆一番，也算是一种历史的纪念吧！

刘德豫访谈材料

访问对象：刘德豫，1920 年出生，中国著名港口工程学家，交通运输部科技司原副总工程师，1943—1946 年曾参与鸳鸯池水库工程。

访问时间：2013 年 12 月 31 日

访问地点：北京市和平里东街交通运输部宿舍刘德豫先生家

采 访 人：张景平（清华大学）、郑航（清华大学）

文字整理：张景平

    我是 1943 年从西南联大土木专业毕业的，当时正是抗日战争时期国难深重的时候，一腔热血全在报效国家。我的专业是公路工程，按照一般道理，我应与大多数同学们一样，毕业后到铁路、公路、机场部门工作，这些部门的待遇在当时的大后方是比较好的。但当时沈怡先生主持的甘肃水利林牧公司也在联大招募人才，而舆论与政策都在鼓吹"开发西北"，受到这些因素的影响，我和四位同学一起接受了甘肃水利林牧公司的聘任，从西南来到西北。

    由于战时交通工具奇缺，我们从昆明出发，一路基本靠搭顺风车，个别时候甚至要步行，走了一个月才到兰州。当时来公司报到的大学毕业生不少，大部分是联大、中大的，也有其他学校毕业的，所学专业也各不相同。我们这些新人在兰州的公司总部培训了一段时期，在业务与思想方面熟悉了地方特点，给我们上课的有公司总经理沈怡、总工程师周礼等，似乎还有建设厅厅长张心一，以及其他一些地方人士，时间久远，记不清楚了。培训结束后我就被分配到酒泉工作总站任练习工程师，在原素欣先生的领导下参与鸳鸯池水库的设计与修建工作。从此我一辈子都在干工程，主要是在政府机构当中，但 20 世纪 40 年代是在甘肃水利林牧公司，20 世纪 80 年代则在深圳特区南山开发（集团）股份有限公司，一头一尾，都与"公司"有关。现在看来，甘肃水利林牧公司这个组织还是很先进、很有效率的，用"公司"的形式来搞建设确有其优长之处。

    酒泉工作总站设在酒泉的周公祠，这是一个在城外的祠庙，四周都是稻田、渠道，环境清幽。鸳鸯池水库工程处是总站的下属单位，设在金塔县的青山寺，可以俯瞰整个工地；说是寺，其实是一座非常大的道教宫观。青山寺是我们这些技术人员的大本营，设计、讨论要在大殿里进行，某些原料、工具的制备在院子里，晚上就住在两边的厢房里，我在鸳鸯池工地的大部分时间都是在这里度过的。我们来的时候工程已经开工，工地的节奏比较紧张，因此必须很快进入工作状态。酒泉工作总站主任原素欣先生是一个很严肃、很有奉献精神的人，不但自己常住工地，把家眷也都接来了，这给我们年轻人树立了一个很好的榜样。我们当时也知道原先生很得上层的器重，蒋介石还送给他一件大衣，我们都称之为"黄马褂"。

我们当时施工的一个很大困难是水文资料太少，因此原先生经常要带着我们到处访查水情。那时候汽车很少，全没有我们的份，原先生带着我们骑骆驼、坐牛车，把酒泉的几条河上上下下都跑遍了，不断地做测量并询问老乡。我是湖北人，但在河南长大，因此听酒泉方言还不算太难，也收集了不少资料。我印象比较深刻的是牛车的木轮子，一副新轮子并不是圆的，而是有很多棱角，因此会很颠簸，要慢慢磨成圆的，那时才舒服一些。我们最远到过敦煌，考察了疏勒河、党河，我还顺便为敦煌南湖设计了一座涵洞。月牙泉、千佛洞也曾顺道游览过，还有孙越崎先生主持的老君庙油矿，在荒凉的河西走廊西部算是繁华、现代的地方了。当然，我比较遗憾的是没有能参加进祁连山的考察，那一次是原先生带队。听说他们走得很艰苦，但收获也最大。

在整个工程中，我参预了溢洪道、导水墙与涵洞的设计工作，都属于岸上工程，这是先于整个大坝主体工程的。当时水泥非常缺乏，因此主要是用就地取材的条石、片石，用浆砌法修筑。工程的施工是包给当地人进行的，我负责在技术上督导，相当于后来的"监理"。我们这些年轻技术人员并不与参加施工的群众直接接触，主要是通过监工。监工要求懂一点技术，但主要职责是管理民工。和我合作过的一位监工名叫黄汉珍，不是当地人，具体籍贯忘了，人很有意思。20世纪80年代我在深圳特区南山集团任副总经理，竟然又遇到这位黄汉珍，他是广东的一位领导干部。交谈中我才得知，黄后来参加了第四野战军，是作为南下干部来到广东的。当时也有地方的官员、士绅等来工地，但自有原先生他们出面接待，我们这些技术人员并不与他们接触。但赵积寿这个名字我在兰州学习时就听过，知道他是甘肃省参议员，是一位在地方极有影响的人物。

我当时很年轻，对工作、生活很有热情。我拍摄了一批关于工程的照片，主要是为了保存资料。酒泉市档案局正在征集相关历史照片，不妨把这些照片交给他们收藏吧！人老了，难免思及故人。当时在鸳鸯池工地一起工作的顾淦臣、雒鸣岳，大家都是同龄人，交情很好，后来都是著名水利专家了；作为原先生副手的刘方烨，后来去了北美，依然从事水利工作，20世纪80年代回国时我们见过一面；还有蒋丰，后来去了南美，参加了好几个大型水利工程的建设。这一批人当中，大概只有我没有再从事水利工作了。1946年我离开鸳鸯池去建设塘沽新港，从此港口工程成了毕生事业，脱离了水利战线；武汉大学朱诗鳌教授称我为坝工专家，我是不敢当。不过，鸳鸯池水库毕竟是我参与的第一项工程，我对其有特殊的感情，遗憾的是我始终没有机会再去故地重游一番。50年代设计密云水库时向参加过鸳鸯池建设的人员征集资料，我上交了一些图纸。作为一名普通技术人员，我有幸能参与当时中国人自己设计修建的最大水库，这是我一直引以为自豪的。

明清以来讨赖河流域水利开发大事记

明

洪武年间（1368—1398）

肃州千户曹赟主持大规模水利建设，在酒泉盆地的讨赖河左岸建成黄草坝、沙子坝，在洪水河出山口以上的悬崖峭壁中修成东、西洞子坝。

成化年间（1465—1487）

洪水河流域建成花儿坝、红水坝。

嘉靖二十六年（1547）

肃州参将崔麒改建沙子坝，并培筑洪水河河堤。

嘉靖二十七年（1548）

肃州兵备副使王仪兴修水利，安置内迁之关西七卫民众。

嘉靖三十五年（1556）

改建沙子坝下游支渠，名通济渠。

嘉靖三十六年（1557）

肃州兵备副使陈其学动用军队大规模改建红水坝渠首。

嘉靖年间（1522—1566）

千户杨燾修成红水坝龙王庙，成为酒泉盆地水利活动的中心。

清

顺治五年（1648）

甘州回族将领米喇印、丁国栋以"反清复明"为号召发动起义，占领肃州，遭到清廷的血腥镇压。肃州一带的水利工程在战乱中遭到严重破坏，长期未能恢复。

康熙四十八年（1709）

肃州分巡道茹仪凤在临水河建成茹公渠，并修复红水坝。

康熙五十四年至雍正四年（1715—1726）

清廷在金塔盆地大兴屯田，招徕汉族移民入驻，并从吐鲁番等处迁移维吾尔族移民。

雍正六年（1728）

屯田通判毛凤仪主持金塔盆地渠道建设，新开渠道，在金塔地区形成上游的金塔坝灌区与下游的王子庄灌区。

雍正七年（1729）

升肃州为直隶州，设肃州州同一员驻王子庄，专司屯田水利之事并协调民族关系。

雍正十一年（1733）

马营河流域之九家窑屯田区建成千人坝水利工程，设肃州州判一员驻此负责屯田水利。

雍正十二年至十三年（1734—1735）

重修洪水河流域的东洞子坝。

乾隆四年（1739）

清水河流域建成徐公渠。

乾隆二十五年（1760）

陕西总督杨应琚奏请在肃州周边继续屯田，并开凿新渠。

乾隆二十七年（1762）

创立茹公渠分水制度。在肃州知州与王子庄州同的联合主持下，将临水河水"三七"分开，三分入茹公渠，七分归金塔坝。

乾隆二十八年（1763）

因准噶尔部平定，讨赖河下游的维吾尔族移民迁回故地。王子庄州同辖境成为县级行政单位，不再由肃州代管其日常民政事宜。

乾隆三十年（1765）

在酒泉盆地北部地区修成新两野渠。

乾隆四十年（1775）前后

肃州知州康基渊改建红水坝上游渠道并在洪水河左岸新开兴文渠。

乾隆五十年（1785）

王子庄州同迁移至金塔寺，并在金塔寺一带扩修新渠。

乾隆五十七年（1792）

肃州知州确立了马营河流域六个主要屯堡的均水规则。

道光十七年（1837）

王子庄州同冀修业在讨赖河下游大规模整饬渠坝，培筑河堤，确定各渠水规。

同治四年（1865）

陕甘回民起义进入白热化状态，回族猎户马文禄率众占据肃州，但未克金塔寺。数年的战乱使讨赖河流域水利事务受到较大影响。

同治十一年（1872）

左宗棠派遣徐占彪部进攻肃州，马文禄以州城东、南方向渠道为战术屏障，与清军激战，清军最终攻克肃州。

光绪三十三年（1907）

时任沙俄军官的马达汉来金肃州、金塔考察，记载了地方水利事务的基本运作方式，并提到有水利纠纷出现。

宣统元年（1909）

安肃道廷栋裁处金塔坝与王子庄六坪的水利纠纷并刻石记事。

清末

酒泉西河口出现大型拦河坝，并在左右岸建成北、南两个龙王庙。南龙王庙取代红水坝龙王庙成为酒泉盆地水利活动中心。

民国

1913 年

肃州直隶州改为酒泉县，王子庄州同改为金塔县，先后处于安肃道、肃州镇守使、甘肃省第七行政区管辖之下。

讨赖河流域爆发特大洪水，酒泉城郊堤防冲毁，安肃道尹周务学率民夫抢险。

1922 年

酒泉县与金塔县商定，将茹公渠分水之"三七"比例调整为"五五"比例。

1926 年

黄文中出任金塔县县长，开始支持推动流域性"均水"制度的创立。

1927 年

金塔乡绅赵积寿上书肃州镇守使裴建准，要求实行在讨赖河实行全流域性的"均水"，以无成例故遭到拒绝。

1928 年

黄文中、赵积寿等借中国国民党金塔县党部成立的机会，派代表向国民党甘肃省第二次代表大会提交了要求"均水"的提案。

20 世纪 20 年代

金塔遭遇水利危机严重，人口严重下降。

1934 年

周志拯出任金塔县县长，多次在南京、兰州等报刊上撰文指出金塔地区严重缺水的现实。

1936 年

应金塔民众的强烈要求，甘肃省政府特派委员林培霖、杨世昌赴讨赖河流域进行实地调查。省政府根据二人的建议通过训令，由酒泉每年分两时段向金塔"均水" 15 日，其中芒种后 10 日、大暑前 5 日。训令在酒泉各界激起强烈反对，酒泉各界掀起了上书、请愿的高潮。

酒泉、金塔民众因均水事发生对峙。

1938 年

甘肃省建设厅委派工程师王仰曾赴讨赖河流域调查，提出在洪水河出山处的鼓浪峡及鸳鸯池修筑水库的建议。

1939 年

甘肃省建设厅工程师杨子英提出以玉门油矿所出沥青为原料，全面衬砌流域渠道的建议。

酒泉、金塔民众再次因"均水"发生械斗，驻军出动，开枪弹压。

1940 年

金塔、酒泉民众因"均水"问题发生最严重的械斗，酒泉民众冲击第七区公署，将正在开会的金塔县长赵宗晋殴伤。

甘肃省水利局在兰州成立。

1941 年

甘肃水利林牧公司在兰州成立，由中国银行与甘肃省政府"七三"合股，以兴办全省农田水利事业为基本任务，宋子文任董事长。

甘肃水利林牧公司为解决设立肃丰渠筹备处，原素欣担任主任，常驻酒泉，决定优先修建鸳鸯池水库，并在金塔青山寺、酒泉南龙王庙设立临时水文观测站。

1942 年

鸳鸯池水库工程的勘测、设计工作基本完成。原素欣并主持制定了鸳鸯池水库修建期间酒、金两县临时"均水"办法，两县官绅均无异议。

行政院决定每年拨专款 1000 万元支持河西水利建设，讨赖河流域为投资重点。

1943 年

鸳鸯池水库正式开工，肃丰渠筹备处改组为酒泉工作总站，下设肃丰渠工程处。

赵积寿被甘肃省政府特聘为甘肃省水利委员，负责协助鸳鸯池水库修建。

蒋介石派罗家伦为原素欣颁授皮毛大衣一件，以示对全体河西水利工程人员的奖掖。

1944 年

酒泉工作总站为酒泉之中渠灌区开辟新水源并在金塔改建了王子庄六坪。

酒泉工作总站开展灌溉耗水实验。

国民党五届十二中全会确认"开发河西农田水利为国家事业"。

美国水土保持局局长罗德民一行来讨赖河流域考察水利建设。

1947 年

鸳鸯池水库竣工，设直属甘肃省水利局的水库管理处。

中华民国水利部直辖之河西水利总队成立，甘肃省水利局局长黄万里兼任队长，原甘肃水利林牧公司酒泉工作总站人员大部在总队留任。

1948 年

鸳鸯池水库管理处交由金塔县水董会管理。

河西水利总队完成在讨赖河流域的勘测设计任务。

西北军政长官张治中视察鸳鸯池水库。

中华人民共和国

1949 年

9 月，酒泉、金塔两县和平解放，成立酒泉专区，下辖酒泉、金塔、鼎新、玉门、安西、敦煌六县与肃北设治局。

10 月，第一野战军司令员彭德怀视察鸳鸯池水库。

是年，讨赖河流域水利史上的重要人物、金塔巨绅赵积寿逝世。

1950 年

2 月，酒泉、金塔两县人民政府分别设立第四科（以后称建设科）主管农业、水利工作。

5 至 7 月，酒泉全县发生各种水利纠纷数十起，多由要求解决水利积案而产生，其中清水河流域发生暴力冲突，皆得到迅速解决。

是年，讨赖河流域掀起大规模的"合支并干"热潮。酒泉讨赖河左岸诸渠合并为民主渠（北干渠），右岸诸渠合并为联合渠（南干渠）；金塔王子庄六坪中，户口、梧桐、三塘坝合并为东干渠，王子东、西两坝、威虏坝合并为西干渠。

1951 年

是年，全流域禁止在龙王庙举行分水仪式，全面开展"破除封建水规"运动。

1952 年

3 月 17 日，成立酒泉县生产抗旱委员会，县长任主任。

7 月 28 日，讨赖河洪峰流量 1120 秒立方米，为有水文记录以来的最大洪峰。

是年夏，金塔县因水利纠纷发生群众聚集事件，旋和平解决。酒泉讨赖河北干渠开始第一次大规模改建。

1953 年

3 月 1 日，鸳鸯池水库第一次改建开始。金塔县人民政府贷款 49 亿元（旧币），建筑鸳鸯池溢洪道，并对土坝进行加固。工程历时 7 个月，竣工后使鸳鸯池水库蓄水量由原 1800 万立方米增加到 2560 万立方米。

8 月，针对灌溉活动中普遍存在不遵守政府规定、擅自破坏水规制度、结伙堵口放水、打骂群众等问题，酒泉县人民法院判处情节较恶劣之八人劳役改造和一至三年有期徒刑。酒泉县政府在全县开展宣传工作，教育群众从思想上提高认识，辨别是非，自觉维护水利政策规定，保护人民利益和生产秩序。

1955 年

3 月 21 日，酒泉县水利管理委员会成立。

5 月，金塔县设立水利科。

8 月，酒泉丰乐河东、西干渠开工。

10 月，酒泉专区撤销，并入张掖专区。

是年，颁布《酒泉县水利工作实施草案》，中游开始掀起小水库建设高潮。金塔县东、西干渠完成第一次改造，并分别成立东、西干渠水管所。

1956 年

9 月，讨赖河、清水河、临水河、洪水河同时建立了水利管理所。

是年，经张掖专区协调，酒泉县每年向金塔县定期"均水"，流域委员会制度开始在讨赖河建立。

1957 年

10 月，新建金塔县总干渠竣工。工程历时近半年，共耗用劳力 22 102 万个，完成工程量 28.33 万立方米，投资 3286 万元。

是年，建成酒泉讨赖河南干渠（旧渠系）干支渠，全长 65.6 公里，灌溉面积 2000 公顷。

1958 年

1 月，中国科学院甘青综合考察队水利水源分队来酒泉考查讨赖河流域土地与水量的利用情况。

是年冬，鸳鸯池水库第二次改建开始，中国科学院甘青考察队水利水源调查分队参与设计。此次改建工程浩大，对大坝主体进行了全面加高、加厚，使库容增加至 8000 万立方米。

是年，酒泉钢铁公司开始建设。

1959 年

1 月 1 日，酒泉、金塔两县合并为酒泉市。

2 月 29 日，酒泉、金塔两县水利部门合并为酒泉市水利局，下设工程基建队、秘书工程、灌溉三科。

是年，新建酒泉讨赖河北干渠，长 10.06 公里。

是年，新建酒泉讨赖河南干渠（新干渠长 38 公里，为干砌卵石渠道），灌溉面积 1933 公顷。

1961 年

是年，恢复酒泉专区。

1962 年

是年，酒泉市撤销，酒泉、金塔两县恢复建制，两县水利部门分别设置。

1963 年

5 月，金塔县水利科改名金塔县水利局。

8 月，酒泉讨赖河北干渠一支干渠开工。

10 月 15 日，酒泉讨赖河渠首前期工程开工，同年 11 月 20 日完工。

是年，酒泉专区行政公署颁布《酒泉市、金塔县水利管理问题的决定》，正式提出了包括讨赖、临水、清水三河在内的全流域性的分水制度。

1964 年

4 月 16 日，酒泉讨赖河渠首后期工程开工，同年 7 月 31 日完工。

6 月 30 日，酒泉县讨赖河管理处更名为酒泉专区讨赖河流域水利管理处（简称讨管处），由专署水利局领导，配备副县级干部负责，负责指导本流域内各灌区的管理处（所、站）的工作，直接管理流域内包括鸳鸯池水库在内的枢纽工程。

9 月，讨赖河北干一支干完成混凝土衬砌渠道 42.14 公里，各类建筑物 45 座，工程总造价 183.48 万元，保灌面积 2000 公顷。

1965 年

春，酒泉讨赖河北干渠第二次改建工程开工，工程总投资 28.65 万元。

10 月，讨赖河流域管理委员会决定，讨赖河南、北干渠和清水、临水和金塔总干渠，东西总干渠 10 个水利管理所均受讨管处统一领导。

是年，设立嘉峪关市，原酒泉县所属之讨赖河渠首及相关灌区划入嘉峪关市。

1966 年

4 月 8 日至 10 日，讨赖河流域管理委员会会议在酒泉召开。此次会议确定管委会组成人员为专区讨管处、酒泉县、金塔县、嘉峪关市、农垦十一师、专署水利局及受益灌区的负责同志，讨赖河流域管理处为常设办事机构。至此，流域委员会制度正式建立。酒泉县水利局将南干渠（讨南）、北干渠（讨北）、清水河、临水河、洪水河 5 个水管所的编制人员，财产及工程设施一律移交讨管处统一管理。讨管处从 1966 年起直接征收南干渠、北干渠、洪水河、清水河、临水河 5 个灌区的水费。

1967 年

11 月，酒泉讨赖河北干渠第二次改建工程完工，长为 4.72 公里。

是年，酒泉讨赖河南干渠改建并完工，长 26.6 公里，各类建筑物 46 座，投资 150 万元。

1968 年

7 月，历时 5 年的金塔鸳鸯灌区东干渠改建工程竣工，共衬砌渠道 29.98 公里。

是月，酒泉引讨济洪渠建成，每年调讨赖河水 2580 万立方米至洪水河灌区。此项工程的建成，对洪水河灌区春秋缺水调剂、抗旱土壤发挥了很大的作用。

是年，酒泉临水河干渠建成，有支渠三条，总长 15 公里，灌溉面积 860 公顷。

1969 年

10 月，金塔县境内第二大水库、位于鸳鸯池水库下游的解放村水库开始修建。

1970 年

9 月，酒泉县水利机械队（打井队）成立。

是年，酒泉专区改名为酒泉地区。

1971 年

6 月 24 日，金塔解放村水库提前竣工。工程蓄水量 3000 万立方米，耗费国家投资 114.98 万元，使用劳力 186.3 万工日。

7 月 9 日，酒泉红山河发生大洪水，最大洪峰 180 秒立方米，酒泉县红山公社境内正在修建中的红岭水库垮坝，造成 45 人死亡，经济损失 48 万元。

7 月 21 日，酒泉洪水河出现 318 秒立方米的最大洪峰。

12 月，酒泉县第一次进行人饮水水质调查。

1972 年

1 月，鸳鸯池水库第三次改建开始。此次改建历时两年，主要目的为增设水电站，设计装机 3 台，总装机容量 375 千瓦。同时，土坝再次加高，水库总库达到 1.048 亿立方米。

是年，酒泉钢铁公司主要生产水源大草滩水库竣工。大草滩水库自 1959 年动工以来，累计修建渠首、引水隧洞、主坝、副坝等水工建筑，总库容 6400 万立方米。工程历时 13 年，是本流域最大的注入式水库。

是年，讨赖河流域水利管理处将洪水河管理所下放移交到酒泉县管理。洪水河西干渠建成，长 21.80 公里，灌溉面积 1467 公顷。

1974 年

10 月，讨赖河流域管理委员会会议确定，将讨赖河的南干渠（讨南）、北干渠（讨北）、清水河临水河 4 个水管所的人员、财产及工程设施下放移交到酒泉县管理。同时，属于嘉峪关市部分移交到嘉峪关管理，并建立了讨南水管所、讨北水管所、观山河水管所。会议并对酒泉、金塔两县的分水制度进行了修改。

1975 年

是年，酒泉县先后建成洪水河东干渠底栅栏渠首和西干渠底栅栏渠首。

1976 年

11 月，讨赖河流域管理委员会更名为讨赖河流域水利管理委员会，并召开第一次(扩大)会议，通过了《讨赖河流域分水制度》，再次更动了酒泉、金塔间的分水制度。

是年，酒泉洪水河东干渠建成，灌溉面积 10 400 公顷。鸳鸯池水库被水利部、甘肃省水利厅列为病险水库。

1979 年

是年，原水利电力部水力发电建设总局副总工程师、鸳鸯池水库的设计者与工程主持者、著名水利工程学家原素欣在北京逝世。历时 5 年的鸳鸯灌区西干渠改建工程竣工，全长 21.35 公里。

1980 年

5 月 12 至 15 日，讨赖河流域水利委员会第四次（扩大）会议召开。此次会议对《讨赖河流域分水制度》做了修改，将酒泉钢铁公司之水权配额之计算方法由定量改为定时，至此全流域水权配额统一以时间为单位计算。

1981 年

2 月 28 日，酒泉县水利电力工程学会成立。

7 月 31 日至 8 月 10 日，鸳鸯池水库发生建库以来最大的一次洪水，历时 11 天，总进洪量 10 345.2 万立方米，总下泄量 7355.7 万立方米，最大洪峰 386 立方米/秒，最高库水位 1319.6 米，库容 8056 万立方米。洪水对城乡人民生活财产造成了严重威胁。县委、县政府紧急动员组织机关干部、职工和农民 7000 多人投入抢险防洪，确保了水库和人民财产安全。

1982 年

5 月 22 日，酒泉县人民政府发布《酒泉县水利管理暂行条例》，酒泉县水利局对全县各河流、泉水、地下水的水质进行取样化验分析。

6 月 14 日，酒泉县水资源调查评价与水利化区划工作正式开始。

1983 年

酒泉县卫生防疫站对城乡生活饮用水水源水质进行调查和检验，次年结束。

1984 年

8 月 7 日至 8 日，讨赖河流域水利委员会第六次（扩大）会议召开。此次会议修订了各用水单位缴纳水费数额，明确了工程维修、防汛抢险职责，通过《讨赖河流域水利管理办法（试行）》，并再次修改了《讨赖河流域分水制度》（至本书出版时，流域分水制度再未更动）。

1985 年

6 月底，历时一年的金塔鸳鸯灌区总干渠改建工程竣工。

酒泉县撤销，设立县级酒泉市。

1987 年

5 月 15 日至 16 日，讨赖河流域水利委员会第七次（扩大）会议召开。此次会议针对各灌区水量日渐缺乏的现实，首次明确提出支持各灌区建设机井，取用地下水。

1989 年

5 月 23 日至 24 日，讨赖河流域水利委员会第八次（扩大）会议召开。此次会议决定讨管处年度征收水费由原来的 29 万元增加到 58 万元，其中酒泉市 207 400 元，金塔县 182 600 元，嘉峪关市 5 万元，酒泉钢铁公司 14 万元，边湾农场按实际供水量每方水 12 厘由讨管处直接征收，是 1949 年以来水费的最大涨幅。

是年，金塔、酒泉两地政府采取措施，解决了鸳鸯池水库库容屡次扩大给临水河流域部分群众造成的耕地损失问题。

1994 年

8 月 3 日，鸳鸯池水库第四次改建开始。此次改建的主要目的是除险加固，工程总投资 1800 万元，工期 4 年。

1995 年

3 月 1 日，酒泉马营河流域最大水库夹山子水库竣工。该水库历经 8 年建设，累计投资 4109 万元，总库容 300 万立方米。共铺设防渗膜 33.4 万平方米，开创了我国水库建设史上大面积使用防渗膜的先例。

4 月 3 日至 4 日，讨赖河流域水利委员会第十次（扩大）会议在酒泉召开（至本书出版时，流域水利委员会再未举行会议）。

1998 年

5 月 14 日，原属酒泉地区管理的讨赖河流域水利管理机构改变为省水利厅管理，机构名称为甘肃省水利厅讨赖河流域水利管理局，县级建制，负责流域综合治理，组织建设和管理流域内控制性的重要水工程，管理讨赖河渠首、南北干渠及附属工程，管理酒泉钢铁公司引水渠首至鸳鸯池水库河段的河道。

2000 年

12 月 21 日，甘肃省水利厅批复《讨赖河流域水利管理办法（试行）》。

2001 年

7 月 10 日，甘肃省物价局核定，从 2001 年 7 月 1 日起讨赖河流域水利管理局供水价格每立方米提高 0.003 元，即由现行水价每立方米 0.013 元调整到每立方米 0.016 元。

2002 年

6 月 18 日，酒泉地区撤销，设立地级酒泉市，县级酒泉市更名为肃州区。

2003 年

是年，讨赖河渠首改建工程建成并通过验收。此次改建解决了长期困扰旧渠首的泥沙淤积问题，提高了引水效率与防洪标准。

2004 年

7 月 30 日，嘉峪关市水务局成立。

10 月 18 日，金塔县水利水电局更名为金塔水务局。

2005 年

7 月 12 日，肃州区水利局改名为肃州区水务局。

2010 年

4 月 29 日，甘肃省水利厅讨赖河流域水利管理局更名为甘肃省水利厅讨赖河流域水资源管理局。

11 月，全国第一次水利普查开始，讨赖河流域各水务部门积极实施了各种普查措施。

地 名 索 引

1. 本索引中所录地名包括山、河、泉、湖、水库以及县级以下地名；

2. 祁连山、讨赖河（讨来河）、洪水河（红水河）、清水河、临水河、鸳鸯池水库、酒泉、金塔、嘉峪关等地名因出现频率过高，不列入索引；

3. 原始文件中，地名常有音近字异者、形近字异者，可以判断为一地者合并处理；古今地名存在差异者保持原貌，一律两存之。

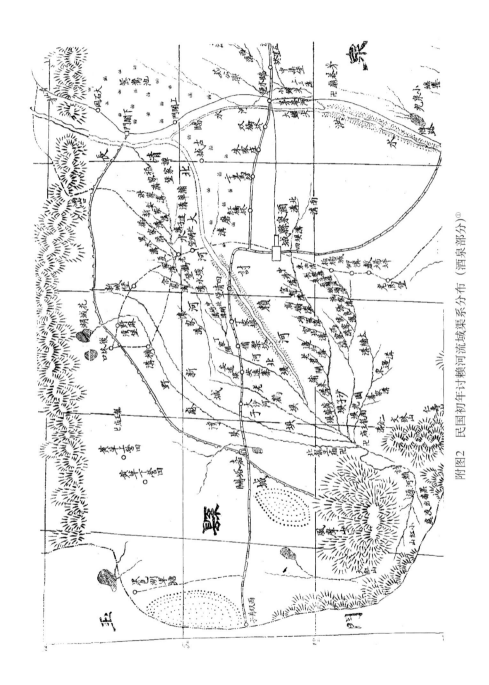

附图2　民国初年讨赖河流域渠系分布（酒泉部分）①

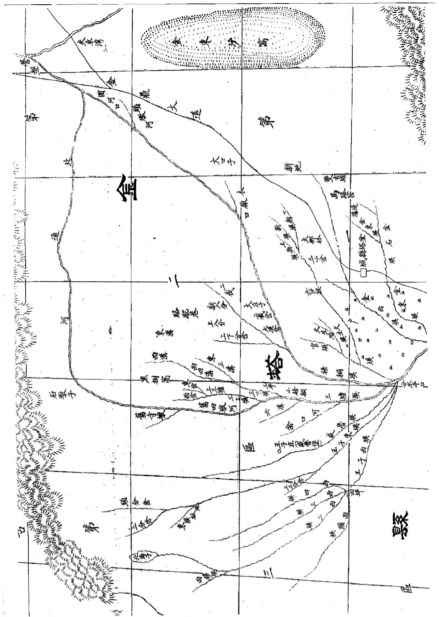

附图3 民国初年讨赖河流域渠系分布（金塔部分）

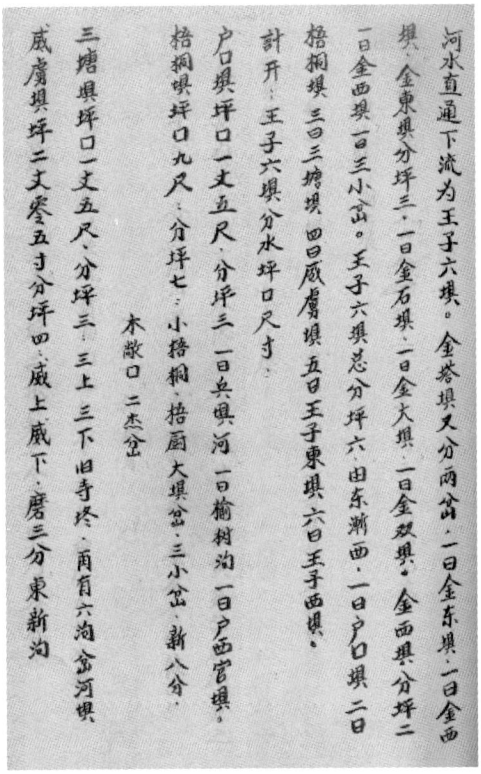

河水直通下流为王子六坝。金塔坝又分两岔，一曰金东坝，一曰金西坝。金東坝分坪三，一曰金石坝，一曰金大坝，一曰金双坝。金西坝分坪二，一曰金西坝，一曰三小岔。王子六坝总分坪六，由东渐西，一曰户口坝，二曰梧桐坝，三曰三塘坝，四曰威虏坝，五曰王子東坝，六曰王子西坝。

計开：王子六坝分水坪口尺寸：

户口坝坪口一丈五尺，分坪三：一曰兵坝河，一曰榆树沟，一曰户西官坝。

梧桐坝坪口九尺：分坪七：小梧桐、梧桐大坝岔、三小岔、新八分、木敞口、二杰岔

三塘坝坪口一丈五尺，分坪三：三上、三下、旧寺移、再有六沟岔河坝

威虏坝坪二丈叁五寸分坪四：威上威下、磨三分、東新沟

附图 4　方志类文献之《创修金塔县志》（本书第 29 页）

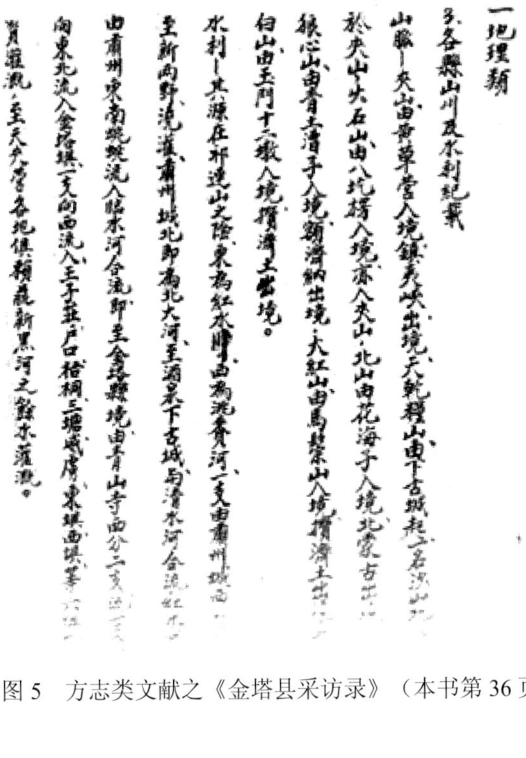

一地理類

3.各縣山川及水利紀載

山脉—夹山由青草营入境，鎮夷峡出境，天乾嶺山由下古城起，一名□山□

𤥨夹山、火石山由八坑湾入境，齋入夹山。北山由花海子入境，北□古□□

狼心山由青土滑子入境，额濟纳出境。大紅山由馬鬃山入境，額濟土□□□

白山由玉門十六墩入境，額濟土出境。

水利—其源在祁連山之陰，東為紅水壩，西為洪黄河，一支由肅州城西□□

至新两野，洸灌肅州城北，即為北大河，至酒泉下古城，与清水河合流□□

由肅州東南□□流入臨水河，合流即至金塔縣境，由青山寺西分二支，□□

向東北流入金塔壩，一支向西流入王子莊、户口、梧桐、三塘、威虏、東壩、西壩等□□

賞灌溉，至天倉各地復匯流新黑河之餘水灌溉。

附图 5　方志类文献之《金塔县采访录》（本书第 36 页）

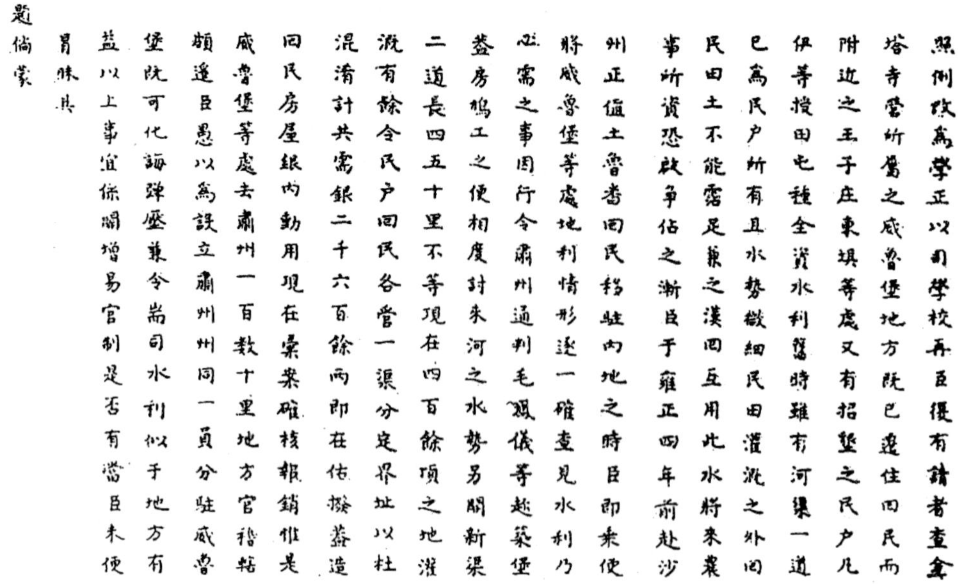

照例改為學正以司學校再臣優有請者查金塔寺營所屬之威魯堡地方既已遷住回民而附近之王子庄東垻等處又有招墾之民户凡伊等撥田屯種全資水利舊時雖有河渠一道已為民户所有且水勢微細民田灌溉之外回民田土不能霑足兼之漢回互用此水將來衆事所資恐啟爭佔之漸臣于雍正四年前赴沙州正值土魯番回民移駐内地之時臣即乘便將威魯堡等處地利情形逐一確查見水利乃必需之事因行令肅州通判毛鳳儀等趁築堡蓋房鳩工之便相度討来河之水勢另開新渠二道長四五十里不等現在四百餘頃之地灌溉有餘令民户回民各營一渠分定界址以杜混淆計共需銀二千六百餘兩即在估撥蓋造回民房屋銀内動用現在彙案確核報銷惟是威魯堡等處去肅州一百數十里地方官稽轄頗遥臣愚以為設立肅州州同一員分駐威魯堡既可化誨彈壓兼令耑司水利似于地方有益以上事宜係關增易官制是否有當臣未便冐昧具

題倫蒙

附图 6　奏折类文献之《川陕总督岳锺琪奏请改肃州为直隶州并设州同一员分驻威鲁堡折》（本书第 74 页）

序

肅州在河西之極邊去嘉峪關七十里而近漢時霍去病路博德略地至此始置酒泉郡於今為西路軍需總匯之區自西鳳等郡運粮至肅芻費不貲所謂數十鍾而致一斛也

國家屯兵西域垂二十年邊方輸輓絡繹相繼雖

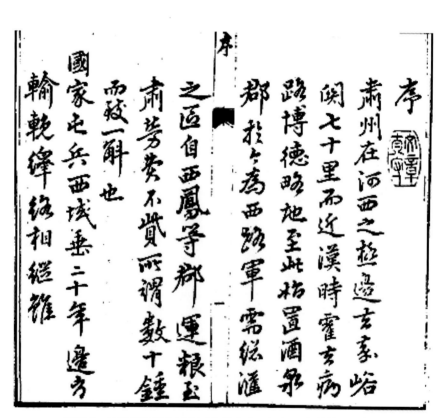

附图 7　私家著述类文献之《九家窑屯工记》（本书第 89 页）

大清乾隆丙申童華去思碑

潘魁椿

九家窑在肅州南山之麓去州城百五十里其下爲十人壩壩五島營滲入渦沙伏流不出民間不爭之水也有地數千畝皆十原沃土顧地高於河十餘丈必鑿山穿洞取水於十五里外計之二十丈之高然後瀉出山麓縱橫四布以溉以耕工險而費鉅莫肯任其事者雍正十年大學士鄂公經略陝甘五肅鎮籌邊要務以屯墾爲第一義檄 童公前司其事并州判 李公諱 如璉分工會論理於是糾集夫匠鑿通大山五座穿洞千餘丈開渠千五百丈其懸崖斷崖水不能过者架搭橋四座明年三月引水試洞堤善崩

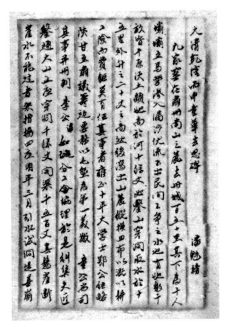

附图 8　碑刻类文献之《大清乾隆丙申童华去思碑》抄件（本书第 101 页）

34　甘肅河西荒地區域調查報告

，致礙農業，加之旱荒頻仍，饑饉薦臻，而且從前種地農民困苦[illegible]．廖公查得每年渠長復由多占水時從中取利，誤衣食計，然誤衆戶農田水利，因准去年渠長六人從權照舊下不爲例，惟其仍照故習，各於應占水時外[illegible]占水時[illegible]得利肥家自厚，斷令嗣後，每於八月十五日渠長散工下壩之後，均以十六七八等日，本年渠長轉傳四閘衆等齊赴總寨公所公同交付，本年水工[illegible]於衆戶由四閘衆等公舉正直數人，接閘乾壩，水時人工[illegible]查衆戶，倘夫人工[illegible]每工罰銀三錢六分[illegible]罰銀一錢，及渠長字識夫頭長夫人等應占水時外，即有濫占水時者按工照倍懲罰，並不照衆戶條工懲罰，罰出銀項以備公用，現在舉行有效爰定章程永垂久遠，詳列於後：

舊渠長春祭龍神應占水四分

渠長各占水二十八分

農約每人應占水一分

字識應占水四分

夫頭五人每人應占水二分

廟內香火水應占水九分

長夫三十二名每人應占水二分

[illegible]夫應占水二分

[illegible]章程每年渠長更換閘請渠壩，不得有名無實，倘虛而不實四閘衆等每一遭罰銀十串文正，[illegible]之材，不得以[illegible]危壞，秋後[illegible]之日用一看守，不得損壞，倘有損壞者，舊渠長[illegible]印紅工簿一本，官秤大小[illegible]上下交接，勿得缺乏，再者四閘輪流又按十四渠挨當，自十二年[illegible]每逢各[illegible]公舉勿得徇情隱瞞，而偏當不公，以礙水程農業，永遠守照勿替。

紳　耆

下四閘　士　庶　等公議章程

農　約

光緒十二年歲次丙戌[illegible]月四閘衆等公議

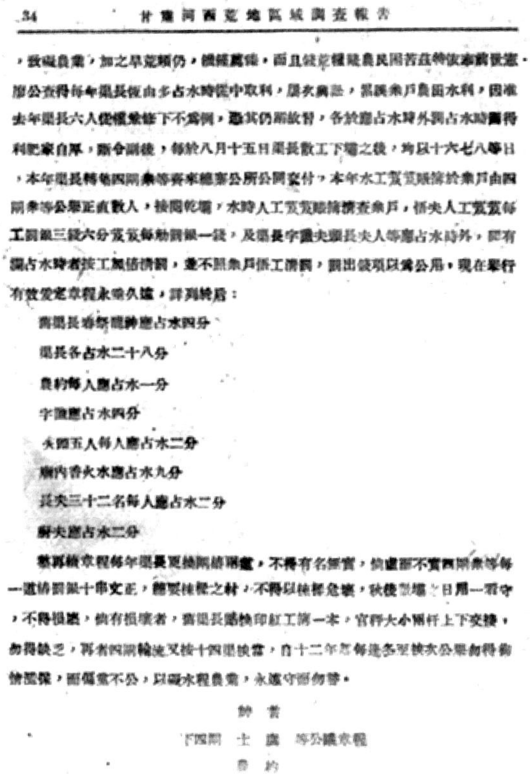

附图 9　考察报告类文献之《甘肃河西荒地区域调察报告》（本书第 113 页）

工程全貌——一經便鐵道，縱橫密佈在洩洪道上，圖示全部工程即將完工前之最緊張的一個場面。
Yuanyangchih Dam is the biggest water work recently completed in Kan su province. Above is the general view of the whole work. Picture taken on the eve of its completion.

全國第一水利工程
鸳鸯池落成記
本報記者 史仲文攝寄者

數萬民工，穴居野處，同鸳鸯爭取偉大自然而流血汗。
Thousand of workers living in the open field fight with great nature.

Engineers and staffs work for Yuanyangchih Dam.

酒泉縣消泉所在地風景
Scene of Chiu-chuan district, Kansu.

The control room.

附图10　民国报刊类文献之《全国第一水利工程鸳鸯池落成记》（本书第161页）

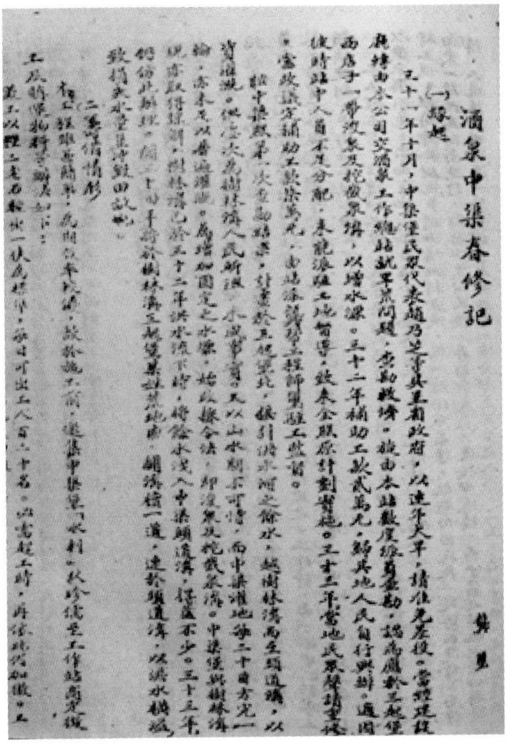

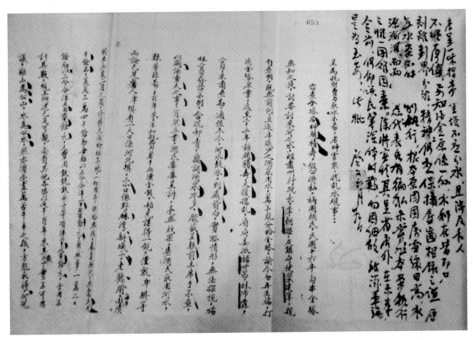

附图 11　民国报刊类文献之《酒泉中渠春修记》（本书第 150 页）

附图 12　民国档案类文献之《酒泉河北坝民众马桂吉等关于彻查金塔赵积寿扰乱
水规等情况给七区专员的呈文及七区专员处理意见》（本书第 219 页）

附图 13　民国档案类文献之《金塔县参议会关于转呈省府缓征鸳鸯池蓄水库水费给金塔县政府的代电》（本书第 329 页）

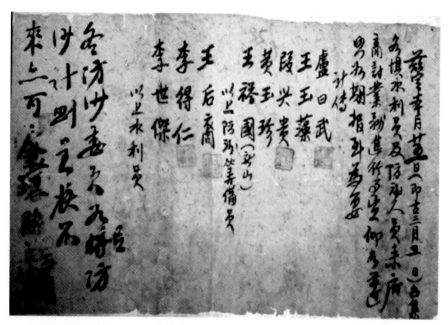

附图 14　民国档案类文献之《金塔县政府关于召集各坝水利员及防沙人员如期报到的命令》（本书第 414 页）

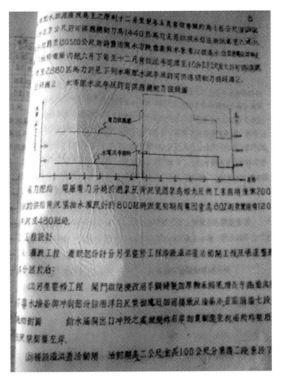

附图 15 民国工程计划书类文献之《金塔肃丰渠扩修工程计划书》
（本书第 533 页）

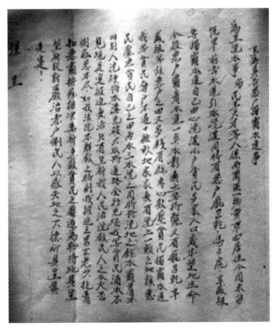

附图 16 20 世纪 50 年代档案类文献之《酒泉县西南乡黄草四王天才等人关于
恶户独霸水道请求惩处事给酒泉县人民法院的呈文》（本书第 588 页）

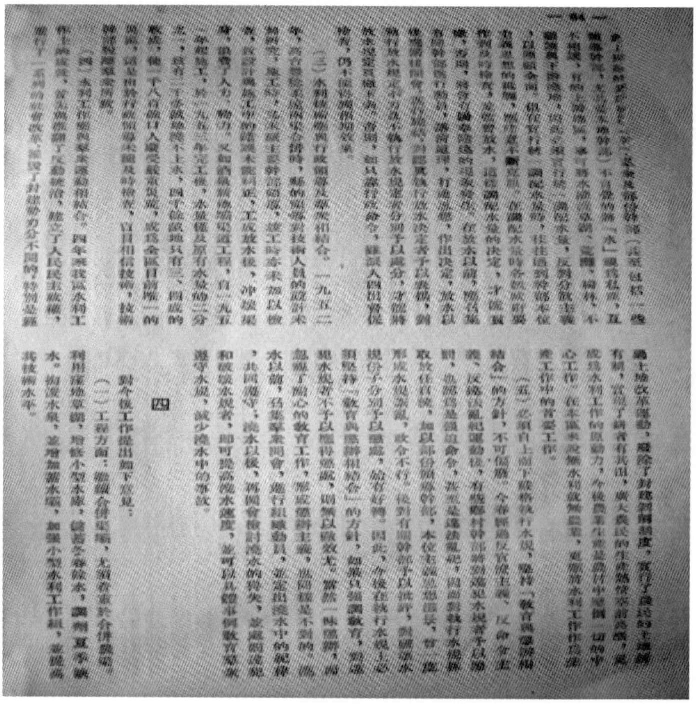

附图 17　单行本政府公文类文献之《西北灌溉管理工作会议汇刊》
（本书第 721 页）

鸳鸯池水库工程初建史

顾 淦 臣

鸳鸯池水库位于酒泉市下游 45 公里，金塔县上游 10 公里。坝址为佳山峡。工程于 1943 年 6 月开工，1947 年 5 月竣工。坝高 30.26 米，坝顶长 216 米。为当时我国最高的土坝，亦为用现代科学技术建筑的我国第一座土坝。1958 年、1964 年、1973 年三次加高，现在坝高为 37.8 米。库容 1.048 亿立方米，每年冬季蓄满，春季灌溉放空，夏季蓄满，秋季灌溉放空。灌溉金塔县 20 多万亩良田并供金塔县工业用水和饮用水。水电装机 1890 千瓦。本文缕述当年勘测设计施工的过程。

修建缘由及拟议经过

讨赖、红水河发源于祁连山，在酒泉市下游汇合，流经鸳鸯村，纳清水河后，穿过佳山峡，流至金塔。源头是祁连山溶雪，清水河除雪水外，主要是地下渗出的泉水。12 月至 5 月流量小，讨赖、红水、清水三河流量共计 7～8 立方米/秒，4、5 月农田灌溉需水最多，水量只敷酒泉一县之用，金塔无水可灌，因而发生争水纠纷。8、9 月融雪洪水较大，三河流量达 300～600 立方米/秒，流到金塔，冲毁六坪及堤堰，发生水灾。10 月，三河流量较小，亦不敷两县灌溉之需。11 月至 3 月，农田休闲，不需灌溉，河水全部下泄金塔，又遭冬季水灾。

为了解决争水纠纷，200 多年前，年羹尧曾规定两县分水比

· 109 ·

附图 18　文史资料类文献之《鸳鸯池水库初建史》（本书第 886 页）

附图 19　口述类文献之《桂丰江访谈材料》（本书第 925 页）采集现场

附图 20　讨赖河源头的冰川融水（讨赖河流域水资源管理局供图，下简称讨管局）

附图 21　讨赖河出山口以下的深切峡谷（讨管局供图）

附图 22　讨赖河下游湿地景观（讨管局供图）

附图 23　清代兔儿坝干渠遗迹（照片左侧可见渠岸痕迹，讨管局供图）

附图 24　1945 年鸳鸯池水库导水墙施工断面（刘德豫先生拍摄，酒泉市档案馆藏）

附图 25　1945 年鸳鸯池水库大坝的人力羊足碾（刘德豫先生拍摄，酒泉市档案馆藏）

附图 26　1945 年鸳鸯池水库工地修建施工便桥（刘德豫先生拍摄，酒泉市档案馆藏）

附图 27　1945 年鸳鸯池水库工地鸟瞰（刘德豫先生拍摄，酒泉市档案馆藏）

附图 28　1945 年鸳鸯池水库溢洪道模型试验（刘德豫先生拍摄，酒泉市档案馆藏）

附图 29　经过三次改建后的金塔鸳鸯池水库溢洪道（金塔县水务局供图）

附图 30　20 世纪 60 年代金塔群众在凿冰灌溉（酒泉市档案局藏）

附图 31　20 世纪 70 年代金塔民工在水库工地开凿炮眼（酒泉市档案局藏）

附图 32　始建于 1948 年的酒泉清水河夹边沟水库（封冻中，讨管局供图）

附图 33　1961 年竣工的酒泉讨赖河老渠首（讨管局供图）